Un irlandais, St Desle, fonda Lure, prè[illegible]em
Seigneur de Besançon, St Donat, fonda [illegible]
Pour les femmes il a fonda Jussa-Mo[illegible]
règles de St CÉSAIRE [que Ste Rade[illegible]
Celle-ci est auj une caserne.

Le frère de St Donat fonda [illegible]omain-Moutier.
[Elle est consacrée par pape Etienne II. [illegible] Cluny.]

Bèze

Cusance

St Ursanne, à Bâle.

St Germain de Grandval.

St Vandrille et reine Bathilde batissent Fontenelle.
Ses amis sont: Archevêque Ouen et Philibert de Jumièges.
St Phil fonda encore Noirmoutier en Poitou et Montivilliers de Caux pour femmes.

Trois frères bénis par Colomban.
1° Adon — Jouarre.
2° Radon — Reuil (Radolium)
3° Dadon, c'est Ouen (Audoenus). Évêque de Rouen
Fondateur de Rebais, dont l'abbé est St Agile de Luxeuil.

Ste Fare, de Meaux, a été béni par St Col. Elle fonda Faremoutier 6/2
L'Irlandais, St Fursy : Lagny-sur-Marne.
St Frobert : Moutier-la-Celle, près Troyes.
Berchaire : Hautvillers et Moutier-en-Der.
Ste Salaberge à Laon.

Luxeuil maritime à Leuconaus, à l'embouchure de Somme
C'est St Valéry. Ses reliques furent translatées par Richard Coeur de Lion à St Valéry-en-Caux.

(一)

"建筑是石头的史书"，"建筑是艺术的最高峰"。十九世纪，这两句话在欧洲很流行，已经很难确凿地说是哪位聪明人先想出来的了。总之，十九世纪，欧洲人已经认识了建筑在人类文化中的地位了。

建筑在文化中的地位，决定于它的性质，作用和它达到的高度，技术的和艺术的高度，它是"重要的纪念碑"，它是Monument；这就是它的性质。

从黄土地上的窑洞，到小女孩温馨的闺房，到豪华的宫殿，金字塔、圣母教堂、万神庙，万里长城，建筑性质的多样和变化的跨度之大，包容了整个的人类文化。人类没有第二种作品，有建筑这样的完整，丰富、豪华、精致，有性格、有感情。

建筑是人类历史的文化档案。它记录着人类为创造历史而付出的一切，真实、生动、准确地记录着人类文明的发展和成就

陈 志 华 文 集

【卷十一】

北窗集

陈志华 著

商務印書館
创于1897 The Commercial Press

出版说明

从20世纪50年代开始直至2012年，陈志华在学术期刊、文化思想类刊物、报纸上发表了大量学术研究类、评论类、知识类与随笔文章，或以本名，或以“窦武”“李渔舟”“梅尘”“史健公”为笔名发表，展现了作者的学术探索与读书生活。本书收入的这部分文章来自《建筑史论文集》《世界建筑》《建筑学报》《建筑师》《新建筑》《建筑史》《美术》《科学与无神论》《北京规划建设》《中华遗产》《读书》《万象》《人民日报》《科技日报》《中国美术报》《建设报》《北京晚报》，另有原载《国外剧场建筑图集》《我们怎么学语文》《记忆中的林徽因》《我与三联》的四篇。我们将以上文章分列于“建筑史 建筑美学”“创新论 建筑教育”“为我们的时代思考”“师友 忆往”下，以发表年份顺序分上、下部列目。1985—2012年的书评与序、跋四十六篇，则另列于“序 跋 书评”下。早期文章中的资料、史实、观点或与今日有异，为保留历史痕迹，不做编辑处理，保留原貌，以供读者参考。

陈志华1978—2002年居清华大学西南楼，朝北的一间用于书房。1993年杨永生主编《建筑文库》，收入陈志华的建筑杂文集，则以“北窗”为名。受作者陈志华本人授权，本卷沿用“北窗”之名，辑文为《北窗集》，作为卷十一，收入《陈志华文集》，由商务印书馆出版。

商务印书馆编辑部

2020年12月

目录

上部

建筑史 建筑美学

创新论 建筑教育

为我们的时代思考

下部

师友 忆往

序 跋 书评

上部

建筑史 建筑美学

国外剧场建筑发展简史

自古以来，剧场建筑的发展主要决定于戏剧和建筑的演变，而戏剧和建筑，总是决定于它们所处时代的社会条件、生产力水平和文化艺术的发展状况。

在原始部落的宗教仪式上，祭司或者巫师常常要做一些象征性的表演，例如打死野兽，战胜敌人等等。农产品收获之后，人们的欢乐歌舞，也往往带有表演的性质。当然，这些还谈不上是戏剧，舞台也是根本没有的。

在埃及和希腊克里特岛的古代宫殿废墟里，发现过一些整整齐齐地逐排升起的台阶，很像剧场的看台，可惜现在还不能很确切地说明它们的用途。

古希腊是欧洲文化的摇篮，希腊人的戏剧和建筑都有很辉煌的成就，世界上真正的剧场，首先在古希腊出现，剧场建筑的历史就从这儿开始。

一、古代希腊和罗马的剧场

从公元前7世纪起，在好些希腊城市里，每年都要祭祀几次酒神。在雅典，这种祭祀甚至成为国家性的仪典，因为种葡萄、酿葡萄酒，是古希腊人最重要的生产项目之一。

在祭祀的节日里，最吸引人的是合唱队。合唱队在酒神的祭坛旁边，在大街上、广场里或者高地上演唱赞美酒神的颂歌。

到了公元前6世纪，希腊的合唱队里增加了一个专职的演员，他表演合唱队所唱的酒神的故事。专职演员一出现，独立的戏剧活动也就开始了。慢慢地，合唱队不仅仅演唱酒神的苦难和复活了，神话和历史被改编成悲剧，也由合唱队演出。从此以后，每年祭祀酒神的时候，戏剧的剧本和表演的竞赛就成了奴隶主和自由民最有兴趣的事情之一。

这样，在许多城邦里都有必要建造一个能容纳很多人的真正的剧场了。

戏剧竞赛是在酒神祭坛旁边举行的。希腊是个多山的国家，这祭坛常常在山麓。观众站在山坡上看戏，视线既不会被前面的人挡住，声音也听得清楚。公元前6世纪出现的最早的剧场，就是依山坡修筑的一层层看台，看台前有一小片表演用的平地。当时，看台和表演用的平地的形状都不规则，雅典最初的酒神剧场就是这样的。到公元前5世纪，在叙拉古扎等地，人们开始把观众席放在圆周上。大概在公元前5世纪之末，终于找到了露天剧场的极好的方案：他们在山坡上按同心圆建筑一层层的看台，整个观众席恰像半个碗，在碗底上，用沙子铺出一个圆形的平地来，这就是表演区。从此，这种剧场就成了古希腊剧场的基本形式，对以后欧洲剧场的发展有很大的影响。

从公元前6世纪到前5世纪，不少城市建造了剧场。早期的剧场是土的，阶沿砌上乱石，上面放一块木板就是凳子。

表演区后边有一座小小的木头房屋，是贮藏室，也是给演员更换服装和面具用的，演员从这儿上场。它的对着观众席的墙面上画着街道、房屋或者山川树木，这是最早的布景。关于神道们在天上的活动，就在这化妆室的房顶上表演，演员可以从侧面的坡道走上去。

公元前5世纪，是希腊文化的繁荣时期，戏剧发展得很快，悲剧演员从一个增加到两个，增加到三个。特别是喜剧盛行之后，演员越来越多。演员多了，剧情复杂了，化妆室就得跟着扩大，在布景和舞台装置上也有了一些发展。

有些富裕的城市用石头建造比较大的化妆室，用壁柱、檐口、山花、门廊等等把对着观众席的那面墙装饰起来。在表演区的两侧有景片，它们的两面画着不同的景物，根据剧情的变化，把景片的立轴一转，布景就改变了。还有一种布景是三角柱体，可以转出三种不同的图画来。

表演区有了一些机械设备，例如表演空中降神的设备和活动平台，等等；雷、声、电、火这样的效果也能做得很像了。当然，这些设备和效果都是很简单的，喜剧家甚至拿失灵的降神器当作挖苦的笑料。

这时候希腊的戏剧适应露天剧场的条件，不分幕，也不分场，所以既不需要台口，也不需要大幕。暂时没有任务的演员，站在背景前，像观众一样欣赏表演。

既然演员的表演已经成了戏剧的主要内容，合唱队从主角变成配角，而且有了布景和机械，这就有必要建造舞台了。最早的固定舞台在公元前4世纪之初出现在小亚细亚的一些剧场里，它靠着化妆室的墙，是高出原表演区2.5米到4米的长而窄的台子。它的长度决定于化妆室的尺寸，个别的长达24米，进深1.9到3米。演员在台上，合唱队在台下。从此，台下这块圆形平地不再是表演区了，它变成了乐池。

希腊戏剧的演员戴着表情很夸张的定型面具，穿着颜色鲜艳的衣服和高底鞋，用口笛来加强声音，而且，总是在阳光灿烂的白天表演，所以，希腊剧场往往造得非常大，坐在后排的人仍旧能够看得清楚。

公元前4世纪中叶，在希腊的许多城市里建造了很大的剧场。例如，麦加罗波尔城的剧场直径有128米，埃庇达鲁斯剧场的直径有118米，而叙拉古扎城的剧场经过历次改建，直径达到150米。雅典的酒神剧场，也已经改成了半圆剧场，不过因为地形的限制，它的两侧很不整齐。酒神剧场的最大半径是43米，最后一排高出表演区的圆形地面（后来的乐池）16米，观众席的升起坡度大约是1∶2.3。在这些剧场中，保存得最好的是埃庇达鲁斯的剧场。它的乐池的直径是19米，舞台面高3.5米，进深3.01米，长26.5米。舞台背景有12个壁柱。乐池外面的横过道在中央宽2米，越近出入口越宽，最宽的地方是2.75米。观众席里还有一个横过道，它以下有32排座位，以上有20排座位，升起坡度接近1∶2。①

所有的大型剧场都有组织得很好的横过道和放射形过道，观众能够很快地疏散到山坡上去。

为了加强声音，这些大型剧场的观众席台阶的垂直面上，间隔地嵌上铜做的空坛子。这些坛子的口朝向表演区，能够对演员的声音起共鸣作用，不但听起来响亮一点，而且延长了回响时间，剧场的声音效果因此大大改善。

公元前4世纪中叶以后建造的剧场大部分都是石头的，有一部分不是完全用石头建造的剧场，到了公元前3世纪，也都慢慢改成完全是石头的了。石头建成的剧场没有凳子，观众席地坐在台阶上。

希腊人建造这样大的剧场并不仅仅是为了看戏，剧场同时是举行政治性集会的地方，常常在这儿召开全城邦的公民大会。像希腊的戏剧一样，希腊剧场是平民对贵族占优势的城邦里的奴隶主民主制度的产物。在这些剧场里，只给酒神、酒神的祭司和戏剧竞赛的裁判员准备特别好的座位。

公元前4世纪之末、前3世纪之初，在小亚细亚的普列安纳城造了一个剧场，它的观众席大过半个圆，是马蹄形的。在这个马蹄形的剧场里，乐池周围有一圈荣誉席，它的出现反映了希腊普化时期自由民内部的阶级分化。

除了露天剧场之外，古代希腊也有过几个小小的室内剧场，其中一个就造在雅典酒神剧场的东边，房顶是木头做的。关于这种剧场，只能从历史学家的书本里见到一点记载。

---

① 这些数字在各参考书里出入很大，相差最大的是容纳人数，甚至差到数倍。这儿引用的数字根据 Г. Б. Бархин 所著的 *Архитектура театра*。古罗马建筑师维特鲁威曾经记录过一些古希腊剧场的各种数据，与发掘材料不符。

罗马人在远古的时候也有自己的宗教剧，不过，在和希腊人接触之后，罗马人的戏剧就受了它极大的影响，这些影响一直延续了好几百年。因此，罗马剧场的基本形式，也就和希腊的差不多。

直到公元前1世纪上半叶，罗马人还只在广场上用木头搭临时性的戏台演戏。罗马的用石头建造的大型剧场，绝大部分都是在公元前1世纪中叶以后到公元1世纪中叶的一百来年里完成的。这时期正是罗马帝国形成和发展的时期，声势大，财富足。建造剧场，是罗马军阀和贵族安抚和收买城市游氓的手段之一。差不多在每一个罗马城市里都有剧场，它们是贵族和游氓们懒散而好逸乐的生活的标志。

为了适应大量建造剧场的需要，建筑师维特鲁威总结了希腊剧场的建筑经验，并且提出了自己的许多看法。这大概是世界上最早的关于剧场建筑的著作。

罗马人在建筑工程技术上有很高的成就，他们把剧场的整个观众席用一层层的石拱支起来，不必再依赖自然地形。这样，剧场在城市中的地位就自由了，这是和罗马城市结构逐渐复杂相适应的。用作化妆室的后台这时候也盖成体积庞大的楼房，它和观众席衔接起来，形成一个完整的建筑物。

剧场观众席的平面总是整整的半圆，舞台前沿从它的直径退后几米。舞台前面，希腊人在晚期拿它作乐池的那一块平地，现在也不再是完整的圆形的了，舞台切掉了它的一小半。因为罗马戏剧一般不用合唱队，所以，元老院的贵族们就坐在这儿看戏。在这儿和一般观众席之间，有一道大理石砌成的矮墙分开，平日，用它来划分阶级，在角斗表演的时候，贵族们宁愿坐到矮墙后面，它就成了保护用的屏障了。

为了让贵族们看得舒服，大多数舞台的高度已经降到一米五六左右，少数的还是两米多，甚至有三米多的。舞台底下，和希腊的一样，是机械室。

舞台面很宽，进深也比较大了些。舞台背景不再是平面的处理了：它上面廊台楼阁，前后交错；一层层的柱子，一尊尊的雕像，处处精雕细琢，非常富丽堂皇。这样的舞台背景，虽然并不适合于严肃的戏剧表演，却能适合在罗马几乎是唯一流行着的粗野的自然主义的戏剧，例如真正的处死、打猎和厮杀的场面。

有些大剧场，后台的两端向前凸出，三面抱住舞台。舞台上盖起屋顶。这屋顶能把演员的声音反射到观众席去。有了屋顶和两翼，就有了台口的雏形。在庞贝城和奥仑治城的剧场里，舞台前沿的矮墙有平行的两道，前后相差一米多，很可能，这就是为落大幕用的。

从后台到舞台，通常有三个门，各种不同身份的剧中人走一定的门。如果后台有两翼，那么，在侧翼上再各开一个门，一共有五个门。

阿尔列斯、奥仑治和庞贝，这三个城的剧场在舞台背景的正中有一个很大的龛，深度有五米多。大概，它前面是主要表演区。做这样一个大龛，可以增加主要表演区的进深，可以安装更复杂的布景和机关。当然，这个龛也能够集中观众的注意力，因为罗马剧场的舞台实在太宽了，例如，马尔采拉剧场舞台宽60米，奥仑治剧场舞台宽61.12米，而罗马城里的庞培大剧场，舞台宽度达到100米。

罗马人把观众席架在高高的几层石拱上，观众的疏散是一个很复杂的问题。他们把这问题解决得很巧妙：坐在下面几层的观众，从舞台前两侧穿过后排座位底下的甬道出去，上面几层的观众，可以在横过道背后的门洞里走到楼梯上去，这些楼梯直接通向底层的出口。

虽然罗马城市的人口很多，建筑物总是贪大，但因为罗马的城市里游乐的地方比较多，而且也用不着在剧场里召开公民大会，所以罗马的剧场并不比希腊的大。大多数剧场容纳观众的数量还比希腊的少。最有名的奥仑治剧场和马尔采拉剧场，直径分别为103米和128米。庞贝的大剧场的直径只有60米。最大的剧场是罗马城里的庞培剧场，直径有160米。

在道具、布景、舞台设备等方面，罗马人并没有比希腊人增添什么新东西。

罗马也有过几个有房顶的室内剧场，它们的形式和大剧场差不多，不过要小得多。

罗马剧场继承了希腊剧场的形式，在几个方面有了新的发展，它已经包含了大型演出性建筑物的许多基本原理。不过，也有许多问题还没有得到答案，例如舞台面和观众席的关系，观众席的升起坡度，等等。罗马剧场观众席的升起坡度仍然很不一致，在达奥尔明的剧场是1:2.8，在阿斯平特的是1:2.5，在奥仑治和阿尔列斯的接近于维特鲁威规定的1:2。

无论在罗马或者希腊，虽然有了正规的剧场，但街头巷尾的小型流动演出，仍然是民间主要的娱乐。

二、中世纪的剧场

在封建的中世纪，自给自足的自然经济占统治地位，城市经济大大衰落，文化水平很低，戏剧和公共建筑都很不发达。

宗教是中世纪的权威力量，欧洲的文化事业都掌握在天主教教会手里，戏剧主要是教会的宣传手段，用来加强封建统治。宗教戏剧经常在教堂里演出，每逢节日，宗教仪式一完，圣坛上奏琴吹号，演出各种圣经故事的戏剧。

教堂里演的戏，开始只在祭坛上进行。到12世纪，有些表演扩展到整个教堂内部，除了祭坛以外，还使用教堂中厅、侧厅、布道台、圣器所等地方。圣器所用来作各种出口和更换服装，地下出来的角色由教堂下面的牧堂出场。最后，利用拱顶作为特有的上层舞台，从这里可以表演空中飞人。整个教堂都是表演场所，因此，不仅在观众前面表演，而且也在观众的周围和中间表演。

这种演出方式，使得每个个别场面可以有单独的一块地方，事先准备好。某些供特殊效果用的区域，用幕布遮起来，到演出前一刹那才打开。这种多布景的布置方式，不仅在中世纪戏剧中得到了广泛的使用和发展，而且一直存在到现在。

中世纪戏剧演出中已经使用各种道具、布景装置，而且由于在昏暗的教堂内进行，自然地促进了各种灯光效果的运用。

同时，由于城市经济稍有发展，人口多起来了，为了扩大影响，有些宗教剧就搬到教堂前的广场上或廊子里表演。在英国，教会还造了一种专门演戏的车子。这车子有两层，上层是舞台，三面用帷子遮起来，下层是化妆室，整个包在帷子里。每逢市集，教士们把这种车子推到人多的地方演戏。还有一种专演宗教戏的舞台，上下一共有三层，最上一层是天堂，最下一层是地狱，当中是烟火人间。演员可以在这三层之间上下。

宗教剧本来是教会编的，教士们演的。等到城市里手工业工人和小买卖人多起来以后，逢年过节，婚丧喜寿，都要演戏娱乐。开始的时候也只会演些耶稣受难故事，不过这种故事一到工匠和商人手里，就有了红尘气味。到后来，索性就把形形色色的社会生活都搬上了舞台。

戏剧一变成世俗的，就很快到处风行。专业的戏班子产生了，他们到地主的寨堡里，贵族的宫廷里，城市的广场上，各处流动表演。有些戏班子和教会一样，也做了一种可以演戏的车子，用马拖着到处跑。

中世纪末期，欧洲各国的大型府邸和宫殿里，往往有一间特别大的大厅，可以在这个大厅里演戏。在城市广场上，有敞廊或者坪台给戏班子用。遇到重要的喜庆节日，广场四周用木头搭起一层层的看台来，演员在广场当中或者广场的一头表演。这时候，广场旁边房子的窗口和阳台，就可以高价出租，成了“专用包厢”。

舞台技术和布景方面，除了真牛真马、真水真火之外，还有真能旋转的日月星辰。在许多地方流行一种连环画式的布景，在一幅很长的布上，画着一幅幅独立的、可是彼此连贯的画面，演员随着剧情的发展，从这幅画前面走到那幅画前面。这种布景特别适合在广场上演出。

中世纪的城市市民没有希腊的奴隶主或者罗马的皇帝那样富有，教会妨碍着世俗文化的发展，市民们对宗教剧和轻松的世俗戏的态度，也远不如希腊公民对政治讽刺剧和历史命运的大悲剧那样严肃。所以，整个中世纪，欧洲没有建造过比较大的正规剧场，在剧场建筑上没有什么重大的成就。

三、文艺复兴时期的剧场

从14世纪开始，地中海沿岸的城市里，资本主义经济的因素产生了。市民的世俗文化逐渐发展起来。

15世纪以后，欧洲各地的大城市里，各种行会对演戏的兴趣越来越大。除了娱乐之外，行会还利用戏剧来推销自己的商品。在演到钉死耶稣的时候，演员指着十字架或者铁钉，给某个木器行会、某个五金行会的产品做宣传。这些演员往往就是行会工匠。

在15世纪，跟中世纪末期差不多，城市还养不起一个常年演出的戏班子。因此，专业的戏班子还是到各地巡回演出。他们用的戏台和布景都很轻便，随时可以装、拆、搬走。

到了16世纪，市民文化娱乐生活大大发展。戏剧跟着复杂起来，布景和机械装置也越来越多，有些戏在临时性的台子上不大好演了。这样，在人口比较多，也比较有钱的城市里，陆陆续续造起常年使用的戏院来了。戏院都是用木头盖的，很简陋，一般都是个长方形的大厅。

这时，在西班牙出现的一种剧场，对以后欧洲的剧场建筑有很大的影响。

西班牙建筑有一个传统的特点：建筑物都布置成四合院，住宅、宫殿、旅馆，都是这样。院子的周围，第一层是廊子，第二层和第三层有的是一排排的窗子，有的还是廊子。

16世纪时，西班牙是海上强国，贸易非常发达，它的城市里汇集着八方商旅。戏剧活动蓬蓬勃勃，跑江湖的戏班子在闲杂人最多的旅馆院子里演出。慢慢地，有些旅馆就索性改成了正式的戏院。

在这样的戏院里，妇女坐在两侧的廊子里，有钱有势的人坐在院子的前半部，平民站在他们后面。戏台上也有座位，坐的都是些富贵子弟。楼上的廊子或者窗口就是楼座“包厢”。这种旅馆戏院最先出现在西班牙南部的城市里，例如1520年的玛拉迦城的和1526年瓦伦西亚城的戏院。到16世纪下半叶，玛德里城里也有了。

那个时候，这种戏院是比较实用的，在英国、法国、荷兰、意大利等国家的城市里，也都仿照这个样子建造剧场。莎士比亚时代英国的寰球剧场、帷幕剧场、大鸿运剧场等等，都是这样的。它们的院子三面是两三层廊子，另一面是舞台。舞台通常有两三层，一直凸出到院子当中来，看戏的人挤在舞台的前面和两侧。莎士比亚的剧本就是适应着这样的戏院写的。有一些英国戏院的平面是六角形或八角形的，这样就把不适于看戏的死角切掉了。

在16世纪，意大利是欧洲的文化中心，它的建筑师和演员经常被请到各个国家去。1574年，有一班意大利演员在玛德里献艺，他们把戏院用房顶子盖上，历史上第一个多层周围包厢的剧场的雏形诞生了。当然，意大利人也绝不会忘记把这种剧场带回自己的国家去。

到17世纪上半叶，这种由四合院的旅馆演变出来的剧场更加完善。1638年阿姆斯特丹城改建了一个剧场，改建成的剧场的舞台是古罗马式的，观众席周围两层廊子支在华丽的古典柱子上，柱子把它们分隔成一间间的包厢。这剧场已经很体面了。

在意大利，这时有另外一种室内剧场和西班牙旅馆剧场平行发展。

意大利资产阶级的第一批知识分子，人文主义者，在和教会的神权做斗争的时候，热烈地倾向古罗马和古希腊的世俗文化。15世纪，意大利的一些大学在讲堂里建造了仿古式的小小的剧场，大学生在圆形的表演区里演戏，观众坐在半圆形的看台上。

这时候，在“上层社会”中流行演古典的罗马戏，或者当时人写的仿罗马的戏。表演的时候又有了报信使，有些戏还有合唱队；舞台背景也采用了罗马时代的宫殿楼台。

1540年，在维晋寨造了一个当时最大的剧场。这剧场是赛利奥设计的，完全按照古罗马剧场的格式。这个用木料建造的剧场很早就烧掉了。

有一个这样的剧场还留到现在，这就是维晋寨的奥林匹亚剧场。它是帕拉提奥设计的，在1580年开始建造。剧场是古罗马式的。因为地段太短，观众席稍微向前压扁了一点，成半个椭圆，大概可以容纳一千人左右。为了支承它的木头房顶，在观众席四外有半圈柱廊，柱廊外是一对楼梯。为观众服务的辅助房间是没有的。

奥林匹亚剧场的舞台是斯卡莫奇设计的，在1585年完成。舞台背景上的三个门洞里，有五条大街，这大街其实很短，不过是布景而已，但是因为利用了透视原理，看上去很深远。虚假的透视效果，从此成了欧洲剧院建筑中常用的手法。

在舞台上运用透视手法的原因大概有两个：第一是这时候戏剧已经很复杂，场面越来越大，舞台的真实空间觉得不够用了；第二是透视学刚刚发明，还是一种时髦的新东西，它所造成的虚幻的舞台空间，本身就很能吸引观众。

斯卡莫奇在奥林匹亚剧场建成之后，1588年，又为意大利的萨别奥乃达城设计了一个剧场。他发展了奥林匹亚剧场的舞台设计，在这个剧场的舞台背景中央开了一个很大的门洞代替了传统的三个小门洞。这个大门洞里面用透视原理做成深度很大的景致。这种做法比起奥林匹亚剧场的舞台来，更进一步地满足了当时对扩大舞台空间的要求。

舞台形式产生了这样的变化，加上在布景中广泛应用侧幕，半圆形的观众席当然就不合用了。所以，萨别奥乃达城的这个剧场的观众厅的平面形状是，在长方形的后面接上半圆形，座位按照马蹄形排列，层层升起。

萨别奥乃达剧场的影响很大，16世纪末、17世纪初的英国舞台工作者兼建筑师，英尼哥·约尼斯，就曾经模仿过它。不过，要紧的不是有人模仿，而是它启发了一种新的想法：把舞台表演区扩大到门洞后面去。

1618年，在意大利的巴尔玛城造了一个法尔尼斯剧场。这个剧场差不多和萨别奥乃达剧场一样。法尔尼斯剧场正式把舞台上那个大门洞里面部分作了表演区。这样一来，舞台有了镜框式台口（宽12.5米），原来的舞台成了台唇，原来的舞台背景成了台口两侧的装饰。台口可以挂起大幕，正好适合当时戏剧已经分幕分场的要求。舞台两侧装设了可以移动的侧幕，可以很方便地改变舞台背景。向箱形舞台的演进过程到这时候大致完成了，这种舞台一直流传到现在。

法尔尼斯剧场的观众席也是马蹄形的看台。舞台前有一块平地一直楔入看台中央，在这儿可以跑马练武，甚至能灌满水表演海战。这还是广场戏的传统。观众厅能容纳三四千人。

这些新型的剧场，都是为贵族富商造的，剧场建筑的发展适应于社会上极少数的特权阶级的口味。

16世纪，在西班牙起源的多层周边楼座的剧场流传到各国，17世纪初，意大利就有了这种剧场。同时，意大利又流行着马蹄形看台的观众厅和镜框式台口。它们一结合，就产生了多层周边包厢的马蹄形观众厅。这种多层周边包厢的马蹄形观众厅出现后，经过不断修正，在欧洲流行了几百年，直到现在还有很大的影响。

在舞台技术方面，新兴的透视学被引用到布景的绘画里去。15世纪末、16世纪初的著名的画家和建筑师，例如伯拉孟特、帕鲁齐等，都曾经对舞台工作有过贡献。

在演古典戏的时候，布景只分悲剧、喜剧和牧歌剧几种，是象征性的，不管戏的题材。悲剧的布景画着宫殿，喜剧的布景是市井，牧歌剧的则是深林幽径。建筑师赛利奥画的几幅舞台布景特别有名，它们都是根据透视原理画的，看起来好像把舞台空间扩大了。

古希腊人用过的三角形柱体的布景这时候重新流行。舞台布景下面有轨道，可以推来推去，随着剧情变化来更换。侧幕已经用得很广泛。

文艺复兴时代，和中世纪一样，戏剧常常和杂技混合在一起，所以有各种各样的机关布景，升天、钻地、喷火、吐水等等都可以表演。转台很普遍，甚至街头演出都有用它的，当然不是用什么别的动力，而是由人力在台板底下推动。大艺术家达·芬奇设计过转台，也设计过一个会爆裂开来的大山，山里有神仙洞府。

在欧洲剧场建筑发展的历史中，文艺复兴时期是个探索形成时期，在这个时期里酝酿了多层周边包厢的马蹄形观众厅，产生了台口，把透视学原理应用到舞台布景里去。所有这些，在下一个时期里都得到充分的发展。

四、17—19世纪的剧场

17至19世纪欧洲历史的特点是：资本主义因素在各地普遍发展起来，并且开始海外殖民；贵族们为了巩固受到威胁的封建制度而聚集起力量，建成中央集权的专制国家；最后是，资产阶级在各国先后掀起了革命，夺到了政权。

这个时期绝大多数大型剧场的观众厅，都是马蹄形多层周边包厢的。这些剧场，主要用来演歌剧，歌剧是这时期最主要的戏剧。

16世纪末，在意大利的佛罗伦萨城产生了最早的歌剧。17世纪头几年，歌剧在宫廷里演出，很受欢迎，于是在四十年内，就风行全国，并且传到国外，尤其在法国大受欢迎。

1637年，在威尼斯建造了第一个专用的歌剧院，营业很好，接着就造起更多的歌剧院来。到17世纪末，仅仅威尼斯一个地方，就有了11个。

这第一个歌剧院叫圣卡西亚诺剧院，它仿照西班牙旅馆剧院的样子。除了池座之外，还有三层周边式挑台，挑台上的座位一排比一排高。这种观众厅，不增加地皮，不增加最远视距，而可以容纳很多观众，因此在当时意大利普遍流行。

达官贵人们常常带着一家老少去看戏，为了维持封建等级制的尊严，他们不愿意和商贾们坐在一起，剧院老板就把楼座隔成小间，长期包租给这些贵族，因此产生了“包厢”。坐在池座里的，是商人、手工业者和贵族们的仆人、车夫等等。

为了让观众厅两个后角上包厢里的观众能看好戏，参照着法尔尼斯剧场和萨别奥乃达城的剧场，逐渐把观众厅后墙的平面改成半圆的。这就形成了马蹄形平面的多层周边包厢的观众厅。

这种观众厅两侧包厢的视线条件很坏。为了改善它，建筑师赛捷茨曾经把两侧包厢设计成跌落式的，由后面向前，每个小包厢降低15厘米。但是因为包厢之间的隔墙要求做得很高，甚至完全隔死，这种跌落式包厢就没有什么好处，所以没有发展下去。这位赛捷茨又设计过几个钟形的观众厅，它从后面向前，越来越宽，舞台口在最宽处。这样，每个包厢都能看到舞台。不过观众厅的容量减少了，而且造起来的那几个，声音效果不好，所以也没有推广。1640年，在巴黎的法国大宰相吕塞留的府邸里，造过一个钟形观众厅的剧院，小小的，并不成功，不过比意大利的好一点。

当时，意大利歌剧中最重要的是歌唱，戏剧的情节是大家熟悉的，表演并不重要。所以，对观众厅平面形状的探讨着重在改善声音效果，赛捷茨的努力没有引起多大的重视。

1675年，在罗马城里造了一个有六层周边包厢的马蹄形剧院，这是一种经过修正的马蹄形，它的轮廓线是连续曲线，不是在矩形后面加上一个半圆。这剧院的声音效果得到意外的成功。

不久之后，在1680年，在罗马城又造了一个这样的剧院，叫阿尔甘金剧院，声音效果更好。

罗马城里这两个剧院在声音效果上大大成功之后，意大利歌剧院的观众厅形状就定型了。连续曲线的马蹄形，好几层周边小包厢，这就是意大利式歌剧院观众厅的特点。它传布到整个欧洲，一直流行到19世纪末。这期间，只有法国人对它的平面轮廓线做过小小的修正。

在观众厅形状定型过程中，歌剧院的舞台和乐池也渐渐定型了。镜框式台口，箱形舞台，这是基本的形式。舞台因为布景和机械的要求，越来越宽，越来越深，上空也越来越高。侧幕之外的台面加宽，有了台囊，大大方便了布景和道具的更换；舞台后添了一块地方，叫作后舞台，是为演场面特别深远的戏用的，舞台上的屋架上，安装了悬挂布景和特技设备用的滑轮、绞车、杠杆等等，并且设置了天桥。

从17世纪中叶起，意大利人巴宾纳和他的儿子、孙子、学生等等形成了一个舞台布景的学派，在欧洲的舞台上一直流行到18世纪中叶。巴宾纳进一步运用了透视学的原理，他把布景斜着放，打破了向来布景和舞台前沿平行的老套；从景片上的券廊、门洞、窗口等等透空的地方望过去，还有第二层、第三层景片，这些景片上画着透视深远的风景或者建筑物。巴宾纳学派在舞台上盛行的时候，正是巴洛克风格在宫廷建筑物中流行的时候，王公大臣们迷恋于千变万化、富丽堂皇、五彩缤纷的视觉感受。一场戏演出的成败，布景是不是够豪华、够新鲜，往往起着极大的作用。巴宾纳学派的舞台布景就是以迷目的效果取胜的。

乐池的做法没有费多大的周折就定型了。先是照古代的老办法，在池座前用栏杆挡一挡，乐队就在里面演奏。后来因为表演区完全缩到台口后面去了，台唇大大缩小，池座里的观众就大大增加了。同时，坐在池座里的商贾们的社会地位，也已经提高了，这就有必要改善池座里的视线条件，乐池地面因而降了下去。这种在舞台前形成一个深坑的乐池，一直沿用到现在。

池座观众增加，池座观众主要是商人和小业主，他们社会地位的提高，也引起池座地面的改善。地面有了升起，不过，是按照一个不变的斜度升起来的，还不知道按照曲线升起。

一直到18世纪中叶，欧洲的剧院都没有足够的门厅、休息厅、存衣厅等等为观众服务的房间。楼梯塞在角落里，曲曲弯弯。后台很简陋。

18世纪上半叶，由于城市经济普遍发展，意大利、法国、德国、英国、西班牙、奥地利等国家的城市里都建造了一些剧院。这些剧院或者是为发达起来的城市资产者造的，或者是为专制的君王造的。其中比较大一点、比较好一点的有那不勒斯的圣卡罗剧院（1737年建）、里昂的剧院（1756年建）和巴黎的凡尔赛宫廷剧院（1753年建）等几个。这些剧院的观众厅、舞台和乐池的形式，都是17世纪以来定型的样式。它们的建筑风格都是古典主义的，符合君主专制制度的要求。

凡尔赛宫廷剧院的观众厅平面比较窄，两侧前部靠近台口的地方，拉成了彼此平行的直线。这样的观众厅平面，就叫作法国式的。因为台口和观众厅之间的关系比较合理，所以两侧包厢的视线条件比意大利式的好。

18世纪后半叶，在一百多年发展的基础上，建造了几个相当出色的大剧院和大量的中小型剧院。

1759年斯图迦特城歌剧院的设计，是第一个最完善的设计。观众厅是法国式的，台口和观众厅一样宽。舞台的面积和观众厅的差不多大，加上台囊和后舞台等，几乎占了建筑总面积的一半。这个设计特别有意义的是它有很宽敞的门厅和休息厅，这在欧洲剧院设计中还是第一次。

米兰的拉·斯卡拉剧院是1776年造成的。原来有大约3000个座位，后来改造过几次，座位减少了一些，不过还是欧洲最大的剧院之一。拉·斯卡拉剧院的观众厅是意大利式观众厅中最成熟的，声音效果很好。剧院没有公共的休息厅，不过那些坐在包厢里看戏的贵族们可以包一间小客厅，在那里休息、社交等。这些小客厅和包厢之间隔着一个环形的走廊。这个剧院的附属房间少，内部交通不很通畅。

1783年建造的法国波尔多大剧院，是资产阶级革命前夕古典复兴建筑的代表作之一。它的附属房间很完备，有宽大的门厅、休息厅和一个在建筑艺术上很成功的大楼梯厅。它的后台也比较好，化妆室多，而且安静，有演员的休息厅，还有很多楼梯，上下非常方便。波尔多大剧院在广场上，为了使立面更雄伟，在门厅上面附设了一个椭圆形的音乐厅。

这时期比较好的大型剧院或者是古典主义的，或者是古典复兴的，柱式是平面和立面构图的要素，宏伟严谨，细部丰富，在建筑艺术上都比较讲究。它们往往很豪华，处处是大理石、丝绒和高级木料。华丽的柱子和檐口，精致的雕塑和天顶画，玲珑的烛架和吊灯，把观众厅装饰得富丽堂皇。所有这些装饰，都能把乐队和演员的声音漫射开来，这是这种观众厅声音效果比较好的原因之一。

19世纪是古典马蹄形多层包厢歌剧院的成熟繁荣时期。这时期内在各国的首都和大城市里建造了很多大型的剧院，特别是建造了一批豪华的皇家歌剧院。这些剧院里比较有名的是：巴黎的大歌剧院（1861—1875）、维也纳的皇家剧院（1868）、彼得堡的亚历山大剧院（1827—1832）、莫斯科的大剧院（1825初建，1856重建）、汉诺威歌剧院（1852）、德累斯顿的皇家歌剧院（1878）、玛德里的东方剧院（1818—1850）和伦敦的皇家考文迦登剧院。

逐渐进步的工程技术，不但使一些剧院的结构跨度增加，多容纳了观众，而且使结构普遍减轻，内部空间比以前开朗一些。

19世纪最好的剧院是巴黎的大歌剧院，这是马蹄形多层包厢剧院中最成熟的一个，它的创作经验直到现在还有借鉴的价值。

巴黎大歌剧院一共有2150个座位，分布在池座里和四层周边式包厢里。池座的后半部是每排升起一阶的散座。包厢的进深很大，分成两间，外间是休息室。观众厅的形状又像法国式，又像意大利式，它综合了它们的长处。

它的舞台也比较完善，台囊很大，后舞台上还有车台。舞台上空很高，有33米之多，这是头一个把舞台建筑体积在外部表现出来的剧院。后台也比较讲究，小化妆室多半都有专用的浴室和厕所。

这个大歌剧院的对外交通和内部交通都组织得很好。后台有一个车道，运送布景的车子可以一直拖到房子里面。观众的出入口有好几个，正门和左右旁门都有很好的车道，坐车来的贵客不必在露天上下车。左边的车道通底层，右边的车道通池座那一层。内部交通也井井有条，作为交通枢纽的大楼梯，光华夺目，也是建筑艺术的中心。巴黎大歌剧院的外部构图很成功，内外建筑装饰都很富丽。

维也纳的皇家剧院也是19世纪时比较好的剧院。它的观众厅比较狭长，有3000个座位，而没有过偏的位子。观众厅后面正中有一个皇家包厢，非常华丽，有专用的楼梯。这个剧院后台也很好，化妆室和舞台的关系比较恰当，而且都有天然光线。联系几层化妆室的楼梯很方便。此外，还有工作室和天井，对舞台工作很有用处。

从17世纪到19世纪，欧洲剧院建筑的典型形式是马蹄形多层包厢的观众厅和箱形舞台、镜框式台口。这种剧院最成熟的代表是巴黎大歌剧院、维也纳皇家剧院等。

但是，这种剧院形式渐渐不能适应新的社会条件了，到19世纪，它的种种缺点暴露得越来越尖锐，所以，又有许多建筑师在探寻新的剧院形式了。

17—19世纪的剧院主要在两个方面不能很好地适应新的情况。

第一方面是，那些剧院两侧包厢里的视线条件太坏。19世纪中叶以前，歌剧实际上是一连串经过编排的独唱，剧情只提供独唱的题材。演员最要紧的是唱歌，表演是不重要的，不管剧情怎么样，名角经常走到台口前来唱歌。观众到剧院去，主要的也是听戏。到了19世纪中叶，资产阶级的文学艺术中，现实主义的潮流占了主导地位。戏剧因此发生了变化，情节的重要性增加了，演员的表演也真实而且细致起来，不能看清整个舞台就渐渐成了缺陷。

第二方面是，那些剧院是在封建社会里发展定型的。小包厢的产生，小包厢和池座在设施上的差别，都很鲜明地反映着严格的封建等级制度。豪华的皇家包厢，则是中央集权的君主制度的产物。在剧院里，休息室和宽敞的楼梯，都是为贵族准备的。但是，到了19世纪，欧洲各国资产阶级先后夺到了政权。在革命时期对封建贵族进行激烈斗争的资产阶级，是憎恶封建等级制的。因此，有一些建筑师对周边包厢的观众厅也表示了不满。

所以，在19世纪，正当马蹄形多层包厢的剧院成熟的时候，探讨另一种新型观众厅的尝试也开始了。

早在18世纪下半叶，为了反对封建的中央集权和封建等级制，资产阶级革命的启蒙主义思想家就曾经向“民主的”希腊和“共和的”罗马借用战斗口号。古典的古代文化引起了普遍的兴趣，古典复兴建筑流行起来，同时也就有人想照古代剧场的式样来建造剧院。

1771年，有一个叫费拉列兹的意大利建筑师，在威尼斯设计过一个圆形的剧场。在圆形大厅里，舞台占一小半，其余的一多半是观众席。没有台口，舞台和观众席的关系是古罗马式的，观众席本身也是古罗马式的。建筑师想恢复古代剧场中演员和观众之间以及观众和观众间的那种比较亲密的关系，也想让每一个观众都能把舞台看全。但是，因为当时戏剧本身还没有什么变化，而且这样的舞台也不适合于已经发展起来的，并且在戏剧演出里占重要地位的复杂的布景和机关，所以，这个设计没有被采纳。

19世纪上半叶，德国建筑师辛克尔和席姆皮尔，都打算过建造新型的剧院。辛克尔认为当时的戏剧表演简直不是演戏，是开布景展览会。他主张把大幕放到表演区后面去，只用来做象征性的开幕闭幕。除了舞台背景外，不要别的布景。在通常使用的背景后面，还有后舞台，是为演深度特别大的场面用的。辛克尔并不主张取消台口，为了适应台口，他所建议的观众厅是扇形的，就像是从古罗马式的剧场上切下来的一块。

席姆皮尔的建议比辛克尔的更向古代前进一步。他主张把台唇部分扩大，成为主要表演区，再在台口左右各开一个门，给演员出入。台口后面还保留着箱形舞台，不过不经常使用。既然台唇部分是主要表演区，席姆皮尔就干脆把观众厅设计成半圆形的了。席姆皮尔的建议表现在他给德累斯顿皇家歌剧院作的草图里（1835）。后来，他又在1867年给慕尼黑城设计了一个节庆剧院，这个剧院有台口，所以观众席就是扇形的。在这几个剧院里，都没有多层包厢。

辛克尔和席姆皮尔的建议，和费拉列兹的一样，没有被采纳。在柏林，建造了辛克尔设计的皇家大剧院（1818—1821），这个剧院的观众厅稍稍有点儿革新：平面接近扇形，只在弧形后墙前做包厢。这个剧院的视线条件比别的要好得多了。它是德国古典复兴建筑的代表作。1878年造的德累斯顿皇家歌剧院和另一个维也纳的宫廷剧院，都是席姆皮尔设计的，观众厅还是老一套的，他的理想丝毫没有实现。

在法国，1875年，有两个建筑师设计了一个能容纳9000观众的剧院，叫作“人民歌剧院”。它的观众厅是圆形的，用周边式挑台代替了小包厢。因为取消了柱子、隔墙等等这些左遮右挡的东西，楼座的视线条件好了一点。这份设计的另一个创造是地面按照曲线升起，越到后面斜率越大，比过去一向沿用的按直线升起的办法好多了。这个“人民歌剧院”也没有造起来。

使剧院建筑真正发生重大变化的，是19世纪中叶德国的一批音乐家。这些音乐家代表着当时文学艺术上的现实主义潮流，他们努力改革歌剧。

19世纪后半叶，华格纳从条顿民族的神话里找出题材来写成歌剧，故事的结构很严密。他按照整个剧本的要求，从头到尾统一地设计音乐，让音乐紧紧地配合情节。他取消了那种让名角走到台口前来独唱的表演方法，要求每一个演员都严格按照剧情行动。经过华格纳的改革，要充分欣赏歌剧，就必须不但听清楚，而且要看清楚了。

为了把这改革进行到底，华格纳在巴伐利亚大公的支持下，在贝留赛造了一个剧院（1872—1876）。在设计这个剧院的时候，席姆皮尔参加了意见。贝留赛剧院的观众厅是扇形的，有1645个座位，从前到后，每一排座位都升起一阶，视线条件比较好。没有包厢，也没有楼座，只在后面的一排柱子之外，放了几张散椅，这是包厢的历史遗迹。

贝留赛剧院的舞台还是箱形的。它的乐池很深、很宽，有一部分扩展到台唇底下，因为华格纳不希望让观众看见乐队，而让观众把全部注意力集中在舞台上。

1899年到1901年间，在慕尼黑造了一个摄政王剧院。这剧院也是专为演华格纳的歌剧建造的。它的观众厅也是扇形的，视线条件比贝留赛的那一个更好。

华格纳的剧院是剧院建筑发展的里程碑，它标志着马蹄形多层周边包厢的观众厅度过了它的青春盛期，新的、兼顾听和看的观众厅就要代替它了。

五、20世纪的剧院建筑

到20世纪，剧院建筑发生了很大的变化。

19世纪末、20世纪初，科学技术进步极快。和剧院建筑有密切关系的结构学、机械学、声学、光学、电学等等都有了崭新的成就，而且迅速被广泛地运用。建筑学本身由于资本主义制度的新要求以及建筑材料和工程技术的发展，在这时期也发生了重大的变革。

同时，资本主义制度在这时候进入了总危机时期，资产阶级精神文化空前堕落。建筑学所受到的资产阶级在思想上和功利上的阶级局限，也越来越显著。

1917年11月，第一个社会主义国家苏俄诞生了。在这个劳动人民的第一片乐土里，文化艺术蓬蓬勃勃地发展着，建筑的成就辉煌灿烂，剧院建筑在这儿开放出最鲜丽的花朵来。

新的科学技术在剧院建筑中的应用，以及建筑学本身的变革，使剧院观众厅和舞台都大大改进。

舞台上有了完善的机械设备，出现了电动的转台、车台和升降台，以及各种各样的悬吊起重装置。舞台上用电气照明，有了一整套舞台灯光系统，它使舞台效果丰富了。

观众厅的平断面形式多了。平面形式除了马蹄形和扇形之外，还有矩形、圆形、六角形和从扇形变化出来的钟形等各种形式。它们各自适应着不同的容量要求和经济、结构条件，并且在视线和声学效果上各有特点。有了钢结构和钢筋混凝土结构，就有可能建造各种式样的很大的楼座挑台。楼座不再是非做周边式的不可了，因而改善了它的视线条件。地面的升起已经普遍按照合理的曲线或折线，天花的形状则考虑到声音的反射。对座位排法、交通和疏散等问题，也都有了比较完整的知识。

观众厅里，地板、天花、墙面、台口和座椅的材料、做法，也都考虑到声学的效果。采暖、通风、防火、照明、电讯等方面的新技术也渐渐被应用到剧院建筑中来。

到1930年代，形成了对剧院建筑的系统的科学知识。

虽然剧院建筑在20世纪有了这些重大的进步，但是，它在资本主义和社会主义两个不同的社会里，有着不同的发展方向。因此，20世纪的剧院建筑史分成了两部分。

资本主义国家的剧场建筑

在资本主义国家里，20世纪的剧院建筑也是有很大进步的，但是，关于剧院建筑的科学知识，往往用得不充分，不完全合理，甚至用颠倒了。资本家造剧院的目的是为了最大限度地谋取利润，能赚钱的是座位，所以资本家要求尽量把观众厅做得大；除了观众厅之外，其他的附属房间尽量小，许多剧院甚至连舞台都小得很。30年代美国最有名的剧院，纽约的卡罗伯爵剧院、芝加哥的市立歌剧院以及纽约无线电城兼演戏剧的音乐厅也都是这样。这几个分别有3000座和6000座的剧院，舞台简陋，为观众和演员服务的房间都很少。建筑面积绝大部分为观众厅占有。当然，在资本主义国家里也不是完全没有比较好的剧院的，不过，造这些剧院，或者是为了提高票价多赚钱，或者是为点缀虚假的“民主、繁荣”的门面，例如50年代在西德的一些剧院。

在资本主义国家里妨碍剧院建筑正常发展的另一方面的原因是，资产阶级建筑师为了沽名得利，往往歪曲科学，弄出和别人不一样的奇怪东西来。他们常用的手法是片面地强调某一项功能，然后在这上面大做文章。将缺点隐讳起来，吹嘘没有实际意义的独创成就。

颓废的抽象艺术也严重地影响着剧院的建筑艺术。建筑师借口声学的要求，在墙上和天花上用奇形怪状的各种板子大搞抽象构图；借口什么空间视觉，把楼座扭来扭去。西德的姆斯特剧院的观众厅里，天花板上挂着1200盏大小不同、形状不同的塑料吊灯，乱七八糟一大片，说是为了改善声音效果，其实是建筑师故弄玄虚玩花招。

20世纪流行起来的，那些反映资本主义制度一天天没落下去的戏剧流派，例如象征主义、构成主义、表现主义、超现实主义等等，都对剧院建筑提出了种种要求，特别是对舞台的要求多得很，其中有些是想入非非的。在一些专搞各种“主义”的戏剧学院里，造了一些适合于这种演出的剧场。

20世纪剧院观众厅的式样非常多。头30年里，造过几个老式的马蹄形多层包厢的剧院，其中还有些不太小的。纽约的世纪剧院，德国的伯莱麦尔海文城的市立剧院（1911），柏林的人民剧院（1914），巴黎的辟迦莱剧院（1929），都是马蹄形的。辟迦莱剧院有三层包厢，连池座一起可以容纳1100个观众。它的舞台机械设备比较多，有四块车台；座位也经过特别设计。

为了改善视线条件，德国的马蹄形多层包厢的观众厅，两边的侧墙是直的，彼此平行。也有些老式观众厅把包厢改成周边式挑台，视线条件稍微好了一点，不过还没有彻底改善。

跟马蹄形观众厅差不多的是圆形观众厅。法兰克福的肖曼剧院（1931—1932）跟巴黎的叶丽赛广场剧院的观众厅就是圆形的。肖曼剧院一共有3000个座位，大部分在池座里，小部分在一圈周边式的挑台里。叶丽赛广场剧院比较好，平面完整，但舞台局促了些；它的观众厅里有两层包厢和一层周边式挑台，后来，包厢也改成挑台了。挑台附带着包厢，这是20世纪头几十年欧洲剧院里非常喜欢用的办法。

20世纪初期也有过古典半圆形看台式的剧院，柏林的大话剧院（1919）就是其中之一。赛尔茨堡的节庆剧院的设计中有一个半圆形的（1919）也很有名。

这时期里最普通的观众厅是矩形和扇形的，以及那些从它们演变出来的各种形式的。

扇形观众厅从华格纳剧院开始，到20世纪初在欧美各国慢慢传开，有了钢筋混凝土的大挑台之后，它的优点更加突出。矩形观众厅是跟着它出现的，把矩形大厅的前部两个角切掉，就跟扇形的差不多，不过是后尾收缩一点而已。扇形观众厅的后尾太宽，后角上的座位差，所以常常有建筑师想把它的后角切掉、压窄等等。这样就出现了扇形观众厅的各种变形，其中最常见的是钟形的观众厅。

这一类观众厅比较早的例子，有顺着慕尼黑的摄政王剧院下来的慕尼黑艺术剧院（1908），沙劳登堡的席勒剧院（1906），科仑的博览会剧院（1914），等等。

到了20年代之末，尤其是30年代，欧洲和美国的剧院差不多都是这种类型的。

在欧洲，20和30年代比较出名的有巴黎的夏乐宫剧院（1937）、英国的莎士比亚纪念剧院（1930）、瑞士苏黎士的考索剧院（1934）和德国的德绍市立剧院（1938）。

莎士比亚纪念剧院的观众厅是一个很标准的扇形观众厅，有1008个座位。它的楼座挑出很深，在观众厅的后部。两侧没有挑台。观众厅天花的形状是根据声学的要求设计的，它把舞台上的声音反射到观众厅的后面去；贴近台口的那一部分天花降低下来，把声音反射到观众厅的中央。它的舞台设备也很完善，主要表演区的台板可以升降，它的后面还有许多块活动台板，左右两个台囊都有车台。

这个剧院的舞台的重要特点是台唇很大，向前伸出，从左右两个候演室都有门直接通到台唇上来，这两个门在大台口的两侧。这种舞台叫作莎士比亚式舞台，是专门演莎士比亚的戏剧用的。早在19世纪后半叶现实主义潮流涌起来的时候，就有人提倡这种舞台了。他们说，莎士比亚写剧本的时候，英国的舞台就是这样，剧本是根据这种舞台特点写的，要真正欣赏他的艺术，就非得恢复这种舞台不可。19世纪后半叶，各国都出现了不少这种莎士比亚式的舞台。在这个剧院里，既然采用了这样的舞台，面光灯就得退得很远，所以它有三道面光灯。因为不演歌剧，就没有做乐池。

夏乐宫剧院很大，有3000个座位，大挑台上可以坐1000人。观众厅的底层，前面一大半是池座，后面一小半是散座，散座的前面几排是包厢，包厢的位置非常合适。包厢背后是横过道，在横过道两头各有一间小小的房间，那里存着活动隔扇，把隔扇拉出来，横过道后面那一部分就隔在观众厅外面了。挑台的前几排也是包厢。观众厅前半截的侧墙之外，各有一个三角形的空房间，这空房间能帮助这两片墙对声音起共鸣作用。建筑师利用了扇形平面的特点，很巧妙地处理了观众厅地面和休息廊、门厅等等部分之间的标高差。夏乐宫剧院的舞台有机械化装置，不过面积不够大，它的后台比较局促。

这个剧院最大的特点是整个在地底下，观众上下除了非常堂皇的楼梯之外，还有电梯。后台也有电梯上下。因为在地底下，所以防火、空气调节等等就不得不做得比较周到。

30年代欧洲的剧院里，德国的德绍市立剧院的舞台比较完善，除了基本台之外，还有两个很大的侧台、一个跟基本台一样大的后舞台。基本台有升降台板，侧台内有车台，转台放在后舞台上，到用的时候能开动到基本台上来。基本台后面有圆天幕。舞台上的布景、道具等等有专门的电梯运送。运软布景的电梯非常长，可以避免折叠软布景。可惜，在舞台面的这一层上，没有足够大的布景仓库和工作室，这是一个缺点。台唇的两头向前探出一点，演员、报幕人或者其他的人物可以从舞台经过一个小房间走到台唇上来，在大幕前活动。在固定的建筑台口后，有一个可以活动的台口框子，根据演出节目的要求，这个活动台口能大能小，调节舞台画面。它的化妆室围着后舞台布置，有天然光线。

观众厅是钟形的，有1260个座位。楼座向后错，容量很大。楼座前沿是小包厢，位置很恰当。在楼座和池座的最后，都有一排小房间，是为迟到的观众和其他工作人员看戏用的。

莎士比业纪念剧院、夏乐宫剧院和德绍市立剧院，可以代表第二次世界大战之前欧洲比较好的剧院。

20世纪的戏剧家里，有不少人研究着要消灭舞台和观众厅的界线。有些人觉得一个台口不够用，得有三个台口；有些人主张演员能在观众当中，在观众四周，在观众前后，等等地方演戏。

造了一些这种没有台口的舞台。剑桥的节日剧院（1926）和ADC剧院（1934）都是这样的。ADC剧院的舞台和观众厅之间有三步台阶，看起来，两者还有一点界线，这界线在天花板上表现得特别显著。节日剧院比较彻底，虽然舞台和观众席中间还有台阶，不过就像在同一个大厅里一样，在空间上没有什么分界。建筑师诺曼·贝尔·甘待司设计过一个群众剧院（1914），他把观众席和舞台放在一个正方形的大厅里。舞台也是方形的，在大厅的角上，没有台口，换布景的时候，就降到地下室里工作。这几个剧院没有乐池，都是为演话剧或者所谓摩登剧用的。

早在文艺复兴时代，意大利就有过三个台口的舞台，这大概是从连环画式的布景演变过来的，以后几百年里，这种舞台陆陆续续还有人做。1914年的科仑博览会剧院，是20世纪第一个用三跨台口的剧院。当时，设计人的意思是，在主要表演区换布景的时候，两边小台口还可以继续表演。后来，在巴黎装饰艺术博览会上，造了一个临时性剧院（1925），这剧院也是三跨台口，左右两跨是斜的，向前伸出。演摩登戏的时候，三个台口同时有人表演。

在美国还有一种使演员和观众接近的办法，这就是把舞台放在圆形观众厅当中，舞台面比第一排座位的地面还低下一阶去。表演的时候只有桌椅板凳之类的摆设，没有幕，没有景；演员从观众当中走出去，演完了就回到观众席里坐下。这种舞台当然是演所谓摩登戏用的。这样的设计挺不少，也盖了几个，最早的是哥伦比亚大学师范学院的一个。1940年华盛顿大学也造了这样一个剧院。在设计方案里，诺曼·贝尔·甘待司的想法常常有人提起，他把六圈座位放在环形的看台上，舞台在中央，像个圆形的岛，在观众席跟舞台之间有一圈深沟，演员就从这沟里走到岛上去表演。这种圆形剧院在美国出现了几年，没有发展下去。

20世纪头几十年里，真正造起来而形式特别的剧院之一是柏林的大话剧院（1919）。大话剧院的2500个座位排在古希腊式的看台上，这看台两头稍微向前伸长，所以有点像马蹄形。舞台上有一个直径18米的转台，转台上罩着一个球面天幕。舞台前面是30米宽的台口，台唇宽度比台口小得多，不过进深大，一直向前，伸到马蹄形观众席当中，把古希腊时代的那块表演区也包括在内。戏，可以在台上演，可以在观众席中央演，也可以上下一起演。在观众席当中的那一块表演区可以升降，不演戏的时候放上凳子就能坐人看戏。舞台上的那个转台也能升降，可以比舞台面高4米或低4米。台唇部分，分成三块可以独立升降的台板，可以跟舞台扯平，也可以和前面的表演区扯平。

这个大话剧院是为适应各种各样的戏剧用的。戏剧演出要求不断变化，建筑师就设计起“万能剧院”来。这些剧院，像柏林大话剧院那样，机械化的程度都是很高的。

在各种万能剧院的设计里，比较著名的是格罗庇乌斯设计的一个（1928）。这个剧院的观众厅是椭圆形的，在这个椭圆形里画一个中等直径的圆周和一个小圆周，这两个圆周与椭圆在长径的一头相切，这样，观众厅就被分为三部分，它们相切的地方，正是台口。所以，那个小圆圈里可以放上椅子作观众席，也可以当舞台的台唇；当用作台唇时升起来，摆座椅时降到观众席的高度；这个小圆还能旋转，可以当转台用。那个中等圆也能转动，能把小圆转到观众厅当中。这时候，小圆就成了独立的表演区，能升能降，可以表演摩登戏和杂技。小圆在当中的时候，可以降到地下室换布景。

在整个椭圆形观众席周围，还有一圈滑道。从舞台上可以开出车台来，顺着滑道在观众席周围绕圈，演员就在这些车台上做种种表演。它的基本舞台也是可以左右推拉的车台。在滑道和观众厅之间还有一圈银幕，有9个放映机分别照射它的9段，舞台上的圆天幕后也有7个放映机。这16个放映机配合剧情同时开放，使观众置身在一个戏剧家所需要的环境里。

格罗庇乌斯的这个设计，拿它当认真的剧院设计来看是不现实的，不过，它所提出来的有些想法还值得参考。格罗庇乌斯是和戏剧家庇士卡托合作的。

接着，英国人海瑞设计了一个伦敦的切斯威克区的剧院，诺曼·贝尔·甘待司设计了一个纽约的可变剧院，也都没有成为现实。

第二次世界大战之后，欧洲和美洲的资本主义国家里，设计了一些剧院，也盖了一些。在建成的剧院中，绝大多数是按照传统的方式布局的：主要表演区在镜框式台口后面，台唇前是乐池，观众厅的形状以矩形、扇形、钟形为多。

有些舞台改进比较大，面积比过去宽敞，机械设备更完善；台口、台唇、乐池等有更强的适应性。例如西德奥格斯堡剧院，活动台口不但可大可小，而且可以前伸后退。

观众厅容量，一般不超过1800—2000人，没有很坏的座位。平面和断面形式和挑台做法比较多。声学设计比较细致。

前厅部分的平面常常根据空间自由流通的原则来处理。

瑞典的玛尔摩市立剧院（1943）是一个很受重视的剧院。它的舞台上有一个直径20米的大转台，台唇很大，向前伸出很多。这台唇可以升降，所以既能演戏，又能排座椅，还能当乐池用。它的后台偏在一边，与城市的交通联系完全不和观众混杂。小化妆室对着花园，左边去舞台，右边通向排演厅，非常方便。后台还有一个宽敞的工作室，紧靠着侧台，和基本台之间只有活动隔断。运货汽车可以一直开到舞台上，也可以开到舞台下的台仓里。

玛尔摩市立剧院的观众厅能够用活动隔板按照不同方式分隔，因此，观众厅的容量能大能小。最小容453人，最大容1257人，此外，还可以分隔成容553人和697人的两种。活动隔板贮藏在观众厅右前方一个狭长的房间里，滑动轨道装在天花上。玛尔摩市立剧院的楼座挑台也很别致，它从两侧一阶阶跌落下来，一直落到池座里，显得楼座跟舞台关系比较密切，也显得观众厅楼上楼下打成一片，比较完整，统一。

玛尔摩市立剧院的影响不小，有许多建筑师从这个设计中受到启发。它是20世纪剧院当中相当有名的一个。

在西德也造了几个比较好的剧院，例如汉堡歌剧院（1950），科隆市立剧院（1957），曼汗姆的市立剧院（1957），等等。

汉堡歌剧院原来是1925年造的，在第二次世界大战的时候炸毁了，战后就着残留下来的舞台和后台，把前面观众部分又重新造了起来。这新造起来的部分组织得很有条理，观众厅在第二层，观众进了门厅之后，不存衣的，可以从左右两个楼梯上去；存衣的走下一个大楼梯，就是存衣厅。存衣厅很宽敞，柜台很长，存衣后可以从两边的楼梯上到观众厅去，或者上到各层楼座去；上观众厅和上楼座的楼梯是分开的。楼梯很多，疏散方便。

观众厅是六角形的，建筑师利用六角形观众厅的特点，在后半截做了沿边的楼座。楼座有四层，每层是由几个像抽屉似的小挑台组成的。这些小挑台都朝着舞台，从后向前，一个比一个低。视线条件比较好。

汉堡歌剧院的乐池也是新造的，能够升降，可以当舞台用，可以放座位，也可以一直降到存衣厅那一层，与储藏室联系。耳光灯有两道，面光灯的角度也很好。

科隆市立剧院有1360个座位，观众厅也在第二层。观众从存衣厅两边的楼梯上来，就到了一个很宽敞的钳形大厅里，观众厅的门都朝大厅开。座位是按长排法排的，观众厅前后划分成四个区，每个区在左右各有一个专用的门。观众厅的侧墙是几个独立错开的钢筋混凝土片，观众厅的门就在每两片墙之间。观众厅地面与大厅地面的标高差，在这两片墙之间调整。观众厅的门与楼梯的相互关系很好，观众疏散非常方便。这剧院的楼座比较特别，也是处理成一个个的小挑台。每个小挑台都是独立的，从两片侧墙之间探出来，左右错开，视线条件还不错。

科隆市立剧院的舞台和后台是很好的。乐池和主要表演区都有升降台板；侧台很大，有车台；转台存放在后台，用的时候可以推到前台来。化妆室围在侧台的外侧和前部，与表演区的关系比较好。侧台的后面是布景仓库。后台的背后是个院子，院子两侧还有化妆室和排演厅。后台附属房间非常多，有好几层。运送布景道具等等的汽车可在后台底下穿过，车道旁边就有各种电梯，组织得很出色。

这个剧院的立面很不好。

曼汗姆市立剧院有两个观众厅，各有自己的舞台。大的有1200个座位，是扇形的，舞台上有一个直径17米的转台，其他的附属房间没有上述两个剧院完善，主要是为演话剧和小型歌剧用的。它的小观众厅比较有特点，变化多，可大可小。当有深景舞台时，有乐池、台口，观众厅可有600个座位。它的乐池升起来变成台唇演话剧，观众厅能多添6个座位；这台唇也能变成宽宽的几步台阶，从舞台下到观众厅来，为演摩登戏用，这时座位还是606个。如果听演讲、独唱等等，舞台的前沿就能降下来放座位，降下一块台板，连乐池也加上去，观众厅就有755个座位；降下两块，就能坐871个人。遇到演杂技的时候，表演区就在乐池那儿，或者把第一块舞台板降到与乐池平，把表演区扩大一点，然后，把舞台面对着乐池一步步升高，也变成一个观众席，这样，观众就从前后两个方向看表演。

美国底特律的市中心剧院的设计和北卡罗林纳的查罗蒂剧院，观众厅都是扇形的，容量大。底特律剧院能容2900人，查罗蒂剧院能容2500

人。这两个剧院的舞台很局促，为观众服务的附属房间很少。

英国没有新建重要的剧院。在考文垂造了一个贝尔格莱德剧院，侧面墙上做了几个小包厢，很别致。1951年造的皇家音乐厅，在声学上考虑得很周到。

在资本主义国家里，虽然也造了几个比较完善的剧院，但是，剧院建设的总情况是不景气的。近几十年来，戏剧受不住好莱坞的攻击，一天天倒霉下去。比如，纽约在1925年有97个话剧院，1945年减少到36个，等到1947年，只剩下29个了。1960年，纽约的“戏剧季节”，又是空前冷落。正在一天天烂下去的资本主义社会里，文化繁荣是不可能有的了，剧院建筑的繁荣，也是不可能的了。

社会主义国家的剧场建筑

在社会主义国家里，剧院建设是一片繁荣景象，数量又多，质量又高，充分反映出在社会主义社会里，人民文化生活一天比一天丰富。

例如，在苏联，十月革命前夕，1914年，全国总共不过177个剧院，到了1956年，就有了512个剧院，在最新的七年经济建设计划里，规定从1958年到1965年，还要新建149座剧院。其中包括6座歌舞剧院，8座音乐喜剧院，66座话剧院，27座儿童剧院，42座木偶剧院。过去从来没有剧院的边远地区，现在也有了很好的剧院。这些数字还不能充分说明苏联剧院建设的规模和速度，因为，附设在文化宫和俱乐部里的剧院都没有统计在内。例如，列宁格勒的高尔基文化宫（1925—1927）的剧院，就有2200个座位，哈尔科夫的铁路工人文化宫（1929—1932）的剧院，有2000个座位。仅仅在莫斯科省一个地方，在1927—1931年这五年内，就造了大约50个有500—700座观众厅的俱乐部。

因为不受阶级私利的局限，所以，社会主义国家的剧院建筑，比资本主义国家的更能合理地利用当代科学技术中最先进的成就，并且有组织地、集体地发展新的剧院建筑科学。

社会主义国家的剧院，在形式上也反映着社会主义社会文化事业的民主性和群众性。不仅仅舞台和观众厅的使用水平很高，给演员提供了很好的艺术创作条件，给观众提供了很好的欣赏艺术的条件，而且，后台和前厅也都是非常完善的。它们宽敞，完备，设备齐全。前厅通常有存衣厅、休息厅、吸烟室、小吃部等等，甚至还有临时托儿所。后台除了化妆室外，还有阅览室、俱乐部、资料室、排演厅等等。布景和道具的制作及储藏，也有充分的面积。

对演员、舞台工作者和观众的全面关怀，是社会主义社会中建筑的人民性的具体表现，这在以营利为目的的资本主义国家的剧院建筑里，是无论如何办不到的。

为了保证大量建造的中小型剧院有相当好的建筑质量，在苏联，采用了标准设计的方法，成立了专门的剧院设计院。

文化演出建筑物的大规模建设，促进了社会主义国家剧院建筑科学的发展。不受剥削阶级偏见歪曲的现代的剧院建筑科学，首先在苏联形成。1940年，苏联出版的剧院建筑设计暂行规范，是剧院建筑科学的全面总结。1958年，苏联文化部剧院设计院修订了1940年的暂行规范。新规范对各种性质的剧院的容量，观众厅各种控制指标，剧院建筑物的体积，舞台、后台和其他各部分的做法，都有非常详尽的规定。这些规定建立在对国内外剧院建筑实践的科学研究上。

1932年以前，苏联的社会主义时代的剧院建筑形式还在探讨中，建筑师努力使剧院建筑更具有民主性，更具有群众性，更充分地利用科学技术上的新成就。

这时期剧院建筑设计的第一个特点是，广泛采用半圆形、圆形，或者扇形的观众厅，尽量避免楼座，让所有的观众不分彼此地坐在一个大厅里。这反映了革命初期一些建筑师对民主性的看法和追求的热情。例如，福明设计的彼得格勒的纳尔夫区劳动宫的剧院方案（1919），维斯宁兄弟设计的哈尔科夫歌舞剧院方案（1931），等等。

第二个特点是，为了满足广大工农群众对文化娱乐的要求，这时期设计的剧院观众厅的容量特别大。例如，新西伯利亚歌舞剧院设计要求3000个座位，哈尔科夫的要求4000个座位，而斯维尔德洛夫城的剧院的设计竞赛提纲，要求观众厅能容纳8000人。

1932年以前，剧院建筑设计的第三个特点是，积极探讨舞台和观众厅之间的新关系，并且用最新技术装备舞台。例如，台口特别大，台唇一直伸到观众席当中，把舞台和观众厅放在同一个建筑空间里，等等。这些剧院的舞台设计，都是很富有幻想的，机械化的程度非常高。马·格·巴尔金设计的莫斯科玛雅可夫斯基广场上的剧院方案（1932）就是这样的。

可以看出来，1932年以前，剧院建筑设计的主要特点，都是和建筑师对工农当家做主的新社会的热情分不开的。在对剧院建筑的新形式的探讨中，包含着许多可贵的想法。不过，因为社会主义建设经验还不充分，而且现代的剧院建筑科学在全世界都还没有成熟，所以，有些地方难免不够实际。例如，由于附属房间太多、太大、太高，所以每个观众所占的建筑体积在有些设计里达到120—130立方米，对并无特殊需要的剧院来说，太多了。机械化的程度在有些设计里也太高，超过演剧的实际需要。由于观众厅容量过大，当然就会有一些观众看不清舞台。在短时期内曾经活跃过的一些形式主义戏剧流派，常常使剧院建筑设计有特殊的形式，或者增加不必要的设备。

1932年以前设计的剧院，差不多都在1932年以后才造起来，所以早期设计中的一些不切实际的地方，在建设中都纠正了。

从30年代开始，苏联的剧院建设蓬蓬勃勃地开展起来，除了全国遍地建造的中小型剧院之外，在一些城市里，建造了许多很出色的大型剧院。

一般剧院的容量缩减到一两千人；综合的多用途剧院少了；超过实际需要的机械设备放弃了；观众厅很紧凑，增加了一两层挑台，视线条件有了改进；辅助房间的数量和大小改得合理了，每一个观众所占的建筑体积降低到50—60立方米，建筑物的经济性大大提高。总的说来，1932年以后，剧院建筑渐渐成熟了。

1936年，全苏艺术事业委员会举办了一次剧院建筑的标准设计竞赛，分1200座、1000座、700座三种。竞赛的目的是为了把剧院建筑的形式确定下来。确定剧院里到底要哪些房间，这些房间要多大；确定舞台究竟应该怎么样，要有哪些设备；等等。在这次竞赛之后，正式组织了剧院的标准设计工作。标准设计的竞赛，以后曾经举行过许多次，对普通剧院形式的完善起了促进作用。

四十多年来，苏联建造了许多大型剧院，其中特别著名的，有顿河上罗斯托夫城的歌舞剧院，明斯克的歌舞剧院，埃里温的斯潘基阿洛夫剧院，新西伯利亚的歌舞剧院，塔什干的阿历舍·纳伏依剧院，莫斯科的红军剧院，等等。

罗斯托夫歌舞剧院有一个2500座的观众厅和一个容纳800观众的音乐厅。观众厅在第二层，它的休息厅在门厅上面，音乐厅就放在这休息厅的上面。剧院的正门前有非常宽的大台阶，音乐厅的入口在台阶底下，这样，音乐厅跟剧院虽然在同一个建筑体积里，使这个建筑物显得特别雄伟，可是它们的观众不会混杂。

观众进门，到门厅里，左右各有一个存衣厅，是专为楼座观众用的。存了衣服之后，就在旁边上楼。大厅里观众的存衣厅还要从门厅往里走，在散座升起部分的底下。到大厅去的楼梯就在这存衣厅的两边，楼上楼下观众的人流分得清清楚楚。

观众厅是马蹄形的，有点近似圆形。地面升起很陡，最后有一排包厢。楼座挑出很大，不过楼下的人没有压抑的感觉，因为它的散座地面升起很陡。

乐池很宽，不过因为台唇非常突出，所以把乐池大部分盖住了，开口很小。这台唇两头都有一个小小的转台，这小转台上也能表演节目。

小转台前有台阶通到观众厅里来。

基本台是方形的，当中有一个大转台，转台外还有一圈环形的转台。里面的转台上还有升降台，可从表演区平面上升2米或者下降7米。换景的时候，降到台仓里，把台板取下来再换上一个台板去，在这台板上早就把下一幕布景都摆好了。台口的大小能够用机械调整，建筑台口高12米，宽19米。台口表面有弧面的钢筋混凝土防火幕。

基本台两边有侧台，侧台后部紧挨着布景仓库，非常方便。后舞台也很大，可以当布景工作室用。

化妆室在背后形成一个院子，汽车可以开进这院子里来，把布景跟道具一直送到仓库和车间里。仓库和车间是很多的，足够用。休息厅很宽敞。

埃里温城的歌舞剧院原来设计有两个观众厅，一个是室内的，在冬天用，有1500座；另一个是露天的，在夏天用，有2000座。它们合用一个舞台，一前一后，舞台用三跨台口对着它们，每一跨都可以成为一个表演区。

两个观众厅都是古典式的，是很宽的扇形观众厅，没有楼座，也没有包厢。后来，露天的剧院没有造起来，因为一个舞台供两个观众厅用，没有必要，反而会使舞台的使用质量降低。

化妆室放在舞台的两边，每边都形成一个院子。有一条很宽的坡道从院子里一直通到舞台上，大的群众队伍、骑兵队、坦克车都可以从这坡道开到台上去。在舞台上搞轰轰烈烈的大场面，是1932年以前戏剧家常有的要求，所以在剧院设计里要为这种场面准备好条件。

明斯克歌舞剧院观众厅的形状是大半个圆，前半部是池座，后半部是散座。楼座是周边式的，观众厅在第二层，有四个大楼梯从门厅上来，楼梯宽大，人流非常通畅。

休息厅围着观众厅，外墙也是半圆的。休息厅很宽敞。楼座那一层只做了一个休息廊，敞临着下层的休息厅，休息厅因此显得很活泼。

舞台也像罗斯托夫的那样，非常大，有侧台和后舞台，布景道具仓库贴在后舞台两边，很方便。化妆室很多，联系也很好。舞台两侧有门可以走到台唇上来，便利报幕人、演员或者其他的人到大幕前活动。台唇两端各有一个转台，也是为表演用的。

明斯克歌舞剧院原设计是2500座，造起来的是1500座。

红军剧院在莫斯科公社广场上，这广场是梯形的，红军剧院就在它的最高点，从远处看过去，非常雄伟。

剧院的前厅面积很大，是门厅，又是池座观众的休息厅。有两个辅助楼梯把前厅分成三部分。左右两部分对着上楼的主要楼梯。除了休息厅之外，还有两个很大的吸烟室。

观众厅是扇形的，前半部是池座，后半部是散座。散座升起很陡，所以池座观众可以从门厅进观众厅，散座的观众得上楼。散座的休息厅和楼下的对着。休息厅旁边还有小吃部。

建筑台口宽32米，不过活动台口的宽度经常在18米上下。在舞台和观众厅之间，有很好的防火幕，防火幕放在两片混凝土墙当中。

舞台又大又先进，当中的大转台上，还有一个小转台。转台都能升降，台上另外还有能升降的合板。侧台上有车台。后舞台很深，它有一个坡道，汽车可以从坡道上一直开上舞台来。舞台左右是布景仓库，它跟后舞台、基本台、侧台的联系都很方便。

因为红军剧院的平面是五角星形的，所以内部布置有不少困难。后台的演员化妆室塞在两个角上，比较局促，并且，排演厅和道具仓库不得不放到观众厅顶上去，不很方便。

塔什干歌舞剧院，原来设计的是容纳2300人，总体积184 000立方米，后来建造的时候改成1500人，总体积75 000立方米。

观众厅是矩形的，后墙呈弧形。两边跟后头都有包厢，两边包厢的视线条件并不好的。台口跟池座一样宽，所以池座的视线条件很好。楼座有两层，也都是沿边的。

基本台很大，有转台，不过侧台比较小，也没有后舞台。这剧院设计的时候受到预定的建筑形式的束缚，在最初设计中建筑体积非常大的时候，侧台也很小。

塔什干歌舞剧院的建筑细部装饰吸收了当地的艺术传统，由民间的老匠师雕刻。

1958年，在莫斯科克里姆林里改建成了一个剧院，可以容纳1200人。这剧院是用原来斯维尔德洛夫俱乐部改建的，所以后台并不宽敞。它的休息厅横向里拉得挺长，可以做展览厅用。

观众厅的旧墙平面是矩形的，改建的时候在里面加了一道轻墙，它使观众厅的平面前头窄，后头宽。在新旧两片墙之间的空隙，用来吸收高频声音。池座的墙面是8厘米厚的三夹板，吸收低频声音；楼座上的墙面是穿孔的铝板做的，里头垫着4厘米厚的卡普隆人造棉穿孔席，吸收中频声音。

克里姆林宫剧院的舞台设备很完善，除了转台、升降台板之外，还有四个半吨的升降机和电梯，在第一层天桥下部有单轨起重机。这个剧院有电视和无线电广播设备，还可以演出宽银幕电影。

其他社会主义国家，文化建设也是欣欣向荣。在短短的十几年里，建设了不少很好的大剧院。

德意志民主共和国的莱比锡歌舞剧院，是一个非常值得注意的剧院，这个剧院的布局，紧凑、严谨、实用。

观众厅放在第二层，有1800个座位，是钟形的。座位照长排法排列，前半个池座的观众都从两边疏散，两边的门利用钟形观众厅的特点，把里外标高差调整了。观众厅后有一排小房间，是导演室、观摩室和放映室。

观众厅底下是一个非常宽大的存衣厅。存取衣服绝不至于拥挤。

所有的楼梯都在存衣厅的左右，上楼以后，观众就到了观众厅的两边，正对着观众厅的门。到楼座去的楼梯是各层分开的，贵宾上下也有专门的楼梯。

后台的水平运输和垂直运输都很方便，汽车从舞台和后舞台之间的底下穿过去，顺着这条车道，有软景电梯、普通运货电梯、演员用的电梯，等等。这些电梯跟舞台、仓库、化妆室之间的联系十分方便，用单轨起重设备，可以把货物从汽车上搬到电梯上，从电梯上搬到仓库里或者舞台上。

莱比锡歌舞剧院的各种机器房全都在地下室里。

波兰改建的华沙大歌舞剧院，以及设计中的军人宫剧院和罗兹城的人民剧院，也都是很完善的。

罗马尼亚的布加勒斯特大歌舞剧院，也是近来欧洲比较好的剧院之一。

社会主义国家的历史虽然很短，但是，剧院建设和剧院建筑科学已经在世界上领先。剧院建筑在社会主义国家里之所以能够飞快地发展，主要是由于社会主义制度的优越性，由于有了共产党和工人党对建筑和文化艺术事业的正确领导。现在，社会主义的太阳高高升起，文化将要达到人类从来没有达到过的灿烂辉煌的高峰。在共产主义的世界里，普天下都会有富丽堂皇的剧院，一个比一个好，一个比一个漂亮，它们是共产主义文化的花朵，要把新世界打扮得万紫千红。

原载《国外剧场建筑图集》，1960，北京

关于建筑形式美

窦　武

研究建筑形式美的性质和规律，对提高建筑创作有很大好处，这种规律通常叫作建筑构图原理。

对建筑构图艺术，向来有两种片面的看法。一种是只承认不反映任何思想内容的形式美，把形式美的相对独立性绝对化，抽象地研究构图的各种规律，例如比例、权衡、韵律、尺度等等，忽略了这些规律在具象化时的社会性、民族性和时代性，把建筑艺术创作只当作对建筑物进行“合乎构图规律的美化”。这样，就容易使人忘记在创作中表现一定的思想情感，而使作品失去时代气息和民族特点。16世纪末叶以来，欧洲学院派的建筑师们就常常是这样。另一种是把“内容决定形式”的原理绝对化，否认形式美的相对独立性和客观性，认为建筑外形上的一切，小到一条线脚、一朵装饰，都蕴含着先进的或反动的思想，把审美的阶级性广延为一切建筑样式的阶级性。这种看法会使人们在创作中只努力于表现时代精神，而轻视对形式美的探求和对中外古今许多可贵的构图经验的研究，甚至会违反建筑的基本特性，走上象征主义的道路。

真正美的建筑艺术形式，既应该反映一定的思想内容，符合形式美的客观规律，又要适应于材料、结构等技术条件。充分地表现了思想内容的建筑形式并不一定是美的，例如古埃及的神庙虽有很强的艺术性，但却不美，它们使人窒息、恐怖，是中央集权的奴隶占有制的“纪念碑”。有些建筑物和谐、均衡，颜色和质感都不错，但不表现任何思想与情感，缺乏艺术的深度，空洞无味。过去建筑创作中的这种片面现象，是当时的社会历史条件造成的。崇高的思想内容和完美的形式在建筑物中和谐地结合，只有在我们的时代才有可能实现。

运用哪些形式美的规律，以及如何运用它们，都是经过创作者有意识选择的，历史上各种建筑风格的产生和流行，都说明了这一点。这就是建筑形式美的客观性和社会性的统一。拿权衡来说，狭而高的开间使建筑物显得严峻，宽阔的开间就爽朗明快，这是客观的效果。但罗马人使恺撒家庙的开间狭高，却使市场步廊的开间宽阔，这是由主观的审美要求决定的。再说尺度，现在谁也不怀疑合于人体的尺度是建筑形式美的条件之一。但是古埃及、古希腊早期和19世纪初法国的帝国式建筑，却有意使用超乎人体的尺度。建筑的艺术尺度必须合乎人体，是欧洲文艺复兴时代“人本主义”建筑师的审美观，这里包含着社会的选择。17世纪法国宫廷式建筑常用的立面构图是：上下分三段，左右分五段，各以当中一段为主，并强调对称中轴。这是大型建筑物立面构图的重要发展，是多样统一规律的巧妙运用，立面有秩序、丰富、主次分明。但考察它在当时当地的流行，可以看出，也反映了绝对君权时期严格的上尊下卑的社会秩序和无限权威的君主政体。

由此可见，研究建筑构图原理的时候，必须从建筑的思想内容和形式美的规律两方面着眼，这才有助于分辨和取舍中外古今的建筑创作经验；忽略了任何一方面，都容易产生“全盘否定”或“全盘接受”的偏差。

对建筑的形式美，向来有两种认识，一种是把它当作自然美和社会美的概括，另一种把它当作某种先验的东西。

《诗经·小雅·斯干篇》赞美周宣王的宫室“如鸟斯革，如翚斯飞”，欧阳修描写醉翁亭“峰回路转，有亭翼然临于泉上者”，都用飞鸟来比拟舒展飘洒的中国木构建筑。古罗马建筑师维特鲁威说希腊人根据男人和女人的身体确定了柱式的比例，说上层柱子应该小于下层柱子是因为树木的自然生态如此，说建筑物形式匀称的首要条件是：使它的各部分与整体间，以及部分与部分间有一个共同的量度单位，因为人体即是这样的。欧洲文艺复兴时期的建筑家甚至把人体和建筑物的比拟推广到教堂的平面上去。

根据自然美和社会美的认识所创造的形象，并非抽象、绝对的，它植根于现实中，有认识的意义。维特鲁威根据希腊人的见解，不把柱式当作什么超然的“比例优美”的构图因素，而把它当作有性格、有表情的，他主张按照不同建筑物的思想内容选用各种柱式和开间处理，并做相应的修正。这种对建筑艺术构图的理解基本上是现实主义的。欧洲文艺复兴时代的大师们灵活地适应于艺术表现的要求而运用并创造柱式构图，所以他们的作品就具有强烈的性格和感情。

另一种认识是形式美建立在抽象的几何与数学关系上。古希腊反动的奴隶主贵族的思想家毕达哥拉斯认为“数”是宇宙的基础，因而“数”的秩序也是形式美的根据。他从比例中段的关系确认“黄金分割”是最和谐的权衡，他认为边长为三、四、五的直角三角形是最美的，因为这种三角形三边的关系最“完善”。这种认识在古希腊晚期和17、18世纪的欧洲曾经对创作很有影响。法国学院派的古典主义者在创作和研究历史名迹时运用抽象的几何方法，寻求最简单的整数比，用两脚规和直尺代替眼睛来判断形式的美丑，并且辛辛苦苦为柱式制定一整套烦琐的数据，然而他们的作品大都是毫无表情和个性的。现代资本主义国家的一些建筑物虽然样式、体形、手法都很新颖，外形也很漂亮，但风格却相当贫乏、浮薄，没有深刻的内蕴，缺乏艺术感染力。其原因乃是它们没有，也不可能反映崇高的思想感情。

所以，尽管存在着形式美的客观规律，抽象地探讨它们，把比例、权衡、虚实、尺度等概念当作建筑构图原理的基本内容，是不够的。应该把形式美的规律和一定的艺术目的结合起来研究，要培养这种自觉和本领，要善于在创作中追求表现，不断地从现实中概括新的美好的形式和它的规律。

建筑的形式是发展的。促成这种发展的原因很多，主要的有：不同时代的阶级关系对占统治地位的审美观的影响；当时占主导地位的建筑类型；材料结构等技术条件；以及建筑工作者的艺术经验。人们在实践过程中不断发现新的构图规律，对客观规律的理解是在长期实践中逐渐深入的，运用这些规律的熟练程度也是逐渐提高的，相应的手法也是逐渐丰富起来的。因此，不能把建筑形式的每一种发展变化都归结为社会的或者材料与结构的原因。例如，宋代官式建筑的彩画装饰向明、清两代的转变，恐怕就主要是由于艺术经验的逐渐丰富。如果不承认建筑艺术发展的这个原因，就会忽视建筑创作劳动的意义，就会使人放松艺术锻炼，放松对前人艺术经验的深入钻研，也会因此看不到创立新风格所必需的艰苦劳动和自觉的努力。

建筑师应该努力为适应思想内容、功能、技术经济条件等的要求，探求新的构图手法，创立新的建筑风格。

原载《建筑学报》1962年11月27日

外国古代纪念性建筑中的雕刻

一、古埃及纪念性建筑中的雕刻

古埃及的匠师们很善于运用雕刻和绘画来加强纪念性建筑的艺术表现力，他们充分认识建筑、雕刻和绘画的特点，使它们服务于一个艺术目的，各得其所，各抒所长，收到相得益彰的效果。

古埃及是皇帝专制的早期奴隶占有制国家，奴隶主阶级巩固剥削制度的方法之一，就是利用宗教来神化皇帝，把他的统治说成天命的、永恒的，把皇帝说成人民的保护者、秩序和正义的维护者。为了这个目的，古埃及的历代皇帝们致力于建造陵墓、宫殿和庙宇，对这些建筑物提出了很高的思想艺术要求，要求它们千年万代地告诉人们：人在皇帝面前是渺小的，皇帝崇高伟大，有超自然的神力，在他的生前或死后，都应该崇拜他。

为陵墓和庙宇选择了最坚实的材料，花岗石和石灰石。因为在这些纪念性建筑物的形式和风格的形成时期，所用的工具主要还是石质的，对材料的加工能力有限，而且对石头的梁柱结构能力还不熟悉，所以，它们采用了简洁的几何形。建筑师在这个基础上加工，夸张了建筑物的几何体的单纯、精确和稳定，使它们具有威严的纪念性。这些建筑物非常庞大，非常封闭，也非常沉重；它们的像悬崖峭壁似的体积和重量使人感到压抑，而压抑之感正是宗教情绪的起点。

古埃及的匠师们在这些纪念性建筑物中使用大量的绘画和雕刻，使建筑造成的宗教气氛有明确的内容。既然建筑物是石造的，有“永恒”的意义，所以匠师们就更偏爱坚固耐久的雕刻。不过他们在雕刻上施浓重的彩色，使薄薄的浮雕往往有壁画的效果。

雕刻不仅主题、题材和建筑物的品类完全吻合，在风格、构图、布局等各方面也都同建筑的艺术构思和物质技术条件相适应。圆雕的风格在主要方面和建筑一致，它们仿佛从整块岩石略加打凿而成，体积有明确的几何性，巍巍然极其稳定、沉重；它们的概括性极高，省略许多细节，通体浑朴，没有琐碎的阴影，因而全身均匀受光，闪闪发亮，气概格外庄严伟大。但圆雕的柔和的轮廓和富有弹性的体质，又和建筑物棱角方正的形体、刚硬的直线和平面相对比，反衬出后者的力量。浮雕的性格却在主要方面和建筑成对比，它的优雅的形象、敏锐的线和面，以及极薄的层次，正好反衬出建筑物的雄强、厚重。可是浮雕的构图的几何性、图案化和轮廓的单纯明确，又是和建筑的风格一致的。圆雕和浮雕同建筑之间的不同的变化统一的关系，大约出于两种原因：第一，和建筑一样，圆雕之浑厚和浮雕之纤薄，和用石头工具在石头上加工制作有很大关系。第二，圆雕大多作重要的纪念性雕刻，有相对的独立性，所以强调它和建筑的一致；浮雕大多作装饰性雕刻，从属于建筑物的特定部位，所以强调它和建筑物的对比。圆雕、浮雕同建筑的复杂的变化统一关系，使它们的艺术综合体更加丰富，各自的性格更加突出而又和谐地配合。

在陵墓和庙宇的布局中，雕刻因素和建筑因素交替地出现在纵深的层次里，它们反复渲染气氛，使艺术效果深化。以古王国的哈弗拉（Khafra）金字塔为例。这塔高达143.5米，它的东麓有哈弗拉的祭庙，但祭庙的入口门厅却在大约500米以外的地方。门厅外形是一座12米高的长方形锥台，它的北面卧着一尊高20米、长49米的大狮身人首像，头部刻的是哈弗拉的肖像。向哈弗拉献祭的人们，早在尼罗河岸就已经感受到了屹立在沙漠边缘的狮身人首像和金字塔的力量，它们恢弘庄严的气派引起人们对皇帝的尊敬。群众性的祭祀在狮身人首像的两爪之间举行，这座半从天然山岩凿成的大像，抬着深沉刚毅的脸傲然望向远方，全然不理睬献祭的人们。它的巉岩一样嶙峋峭拔的躯体和极藐视人的表情，给献祭者以极大的压迫，形成了建筑群的第一个艺术高潮。在群众性的祭仪之后，一部分特权者走向门厅，门厅有两个入口，各自一对不大的狮身人首像拱卫着。进门，通过幽暗曲折的甬道，走到一个满是粗壮的方柱子的丁字形大厅里，大厅里一共有23尊1.5米高的哈弗拉的坐像，人们在柱子的间隙里，转弯抹角，到处都影影绰绰地看到哈弗拉的像。然后，再进入一条长约450米而宽大约只有两米的黑甬道，人们在这里从四面八方受到神秘的压力，心情一步比一步紧张。走完这条甬道，再穿过一个塞满了柱子的大厅和一段极狭窄的黑过道，人们忽然来到了一个露天院子里，它四周都是哈弗拉的威严的雕像，在太阳照耀下闪闪发光。这时候，金字塔高入云霄的塔尖就飞起在院子上空。于是，行程中在心里积储起来的宗教情绪突然爆发，这里形成了建筑群的第二个艺术高潮，祭仪在这里最后完成。

再以典型的庙宇布局为例。庙宇前面通常有一段两侧密排着狮身人首像或圣羊像的夹道，这种夹道最长的有两千米。重复地排列同样的雕像，深远的透视感使夹道仿佛比实际的长得多。夹道的尽端壁立着庙宇高大的门面［卡纳克（Karnak）的阿蒙（Amon）神庙的第一道门面有43.5米高、113米宽］，上面刻着描写皇帝的功业的浮雕。门面之前大多有一对或两对皇帝的圆雕像。和庙宇的体量相称，这些像很高大［著名的阿孟霍特普三世（Amenhotep III）的祭庙门前的像有19.59米高］。如果是太阳神或阿蒙神庙，则像之前又有一两对几十米高的方尖碑。在长长的两列狮身人首像之后，庙宇门面、方尖碑和圆雕像形成了建筑群的第一个艺术高潮。朝参的群众在这里做祈祷。祈祷之后，一些高官贵胄走进大门。门后是一个三面或四面被柱廊环绕的院子。（有些庙宇有好几进院子，使宗教情绪的酝酿过程加长。皇帝的祭庙则在院子周围的柱子前面安置皇帝的雕像。）院子后面是大殿，二者之间以一个门洞相通。大殿里密密排列着十几米高的大柱子，柱子之间的净空有时候甚至比柱子下部的直径还小。柱林造成奇诡的空间幻觉，好像每一棵柱子后面都隐藏着一些神秘的东西。从高窗漏进来的零零碎碎的阳光被圆柱子扯得奇形怪状。柱子上，墙上和天花上满是宗教题材的彩色浮雕。在这样的大殿里，安放着神和皇帝的雕像，供人礼拜。这里是建筑群的第二个艺术高潮，礼拜仪式在这里最终完成。

从这两个例子可以见到，古埃及的匠师们非常善于利用纵深构图，适合于宗教仪典的过程，有起伏、有节奏地安排艺术高潮。他们利用雕刻因素和建筑因素的互相加强，互相补充，为每一个高潮的出现做了充分的准备，因此造成了几乎不可抗拒的艺术感染力。在没有做好充分酝酿之前，主旨雕刻不轻易拿出来。

这两个例子中形成高潮的手法有些相似。哈弗拉金字塔祭庙的第二个艺术高潮是从甬道进入院子，见到皇帝的雕像和金字塔尖顶时形成的。甬道是极窄的，院子比较宽敞；甬道里是漆黑的，院子里充溢着炫目的阳光。神庙的第二个艺术高潮出现在从院子进入大殿见到神或皇帝的雕像时。院落是明亮而宽敞的，大殿里却幽暗而又被柱林挤得很逼促。可见，空间大小和光照明暗的强烈对比，是古埃及匠师们烘托震撼人心的艺术力量的有效手段之一。

上述两个例子的第一个艺术高潮中，雕像和建筑物的巨大体积起着很重要的作用。古埃及的建筑物和雕像，形体都非常简洁，没有比较小的分划和细节，所以它们的体积不大容易被正确认识。匠师们巧妙地利用体积的对比解决了这个困难。在20米高的哈弗拉大狮身人首像旁有12米高的门厅，这是第一层对比；门厅两个入口的左右各有一对高约3米的狮身人首像，这是第二层对比。3米高的像的体积很容易被人正确认识，通过两层对比，大狮身人面像的体积就充分表现出来了。同时，它又比较出了金字塔的体积。对比出庙宇的门面和它前面的雕像的体积的，是两长列狮身人首像或圣羊像。它们每个连座高不过两三米，沿路一直排列到庙门前，通过它们，人们远远地就可以对庙宇门面和雕像的体积有相当准确的了解。方尖碑是狮身人首像和庙宇间的过渡物，因为狮身人首像和门面的体积相差过于悬殊，必须有方尖碑在二者之间接应，门面的体积才表现得更准确。碑的瘦长的形状特别能夸张建筑物的高度，而对高度的夸张，也许比准确认识更受古埃及的匠师们欢迎。庙宇门面上的浮雕的主要形象很大，容易使庙宇看起来不大，但次要形象的大小和真实的人体比较接近，而门洞两侧边框上的浮雕又分划成小幅，它们纠正了大形象造成的错觉，反衬了建筑物的高大。

在其他建筑物中，也常常用小雕像来衬托大雕像的体积。例如阿布辛贝（Abu-Simbel）的阿蒙神庙前的20米高的拉美西斯二世（Ramses II）的雕像，旁边有高不及它的膝盖的皇后像，皇后像之前又有略小于真人的石雕的鹰。一些并不高大的雕像，往往利用更小的像的对比来夸大它。例如第六王朝时安契利斯（Ankhiris）氏的陵墓中的灵位，在圆雕的肖像两侧有两对浮雕像，靠里的一对只有靠外的那一对的一半高，用它们来反衬中央的圆雕。

古埃及匠师们重视利用建筑物和雕像对比，使整个综合体生动起来。庙宇正面用见棱见角的梯形平墙面衬托着浑圆的雕像。皇帝祭庙的院子里，柱子前面立着皇帝的雕像，这些柱子必是方的。例如拉美西庙（Ramesseum）的院子里，方柱子和方额枋齐外面平接，十分干净利落，它们把雕像一个个毫不含糊地衬托出来。而这些雕像双足并拢，双臂抱胸，通体浑圆，起伏隐约。一般神庙，前院的柱子是圆的，仅仅在两柱之间安置雕像，这些雕像依靠长方形的开间衬托，动态比较大，一条腿向前伸出，双臂在身体两侧摆开，与圆柱有所对比。古埃及建筑和雕刻的对比最动人的是哈弗拉的大狮身人首像和金字塔。在无垠的旷原上矗立着包括哈弗拉金字塔在内的三座大金字塔，它们都是棱角锋锐的方锥体，而在它们前面的大狮身人首像却有柔和的外彩和圆圆的头部，它把金字塔对比得更严峻，更峭拔；它使整个建筑群活泼起来，更丰富，也更完整了。

为了保持古埃及纪念性建筑物的艺术效果，就必须保持它的几何性和它的沉重、封闭与稳定。所以，古埃及的浮雕是极薄的，也是极敏锐的。这种极薄的浮雕重视线条的表现力，重视轮廓的明确肯定。在古王国时期，绝大多数浮雕是微微凸出墙面的，因为当时主要依靠石质工具，微凸的浮雕易于用磨石磨出精致而确定的轮廓。并且，当时浮雕大多用在祭庙和坟墓的内部，微弱的光线不会削弱这种浮雕的表现力。到了新王国时期，浮雕的应用范围扩大，外墙面上也大量使用浮雕了。这时候，外墙面的浮雕几乎都是轮廓凹入于墙面的。这是因为在强烈的阳光照耀下，极薄的凸出式浮雕的轮廓会模糊，而凹入式浮雕的极锋利的轮廓线却仍然鲜明，能保持形象的完整。这样的轮廓也比较不容易被碰坏。大量使用这种浮雕之所以可能，是因为新王国时期已经普遍应用了金属工具，比较易于在石头上凿出锐利而流畅的凹入的轮廓线。在有了金属工具后，凹入式浮雕比凸出式省工，所以从拉美西斯二世大规模造庙宇时起，就连内墙面的浮雕也采用凹入式的了。

古埃及的浮雕一般不拘于自然的真实。为了更充分地表现主题，为了更完美地装饰建筑物，加强建筑物的性格，匠师们使用了许多特殊的表现方法。

“多视点”是常用的特殊方法之一。在表现对象时，匠师们往往综合地使用俯视、正视、侧视等图形。他们为每一个局部选择最便于表现其特征的视点，同时要求从各种视点描绘出来的局部能组成最有装饰效果的画面。例如描写湖中行船，湖是俯视平面图，它的四沿的树木向上下左右倒去，而船和荷花又是侧面的。最著名的是古埃及浮雕中的人体的多视点表现法：头和脚是侧面的，眼、肩和胸是正面的，下肢转侧四十五度，表现女子，则胸部略作转侧，使一个乳房凸现在轮廓上。这几个视点，正是最便于表现人体各部分的特征的，最便于作极薄的浮雕的，最便于保持平面感的。

为了保持墙面平板厚实的性格，古埃及的浮雕还避免深远的空间感，不用、大概也不知道用透视法。在古王国时代，甚至很少用多层的浮雕。单层浮雕不仅易于避免空间感，而且形象完整、单纯，因而建筑性很强。到了新王国时期，多层浮雕才流行起来。但古王国和新王国多层浮雕的各层形象都站在同一个地平线上，表现在一个垂直面上，既不逐层后退，也不逐层缩小，也没有固定的视点，所以并不产生空间感。古王国时期萨卡拉（Sakkara）的普达海特帕（Ptahhetep）陵墓中的五只仙鹤，是这种多层浮雕的绝好例子。这幅浮雕中，四只鹤昂首向前，另一只背转身子，平衡了构图，为了保持腿部构图的装饰效果，竟没有把这只背转的鹤的腿雕出来。

不用，或者也不会用透视法，古埃及的匠师们在表现广阔的空间时，采用叠砌横格式的构图。近处的事物在最下层，最远的在最上层，每层各有自己的地平线。狩猎、战争和大规模的劳动场面就是这样处理的。不过，有些劳动场景按不同的工作分格，不顾远近。叠砌横格式构图很有建筑性，可以加强建筑物的稳定感，保持墙面的平面感。由于王朝前期和古王国早期一些象牙浮雕和壁画中并不用连续的地平线分格，所以大致可以推断，这种构图法是有意用来和建筑取得协调关系的。在许多浮雕中，皇帝比一般人高大几倍，立在横格之外。这样，不仅突出了主要的作为崇拜对象的皇帝，而且也加强了墙面的整体性。底比斯（Thebes）53号墓中阿曼乃赫（Amenemhet）狩猎图，就是这种横格式浮雕。但是，这样的构图不能表现出狩猎、战争、大规模的劳动等等场景的波澜壮阔、惊心动魄的气氛。因此，从中王国时起，就有一些匠师企图突破这种构图，他们打断地平线，使它起伏错落。到了新王国时代，有一些浮雕在表现广阔的空间时完全放弃了地平线。例如，卡纳克的阿蒙神庙外墙上描述赛底一世（Seti I）攻打迦底什（Kadesh）的浮雕，赛底一世战车所到之处，人仰马翻，它们不再躺倒在一层层的横格里了。这些浮雕的建筑性比较差，不过很生动，表现力很强。它们并不是透视的，仍然用多视点的构图，多层场景在一个面上展开，而且镶嵌在整个墙面的水平构图中，所以，它们没有严重破坏墙面的坚实感。

内容不相连续的几幅浮雕在一个墙面上时，各用花边或象形文字组成的边框隔开，它们重叠在一起，砌筑感很强，同建筑非常和谐。庙宇门面中央门洞，周边就好像是用一幅幅浮雕砌成的。圆柱上的浮雕常常分段构图，成为几层环状的装饰带，每层浮雕都强调垂直线，因此，柱子的浮雕既有砌筑感，又适应着它作为支柱的受力情况。但是新王国时代和晚期，也常在柱子上做几米高的人像，而且动态大，线条的方向混乱，因而破坏了柱子的结构逻辑。

浮雕中，布置着显著的垂直线和水平线，画面有很强的几何性。武器、权杖、家具、植物、象形文字等等都可以用来造成这些几何线。卡纳克阿蒙神庙墙上的一幅拉美西家系图，以垂直线为主，而且相隔一定距离就有一条特别强的垂直线，或是神龛前的柱子，或是权杖，或是树干，把画面划分为相等的格子，画面就像乐谱。而阿比多斯（Abydos）的赛底一世祭庙内的一幅刻着圣舟等等的浮雕，则用阔大的横线条控制着画面。浮雕上这种以横竖线条为主的几何性，使它很容易和建筑物协调。

古埃及浮雕的节奏感很强。最简单的是等距离反复排列同样的形象。稍稍复杂一些的，像萨卡拉的狄（Thi）的墓中一块浮雕那样，几种形象相间地重复出现。在多层浮雕中，节奏就比较有变化了。多层浮雕常常像几幅完全相同的单层浮雕重叠在一起，下层的比上层的略微向前错一点，因此就产生了线条的有规则的疏密交替。底比斯的坎留夫（Kheruef）的墓中，有一块浮雕刻着两行公主，画面上线条的疏密有三种变化交替着，而两列油罐和酒罐，则像是和声。特别明确肯定的节奏，是古埃及浮雕富有装饰效果的重要原因之一。

获得装饰效果的另一项手法是注意使空白底子的形状完美，而且和形象的关系得当。阿布辛贝的阿蒙神庙里有一幅刻着被缚的战俘的浮雕，底子布置得匀称，宽窄合宜，大小适中，一些过于空疏的地方用绳索上的荷花点缀一下，顿时丰富而且活泼。在不容易使底子形状完美或者它空洞无物时，就用象形文字来帮助。象形文字本身是小小的图案，它可以出现在画面的任何地方，可大可小，铭文可短可长，可横可直，所以常被用来调整画面。

有了以上种种特点，埃及纪念性建筑物中的浮雕是图案化了的。它们的细节，如头发、胡子、衣饰、花草、翎毛等等也都经过图案化。图案化的构图，结构严整而明确，是极有建筑性的。这种构图的表现能力比较差，但匠师们利用象征性手法，多少补救了一些。萨卡拉的狄的墓中有一幅猎河马的浮雕，用布满画面的垂直线表现尼罗河茂密森郁的芦苇丛，气氛十分逼真。新王国时代，以战争为题材的浮雕中，常见皇帝一手握着一大群敌人的头发，另一手举着长矛，而敌人则哀号求恕，这种处理很生动，很能概括关于皇帝和国家等复杂的观念。对重大历史事件和复杂的社会思想的概括能力，是纪念性建筑中的装饰浮雕所必需的。

为了追求庄严、雄伟和不可动摇的稳定感，新王国时代的纪念性建筑物是对称的，有明确的中轴线。浮雕的布局和构图，也都着重表现这一点。庙宇门面上的浮雕，虽然每幅本身构图并不对称，但它们隔着门面的中轴线遥遥对称着。门面左右墙面上的大幅浮雕，靠近中央的形象比较矮，脸的朝向比较随便，而靠近外边的，则比较高大，一定朝向中央。有时候，最外边的形象的动态很大，一臂上举，一臂指向中央，它们使左右整个墙面产生了明显的向内的倾向，大大加强了庙宇门面的整体性。

古埃及匠师还善于根据不同的地点选择不同的浮雕题材和它的尺度。例如新王国时代美迪乃-阿部（Medinet-Habu）的祭庙兼宫殿，正面的塔楼的墙面上，刻着以拉美西斯三世（Ramses III）的征战为题材的浮雕，不用横格式构图，形象高大，战争场景表现得很炽烈，画面动势极强。但皇宫内的姬妾后宫里，装饰浮雕采用了横格式构图，刻着拉美西斯三世日常生活的情景，形象不大，画面宁静而安定。前者是给外人看的，重于表现皇帝的权势和力量；后者是给自己欣赏的，重于怡悦。

总之，古代埃及纪念性建筑中的雕刻，经验是很丰富的。虽然有许多局限，包括阶级的、意识的、技术的和艺术发展水平的局限，但可资借鉴的东西还是很多的。

二、古代西亚和波斯纪念性建筑中的雕刻

底格里斯河（Tigris）和幼发拉底河（Euphrates）下游是西亚的文化发展得比较早的地方。这儿是冲积平原，没有石头，树木也不多，古代居民用黏土和芦苇造房子，特别讲究的，比如庙宇和宫殿，慢慢用上了土坯。两河下游潮湿多雨，为了防止土坯被侵蚀，后来在宫殿和庙宇的墙垣下部用好一点的砖砌一圈墙裙。墙裙的高度和人身相近，材料又比较坚实，于是启迪了艺术家；可以在这儿加装饰来提高建筑的艺术表现力。在乌尔城（Ur），有一座卡西特人（Kassite）的王献给母神的庙（约公元前1440），它的墙裙是由特制的型砖砌成的。这些砖按照预定的设计在模子里压成各种形状，砌起来正好形成了墙裙表面的一列狭长的龛和龛里的神像。神像既然由模制的型砖砌成，所以式样不宜很多，只有两种，一男一女，交替反复。为了进一步使型砖种类尽可能地少，也为了便于砌筑，神像很简单，近似一圆柱体。墙裙承担着整个墙垣的重量，这里的雕像本来不宜于轻巧，所以这些凝重的神像在艺术上还合适。但是壁龛太深，以致破坏了墙裙的坚实感。

后来，技术逐渐进步，有些建筑物在外墙面上贴一层烧过的砖来保护土坯。有些更重要的房屋，用防水性能更好的琉璃砖贴在墙裙外面。在特别紧要的部位，琉璃砖贴满整个墙面。彩色斑斓的琉璃砖有很好的装饰效果，艺术家们敏感地看到了这一点。这时候，正好皇权进一步摆脱了氏族制的残余。皇帝本人从古老的社会关系中上升出来，他们比以前更迫切地要求艺术来颂扬自己。艺术家开始探索面砖的装饰方法。这种方法在新巴比伦（New Babylonia）王国时代达到了很高的成就。

用面砖做装饰，和先前在墙裙上用砖砌神像不同。它不是把砖做成各种形状，而是在同样的长方形砖上按预先塑就的形象模压出不同的起伏，烧上不同的彩釉，然后用它们在墙上拼凑成一幅幅浮雕。面砖是小块的，因此浮雕也只能很薄，不至于在墙上造成许多大片阴影和强烈的虚实变化。这正符合建筑艺术的要求，因为当时两河下游的土坯房屋

的外貌，都是单纯而稳定的几何体，建筑师利用这种形象，顺势加以夸张，在宫殿中表现皇权的“巩固”。薄浮雕能保持甚至强调建筑物的单纯和明确的几何性，强调它的厚重和封闭。

和面砖的生产条件与施工技术相适应，艺术家创造了“印花布”式和“壁毯”式两种浮雕构图（名称是笔者杜撰的）。壁毯式构图用于不大的整幅墙面，建筑物中特别重要的地方。它按特定的条件经过完整的设计，有主从，分上下。新巴比伦城里的尼布甲尼撒王（Nebuchadnezzar，公元前6世纪）的王宫正殿里，宝座背后的墙面装饰就采用壁毯式。印花布式的构图是在墙面均匀地反复排列不多的几种浮雕形象，它的好处在于可以自由地适应高低宽窄各种不同的墙面。新巴比伦城的伊什达门（Ishtar）的墙面虽然曲折复杂，印花布式的浮雕构图并没有发生困难。这两种构图都是程式化的，具体刻画的能力很弱，但它们能有效地强调墙面的平面感和整体性，装饰性也极强。墙垣的平面感和整体性对于增强纪念性建筑物的雄伟和庄严是很有用处的，甚至是十分必要的。新巴比伦的印花布式的浮雕的题材，大多是牛、狮子和麒麟。它们并不奋厉迅猛，而是沉静端庄的，这也有利于保持墙面的稳定感和渲染宫殿的肃穆气氛。

尼布甲尼撒王宫和伊什达门的装饰浮雕都是用彩色琉璃做的。底子深蓝色。牛是金黄色的，它的鬣是蓝色的。麒麟色白而有金黄色的细部。由于底子的颜色对比很强烈，所以艺术家特别重视形象的剪影和轮廓线，使它们明确、简练、流畅而富有表现力。同时，也势必要努力使底子的形状完美。这样一来，浮雕和整个构图的装饰性又进一步提高了。

叙利亚、两河上游和北部山地的建筑和两河下游的有点两样。这里不缺石头和木头。墙垣的最常见的做法是土坯墙而以乱石砌墙基，然后在下部内外立起大块石板作墙裙。这一米多高的墙裙，是整个建筑物上唯一可以做雕刻的地方，也是极宜于安置雕刻的地方。渐渐，把装饰雕刻安置在建筑物的下部，就成了这一带的影响很大的传统。在辛塞里（Zincirli）、萨克杰格齐（Sakjegeuji）和台勒-阿拉夫（Tell Halaf）等地的公元前8世纪的宫殿和庙宇里，墙裙石板上都布满了浮雕。浮雕的主题是歌颂皇帝的，题材很简单，最常见的是长着翅膀的皇帝立在中央，左右各有一头神兽。构图是对称的。这些浮雕通常是每块石板上一幅，彼此不连续。不连续的浮雕随处可起可止，很适合当时的建筑物，那时的建筑物很不规则，墙面经常转折或者被插断。

大门是出入的必由之路，自然就成了艺术处理的重点。宫殿和庙宇的土坯墙通常厚达3米以上，所以门洞很深。门洞内侧墙裙最前面的一块石板，特别厚，特别高，稍稍向前凸出，在这块石板上刻着一头猛狮。它的向前突出的头和前胸是圆雕，侧面则是浮雕。这种圆雕和浮雕相结合的手法，很切合它所在的位置的观赏条件和结构逻辑。这对狮子突出了大门的建筑艺术意义，有力地表现了皇帝的权势，也很巧妙地解决了墙裙转角处浮雕构图的困难。

有些重要的建筑物的大门被木柱子分为三个开间。柱础大多是石的，刻成趴着的雄狮或者狮身人首像，它们是用钝的工具刻成的，所以圆浑厚实，正适合于承重构件的职能。台勒-阿拉夫的卡巴鲁（Kaparu）宫的大门的三棵柱子，是石刻的神像，站在圣兽的背上。神像柱多用垂直线而圣兽则以水平线为主，它们构图的承托关系和时构关系相协调。

在尼姆鲁德（Nimrud）、尼尼微（Nineveh）和杜尔-沙鲁金（Dur-Sharrukin）的亚述帝国的宫殿里，都有大量的雕刻，它们发展了这个地区的传统。墙裙浮雕的题材和构图发生了变化。它们大都是有情节的，详细记录着征战、行猎和重大的国家性仪典。构图是连续的，有时候占满整个墙裙高度延展开来，有时候用花边把墙裙分为两个横格，上下各自描述自己的故事。墙裙浮雕的这些发展，使它能够表现的内容大大扩充，表现力大大增强。浮雕有单层的，也有多层的，有的画幅里所有形象一律站在地平线上，有些则将地面展开，不过并不做透视处理。这样的浮雕保持了墙裙的平面感和坚实感。后期的作品，例如尼尼微的一些，构图散乱，时时出现突破横格的很强的斜线，这就背悖了墙裙的结构逻辑，仿佛削弱了它的承重能力。杜尔-沙鲁金的萨艮（Sargon）王宫里，三米高的墙裙不分横格，刻着魁梧威严的廷臣跟在王的背后鱼贯地走向正殿，这些形象高大、浑厚，有强烈的感染力。他们排列匀称，轮廓肯定而完整，建筑性很强。

杜尔-沙鲁金的雕刻中，最著名的是拱卫在卫城城门、王宫宫门和它的大殿正门等处的长着翅膀的狮身人首像（已发现的有28个）。其中有一些和前面提到过的一样，身躯在门洞里，头和前胸伸出在外面。这是一种有两个面的特殊雕刻。亚述艺术家大胆突破先例，在正面刻了两条腿，侧面四条腿，其中转角处的腿是共同的，因此这兽一共有五条腿。这似乎是荒谬的，但其实却是符合于具体条件的勇敢的独创。这些像高、长各约四米，前胸大约一米多宽，而门洞的宽度只有四米多一点，因此来往的人并不经常同时注意到它的前面和侧面，它们逐个展现在人的眼前。使每个面独立完整，是完全合理的。把它们做成圆雕，固然可以不必做五条腿，但却不合它们作为墙裙承重构件的身份。另一些五腿兽立在各道大门的外侧左右，侧面朝前，往来的人一般不会注意到它们的正面。

公元前6世纪，波斯帝国统一了整个西亚。古波斯有两处重要的建筑遗址，一处在苏萨（Susa），一处在帕赛伯利（Persepolis）。前者离巴比伦很近，建筑近于巴比伦的；后者在山区，混杂了亚述、巴比伦和埃及的建筑手法。苏萨的宫殿里有大量琉璃砖浮雕，主要的题材是武士和狮子，同样的形象重复排成长列，武士在上，狮子在下，所以上部以竖线条为主，下部以横线条为主，构图很稳定。琉璃的底色是深蓝的，浮雕形象以金黄色为主，个别部分是绿色、白色或浅蓝色的，为了防止琉璃砖烧制时釉彩流散混杂，所以在不同色块的周围做一道小小的凸棱。艺术家们精心安排这些棱线，它们使非常薄的浮雕显得很有精神，很刚劲。材料生产过程中必需的措施产生了良好的艺术效果。

帕赛伯利王宫的浮雕的题材比较别致，它不采神话和历史，却记录下每年一度在这里举行的、帝国贵族和臣服的国君们前来朝拜的盛大仪式。仪式的场面过于真实地刻在各个情节实际进行的大殿的台基上或栏板上，因此浮雕比较分散，概括性也不高，它们的艺术力量不强。每一个情节的主要人物，波斯皇帝，成为每一个浮雕场面的中心，通常安置在迤逦很长的浮雕的尽端、各个大殿的门洞的内侧。这些门洞内侧的浮雕，可以作为独立的作品看待，它们概括性比较高，艺术效果很强。把它们放在门洞里，也是有充分理由的：其一是这里可以防避风雨，不像台阶上那样易于破损；其二是在仪典进行时，有些人不能走进大殿去，他们只能在门前朝拜。无论是台基上的还是门洞里的，所有浮雕都是单层的，所有形象都站在地平线上，整幅浮雕的形象单纯、肯定、有明确的几何性，能够很好地和建筑物相适应。门洞内侧的浮雕，构图和比例都和建筑物配合得很紧密。

西亚和波斯的建筑装饰雕刻，很薄，很简练，采用程式化的处理，重视线条和轮廓，不着重表现体积和空间，所以装饰性强，建筑性强。它们和建筑物的功用、构造、施工、材料的生产等等结合得十分密切。它们适应所在位置的实际观赏条件。这里有不少可以借鉴的经验。

三、古希腊纪念性建筑中的雕刻

古希腊人在纪念性建筑中大量使用装饰雕刻，是在石头普遍地代替木头成为主要建筑材料之后，这是公元前6世纪的事。这些石头的纪念性建筑物，无例外地都是按照建筑“法式”（Order）建造的，主要是多立克式（Doric Order）和爱奥尼式（Ionic Order）。每种法式有自己一套基座、柱子和檐部的式样、比例和相互关系；细到线脚和装饰花样，大到平面布置和开间大小、柱子高矮，都有相应稳定的规定，因为当时纪念性建筑物的形制非常简单，所以法式就基本上决定了整个建筑物的外貌和风格。法式也大体规定了装饰雕刻的部位、大小和构图。

古希腊自由民要求于庙宇的不是神秘，不是威压，不是蔑视人的感情与理智；他们要求这些建筑物表现他们对现实生活的兴趣，表现他们的尊严、自信、乐观和力量。他们力求庙宇明朗、和谐、典雅。按照当时希腊自由民的观点，这些气质都蕴藏在人的形象中。建筑师在推敲建筑法式和建筑物的权衡比例时，常以发育完美的人体作标准。古罗马建筑师维特鲁威（Vitruvius）在转述希腊的建筑经验时说："建筑物……必须按照人体各部分的式样制定严格的比例。"他记录了两个希腊故事，说多立克式的柱子仿拟男体，而爱奥尼式的则仿拟女体（见《建筑十书》）。古希腊建筑法式非常概括地表现着完美的男体和女体。同时，古希腊的雕刻的主要特点之一是理想地表现男子和女子的形体的美，希腊雕刻家费地亚斯（Pheidias）说过："再没有比人类形体更完善的了，因此我们把人的形体赋予我们的神灵。"（转引自苏联雕刻家Меркулов自传）因此，古希腊的雕刻和建筑在精神气质上能够十分和谐地相结合。

多立克式建筑起源于伯罗奔尼撒（Peloponnese），这儿是盛行贵族寡头专制的农业地带，风格比较严峻、重拙、刚强。爱奥尼式建筑起源于手工业和商业发达的、盛行奴隶主共和政体的小亚细亚（Asia Minor），风格比较华丽、精巧、柔和。所以古希腊人称多立克式为男性的，称爱奥尼式为女性的。这两个地区的雕刻风格也不相同。多立克地区的雕刻是雄浑、质朴的，多裸体的男像。爱奥尼地区的雕刻是柔美、精致的，多衣饰华丽的女像。前者强调体积，而后者重视线条。因此建筑和雕刻在风格上的适应达到极精微的程度。有一些爱奥尼式的建筑物，如德尔斐（Delphi）的西芙诺人（Siphnos）祭品库和克尼特人（Cnides）的祭品库，用娴静的女像作柱子；一些多立克式的建筑物，如阿克拉冈（Akragas）的宙斯（Zeus）庙，用肌肉强壮的男像作承重构件，在艺术上都非常完整、统一。

古希腊的建筑法式在用木框架和土坯造房子的时候已经大体定型，后来经过不大的调整转化到石建筑上，所以，建筑法式反映着木构建筑物的结构逻辑，而它们的装饰雕刻的布局、体裁和构图也就跟着适应于这种结构逻辑。多立克式建筑和爱奥尼式建筑的木构起源不同，它们的结构逻辑不同，它们的装饰雕刻的处理也就不同了。

多立克式建筑物上安置雕刻的部位比较多，通常在檐壁（frieze）的陇间板（metope）上、山花（fronton）上和山墙的三个角上（acroteris）。这些地方在结构逻辑上说都是不承载重量的。承载重量的构件，如柱子、额枋（architrave）、三陇板（triglyph）、基座等一般都不做雕刻，使它们显得坚实。光洁的承重构件和有雕刻的非承重构件相对比，一方面构图上有舒疾繁简的变化，比较生动，一方面鲜明地表现了建筑物的承重体系，建筑物因此显得有条理，有力量。陇间板和山花都相当于木构建筑物中填补空隙的板子，不要求它们在艺术上表现得结实厚重，相反，由于它们都是位于建筑物上部的被负荷者，要求它们看上去轻巧些，于是，从公元前5世纪起，这两处的雕刻就采用了高浮雕，加强这里的明暗对比。后来，山花上的雕刻甚至采用了圆雕。建筑艺术的结构逻辑的要求正和多立克式雕刻的风格相适应，多立克式雕刻是善于用体积表现粗犷的力量的。同时，它们强烈的体积感和整个庙宇非常协和，因为从公元前6世纪以后，希腊庙宇的主要形制是“围柱式”(peristyle)，就是在长方形的圣堂之外围一整圈柱廊，圆柱和柱廊是很有体积感的，整个建筑物因而也是体积感很强的，它和高浮雕完全契合。山花上用圆雕，还有另外两条原因：其一是它的位置比较高，浮雕怕看不清楚；其二是它下面有一条水平檐口，会把浮雕的下半部遮住。而如果把浮雕向前推到与檐口在一个面上，建筑物就会显得沉闷。据维特鲁威记载希腊人的经验，大型庙宇如果山花有雕刻，整个山花就应该略略向前倾斜，这也是为了好教下面的人看清楚，不教水平檐口挡了雕刻。

高浮雕或圆雕的最高点分布均匀，大体处于同一个垂直面上，不致破坏建筑物的几何性。雕刻以垂直线为主，一来为的是和建筑物构图相适应，二来为的是安在高处可以不致有过大的变形。

陇间板是正方形的，一般面积不到一平方米，能容纳的形象有限。这里常用的题材是英雄故事，每一方上刻着英雄生平业绩的一个场面，彼此连续。陇间板随檐部绕庙宇一周，它的雕刻能装饰庙宇的每一个面。山花虽然仅仅装饰庙宇的两端，但它面积大，在出入口上方，位置高而显要，所以特别宜于安置场面广、人物多、内容比较复杂的纪念性雕刻。既有普遍装饰，又有突出的重点，这是多立克式建筑物的雕刻布局的优点之一。山墙的三个角上的圆雕能使庙宇的轮廓生动、丰富，并且使斜檐口的两端有安定的结束点。

爱奥尼式建筑一般只在檐壁上安置浮雕，只有极少数建筑物，像以弗所（Ephesus）的猎神庙（Artemiseum）和德尔斐的两座祭品库，才在山花上和山墙的角上安置雕刻。爱奥尼式的檐壁是连续不断的，高不及一米而长度达到几十米或者上百米的浮雕，构图很困难，不得不分组处理，各组间的关系比较松散，因而题材很受限制。由于这些布局和构图的原因，爱奥尼式建筑物往往没有什么作为重点装饰的纪念性雕刻。连续的檐壁，在结构逻辑上说，整个都有承载作用，这就要求它看起来坚实。于是，希腊人只在它上面做很薄的浮雕。爱奥尼式的浮雕本来是极善于用细微的层次和线条表现体积的，这种雕刻特点正和建筑艺术的结构逻辑的要求切合。

小亚细亚有一些爱奥尼式庙宇接受了西亚的做法，在建筑物下部布置装饰雕刻。例如，以弗所猎神庙的柱础和帕迦玛（Pergama）的宙斯祭坛的台基，都特别高，上面有丰富的浮雕。

古希腊建筑从木构向石构过渡时，曾经有过一个在木构建筑物的檐部贴一层陶质面砖以保护木构件的阶段。当时希腊的日用陶器大多着色，陶质面砖把彩色带到了建筑物的檐部。这时期陶质的塑像也是彩色的。后来，石建筑承受了彩色的传统，檐部构件和装饰雕刻也着色。颜色很强烈，追求装饰效果而不斤斤于自然的真实。例如德尔斐的西芙诺人的祭品库上，浮雕的底子是蓝色的，人体肤色是大理石本色，头发红色，衣服则作红、蓝和绿色。

多立克式和爱奥尼式建筑都把主要的装饰雕刻放在檐口之下，这有几方面的理由。一是从内容上考虑，雕刻大多以神像为主，宜于放在高处，希腊建筑物一般不很高，雕像在檐部不致有损观赏效果；二是从技术上考虑，檐口可以庇护雕刻，减少风雨的损害；三是着眼于整个建筑物的艺术效果，有心使它下重上轻，下拙上巧，越往上越华丽，显得有根有梢，神采奕奕，同时也可以避免檐口下阴影过于沉闷；最后，考虑到人在观赏建筑物时习惯于略略把视线抬高。

公元前5世纪中叶，希腊打败了波斯侵略者之后，泛希腊的文化交流大大发展起来，交流的中心是阿提加（Attica）地区，在这里造了一些融合两种建筑法式的庙宇。例如雅典（Athens）的赫斐斯特庙（Hephaesteum）、森尼乌姆（Sunium）的波赛顿庙（Poseidoneum）等，都是多立克式庙宇而局部有爱奥尼式的檐壁。这时期最杰出的建筑群和建筑物，雅典卫城（Acropolis）和它的庙宇，也是对多立克式和爱奥尼式兼收并蓄的。建筑物的装饰雕刻的布局、手法和体裁因此更丰富多彩了，而风格渐渐单纯了。

雅典卫城建筑群和它的主要建筑物是古希腊建筑艺术和雕刻艺术相结合的典范。卫城在一个小山头上，是雅典保护神雅典娜（Athena）的圣地，在打败波斯侵略军之后重建，以纪念雅典的繁荣强盛。卫城的主要纪念物是奉祀雅典娜的帕特农庙（Parthenon），此外，伊瑞克仙庙（Erechtheium）、胜利神庙（Nike）和山门（Propylaea）也都是重要的建筑物。卫城建筑群布局的基本原则是：第一，按照每四年一次祭祀雅典娜的仪典的行进路线布置建筑物和雕刻，有层次地逐步展开；第二，利用原有地形，建筑物和雕刻随宜布置，不强求对称一律，而着眼于向游行队伍构成最完美的画面；第三，力求景色多变而又统一，建筑物与雕刻交替成为画面中心，主次分明，艺术效果一气呵成。

仪典游行队伍从西面上山之前，必须先绕过卫城的西南角，那儿砌着8.9米高的峭壁，峭壁顶上沿边有半圈胸墙围着胜利神庙和它的圣坛。有一段大约35米长的胸墙上刻着爱奥尼式浮雕，它们和爱奥尼式的胜利神庙在风格上统一。浮雕的主题是庆祝胜利，它面向峭壁的外面，就是面向上山的队伍，唤起人们因战胜波斯而生的自豪感。

山门是多立克式的，没有装饰雕刻，这符合于它的身份。进了山门，左前方30米处有一尊11米高的作战士装束的雅典娜像，立在高高的基座上。这铜像既表明了卫城的宗教意义，也纪念着抵抗波斯人的爱国战争。它为刚进山门的人构成了一幅完整的画面。右前方80米之外是帕特农庙，它体积虽然大，但距离远，正好和雅典娜像均衡，像后大约70米处（离山门约100米）是伊瑞克仙，它衬托着雕像，增加了景物的层次。雕像的垂直形体和四周水平展开的建筑物对比，使景色丰富生动，而且有了轴心。它并不正对山门，而是略向南偏，恰好给刚进山门的人以最好的观赏角度，并避免了和山门的朝向单调地一致。雅典娜像的前面和左右安置着许多小小的雕像，它们反衬了雅典娜像的高大，而它又反衬着帕特农的体积，使人们在远处就相当准确地了解庙宇的规模。

仪典队伍经过雅典娜像的南边到了帕特农的西廊下。多立克式的帕特农雄踞在卫城的最高点，是整个建筑群的中心。它的山花和陇间板上都有雕刻。在整个建筑群里，只有它的山花有雕刻，而且只有它的雕刻有鲜明强烈的色彩，这就使它的主导地位更加突出。

但帕特农的正门在东面，队伍还必须朝前走，这时候出现在左前方的爱奥尼式的伊瑞克仙的女像柱廊接引着队伍。作为柱子的六个白大理石少女像端庄娟秀，楚楚动人，它们的女性美和她们悠然自在的神态有意和帕特农的严肃雄强对比，使整个建筑群的气氛活跃起来。古典时代的雅典人满怀着对现实生活的热爱和自信，不要求圣地过于肃穆。

再往前走，祭祀队伍到了帕特农的东面。在这里举行献祭仪式时，人们正对着宏伟壮丽的帕特农，可以见到山花上描写雅典娜诞生的群像，并且穿过庙门见到圣堂中香烟缭绕着的、裹着象牙和黄金的雅典娜主像。这是整个建筑群中最庄严辉煌的景象，是它的艺术最高潮，同时，这里的献祭仪式也是整个仪典的最高潮。

除了服从建筑群布局的总原则外，可以看出雅典卫城上雕刻配置还考虑到以下各点。第一，雕像的材料和颜色很有变化：有铜的，有白大理石的，有大理石而着彩色的，有用黄金和象牙镶裹起来的。第二，雕刻的体裁很多：有圆雕群像，有单座立像，有高浮雕，有浅浮雕。第三，雕刻所处的位置和构图有很多种：有单独立在基座上而成纪念碑的，有做柱廊的，有安在山花上的，有胸墙上横向展开的，有檐壁上的，而檐壁既有爱奥尼式的连续构图，也有多立克式的陇间板构图；此外，还有山墙尖上和檐口滴水的雕刻。所有这些变化，使雅典卫城异常丰富多彩。

帕特农东西两个山花的群像是多立克式建筑物中构图最完善的。在山花的三角形框子里安置群像很不容易，希腊艺术家用了一个世纪以上的时间才达到了帕特农的水平。公元前580年左右完成的考夫（Corfu）的猎神庙的山花浮雕，中央是女妖（Gorgon）和她的两个女儿，两侧是卧着豹子，它们的外侧又刻着神和巨人之战。这幅浮雕的构图是死板地对称的，而且受了三角形的限制，外侧的形象要比中央的小得很多，完全不能协和，不能组成统一的画面。公元前460年完成的奥林匹亚（Olympia）的宙斯庙的山花雕刻，形象的大小比较接近，能够形成统一的画面，不过，构图还是完全对称的，显得单调、呆板。而且，为了适应三角形的外廓，两边的形象或坐或跪，最边上的侧卧倒在地，还有点勉强。帕特农的山花雕刻大约完成于公元前431年，它们的构图已经摆脱了对称而代之以多变的均衡，群像所能表现的内容因此增加了，形式也更丰富了。它的东山花，刻的是雅典娜诞生的故事，南角上，日神的马车刚刚露出地平线，北角上，月神的马车刚刚没入地平线，它们表现了雅典娜诞生的时间，同时非常巧妙地适应了三角形的两个锐角。这种构图上的适应和雕刻的内容有内在联系，非常和谐。中央的形象还是比两侧的大一些，但它们是宙斯和雅典娜，他们形象的大小和他们的身份完全吻合，很自然。群像中，中央的形象的主轴线大致是垂直的，两侧的向中央倾斜，愈靠外边的倾斜得愈厉害。这样安排轴线，不仅和三角形的外廓更加协和，而且整个构图紧凑而稳定，建筑性很强。

帕特农的圣堂左右墙壁的外面和圣堂前后的内层柱廊之上，有一圈爱奥尼式的檐壁。这檐壁之高略大于一米而长达160米，如此狭长的带状构图本来是很难集中统一的，雕刻家在这里采用每四年一次的向雅典娜献祭的仪典作题材，长长的游行行列和祭祀仪式正好适合做带状处理，因而这个全希腊最长的浮雕的构图十分完整，十分统一。浮雕中游行行列的起点在西南角，一路沿南壁前进，一路沿西、北两面向东，最后两路会集在东端，那儿刻着雅典的祭司在奥林匹亚诸神中向雅典娜献礼。真实的游行队伍掠过帕特农的西北角沿它的北面向东走，人们看到檐壁上的队伍是和他们一起前进的。浮雕的起点的位置完全适合于帕特农在建筑群中的位置和真实的游行路线。但是，这个檐壁浮雕的观赏条件却很不好。围廊宽度只有4.57米，檐壁下沿高于廊子地面12.20米，所以，仰视浮雕，变形很大，而且观赏者很吃力。雕刻家大概曾有意使浮雕的上部比下部略深一点，以求减轻变形，但效果不明显。在廊子外面看这列浮雕，则它被一棵棵柱子遮断。大约在12米之外，外层柱廊的额枋就开始遮住浮雕的上部。廊子里的天花是方格形的，反光不强，浮雕的照明情况不很好。考虑到当时希腊建筑艺术的精敏细致，参照奥林匹亚的宙斯庙、雅典的赫斐斯特庙和森尼乌姆的波赛顿庙的处理，似乎帕特农的建筑师和雕刻家不致有这样简单的疏忽，很可能，这列浮雕的处理有一些特殊的考虑。

帕特农圣堂里的雅典娜像是木胎而外包象牙和黄金的。像连基座全高约12米，它前面的正门门洞高约10米，二者相距约21米，所以在庙前很远就可以看到圣堂里神像的全身，在祭坛处看，构图尤其完整。它可能依靠天窗照明，也可能仅仅依靠门洞里进来的光线。祭典是在早晨举行的，这时候旭日正好照进圣堂，大概里面还是相当明亮的。公元前

5世纪初以来，庙宇的圣堂大多被两排柱子纵向分为三部分，中央放神像的比较宽。帕特农的圣堂在神像背后还有横向一列柱子把左右两排柱子联系起来，神像三面被列柱兜住，它和建筑物在空间上的结合更妥帖了。这时期的庙宇，内部柱子是上下两层重叠的，和外面相比，圣堂内的尺度大大缩小了。这种处理，大约有两条理由：其一，如果只用一层，因为很高，按照建筑法式，保持柱子一定的权衡，柱子就会很粗，圣堂内就会逼促，神像受到挤压。帕特农圣堂内净高约12米，用一层柱子的话，照外面前后端内层柱子推算，底径应该是两米，这样，23棵柱子就要占去很多地方。把这些柱子分为上下两层之后，柱子的权衡不变，由于每层的高度减少，下层柱子的底径就只有1.06米，内部空间宽敞得多了。其二，如果用一层柱子，又粗又大，对比之下，神像显得矮小。把柱子分为两层后，第一层柱子只到神像腰部，把神像衬托得大多了。据推测，有些庙宇在第一层柱子之上是一圈骑楼，人可以上去瞻仰神像的头部。假如在圣堂里用一层细而高的柱子，结构既不合理，风格也不统一。

伊瑞克仙庙在帕特农北面，是个次要建筑物，体积比帕特农小得多。为了避免混乱，避免景色单调，也为了加强伊瑞克仙在建筑群中的地位，建筑师不采用最流行的围廊式，而使伊瑞克仙在各方面和帕特农形成强烈对比。它的极复杂的体形与帕特农的长方形体相对比，它的朝南的一片光亮的大理石墙面和帕特农北面的柱廊相对比，它的素净的石料本色和帕特农的浓艳的色彩相对比。伊瑞克仙西南角上的女像柱廊很有效地加强了这些对比。它向南突出，深达两个柱距，有独立的体积，使庙宇的形体复杂化了，它的深深的阴影对比着大片光墙，使墙面显得更明亮耀眼，它的华美对比着墙面的简洁，它消除了墙面的僵硬之感。同时，白墙也把女郎像鲜明地衬托了出来。女像柱廊的六个少女像高约2.10米，娴雅端丽，似乎丝毫不曾感到承担着的重量。这神态是和古典时期希腊自由民的审美理想，和当时的建筑风格，特别是爱奥尼式建筑的风格完全合拍的。右面的像略舒左腿，左面的像略舒右腿，彼此呼应，保持着柱廊构图的完整性。她们的身躯挺直，衣纹下垂，形象适应着承重支柱的结构逻辑。女像柱廊的檐部没有檐壁，这样，在保持檐部对整个高度的正常比例的条件下，檐口和额枋的尺寸比较大。如果保留檐壁而把整个檐部各部分按比例缩小，它的尺度同女像和整个庙宇都不协和。

伊瑞克仙四周檐壁的底子是近似大理石的灰蓝色石灰石做的，浮雕用白大理石做，镶上去。它们不着色，反衬着帕特农的富丽。

小亚细亚的一些纪念性建筑物，处理装饰雕刻的手法比较多，其中有的是借鉴西亚的古老传统。有的产生在古希腊晚期，那时社会情况复杂了，建筑物类型多起来，建筑构图装饰手法也就更有变化了。其中以哈利卡纳苏（Halicarnassos）的莫索尔（Mausolos）王的墓和帕迦玛的宙斯祭坛这两个建筑物中的雕刻配置手法对以后影响比较大。

莫索尔的陵墓的塑制很特别，在一个高台基上安置着灵堂，灵堂周围有一圈爱奥尼柱，灵堂之上是金字塔式的高耸的顶子。整个建筑物的形体是集中式的，强调垂直轴线，向上挺拔而起。这样的构图包含着纪念碑的一般特点，它很适宜于在顶子上安置主要的纪念性雕刻。雕刻家在这里安置了一辆驾着四匹马的胜利车，车上站着莫索尔王和他的王后。在纪念性建筑物的顶上安置雕像，这是很重要的新手法，它使纪念物的轮廓丰富了，使圆雕在整个纪念物的构图中的作用大大增强了，雕刻和建筑的结合因而更密切了。虽然从公元前6世纪以来，希腊就有不少纪念物是由圆雕立在柱头上或者基座上构成的，但它们体积很小，从来没有成为有独立意义的纪念性建筑物。所以，莫索尔王陵的形制有重要的开创意义。莫索尔王陵的另一项新手法，在柱廊的间距里安置圆雕，也有同样的意义。开间的阴影衬托着雕像，因此这些雕像的轮廓和动势的表现力特别重要。富有表现力的轮廓和动势同长方形的开间的对比很强，它们使每个开间活跃起来。

帕迦玛的宙斯祭坛的台基很高。除了正面被宽大的台阶切断外，三面是连续的长达120米的浮雕。浮雕的幅面高2.3米，它上面柱廊的柱子高不及3米，所以浮雕在整个建筑物中占着极重要的地位，构图的气魄非常大。祭坛在山坡上，浮雕很深，上着鲜亮的颜色，老远就能看得清清楚楚。这些浮雕表现着神和巨人之战的最紧张的一刹那，所有的形象的动态都十分激烈，其中有一些甚至突出了画幅，切入到基座的檐口或者下面的方线脚里去，战争的激情表现得惊心动魄。但是它严重破坏了基座的结构逻辑，使它失去了应有的敦实厚重的性格，同时，也使它失去了对上面轻灵的爱奥尼式柱廊的对比衬托作用，它们所表现的激越的情绪、猛烈的运动、强大的力量，也都和爱奥尼式的柱廊不协调。此外，台基的高度和柱廊高度相仿，不仅主次不分，而且使柱廊在雕像的对比下尺度显得过小，失去了纪念性。

这些晚期的小亚细亚纪念性建筑物，虽然装饰雕刻的处理有不少不够成熟的地方，但处理手法大大增加了，一些新的道路被开拓出来了。这些新手法对后世发生了相当大的影响。

四、古代罗马纪念性建筑中的雕刻

古罗马帝国是欧洲古代建筑最繁荣的时期。这时期的建筑，包括它们的雕刻装饰手法，对以后欧洲一千多年的建筑有很大的影响。

古罗马帝国时期，欧洲的奴隶制度十分发达，生产力达到了奴隶制度下的最高峰。在帝国的首都罗马城里，建造了大量的公共建筑物和纪念性建筑物。竭力要求它们规模宏大，气度庄严，装饰得富丽堂皇。为了建造这些建筑物，发展了出色的券拱技术，使用了天然混凝土。和这些条件相适应，古罗马建筑中的装饰雕刻产生了新的手法。

不过，古罗马建筑并不以艺术的精致完美见长，所以，虽然创造了一些新的艺术手法，却未必在当时都运用得十分成功。

古罗马建筑活动的一个突出特点，就是世俗的公共建筑物的重要性空前提高，例如剧场、角斗场、浴室等等。在这些建筑物的里里外外，装饰着大量雕刻品。装饰雕刻有两个特点，都和古埃及、古希腊的大不相同：第一个是，圆雕占主要地位，浮雕很少；第二个是，圆雕没有建筑性，形式和风格同建筑没有确定的联系，布置的手法是陈设式的。

造成这两个特点的原因大致是：

第一，这些公共建筑物是为奴隶主和无业游民的十分腐朽、堕落的生活服务的，所以它们的装饰只求华丽，以满足骄奢淫逸的趣味，而无需主题性的雕刻。浮雕的特长在于能比较具体地表现复杂的主题，在这些建筑物里没有必要。圆雕则因为姿态生动，轮廓多变，同建筑的对比很强而装饰效果显著，受到特别的重视。

罗马奴隶主从希腊化各国掠夺大量的艺术品，建筑师们利用现成到手的圆雕来装饰公共建筑物。后来，罗马兴起了大批仿制希腊雕刻的作坊，它们的产品是商品，于是，又利用这些仿制品来装饰。这些雕刻，本来就不是为装饰特定的建筑物而创作的，它们当然没有建筑性，同建筑的风格和构图没有一定的联系。因此，装饰的手法就趋向陈设式的了。

第二，这些建筑物的规模都很大，例如，罗马大角斗场的立面高达48.5米，戴克利仙浴场中央大厅的跨度达到23米，浮雕在这种情况下很难找到富有表现力的位置，而圆雕则仍然可以有相当强的装饰作用。罗马人常用青铜制作雕像，体态和轮廓远比石头的复杂得多，空灵得多。它们在大理石的衬托下更加鲜明。

为了保持正常的尺度，雕像不能做得很大，一般都近似人体。所以，它们难以同规模很大的建筑物直接在构图上联系，而需要有一些建筑细节作为中间物，雕像就同这些中间物取得尺度和构图的协调。通常作为中间物的有壁龛、列柱、倚柱等等。如果是浮雕，则利用线脚先在建筑物上做出边框之类的大分划。当圆雕安置在壁龛里和倚柱或列柱上的时候，手法就是陈设式的了。

壁龛、倚柱和分划内部空间的列柱，连同雕像都是规模宏大的建筑物的必不可少的艺术细节，它们一方面标志出建筑物的真实大小，一方面使大得异乎寻常的建筑物在尺度上接近人体，因而看上去亲切，不压抑人。罗马奴隶主在这些建筑物中追求的是安逸和享乐，他们绝不希望这些建筑物是傲慢而不可亲的。

第三，古罗马大型公共建筑物大多采用天然混凝土做券拱结构。墙垣也是用混凝土浇筑的。由于建筑规模过于宏大，罗马人不得不力求施工便捷和使用廉价材料，墙面通常用型砖镶嵌，或者抹灰，只有特别讲究的地方才覆贴大理石板，而石板一般很薄，只有15厘米左右。在这种情况下，浮雕就不可能发达，而发展了用各色大理石板镶嵌成图案的装饰手法。

为了抵抗拱顶和穹顶的侧推力，墙垣必须很厚，经常达到5—6米。为了减轻墙垣，节约材料，罗马人在墙体里发券，而在券下做壁龛。壁龛同时产生了墙面的虚实凹凸的变化，削弱了厚重墙垣的沉闷之感。而这些壁龛，正是安置雕像的极好地方。它能够很贴切地包容雕像，衬托雕像，加强雕像。

为了进一步装饰沉重的墙垣，并且使它同当时一直流行着的柱式建筑在风格上协调起来，常常在墙垣前做倚柱，上面有完整的柱式檐部。这些装饰性的倚柱并不支承券拱，也不架梁枋，因此就在它们的檐部之上安置雕像，使它们的构图有所约束，同时也就使这些柱子的存在显得合理些。

倚柱和壁龛等等通过檐部和各种线脚组织到完整的建筑构图体系中去，因而就把雕像同建筑密切地联系起来了。

发券是古罗马公共建筑物外表上的重要构图因素，剧场、角斗场、跑马场等等，大都在立面上有连续的几层券洞。除了底层的用作出入孔道之外，上面几层的都是采光用的，它们是安置圆雕的极好的框子。它们嵌着雕像，在阳光照耀之下，雕像明亮，而券洞里却往往是深深的阴影。对比强烈，奕奕有神。剧场、角斗场等等，券洞经常横向形成长列，例如罗马大角斗场，椭圆形的一圈，80个券洞，构图上没有变化，所以，券洞中安置雕像，对于克服这些建筑物的单调呆板是十分必要的。

罗马人也在列柱的开间里安置雕像，但效果不如在券洞中好。因为，一来是列柱的开间相当高而且狭，而券洞的比例比较宽阔；二来是半圆形的发券比水平的额枋同雕像间有更生动的对比关系，它也能把雕像抱得更紧一些。在券洞里，雕像的头部往往在发券圆心上下一点位置，构图很妥帖饱满。而在列柱的开间里，雕像的大小高低都很难处理。

公共建筑物的檐头女儿墙的短柱上，也经常安置雕像，它们的位置同墙面的垂直分划相应，在柱和墩子等承重构件的上方。它们排成一列，形成建筑物活泼的轮廓线，很华丽，富于变化。

显然，不论在券洞里、倚柱上还是在檐头女儿墙上，圆雕都无须有深刻的艺术力量，它们只要外形有装饰性就可以了。这样就更加促成了建筑师大量采用商品化了的雕像，不必考虑它们的题材和风格是否同建筑物的协调，不必很推敲它们的艺术质量。

纪念性建筑物里，装饰雕刻同公共建筑物的有所不同。

古罗马帝国的纪念性建筑物类型相当多，有庙宇、凯旋门、纪功柱、陵墓和广场等等。它们的形制也比较成熟。

这类建筑物，一般有很明确的主题，因此，大量使用浮雕和群像，并且在不同的部位综合安置各种体裁、材料、构图和题材的雕刻，以表达复杂的政治思想内容。

庙宇的形制一般同古希腊的差不多，雕像的配置也相仿。但是，也有一些新的手法。其一是更多地使用昂贵而华丽的材料。例如，万神庙的门廊上，山花里的浮雕全用铜铸，镀金。山尖上的雕像也是铜制而镀金的。其二是，一些庙宇用拱顶覆盖，墙垣厚，神像也放在壁龛里。例如维纳斯和罗马庙，神堂正中，大壁龛里放主要的神像，壁龛上半穹顶的起脚位置大体和神堂拱顶的起脚位置相等，神像高大。但是，两侧的墙前，用列柱作装饰，列柱檐口上立着的雕像的头部的高度才约略及于拱顶起脚。在列柱的开间里设小小的壁龛，里面陈列小雕像。这样的处理，在尺度上大大强调了主要神像的高大庄严。特别是神堂内部空间很紧凑，对比的效果就更强烈。其三，古罗马的神庙大多有高高的台基，正面有宽阔的踏步。踏步两端突出的台帮，在层层叠叠的踏步的衬托下，很有气势，于是，习惯于在这里安置轮廓生动的雕像，观赏条件很好。最后，有一些古罗马庙宇，安置在被柱廊环绕的院落中央。这一圈柱廊的檐头上，大多有雕像，位置同柱子相应。可见，即使在庙宇这样比较严肃的宗教建筑物中，装饰雕刻也不完全是主题性的，有一部分仅仅用来造成热热闹闹的气氛。

凯旋门是古罗马最重要的纪念性建筑类型之一。它们的正面大多是简单的方形，有的只有一个券洞，有的有三个券洞，以中央的一个为主。它们是为纪念皇帝的武功而建造的，往往有特定的军事史迹，因而动用了多种体裁的雕刻，构图也多变化。

艺术上最成功的是第度凯旋门。它在罗马市中心，是一个单券洞的凯旋门，高15.4米，宽13.5米，深4.75米，很雄浑壮穆。造于81年，是为纪念第度皇帝在70年攻占耶路撒冷的。它的主旨雕刻是顶上的圆雕群像，题材是第度皇帝驾着四匹马拉的胜利车，疾驰而来。青铜铸的圆雕，体形非常复杂，极其空灵，动态又很强烈，因此同浑穆的凯旋门建筑物之间产生了鲜明的对比，使彼此的艺术性格更加突出。但二者之间的构图联系又很紧密；高高的女儿墙在中间向前稍稍凸出，下面同券洞相连接，上面则正好成为群像的基座，比例很贴切；在女儿墙的四角，又各有一个展开翅膀、伸出臂膊、扬起号角的胜利女神立像，它们同中央的群像呼应，形成一个更大的群体，同整个凯旋门的形体取得和谐的比例；女儿墙在胜利神像脚下凸出成柱墩，同下面角上的四分之三柱衔接。第度凯旋门的构图，推敲是很细致的，它既包含着非常尖锐的对比，又把对比着的因素丝丝入扣地联系成整体。

其余的雕刻，都集中在券洞的周围。

檐壁高约48厘米，一周圈的总长度大约三十多米，正好用来雕刻凯旋的队伍，全是浮雕。凯旋队伍中有两个重点，一个是第度皇帝本人乘车入城，一个是炫耀从耶路撒冷神庙中掳掠来的大批财物。这两个重点，如果放在檐壁上，就不能得到充分的表现。匠师们大胆创造，把这两个重点单独做成两幅浮雕，放在券门里面两侧的墙上。他们向市中心前进，再现了当年的盛况。在券门里面，又可以减少天候的破坏。

券面外侧，雕着飞翔的胜利神。她们展翅凌空，正好适应着三角形的轮廓。券门正中的龙门石上，立着圆雕神像，一面的是罗马城的象征，另一面的是命运女神。这些雕刻的题材和体裁都选择得很得体，同建筑的配合也很协调。

从整体上看，第度凯旋门雕刻的配置是很有分寸的。它两侧的墩子朴实而沉厚，它们衬托着富有雕刻的中央部分，纪念物重点分明，更显得有精神。女儿墙上华丽的群像同雄浑的建筑相结合，使这座凯旋门既有欢乐的胜利激情，又有刚毅的军事纪念物的性格。高高的女儿墙把群像和券洞分隔得比较远，凯旋门没有发生结构逻辑上的混乱。

另外两座著名的凯旋门，君士坦丁凯旋门和赛维尔凯旋门，都是三跨的。由于装饰浮雕过多，构图杂乱，艺术效果不好。君士坦丁凯旋门的一些浮雕甚至是从一百年前的旧建筑物上拆来的，同凯旋门的主题毫无联系，表现出罗马人在艺术上的粗糙。不过，君士坦丁凯旋门在女儿墙前面，倚柱之上立圆雕的手法，以后在欧洲常见应用。

古罗马帝国的另一种纪念性建筑物是广场。它们也是为颂扬皇帝的功绩而建造的，先后建造了恺撒广场、奥古斯都广场和图拉真广场等等。

为了强调广场庄严的纪念性，它们都是对称的，正中是庙宇，两侧有柱廊，前面以凯旋门为主要入口。在这些广场里，各种体裁的雕刻同建筑密切配合，交替成为构图的主要因素。例如，奥古斯都广场里在庙宇之前就有一尊皇帝的骑马铜像，图拉真广场在巴西利卡之后有一棵裹满了浮雕的纪功柱，等等。凯旋门、柱廊和庙宇都用雕刻装饰起来，奥古斯都广场的柱廊，每个开间都立着一尊功臣的圆雕像。

最大的广场是图拉真广场（112—117），是为纪念图拉真皇帝两次征掠多瑙河彼岸而建造的。广场的正门是一座凯旋门，女儿墙上有图拉真驾着四匹马拉的胜利车的群像和一些作为俘虏的达吉亚人的雕像。这是为广场破题的。进了凯旋门，便是一个面积为90米×120米的大院落，院落正中有一尊图拉真骑的马铜像，镀着金。由于院落大，一条纵轴线不足以确定骑像的位置，所以，在院落两侧各做了一个大龛，形成一条横轴线，骑像就在纵横两条轴线的交点上，于是，它就同整个建筑群有了确定不移的关系。

院落的尽端是图拉真巴西利卡，以长边朝前，檐头上立着一排雕像。巴西利卡后面，一侧是拉丁文图书馆，一侧是希腊文图书馆，它们之间是一个19米×25米的小小院落。院落中央矗立着图拉真纪功柱。再后面，又是一进院落，院落深处是一座庙，同样装饰着雕刻。

最有特色的是图拉真纪功柱。它是罗马塔斯干式的，高约29.73米，底径3.6米，立在5.5米高的基座上。由大理石分17段砌成，里面是空的，有螺旋式的梯级可以登上柱头之上。柱头之上本来立着金鹰，图拉真死后，骨灰放在基座里，柱子顶上就改成了他的铜像（16世纪时，教皇又下令改为使徒圣彼得的像，直到现在）。图拉真纪功柱的主要特色是它的身上满满地绕着23圈连续的长幅浮雕，总长在200米以上。浮雕刻着皇帝两次远征多瑙河对岸的史迹。下部是第一次，上部是第二次，两次中间由一个比较大的图拉真像隔开。浮雕是绘画式的，景色有深度和层次，空间寥廓。除了营垒、桥梁、战场等的刻画外，整个浮雕有人物2500个左右，气派是十分宏大的。其中图拉真本人先后出现90次之多。考虑到柱子很高，观赏距离又近，所以浮雕带的高度有变化，下面高约0.89米，越往上越高，到顶上高约1.25米。这样可以使人比较能看清上面的浮雕。浮雕原来是着色的，局部镀金。

图拉真纪功柱的观赏条件经过精心的设计。第一，它本身非常高大，却位置在小小的院落里，人们必须仰视才能看见它的全貌和它顶上的图拉真像。它周围的建筑物的尺度是正常的，却远远比它的小，相形之下，它仿佛来自另一个世界，另一个巨人的世界。因此，它使人感到神秘的效果。这是和当时狂热地神化皇帝，煽起皇帝崇拜的历史条件有关的；第二，它身上的浮雕在下面是不能完全看清的。所以，特地让人们可以在两个图书馆登楼，到屋顶平台上，逐层细看。第三，从广场外面的高地上的市场里，能够很清晰地观赏柱子顶上的图拉真圆雕像和浮雕上分隔两次战役的图拉真像。可以看清楚他手中盾牌上刻着的铭文：“剑和笔”。

以后，还造过几个类似的纪功柱，其中，保存到现在的马尔古斯·奥瑞略纪功柱（174）同图拉真的十分相像，柱身高约29.7米，底径约4米。身上也绕着长幅的浮雕带。但是，它却安置在一个庙宇的前面，广场中央，完全没有可能去看清它的浮雕。（顶上的皇帝像在16世纪被换成使徒圣保罗的像，直到现在。）模仿而没有充分理解模仿的对象。19世纪初年，拿破仑统治时期，在巴黎的旺道姆广场的中央也造了这样一棵纪功柱，同样没有考虑柱身浮雕的观赏条件。

五、小结

外国古代纪念性建筑中的雕刻，经验很丰富，其中主要的，大致是：

一、雕刻的主题和题材应该同纪念性建筑物的主题相适应，要能够具体而形象地阐发建筑物的思想意义。雕刻要同建筑物一起构思，形成一个艺术的整体，它们彼此映衬，相得益彰。

二、各种题材的雕刻，在建筑物中应该有相应的不同位置。它们的材料、体裁、构图等等，既要能适应它们的题材，又要能适应它们所在位置的建筑特点。

三、一座建筑物上，或者一组建筑群里，雕刻的题材、材料、体裁、构图、位置等等应该富有变化，但必须同建筑群或建筑物的整体以及雕刻所在部位的建筑局部在艺术主题的表现上、构图上、材料质感上和色彩上做通盘的考虑。

四、应该统一推敲雕刻的风格和建筑的风格。它们可以是一致的，也可以是对比的，不过二者的安置手法应该不同。

五、雕刻在建筑群里或建筑物上的安置，要细致照顾具体的观赏条件。要根据不同的观赏条件调整雕刻的构图、大小、厚薄、轮廓等等。特别要考虑到人们在活动时的观赏条件，尤其要注意主要人流过程。

六、雕刻的尺度应该同建筑物的尺度相协调。可以用尺度比较小的建筑物来衬托尺度特别大的主旨雕刻，也可以用尺度正常的装饰雕刻来标志规模宏大的建筑物。

七、雕刻的位置、体裁、构图、风格和做法应该同建筑的材料、结构和构造相适应，也应该同它本身的材料、生产工艺和安装工艺相适应。

八、雕刻的位置、体裁、构图、风格等等都应该符合建筑的结构逻辑。不要破坏承重构件体系的合理形式。一般情况下，最好保持建筑构件的几何性、实体性和稳定性。

原载《建筑史论文集》第1辑（1964）、第2辑（1979）

巴黎建筑和城市建设小史

巴黎这座城市，在西方城市建设史中的地位，真是数一数二。自从12世纪以来，它在大多数时间里，领导着欧洲的建筑。第一所成熟的哥特式教堂——巴黎圣母院，是在这里建造的。文艺复兴时期，尽管意大利的影响十分强大，巴黎建筑还是顽强地保持着自己的特色，并且很快在17世纪形成了古典主义建筑，建造了卢浮宫东廊、凡尔赛宫和恩瓦立德教堂等等一批代表性建筑物，从此，古典主义建筑又风靡全欧，巴黎又夺回了它的领导地位，并且一直保持到20世纪初。18世纪的洛可可建筑和古典复兴建筑，19世纪的帝国式建筑，都在巴黎发端和成熟。对于20世纪初年诞生的现代建筑，巴黎也做出了重大的贡献。早在19世纪初年，在巴黎就有了用铁建造的桥梁和穹顶。1889年巴黎举办的世界博览会上的机械馆和埃菲尔铁塔，是现代建筑分娩前期的里程碑式的建筑物。现代最重要的建筑材料之一，钢筋混凝土，也诞生在巴黎。

巴黎在城市规划方面也有很高的成就。它有独具一格的城市广场和商业街道。它的市中心，从杜伊勒里花园到戴高乐广场（原星形广场）这一条轴线，变化丰富而不杂乱，是城市建设的杰作。它最近的现代化改建也引起了广泛的注意。

了解巴黎，对于建筑工作者和城市规划工作者，都是很有必要的。

巴黎是当前欧洲最大的城市。以1845年的城墙为界的市区，面积大约75平方千米，加上东、西两个大森林公园，市区面积是105平方千米。1972年，市区人口估计有2 461 000人。

巴黎位于法国北部，跨塞纳河两岸。从它的中心，圣母院前的广场算起，离英吉利海峡的河口有375千米。巴黎在这个地点兴起，有它的优越条件。

位　置	北纬48° 52′ 东经2° 20′
海　拔	26—128米
年雨量	619毫米
年平均温度	12 °C

这里有四座小山丘：东面是拜勒维丘（128米），北面是蒙马特丘（128米），南面是圣日内维埃丘（65米），西面是连在一起的夏依奥丘（65米）和巴席丘。塞纳河岸的海拔大约二十多米。

塞纳河从东南方向流来，经过拜勒维丘和圣日内维埃丘之间，转一个大弯，又从圣日内维埃丘和巴席丘之间向西南流去。经过这一次转弯，在河右岸三座小丘脚下形成了一大片冲积地，土层厚达三四十米，十分肥沃，加以雨量集中，气候介于大陆性和海洋性之间，所以特别宜于粮食作物和森林的生长，这是巴黎发展的第一个有利条件。

第二个有利条件是塞纳河可以通航，而且富产鱼类；第三个条件是周围的山丘有利于防御。

还有第四个有利条件，就是在塞纳河转弯的地方，有两个紧挨在一起的小岛，便于渡河。于是，从法国南部过来的大路就从这里越过塞纳河，过河之后分岔，一岔向东北去日耳曼，一岔向西北去不列颠。因此，从古罗马时代起，这里就成了高卢军团的重镇。

至少在公元前3世纪，就有一个凯尔特人的小部落，叫巴黎席人（Parisii）的，住在河中央的岛上，靠打鱼为生。他们把小岛叫作吕代斯（Lutèce），意思是“水中央的家”。

公元前53年，罗马大将恺撒征服高卢之后，这里成了军团城市。吕代斯在河的左岸，现在的拉丁区，发展起来，到公元2世纪的时候，大约已经有两万人。按照罗马人的习惯，城市的街道网是方方正正的，在圣日内维埃丘的顶上和四面斜坡上，建造了剧场、浴场、广场、练兵场和行政官署。主要的行政官署在河心小岛的西北部。岛的东南部有朱庇特庙。一道15千米长的输水道，从南郊把水送到浴场。有两条木桥经过小岛到达塞纳河右岸，岸边建立了桥头堡。

250—275年，落后部族毁灭了吕代斯。280年，吕代斯重新缩小到岛上，用左岸废墟的石头沿岛的四周造了一圈城墙，这就是日后巴黎城的核心（一说280年被毁，360年重建）。宫殿仍然在岛的西北部。大约在4世纪时，因为吕代斯成了巴黎席人的首府，所以改名为巴黎。

508年，巴黎成为法兰克人的首府，小岛得名为城岛（Île de la Cité），这名称一直沿用到现在。888年，法兰西王国成立，以巴黎为首都。

中世纪时，巴黎发展很快。12世纪，已经成了欧洲教育中心之一，1270年，有学生15 000人。13世纪中叶，至少有100个以上的行会，14世纪初，行会数超过了300。

6世纪之后，河右岸沼泽地渐渐干燥，发展为居民区。所以，在菲利浦·奥古斯都统治时期（1180—1225）造的第二道城墙，跨塞纳河两岸，左右岸面积大体相等。1200年（或说1220），在这道城墙的西端之外，防卫薄弱的地点，河的右岸，建造了卢浮堡垒。它的得名，是因为这里本来住着一些打狼的猎人（Louvtier）。

中世纪的巴黎，街道狭窄而且曲折，市民房屋大多是木构架的，沿街建造，十分拥挤，也很不卫生。菲利浦·奥古斯都在城市建设上做了比较多的工作。铺砌道路，建造桥梁，还造了两条输水道，改善市民用水供应。现在的拉丁区，那时已经成了学校区。1183年，在河右岸建立了中央商场（Les Halles），一直维持到1969年。巴黎圣母院的主要工程也是在这时期进行的，它在城岛的东南部，早先朱庇特庙的位置。

13、14世纪，在城岛西北部原址上兴建宫殿。1358年之后，国王迁出城岛，宫殿改为议会。经过几次大火，只剩下一座礼拜堂（1243—1248）和一间门卫厅（14世纪），它们一个被包围在19世纪新建的高等法院的院子里，一个成了法院的候审厅。这两个建筑物是晚期哥特式建筑的代表。

另一个重视建设巴黎的国王是查理五世（1364—1380在位）。这时，在右岸完成了第三道城墙，把右岸面积扩大了两倍左右。为了在市民起义时便于逃脱，查理五世把宫廷迁到新城的东门，圣安东尼门里。在城门外造了一座堡垒（1370—1382），既能用来防卫敌人攻城，又能在城内起义时躲进去。这就是后来的巴士底狱。东城的宫殿，先后有两所，相距不远。

继续造桥铺路。在各区拆通了一些比较直的街道，扩展十字路口，植了一些行道树。第一次铺设了下水道。在圣母院前，河岸边造了一所医院。资产阶级建造了他们的第一所市政厅，就在现在的市政厅的位置，河的右岸，中央商场之东。当时是个航运码头。

14世纪末，巴黎人口大约15万—20万。

从15世纪到16世纪中叶，法国经历了几场战争，而且国王长期不在巴黎，所以巴黎的建设比较少。造过一些教堂，成就不大。但保存下来的两座私人府邸，克吕尼府邸（1480—1510，今中世纪艺术博物馆）和桑斯府邸（1475—1507，今为收藏关于巴黎手工匠人的文献的图书馆），则是很出色的建筑物。

16世纪30年代，王室在巴黎东南郊兴建枫丹白露宫。不久，放弃东城的宫殿，改造卢浮，并且立即又在卢浮的西面500米处着手建造杜伊勒里宫。杜伊勒里宫当时在查理五世时造的城墙之外，那儿本是一些砖瓦窑址，这就是杜伊勒里宫名称的由来。同时，从卢浮的西南角沿塞纳河岸向西建造长长的南翼，企图把卢浮同杜伊勒里连接起来，后来在17世纪初基本建成。在杜伊勒里宫的西面，建造了杜伊勒里花园，向贵族和上层资产阶级开放。

在卢浮附近和东城的宫殿附近，兴建了一批宫廷贵族的府邸。16世纪中叶，还造了一些文教建筑和慈善建筑。1533年，拆去旧市政厅，另造新厦。这时候，正是文艺复兴时期，建筑受意大利的影响很大。

16世纪，巴黎城已经占地439公顷，有500条街道，1万所府邸，人口大约40万。

17世纪初，国王亨利四世在位时（1589—1610），法国的民族国家已经建成，绝对君权正在萌芽。这时期，在巴黎出现了全新的建筑活动。这就是，为了尊崇王权，为了发展城市经济，拆除大量破旧的房子，建造一色的砖石联排房屋，形成完整的广场和街道。例如，城岛西北端的公主广场（1600），右岸东部的宫廷广场（1605—1612，1800年改名为沃士日广场）、法兰西广场和左岸的圣日耳曼大街等。三个广场都是简单的几何形的，第一个是等腰三角形，后两个是正方形和圆形。它们都是封闭的，周围一圈住宅，三层。这时候，建筑又受到荷兰古典主义的影响，红砖墙，用白色石块砌角隅和门窗套。

沃士日广场造在原来东城一所宫殿的遗址上。底层有连续的券廊，作为人行道,后面是高级店铺。这种形制后来就成了巴黎商业街道的特色。广场中央有国王的骑马铜像。广场建设时，亨利四世曾预定了一套住宅，很快，大贵族们在广场附近造了 200 所以上的府邸，这一区又兴旺起来。

公主广场的尖端抵着巴黎最著名的新桥，它右边七跨，左边五跨，桥上是巴黎最重要的小贩与走方郎中们的市场，历时两百年之久。广场的底边，1871年在建造高等法院时被拆除，为的是把法院的立面亮出来。

17世纪上半叶，王室和大贵族兴建附有大花园的宫殿和府邸，例如左岸的卢森堡宫（1615—1624，今为参议院）和右岸的黎赛留府邸（1627—1637）。后者面对现在的卢浮宫的北翼，遗赠给了国王，18世纪中叶改建成了现在的王宫广场。

1616年，在杜伊勒里花园之西，沿塞纳河北岸建造了长长的一条绿地，植了四行树木，为贵族们作时髦的驾车闲游之用，这就是后来的香榭丽舍的开端。1626年，左岸，圣日内维埃丘的东麓，靠塞纳河，开辟了宫廷药圃，后来成为植物园，1650年向公众开放。城岛的西北极端，新桥的外侧，也建成了公园。

造了一批耶稣会教堂，巴黎出现了第一批高耸的穹顶，如左岸的巴黎大学本部的索尔邦教堂（1635—1653）和瓦勒·德·格阿斯（1645—1710，1910年改为博物馆），都在拉丁区，它们同圣母院和几个小塔一起，丰富了巴黎的轮廓线。

整顿了右岸市政厅附近的玛海区。一些三五层的建筑物渐渐改变了巴黎繁华地区的面貌。

路易十三在位时（1601—1643），河右岸城墙向西北方面扩大，杜伊勒里宫被围进了城里。

路易十四时期（1643—1715），法国的绝对君权到了最高峰，也是古典主义建筑的极盛期。这时，在巴黎造了一批古典主义的代表性纪念物，包括卢浮宫的东立面、与卢浮宫的方院隔河相望的四国学院和它西面的恩瓦立德收容院和教堂。更加知名的是西南郊18千米处的凡尔赛宫（凡尔赛是当地原有小村子的名字）。

这些大型纪念物都有城市建设上的重要作用，同主要干道、桥梁等等联系起来，成为一个区的建筑艺术中心。它们前面开辟广场，种植树木，于是，除了交叉路口广场、桥头广场和前一时期的封闭式广场之外，巴黎又出现了一种建筑物前面的广场，使巴黎的面貌更加丰富多彩。

几何形的封闭广场还在建设，用来颂扬国王。最重要的一个是杜伊勒里花园以北不远的大路易广场（1702—1720，资产阶级革命后改名旺道姆广场）。方形的，略略抹角，成八角形，底层一圈柱廊，里面是高档商店。广场中央本来立着路易十四的骑马铜像。

另一项重要的建设是由凡尔赛宫花园的总造园师负责，延长杜伊勒里花园的轴线。1667年开始，向西北伸展。1724年，到达夏依奥丘，在高地顶上建设了一个圆形广场（1753年命名为星形广场，1970年，改名为戴高乐广场）。从杜伊勒里宫到星形广场全程大约三千米，它的构图同凡尔赛大花园中轴线的构图相仿佛，中段也有一个小小的圆形广场。这条轴线后来成了巴黎城的主要轴线，当时，两侧都是浓密的树林。1709年，从杜伊勒里花园到小圆形广场的一段得名为香榭丽舍，向南直抵塞纳河岸。后来，这名字给了直达星形广场的整个轴线。

路易十四时，拆掉了路易十三时造的城墙，改成了林荫道。它每边种两行树，是巴黎第一条有两侧步行道的街道。这条大林荫道在18、19世纪向东延长，顺查理五世时的城墙遗址，直到巴士底广场。以后，一路造起了歌剧院、剧院、电影院、露天咖啡馆和几千家商店，还有几处凯旋门点缀着，是巴黎最繁华的街道之一。还建设了同大林荫道大致平行的圣欧诺瑞大街。

塞纳河左岸，也沿旧城墙遗址造了林荫道，把几个重要建筑物联系了起来。

街道上，增设了居民汲水的池泉。

到1730年，巴黎城已经有人口56万人，住宅25 000座，街道653条，其中123条是新开辟的。

18世纪中叶和下半叶，虽然面临资产阶级革命的风暴，巴黎城的建设仍然很多。由于在露天进行社交活动的风气又重新流行，所以重视街道和广场的建设。

最重要的是完成了香榭丽舍。在杜伊勒里花园之西，建造了协和广场（1755—1775）。这又是一个新颖的广场。它的东、南、西三面向树林和花园完全敞开，不布置建筑物，只有壕沟和沟边的栏杆标出广场的边界。这手法显然受到当时英国园林艺术的影响，但把它用到城市广场上来，仍不失为大胆的创造。北边除了壕沟和栏杆之外，还有一对古典式的建筑物，把广场和北面的街市联系起来。这一对建筑物之间，是一条南北向的大街，构成了同香榭丽舍垂直的次要轴线。它的北端准备造一座教堂，它的南端越过塞纳河，对着河边的波旁宫（1728）。1787年，在河上造了协和桥。19世纪30年代，四周栏杆上立了八尊雕像，代表着法国的八个省。广场中央竖起了埃及人“赠送”的卢克索神庙的方尖碑，23米高，它的南北两侧设喷泉。因为协和广场东北角向东开辟了李沃利大街，所以交通繁忙起来，于是填塞了壕沟。

从协和广场的西侧到小圆形广场之间，长约800米，路面宽约70

米，两侧仍然是核桃树林。北侧的树林里，建造了各种儿童游戏场，如骑驴、坐羊拉车、看木偶戏，等等，直到现在，还是儿童们的乐园。巴黎的市中心，从此洋溢着孩子们的欢悦。

从小圆形广场到星形广场，将近1300米，两侧造了一些贵族府邸，但大多还是树林。这条大轴线继续向前延伸，遇到了转过一个急弯向北流过来的塞纳河。1772年，在这儿造了乃依桥。1774年，为减缓香榭丽舍林荫路的坡度，把星形广场的地面挖低了五米。到18世纪末，有五条街道从星形广场辐射出去。

这时期最重要的纪念性建筑物是圣日内维埃丘上的圣日内维埃教堂（1758—1789）。它是资产阶级革命前夜古典复兴建筑的代表。它总高71米，坐落在高丘上，是巴黎左岸最突出的建筑物，几乎处处都可以见到它。经过几次反复，在1885年终于成了国家名流公墓。

18世纪里，不仅贵族们在巴黎建造了大批砖石的、有院落和小花园的府邸，洛可可风格的府邸，而且，有不少房地产商投资建造了成批的出售或者出租的住宅，砖石的、有院落的低层住宅或者沿街的多层住宅。巴黎城的面貌进一步变化着。为这种建设订了一些规定，例如，出租性的住宅面宽为19.5米。1783年，规定新建街道宽度不得小于9米。也规定了房屋的最大高度。开始推行人行道。缩小路灯的间距。为改善交通，拆掉了一些桥上的小纪念物。廓清了滨河路。在左岸和右岸都造了一些剧场。左岸的军事学院是这时期比较重要的建筑物，它在恩瓦立德的西面，在它和塞纳河之间展开一片一千多米长的演兵场——战神广场。它们后来成为巴黎市中心重要的建筑群。

1785年，为了向农民征收进城出售农产品的税，在左右两岸建了第五道城墙，设了40个关门税卡。

这时候，在英国风习和卢梭哲学影响之下，郊区别墅又时兴起来，追求野趣。宫廷在西郊的部劳涅森林里做了一些建设，在它的东缘整修了小小的缪爱宫。

资产阶级革命于1789年爆发。1793年，在激进的雅各宾党执政时期，国民公会领导之下的艺术家委员会曾经做了一个巴黎城的改建规划。和君主专制时期不同，建设的重点不再是杜伊勒里宫、香榭丽舍和它们左近的贵族聚居区，而是住着第三等级和手工业工人的地区，例如右岸的东南角、左岸的南都等。要开辟一些新干道，分散过于拥挤的交通，特别是在贫苦人居住区铺设街道，增加泉池，添置路灯。要封闭一些市内的墓地，但要广泛地绿化城市。当时，国民公会所没收的逃亡贵族和教会的房地产占巴黎市区面积的八分之一，本来很有利于进行城市改建。可惜，由于政治斗争十分激烈，建设没有进行，巴黎城的人口在革命期间反而减了 10 万。

不过，在城市周围，大工业显著增加。虽然这趋势早在革命前夕已经开始，但革命时期英国人的封锁和战争的需要起了很大的促进作用。

在拿破仑帝政时期（1804—1815），曾经做了规划，准备大规模改建城市。但建设的目的主要在颂扬皇帝和他的军队。拿破仑说：巴黎“不仅过去是最美的城市，现在也是，而且将来还要是最美的城市”。而城市的卫生、安全等等都不在考虑之列。根据他的指示所做的规划，无非是开大广场、造大林荫路而已。规划里要把拿破仑曾经在那里学习过的军事学院和它的练兵场作为城市的新中心，兴建宏伟的行政和大学区，在它的对岸，夏依奥丘的顶上，给拿破仑的儿子，罗马王，建造新的宫殿。宫殿和军事学院形成一条大轴线，同香榭丽舍争胜。规划里还准备造一些大型的公共建筑物。

新规划因拿破仑的失败而没有实现。但巴黎的中心轴线却由拿破仑亲自主张建造的一批大型纪念性建筑物而基本完成了。在星形广场造了大凯旋门（1806—1836），高50米，宽45米。在卢浮宫和杜伊勒里宫之间的跑马场里建造了另一座凯旋门（1806），后来1871年杜伊勒里宫被毁之后，它就是巴黎中心轴线的东端起点。协和广场南北轴线的北端，原来要造教堂的地方，造了一所希腊国廊式的大庙，柱子高20米（1807—1842，后来叫抹大拉教堂）。南端，在波旁宫前加了一个12根大柱子的门廊。连接杜伊勒里宫和卢浮宫方院的北翼也开始由西向东兴建起来。1811年，从协和广场的东北角，沿杜伊勒里花园的北侧，向东兴建李沃利街，这是一条商业街道，房屋三四层高，底层也有廊子。路易十四时代繁华的圣欧诺瑞街因此退到了后面。在旺道姆广场正中，取掉了路易十四的铜像，立上了一根44米高的铜铸的纪功柱，顶上有拿破仑的像。同时，建造了围廊式的交易所（1808—1827），在中央商场之北不远。天文台林荫路也是这时期建造的。

五六层高的沿街公寓这时候以更大的规模兴建起来。

居民用水紧张，每人每天1—3升，于是，开挖鲁尔克渠、圣德尼渠和圣玛丁渠，造了60个泉池，改善供水；同时，继续建造下水道。向公众开放了几个花园。

拿破仑帝国覆灭之后，巴黎城的发展进入新的历史阶段。那种为颂扬封建君主的广场和纪念性建筑物不再有新的兴建了。由宫廷立意的开辟气派壮丽的大轴线、大绿地之类的建筑活动也停止了。19世纪前半叶，大型的工程主要是继续完成拿破仑时代已经开始的一些项目，和修复几乎要被拆掉变卖石料的圣母院。比较有意义的是建造了圣日内维埃图书馆，就在国家名流公墓的北面。

边沿地区更多地发展了大机器工业，工业的集中引起了人口空前迅速的增长。新增长的人口大多猬集在边沿的工业区。于是，巴黎出现了大面积的贫民区，同富丽堂皇的市中心形成了特别尖锐的对比。

这就是说，巴黎从封建的国家首都转变为初期资本主义的大都会了。

19世纪前半叶巴黎人口的发展

1801*	535 000
1826	750 000
1831	785 000
1848	950 000
1851	1 053 000

* 1801年巴黎人口占全国人口4.5%。

为了适应资本主义经济的发展，适应人口的飞速增长，也做了一些城市建设工作。造了桥梁，开了运河，建造市场和屠宰场，铺设沥青路面，在街道两侧造人行道，安装煤气灯，等等。19世纪初，还出现了定线的市区公共马车。最有进步意义的，是1840年代初有了铁路火车。第一条铁路是1840年开放的从巴黎通向凡尔赛的铁路。在1845—1849年间，很快造起了五个火车站。

但是，法国政府毫不理解巴黎的发展，急急忙忙想限制工业和人口的增长，于是，1811—1845年间又造了一道有凸堡的城墙。这道墙隔绝了市区和近郊，只有曲街陋巷和狭窄的城门同近郊和火车站联系，而当时的发展趋势却正是市区和近郊的联系越来越密切。

除了市中心轴线和少数干道、少量纪念性广场之外，巴黎的大部分地区在一千多年来一直是自发地建造起来的。街道小而曲折，垃圾堆积，污水横流，陆陆续续的市政工程都不能根本改善城市面貌，加上人口猛增，使一些本来还比较好的地区，例如右岸东部，沃士日广场附近的玛海区，也变成了贫民窟。于是，1853—1870年间，拿破仑三世在位时，由奥斯曼主持，进行了大规模的城市改建工作。除了改善交通运输、居住卫生，以及发展商业街道等目的之外，拿破仑三世和奥斯曼还企图通过改建，把无产阶级挤出市中心，消灭便于起义者进行街垒战争的狭窄小巷，把便于炮队和马队通过的大路修通到各个角落，并且，在修建工程中给一部分贫民以工作。十几年里，总共开辟了400千米的新街道，使巴黎在半个世纪里没有交通问题。

这项改建工程的一个重要内容，是完成巴黎的“大十字”干道和两个环形道。大十字干道是东西向的，在东段就是把李沃利大街向东延长，经过市政厅，到达圣安东尼门的巴士底广场。这是一条商业街道。西段，从香榭丽舍的小圆形广场到星形广场，两边也建成了豪华的府邸。大十字干道的南北街，在塞纳河右岸，是赛巴斯托波尔林荫道和斯特拉斯堡林荫道。河左岸是圣米谢尔林荫道，两头都是火车站。大十字干道穿通市中心，是椭圆形市区的长轴和短轴，虽然宽到26—30米，交通运输仍然十分拥挤。因此，又开辟、修整了两个环形道。里环，在左岸是圣热曼关厢林荫道，在右岸，大体是沿路易十三和查理五世城墙遗址建造的大林荫道，西起抹大拉教堂，东到巴士底广场，这是从路易十四时代起就着手开辟了的。外环，拆去了1785年为收税而造的城墙，改为林荫道。

城市的其他部分也建造了新街道，它们基本上不顾已有的道路和建筑状况，笔直地拆将过去，连通一些广场，包括原有的广场和新建的20个广场。广场大都成了几条街道的汇交点，例如右岸的民族广场、共和广场、星形广场等。左岸则有意大利广场和天文馆广场等等。1854年，在星形广场周围又新辟了7条街道，连同原来的5条，一共12条辐射路。广场直径整修为137米。这种有许多干道汇交的广场，后来由于汽车问世，并且大量使用，交通十分紊乱，但在当时还意料不到。

奥斯曼在城岛上继续19世纪三四十年代开始的改建工程。拆除了大量中世纪和文艺复兴时代的房屋，拓宽马路和广场，建造了一批政府建筑物，包括在旧王宫原址的高等法院的一部分和警察总署。圣母院前面的医院，从广场的南面搬到了北面，广场向河敞开。这广场是巴黎的几何中心，以后是计程的零点。

这次改建重视绿地的建设。在西端的部劳涅森林公园和东端的梵桑斯森林公园，都有所建设，使它们成为当时流行的所谓英国式园子。略小一点的，还有右岸的蒙梭花园、绍蒙高地花园（25公顷）和左岸的蒙苏里花园等。此外，有两种新的绿地，一种是塞纳河沿岸的滨河绿地，一种是宽阔的花园式大路，如星形广场通部劳涅森林的福熙路和卢森堡向南至天文台广场的天文台路。

巴黎改建工程的一项重大成就，是建造了技术上相当完善的大规模的地下排水管道系统，总长度达到750千米，使城市几乎每个角落的污水都能顺利排出。并且改善了自来水，增加水压，可以送到三楼。

新建了三座桥，重建了五座。建造了一批供水泉池、剧院、医院和公墓。改建了市中心的中央商场，造了八幢正方形的营业大厅(1866)，屋顶是用玻璃和钢铁造的，在新建筑的兴起的历史中有相当的地位。

除了中央商场的营业厅之外，还有商场里的圆形的“伞厅”、巴黎北火车站、国立图书馆（1858—1868）和1855年的世界博览会上的机械馆，都使用了玻璃和钢铁，创造了崭新的建筑形式，它们是现代建筑的先驱，有很大的进步意义。机械馆的铁屋架的跨度是48米，打破了当时建筑物跨度的世界纪录。

另外一个重要的建筑物是巴黎歌剧院（1862—1875），它在抹大拉教堂的东面，作为内环路的大林荫道上。从李沃利大街，王宫广场之前，斜开一条林荫路正对着它。旺道姆广场北侧出来的大街也到它前面相会。歌剧院的马蹄形多层包厢式观众厅是同类建筑中最成熟的作品，在艺术上，是折衷主义的代表。

卢浮宫的北翼和其他一些增补工程也在这时期完成。

奥斯曼虽然做了不少工作，但当时对工业和人口的迅猛增长估计不足。以后工业和人口继续增长，到1866年，人口已经到达180万，增加了将近一倍，并且城市建设又落入盲目的自发状态，面积增加了130%以上。所以，奥斯曼时期工作的成果迅速被新的问题淹没。

19世纪末至20世纪初，巴黎城市建设的规模不大。比较重要的是，经过26年的议会和公众辩论之后，1898年开始建造地下铁道。1905年，公共汽车开始营业。1914—1925年，拆去1845年的城墙，建造新的、最外层的环形林荫道，这就是巴黎市区的界线。

19世纪下半叶至20世纪巴黎人口发展

1872	1 851 000
1891	2 447 000
1911	2 888 000
1921	2 906 500
1936	2 830 000
1946	2 691 000
1954	2 821 000
1962	2 780 000
1968*	2 591 000
1971	2 550 000
1972	2 461 000

* 1968年巴黎人口占全国人口18.6%。

这期间重要的建筑活动，是1867、1878、1889、1900、1937年几次世界博览会，都在军事学院的演兵场举行。1937年那一次，因为广场已经改造成了一个几何式的花园，所以展览馆布置在它的四周。

这几次博览会成了新旧建筑激烈斗争的场所，因为是世界性的，所以影响很大。1867、1878和1889年三次，同1855年那一次一样，用钢铁和玻璃建筑的新颖的建筑物大大显示了它们的优越性。特别是1889年博览会上300米高的埃菲尔铁塔和跨度115米的机械馆，更是大开了人们的眼界，推动了新建筑的发展，是现代建筑史上的里程碑式的建筑物。

但是，历史有反复。1878年的博览会，就在演兵场对岸的夏依奥丘上造了一所折衷主义的圆形建筑物，特洛迦德洛，大体上实现了拿破仑时的规划。1900年的博览会，又在香榭丽舍小圆形广场的东南绿林里，夹着从恩瓦立德收容所渡河延伸过来的轴线，建造了艺术宫，包括大宫和小宫两部分，也都是些折衷主义的建筑物。现在，小宫里有巴黎城艺术博物馆和一些临时性展览馆，大宫里有出土文物博物馆和巴黎大学的一些系科和行政部门。同艺术宫相对，香榭丽舍的北侧，树林后面是法国总统的爱丽舍宫（1718年建），它的正面对着欧诺瑞关厢林荫路。

举行1937年的博览会时，把特洛迦德洛拆掉，新建了夏依奥宫。它中央是一个高台，台下有一个国立大众剧院和一个国立电影馆。剧院观众厅的容量可以变化，有1500座、3000座两种。高台两侧向铁塔伸出弧形的双翼，东侧有法国纪念性艺术博物馆，西侧有民俗学博物馆和航海史博物馆。夏依奥宫前，到塞纳河畔，是一个大陡坡，这里布置了花园，中间有分层下泻的水池，西边是英国式花园，东侧有一个水族馆。

这期间，另一个大型纪念物是圣心教堂（1876—1919），全部用白色石头砌筑，坐落在右岸的蒙马特丘上，穹顶高83米，顶尖高94米，在巴黎许多地区都能看到它。

此外，在原址重建了巴黎市政厅（1874—1882），文艺复兴时期造的那一座在1871年毁坏了。

奥斯曼大规模改建巴黎城之后，直到20世纪上半叶，巴黎城的大构架没有重大的变化。

城市的中心轴线从卢浮宫的跑马广场凯旋门到星形广场凯旋门，包括杜伊勒里花园、协和广场和香榭丽舍。从小圆形广场到星形广场这一段，本来在奥斯曼时期造了整齐的三四层的公寓，后来逐渐被咖啡馆、夜总会、高档商店、理发铺、电影院等等代替。1950年之后，逐渐建造起一些商行公司的总部大厦。交通因而壅塞，为了停放汽车，两边的树各砍掉了一行。从1970年代起，巴黎市区又沿着这条轴线向西北方向发展。除了从抹大拉教堂到众议院这一条横轴线之外，旺道姆广场也附属于这个中心轴线。

总的看，右岸西部是高级住宅区，尤其是奥斯曼林荫路、圣欧诺瑞关厢路一带。这两条路都是高级商业街道。圣欧诺瑞关厢路上还有爱丽舍宫和英国大使馆。

右岸的东部，包括北部的蒙马特丘一带，是贫民区。东端的巴士底广场和民族广场之间的圣安东尼关厢区，从15世纪以来就是工业和工人聚居区，一向有光荣的革命传统，历次起义都以它为中心。巴黎公社英雄们战斗到最后的拉雪兹神父公墓就在它的东边。

贯穿东西两部的李沃利大街和从抹大拉教堂到巴士底广场的大林荫道是商业区。大林荫道和它附近几条街道上还集中着一些文化娱乐场所。在大林荫道和李沃利大街之间，西边有宫廷广场，是游乐场所，东边有中央商场，是传统的食品市场。

城岛上，除了圣母院之外，主要的是高等法院和警察厅等市政建筑物。城岛之东，一桥之隔的圣路易岛，是文人学士和艺术家们的住宅区。

左岸，西起战神广场，向东到恩瓦立德，再向东到跑马广场桥，南端以勃亥德伊广场为界，是行政区，中央政府15个部里有10个部在这个区。还有大巴黎区总署和众议院。各部都设在古老的府邸里，每个部占几所府邸，财政部、社会事务部名有25所，一共占了115所。总理府也在这里，还有一些大使馆。

行政区往东，包括圣日内维埃丘，是巴黎的文化区，以拉丁区闻名。它的中心是圣热曼关厢林荫路和圣米谢尔林荫路。路上书店林立，咖啡馆和餐厅是艺术家、作家和出版商等等的聚会场所。圣米谢尔林荫路之西，有巴黎美术学院和卢森堡宫，之东，有巴黎大学东部、法兰西学院等等一大批高等学校。国家名流公墓、植物园、克吕尼府邸、自然博物馆和圣日内维埃图书馆等等也都在这里。20世纪60年代起，为了减少学生对住宅供应的压力，和解决校舍过于拥挤的问题，一部分高等学校迁出了巴黎市区，甚至迁出大巴黎区。

巴黎的文化机构（1972）

剧　　场	60
电 影 院	200
音 乐 厅	15
博 物 馆	65
市立出借图书馆	75
特藏书库	2
研究图书馆	3

南部边沿是贫民区，其中蒙巴纳斯地区也是艺术家们比较集中的地区。

巴黎的绿地相当多。东部的梵桑斯森林公园（995公顷）和西部的部劳涅森林公园（962公顷）是最大的。比较大的，还有左岸的卢森堡公园、植物园和蒙苏里公园，右岸的杜伊勒里公园、蒙梭公园、绍蒙高地公园和特洛迦德洛公园。一些公墓，像拉雪兹神父公墓、蒙巴纳斯公墓和蒙马特公墓，也都是很大的绿地。此外，香榭丽舍、演兵场（战神广场）、恩瓦立德收容院的广场等，绿化面积也很大。小型公园、公墓、绿化广场以及滨河路、林荫路和花园路的绿带遍布各区。

巴黎的建设，从16世纪以来，就比较注意公共绿地，如杜伊勒里花园和香榭丽舍等。奥斯曼改建时，除了森林公园和一些大型公园外，还兴建了70公顷的绿化散步场和24个花园式的城市广场，把行道树也加了一倍。1870—1970年间，绿地面积又增加了102公顷，其中1953—1967年间，就增加了24个绿化广场。据1970年统计，每6.6个居民就有一棵树，包括私家庭院里的。主要树种是核桃树。每个居民有绿地24.7平方米。

市区界线外侧，有三个大游艺场地，其中包括体育设施、游泳池、绿地等。

市政建设方面，比较有特色的是在地下管沟里集中安装上水、下水管道和电话、电报、火警等等线路，并且有压缩空气管道通到住户和工作室，作为升降机和时钟的动力。压缩空气管道全长1000千米，有三个压缩机站，是1881年开始敷设的。1928年以来，建有集中供暖设施，其中包括两台烧垃圾的蒸汽锅炉。

全市有9个火车站，15个飞机场。市区里，塞纳河上有32座桥梁。

市政设施

下水道	2000 千米
自来水管	1588 千米
工业与街道用水水管	1686 千米
每天工业与民用用水	4 000 000 立方米
每天供应净水	1 200 000 立方米
每天处理污水	3 000 000 立方米
电缆线	10 000 千米
煤气管	2300 千米
暖气管	169 千米

20世纪初，产生了科学的城市规划的概念。1919年，举行了“整顿、美化和扩大首都”的公开设计竞赛，大大活跃了思想，以后许多人陆陆续续提出设计方案。20世纪20年代之后，巴黎的城市建设工作又开始了新的阶段。1921年，在塞纳县县政府之下设立了办公室，研究城市的种种问题。几年之后，郊区的公社组成了联盟，为它们的利益而斗争。1932年，设立了大巴黎区，半径大约是35千米，面积12 008平方千米，占全国面积的2.4%。

1932—1935年间，制定了第一个大巴黎区的整顿规划。这个规划预定要沿大巴黎区边界造一条232千米长的环形路，从巴黎市区的外缘有五条放射形道路同这条环形路连接。环形路外面接上全国性的道路网，以便于防止工业和人口继续向巴黎集中。

大巴黎区被分为几部分：第一，保持城市特点的地区；第二，私人住宅区；第三，公寓住宅区；第四，工业区，对这个区的最大建筑密度做了规定。

规划里重视保护自然环境，有历史意义和风景优美的地方，禁止建造房屋。不许砍伐河边的树木。规划允许各县、区和公社有自己的小打算。

1935年8月，又通过了新的规划。到第二次世界大战爆发时，已经进行的工作有：开辟西放射路圣克鲁公路；把地下铁道通到北郊；整顿一个区，兴建一座花园。1941年5月，成立了两个委员会来贯彻1935年的规划，一个是国家城市规划委员会，一个是大巴黎区区域整顿委员会。

战争停止了巴黎的建设。

第二次世界大战结束，巴黎重新进行建设。除了一些公司商行的大楼之外，比较重要的建筑物有：联合国的教科文组织大厦（1958），在军事学院的南边，外形为三叉形；有广播电台，在右岸西部，离铁塔不远；有南郊的奥利国际机场。

虽然从1921年之后，市区人口逐年下降，但是，由于建造公司大厦，住宅数量减少，所以居住仍然很拥挤。大约有25 000—35 000人住在市区外沿的150个贫民窟里，城里也有大量的贫民窟。一些投资者应时而起，兴建低租金公寓，出租牟利。在第二次世界大战后的十年间，近郊造了占地一万公顷（即大致等于市区面积）的住宅（每公顷20户），设备不足，交通紊乱。从1958年起，政府着手干预，在近郊采用单元式建造了一些公寓，比较简单，打算尽可能多地容纳一些住户。但是，建设过于匆忙，效果不好，特别是对生活水平提高的速度估计不足。可惜，这些建设却耗尽了近郊的空地，甚至破坏了林木，使城市的现代化改建更加困难。

1961年和1968年，两次调整了巴黎市的行政和财政体制，制定了政策，决定不扩大市区，而把巴黎的一些工业、金融业等扩散到大巴黎区里去。对市区和大巴黎区的内涵，如何充分利用，避免滥用，做了研究。认识到，不对城市做根本的结构改革，而一味增加居住密度，将会妨碍以后几代人的发展。决定整顿居住区，完善交通体系、道路网和绿地，确保非城市化的地段。

1965年，做出了大巴黎区的规划和整顿指导方针。这里面预计到2000年，大巴黎区的人口将达到1400万人。1968年，做出了市区的规划。

大巴黎区人口

1968	9 251 000
1971	9 690 000
1977	9 863 000

大巴黎区的规划方针引用了公元1世纪罗马哲人赛纳加（Seneca）的一句格言："事情并非因困难而不敢做，是因不敢做而困难。"

方针立足于到2000年将有1400万人口这个估计，充分考虑到经济、文化的发展，对2000年的各方面可能的情况做了预测。例如，私人小汽车可能达到四五百万辆，住宅数要加倍，而居室数要增加到三倍，等等。大量增加的汽车，对城市规划思想的发展起了重大的作用。

在这个基础上，针对着巴黎城的特点，提出了三个主要措施：第一，打破巴黎城原来的聚焦式结构，向塞纳河下游，也就是向西北方向，发展市区，形成带形城市。第二，打破巴黎城原来的单中心结构，发展新的城市中心，除了在近郊、大巴黎区稠密区增建市中心之外，还要造五个卫星城，它们沿塞纳河南北两岸的两条轴线分布在巴黎20千米的范围内。北岸的轴线上有东边的玛纳河谷城（Vallée de la Marne，50万人，包括四个由绿地隔开的居住区），西北方的赛吉–布都阿斯（Cergy-Pontoise，10万人），南岸的轴线上有东南方的埃夫里城（Evry，30万人）、麦冷–塞纳城（Melun-Sénart，40万人）和西南的特拉普斯城

（Trappes，35万人，有六个主要居住区）。第三，在从巴黎顺河而下直至河口这地区以及相邻的诺曼底，发展一批新城市，它们吸收工业和人口的速度要比巴黎快。这地区本来在经济上同巴黎关系密切，而且地理上也连成一片。

除了考虑到公路、铁路交通和北郊更大的国际机场之外，规划方针很强调保护森林、河流等风景区和游览地。塞纳河谷的绝大部分留作绿地和水上运动场等等。

预计巴黎的城市化区的范围将有2000平方千米，包括现代化的稠密建造区和“中世纪城市博物馆”。后者大体是1845年城墙里的部分，人口维持在250万，或许会略有减少。边缘区将大大发展。已有的稠密区到20世纪末有三分之一的面积要按新标准重建，已有的住宅有四分之一要重建。重建过程中，将大大提高舒适程度。例如，战前的住宅每户占地平均35平方米，新的至少为100平方米，而总的住宅占地面积将扩大四倍。工厂、公司办公楼、学校、商业建筑方面情况也差不多，工厂占地面积将扩大两倍，公司办公楼占地扩大三倍。

市区的规划改建任务更加艰巨。规划者的目标是使巴黎“更加富有人性”。他们说，旧巴黎正在因窒息而死亡。他们不但要治病，而且要恢复巴黎生活的“安逸与雅致”。

主要的窒息是人与车辆的交通。每天上下班时间，有两百万人奔忙（其中27.1万人在小汽车中），使交通的高峰时间既向前提又向后延。交通混乱的原因之一，是职业岗位大部在西部，而居住区在东部。上下班时，人们东西方向涌来涌去。

为了减少这种奔忙，当局鼓励在西部兴建居住区和综合性商业用的高层建筑物。

在旧城门外，建造了一些停车场和停车库，希望从郊区来的人在城门外下车，乘公共交通工具进城。城内，在一些广场的地下兴建停车场。广场开挖时，破坏了不少树木，公众大加反对。当局放弃了取消一些居住区广场的计划。又规定，凡新建高层建筑物，都要有地下的停车场。

1961—1972年间，沿外圈的城墙造了环形高速公路，准备用它连接大巴黎区的高速公路。1971年，市议会否决了在市区内地面上穿过高速公路的任何建议。但深埋的高速隧道公路却正在大力建设。

为了打破旧巴黎城的聚焦式单中心结构，让巴黎城顺塞纳河而下，向西北延伸，从1970年代起，在香榭丽舍中心轴线的延长线上，大凯旋门外三千米多，乃依桥外，建设了新的市中心，拉·德方斯。

拉·德方斯占地大约884公顷。靠近乃依桥的“A”区约84公顷，1960年代，已经在它的西北角造了一个9万平方米的国家工业与工艺中心，每一个三角形的壳体建筑物。余下的800公顷是“B”区，巴黎大学在这里建设新校园。70年代后，按统一规划建造了一些高等学校和公寓。在“A”区，还造了一座60层的旅馆，几十幢25—30层的塔式办公大楼，口字形的多层公寓和一二层的商店，等等。布置了大面积的绿地和一个大花园。建筑物有集中供暖、空调。

在“A”区，穿通拉·德方斯，直接香榭丽舍的中轴线干道，分为上下三层。上面一层有900米长的绿化平台，只供步行，点缀着水池喷泉之类。下面是车行路。再下面有深埋的高速地下铁路。这条轴线的两侧，地下有五六层的车库和停车场，地上有商店、餐厅、咖啡馆、旅馆、商场和公寓。

拉·德方斯“A”区的边缘是一圈高架公路，几条放射形的公路和它构成几组立交。

拉·德方斯在现代化的城市建设方面有一些新创造。

除了向西北发展外，同时也着手改建旧市区，以增加新的、完善的市中心，打破单中心的结构，并且加速旧市区的改建。在60年代末、70年代初，改建了五个区。

最早的是弗隆·德·塞纳区，在左岸，从埃菲尔铁塔沿河向西南，占地29公顷，原来是工厂和贫民窟。设计人决心不惜很高的代价，避免在塞纳河岸造成封闭的建筑景观，破坏塞纳河风景的气氛和尺度，所以全部采用点式的建筑，比较疏朗，视线可以穿透。一共16幢32层、5

幢15层的大楼，最高85米。其中四分之一的建筑面积用作公司办事处之类，其余是公寓，一部分是低租金的住宅。建筑群的布局方法是：沿河岸设高架平台，台下是几层商业和服务业建筑，通行汽车路。办公楼和公寓在平台以上。平台面是步行活动区。

欧斯特利兹-贝西-利昂区，在左岸的欧斯特利兹车站和右岸的利昂车站之间，是巴黎东部的入口区。贝西在利昂车站东南，沿塞纳河右岸，充斥着破烂的仓库，是巴黎的神秘世界。改建后的建筑群，除了河边新造的酒类批发库之外，其余的大楼相对密集，绿地也相对集中成几大片，中央是一个8公顷的公园，四面被建筑包围。一共有14幢（一说17幢）16—40层的大楼，包含6000个住户，其中一半是低租金住宅，其他的是公司办公处。此外，有学校和商店、文化和体育设施等等。宽阔的步行道高架在9米以上，连通各处，为全体居民服务。有一些坡道，直达塞纳河河滩。这个建筑群的特异之处是，这些180米高的大楼，以几幢为一组，在不同高度有四个空中广场相连接。在这些广场之间，穿过高速电梯，因此，仿佛形成了垂直的街道。

在欧斯特利兹车站之南1500多米，意大利广场一侧，市中心到奥利国际机场的中途，新兴一个意大利-高伯兰区。这里旧有的建筑密度比较小，房屋比较破烂，而且有一些工业按照疏散规定要迁出。改建从1969年开始，预计1989年结束。它规模很大，占地达87公顷，将有1.4万户公寓住宅，20万平方米公司办公面积，15万平方米零售商店面积。另外有完善的社交、体育和文娱设施。这项工程是由私人投资兴建的，为了追求尽可能多的利润，建筑密度比较大，居民数将比原来的增加一位，引起了一些争议。

在右岸的东车站和北车站之间的失修区，将建成新的商业中心。

美因-蒙巴纳斯区于1973年完成。在蒙巴纳斯火车站原址上要造一幢56层的公司办公大楼，高达200米，是欧洲最高的建筑物。新车站离旧址一街之隔，在美因林荫路上。它的三面有三幢15—18层的大楼，有30层的面积用作公司办公处，其余的是1000户住宅。这些楼房下面是高架平台，供步行者活动，平台之下是商业街道。

除了以上五个区之外，还有不少改建工程，其中最重要的是改建市中心的中央商场。这是一个1183年开办的历史悠久的商场，奥斯曼时期已经彻底改造过一次。经过三年的讨论，决定从1969年起再一次彻底改建，1866年的八座用钢铁和玻璃做顶的建筑物和1936年仿造的另两座，连同著名的“伞厅”，统统拆掉。留下一座教堂（1532—1637）和一个圆形的交易所（1811—1813年建，1871年烧毁，1880年代修复），用作展览馆和音乐厅等等。另外还保留一些老房子，作为中世纪城市古色古香的历史见证，加以修复。中央清除出来的10公顷迹地和相邻的5公顷迹地要大改建。沿边新造一些建筑物，大多是低层的，其中有教育部、国际贸易中心（附展览厅）、现代艺术馆、公共图书馆、拍卖行、公寓和旅馆。中央一片空地，是架空的钢筋混凝土台，有水池，划分为不同高程的台地，布置小花园，植树种花。下面是几层的地下城，它的底层是东西向的高速交通线和南北向的地下铁道。上一层是火车站和候车室。再上，一个深深的中央大天井，四周几层建筑物，包括电影院、运动场和一些吃喝玩乐的场所，天井里每天有8万人流。再上面，挨着地面的，是普通地铁车站、汽车站、人行道和停车场，等等。

1970年代轰动一时的建筑物，蓬皮杜艺术文化中心，就在中央商场东面不远。

中央商场的地下城，蓬皮杜艺术文化中心，以及巴黎卫星城里的一些金字塔式的住宅和商业、服务行业、市政设施的综合建筑物，标志着建筑学的又一次革命。上一次革命发生在19世纪和20世纪之交，主要的技术根据是新的结构材料和结构方式。这一次的主要技术根据是人工照明和人工气候，而它要比第一次更加广阔和深入得多。它把城市规划和个别建筑物紧密联系起来，不仅改变个别建筑物的面貌，而且要改变整个城市的面貌。巴黎又一次在建筑的发展中起了先锋的作用。当然，上一次革命的原则还在继续扩大战果，主要是各种各样的建筑的工业化的方法。

在大规模改建贫民区的失修区的同时，巴黎在整顿工作中很注意保护原有的城市面貌。例如，右岸，包括市政厅和沃士日广场在内的玛海区，曾经是一个高级府邸区。但是，后来逐渐沦落为贫民区，旧府邸里塞满了住家和小铺，成了大杂院。1970年，玛海区有7000家小店，30%住户没有自来水，10%没有电，60%没有厕所。建筑密度高达85%。虽然1962—1968年间，人口下降了19%，仍然是巴黎人口最密的地区，每公顷达到2000人，一共有8.2万居民。

全城平均建筑密度	55%
全城平均人口密度	600／公顷

1969年，市议会决定整顿玛海区，恢复它古来的面目，但保持它活跃的生活气氛。把丰富多彩、很有特色的小店铺保留下来；迁出两万人；把二十几幢旧府邸改成各种专题博物馆或者文献资料馆，例如，著名的洛可可风格的苏俾士府邸就辟为法国历史博物馆。

市政厅附近的哥特式的桑斯府邸，在1970年成为市立巴黎手工匠人文献图书馆。离它不远的两幢木构架式建筑物也修复了。还保存了一段13世纪的城墙和一座碉楼。

早在中世纪的时候，法国就有一句谚语说：巴黎之美，天下无双。在现代的改建中，对中世纪的建筑遗产采取了慎重的态度，使巴黎的面貌呈现出文化的积累状态，这是很有见识的做法。这种做法也是当今世界上的一种潮流，反映出文化水平的普遍提高。

在城市改建中，文化水平的提高，还表现在对绿地、对水面的爱护上。在巴黎的右岸东部，有一条圣马丁运河，从塞纳河引来，绕过巴士底广场后，又经地下流了1.6千米左右，然后出地面，通向军火库湖，长约4500米。运河两岸很美。1972年，为了改善交通，曾经想把它填平，改为马路。但后来还是决定保留它，两岸增加绿地、小花园、植树，作为人口稠密区的极好的游息场所。左右的房屋则大多拆除，改建新楼，但尺度和体形力求保存原来的面貌。

又例如，西端的部劳涅森林公园，多年来逐渐被汽车侵入，造了一些公路进去，又有一些部分被圈占。森林公园的效能有所降低。在1970年代的改建中，首先封闭了19千米的汽车路，撤销了圈占地。其中有104公顷的密林不许汽车接近，准备用带刺的绿篱围起来，在里面放养野兽，造成比较野的自然保护区。有些补植树木的地段，封闭20—25年，以便树木成长。

巴黎的住宅情况

户　型（居室数）	户数	
	千　户	%
1	360.0	32
2	383.2	33
3	225.7	20
4 以上	169.7	15
总计	1139.0	100
总居室数	2 643 528	
每户平均居室数	2.32	
总人数	2 513 588	
每居室平均人数	0.95	
		（以上系1970—1971年间统计）
有自来水设备的	1 074 000户	占总数94%
有集中供暖的	546 000户	占总数48%
		（以上系1963年统计）

在城市边缘和郊区，还新建一些公园和体育运动设施，例如，东郊的特杭勃莱（Tremblay）休息娱乐公园和城市西南角边上的孚吉拉（Vaugirard）体育文娱公园。后者的规模相当大，包括一个游泳中心（四个游泳池，两个跳水池），一个体育中心（一个有2000座位、三个场地的大体育馆，一个小体育馆，一个运动器械馆，一些露天场地），一个网球中心（12个露天场和4个室内场），一个滑冰场，另外还有一个综合性的体育馆。除了地下铁道车站之外，还附设有3000个位置的汽车停车场。

1977年3月，又通过了关于巴黎市区的整顿和建设的方针。

方针把巴黎区分为三大部分。第一部分是历史中心区，范围相当于18世纪时的巴黎。在这个区里，主要是保护历史面貌，维持它传统的各种功能活动，维持住宅同这些活动的本来联系。整顿街道和广场以利于步行，使步行者感到舒适。步行能使历史中心获得新的生命力。历史中心的西部和它的延伸部，主要发展公司事务，形成新的就业中心。在这里要限制和减少商业与服务业。历史中心区的东北部要加以现代化，但不增加建筑密度。把玛海区和第七区作为保护区，恢复古老的面貌，在这里进行的建设，必须同它原来的外表特征协调。由政府补贴，使这两个区的设施完善化。在旧中央商场和左岸行政区的桃赛滨河路上的旧桃赛车站原址，建造大型的现代化的公共设施，这是已经进行着的。

第二部分是19世纪的范围，主要是它的西、北两方。在这范围里要加强它们作为居住区的功能，限制公司办公楼的建造，以保护19世纪的统一和谐的面貌。要整顿街道、广场等公共场地，改组各类交通。

第三部分是周边地区，特别是南、北、东三面。这部分里，要加强区级的中心，维持它的商业，改善交通以便于步行，使这些中心更加活跃。同时，对住宅和公用设施采取补助的政策。这样来发挥它作为居住区的功能。周边区里建筑密度比较小的地段里，允许建造新的住宅，使建筑环境现代化。这些住宅的建造方式，最好是同公众协商并且受公众控制的。

周边区里特别薄弱的环节，要征购土地，大规模兴建新住宅和大型设施。主要在：左岸西南角的雪铁龙区（Citroën，原来一座冶金工厂旧址，约23公顷），拉维莱特区（La Villette，右岸东北角，圣马丁运河-军火库湖的尽端），塞纳东南区（Seine Sud-ast，夹塞纳河两岸，就是欧斯特利兹-贝西-利昂区向东南方延伸，包括利洛·夏龙区，总共340公顷），以及南边、北边和西北边的一些区。要保持这些区的居民的社会多样性，保证这些区内社会生活的多样性，发展区内的小商业和服务业，使这些区充满生命力。

总的说，巴黎将减弱公司事务和行政事务，而更多地支持工业和手工业，因为它们是城市其他功能的必要补充。新的工业和手工业主要设在塞纳东南区和右岸的东北部，可以建造新式的厂房，包括高层建筑。现代化的货运码头和仓库造在塞纳东南区里的道勒比阿克（Tolbiac）。铁路货运和仓库在东北部。

要整顿和提高塞纳河沿岸。在历史中心区，主要在于使河岸和滨河路重新恢复到有利于步行。在周边区，上游兴建贝西花园，下游，把两岸绿地同水面结合起来。圣马丁运河里将来取消交通运输，专作生动而逍遥的游息场所，包括一些水上的娱乐活动。

街道和广场之类的公共场地的整顿，方向在于发展市中心和区中心的生动活泼的功能。把公共交通枢纽移到外围，而使大量街道和广场宜于悠闲的散步。措施主要集中在旧中央商场、歌剧院、桃赛滨河路和蒙马特区。火车站周围要增设或加宽人行道，便于步行者进站。对大型公共广场和主干轴线，也要研究改善它们的方案。

市内的交通道路要充实和完善，同大巴黎区的铁道交通也要充实和完善。整顿火车站和交通枢纽。地下铁路的旧线要延长，新线要开辟。

除了在部劳涅森林公园和梵桑斯森林公园要限制汽车，造成真正的自然景色之外，还要增设一些公园。市级的有：拉维莱特区的、贝西区的、雪铁龙区的、孚吉拉屠宰场区（Les Abattoirs de Vaugirard）的等等，在各区里又有区级的花园。

原载《建筑师》第2期，1980年1月

补白三则

李渔舟 辑

一

中国的佛塔，在现代英语里叫Pagoda，我们从常用的字典和百科全书上查找它的来源和含义如下：

《大英百科全书》（1947）、《美国普及百科全书》（*Everyman's Encyclopedia*，1958）和《牛津英语字典》（1944）都说，Pagoda这个字是葡萄牙人首先在印度使用的。《大英百科全书》说是16世纪开始用的，而《牛津英语字典》则具体指出现有最早资料是1618年的。

至于 Pagoda 这个字的来源，《大英百科全书》《韦氏新国际英语字典》（第三版）和《苏联大百科全书》都说是从梵文 bhagavati 来的，原意是“神圣的”，是从幸福女神 bhagavat 变来的形容词。不过，《韦氏字典》又说，最初出于印度南部一个叫作德拉维德族的语言；《苏联大百科全书》则说，在与雅语梵文相对的俗语巴罗克利德语中，叫作 bhagodi；而《大英百科全书》又说或者起源于波斯语 kadah。

持起源于波斯语的说法的还有《美国大百科全书》（1956）。

《美国普及百科全书》另持一说，说此字起源于梵文dagoba。dagoba 跟窣堵波完全一样，不过，窣堵波是个单纯的纪念物，而dagoda 则藏有佛的遗骸。

至于Pagoda的含义，《大英百科全书》《美国百科全书》和《美国普及百科全书》都说，本来是泛指印度、中国和东南亚一带的佛教庙宇，后来渐渐专指藏有佛的遗骸的塔，包括砖石的窣堵波式的塔和中国、日本的各种塔。法国的拉胡斯百科全书则只说是庙宇，并以印度南部大型的婆罗门教庙宇为 Pagoda 的例子。

英国建筑师钱伯斯在1757年出版的《中国建筑、家具、服装和器物的设计》里也曾经写到，Pagoda 这个词，本来指的是庙宇，后来倾向为塔的名词，不过，在他写书的时候，两个意思还都可以用。由此看来，Pagoda 专指佛塔，是18世纪下半叶的事。

从葡萄牙人的首先在印度使用 Pagoda 这个字，以及它的意思的变化，可以断定，它不是广州话“八角塔”的音译。

二

美国建筑理论家塔勃特·哈木林在《20世纪建筑的形式和功能》里写道：“许多不规则的建筑物会很自然地进入被称为‘美如画’的境界，而且还具有这个词所包含的一种特殊魅力，但是在建筑中一味追求美如画是一种危险的思想。这个词的名称本身应该成为一种告诫，美如画对一幅图画而言是正确的，但是一座建筑物并不是一幅画（……）而且建筑的美和美如画的美，二者之间相差十万八千里。一个昏暗、沉闷和设计不佳的工厂竖立着许多高大的烟囱，烟囱吐着浓烟，飘过冬日的夕阳，可算是相当美如画了，它的色彩和形状可以令人感到格外的兴奋，但是这幅画中的每一件东西，在建筑上都是糟糕的。设计得很好的工厂，其烟囱冒烟极少，空气清新，阳光如泻。美如画的工厂对所有邻居来说可能一种灾祸。同样，贫民窟和被毁坏地区也可能到处找到美如画的小景。大家都知道画家喜画颓败的府邸或倾倒的谷仓，而建筑师却竭尽全力去消灭贫民窟、毁坏的地区和荒芜的农庄。”（奚树祥译）

这些话，很值得我们一些陶醉在民居的诗情画意中的同志们参考。

三

宋玉《招魂》里有这样的描写："高堂邃宇，槛层轩些。层台累榭，临高山些。网户朱缀，刻方连些。冬有突厦，夏室寒些。川谷径复，流潺湲些。光风转蕙，氾崇兰些。……红壁沙版，玄玉梁些。仰观刻桷，画龙蛇些。坐堂伏槛，临曲池些。芙蓉始发，杂芰荷些。"

这段话不但提供了关于建筑形制、装修和建筑物理方面的史料，而且清楚地说明，中国的园林和建筑，从古以来就是密切地结合在一起、互相渗透的，这并非封建晚期的现象。

原载《建筑史论文集》第5期，1981年

建筑艺术散论

建筑的雕塑美

在欧洲，往往有一些古代希腊和罗马的旧址，建筑物早就倒塌了，只剩下三棵两棵柱子孤零零地矗立着，虽然残破，仍然吸引着人们徘徊、欣赏，惊叹它们的美。英国诗人拜伦在古希腊的废墟面前唱道：“美丽的希腊，一度灿烂之凄凉的遗迹！你消失了，然而不朽；倾圮了，然而伟大！”（《恰尔德·哈罗德》第二章）

但是，中国的古代木构建筑却不一样。不但只剩下几棵柱子是一点也不美的，即使塌了一个屋角，也都觉得残败不堪了，所以，常常需要“整旧如新”。

这是一个很有趣的差别，它表现了两种不同的建筑美。欧洲的古建筑，表现的是雕塑的美；中国的古建筑，表现的是结构的美。雕塑美和结构美，是建筑美的两个大类别。

先从欧洲古建筑的雕塑美说起。

欧洲的建筑艺术传统，起源于古代的希腊。古代希腊最重要的纪念性建筑物是神庙。神庙采用在柱子上架梁的结构方式。为了耐久，也为了更加高贵，后来，这些柱子和梁用石头做。因此，柱子就比较粗，间距就相对地比较小。神庙的前面或者四周，有这样密密的一排柱子，那么，神庙的好看不好看，就决定于这些柱子了。经过上百年的推敲，古希腊的匠师们创造了几种美丽的柱子以及同柱子和谐地结合在一起的过梁和檐口的形式。从基座到檐口，一整套相当稳定的式样和比例，就叫作“柱式”，是古希腊建筑的最重要成就之一。

柱式是怎么样推敲完美的呢？

古希腊伟大的雕刻家费地说过：“再没有比人类形体更完善的了，因此我们把人的形体赋予我们的神灵。”当然，古希腊人也同样会把人体的美赋予神庙的柱子。

这是有书可以做证的。

古罗马的建筑学家维特鲁威在他的《建筑十书》里记载了一个希腊故事：一些爱奥尼亚地区的城市要造一所阿波罗庙，为了要使柱子既能承受重量，又十分美观，他们测量了一个男子的脚印，把它同他的身高做了比较，发现他的身高是脚印长度的六倍。于是，他们就把柱子的高度同底部直径之比定为六比一。这就是多立克柱式，它具有男子躯体的比例、力量和健美。后来，为了给狄安娜造庙，他们把柱子做得像妇女的躯体那样苗条，高度为八个底径。并且在下面加了一个柱础，作为鞋子，在柱头两侧做了一对涡卷，表现盘在鬓边的发辫，前面还有一搭刘海儿。柱身上刻着的垂直的凹槽则是妇女长袍上的褶子。这种秀丽而多装饰的柱子概括着妇女的柔美，叫作爱奥尼柱式。第三种柱式，科林斯柱式，更加纤细一些，是模仿少女轻盈的体态。

这个故事显然是虚构的，不过，它说明，古希腊人确实是把人体的美赋予了他们的建筑。希腊柱式的石头柱子，是高度概括的、程式化的人体的雕像。每棵柱子因此可以成为独立的艺术品，即使在废墟里孤零零地立着也是很美的。古希腊有一些墓碑之类的纪念物，往往就是一棵柱式的柱子。

也有一些古希腊的建筑物，干脆就用人像作柱子。多立克式的，用男子像；爱奥尼式的，用妇女像。头上顶着过梁和檐口，它们同整个建筑物的风格很协调。

欧洲的建筑，直到20世纪初年，都继承着古希腊的传统。柱式的柱子，除了短短的一段哥特式时期之外，始终是建筑物造型的主要手段。甚至，用几十米高的单棵柱子作的纪念物，用人像作的承重构件，等等，也一直陆陆续续都有。

浸润开去，建筑师把建筑物大体上当作雕塑品处理。他们的兴趣集中在塑造建筑物的形象，推敲它们的外形、轮廓、虚实、起伏、比例、尺度等等，赋予建筑物鲜明的性格和气度，要它们体现一定的思想意义，达到预定的艺术目的。他们着意美化厚重的砌筑实体，给它们加上线脚、雕饰、壁龛，琢磨它们的凹凸、明暗、分划、走向，表现它们的表质、重量、体积，使它们服从塑造建筑物总体的艺术形象。对于承担结构任务来说，这些砌筑实体的余量很大，建筑师对它们加工处理的自由度就很大，而且建筑物的功能要求相当简单，在塑造建筑物的艺术形象时所受的限制也就比较小。

因此，欧洲传统的柱式之美，就是一种雕塑的美。

即使在很重视结构美的哥特式教堂里，这个传统也没有完全中断。教堂上一百多米高的尖塔和无数的小尖刺，体现着市民们对天国的向往。巨大的墩子在很大程度上被当作雕刻品，不惜用很大的工程量把它们雕刻得好像是由许多纤细的垂直构件集合而成的，这样，就使得尖塔从地底下一直冲刺出来，动势十分强烈。1773年，德国伟大的诗人歌德描写斯特拉斯堡大教堂时说："它像一株崇高的、浓荫广覆的上帝之树腾空而起，它有上千个枝干，百万条细梢，它的树叶多如海洋中的沙，它把上帝——它的主人——的光荣告诉周围的人们。……直到最屑碎的末节，都经过剪裁，一切都适合于整体。看呀！这巨大的房屋屹立在地上却遨游太空，它镶嵌得如此精巧却又永久不坏……"

建筑物基本上被当作雕塑品，雕塑品主要用来装饰建筑物，欧洲两千年的建筑艺术史，同两千年的雕塑艺术史几乎是完全一致的。雕塑品融合在建筑物里，或者建筑物分泌出雕塑品，它们的构图和风格和谐无间，而且平行发展。它们互相补充，互相烘托，统一在一个完整的艺术构思里。概括男子的健美的多立克柱式，它的装饰雕刻是强调体积感的接近圆雕的高浮雕；概括妇女的柔美的爱奥尼柱式的装饰浮雕，是强调线条的薄浮雕。罗马人发明了拱券结构，墙坦有几米厚，雕像被安置到了壁龛里面，近乎陈设式的，形式就比较自由了。在哥特式教堂里，使徒形象如同裹在茧子里的蛹，一个个串在一起，就形成了建筑的线脚。有一些使徒形象，又细又长，如同从建筑的线脚上雕出来的一样。在巴洛克时期，建筑的雕塑化更是到了极致，雕刻同建筑的界限几乎消失了。建筑因素，如柱子、檐口、山花等等，支离破碎，凹凸曲折，随意组合，充满了不安定的动势和强烈变化着的光影。在这些建筑因素之间，一个个肌肉紧张、肢体扭动的雕像，游动着、奔突着。它们同建筑因素好像没有一定的构图联系，但它们又同本来就没有什么严谨构图的建筑因素密不可分，好像是建筑的一个部分。有许多建筑构件索性就做成雕刻品，甚至把大门做成魔怪的血盆大口。肃穆的古典主义建筑，同样也有它的安详、稳定的装饰雕刻，在风格和构图上同建筑丝丝入扣。

所以，两千年来，有许多欧洲的建筑师就是雕刻家。其中最著名的，在古希腊有监造雅典卫城建筑群的费地，在文艺复兴时期有一度主持过罗马圣彼得大教堂的设计和施工的米开朗琪罗。

当然，欧洲古建筑中的柱式和它们的组合的形式，也是表现建筑的结构逻辑的。正如黑格尔说的："房屋完全是一种有目的的结构……人在这上面要按照多种多样的目的，进行多种多样的工作，使整个结构中各部分按照重力规律的要求，互相配合或互相推拒，以便达到稳定和牢固……""希腊建筑的特点却在于它造出一种专为支撑用的柱，它运用柱来实规建筑的目的性，同时也产生美。"（《美学》第3卷，上册，第2章，朱光潜译）在柱式中，支撑部分同被支撑部分的比例是均衡的，它们的相互关系和支搭方式是合乎结构原则的，重力的传递、承接是清楚的、合理的。

但是，事实上，它们不过是看上去如此而已。柱式的条理分明的结构体系也是雕刻出来的，同真正的结构并不一致。例如，在多立克柱式上，梁头、椽头、钉板等等仿佛很真实的结构构件，其实是一些不相干的雕饰。而且，柱子的间距完全决定于造型的需要，同结构没有直接的关系。所以，支撑构件同被支撑构件的平衡，只是一种视觉上的平衡，并不反映结构的真实。

希腊人在柱式上开了这样一个头，以后罗马、文艺复兴、古典主义的柱式研究者们，一直也就把柱式只当作一种造型因素来对待。罗马人把柱式当作装饰品贴在支承券和拱的厚实的墙上，柱子、过梁、檐口，都不过是一层浮雕罢了，完全不起结构作用。这样一来，渐渐地也就对结构逻辑不大慎重了。到了巴洛克时期，更是随心所欲地组合和使用柱子、过梁、檐口和山花之类。过梁是断折的，柱子是扭曲的，而且两三棵集结在一起，连表面上的结构形式都不顾了，反正承重的是柱子后面的墙垣——连墙垣也是波动的。这时期，建筑的雕塑性达到顶点。

欧洲建筑的这个传统，到了19世纪中叶，开始遭到了怀疑。这时候，工业革命的浪潮冲击到了建筑领域。过去，领导建筑潮流的是宫殿、教堂、政府大厦，工业革命却把公共的和经济性的建筑推上了领导潮流的地位，例如火车站、博览会、公司办事楼等等。这些建筑物，跨度和开间都要求很大，或者要求向高层发展，这样，柱式的比例和形式就完全不能适应了。同时，企业主也不能像教会和王室那样挥金如土，这类建筑物绝不能采用旧的雕塑式的造型。由于生产和科学的发展，钢铁、玻璃以及稍稍晚出一点的钢筋混凝土在建筑领域里显示了强大的生命力。它们不但能建造跨度和高度巨大的建筑，而且建造的速度也很快。它们不但彻底改造了建筑工程，而且势必要改造建筑艺术。这就要求认真发现、研究和利用它们所提供的可能性。于是，在整个工业革命浪潮之中，建筑领域里也发生了一场革命。经过20世纪头几十年的激烈斗争，从古希腊以来经历了两千五百年之久的欧洲石质柱式建筑传统，终于被彻底抛弃了。20世纪30年代之后的现代建筑，它的基本观念和造型手法是崭新的，史无前例的。

建筑的结构美

中国古代木构建筑的美，完全属于另一种，这是一种结构的美。

当然，中国古代木构建筑也有雕塑性的造型。例如，《诗经·小雅·斯干篇》就用“如鸟斯革，如翚斯飞”非常生动地把房屋描绘成振翮翱翔的大鸟。北宋文人欧阳修在《醉翁亭记》里也形容说“有亭翼然”。此外，石头的台基、栏杆、抱鼓石、柱础等也是一种雕塑性因素，所以，同欧洲的石柱子一样，在建筑物倒塌之后，即使破损，仍然能够作为独立的艺术品欣赏。

但是，中国古代的木结构建筑物，它们的外形完全是结构体系的真实表现，或者说，它们的全部结构体系都赤裸裸地表现在外形上。除了门、窗、隔断之类的装修构件之外，柱、梁、枋、檩、椽，所有这一切都是实实在在的结构构件，它们按照结构所需要的实际大小、形状和间距组合在一起。所以，中国古建筑的美，准确地反映着它的结构的条理性、明晰性和目的性。

中国建筑的形式同它的结构体系完全一致，这并不排斥艺术的加工，不过，一切艺术加工，都依托于整个结构体系，或者说，都是对结构体系和构件的艺术加工。就说那个最富有雕塑性造型美的大屋顶的飞檐翼角罢。本来是，那里必须有一根斜出的梁，才能担得住挑出的檐角，这根梁比正面和侧面的椽子高大得多，而架在椽子上和这根梁上的屋面是必须连续的，所以，就把靠近斜梁的椽子逐个抬高，于是屋檐就形成了柔和地卷起的曲线，檐角成了翼角，屋顶就像展开翅膀的鸟了。再说檐下过梁上面那一排像透空花边一样的、装饰性极强的斗栱，它们原来是一种悬挑构件：在外面，它们承托远远伸展出去的屋檐；在里面，它们承托大梁。就连一些看起来似乎只起装饰作用的构件，也大都是从结构构件加工变化而来的。例如，屋脊是为压住屋顶几个不同坡面的接缝用的。为了固定屋脊，有大铁链从它们中间穿过，铁链两端锚在大铁桩上，防止铁桩锈蚀的套子就是鸱尾，后来叫吻兽。它们在屋脊两端微微翘起，向里一卷，建筑物的轮廓线就生动多了。戗脊上的天马、天凤、仙人、力士等等，起源也是大铁钉的套子。即使十分夸张的形式，比方，南方建筑中翘起得特别高的屋角，也是用结构手段造成的，而不是借助于堆塑或雕刻。

欣赏建筑的结构美，很早就在中国文化里形成了传统。汉赋里常常用很多篇幅来赞美宫殿的复杂的结构。王文考《鲁灵光殿赋》里写道："万楹丛倚，磊砢相扶。浮柱岧嵽以星悬，漂峣峴而枝拄。飞梁偃蹇以虹指，揭蘧蘧而腾凑。层栌磥垝以岌峨，曲枅要绍而环句。芝栭欑罗以戢孴，枝牚杈枒而斜据。傍夭蟜以横出，互黝纠而搏负。下岪蔚以璀错，上崎嶬而重注。捷猎鳞集，支离分赴，纵横骆驿，各有所趣……"真是描写得淋漓尽致。以后的历代文人，在形容建筑的时候，也总是围绕着"鬼斧神工"这个意思做文章，赞叹结构的宏伟。山西应县辽代的释迦塔上，有一面大匾写着"天柱地轴"，更进一步把这座塔看作天地大结构的一个构件了。

看一看这座塔，看一看山西五台山唐代的佛光寺大殿、河北蓟县辽代的独乐寺观音阁和山门，看它们每一个构件在结构中的作用那么明确，构件的形状、大小和间架同它们的受力情况那么符合，而它们的比例同时又那么和谐，它们总体形象的气度那么庄重而又飘洒，真是令人神往。北京天坛清代的皇穹宇和其他一些宫殿庙宇，它们的藻井的精致优美，也是结构和艺术合流的杰作。

为了强调建筑的结构美，中国木构建筑的色彩都经过精心的处理。木构架色彩浓重，同灰色或白色的墙垣对比很强烈，因此，框架结构很完整地表现出来。尤其细致的是檐下的彩画，凡是结构构件，如枋子、梁、斗栱、椽子等等都以蓝色或绿色为主，凡不起结构作用的填充构件，如垫板、栱眼壁、望板等等都以红色为主。这样，结构的脉络清清楚楚，重力的传递纤毫不差。连极其繁复的斗栱，都在色彩的烘托下，垫是垫，挑是挑，交代得一丝不乱，显得很挺拔有力。

非结构构件的形式也是精心处理过的，绝不使它们看上去好像承担着什么重量，混淆了同结构构件的区别。例如，凡墙垣都不承重，所以它们都在大梁或枋子之下收梢，收梢处用线脚标出，使人能够很明显地看出来它们上面没有负荷，或者说，同上面的负荷没有关系。门窗装修嵌满整个开间，用槅扇或者支摘窗，它们都镶着极其玲珑轻巧的细格子棂花或者格心，同承重构件的对比很强，一望而知，它们仅仅起围护的作用。有趣的是，这些槅扇之类的装修本身的结构，同样也是条理分明的。

正因为中国古代木构建筑的美，基本上是一种结构美，所以，如果柱子歪了，屋角塌了，也就是说，结构破坏了，它也就不美了。这就是为什么修缮木构古建筑总是要把结构框架“整旧如新”的原因。甚至，如果檐下彩画坏了，承重构件同填充构件分不清，也会觉得那儿乱成一片，过于厚重，所以，曲饰也常常要“焕然一新”才行。

由于木结构件数量多，体积细小面修长，架搭玲珑，间距比较大，所以，建筑物的外形几乎全由各种线条组成，从瓦垄到斗栱到槅扇，线条密集，而体积感很弱。这样的建筑，恰好同传统的壁画风格一致。比如山西永济县永乐宫的壁画和北京模式口法海寺的壁画，强劲有力的线条，疏密有致，同建筑非常协调。在轻盈的木框架上，雕塑几乎没有立足之地。所以，中国建筑中没有形成主题性装饰雕刻的传统。至于浙江、福建、广东一带，有不少建筑物在檐下的梁枋、斜撑等木质构件上或者在石柱子、柱础之类石质构件上做大量的雕刻，甚至在屋脊上塑“连本大戏”，那毕竟是过分地非建筑的了。

中国木构建筑的形式紧紧依托在结构上，造型的自由度因此比较小，而木结构本身所受的限制又很大，所以，中国木构建筑的形式比较单调，各地相差无几。又加上在封建专制主义的长期统治下，生产力发展迟缓，结构本身的进步不大，所以，中国古代木构建筑的形式，在两千年里基本不变，同欧洲相比，建筑艺术的遗产显得贫乏多了。

把中国两部古代的建筑书，宋代的《营造法式》和清代的《工部工程做法则例》同欧洲的几部古代建筑书，如古罗马维特鲁威的《建筑十书》和文艺复兴时代阿尔伯蒂的《建筑十书》做一番比较，那么，中国古代木构建筑同欧洲石构的柱式建筑，在审美观念上的差异也很清楚。中国的这两部书，主要讲结构，基本不讲游离于结构之外的造型，而把建筑的形式美融合在结构之中。欧洲的那些书，用大量的篇幅来讲建筑形象的塑造问题，而并不细讲结构。同这种现象相联系，中国的古代建筑师，从富有神话色彩的鲁班爷到清代宫廷的样式房供奉，都不是像欧洲那样的艺术家，而是地位不高的匠人，虽然他们的作品有很高的艺术水平。这对艺术的创新和经验的积累是很不利的。

不过，以结构美为基本艺术特色的中国古代木构建筑，同20世纪兴起的现代建筑，在精神上是一致的。现代建筑，由于大工业生产的实际需要，也由于建筑师受到科学技术和大规模机械生产所带来的新的审美观念的熏染，强调理性主义。理性主义当然要重视表现结构的美。现代建筑的先驱者之一、德国建筑师格罗庇乌斯谴责19世纪的建筑设计是“用庞杂的装饰物去细心掩盖结构实体的过程”，而提倡建筑艺术的真实性。

在现代建筑的初期，钢铁和钢筋混凝土建筑的主要结构方式是框架。所以，现代建筑的第一代代表人物，主要着眼于探索框架结构的艺术表现力和结构逻辑。欧洲建筑摆脱了两千年来的承重墙，采用极其疏朗、细巧的框架结构，这虽然使一些保守的、平庸的建筑师不知所措，却大大激发了一些富有创新精神的建筑师的想象力。他们相信，一定可以利用钢铁和钢筋混凝土的框架结构创造出全新的建筑艺术来。另外两个现代建筑的先驱者密斯和柯布西耶也都曾经论证框架结构的美，主张如实地在建筑外形上表现它们，而不要多余的装饰。他们同格罗庇乌斯一样，创造了一些崭新的建筑物，对朴实地袒露着的框架结构做了精细的艺术加工，得到了优美的形象。使用大面积的玻璃窗，是表现结构的重要方法之一，而透明的玻璃，若有若无，既没有体积感，也没有重量感，使附丽于大块承重砌筑实体的欧洲传统的雕塑式建筑美，完全不可能存在。

现代建筑的形象，反映着现代材料的高强性能，反映着现代工艺的精确性和高效率，反映着建筑物在功能上的合目的性，表现着建筑设计的科学性，同时，它们又是亲切明朗、愉快活泼的。它们跟同样反映了现代化科学和生产特点的飞机、轮船、汽车、电视机等的风格和谐一致，它们的美，是现代化的。

充分利用框架的潜在的美，追求现代化大工业生产之下的建筑的标准化，现代建筑的设计思想同中国古代木构建筑有许多类似之处。因此，美国建筑师赖特，曾经从现代建筑的角度，对中国古代木构建筑大加赞扬。早在1930年代，中国的前辈建筑学家梁思成先生和林徽因先生，也曾经敏锐地看到，中国古代木构建筑的基本原则，有许多是同现代钢筋混凝土的框架建筑的基本原则一致的。共同点之一，就是它们都是表现结构美的建筑。

可是，我国近三十几年来的建筑，却走着一条极其反常的道路。我们大量使用了现代化的材料和结构技术，而我们的建筑艺术，反而采用了19世纪以前的欧洲石构建筑的形式，追求起那种古老的雕塑美来了。人民大会堂是一个例子。它的虚假的柱廊、沉重而封闭的墙垣、笨拙的檐口，都是完全违反钢筋混凝土框架的结构逻辑的，显得陈旧，缺乏现代化的气息。中国的大屋顶，虽然曾经是木构架的合理表现，但用在美术馆、农展馆这些现代建筑上，却完全是雕塑性的形式了，因而显得矫揉造作。被现代生活冷落了的欧洲古建筑传统，料不到在中国复活了，而中国建筑的传统，本来是容易接受现代建筑的新概念的。

由欧洲古代石构建筑所代表的雕塑美，由中国古代木构建筑所代表的结构美，是建筑艺术的两条路子。世界各国的古今建筑，非此即彼，在这两条路上走。当然，并不总是那么纯粹，有时界限不很清楚，而且想把两种美结合起来的努力历来都有。最有趣的是，现代的雕塑和现代的结构，常常互相渗透，互相转化。有一些立体主义和构成主义的雕塑家，把各种空间结构当作雕塑品，他们致力于创造新的结构形式。而有一些建筑材料和结构方式，如钢筋混凝土，尤其是钢丝网水泥，可塑性是非常大的，一些建筑师就利用它们追求新的雕塑美，例如柯布西耶设计的法国的洪尚教堂。1950年代以来，有许多新的结构方式，如壳体结构、悬索结构等，广泛地使用起来，它们本身往往具有塑造的美。不过，如果不同大规模工业生产的特点结合，这种雕塑美也是没有生命力的。

建筑的空间美

建筑的雕塑美也好，结构美也好，都依托在建筑的实体上。同它们相应，互为表里，建筑还有它的空间美。

就像鸡生蛋，蛋生鸡，究竟是先有蛋还是先有鸡争论不休一样，在建筑学里，也有一个差不多的问题，这就是：造房子，造的虽然是地基、墙垣、屋盖这些实件，但是，人们真正需要的，是这些实体所围护着的内部空间。那么，在建筑创作中，究竟是实体重要呢，还是空间重要呢?

美国建筑师赖特曾经引用《老子》里的一句话：“埏埴以为器，当其无，有器之用；凿户牖以为室，当其无，有室之用。故有之以为利，无之以为用。”说明建筑创作的重点，应该是那个有用的空间。欧美各国的一些现代建筑师，根据这个道理，批评几千年来建筑艺术把重点放在美化实体上，是弄颠倒了主次。

其实，实体和空间是互相依存的，少了哪一个也不行。人固然在室内空间里生活、生产、学习，但这空间是实体围护着的特定的空间。要这个空间，就得要这个实体；这个空间，只因为有了围护它的实体才有使用价值。不过，相生者相克，这实体又限制和妨碍着它所围护的空间，它们老是闹着矛盾。

在古代欧洲，材料和结构技术落后，砌筑实体厚重，大量的人力物力花在实体上，而建筑物的内部空间比较小，所以，建筑艺术加工的对象，重在实体，这是自然的。但是，人们对内部空间的艺术质量，其实早就很注意了。

希腊古典时代庙宇的神堂，内部长度和宽度之比已经很匀称。为了加大宽度，在神堂里立了两排柱子。这些柱子，高度只有神堂高度的一半左右，要两层叠起来，才达到大梁的下皮。这种做法，目的在于反衬内部空间的尺度，使它仿佛比实际的要宽敞一些。

古罗马建筑用拱券结构，内部空间相当宏大，也可以相当复杂。罗马城里的万神庙，穹顶的直径竟有43.3米，同时，把高度也做成43.3米，这样，内部空间显得格外单纯而完整。至于由复杂的拱券平衡体系所形成的多种内部空间的组合，它们的艺术处理就更加精致了。

哥特式的大教堂，很注意空间的方向性，狭而长的中厅，把信徒们的心带向祭坛。祭坛所在之处，空间突然发生变化，一缕阳光随着投射到祭坛上。

文艺复兴时期，空间的形式空前丰富多样。新型的、穹顶覆盖之下的集中式教堂，内部空间既统一又有变化，建筑学家们，把内部空间的和谐当做专门课题来研究。在阿尔伯蒂的《建筑十书》里，对室内空间的比例做了不少建议。其中之一说，房间的长度最好是宽度的两倍，而高度应该是长度和宽度之和的一半。

巴洛克时期的建筑师们，不喜欢界线明确、形状简洁的内部空间，他们力求打破内部空间的封闭性，于是，创造了连列厅，把许多厅堂贯穿在一个透视感十分深远的画面之中。并且，有一些大厅的向花园的一面只设柱廊，甚至只有两个支承券脚的垛子，使大厅同花园连通，消除室内外空间的分隔。有一些建筑物里，把楼梯厅做得既宽阔又开敞，因此，楼上楼下的空间也连续起来了。意大利的热那亚，这时候有一些府邸和公共建筑物，从门厅到内院，从楼上到楼下，从室外到室内，空间流转贯通，没有死板的界线，开辟了建筑空间艺术的新境界，对后来影响非常之大。为了减弱内部空间的封闭性，还动用这时候刚刚发展成熟的透视法，把整面墙画成一幅大壁画，有渐渐远去的长列柱子，有盘旋而来的宽阔楼梯，靓妆仕女款款闲步，仿佛这不是一面墙，而是展开着的另一个建筑空间，人人都可以走进去似的。

希腊庙宇神堂的尺度，罗马万神庙内部的完整，哥特教堂中厅的运动感，文艺复兴时期室内的和谐，以及巴洛克建筑的诡谲变幻，都说明，建筑还有一种美，即空间的美。空间的美同建筑的雕塑美和结构美共生，但它有单独的意义。

对空间美的追求，起源很早，逐步发展，到了现代建筑里，由于结构的自由度大大增加，获取多种多样内部大空间的能力强得多了，所以，对空间美的追求更加自觉，手法也大大多样化了。

中国古代木框架建筑，因为结构技术水平比较低，内部空间很不发达，所以，一般需要利用内院作为各项活动的补充场所。这就形成了四合院的形制。一个四合院是一个统一的建筑空间。它的院落，半开半闭，同四周建筑物的长宽高低有和谐的比例关系，也同样有空间的美。中国古建筑的内院式空间，同欧洲完全的室内建筑空间的差别，是中国建筑同欧洲建筑的基本差别之一。

虽然中国古建筑的室内空间远远不及欧洲的古建筑，但是，像颐和园里乐寿堂内部那样，用博古架、碧纱橱、落地罩、屏风或者其他陈设来分隔，造成空间若断若续、若分若合、若开若闭的层次丰富的变化，则是中国建筑特有的一种空间美。这种变化多端的内部空间的获得，是同中国建筑使用轻盈的木框架结构而不用承重墙有关的。欧洲人从20世纪建筑中广泛使用钢或钢筋混凝土框架之后，类似的手法也大大发展起来。

一座比较大的，或者功能比较复杂的建筑物，往往不能只有一个单一的内部空间，而需要一系列空间组合起来才成。在欧洲，从古罗马时代起，就能建造复杂的拱券结构体系，所以，能够在一幢建筑物里面组合许多室内空间。杰出的例子是罗马城里规模极其宏大的公共浴场。经过一千多年的演进，到17世纪，室内空间组合在欧洲达到了很高的艺术水平。在这个组合里，一连串的空间的形状、大小、纵横、明暗、开阖等不断地变化着。它们既是对比的，又是连续的；既是预料得到的，又是有点意外的。建筑师引导人们依次从一个空间到另一个空间，一方面保留着对前一个空间的记忆，一方面怀着对下一个空间的期待。序列有它的高潮，前面是它的准备。建筑师按照建筑物的艺术目的，在准备阶段使人们逐渐酝酿一种情感，一种心理状态，以便使作为高潮的空间得到最大限度的艺术效果。

这个空间序列，既是艺术的序列，也是功能的序列，也是结构的序列。一个好的建筑物，这三个序列是完全符合的。例如一个剧场，从门廊到门斗、门厅、衣帽厅、楼梯厅、休息厅到观众大厅，是按照人的合理的活动过程安排的。它也合于艺术上逐步趋向高潮的渐进过程。观众厅是建筑艺术的高潮，它担当着主要的功能，同时，结构也是最宏大的。观众厅还有它的艺术焦点——舞台，这是序列的终点。

在现代建筑诞生之前，欧洲建筑里，空间的序列是由一个个相当封闭的空间组成的，把它们设计成统一的艺术整体，一直是一个十分引人入胜的课题。那时候，往往只有宫殿、教堂、议会大厦之类才能讲究这种空间的序列，艺术上追求庄严肃穆，所以，这个序列就同建筑物的中轴线重合，完全对称。

中国古代建筑的结构没有能力把一系列空间覆盖在一幢建筑物里，因此，中国古建筑的序列，是一连串的院落，沿纵深方向排列。从住宅到宫殿、庙宇，大体都是这样的。“笙歌归院落，灯火下楼台”，“庭院深深深几许”，就反映着这种情况。最突出的例子，是北京的明清故宫。

因为空间序列是一串院落，所以，沿着人们的活动过程，在中轴线上形成了室内外的交替，景色的变化非常强烈。而且，每一进院落的正面是一幢建筑物的正面，它们向院落展示出自己完整的形象。例如故宫，从大清门、天安门、端门、午门、太和门到太和殿，这个序列是十分壮观的。当作为高潮的太和殿出现时，前面的心理和情感的酝酿已经很充分了。

在欧洲，空间序列在一幢建筑物里展开；在中国，空间序列则是一个内向的建筑群。因此，中国建筑的纵深轴线远比欧洲的长，而且更壮丽。这两种空间序列在建筑艺术上差别非常大。

20世纪初，现代建筑在欧洲兴起，建筑的空间美受到了远比过去任何时代都大的注意。这是因为，由于材料和结构技术的进步，建筑的实体非常薄、非常细、非常轻，而且，要相当严格地受到大工业工艺的限制，对它们的实体的艺术加工的自由度比对古建筑的少多了。相反，对建筑空间进行艺术加工的自由度却比过去大大增加了。大跨度的结构，可以覆盖十分宽阔的空间而没有厚厚的墙壁和密密的柱子。于是，在一些情况下，空间的形式可以几乎只根据功能和艺术的构思来确定。而现代技术又提供了许许多多分隔空间的新手段，引人入胜。这些新的可能性，大大激发了建筑师在建筑的空间美上的创新自觉性和想象力。德国著名建筑师格罗庇乌斯说："比这种结构经济及其功能上的强调远为重要的，是在认识水平上的进展，为新的空间想象创造了条件。建造房屋仅是解决材料和施工方法的问题，而建筑艺术则包含了掌握空间处理的艺术。"（《新建筑与包豪斯》）意大利有机建筑派理论家塞维说："空间——空的部分——应当是建筑的主角"，"对建筑的评价基本上是对建筑物内部空间的评价。"（《建筑空间论》）

新的建筑空间观念的基本点是：尽可能地取消封闭的空间，而代之以开敞的空间；大的通用空间代替一个个分隔得死死的小专用空间；力争建筑内部空间在功能上的灵活性和对各种变化的适应力。

现代建筑正好诞生在未来主义、立体主义这些艺术流派盛行的时候，从它们借鉴了许多理论、观念甚至手法。这些理论、观念和手法用之于建筑，大约比用之于绘画或者雕塑更适宜得多。因此，现代建筑不满足于静态的、形状单纯而一目了然的、从各个位置看去都差不多的室内空间，而追求动态的、形状不容易捉摸的、从各个位置看去差别很大的室内空间。为了创造这样的空间，就尽量避免对称，避免让人们在一条对称轴线上运动。德国建筑师密斯设计的1929年巴塞罗那博览会的德国馆，是新的建筑空间观念的纲领性作品。它的空间之美使参观者大为倾倒，轰动一时，对现代建筑的发展起了很大的推动作用。

在不妨碍使用功能的前提下，室内空间的流动和漫溢突破了单一空间，因此，空间的序列也发生了变化。除了少数需要隆重严肃气氛的建筑物之外，空间的序列不再依次排列在一条对称的纵深轴线上，也不再是一个接着一个的封闭空间。新的空间序列是，一个个开敞的空间，沿着不对称的运动路线连续展开，而且前后的空间彼此穿插，没有死板的界线。这种空间的序列，不一定在一条直线上，也不一定在一个水平面上。通过楼梯、眺台、跑马廊之类的引导，空间序列可以在几个楼层展开。一般的非纪念性建筑物，不一定需要艺术的高潮。不对称的、明朗的空间和它们的灵活变化使人觉得轻松、亲切、有人情味儿，始终保持盎然的兴趣而不致疲劳。这样的空间序列的应用范围很广。

这个空间的序列仍然应该是艺术序列、功能序列和结构序列的统一。功能本身有导向性，所以，只有这三者统一了，才能指望人们按照建筑师的意图在空间中顺序运动，去观赏一个个的变化，接受一个个的印象，达到预期的艺术效果。

当然，空间的连续和穿插是由实体的连续和穿插造成的，没有实体的连续和穿插，也就没有空间的连续和穿插。所以，空间美的创造，仍然离不开实体的推敲，不过考虑的角度不同而已。隔屏、楼梯、大桥、挑廊、台阶、陈设等等，是形成动态的连续空间的重要手段。1978年完工的华盛顿美国国立美术馆的东馆，巧妙地利用了这些建筑因素，造成了优美的内部空间。

广阔的室内空间，装饰的方法也跟传统的不同。喷泉、水池、树木、花卉，甚至活生生的飞鸟，这些过去只能在室外的自然因素，被引进了大厅，大厅上方，灿烂的阳光透过大片天窗照射进来，室内空间生活气息很浓。

现代建筑室内空间的艺术，其实同颐和园乐寿堂的室内空间很有点相像。原因是它们都用框架摆脱了厚实的承重墙。可是，又有一个怪现象：近几十年来，我国有许多建筑物，虽然采用了钢筋混凝土的框架结构，室内室间却模仿19世纪以前欧洲的石构建筑，封闭、单调、呆板，硬要造出假的承重墙来。而按照中国建筑的传统，本来倒是应该很容易接受现代的建筑空间观念的。

不过，新的空间美是一定要胜利的，因为它符合新的工艺、新的功能、新的审美习惯，有强大的生命力。

建筑是凝固的音乐

建筑常常被比作音乐。

不论是完全覆盖在建筑物内部的空间序列，还是中国古代的院落式空间序列，不论是庄严隆重的对称序列，还是自由活泼的不对称序列，建筑艺术的魅力，是在人们的运动过程中逐步铺陈开来的，在这个过程中，酝酿人们的情绪，加强印象，最后达到高潮。这就是说，建筑的审美，是在时间中进行的，建筑不仅是一个空间的艺术，而且是一个时间的艺术。

有人把建筑空间序列跟同样在时间中进行的交响乐比较，从门廊到大殿，艺术处理就像音乐的序曲：扩展、渐强、高潮、渐弱、休止。在这个过程中，二者都有旋律的重复。

一个建筑群、一个广场或者一条街道，经过精心设计的，也同样像一曲交响乐。著名的例子，有雅典卫城，从杜伊勒里花园到大凯旋门的巴黎香榭丽舍大道，以及威尼斯的圣马可广场。

把建筑比作音乐的另一个原因，是它的形式中的韵律感，它的形式的和谐同音乐的和谐有共同规律。

古希腊哲学家毕达哥拉斯测定，音乐的和谐是同发声体的体积之间的一定比例有关系的，又推定，音的高低是同弦的长短有一定比例关系的。他把这个发现推广到建筑和雕刻上，认为建筑物形式的和谐，也决定于它的各部分的大小有某种可以用简单的数值或者几何方法测定的比例关系。

古希腊的建筑柱式在毕达哥拉斯死后逐渐成熟，在这个成熟过程中，柱式的各部分之间建立了相当严谨的、一定的比例关系。例如，多立克柱式以三陇板的宽度为基本模数单元，柱子的底径、高度、细部，柱子之间的距离，以及台基面的长度和宽度，等等，大体都是它的整倍数或者简单真分数。古罗马建筑学家维特鲁威在他的《建筑十书》里说："匀称是建筑物各部件恰当的相互适应，以及各部件与整体间根据一个被选作标准的部分而生的联系。……在庙宇中，匀称可以用柱径、三陇板或者任何一种模数作标准而算得。"这种用保持各部分的大小之间的简单数量比来求得建筑物形式的和谐的方法，就是毕达哥拉斯从音乐中求得的方法。文艺复兴时期最重要的建筑学家阿尔伯蒂说："宇宙永恒地运动着，在它的一切动作中贯串着不变的类似，我们应当从音乐家那里借用和谐的关系的一切准则。"（《建筑十书》）现代建筑的开拓者之一柯布西耶，就是在欧洲这种传统的建筑美学的启示下，提出他的著名的"模数制"的。他认为，建筑物的长度、宽度和体积，如果像音乐那样有一种量度单位，那么，在视觉领域里我们的文明就能达到音乐所达到的水平。他的模数理论，由他自己和一些追随者在设计中应用，效果很好。

这种以一个基本建筑构件的尺寸为模数单位，来确定或测量建筑物的主要构件的尺寸的办法，在中国古代木构建筑里也是有的。在宋代的《营造法式》和清代的《工部工程做法则例》中，这个模数都来自斗栱的断面尺寸。这种办法不但有利于备料和施工，而且有助于协调建筑物各部分间以及各部分与整体间的和谐的比例。工匠们按照经过推敲的有关的规定下料造房子，造出来的房子就有很高的艺术质量。不过，中国的古代匠师们没有把这种模数制同音乐的规律做过比较。

这种模数制，有几种衍化物，也经常应用在建筑形式的推敲上。一种是，按简单的整数来分划整个建筑物的立面。例如，17世纪法国的古典主义建筑师设计的巴黎的圣德尼门，立面是正方形的，基座和檐部的高度各占总高度的五分之一，中央券洞的宽度是总宽度的三分之一，券脚的位置在约为总高度五分之二的地方。另一种是，立面上凡是比较明显的长方形，一律采用同样的长宽之比，如窗洞、窗下墙、柱式开间、凸出体、总轮廓线等等，而不问它是竖的还是横的。所以，这些长方形的对角线不是互相平行，就是互相垂直。用这两种方法来控制立面的比例，确实能使立面比较严谨、比较简练。因为这两种方法是从模数法推衍出来的，所以，也可以说同音乐的和谐有一点渊源关系。

跟雕塑和绘画不同，建筑自有它天然的节奏，主要由空间序列、柱子、窗子和阳台所形成。这些节奏有规则地变化和重复，就产生了韵律，这在现代多单元的公寓式住宅和中小学校舍的立面上，表现得非常明显。它们有四分之二、四分之四的“拍子”，也有柱、窗、窗，柱、窗、窗的“圆舞曲”。经过精心的设计，这种韵律感可以成为建筑形式美的重要因素。有人从这一点出发，把建筑比拟为音乐。

有一则古希腊的神话说：在很古的时候，色雷斯地方有一个叫作奥尔菲斯的年轻歌手，歌喉非常优美嘹亮，赢得了阿波罗的钟爱，把自己的七弦竖琴送给了他。文艺女神缪斯亲自教给他弹奏。他的悠扬婉转的琴声，不但使男女老幼倾倒，而且使动物和植物都入了迷。在他的琴声的蛊惑下，山岳会翩翩起舞，而流水却停下来屏住了呼吸。奥尔菲斯又能用魔法催眠树木和岩石，使它们跟随他走。有一天，他带领着木石们来到一处空地，弹起了竖琴，这些木石踏着琴声组成了各种建筑物，在空地上涌现了一个市场。一曲终了，旋律和节奏就都凝结在这些建筑物上，化成了比例和匀称。从此，市民们在市场上漫步，就像沉浸在永恒的音乐之中。

19世纪初，歌德在一次谈话中提到了这段希腊神话，并且说，在罗马的圣彼得大教堂前广场两侧的椭圆形柱廊里散步，也好像是在享受音乐的节律。后来，在德国的浪漫主义文学家们中间就流传着一句话：“建筑是凝固的音乐。”有人说，这是哲学家谢林说的，受到歌德的热烈赞赏。也有人说是贝多芬说的。而黑格尔则说：“弗列德里希·许莱格尔曾经把建筑比作冻结（凝固）的音乐，实际上这两种艺术都要靠各种比例关系的和谐，而这些比例关系都可以归结到数，因此在基本特点上都是容易了解的。”（《美学》第2卷，上册，第2章，朱光潜译）1832年，雨果也曾经把巴黎圣母院叫作“一个巨大的石头交响乐”。到19世纪中叶，德国的音乐理论家和作曲家霍普德曼给“建筑是凝固的音乐”这句话配了下联：“音乐是流动的建筑”。

建筑的韵律感不仅在水平方向上有，在竖直方向上同样也是有的。中国和欧洲的古塔，都有竖直方向的韵律，梁思成先生就曾经给北京的天宁寺塔的韵律记了谱。现代的高层建筑，竖向的韵律也有很显著的。

把建筑比作凝固的音乐，还有一个理由，就是它不摹写物象。鲁迅先生在《拟播布美术意见书》里，转述“近时英人珂尔文”的主张，认为可以有一种美术分类法，把建筑同音乐一起分在“独造美术”一类里。“此二者虽间亦微涉天物，而繁复腠会，几于脱离。”（《集外集拾遗》）这也就是说，建筑和音乐都是一种抽象的艺术。

建筑是抽象的艺术，它的美，主要是由比例、变化、统一、韵律、表质、空间等产生的形式美。它对现实的反映是通过它的风格，通过它所造成的或庄穆或轻快，或板重或活泼，或朴素或华丽，或严谨或随意，或真实或矫饰等气息来实现的。一般说来，建筑的形式不大可能表现复杂的思想内容，描绘现实的图景。恩格斯说：“希腊建筑表现了明朗和愉快的情绪，伊斯兰建筑——忧郁，哥特建筑——神圣的忘我；希腊建筑如灿烂的、阳光照耀的白昼，伊斯兰建筑如星光闪烁的黄昏，哥特建筑则像是朝霞。”（《马克思恩格斯全集》，1931年莫斯科俄文版第2卷，第63页）这是对建筑艺术的最富诗意的描述。

但是，把“摹写物象”这个任务硬加给建筑的人也是有的。秦始皇统一中国之后，在咸阳大造宫殿，就在布局上模拟天象。北京天坛祈年殿，从内圈到外圈，三圈柱子分别代表四季、十二个月和十二节令。在欧洲，则有天主教堂之采用十字形平面以纪念耶稣基督的受难。

这些尝试，虽然并没有收到什么艺术效果，不过大多属于象征性质，即使不符合建筑的本性，还不致过于矫情违性。却不料到了“科学昌明，民智大开”的现代，又出现了更加不顾建筑本身固有特质的奇事，硬造五角星式的亭子、火炬式的顶子等等。连“阴阳五行”都复活了。

当一定要求建筑物具体地反映某种思想意义时，就必须利用雕塑和壁画，形成艺术的综合体。这大约好像音乐借助于文学，配词唱歌来表现十分具体的思想内容一样。决不要去歪曲建筑本身，硬给它不可能承担的任务。

雕塑和绘画跟建筑结合，就会有一些新的特点。构图和风格要跟建筑一起考虑，这是一。可以是协调的统一，也可以是对比的统一。第二是，由于建筑有时间艺术的特点，所以，绘画和雕塑就要组织到建筑艺术在时间中展开的过程中去。

最杰出的例子是雅典卫城。这个卫城建筑群是根据祭祀雅典娜的大典构思的。在献祭队伍环绕卫城以及穿越卫城的行进过程中，雕像和建筑物轮流成为景色的构图中心，成为画面的主体。每一幅完整的景色都有它的明确的思想意义，都同队伍的行进和转折息息相关。最后，队伍到达终点时，建筑的高潮和雕刻的高潮同时呈现，它们形成一个不可分割的整体。在整个过程中反复出现的雕刻，有浮雕有圆雕，有单体像有群像，有铜的有石的，有独立的有安置在建筑物上的，有横向展开的有竖向矗立的，有纪念性的有装饰性的，有本色的有敷彩色或镀金的，有情节性的有极其概括的，真是丰富多彩之极，而又完全服从于整个卫城建筑群的统一的艺术构思，绝不游离。如果把这建筑群比作一个大型的交响乐，那么，它是建筑艺术和雕刻艺术合成的交响乐。也许，简单一点，不妨叫二重奏。

单幢建筑物也可以有类似的处理。例如，河北蓟县辽代的独乐寺观乐阁。里面供着16米高的十一面观音像，是现存中国古代最大的塑像之一。礼拜的人一进阁门，只见到它的脚趾。盘旋上到第二层，见到它的腰身。直到上到第三层，才见到法相庄严。建筑的尺度反衬着观音像的巨大体积，建筑的竖向空间序列把礼佛的人的宗教情绪引到最虔诚的高潮。在露天，16米高的佛像并不算最大，可以一目了然，但建筑的外壳把它变成了在时间中逐步铺陈展现的艺术，也就是，建筑把音乐的一种特性传递给了雕塑，因而使它格外有感染力。

建筑是石头的史书

雨果在《巴黎圣母院》里写道，一座大教堂，好像一座大山，是在几个世纪的长时间里形成的，“这是人民的贮存；这是世纪的积累；这是人类社会不断蒸发而剩下的沉淀；总之，这是一种体系。每一个时间的波浪都增加它的砂层，每一代人都堆积些沉淀在这个建筑物上……”“真的，这座建筑物上一层层艺术的积累，可以作为好些厚厚的书本的材料，这都是些人类的通史。”因此，巴黎圣母院“这个可敬的建筑物的每一个面，每一块石头，都不仅是我们国家历史的一页，并且也是科学史和艺术史的一页”。

据说，从此以后，欧洲人就把建筑叫作“石头的史书”，同“建筑是凝固的音乐”一样，深刻地说明了建筑的一种特点。

苏联人喜欢争辩说，这句话是他们的果戈理说的。果戈理和雨果是同一时期的人。争辩这个其实是没有什么意思的，因为世上各民族早在几千年前就已经十分明确地把建筑当作历史纪念物了。

建筑物之作为石头的史书，含义远比雨果所说的要广泛得多。

从最直接的来说，建筑物被用来纪念重大的历史事件。雅典卫城，就是雅典人为纪念打败波斯人的侵略而建造的。罗马皇帝则为一次次的侵略战争的胜利而大造纪功柱和凯旋门，以至于后来拿破仑当皇帝的时候，为了标榜自己的“正统”，在巴黎仿照古罗马的样式也造起了纪功柱和凯旋门。资产阶级政权的建立则是用宏伟的议会大厦来纪念的。

撇开这些直接书写历史的建筑物不说，要阅读这部石头的史书，从它了解一个时代的历史，主要有三个方面：这个时代，它的占主导地位的建筑物是什么？这些建筑物的形制如何？它们的风格是怎么样的？

一个时代，把它的人力物力集中到哪些建筑物上去，这是很能反映这个时代的经济、社会、政治特点的。希腊古典盛期的民主城邦里，最重要的纪念性建筑物是城邦保护神的庙宇，它代表着整个城邦全体公民的利益。当雅典建造它的卫城上的雅典娜圣地建筑群的时候，它的民主派领袖伯里克利在一次演说里说："人是第一重要的，其他一切都是人的劳动果实。"(《伯罗奔尼撒战争史》)雅典的国歌里有一句唱词是："世界上有许多力量，但是自然中没有什么比人类更为有力。"到了古典晚期，公元前4世纪中叶，城邦民主制度破坏，在专制制度的小王国里，建造起壮丽的国王陵墓来。它们的显要的位置，高大的体积，超人的尺度，威严的风格，华丽的装饰，都在神化着专制的国王，同时也就鄙视着平民。其中最大的，就是被称为古代世界七大奇迹之一的哈利卡纳素斯的摩索拉斯陵墓。

在中世纪，教会是封建制度最重要的精神支柱。城市里最宏伟的建筑物是教堂。17世纪，在中央集权的民族国家形成之后，宫殿成了最重要的建筑物。资产阶级革命的胜利，又把经济性的建筑物推上了重要的位置。1666年一场大火烧光了伦敦，重建的规划中，居然把交易所、造币厂、税务署、五金工匠保险公司等等放在全城的中心广场上。在法国资产阶级大革命之后，即使是拿破仑，也得在巴黎市中心建造一条商业街道——李沃利大街。

在一个生产资料属于全民所有的社会里，人民大众的住宅和文化福利建筑物，以及生产性建筑物，理所当然地要优先于为少数人享用的建筑物或者富丽堂皇空摆气派的建筑物。这一点，空想的社会主义者早就提出来了。

建筑物的形制同样也鲜明地反映着时代的经济、社会、政治特点。就说剧场吧，在古希腊，自由民主制度的盛期，有几万个观众席的剧场里，只有"酒神"、酒神的祭司和戏剧竞赛的裁判员有荣誉席，再没有其他的什么贵宾席。到了古典晚期，自由民内部发生了阶级分化，剧场里才有了贵宾席。罗马帝国的剧场，观众席划分为贵族区、骑士区和平民区，彼此之间有短墙隔开。17世纪末期在欧洲形成的马蹄形多层包厢式的观众厅，反映着严格的封建等级制度。在资产阶级革命期间，一些富有理想的建筑师，曾经在剧场设计里试图恢复古希腊式的观众厅，让观众们不分彼此。十月革命后，有一些苏俄建筑师也重复过这样的尝试。然而，在我们近年的建筑中，贵宾席、贵宾厅、贵宾门、贵宾厕所，曾经大肆泛滥，祸害不小。这些现象清楚地说明，几千年的封建专制，它的余毒多么难以肃清。可见，建筑形制反映历史，是相当精确的，是相当直言不讳的，真是青史无情。

在各个时代的居住建筑的形制中，群婚制、对偶婚、封建大家族、核心小家庭，这些不同的婚姻家庭制度，也都历历可见。妇女在家庭中、在社会上的地位，很鲜明地反映在民居的形制中和村落的牌坊上。

建筑的艺术风格，对时代的经济、社会和政治情况的反映，也是十分敏锐的。

世界上建筑风格变化之多、变化幅度之大和速度之快，以欧洲为第一。这是因为欧洲的历史进程快，每个阶段的典型特点很突出的缘故。建筑风格的变化，很精确地记录下它的历史，用石头。文化比较落后的“蛮族”灭亡了西罗马帝国，柱式建筑也就停止了发展。中世纪的市民们创造了自己的哥特式建筑，它是在教会的精神专制下形成的，有意同希腊和罗马的古典文化相对立。当文艺复兴的人文主义者起来同教会的精神专制做斗争的时候，他们用作为古典文化象征的柱式建筑打倒了哥特式建筑。随后，在欧洲的一些比较落后的国家里，天主教的反改革运动得势，于是，非理性的巴洛克式建筑跟宗教裁判所一起占了统治地位。同时，在一些比较先进的国家里，建立了中央集权的专制政体，它们用宏伟、壮丽的古典主义建筑来颂扬君主。不久之后，当资产阶级酝酿着他们的政治革命时，眼看着末日来临而又无可奈何的贵族们整天在花天酒地里混日子，洛可可式的柔靡的装饰风格就在他们的客厅里流传开来。相反，这时候兴致勃勃的资产阶级却标榜理性和“公民的美德”，提倡一种纯净的、朴素的理性主义建筑。一旦法国的大资产阶级掌握了政权，并且用军事力量去开辟一个适合于资本主义发展的国际环境，拿破仑的御用建筑师就用“帝国风格”建造了一批大型的纪念性建筑物。这是一种借用古罗马帝国的建筑风格而又大加夸张的风格，用来宣扬大资产阶级政权的正统性。这时候，跟拿破仑对抗的英国和德国，用“希腊复兴”来对抗拿破仑的帝国风格，鼓吹古希腊的民主精神。至于被打倒了的封建贵族，怀恋他们在中世纪的黄金时代，就在建筑中提倡一种浪漫主义，复活哥特式的建筑风格。

正因为建筑的风格十分鲜明地反映着时代的经济、社会和政治情况，参与文化思想领域里的斗争，所以，建筑风格的斗争在历史的大转折关头也是相当尖锐、相当激烈的。巴洛克跟古典主义的斗争，罗马复兴、希腊复兴和哥特复兴间的斗争，都是壁垒森严，各有各的理论，也各有各的代表性建筑师。

详细考察个别建筑风格的形式和特点，可以发现，建筑这部石头的史书十分详尽细致。

法国的古典主义建筑形成于中央集权国家的创立过程中，而于路易十四时达到它的成熟期。路易十四的统治时期也正是中央集权制的鼎盛时期，这时，法国已经成了全欧洲的典范。古典主义排斥了文艺复兴建筑中的意大利影响，抑制了当时正在意大利大行其时的巴洛克建筑风格。同时，也洗刷掉前一个时期在罗亚尔河谷的宫殿建筑的地方色彩。古典主义者力求创造一种超乎民族、国家和时间之外的普遍性建筑艺术。这是因为，他们认为，中央集权的君主专制制度体现着永恒的理性。他们企图以柱式为手段，建立一整套以数学方法和几何方法为基础的规则，适用于任何条件。这永恒的理性听起来纯粹是观念性的，但唯理主义者把它奉献给自称“朕即国家”的绝对君权，是要它在内肃清封建割据，在外建立霸业，以有利于资本主义的发展。至于柱式，那是罗马帝国正统的象征。绝对君权是严格的封建等级制的产物，所以，作为绝对君权的宫廷文化的古典主义建筑，要求在建筑构图中严格对称，以突出统率全局的中轴线，而在它的两侧，还有层次分明的次要轴线，统率局部。反映到建筑立面上，通常是左右划分为五部分，以中央部分为主，统率左右；上下划分为三层，以中央一层为主，统率上下。主从的关系，有条不紊。由于古典主义建筑像图解一样鲜明地体现了中央集权的封建专制等级制度，所以迅速传遍了所有的建立了中央君权的封建国家，为它们建造了大量的宫殿。

中国的建筑也同样写下了一部石头的（也许不如说木头的）史书。正逢封建主义极盛时期的唐代，它的建筑豪壮而奔放。到了宋代，城市经济比较发达，建筑就趋向纤秀华美。封建晚期的清代，建筑风格圆熟典丽，同时也显得板滞，有点儿发僵。由于中国封建专制制度在两千年的长时期里发展极其缓慢，所以中国建筑的风格也就经两千年而大体不变，叫作“恪遵祖制，不敢逾越”，因此造成了千年一律的传统。西克曼和索伯尔（L. Sickman & A. Soper）合著的《中国的艺术和建筑》里，一开头就说：“中国生活方式的一贯的主要特点就是传统主义和反对改革，他们的建筑史最生动地证明了这一点。”这真是“在齐太史简，在晋董狐笔”，石头的史书，一丝不苟。

而且，由于封建主义的余绪一时还难清除，所以封建主义的思想文化直到今天在建筑上仍然很有影响，表现为至今还有少数人提倡“民族形式”“乡土风味”，以致实际上在继续维护“传统主义和反对改革”。

20世纪初在欧洲和北美发生的一场建筑大变革，是建筑发展史中最有进步意义的革命。它使现代建筑同几千年的传统彻底决裂。这场革命，把建筑业从手工业变成现代大工业，把建筑学从艺术变成现代科学技术。现代建筑写下了建筑中工业革命的光辉历史，这历史既不是用石头写的，也不是用木头写的，而是用钢铁、水泥和玻璃写的。

在这场革命中，有一个重要的理论口号，就是“房屋是居住的机器”，这是柯布西耶提出来的。（见《走向新建筑》）这个口号，不仅要求把建筑像机器那样设计得科学、经济、效能高，要求把建筑像机器那样当作现代大工业的产品，遵从现代化大规模生产的一切规律，而且要求把新的建筑艺术、新的建筑风格，建立在现代化生产工艺的基础上。柯布西耶写道：“今天没有人再否认那个从现代工业产品中滋生出来的美学了。越来越多的建筑物和机器正趋于成熟，因为它们把根扎在数字的基础上，也就是说扎在条理性的基础上，所以，它们的比例和体积组合以及材料的使用都十分新颖，以至它们中有许多成了真正的艺术品。……一个时代的新风格正在普通的产品中诞生，而不是像人们通常相信的那样，只有纯粹的装饰和结构上多余的加工才有‘风格’。”这些普通的产品，包括衣服、自来水笔、打字机、电话、家具、小汽车、轮船和飞机等等。他说：“我们用轮船、飞机和汽车的名义要求有权利获得健康、逻辑、勇敢、协调和完美。”

格罗庇乌斯也致力于把建筑设计从传统的转变为现代工业美术设计。他说：“一座现代化的建筑物的建筑艺术表现力，必须是完全产生于它本身有机构成的协调比例。它本身必须是真实的，规律性明确的，毫不虚假和烦琐的，称得上是我们这个机械化和快速交通的现代世界的直接见证物。”（《新建筑与包豪斯》）

同现代化工业产品的美学相应，密斯提出，现代建筑在形式上应当“少就是多”，也就是以简练胜烦琐。这个口号推翻了19世纪以往同手工艺相联系的建筑美学标准，提出了同现代机器工艺相联系的建筑美学标准。新的标准，帮助现代建筑师抛开了达到很高水平的传统建筑艺术的压力。

柯布西耶、格罗庇乌斯和密斯，以他们的才能、敏感、勇气和想象力，为新建筑运动打了决定性的战役，奠定了胜局，他们是开创建筑历史新时期的第一代闯将。不过，正如格罗庇乌斯说的，现代建筑“并非少数几个建筑师不惜代价热衷于创新的个人奇想，而是我们时代的知识水平、社会条件和技术条件不可避免的合乎规律的产物”。所以，现代建筑才有强大的生命力，赢得了今天，也将赢得未来。

不能再用旧的建筑艺术和风格的传统观念来衡量现代建筑艺术了，它同两千年来的建筑艺术有本质的区别。也不能再要求现代建筑来续写人类历史的新篇章了，因为它已经走出艺术之宫，不再是一切艺术之王，而甘心同缝纫机和录音机之类并列了。

这就是说，建筑艺术从宫殿、陵墓、庙宇、教堂、议会大厦之类的狭窄天地里走了出来，降身到大规模生产的常用建筑中来了。这是大进步，我们要热烈欢迎！

原载《文学研究》1982年第1期

包豪斯的理想与现实

〔民主德国〕M. 穆施特*

陈志华 译

整整五十年前，1933年，4月22日，法西斯警察搜查了包豪斯校舍，把它封闭了。包豪斯从此结束。

为什么一所技术学校会招来这样一场横祸，这需要说明一下。

1919年，格罗庇乌斯创立"国立"包豪斯的时候，在宣言里说："建筑师、雕刻家、艺术家，我们都须转向手工艺！"这思想来自"德国工艺协会"。协会的创始人和理论家是沐迪修斯。他继承威廉·莫理斯的观点，企图把艺术跟手工艺结合起来，取得文化和经济的协调。格罗庇乌斯是工艺协会最年轻的领袖。

但是，20世纪初年，生产体系已经大不同于往昔。随着大工业的占了统治地位，新的科学技术和新的材料的重要性迅速增长。同时，第一次世界大战前后，社会变化非常剧烈：无产阶级的革命斗争风起云涌；十月革命胜利，第一个社会主义国家诞生；共产主义思想广泛传布。这样的历史情况决定了包豪斯的进一步发展，决定了它的理想的革新。

1923年，新的口号代替了先前的浪漫主义的宣言。这口号是："艺术跟当代技术——新的统一。"

威廉·莫理斯提倡手工艺运动时，认为手工业工匠是艺术的主人。

---

* 作者Martin Muschter是德意志民主共和国文物建筑管理维修研究院建筑师。本文是作者寄来的专稿。

这思想这时候在包豪斯转变成：产业工人是艺术的主人。包豪斯的一些人主张，艺术和建筑应当摆脱资产阶级腐朽的审美观，要排斥一切装饰。纯粹的功能和相应的几何形体是首要的。要为未来的新社会设计合适的物质环境。这些观点非常激进。因此，包豪斯就卷进了政治斗争之中，被迫从魏玛迁往德绍。

在德绍，进步思想继续发展着。夏德利克说："工业品的设计，要建立在生产的统一化、标准化和合理化上，它不以牟利为目的，而为人民的利益服务，帮助人们改善生活。"

斗争的激化，导致格罗庇乌斯的引退。1928年4月，共产主义者汉斯·梅耶接替他当校长。在这以前，梅耶是包豪斯的行政负责人。他进一步明确提出，包豪斯的工作目的是造成一个和谐的新社会。他说："德绍的包豪斯，作为一所设计学校，不是一个美学现象，而是一个社会现象。"他的口号是："用人民的要求代替富人的要求。"

包豪斯根据这样的方针进行教育工作。提倡集体创作，设计者深入生产过程，分析人们的日常生活，等等，都成了教学的重要部分。

在建筑设计方面，不但要探讨新的设计原则，而且要研究技术问题，工业化的大规模生产问题，绝大多数人民的居住问题，等等。要满足各行各业的人不同的居住要求，而且要一致的水平。包豪斯断然抛弃陈旧的传统的建筑方法，采用新的工业化的方法。它的基本目的之一就是为大多数人提供住宅。

在资本主义条件下，这一切都是空想。包豪斯的设计只有极少数能够实现。于是，一些人进一步追求社会的改造，而大多数则渐渐走向空洞的议论和形式主义的创作，以致梅耶在1930年说："作为包豪斯的头头，我为反对它的风格而斗争。"德绍的反动势力逼迫他辞职。他到苏联去了。

密斯接替了梅耶的职位。他力求洗刷掉包豪斯的政治色彩。但反动势力并不放松，于是他把包豪斯迁到柏林，但几个月后就被纳粹封闭了。

包豪斯的艺术作品被当作“堕落的艺术”而破坏掉，称之为“非人性的”“冰冷的”。

打倒了希特勒法西斯之后，经过一个时期的重新评价，现在，民主德国把包豪斯的成就当作民族的文化遗产看待。它的进步精神和观念，它的优秀成果和经验，都要认真保持并且进一步发展。从1975年以来，原来包豪斯的学生们设计的建筑物都根据民主德国的文物保护法列为保护对象，其余的设计方案也陈列在博物馆里供人参观。

德绍的包豪斯校舍受到特别的重视。这是包豪斯建筑理想的代表作。纳粹分子曾经扬言要毁掉它。它的车间部分的钢铁玻璃立面已经完全被搞掉了。第二次世界大战期间，它也受到不少损失。1948年，它被当作小学校舍利用起来，但谈不到作为文物受保护。

1974年，决定重建包豪斯校舍，但大大改变了它的面貌。于是，引起了一场争论。问题是：为什么对待20世纪的文物就比12世纪的文物要马虎呢？

最后，根据包豪斯理想的发展过程，决定：完全照原样恢复包豪斯校舍，直至恢复它的一切细节。

现在，整个包豪斯建筑群又是那么美丽了。它的保护说明民主德国高度评价包豪斯的理想。

译者附记

这篇短文说明了几个重要的问题。第一，过去西方建筑史著作，都把包豪斯跟格罗庇乌斯本人几乎等同起来，因此，不能解释为什么纳粹要迫害包豪斯，也不能解释为什么格罗庇乌斯离开包豪斯之后，影响就大不如前。这篇短文说明，包豪斯不等于格罗庇乌斯。在当时特殊历史条件下，它拥有许多思想进步的人，这就回答了那个问题。第二，这篇短文说明了先进的社会思想在建筑革命中所起的推动作用。建筑革命是建筑本身发展的必然结果，但它也需要先进的社会思想来推动，因为与大工业联系的建筑代替与手工业联系的建筑，意味着建筑在资本主义制度下的民主化和大众化。

透过这篇短文，我们可以把包豪斯的理想跟第一次世界大战后德国蓬蓬勃勃的工人运动联系起来，跟苏联的新艺术、新建筑运动联系起来。这样，历史的图卷就完整了。这两点，西方的史家常常是避而不谈的。

看来，那种把建筑革命跟帝国主义的腐朽、垂死等等联系起来的理论，也就破产了。

原载《世界建筑》1983年第5期

备课笔记
——关于建筑艺术

一

18世纪初年，英国的文学艺术潮流开始变化，最早的现实主义散文家兼评论家艾迪生（J. Addison）在他主编的杂志《观察家》上，鼓吹天然风致的园林艺术。他说："我们可以设想，自然物将随其与人工物之相似程度而增其价值。同样，人工物将随其与自然物相似之程度而增其价值。园林为人工物，故其价值可随其与自然物相似之程度而增长。"这段话，很可能影响到康德。康德在《判断力批判》(1790)中说："自然只有在貌似艺术时才显得美，艺术也只有使人知其为艺术而又貌似自然时才显得美。"朱光潜先生解释康德的意思是：艺术向自然模仿的是它的必然规律，自然向艺术模仿的是它的自由和目的性。

康德所说的"自然"，含义比艾迪生那段话里所说的要广一些，前者包含着后者，而且就园林艺术而言，两个人所说的自然都指天生的山林水泽，是一致的。

从美学上说，这两个人的意思是不是全面或者正确，也许还有争议，不过，它们倒是同中国造园艺术的基本思想相合。

艾迪生说的"人工物将随其与自然物相似之程度而增其价值"和康德说的"艺术也只有使人知其为艺术而又貌似自然时才显得美"，在中国的园林艺术里，就表现为追求《园冶》里那著名的八个字："虽由人作，宛自天开。"

至于"自然物将随其与人工物之相似程度而增其价值"和"自然只有在貌似艺术时才显得美"，在中国园林艺术里，简单地说，就是《园冶》里说的"俗则屏之，嘉则收之"，也就是对自然景色进行剪裁、提炼，或者说典型化。不过，这样的理解还不够。进一步想，应该更深入地理解为：中国园林艺术所追求的野趣，其实是人化了的野趣，或者说，所模仿的自然，是被人类征服了的自然。

中国的园林，起源于古代的"囿"。《诗经》里描写周初的灵囿："王在灵囿，麀鹿攸伏。麀鹿濯濯，白鸟翯翯。"毛苌注："囿所以域养禽兽也。"又，《周礼》："囿人掌国游之兽禁，牧百兽。"可见，囿本来就是一个人类对自然物进行征服的场所。后来，经过春秋战国，一部分囿里有了池沼花木，它们同建筑物联系在一起，渐渐转化为游乐的比重很大的"苑"。

自然风致的园林艺术是在南北朝时期确立的。洛阳华林园中的景阳山已经是"重岩复岭，深谿洞壑；高林巨树，悬葛垂萝；崎岖石路，涧道盘纡"。不过，自然风致园的发祥地无疑在长江流域。南北朝时期，在中国文化中普遍产生了对天然山水的爱好。这种风气的基础，是劳动人民对长江流域的开发已经达到相当高的水平。陶渊明归去的田园，陶弘景迷恋的山林，都是可以悠然居住的地方。即使高山大江，也是郦道元和谢灵运们可以尽情游览的胜地。"山气日夕佳，飞鸟相与还"，"云日相辉映，空水共澄鲜"，人们在这样的天然山水之间，已经没有那种在原始荒野里所感到的凶险和神秘，相反，倒是有浓厚的亲切之感。只有这时候，人们才真正有心去认识自然之美。

人对自然的这种审美关系由宋代的郭熙说得很明白。他在《林泉高致》里写道："世之笃论，谓山水有可行者，有可望者，有可游者，有可居者，画凡至此，皆入妙品；但可行可望，不如可居可游之为得。"

可行、可望、可游、可居的自然，是经过人类劳动改造过的自然。

可居可游的自然，改造的程度比可行可望的更高一些，因此更可以入画。改造过的自然，对人类来说，是自由的王国，而不是蛮荒未辟的必然王国。它们是人类智能和体能的创造力的对象化。在这种人化了的自然中，人“可以看出他的筋力，他的双手的伶巧，他的心灵的智慧或是他的英勇的结果”（黑格尔：《美学》第1卷，商务印书馆1979年版，第332页）。这里也就是朱光潜先生在解释康德的话时所说的：自然向艺术模仿的是它的自由和目的性。

所以说，所谓自然的美，原来是劳动的成果，是劳动本身的美的体现。中国的园林艺术所表现的自然风致，是“貌似艺术”的可游可居的人化了的自然，并不是原始的荒野。我们因而可以给中国园林的美做这样的解释：它体现了劳动人民征服自然的创造力和英雄气概的胜利，它是自由的显现。这就是为什么中国的园林艺术如此富有生命力的原因，就是我们至今能够喜爱古代园林的原因。这也就是为什么皇帝和盐商之流把他们的趣味一加到园林中去就一定会起破坏作用的原因。

从另一个方面来认识这个问题也是很有意义的。

高尔基说：“在环绕着我们并且仇视着我们的自然界中是没有美的。”（《苏联的文学》）这种仇视人们的自然，是远远没有被征服的自然，对人类来说，它是一个必然的王国，而不是自由的王国。

17世纪的法国，产生了古典主义的园林艺术，它的基本特征，是按照严整的秩序规划园林。著名的法国文艺学家丹纳（H. Taine，1828—1893）在《比利牛斯山游记》里借一位波尔先生的话说：“您到凡尔赛去，您会对17世纪的趣味感到愤慨。……但是暂时不要从您自己的需要和您自己的习惯来判断吧。……我们看见荒野的风景感到欢喜，这没有错，正如他们看见这种风景而感到厌烦，也并没有错一样，对于17世纪的人们，再没有什么比真正的山更不美的了。”丹纳说：因为17世纪的法国人在荒野的风景里经常遇到的是危险和困难。

18世纪初，艾迪生在英国鼓吹自然式园林的时候，情况同古典主义时代的法国大不相同。这时候，英国的资本主义制度正在农业中迅猛地发展，新贵族和资产阶级经营起大规模的农庄和牧场来。它们在劳动者的手里开发得如锦似绣，生产出大量的羊毛，“白色的金子”。于是，英国人发现了农庄和牧场的美，终于在18世纪中叶形成了自然风致的英国式园林。这时候，中国的造园艺术趁势传到了英国，从英国又传遍整个欧洲。从此之后，几何式的园林在欧洲再也没有恢复它的绝对统治地位，相反，自然式的园林始终不衰。直到现在，欧洲一些城市的高楼大厦之间，小小一块绿地，也追求自然情趣。

人们欣赏自然的美，是因为人们在其中见到自己的本质力量的胜利，而不是原始拜物教的自然崇拜。随着对自然的征服越来越广泛，越来越深入，人们也就越来越感觉到自然的美。到大自然观光的风气和保护自然的呼声一天高于一天。所以，可以说，园林艺术的自然化，是世界文明进步的必然趋势。

以上写的，仅仅是从人与自然的关系解释造园艺术，但造园艺术风格的形成与变化的原因是综合的，很复杂，这里不能都说了。

二

建筑的美，有雕塑型的，也有结构型的。在结构型的建筑美里，有一种是以表现条理和逻辑性为主的，还有一种似乎可以说是杂技式的。

“履险如夷”，这是杂技艺术的美的基本特征。条件愈难、愈险，而表演者愈轻松自若，那么，这杂技节目的成功也愈大，也就是愈美。

建筑的杂技式的美，大多依靠结构的力量。例如，一些悬挑结构，一些大跨度结构，就常常造成这种美。也同杂技一样，为了充分展现这类结构的美，就应该在建筑处理上强调它们的表演的难和险，同时强调结构的轻松自若。

就拿悬挑的楼梯来说罢。为什么建筑师把它造得玲珑轻巧，总爱在它们下面做一个水池？因为这个水池给悬挑的楼梯造成“如临深渊”的情景，给仿佛无所依托、悬在它上方的楼梯，编了一个极险极难的杂技节目。而楼梯又是那么空灵，那么纤细，使走的人都觉得“临深履薄”，不免“战战兢兢”。然而这楼梯，向前这么一探，向回那么一翻，翩若惊鸿，上去了。真是“履险如夷”。于是，人们产生了一种精神上和感情上的满足，胜利的满足，获得自由的满足，他们感到了楼梯的美。

南方一座城市里，新建了一个水榭，它的室外的悬挑楼梯，偏偏向岸上探出，而岸上又是一溜土坡。也见到过一些悬挑楼梯，板式的钢筋混凝土栏杆做得厚厚实实。这些建筑处理，都使得悬挑楼梯索然无味，就像给表演“椅子顶”的杂技演员搭一个脚手架一样。

观众看杂技，见不到机遇，见不到取巧，更见不到“天官赐福”，见到的是演员们智力和体力劳动的成就，是通过辛勤的劳动取得的自由。杂技的美，因而实质是劳动的美。人们在悬挑楼梯上感到的胜利的满足，同样也是因为在它们身上见到了人的创造力的显现，或者说，人的本质力量的形象化。它们的美，也是劳动的美。

吉迪恩（S. Giedion）在其名著《空间、时间与建筑》里，曾经把1889年巴黎博览会上机械馆的三铰拱的支座比作芭蕾舞演员的尖尖纤足，并且在书上附了一张德加（Degas）画的舞女做对照。后来有人因此讥笑他的美学观点太陈旧保守，认为结构造型的美只能从结构本身去理解。其实，吉迪恩并没有错。三铰拱支座所以美，在于人们居然能用这样细巧的节点支承这么大的跨度的荷载。人们炼出了强度很高的钢材，认识了力的作用的规律，设计出非常合理的结构方式，所以，三铰拱的美和芭蕾舞女轻盈伶俐的脚步的美有共同的本质，这就是智慧和体能的成就，劳动所获得的自由。三铰拱同舞女的纤足，不仅仅是形似而已，还很有点神似。

在中国，千百年来流行着一句赞颂崇楼杰阁的话：鬼斧神工。它赞颂的是“斧”和“工”，其实就是劳动的创造力。这种赞颂的极致，就是应县释迦木塔上的一块匾：“天柱地轴”。建筑的这一种美，根本在于结构的力量和建筑对结构的处理。古罗马建筑的结构成就是十分伟大的，但建筑的处理却仍然把重点放在雕塑性的形象上，所以结构没有充分展现它的美。当然，雕塑性的美同样也是劳动的体现，不过，那属于另一种类型。欧洲的哥特式主教堂和中国的木构建筑物都很注重结构的美。同编排杂技节目一样，为了强调难和险，它们都有意做了些特殊的建筑处理，哥特式主教堂的飞券、镂空尖塔、肋券，中国唐、辽建筑的斗栱、飞檐翼角，都起着这种作用。

在结构上，一般人最容易看得出来的，是智慧和体能对重力斗争的胜利，因为重力是人们最熟悉的。结构本身的轻、薄、细、巧，它所覆盖的空间的宽阔，是显现这种胜利的主要的形象上的特征。哥特式主教堂和中国的木构建筑物就追求这种特征。随着材料和结构技术的进步，这种特征越来越普及了，壳体、悬索、框架、网架和悬挑结构之所以使人觉得美，主要的原因就是它们的轻、薄、细、巧仿佛完全克服了重力。这些轻、薄、细、巧的结构又表现得那么条理清晰，合乎逻辑，合乎力学的原理。这是现代科学、现代技术的形象显现。因此，现代化的建筑美，就离不开这些形象特征。前些年，我们完全违反结构的逻辑性，给壳体、悬索、框架和悬挑结构穿上欧洲古典主义的传统外衣，伪装成沉重的砖石结构，在宽阔的结构框架之间，用假的承重墙分割成封闭的“空间序列”，真是一种大煞风景的事。由于思想的保守，我们把本来已经获得的更大的自由当作废物，甚至毒物，抛弃掉了，而这更大的自由，却是人类进步的标志，美的源泉。这就好像我们不要杂技演员在钢索上翻腾跳跃，而要他们手脚并施，在钢索上浑身冒汗地慢慢挪动。

1920年前后，密斯曾经设计过几座玻璃幕墙的摩天楼。他的意思就是要把“雄伟的结构形象”“强有力的钢铁结构的网”当作“艺术设计的基础”，让它们透过玻璃幕墙表现出来。这种钢结构和玻璃幕墙，代表着现代科学和现代技术的成就，代表着人对自然的新的征服，人对重力的新的胜利，人能获得的新的自由。因而，这种玻璃幕墙的框架摩天楼可能是美的，体现着现代化的美。

推而广之，凡能体现现代化大工业的高度效能和效率的形象特征，都有可能成为美的特征。汽车、飞机、轮船、收音机、电冰箱，这些“机器”的美，就是这种美。

为了给建筑的工业化、现代化开辟道路，柯布西耶以敢于冲破最没有异议的旧观念的勇气，以敏锐地理解新生事物的智慧，写下了“房屋是居住的机器”这句名言。只要愿意，任何人都可以轻而易举地把这句话嘲弄一万遍。但是，对于愿意建筑工业化、现代化，从而放开手多、快、好、省地建造房屋的人们来说，这句话是值得赞美的。它是建筑现代化的灵魂，现代建筑思想的主线之一。

三

据说，在生物的进化过程中，有一些生物，因为太特化了，往往容易灭绝。这就是说，一些生物的生态，太适应它们所处的特殊环境了，以致环境一有大变化，它们就无法适应，终至于死光。

建筑的发展过程中，也有类似的情况。凡是一种成熟的建筑样式或风格，必定是特化了的。因此，不论一种样式或风格曾经有多么高的成就，只要条件有性质的变化，就得淘汰。只能用新的样式和风格来代替它，一切改良、补缀等措施都是没有用处的。

欧洲的柱式建筑和中国的木构建筑，都是十分成熟的，因此也是十分特化的。它们的样式和风格，同产生它们的时代的技术物质条件、政治经济条件、思想文化条件，息息相关。19世纪末叶以来，这些条件有了根本变化，柱式和木结构建筑不能适应新的情况了，欧洲和中国都有人曾经想改良它们，补缀它们，但是都失败了。它们终于被淘汰掉了，虽然它们过去曾经那么灿烂辉煌。

改良和补缀的尝试之一，很奇怪，居然是试图把西方柱式同中国木构架建筑结合起来。这种尝试，就说“中西合璧”罢，完全弄错了建筑发展的方向，注定是行不通的。凡成熟的样式和风格，都掺不得半点假。只能或者接受它，或者抛弃它。因为近来又有人提倡“中西合璧”，所以，这种事还要说一说。

“中西合璧”的代表作品是北京的人民大会堂。它以欧洲19世纪上半叶的昂皮尔风格为主调，加上一些中国木构架建筑的手法。但这种掺和显然是不足取的，请看看它的柱廊罢。

古代希腊的庙宇，正面柱廊本来是中央的一间大，两侧逐间缩小的。后来，渐渐变得不分大小了。为什么？因为早期的庙宇前面有个院落，人们在院落里观看庙宇，正面性强，轴线清楚，开间的大小变化合乎逻辑。后来的庙宇前面没有院落了，造在高地上，斜角方向的观赏机会远远大于从正面轴线上看，而正面除了山花的尖角之外，又没有别的手段突出轴线。柱廊开间如果再有大小变化就显得乱了。以后，昂皮尔风格的建筑，一般都在广场或者干道的一侧，也是斜角观赏机会多，所以开间的大小也不变化，除了极少数不成功的例外。

人民大会堂在广场和干道的一侧，它的四面都是以斜角观赏为主的，却做了有变化的开间，看上去节奏混乱。即使特地到正面去看，因为开间多，立面长，檐部和地面都没有突出轴线的处理，所以中央几个开间放大，仍然显得乱，显得勉强。

这柱廊的开间变化据说是“民族形式”。但是，中国古代木构架建筑，稍稍重要一点的，连四合院的正房在内，都是从院落里观看正面的，同早先的古希腊庙宇一样。所以，它的柱廊开间的变化是合适的。而人民大会堂却根本不是这样的条件。中国建筑一般开间不多，明间、次间，容易辨清。开间比较多的太和殿，从太和门那里就逼迫人只能从中轴线上去观赏它了。更何况中国木构架建筑，开间很宽、柱子很细，从正面看基本上不形成柱列。而模仿昂皮尔风格的人民大会堂的几个面却是很强的柱列，所以，那种不大容易理解的开间变化就造成了混乱。

其次，希腊的柱式，早期有光身的，后来，凡大一点的柱子都做凹槽。这传统一直被维持下来。这是因为，光身圆柱没有棱角，没有明显的光影交界线，因而显得疲软，不挺拔；做了凹槽之后，有了强烈明确的光影对比，形成垂直线，就挺括有力了。雕刻家们在做室外雕刻的时候，要专门考虑“挂光”，意思也许同这个有点相像。

人民大会堂的柱子很高很大，却没有做凹槽，不用说，力量就差得远了。这种光身柱子，当时也是用“民族形式”来解释的。但是，在中国木构架建筑中，柱子在造型上的作用很小，占主导地位的是出檐深远的大屋顶。在柱式建筑中，柱子占主导地位。人民大会堂模仿柱式建筑，柱子在造型上起很大作用，光身子就不免简陋粗糙了。同样的道理，中国木构架建筑的柱子可以没有收分和卷杀，既粗且密的人民大会堂的柱子，就非有像柱式那样的收分和卷杀不可，而竟然仿中国清式柱子，没有做，更加显得简陋粗糙了。

第三个失误在于尺度。欧洲建筑，自古罗马时代起，凡巨柱式——就是一通几层的柱式，都用科林斯式。这是因为科林斯柱式分划细，装饰多，所以大而不至于空，尺度比较准确。虽然在20—30米的高处，檐下的线脚和柱头雕饰依然那么精致繁富，而且近于透雕，造成真正高耸而又华丽的印象。

人民大会堂的柱廊却相反，柱头和柱础极其简单，都只有一层浅而薄的花瓣（科林斯柱头是三层），檐下只有一个混枭线脚，二十来米高的柱廊，像是由几米高的柱廊放大而成的，尺度不正确，空洞笨拙，很不耐看。这一点，仍然是同汲取“民族传统”有关系。檐下只有一个混枭线脚，是参考了影壁或者墙头的做法，长安街北侧皇城红墙就是实例。柱头、柱础，据说来自石窟或者经幢之类。但是，中国传统的建筑，从来是按层作水平分划的，每层的高度都不大，所以除了斗栱之外，细部不多。而人民大会堂的柱廊却是一通三层的巨柱式，偏偏又没有斗栱，这样，中国式的处理就不行了。

欧洲的柱式，柱子头上顶着额枋，这符合石质梁柱结构的结构逻辑。中国的柱子，在上端两侧承插大小额枋，这符合木结构的逻辑。但人民大会堂东面的柱子，头上顶着什么呢？顶着个仿佛中国木牌楼大小额枋之间的华板似的东西，而那华板本来是填充性的非承重构件，柱子直接顶着它，从形象上看，结构逻辑就错乱了。因此，檐部同柱子之间就没有确定的构图联系。这也是把中国建筑细部硬加到西式檐部上去的结果。

以上说的，不过是人民大会堂柱廊的一部分显而易见的缺点。

总之，欧洲的柱式建筑和中国的木构建筑，都是艺术上经过千锤百炼的极其成熟的建筑。因为成熟，所以从细节到整体，丝丝入扣，严谨得很。因为严谨得很，所以难以改动，略有改动，就会损害艺术的完整。要把它们混合起来，从方向上说，不是创新；从艺术上说，是注定要失败的。

“古今中外，皆为我用”，从来没有正式当作完整的建筑创作的原则或者方针或者指导思想发表过，因为当时它并不用来全面论述建筑创作。它没有提最重要的一条，就是创新，或者说独创。不创新，不独创，只是采用中外古今现成的东西，那是不行的。几个杰作机械地加在一起会成为平庸的东西。

现在又有“中西结合”之说，请大家慎重考虑。

原载《建筑史论文集》第6辑，1984年

关于现代建筑美学的一则资料

1922年9月27日，“全俄无产阶级文化协会”主要领导人之一，瓦·普列特尼奥夫，在《真理报》发表了一篇叫作“在思想战线上”的文章，阐述了无产阶级文化派的观点。列宁当天就在报纸上写下了批注。(《列宁论文学与艺术》(二)，人民文学出版社，第766—783页)批注很严厉，有“紊乱不清”“十足的杜撰”和“一派胡言”等等，并且指示中央宣传鼓动部副部长亚·雅可夫列夫写一篇文章反驳。但是，在一处地方，列宁旁批“正确”。这一处是，普列特尼奥夫写道：“在巨大的水电站的正面放上一个闺房中的小天使，是荒诞的；在一座横跨大江的桥上放一些小花环，也是可笑的。因为水电站和桥的美在于它们的巍峨壮观、有力，以及大量钢、铁、混凝土和石头的结构的美。飞机之所以产生出来，并不在于使它成为美的那种愿望，而是在于它那种轻巧的能飞行的结构，它的美，无论是在地面上，也无论是在高空，都是毋庸争论的。这是一种生产上的和技术上的符合目的的美。新世界的造型艺术将是一种生产的艺术，或者说，它根本不是什么艺术。”在最后一句话下面，列宁画了一道线。

列宁在所批的“正确”之下，又写了“爱伦堡”，打上括号。这爱伦堡就是苏联著名作家伊里亚·爱伦堡。1922年初他写了一本书叫《毕竟还在旋转》，在柏林出版，而这时候列宁已经读过，并且表示了对它的某些观点的赞赏。

雅可夫列夫根据列宁的指示写的文章叫《论“无产阶级文化”和无产阶级文化协会》，发表在1922年10月24日和25日的《真理报》上。为写这篇文章，列宁跟他做了好几次长时间的谈话，并且看了最后的定稿。这篇文章说，“普列特尼奥夫同志在他的文章中就美的问题谈了一些毫无争议的真理”，下面举出了关于飞机的美的那段话，不过，把最后一句写成“新世界的造型艺术将是生产的艺术，不然就压根儿没有造型艺术”。不知是原文的出入，还是中译者的出入。（《无产阶级文化派资料选编》，中国社会科学出版社，第185页）

雅可夫列夫又说：“但关于这一切伊里亚·爱伦堡在《毕竟还在旋转》一书中已经写过，所不同的只是他写得更好一些，更鲜明一些。”这显然是照列宁的旁批写的。文章在下面引了爱伦堡的几段话，其中一段是：“任务：是一样能飞的东西。计算要精确无误。用材要节省。每一个组成部分要合理。比例要周密。计划明确。严格的制作。这样做的结果就得到一件真正美好的东西。”评论说：“毫无疑问，这是一些挺有意思的思想，有许多新的东西……”

勒·柯布西耶在《走向新建筑》里宣传“工程师的美学”“机械美学”，有一章专论飞机的美。他的观点跟爱伦堡的相合。这本书出版于1923年，比爱伦堡的《毕竟还在旋转》晚一年。不过，勒·柯布西耶的书是他1920年起在《新精神》杂志上发表的文章的结集，所以，仍然应当认为，爱伦堡有可能受到他的影响。

当然，显而易见，勒·柯布西耶的思想又深深受到未来主义的影响。在圣伊利亚1914年7月发表的《未来主义建筑艺术的宣言》里，几乎有了《走向新建筑》里的全部基本观点，甚至一些语言。例如，《宣言》里说：“未来主义的住宅要变成一种巨大的机器。”（《建筑史论文集》第6辑）

列宁是反对未来主义的。在他亲自领导起草的俄共（布）中央的信《关于无产阶级文化协会》中，批评无产阶级文化协会在艺术领域里

“给工人培养了一种荒唐的、变态的趣味（未来主义）”（见《无产阶级文化派资料选编》，第133页）。他看到普列特尼奥夫的《在思想战线上》，当天就写便条给《真理报》主编布哈林，批评他不该发表这篇文章，说它“是伪造历史唯物主义！玩弄历史唯物主义！”（《列宁全集》第35卷，第557页）。在列宁审定的雅可夫列夫的《论“无产阶级文化”和无产阶级文化协会》里，斥责爱伦堡“和未来派、立体艺术派、构成主义者、达达派是走在同一条道路上的。这些派别都是资产阶级艺术衰落颓废的产物……”（见《无产阶级文化派资料选编》，第185页）。但是，列宁却明确地认为爱伦堡和普列特尼奥夫的那一种关于美的观点是正确的。这很值得注意。

在苏俄的影响下，日本文艺界的左翼曾经热烈讨论过所谓“机械美学”问题。1931年7月，北平外国语研究会出版了薛效文辑译的一本《机械艺术论》，副标题是“新艺术论体系”，收集了1929年至1931年春“日本的专门家关于机械艺术论的代表的述作”。里面第一篇是板垣鹰穗写的《机械美之诞生》。板垣把1909年未来派宣言作为机械美“最初之发现”，把露·阔鲁毕介（按：即勒·柯布西耶）的机械美看作“最典型的底代表的发露”（按：原文如此），而把革命后苏俄的机械美说成是“从新的社会的环境生出了新的美的价值”。

这本《机械艺术论》里还有《机械与文学》《机械与音乐》等十一篇文章。其中有一篇《机械与建筑》，作者是香野吉雄。他介绍了现代建筑初期的基本理论，包括鲁·古尔毕介（按：即勒·柯布西耶）的几个著名观点，例如“技师们是在水堰、桥梁、大洋定期汽船、矿山、铁道等方面忙碌了，（但是）建筑家是睡眠着了”，又如“家是为的住的机械”，以及“建筑是从何处开始呢，那是从机械之完了的地方开始的”。都是从《走向新建筑》引用来的。小册子的最后一篇是中井正一写的《机械美之构造》，里面讨论到古尔毕介所说的“看不见的眼”，引了他的话：“人暂时把船舶是运送的工具忘去，再重新看他时，在那里说出沉静的，有节度，有调和很深的表现之中，自己会看出静底，锐敏底强的美。”

这本小册子，大约是最早向中国人介绍勒·柯布西耶的了——通过日本人。

原载《世界建筑》1984年第5期

罗马巴洛克教堂中的雕刻

罗马城里纳沃那（Navona）广场边上有一座圣阿涅斯教堂（S. Agnese, 1645— ），它的正立面是波洛米尼（F. Boromini, 1599—1667）设计的。在它门前，造起了一座伯尼尼（G. L. Bernini，1598—1680）设计的喷泉。喷泉由四尊河神的雕像组成，冲着圣阿涅斯教堂的，是尼罗河神。但是，他却扭着身子，背过了脸去。于是，一则流言传布开来：这是伯尼尼故意侮辱波洛米尼，暗示圣阿涅斯教堂的正立面太丑，尼罗河神受不了。流言传到波洛米尼耳朵里，他哈哈大笑，说：丑得受不了吗？这就好了，我的设计成功了。

这则故事是后人胡编出来的，不过，它说明了意大利人对巴洛克建筑的看法：大师们刻意创新，即使被人讥诮也在所不惜。

伯尼尼也是一位巴洛克建筑大师，由他主持创作的纳沃那广场上的喷泉，其实同圣阿涅斯教堂的正立面配合得非常协调，它们构成了巴洛克建筑同雕刻巧妙结合的出色范例之一，是世界建筑珍品。

巴洛克建筑于17世纪时在罗马城兴起，这件事的历史背景太复杂，要对巴洛克建筑的是非功过做全面的评价实在很难。不过，有一点是很容易肯定的，这就是巴洛克建筑不顾盛期文艺复兴以来趋向教条化的柱式规范，突破了拘谨、沉闷和格律化的建筑构图，追求创作个性的自由，确实创造了不少新的手法，新的形式，使意大利的建筑进入了一个新的历史时期。当然，新的追求并不是只在17世纪才开始，早在手法主义者的建筑创作中，这种追求已经很强烈了。而且，有一些新手法和新形式，在古代罗马帝国的建筑中也已经用过，对古罗马建筑的发掘曾经大大促进了巴洛克建筑的成熟。不过，巴洛克建筑毕竟是17世纪的产物，时代的烙印非常鲜明。

巴洛克建筑的新手法和新形式中，有不少很有生命力，以致不仅以后的建筑，直到20世纪初，还经常沿用它们，连以前的建筑，例如中世纪的教堂，也常常局部被改造成巴洛克式的，或者有巴洛克式的增建部分。所以，讨论巴洛克建筑的手法和形式，又往往并不限于17世纪的建筑物。

巴洛克建筑的创新是多方面的，就它最成熟时期的代表作来说，它的创新，最主要的是这样两点：第一，追求表现运动，也就是建筑有动态，不像古典建筑那样纯是静态的；第二，追求表现空间，也就是不仅仅塑造墙、柱等等实体，而且要利用它们来塑造空间的形状和关系。巴洛克建筑极富想象力。

为了表现运动和空间，巴洛克的建筑大师们在很大程度上把建筑物当作雕塑品处理。这是一种建筑雕塑，用柱子、檐部、山花、壁龛等等作为雕塑的手段。柱式建筑本来就是一种追求雕塑美的建筑。尤其在古罗马人广泛使用拱券结构之后，柱子等等往往就是塑造形象的手段，巴洛克建筑不过把这个特色推向极致而已。波洛米尼在做建筑设计的时候，喜欢用蜡做模型，因为它的可塑性大。所以，所谓典型的巴洛克建筑手法和形式，大多是不顾构造逻辑的雕塑性的手法和形式，例如，两棵或者三棵成组的柱子，几层叠加在一起的山花，断折的檐部，波浪式的墙面，等等。这样的雕塑性的建筑，光影对比强烈，体积感突出，虚实进退的变化大，轮廓复杂，几何性不明显，也就是说，通常所说的建筑性比较弱。

因此，巴洛克建筑的设计难度很大，成功的，例如波洛米尼设计的罗马四喷泉路口的圣卡罗教堂（San Carlo alle Quattro Fontane，1638—

1667)，浑成自然，虽是很小的一座建筑物，却可以称为伟大的作品。但许多建筑物里，常常可见不成功的败笔，显得小器，甚至有一败涂地的。这是一种没有多少规范可循，而颇多依仗建筑师个人才气的建筑。凡一败涂地的，总是过于追求新异而建筑师才力又不能驾驭的。同巴洛克建筑相反，古典主义建筑有一套严谨的程式，只要循规蹈矩，即使一个十分平庸的建筑师，也能设计出大致过得去的作品来。因循守旧的人往往有机会嘲笑敢于破格创新的人，这是原因之一。

在建筑同雕塑的结合方面，情况也相差不多。巴洛克建筑创造了许多建筑、雕塑同绘画结合的新手法，有一些想出天外，非常奇特。成功的作品很多，过于矫揉造作，反倒显得小器的也不少。不过总起来说，巴洛克建筑在这方面提供了大量新手法，是它的贡献之一，也是影响最大的方面之一。

巴洛克建筑追求表现运动和空间，体积感强，光影和虚实的变化大，疏密对比突出，构图不安定，这些特点同当时的巴洛克雕刻的风格特点是很一致的。巴洛克雕刻爱好戏剧性的情节，动态剧烈，肌肉夸张，神情激越，也同样强调光影和虚实的对比。所以，巴洛克建筑同巴洛克雕刻可以互相渗透，例如，有一些巴洛克建筑里用雕像代替建筑构件，风格是和谐的。最常见的是用雕像来作支承挑台或者管风琴的牛腿。圣安德烈·德拉·瓦雷（S. Andrea della Valle，1591）教堂的正立面的东侧，用张开翅膀的天使像代替常用的涡卷联系上下两层，非常优美，使正立面更加富有生气，只可惜略略小了一点。用雕像作建筑构件，在欧洲起源很早，至少在古希腊建筑里就有了。不过，在巴洛克建筑里，这种做法更加自由，例如，圣玛丽亚·英·特拉斯德未勒（S. Maria in Trastevere）教堂里有一个小礼拜堂（Avila Chapel，1680—1686），上面肋架式的穹顶由四个小天使捧着，他们完全抛开了建筑构件的形式。另一些起支承作用的雕像，好像是随意飞翔着的天使，偶然贴近墙面，轻轻一伸手，托起了挑台或者匾额之类的东西，因此，这些东西就似乎在空中游动。这种手法，是同巴洛克建筑追求表现动态相联系的。而在古典建筑里，起支承作用的雕像总是做得近似建筑构件，是静态的。古典建筑里的装饰雕刻服从建筑，在巴洛克建筑里，则是建筑本身的进一步雕塑化，这是两种很不一样的观念。

建筑同雕刻互相渗透的另一个例子，就是雕刻品常常穿插在建筑构件之间。在古典建筑中，雕刻被限制在三角形的山花里，在壁龛内，在陇间板上，在柱头顶或者套在发券之下。它们的构图从属于所在的建筑部位的构图。在巴洛克教堂里，雕刻品常常取得同建筑构件平等的地位，它们自由伸展，突破建筑的框框，因此，建筑框框就成了片断的，它们同雕刻品一起，形成一种崭新的构图。这种做法最常见于山花上。在古典建筑里，艺术家们为了使雕刻的布局适应三角形的苛刻条件，曾经绞尽脑汁，可是巴洛克时期的艺术家们，却无拘无束，干脆让雕刻打断山花的外廓。有时候，天使们悠悠然坐在断开的山花的缺口上，仿佛山花本应如此，简直是对古典建筑原则的尖刻嘲弄，鲜明地表现出对自由个性的热烈追求。想一想不久之前文艺复兴晚期最有才华的大师们还在孜孜矻矻，厘定严谨的柱式法则，那么，对于欧洲思想文化和建筑潮流变化之快和变化幅度之大，就能有深刻的印象了。圣玛丽亚·德劳尔多（S. Maria dell'Orto）教堂两个侧廊尽头各有一扇门，那上面的山花是这种做法的突出的例子。这两个山花本身的构图都几乎失去均衡，它们遥遥相对，设计人通过它们的相互关系取得对称稳定，不过因为相距太远，效果不够显著。这种局部的不对称、不稳定，也是巴洛克建筑中雕刻装饰手法的一个特点，它加强了巴洛克建筑的运动感。据说，当年教皇看到圣安德烈·德拉·瓦雷教堂只有一侧用天使像代替涡卷时，提出了批评，雕刻作者方且里（C. Fancelli，1620—1688）大发脾气，吼起来："他想再要一个就让他自己去做！"

巴洛克教堂表现运动，这当然很不容易，手法虽然不少，但也只有会心人才能若有所感。建筑部件的断折、不完整，它们形象的不安定，以及雕刻同它们的穿插是造成运动感的方法之一。螺旋形的柱子，甚至像波洛米尼设计的圣伊福教堂（S. Ivo，1644—1662）那样的螺旋形的采光亭，也能造成运动感。柱子密集在一起，互相挤轧，光影交错，加上檐部的曲折，运动感也比较明显。而运动感最强的，是波洛米尼设计的圣伊福教堂的内部和四喷泉路口的圣卡罗教堂。圣卡罗教堂的正立面是个曲面，这个曲面由两层水平檐口突出地表现出来，仿佛正随风像波浪一样起伏。它的内部，檐口循着椭圆形的墙和壁龛走去，宛转曲折，一如迎风的飘带，把教堂小小的内部空间都牵动得流转起来。

建筑的动态表现虽然很难，但毕竟已经摆脱了静态的构图，而巴洛克雕刻又是动态十分强烈的，因此，为了艺术的完整统一，就要使建筑同雕刻的结合手法适应甚至加强对运动的表现。

传统的手法还是用的，例如，在壁龛里放置圆雕，在镶着边框的墙面上安置浮雕，等等。但是，艺术构思却很不一样。在古典建筑里，壁龛在圆雕同建筑之间起联系过渡作用，无论在构图上还是在尺度上。圆雕安详地站在壁龛里，是陈设式的，老老实实让壁龛把它组织到建筑艺术中去。相反，在巴洛克教堂里，被安置在壁龛里的圆雕，总好像要摆脱壁龛的牢笼。它们大幅度的动势同壁龛尖锐地冲突着，不时突破壁龛简洁明晰的轮廓。这种冲突本来是动态的巴洛克雕刻同静态的古典式壁龛之间必然要发生的，但一些建筑师们显然是有意要强调它。相对说来，雕刻做得比较大，似乎壁龛装不下它，而安置得又往往靠前一点，像是从壁龛里挤出来的样子。更有一些雕像的姿态，正是从壁龛里走出，或者同壁龛外面的雕像呼应着：对话，招呼，或者互相靠拢。例如圣安德烈·德拉·瓦雷教堂的斯特洛茨礼拜堂里，正面壁龛里雕像同两个侧墙上壁龛里的雕像感情热烈地交流着，企图走向一起。因此，在巴洛克教堂里，这样的一些壁龛所起的作用，往往主要不是在建筑和雕刻间联系、过渡，而是表现雕刻和建筑之间的矛盾冲突。这个矛盾冲突，实际上是艺术家心中矛盾冲突的反映。巴洛克风格流行的时代，欧洲在科学上的发现、技术上的创新、新大陆的开发，以及英国的资产阶级革命，大大开阔了人们的眼界，活跃了人们的思想，而这时候在意大利，却是天主教会疯狂的专制，残酷地镇压一切进步思想。社会的纷扰错乱在艺术家心中激起了巨大的不安，胸怀郁积激荡，寻求抒发。巴洛克建筑的最伟大代表者之一，波洛米尼，就是在精神失常之后，把一枚利剑直立在地上，奋身伏上剑锋而死的。所以，表现矛盾冲突就成了巴洛克教堂的特点之一，这也就是造成运动感的一个重要方面。在圣玛丽亚·德尔·波波洛教堂（S. Maria del Popolo）里，有一个契基礼拜堂（Chigi Chapel），里面由伯尼尼制作的几组壁龛和雕像，很强烈地表现了这种矛盾冲突。

浮雕也是这样。严格地说，它们一般都不是真正的浮雕，而是线刻、浮雕和圆雕的综合。它们往往构图复杂，层次很多，而在最激动人心的艺术焦点处，形象全都变成圆雕。这些圆雕形象以大幅度的动态，果断地离开了墙面。这种处理手法，完全不顾墙面的构造逻辑，肆意破坏它的稳定感、坚实感和平面性，而这些却是古典建筑在使用装饰浮雕时小心翼翼地保持着的。圣阿涅斯教堂中央的四块浮雕，就这样使穹顶下的四个墩子失去了承重构件的性格。

圆雕要走出壁龛，浮雕要走出墙面，它们终于摆脱了传统手法的束缚，走出来了。巴洛克教堂里，最多的是自由自在地飞翔着的天使们。他们只不过偶然地在建筑物的随便什么位置上经过，无需去寻求同建筑之间的构图联系。还有许多天使，则喜欢在飞翔得疲倦了的时候，在券面上满不在乎地坐一坐，靠一靠，把一双腿舒舒服服地从券口搭拉下来，或者抓着瓔珞荡秋千。还有一些淘气的小天使，也许是绕着柱子捉迷藏，一个从这边进去，还剩下小屁股蛋在外面，一个从那边出来，刚刚露出小脑袋瓜。雕刻同建筑这种样子的结合，才是典型的巴洛克手法。这种手法的一个生动的例子，是圣玛丽亚·英·特列维（S. Maria in Trivio，1575）教堂里的一组雕刻，它成串地从中厅同圣坛之间的发券上悬挂下来，最下端的天使只有头部和压在下巴底下的一双手臂，背后是张开着的翅膀。这天使好像正从高空冲着中厅向下飘落。巴洛克艺术家的想象力真是驰骋自如。

雕刻同建筑的这些结合手法，不论是要走出壁龛和墙面的，还是无拘无束的，都不仅仅表现了运动，而且在同时还表现了空间。运动和空间本来是不可分的，这在视觉上感受得很清楚。当壁龛里的圣者把一只脚伸向大厅时，当大厅上空飞翔着天使时，人们就明明白白意识到了大厅空间的存在，建筑内部空间在艺术上的意义大大增加了。

巴洛克教堂有一种强烈的使内部空间扩大并且复杂化的愿望。这大约同实际上巴洛克教堂都比较小，因此不得不比较简单有关系。这里又是一对矛盾。从当时的绘画和浮雕来看，艺术家对于表现无限的空间有很浓厚的兴趣。所以，巴洛克教堂追求空间的扩大和变化，也是同当时的艺术思想有关系的。

表现空间，以小型的集中式巴洛克教堂为最成功。巴西利卡式的，由两列垂直承重构件形成的结构体系很突出，内部空间被它们切割，几何形状单纯而稳定。小型的集中式教堂，空间单一，外壳只给空间一个形状，所以，处理得当的话，空间就有可能压倒实体。四喷泉路口的圣卡罗教堂，离它只有大约一百米的由伯尼尼设计的圣安德烈教堂（S. Andrea del Quirinale，1678）、圣伊福教堂以及波波洛广场上的圣玛丽亚·台·米拉可里教堂（S. Maria dei Miracoli，1630—　）等等，都是比较成功的例子。其中圣卡罗教堂和圣伊福教堂的空间的形状复杂多变化，运动感很强，是非常出色的杰作。圣安德烈教堂沿边有小礼拜堂，使中央空间向外扩散，但效果并不显著。

为了有效地表现空间，还是要依仗雕刻，用它引进另外的空间。例如，圣卡洛·埃·卡底纳里教堂（S. Carlo ai Catinari，1612）里有一座圣采西利亚礼拜堂，它上面穹顶中央的采光口，不是静态地象征天宇。在它的边缘上方的外侧，安置了几尊很活泼的小天使的雕像，他们扒在边缘上，探头探脑向下张望。这样一来，礼拜堂内部同天宇之间就发生了动态的联系，不再是封闭的了。那种要从壁龛里面走出来的雕像，也能把壁龛后面并不存在的空间引进来。但是，这些手法受到建筑本身实际条件的限制，效果仍然并不显著。

一种热烈的追求受到实际的限制，就转而寻找虚幻的满足。巴洛克教堂使空间扩大并且复杂化的愿望，也常常用虚幻的方法来满足，这就是借助于透视术。透视术从单纯的视觉经验转变为几何学的科学方法，是在文艺复兴初期。建筑师勃鲁乃列斯基（F. Brunelleschi，1377—1446）是它的奠基人之一。科学的透视术诞生之后，引起了广泛的兴趣。有人把它叫作上帝赐给人类的最奇妙的东西。唐那泰罗（Donatello，1386—1466）和吉布尔提（L. Ghiberti，1378—1455）很快把它应用在浮雕里，产生了非常新颖的效果，以后就普遍流行。在绘画里也同样流行开来。有了透视术，浮雕和绘画能够表现深远的空间，很使建筑师们激动，有不少人尝试在建筑中运用它，希望在虚幻中突破无可奈何的限制。晚期文艺复兴建筑的大师，维尼奥拉（G. B. da Vignola，1507—1573）在罗马的尤里亚别墅（Villa Giulia，1550—1555）的中轴线上成功地用透视术造成了深远的假象。另一位同时的大师帕拉提奥（A. Palladio，1518—1580）在维晋寨的奥林匹亚剧场（Teatro Olympico，Vicenza，1580）的舞台上按照透视术造成的街景，更加富有戏剧色彩。巴洛克建筑的大师波洛米尼和伯尼尼则分别在斯巴达府邸（Palazzo Spada）和梵蒂冈应用透视术造了一个过道和一个大楼梯。圣玛丽亚·英·特拉斯德未勒教堂侧廊的一个小礼拜堂，在很局促的范围里，用两列逐个缩小的柱子造成了空间伸延很远的幻觉。在门上、窗上或者壁龛上部的半圆形里，用斜面和向灭点集中的线条制造空间假象，更是常见的手法。但是，建筑本身毕竟是不大适宜于玩弄透视术的，因此，就通过浮雕和壁画来引进透视术，使空间仿佛扩大并且复杂化。

有两个例子可以很明确地说明这种创作意图。在圣玛丽亚·德拉·维多利奥教堂（S. Maria della Vittoria，1620）里，伯尼尼设计了一个特雷莎礼拜堂（Cappelle di S. Theresa），它的两个侧墙上，各有一块浮雕，它们用线刻和很薄的浮雕表现敞开着的券门和门口后面宽阔的大厅。券前刻着阳台，阳台上站着四个人，仿佛刚刚从门里走出来，望着礼拜堂正面墙上的圣特雷莎，轻声慢语地议论着。这两块浮雕虚幻地扩大了礼拜堂两侧的空间，同时也表现了人物从另一个空间走向礼拜堂的运动。

雷纳尔迪（C. Rainaldi，1611—1691）更着眼于教堂内部空间的整体。在圣阿涅斯教堂内部短短的横翼的两端各设了一组浮雕，它们刻着透视深远的两排柱子和拱顶，使横翼好像延伸了过去。在它们前面的圆雕像，也仿佛是刚刚从那里面走出来。前面提到过，这个教堂穹顶下的四个大墩子上的浮雕，用透视术表现了广阔的空间，层次很多。更由于它们安置在弧形壁龛里，很有效地造成扩大空间，并且使空间复杂化的幻觉。

浮雕表现多层次的广阔的空间，用的其实是绘画的手法，甚至直接使用线刻。但这还不够。为了更充分地表现虚幻的空间，索性进一步直接使用绘画。绘画表现空间的能力更强，它常常同雕刻合作。由于宗教的关系，扩大教堂空间，最重要的是向上，也就是向天国接近，所以，透视术引进绘画之后，教堂的天花设计就发生了根本的变化。从文艺复兴以来，巴西利卡式教堂的天花总是被划分为各种格子，几何图案式的，变化很多，装饰性强，尺度同下面的支承构件适应。有一些格子里有绘画，有一些没有。但是，巴洛克的巴西利卡式教堂，绝大多数在天花上不作分格，而是整幅的大画，用透视术表现天国或者与升天有关的圣经故事。这种天顶画，以耶稣教堂（Il Gesù，1568—1575）的和圣迪涅阿乔教堂（S. Ignazio，1626—1650）的为最著名，稍晚些的圣邦达雷奥教堂（S. Pantaleo，1216—1806）的天顶画更加淋漓尽致。一些有穹顶的教堂，也在穹顶上画各种升天的形象，纷纷攘攘向采光口挤去，仿佛那就是天国的大门。例如阿涅斯教堂和新教堂（Chiesa Nuova，1575—1605）的穹顶。

这类天顶画，虽然都有建筑的边框，但总要不时突破边框，向外渗开，有时几朵祥云，一直飘到发券的底下，或者说，券底就是云根，祥云从那儿冉冉升起。

为了进一步消除绘画同建筑的界限，天顶画一般都要在边缘画些建筑，向上引伸教堂内部的墩子、柱子等等，在顶上用女儿墙、花栏杆等等外部建筑的构件结束，这以上才是无垠的天空。这些叠加延伸部分都用时兴的透视术表现，画得很逼真。圣迪涅阿乔的天顶画是波卓（A. Pozzo，1642—1709）画的。波卓不仅是位杰出的画家，而且是位透视学家，他用严格的透视法在天花和圣坛半圆龛顶上画建筑，在十字交叉口上画了一个假穹顶。他把观赏这些画的最佳位置明显地在地面上标记出来，这位置就是画中透视的立点。站在这几个位置上向特定的方向看去，画中的建筑同真实的内部建筑连成一体，非常准确。在微弱的光线中，穹顶跟真的一样。

在画建筑的同时，也画雕像。柱头上或者女儿墙之上，是外部建筑通常安置雕像的地方。为了求真，这类天顶画也往往把它们画上。因为一般教堂的天花比较高，所以很难辨出真假。也有一些，则是半身绘画，半身雕刻。

这样的天顶画在世俗建筑物里也袭用。波尔基斯别庄（Villa Borghese，17世纪）的大厅里的一幅就很典型。道里亚府邸（Palazzo Doria，18世纪）的小礼拜堂里，甚至在侧墙上画出一个壁龛和雕像来。

建筑、绘画和雕刻在巴洛克教堂里就这样紧密地结合在一起。它们所表现的虚幻空间，反映着追求同现实之间的矛盾，使矛盾更表面化，更尖锐。使矛盾更表面化、更尖锐，这是罗马巴洛克建筑的基本特点之一。

在反映时代剧烈的冲突时，巴洛克建筑为了戏剧性的效果，很少顾及建筑的构造逻辑，雕刻、绘画和建筑的结合，就常常是在损害构造逻辑的情况下取得的。虽然古典建筑，尤其是古罗马建筑，也有时会破坏构造逻辑，但从来没有像巴洛克建筑这样肆无忌惮。因此，17世纪法国的古典主义者带头，历来有许多人否定巴洛克建筑，斥它为非理性的。有人把这非理性解释为天主教反动的直接表现。不过，也许是把它解释为天主教反动所引起的各种错杂的社会矛盾的表现更恰当一些。

因为巴洛克教堂里的雕刻不用概括的手法，没有几何性的处理，同建筑之间又没有严谨的构图定位联系，而且，雕刻的帷幔、服饰等过分真实细致，所以，有人把巴洛克建筑中的雕刻叫作自然主义的。不过，除了极少数的例外，教堂是五彩缤纷的，大量的雕刻却全都保持大理石的素白色，它们因此被衬托得十分鲜明，获得了特殊的装饰性，削弱了它们的自然主义弊病。

罗马巴洛克教堂的装饰十分繁富，大量的雕像，鲜艳的绘画，山花、壁龛和无数的雕饰。小型的集中式教堂，充满了凹凸和曲折，没有平整的墙面，体积感很强，没有安定的、理性的结构表现，光影剧烈跳动。所以，这些小教堂就像它们的调皮活泼的小天使雕像一样，忙碌、喧闹、扰动，夸张地做着各种动作和表情，不休息一下，喘一口气。除了这些教堂之外，罗马的建筑几乎全是文艺复兴式的，长方形的立面，整齐的窗口，几何关系十分明确。因此，对比之下，这些体积不大的小教堂在街道旁或者广场中很突出，占很大的分量。尤其是它们的立面基本上作垂直分划，受文艺复兴府邸式的水平分划的房屋立面的衬托，更是有精神。它们是最浓最重的味，最尖最响的音。

罗马是盛期和晚期文艺复兴的中心。16世纪末，建筑柱式已经开始教条化。建筑样式渐趋一律，构图呆板。巴洛克建筑却异军突起，独辟蹊径，打开了新天地，创新的幅度是很大的。它的一些手法和形式，大大丰富了建筑语汇，对以后很有影响，连力求纯净的古典主义建筑都免不了要时时采用。所以，虽然巴洛克建筑的非理性、无节制等等是不健康的，它还是对建筑的发展有积极的贡献。

原载《建筑史论文集》第7辑，1985年12月

清初扬州园林中的欧洲影响

窦 武

18世纪，中国的造园艺术在欧洲发生了很大的影响，促成了欧洲造园艺术的大变革。差不多同时，稍稍晚一点，北京长春园里造起了西洋楼，欧洲人回报了中国。青牛白马，西去东来，双方造园艺术的交流算得上是文化史上的盛事。

关于长春园西洋楼，中外学者都有过一些研究文章。当时它并不是孤例。李斗在《扬州画舫录》里提到过西洋造园艺术、建筑、水法、绘画等在扬州园林里的影响。向达先生和童寯先生注意到了，但没有专门论述。这是一本常见书，治造园的同志们都十分熟悉，本无须多说；又加上写得很简单，也无从多说。不过，为了参考方便，把有关资料采撷编缀，也多少有点好处，于是草成这篇文章。

《扬州画舫录》写作年代是1764年至1795年之间，在长春园西洋楼完成之后。所记园林大多是乾隆第一次南巡时（1751）造的，大致跟西洋楼同时。

卷十二“桥东录”里，李斗记绿杨湾的厅堂，说到怡性堂，“左靠山仿效西洋人制法，前设栏楯，构深屋，望之如数什百千层。一旋一折，目炫足惧，惟闻钟声，令人依声而转。盖室之中设自鸣钟，屋一折则钟一鸣，关捩与折相应。外画山河海屿，海洋道路。对面设影灯，用玻璃镜取屋内所画影。上开天窗盈尺，令天光云影相摩荡，兼以日月之光射之，晶耀绝伦”。

这段记述，先说靠山前设栏楯，又说到深屋和它的自鸣钟，看来，很可能这“西洋人制法”来自意大利。17世纪的意大利巴洛克式花园，大多造在郊外山坡上，依山修筑几层平台，平台前沿有雕石栏杆。以沟通平台间的各式大台阶，跟喷泉、雕刻的组合作重点装饰。这种布局的花园，叫台地园。台地园对中国的影响，可见于北京长春园西洋楼里的远瀛观、海晏堂、谐奇趣等处，它们既有平台，也有大台阶和各种喷泉、雕刻、流水等等的组合。巴洛克式花园里的另一个重要因素就是各种关捩机括，有设在小径、草地、台阶和岩洞里的，也有设在建筑物里的，人在行动中触动了它们，就会从隐蔽处有喷水、鸟鸣、闪光、冒烟等花头出现，还会有恶作剧。专门设关捩供人玩乐的建筑物叫“粲然廊”，以其意在博人一笑。怡性堂左侧的那座建筑物，用关捩控制钟声，引导人转折，比较简单，大约还不是“粲然廊”，不过构思主意的影响依约可见。

那座建筑物被称作“深屋”，而且使人产生“如数什百千层”的幻觉，这也是巴洛式建筑的特征。它好作“连列厅”，就是把一连串厅堂的门设在一条线上，看过去空间层次很多。至于室内用玻璃镜作装饰，在意大利巴洛克建筑中虽不多见，但在法国巴洛克建筑中却常见。凡尔赛宫的“大镜厅”，就有十七面大镜子镶在东墙上，跟朝西的大窗子正对，以致“日月之光射之，晶耀绝伦”。到18世纪初年，洛可可风格的建筑物里，玻璃镜子更是流行。乾隆时期镜子已经大量传到中国，长春园西洋楼里就安着不少从法国来的玻璃镜，而且它的使用已经不限于宫廷，刘姥姥就曾经在怡红院跟镜子开了个大玩笑。扬州的园林建筑在这时期用了镜子，想来虽不十分稀奇，但还算得上时髦。

在卷十四“冈东录”里，李斗写到石壁流淙园里的静照轩，它东隅的竹林里有个阁子，“设竹榻，榻旁一架古书，缥缃零乱。近视之，乃西洋画也。由画中入，步步幽邃，扉开月入，纸响风来，中置小座，游人可憩”。这幅画旁边有小书橱，橱门上也画着园林风景，“门中石径逶迤，小水清浅，短墙横绝，溪声遥闻，似墙外当有佳境，而莫自入也”。这又是一幅西洋画。

这两幅画的特点是一样的，写实水平很高，可以乱真。它们都教人觉得里面境界宽阔，不妨进去一游。这就是说：第一，它们的透视必定很准确；第二，它们都表现虚幻的空间。

透视术是在意大利文艺复兴时期才最终完善的。至巴洛克时期，喜欢用它来作逼真的壁画，表现深远的空间。一来是炫耀透视术本身的新奇，二来是追求虚幻的效果，三来是造成扩大的空间感。新奇、虚幻和空间感，是巴洛克绘画的基本特色。

透视术是跟描绘空间的绘画一起传到中国来的。时间大约在康熙朝，17世纪的最后几年。

明代末年，利马窦和舍尼阁还曾经批评中国画家“不会运用透视术，因而他们的作品不大生动自然”（见Father Trigault 整理的利马窦日记）。到康熙年间，供奉内廷的画家焦秉贞向凡比斯特神父（Father Verbiest）学了透视学，于1696年给皇上画了四十八幅“耕织图”，刻成木版广泛流行。不过，据说透视术用得还不成熟。（张庚：《国朝画征录》）

意大利画家波卓（Andrea Pozzo，1642—1709）在1698年写过一本书叫《绘画与建筑的透视学》，在巴黎国家图书馆里有一册藏本，附中文说明。这足证欧洲有一些人，大约是传教士，曾经打算向中国人传授透视术。杜赫德神父（Jean-Baptiste Du Halde，1674—1743）在他的《中华帝国通志》里说，在北京，勃格里奥（P. Buglio）神父指导着宫廷画家们用透视术作画，“他在北京耶稣会的花园里展出了这些素描的复制品，中国官员们出于好奇心去看了这个展览，并大吃一惊。他们不能想象在一张普通的纸上竟能画出亭台楼阁、曲径小路，如此地逼真，乍看上去，以为自己的眼睛受骗了”（朱伯雄译文）。康熙皇帝对这种艺术大为赞赏，要求耶稣会给他派一名透视学的专家来。耶稣会选定了格拉迪尼（Giovanni Gherardini），跟白晋（Bouvet）等七个人一起来中国，1700年2月到达北京。他给如意馆的画家们讲透视画法和油画技法，并

且给耶稣会的大教堂作壁画，包括一个穹窿顶，受到参观者大大的赞扬。（参见〔英〕苏理文：《中国与欧洲的美术》，朱伯雄译）

雍正时，工部右侍郎年希尧写了一本《视学》，专门讲透视法。在序文里，他说这是向郎世宁学来的："始以定点引线之法贻余，能尽物类之变态；一得定位，则蝉联而生，虽毫忽分秒，不能互置。然后物之尖斜平直，规圆矩方，行笔不离乎纸，而其四周全体，一若空悬中央，面面可见。"另一位清代画家邹一桂（1686—1766）在《小山画谱》里说："西洋人善勾股法，故其绘画于阴阳远近，不差锱黍。……布影由阔而狭，以三角量之。画宫室于墙壁，令人几欲走进。"当时把透视法叫作"线法"。

乾隆时的外籍宫廷画家中，郎世宁和艾启蒙（P. Ignace Sichelbarth，1708—1780，1745年来华，波希米亚人）在传授线法画方面作用最大。清内务府档案里，有乾隆二十三年的传旨："瀛台宝月楼着郎世宁等照眉月轩画西洋式壁子隔断线法画一样画"；乾隆三十六年传旨："养心殿内南墙线法画一份，着艾启蒙等改正线法，另用白绢画一份"，等等。郎世宁的主要弟子王幼学也曾奉旨为宫内作线法画。郎世宁和金廷标在养心殿三希堂西墙上合作的线法画现在还保存得相当好。（参见聂崇正：《线法画小考》）

郎世宁起草的圆明园西洋楼二十景图，都用透视法。其中"湖东线法画"一幅特别值得注意，它画的是长春园东端的"线法墙"，这些墙的布置，一如意大利的舞台上的侧幕，一片一片，对称排列，"由阔而狭"，上面再画透视式的风景建筑。虽然跟帕拉提奥（A. Palladio，1518—1580）在维晋寨设计的奥林匹亚剧场（Teatro Olympico，1580）的舞台布景不完全相同，但运用透视法以造成深远的虚幻空间，这构思却是一样的。17世纪，巴宾纳（Bibiena）家族在意大利形成巴洛克式舞台布景的新流派，特点就是尽情发挥透视术的效果。

最可以跟扬州静照轩东侧"竹间阁子"里的两幅透视式壁画做比较的，是郎世宁在北京宣武门内南堂作的壁画。乾隆时人姚元之在《竹叶亭杂记》里记这两幅画："立西壁下，闭一目以觑东壁，则曲房洞敞，珠帘尽卷， 南窗半启，日光在地，……。穿房而东，有大院落，北首长廊连属，列柱为排，石砌一律光润。又东则隐然有屋，屏门犹未启也。……再立东壁下以觑西壁，又见外堂三间，堂之南窗，日掩映三鼎，列置三几，金色迷离。……由堂而内，寝室两重，门户帘拢，窅然深静，室内几案，遥而望之，饬如也，可以入矣，即之即犹然壁也。"

这两幅壁画不但跟李斗在《扬州画舫录》里记述的基本一样，而且跟前面提到的画家波卓在罗马为耶稣教团的圣·蒂湟阿齐欧（S. Ignazio）教堂绘的天顶画（1685年绘）也很相像。那天顶画包括正堂和穹窿，前面又连接圣坛背景。正堂地面上有几个标志，站在标志位置，"闭一目以觑"，对面画中的虚幻空间，"饬如也，可以入矣"，这种画在巴洛克式教堂和一些府邸中很流行。法国的凡尔赛宫里，王后套间的大楼梯间里也有这样一幅壁面，完全可以乱真。

李斗在《扬州画舫录》卷二里记载，有一位画家张恕，"工泰西画法，自近而远，由大及小，毫厘皆准法则，虽泰西人无能出其右"。看来，那阁子里的两幅画，很可能就出于扬州地方画家之手。

静照轩东"竹间阁子"里画着透视画的小书橱，"向导者指画其际，有门自开"，阁子旁边一间屋里，"罩中小棹，信手摸之而开"，显然使用了关捩机括，巴洛克式的趣味。

《扬州画舫录》卷十四记载水竹居的"水法"，"以锡为筒一百四十有二，伏地下，上置木桶高三尺，以罗罩之，水由锡筒中行至口，口七孔，孔中细丝盘转千余层。其户轴织具，桔槔辘轳，关捩弩牙诸法，由械而生，使水出高与檐齐"。它的设计人叫徐履安，"长与海船进洋"，很可能，这水法是船上抽水用的，或者是他在外邦见到过的，总之，不是由外国人直接做的。这跟长春园西洋楼的水法由法国神父蒋友仁（P. Michael Benoist，1715—1774）设计制作很不一样。虽然1627年邓玉函神父（P. Joannes Terrenz，1576—1630）著的《远西奇器图说》和熊三拔（P. Sabbathinus de Ursis，1575—1620）在1612年译的《泰西水法》都介绍了龙尾车，不过，徐履安显然是从实践中学会的。

向达先生认为，圆明园“水木明瑟”的水法，可能是仿水竹居的。

欧洲在17世纪已经有了水泵。徐履安的设计，以及蒋友仁在西洋楼的设计，却都还是龙尾车或龙骨车，比较落后。

李斗在卷十三里还提到韩园的“水嬉”，有“运机之人”在操作。

“水嬉”和喷泉，在西方造园艺术中起源很早，十分重要。不过，它的极盛是在意大利巴洛克园林中。法国园林中自勒诺特亥（André Le Notre，1613—1700）以后，也大量使用，不过，从凡尔赛开始就使用水泵，是借鉴矿洞中的水泵的。

还有一则资料是，李斗在卷十二“桥车录”里记载，“涟漪阁之北”有一座三层楼房，叫澄碧堂。“盖西洋人好碧，广州十三行有碧堂，其制皆以连房广厦，蔽日透（按：疑当为遮）月为工，是堂效其制，故名澄碧。”十三行又叫十三夷馆，是广州得官方允准的外贸商行，始于明代，到18世纪有了规模很大的建筑。沈复（1763—1818）在《浮生六记》卷四“浪游记快”里说：“十三洋行在幽兰门之西，结构与洋画同。”建筑虽早已全毁，幸而还遗下几幅图画，可以见其大概。1730年的一幅，画面上是一座朴素的欧式建筑，砖砌的，立面很长。两层，底层方窗，较矮，二层较高，长方圆额窗。1780年的一幅，建筑华丽多了，甚至有了带山花的柱廊，而且是上下两层叠着。所谓“连房广厦，蔽日遮月”，指的大约是建筑物的进深大，内部空间比较发达。可惜李斗没有说澄碧堂用什么结构，是什么样式。

《扬州画舫录》记载的乾隆年间扬州园林中的欧洲影响，虽然很零星，作用也不大，但是，重要的是毕竟有影响。这跟扬州的特殊历史地位有关系，它自古就是中外交流的要津。东晋时就有北天竺迦毗罗国（在今尼泊尔）的高僧佛驮跋陀罗到扬州。隋唐之后，扬州已经成了商埠，对外交通发达。唐代的鉴真大和尚就是从扬州出发东渡日本的。到宋代，则有阿拉伯人来定居，穆罕默德第十六世孙普哈丁也来传教。元代，马可·波罗当过三年扬州总督，政声不坏。明末清初，西方使节和传教士，从利马窦起，都从扬州乘船顺大运河北上进京。清代，扬州、镇江一带，还有西洋人长期居住，所以，扬州对欧洲文化不太陌生。明代末年传教士艾儒略（P. Julius Aleni，1582—1644）写的一本介绍欧洲文明的书《职方外纪》，是1623年在杭州刊刻出版的。扬州作为文化中心之一，大约不会对这本书毫无所知。这本书里就介绍了罗马东郊蒂伏里（Tivoli）的文艺复兴名园，艾丝特别墅（Villa d'Este）。这座别墅造在很陡的山坡上，分层做平台，而且以水嬉、水法著名，除了大量喷泉之外，还有水风琴、水笛和捉弄人的机关喷头，等等。所以，扬州人士对意大利造园艺术是会有一点知识的。

意大利的巴洛克文化十分复杂，不过有一点很明确，就是它反映了美洲发现以来，罗马天主教会因为从西班牙耶稣教团得到大量金银财宝而空前富裕。所以，巴洛克艺术有一种炫耀财富的特色。扬州在乾隆年间，由于盐务漕运之利而异常繁荣，商贾如云，富甲天下，所以，巴洛克文化对扬州上层社会并非格格不入。当然，四年前已经动工的长春园西洋楼也许对扬州的这几个建筑物有影响，至少扬州的细木工（"周制"工匠）有可能见到正在施工的西洋楼。

乾隆时期，扬州文化盛极一时。书画中有"八怪"，都是些不甘守旧、求新求变的人。这种文化气氛有利于吸收外来文化，不致盲目排斥。李斗在《扬州画舫录》里记述那些"西洋制式"的东西时，没有流露出对异端的惊怪情绪，没有痛心疾首感叹传统的被突破，古老文明纯粹性的被冒犯。相反，倒是很有点儿欣赏，"物惟求新"，李斗是个为"尖新"而大声疾呼的人，西方文化并不是新东西，但对当时的中国来说，它是新的，要接纳它，也得有一种不拘泥于古的精神才行。

原载《建筑师》第28期，1987年10月

现代建筑史料选译

李渔舟

一

Horatio Greenough 的这篇“Form and Function”是从 Henry T. Tuckerm 编的 *A Memorial of Horatio Greenough* 中选出来的，该书于1853年在纽约出版。

美国建筑

我们忘记了，虽然我们的国家是新的，但人民是老的。……

这个国家从来没有认真考虑过建筑问题。我们忙于紧迫的工作，而只满足于从欧洲接受建筑观念，就像我们从那儿接受了服装和娱乐方式一样。我们渴望体面，但忽略了合适、区别和理解。我们用木材造了小小的哥特式教堂，为了节约，不做任何装饰，没有想到体量、材料和装饰是这种风格的建筑的艺术效果的要素。我们被雅典的范例的古典优雅折服，打算把帕特农和忒修斯庙造在我们的街上。我们砍掉了它们的侧柱廊，取消了它们尊贵的台基，在它们的墙上开窗，代替它们檐壁上和山花上丰富而典雅的故事性浮雕和动人的圆雕的，是穿破轮廓线的烟囱，它们的滚滚浓烟表现出建筑物内部的买卖和亵渎神圣。……

如果我们看一看建筑从伯里克利时代的完美到君士坦丁时代的没落过程，我们就会看到，衰败的一个确切的症候就是把喜爱的形式和范例拿来套在不适合于它们的用途上。……建筑学的伟大原则一旦被抛弃，正确性让位给新奇、吝啬和虚荣，它们联合在一起产生了低级趣味和作假。

作为探索建筑学的伟大原则的第一步，我们要观察各种鸟兽虫鱼的骨架和皮肤，我们难道不被它们的多变和美丽所震动吗？这里没有关于比例的死板的规则，没有关于形式的僵硬的模式。……征服了我们眼睛（的美）是所有各部分组合得那么贴切，那么和谐，细节服从于局部，局部服从于整体。

适合性法则是一切结构物的基本的自然法则。……我们赞成用美这个字来表示形式适合于功能。

看一看海上航行的船罢！注意破浪前进的船体高贵的形式，看船体那优美的曲线，从弧面到平面柔和的过渡，它的龙骨紧紧箍住，它的桡桨高起高落，它的桅樯和索具匀称而且编织成透空的图案。再看看那强大的风帆！这是仅次于一个动物的有机体，像马那样驯顺，像鹿那样迅疾，载着一千匹骆驼才能驮得动的货物从南极航行到北极。是哪一座设计学院，哪一项鉴美研究，哪一件对希腊的模仿，能制造出这样的结构奇迹。这是人们深入研究了自然本身提供的建造法则的成果，他不是研究漂亮的羽毛和花朵，而是研究风和浪，他老老实实地听话服从。如果我们把造船的那种严格的适合目的性用到建筑上，那么，我们就会有一批建筑物在功能上强于帕特农，就像国会大厦或宾州政府大厦强于雅典市中心广场上的建筑物那样。

不要再为了观赏和联想而不考虑内部布局，把各种建筑物的功能强纳入一个通用形式，采用一个外形了，让我们开始把内部当作核，从内向外设计罢！把组成建筑物的所有的房间的最佳大小和关系定下来，尽可能地给它们必需的光线和空气，做到了这些，建筑物的骨架就有了，所差的只是一件外衣。按照功能便利而组合起来的各部分之间的联系和秩序一定会表现出它们的关系和用处的，……所以，一座建筑物，只要大胆地去适合它的位置和用途，那么，作为这种适合的产物，它就会有性格和表现力。

一个生手，把一大堆布置得颠三倒四的、阴暗的、不通风的房间胡凑在一起，然后用一个卑劣地剽窃来的希腊式的立面把这乱糟糟的东西遮盖起来，这样的人再也不该骗到建筑师的称号了。……银行的外貌就该像银行，教堂就像教堂，弹子房跟礼拜堂不要再穿同样的柱子和山花的制服了。

建筑的原则在两种建筑物上发展：一种是有机的，为满足业主的需要而造；另一种是纪念性的，与人的趣味、信仰和情感对话。这两个种类包括了几乎所有的建筑物，它们有各自不同的抽象本质，因而有各自独特的规律。在第一种，结构和配置法则决定于一定的需要，服从一个可以逻辑论证的规则。也许可以把它们叫作机器，它们中的每一个都必须根据它的品种的抽象典型而成形。后一种中的每一个个体只受激发它们心灵的和它们与之对话的那种情愫的法则限制，它们的地位和所采取的形式都经过精推细敲以表现最根本的感情。

相对的和独立的美

我把美定义为功能的许诺；行动是功能的存在；性格是功能的记录。当然，这样说是把本质上同一的东西硬加区分。

有机化的生命的正常发展是从美到行动，从行动到性格，这发展是向上的、向前的。……所以，要把美的阶段延伸到行动的时期中去，只能靠无所作为；其结果必是虚假的美，或者说装饰。

我曾把装饰说成虚假的美。我认为，幼稚的文明本能地要努力掩盖它的不完善，就像用上帝的全能来掩盖幼稚的科学一样。

美的正常发展是通过行动达到完善。装饰打扮的不可改变的发展是越来越装饰打扮，最后是堕落和荒唐。堕落的第一步是使用没有必然联系的、没有功能的因素，不论是形式还是色彩。如果告诉我说，我的主张将导致赤身裸体，我接受这个警告。在赤身裸体中我见到本质的庄严，而不是做伪装的服饰。

伽拜特先生（Mr. Garbett）在他写的关于建筑设计原理的饱学而多才的论文中引用了爱默生先生（Mr. Emerson）的话来剖析为什么英国住宅那么丑陋。他说，这就是残酷（cruelty）和自私（selfishness），它们使伦敦的住宅教我们看起来非常不舒服。……只要自私还占主导地位，什么装饰都克服不了它。

结构和组织

在那些本质上是纯科学性的结构物，如堡垒、桥梁、船舶之中，我们已经从权威的束缚下解放出来了，因为这些结构物有严格的有机性要求。现代的需要把传统公式从这些结构物中赶了出去……

动物的结构的发展很值得注意，如果我们想找到建筑物的可靠原理的话。……在造物主的作品里比在其他任何东西里都更明白地有一条建筑原理，这条原理就是形式毫不含糊地适合功能。

在艺术中，就像在自然中一样，作品的灵魂和目标在作品中的表现与局部对整体的服从、整体对功能的服从成正比。如果你考察船舶改进的各个阶段，你将能看到，它们在性能上的每一个进步，也都是在表现典雅、美或者崇高方面的进步，当机械的力量克服了早期的障碍之后，装饰就要来给船舶捣乱了。而船舶的真正的美在于：第一，形式严格适合功能；第二，逐渐消除了一切不相干的、不恰当的东西……

我完全不能同意一些人说的，由力学所决定的风格是经济的风格，廉价的风格。不！这是所有风格中最昂贵的风格！它需要人的思考，许多许多的思考，不知疲倦地研究推敲，一刻也不停地实验。它的简单绝不是那种空虚和贫乏的简单，它的简单是正确的简单，我甚至要说，是正义的简单。

二

Calvert Vaux 写的“A New Scale of Value”是他的 *Villas and Cottages* 的一部分，1857年发表于纽约。

在美国，风格的分歧和建筑设计的强烈对比看来是完全自然的事情，如果我们考虑到这个国家的早期历史和它忽然间形势大好的条件的话，……造房子的艺术忠实地刻画这房子所服务的人民的社会历史，但不能越出那范围。因此我们必须记住，行动、知觉、信心、思维习惯、风俗等的原则是一切建筑设计的指导者，而且不论它存在于何处，如何存在，它都是国家的标志之一，而不是只在理论上才有的孤立现象。任何一个社会，只要爱真实、爱自然，只要在思想的正常习惯中有广为传布的谦逊精神，就一定会产生某种好建筑。另一方面，任何地方，只要对发展精致而高雅的感觉能力普遍地漠不关心，那就必然会使生活标准单调而贫乏，其结果就是产生出非常鄙下不足道的建筑来；因为感觉被麻木不仁，被迟钝的视觉、听觉、嗅觉、味觉和触觉搞得奄奄一息，其必然的结果，就是反映到建筑艺术上来。这艺术本来完全为满足人们身体各器官的要求而存在，总是能表现出这些人是世俗的、自由的工匠还是满腔愤怒的农奴，或者是快活的、积极主动的工人。建筑艺术是一种永远伴随着我们的艺术，因此它不可避免地在我们一生中的每一天都对我们的文明教养起促进作用或者起破坏作用。

在美国，对健康的生活有绝对重要意义的完全的自由已经被论证过，被捍卫过，已经写进了法律，并且，在这些自由的州里，已经被毫无异议地承认了，……自由感不折不扣地就是感觉到确确实实不受干涉……

过去的建筑经验是一笔遗产，应当充分利用。对气候和人民没有什么不合适之处的每一个好的想法、形式和模式都应该研究，筛选和试验，它的原则要阐明，它本身要改进；但是，永远要把过去的经验看作奴仆，而不是主人。

应该鼓励个性主义情感和教育时时刻刻自由地起作用，那么，逐渐地，一个真正的公众趣味才会恰到好处地展现。那时候，前辈们的权威就没有用处了，因为当代的观念，如“适宜”“统一”“变化”将会赋予公众趣味以评判标准。每一个头脑清醒的个人那时将帮助改善国家的建筑，因为每个人将断然拒绝赞美任何一个看来跟他或她本人格格不入的房子，所有的人都将自由地坚持认为，无论什么东西，只要跟他们无拘无束的但并非未经培养的自然的感觉力相合，他们就有权认为是好的。爱默生着重地说到了这一点：“为什么我们要模仿多立克式或者哥特式范例？我们跟任何人一样懂得美、方便、开阔的思想和高雅的文辞，如果美国艺术家怀着希望和爱去推敲他将要做的精巧的东西，考虑到气候、土壤、日照、人民的需要、习惯以及政府的形式，那么，他就会创造一幢适应所有这些条件的住宅，趣味和感情也能同时得到满足。”

三

James Jackson Jarves 的这篇“Love of the Work”摘自他所著的 *The Art Idea*，该书于1864年出版。

我们应该乐于承认无能，谋求治疗之方，而不要把那些由既不懂如何做好设计、又没有正确的趣味的人赋予了某种建筑风格的房子吹捧上天。只有这样才是进一步的健康朕兆。如果公众能以对待船舶的那种热烈的感情和深刻的知识来批判那些建筑物，我们就能很快地看到情况大变，因为，在我们土地上，越是没有建筑的高艺术范例，我们就越能发展出我们自己的风格。

有人认为：既然一幢建筑物或者它的一部分是美的，最好就去重复它，用不着考虑它的原来意图。因此，建筑就从一个创造过程变成了一个模仿过程，它们的形式就降低到大量进口用来糊墙的大师作品的印刷品的水平。我们只比这种人略好一点点。我们让在街道上的房子就像许许多多旧大陆的表兄弟走来访问，除了美国佬的机灵和笨拙之外，我们还没有来得及形成我们自己的东西。……真正的建筑不是这么多华贵的、只求装饰的房子，而是一些有才能的人的创造力和建设力的总和，他们一起和谐地工作，产生出一个伟大的中心思想。……只有在我们由最深刻的感情所激起的智慧能力和心灵能力的结合中看出建筑艺术的可能性时，我们才能创造出能与古代作品媲美的作品来。

四

Louis Henri Sullivan 写的这篇“Towards the Organic”收入他1901年2月16日出版的*Kindergarten Chats*中。

生长与衰败

我们今天所见到的建筑已经失去了它的有机性。就像一个过去强壮的人现在又老又病，机体失灵。……所有的生命都是有机的。……活的东西行动着，组织着，生长着，发展着，延伸着，扩大着，分化着，一个器官又一个器官，一个结构又一个结构，一个形式又一个形式，一个功能又一个功能。停止这些活动就意味着衰败！衰败与生长同样地不可避免：功能衰竭了，结构解体了，分化模糊了，机体消融了，生命完了，死亡来了，时间停滞了——永恒的黑夜降临！

当今的美国建筑就是这样：功能失去形式，形式失去功能；局部跟整体脱节，整体只跟不负责任的，粗野、僵硬而无知的傻蛋联系；是头脑迟钝、心地浅薄的人的纪念物；是财迷心窍的凡夫庸人的纪念物；是乱七八糟的病态功能的乱七八糟的形式。失去了有机性，走向无机性，归宿是完蛋。

论历史风格

我们简单地称之为风格的东西，乃是某些民族的思想和感情在某时某地的组织化和结晶化；它们是被造出来的，或者是有意无意间——却是准确地——自己发生的。

……让我们把“风格”这个词当作无意义的词丢掉，另找一个我们自己的理性的概念。……人们只能按自己的主体意念进行创造，例如希腊的帕特农，不是按希腊风格造的，而是按希腊的主体性造的。帕特农实际上是一位伟大的艺术家所知道的、所感觉的、所理解的希腊人的性格、意志、感情、灵魂、信仰、希望和灵感，他把这些转化成希腊文明的一个客观象征，这就是我们所说的帕特农。帕特农是希腊的，它从希腊人的生活中产生，是由希腊人造的，是为希腊人造的，它是希腊文明的标志和形象，表现着希腊文明的真正本质。

所以，如果我们用文明这个词来代替风格这个词，那么，我们对有伟大的历史意义的建筑杰作的价值的认识就向前跨出重要的一大步，朝着更加明智的认识。

从今以后，当你看到一个当代的对历史建筑的“出色复制品”时，不要问这是什么风格，而要问这是属于哪个文明的建筑物，那么，这座现代建筑物的荒唐、鄙俗、空虚和狗屁不通就会暴露无遗，使你大吃一惊。对于这种这样的建筑物，我们显然不能说，这是一位思想严肃的建筑师的严肃的努力，他想要造一幢从当前条件中自然地、合乎逻辑地、富有诗意地产生出来的建筑物。不，这是一个头脑简单的建筑师，依靠现代美国文明的恩惠活着，却妄图重建一个过去了的、永远死亡了的文明中的建筑物，而对那文明，这个建筑师不可能有真正的知识、真正的现实感，因为他没有在其中生活过。而这却是当今“有教养”的和无教养的人一致赞同的建筑艺术，他们相信，或者假装相信，“一个好的复制品比什么都好”。真不要脸！再也没有别的事比这个更显出文化的极端浅薄了。……

面对寻求明晰的、可靠的真理的我们来说，过去、现在和将来，都只有一种建筑艺术，它的所谓风格永远是文明的差别和变化的表现。现在的建筑艺术跟过去的一样，是建造房子的需要和能力！建筑物的历史能告诉你，这个需要和能力，如何因气候和人文的不同而因时因地不同，随着种族的和个人的思维方式、身体和灵魂而变化。

过去是死了，已经被死了的过去埋葬了；过去的历史是一场大规模殡葬仪式的历史，没有什么别的事物像人那样，既多变又不变，因为人是精神的。

我不能理解，一个人怎么可以倒转时光，梦想模仿古代作品。依我看来，这种愿望是思想的真正空虚，而且证明了这条重要的真理：这种到处张扬的敬意，不过是伪装，是时髦，是欺骗，没有真心实意。

相反，如果这些伟大的作品激起你深深的仰慕，在你的心中引起一股强烈的愿望，不是模仿它们，而是去与它们竞赛，这样我就立刻能理解了；因为这种感情是出于真诚和理解，并且是一个人，一个建筑师应该有的。

最好是简化、扩大和丰富你的思想，使你能与古人为伍，在你的思想里产生跟他们相仿的力量，那么，你将不再为财富（文化遗产）不安，因为精神财富不会使一个精神上很强的人不安，他有自信、愉悦、竞争力。

相反，那个模仿的缺德败行，怯弱、没有勇气、不光彩，使我们去剽窃伟大思想的作品而不是去跟伟大思想竞赛！这样，我们就会沉沦，落到自轻自贱的泥潭中，越陷越深，道德败坏，终至失去了做人的资格。……

当你仔细地研究过这些历史性建筑物之后，你就能随着年龄的增长越来越明白产生它们的文明已经一去不返，他们的道路绝不是你的道路。

这条真理越深入你的意识，你就会越下定决心，决不像塑造那些形式、使用那些形式的人同样地去使用它们。因为，激动过那些人，又由那些人注入到他们的作品中去的那特殊的特有的主体性，已经随着这些人和他们的时代一起消失了。

五

Joseph Hudnut 写的这篇“The Post-Modern House”（“后现代住宅”）发表于1949年，本是所著 *Architecture and the Spirit of Man* 中的一部分。这也许是最早使用“后现代”这个词的文章了。

我一直在思考着那些工厂预制的住宅，……巨大的机器用塑料或者铬钢模压出来的住宅，成千上万地从装配线上喷涌而出，只要打一个电话就可以送货上门，并且轻而易举地拧紧几颗螺丝就马上可以住人。

我们的建筑师们太过于被他们的技术的新鲜魅力吸引住了。……像四月的第一阵春风，机器使一切复苏、升华。建筑师们喜爱机器是对的，否则他们造不出现代住宅来。……但是我们不能让机器熄灭我们的炉火。建筑物的形状和布置，它的表感、光线色彩和千把种其他因素的性质和安排都是我们的心灵借以自我感知的东西：这些是住宅的本质，绝不是在经济或物质舒适之外可有可无的品质。由于这些，墙壁的功能就不仅仅是围护空间，……由于这些，墙壁就意味着安全宁静、亲切忠诚、恋情和对儿童的慈爱，意味着我们的战士为之受苦的罗曼史，意味着发生过无数次却永远新鲜的故事。对一所住宅有这样的要求绝不过分。

有一种工作方法，有时候被称为艺术，它赋予人工制造的东西一些形式特质，它们超乎经济的、社会的或者伦理的利益之上；这种方法使我们自己创造的环境的一部分跟我们自己协调；它通过教育使环境成为普通的经验；它使建造科学变成建筑学。

人类制造的一切东西的形状是由它们的功能、材料的特性和能源的特性决定的；是由销售情况和制造情况决定；但这些形状同时也要被比现代技术古老得多也权威得多的一种需要决定，这就需要在这些构成人类环境的东西里含有意义和价值。……对住宅如此，对住宅里的一切东西也如此，因为它们包含着对精神直接发生作用的因素：家庭的象征、安全和温暖。

我们现代已经发展了一种新的结构形式语言。这种语言可以有很深刻的雄辩力；但我们极少把它当语言来用。正像建筑的历史风格脱离了现代技术，从而失去了生命力和鲜明性，……我们的新主题也脱离了应该表现的思想。新主题不起源于思想，而起源于施工问题和布局原则。我们还没有学会赋予它们有足够说服力的意义。它们通常有引人注目的美学质量，它们以它们的新颖和戏剧性抓住了我们，但是，它们几乎总是对我们说不出什么话来。……

有时候我想，我们应该保卫我们的住宅，拒绝新的施工方法和这些方法产生的审美形式。我们必须提醒我们自己，作为表现因素，技术的价值十分有限。……只有当它们服务于家庭的需要并投合家庭的趣味时，它才能在住宅设计中有一席之地。

人类并不需要建筑师告诉他们这是个发明的时代，新的刺激、经验和力量的时代。飞机、无线电、火箭和巨大的工程比我们最勇敢的雄图大略都更有说明力地证明了这一点。

当然，我知道现代建筑的建造方法必须适合于日新月异的工业，必须跟这个机械化时代其他各种产品的制造成形的方法一致。毫无疑问，大批量的建造会强迫我们接受单调和平庸……。对建筑艺术更有害的是已经在我们国家里广泛建立起来的思想和观念的标准化。

他（我的顾客）应该是一位现代的业主，一位后现代的业主，如果可以设想这么个东西的话。他应该摆脱感伤主义或者空想或者任性，他的眼界，他的趣味，他的思想习惯应该是集体的工业化的生活方式所必需的，……。即便如此，他仍将保持他自己的内心感受，不受外界控制，不受集体意识玷污。这种机会，在一个社会化、机械化和标准化的世界里，只有在家里才会有。虽然他的住宅是现代工业的标准产品，在那里面仍然要有这种不可克服的古老的忠诚，抵抗着机器的围攻。今天，建筑师的责任是理解这种忠诚，比其他任何人都更坚定地理解，并且抵抗住工业的进攻，把这种忠诚的真实而美好的特质显示出来。

六

Lewis Mumford 在1959年写的 *Roots of Contemporary American Architecture* 再版序言中谈到现代建筑的局限和危机。

最近几年，在有些地方，1930年代像鲜花一般突然开遍世界的现代建筑，突然已经落英满地了。显然，在当代建筑师中，有内心骚乱的迹象，有失去信心和方向的迹象，有找不到指引他们事业的目标的迹象，有越来越没有章法而各搞一套的迹象。一方面，二十年前前程似锦的建筑师当中，有些人其实是善于出风头而并不善于造房子：他们唯一的设计原则是“什么我都要试一次”，虽然没有补充说“如果我喜欢它就再来一次”，却补充说“只要有别人喜欢它我就决不再干”。这种态度对于真正的独创性和加速度的发展，就像底特律每年改变汽车的外表特点对于火车头的进步风马牛不相及一样。另一方面，在被认为现代派的建筑师当中，有些人本来对于它的形式和方法是最坚守不渝的，却来了个彻底的大翻个，嬉皮笑脸地宣布回到折衷主义去了。不过，这些倒退和混乱证明了“国际式”教条的缺陷，也证明了现代科技的两面性。

现代文明中发生了许多未曾预料到的失策和倒退，如果这些不在现代建筑上表现出来，那倒怪了。19世纪的时候，那些企图给现代艺术的充分发展构想条件的人的最大弱点，也许是他们出于当时可以理解的无知的乐观，想把“现代”跟“善”“进步”“人道”“民主”等同起来，并且幻想，只要把握住新事物，尤其是机械技术和物理科学所创造的新事物，我们就把握住了人类发展的最高的可能性。这态度是天真的，但是现在已经他妈的过时了。现代文明产生了极权国家、斩尽杀绝的战争和能把全人类从地球表面消灭干净的核武器。……因此，现代建筑不仅仅反映了现代文明最好的方面，它也充分表现了现代文明最坏的东西——它的毫无目的的物质主义，没有节制的出风头欲望，拒绝有机性和个人特色，使人们的需要顺从不断扩大、不断膨胀的机器。只要建筑还是社会的反映，那么，所有这些潜在的矛盾必将在现代建筑中表现出来，而且已经表现出来了。……不过，在我们身上穿戴已经被虫子咬破了的古老的化装衣服是不能把我们从反人道和非理性中拯救出来的。这种慈悲和拯救只会加强非理性主义。

必须承认所有这些越来越看得清楚的缺点。事实上，现代是个双面神；除非我们的文明，在政治和技术两方面都更理性化、更人道化，那么，在一切领域现代化的愿望和承诺都不会有更好的结果。这有点儿叫人灰心丧气，但是，如果现代建筑仅仅梅开一度，花事一过就被来年另一种草木代替，那我们就会更加志短意懒，混进六神无主的人群里去追求一年一变的时装，即使是一种松散的、失去人性的、没有理智的愚蠢的时装。但是，现代建筑，就跟现代文明一样，是人类绵绵不绝的传统的一部分，它在保持我们这个时代全部富有生命力的东西的同时，仍然能够从过去汲取更多的营养；因为它的根是植在历史的泥土之中，而且，只要有任何一件人类创造的东西能够熬过我们现在活着的这个“斩尽杀绝的时代”幸存下去，这就是现代建筑。它不是昨天才诞生的；也不会在明天就死亡，除非人类创造的一切有价值的东西统统毁灭。

原载《建筑史论文集》第10辑，1988年11月

中国古代园林

中国造园艺术在世界上自成体系。世界上大致有五个造园体系：意大利的、法国的、英国的、伊斯兰国家的和中国的。其中，意大利、法国和伊斯兰国家的园林都是规则的几何形。英国和中国则同是自然风致式，但英国园林以天然牧场风光为基本格调，大面积的缓坡草地，点缀一些疏林老树和池沼，中国园林则以典型地再现荒莽的山水之美为特色。

保留下来的中国古代园林，不是创建于清代的，就是虽然创建较早但在清代经过重大改建的。清代之前的园林大多只能据文献资料去认识，明代的还有一些片段。

从起源到基本风格形成

园林是绿化的生活环境。它区别于蓄兽游猎的苑和囿以及种蔬艺果的园和圃的，是它的游赏性；区别于可供游赏的自然景观的，是它的人工性，并限于一定的范围。

就文字记载看，西周周文王的灵囿可算最早的园林（见《诗·大雅·灵台》）。它有高台、池沼，风物悦人，方七十里，百姓可以去樵采狩猎（见《孟子·梁惠王上》），其景观当然是很自然的。

春秋时期，营建渐侈，如吴王夫差建姑苏台、梧桐园等，开江南造园风气之先。战国各国更是“高宫室，大苑囿，以明得意”（《史记·苏秦列传》）。北方燕、赵等国古都遗址中，宫苑都很大，其中遍布建筑物，燕下都宫苑里竟发现有台基三十余座，气魄宏大。屈原《招魂》描述楚国宫廷：“层台累榭，临高山些；网户朱缀，刻方连些……川谷径复，流潺湲些……坐堂伏槛，临曲池些；芙蓉始发，杂荷芰些……”建筑物与园林相渗透，风格纤丽。南方园林与北方的差别已约略可见。

秦朝在上林苑内引水筑兰池，池中建蓬莱、瀛洲二岛；汉在建章宫内苑筑太液池，池中建蓬莱、瀛洲、方丈三岛（均见《三辅黄图》），虽有求仙的迷信色彩，却都是造园。相传梁孝王的兔园和茂陵富人袁广汉的私园也都以人工堆垒的石山和水池为主要内容（见《西京杂记》）。孔子说“知者乐水，仁者乐山”（《论语·雍也》），抓住了自然景观中两个最基本的因素，后来的人就以山水代称自然，成了自然风致式园林的基本因素。水与山不仅动静相对比，而且以空灵比质实，以明净比苍莽，以浩渺比峭拔，以柔比刚，有很重要的审美意义。这个时期的假山水的规模都比较大。兔园里“诸宫观相连，延亘数十里”，袁广汉园里“徘徊连属，重阁修廊，行之移晷不能遍也”。可见园里建筑物的比重很大，后来便成了两千年中国园林的传统特点。

东汉在洛阳营西园和芳林苑。曹魏明帝时在芳林苑里筑景阳山，竟至亲自率领公卿群僚去挖土。景阳山是土山，“树松竹杂木善草于其上”（见《魏略》）。汉桓帝时，大将军梁冀的园林“深林绝涧，有若自然”（《后汉书·梁冀传》）。这“有若自然”，是以后中国造园艺术追求的基本原则。

魏晋南北朝是中国文化发展的转折时期。这时出现了热爱自然的高潮，山水诗和山水画开始流行，进一步推动了造园艺术，“园林”一词也在这时出现。这时期园林的发展主要有三方面：第一，虽然无论南北，宫廷园林规模仍然很大，但私家园林广泛兴建，而且重要性提高；第二，江南园林风格形成，与北方宫廷园林风格对峙；第三，造园艺术由粗放转为细致，景物更典型化。

魏晋南北朝时期，政治斗争和民族斗争异常激烈，士大夫知识分子的生死荣辱变化不定，隐逸之风兴起，知识分子产生了对大自然的亲切感情。老庄的返璞归真，通过自然而达道的思想，与儒家的“与天地合其德，与日月合其明，与四时合其序”（《易·乾卦》）的思想，以及佛教的超然世外以求解脱的思想合流，被士大夫知识分子广泛接受。于是他们纷纷寄情山水，兴造园林，过放达洒脱的生活而蔑视礼法名教。这种态度成了对在朝派统治者荒淫腐败生活的抗议和批判，具有一种道德力量。荐举制和以后的科举制都不给予士大夫世袭的、终身的爵禄，他们最后的安身立命之地还是地主经济。所以，这种“田园之乐”一直保留在知识分子心中，成了造园艺术传统稳定的原因之一。

魏晋南北朝的私家园林隐然可分为两类：一类是真正绝意仕途、雅好自然的文士们的；二类是权势者的。后者如《洛阳伽蓝记》所载：北魏的“帝族王侯，外戚公主”，“争修园宅，互相竞夸。崇门丰室，洞房连户。飞馆生风，重楼起雾。高台芳榭，家家而筑；花林曲池，园园而有”。在南方的建康（今南京）则有南齐文惠太子的“元圃”和茹法亮的宅园、梁湘东王的湘东苑等。这类园林虽然有山有水，有树有花，也有吟唱“映月”“临风”的雅兴、“禊饮”“琴吹”的闲情，但建筑物不但多，而且华丽壮观，所以园林的野趣反而有限。

晋室南渡之后，江南一带的文士园林则是另一种风格。东晋孙绰在《遂初赋》里说：“余少慕老庄之道，仰其风流久矣。……乃经始东山，建五亩之宅，带长阜、倚茂林，孰与坐华幕、击钟鼓者同年而语其乐哉。”南朝刘宋时戴颐“出居吴下，吴下士人共为筑室，聚石、引水、植林、开涧，少时繁密，有若自然”（《宋书·戴颐传》）。这类园林，多利用天然地形、地物，建筑物少而简朴素淡，景观多野趣，“朝士爱素者，多往游之”（《宋书·刘勔传》）。它们真正与山水诗、山水画一起代表当时新的文化潮流。

使江南园林风格异于北方的，也与当地山水秀丽，开发水平比较高有关系。谢灵运的山水诗和宗炳的山水画都产生在这一带，风光使人应接不暇的山阴道也在这一带。

文士园林与山水诗、山水画同时发展，与诗、画一样，它也有很强的抒情性，所以晋简文帝司马昱才在园林中觉得“鸟兽禽鱼自来亲人”（《世说新语·言语》）。这种抒情性后来也一直是中国园林的重要特色。

文士园林代表着比较高的文化水平，因而对北方园林发生了影响。庾信由梁入北周，也带去了江南园林的情趣。他在《小园赋》里写的“一寸二寸之鱼，三竿两竿之竹。……落叶半床，狂花满屋”，就是这种情趣。

私家园林比较小，因此在模山范水之际，不免要用些象征手法，借重于想象。当时兴起的山水画提供了经验。宋宗炳说：“竖画三寸，当千仞之高；横墨数尺，体百里之迴。”（《画山水序》）于是梁萧统论园林，“穿池状浩汗，筑峰形嵳岌”，显然是缩小了山水的尺度。同时，南朝的园林里已经有用单块石头点景，以比拟山峰的了。杨衒之记洛阳司农张伦宅园中的景阳山，“其中重岩复岭，嵚崟相属。深蹊洞壑，逦逶连接。高树巨林，足使日月蔽亏；悬葛垂萝，能令风烟出入。崎岖石路，似壅而通；峥嵘涧道，盘纡复直”（《洛阳伽蓝记》），这小尺度的假山仍然具备天然山峦的各种典型形态。

魏晋南北朝时期，中国园林的基本因素已经大体产生，风格已经大体形成，以后没有重大的质的突破。

艺术手法的深化和多样化

隋唐和北宋，全国统一，南北造园艺术交流渐多，因而手法逐渐深入和多样化。

皇家园林的建造以隋为盛。隋炀帝在洛阳附近兴建大量宫苑，最著名的是西苑。它大体上还循秦汉上林苑的旧制，在周围两百里的范围内，建十六院，院间有龙鳞渠曲折盘绕。有山，高百余尺；有海，广十余里。又种杨柳修竹，名花异草。有亭有桥，结构精丽。（见《大业杂记》）炀帝凿通大运河之后，几次到扬州游乐，沿途造离宫别馆，在扬州造上林苑、萤苑等园林。炀帝把北方皇家园林和建筑的一些特点带到了扬州，成了当地建筑和园林风格的一种因素。

唐朝的皇家园林规模不及隋，也不见特色。到北宋初，则有汴梁的玉津园（始于后周）、宜春苑、琼林苑和金明池四个名园。宋徽宗兴建艮岳，是叠山艺术成熟的标志。艮岳在宫城东北，主事者是出自苏州造园世家的朱勔，所用的石料是太湖石，所以颇多江南特色，以再现山岳之壮丽为主，建筑物处于从属地位。徽宗《艮岳记》说："东南万里，天台雁荡凤凰庐阜之奇伟，二川三峡云梦之旷荡，四方之远且异，徒各擅其一美，未若此山并包罗列，又兼其绝胜。"这段话第一次道出了将自然山水经过剪裁概括加以典型化的设计意匠。艮岳相当大，高九十步，周回十余里，布局注意到分区设景，每景有鲜明特色，东西南北，山上山下，都有不同的山势水态、竹树花草和点景建筑物。这些景色和意境不同的景区以一定的游览路线贯串，造成动态的变化。"复由蹬道盘行萦曲扪石而上，既而山绝路隔，继之以木栈。……跻攀至介亭，此最高于诸山。"景色不但在动态中置换展开，而且是立体的，多方位的，多层次的。"自山蹊石罅搴条下平陆，中立而四顾，则岩峡洞穴，亭阁楼观，乔木茂草，或高或下，或远或近，一出一人，一荣一凋，四向周匝，徘徊而仰顾，若在重山大壑，深谷幽岩之底。"艮岳的设计甚至考虑到"时序之景物，朝昏之变态"。可以说，艮岳是有史可据的第一个经过周密构思的最完整统一的造园艺术作品。

艮岳还有全仿农家的"西庄"，显然受到文士园的影响。此后农家常在皇家园林中作为一个景区。

南宋时期，在临安（今杭州）也造了些皇家园林。但毕竟是偏安局面，金瓯半缺，不敢过于奢华；又兼当地文士园传统很强，所以这些皇家园林比较素朴。陆游咏聚景园："尽除曼衍鱼龙戏，不禁刍荛雉兔来。”曾怀咏玉津园：“江山秋色冠轻烟，别苑风光胜辋川。”一个比周文王的灵囿，一个比王维的辋川别业。

唐代私家园林集中在长安（今西安）和洛阳。在长安，“公卿近郭皆有园池，以至樊杜数十里间，泉石占胜，布满川陆”（张舜民《画墁录》）。至于洛阳，贞观、开元间“公卿贵戚开馆列第于东都者，号千有余邸”，且多有园林，所以“天下之治乱候于洛阳之盛衰而知；洛阳之盛衰候于园圃之废兴而得”（李格非《洛阳名园记》）。北宋汴京（今开封）的园池，据袁褧《枫窗小牍》记载，约有一百余座。南宋的私家园林则多在临安、吴兴、苏州、嘉兴、昆山等地，这些地方从南朝以来，经五代至宋，都是文士园的集中地。临安园林借西湖风光，所以有诗咏“一色楼台三十里，不知何处觅孤山”（田汝成《西湖游览志余》）。

私家园林，公卿贵戚的与文士的，格调不同。而在造园文化中，文士园的疏淡雅逸至少在理论上成了正宗。王维的辋川别业，白居易的庐山草堂，影响都很大。连南宋大官僚韩侂胄的南园也要有“许闲”之堂、“远尘”之亭、“归耕”之庄（见陆游《南园记》）。

辋川别业虽然不是一所完整的园林，但王维以地貌和植物等给景点命名，如辛夷坞、茱萸沿、斤竹岭、文杏馆等，开创了以后以景为单元经营园林布局的手法。一个景是一幅画面，成景、得景就是园林构图的核心问题。

私家园林通常是起居之所，园林观赏与日常生活相渗透。白居易描写他在洛阳履道里的宅园：“十亩之宅，五亩之园；有水一池，有竹千竿。勿谓土狭，勿谓地偏；足以容膝，足以息肩。有堂有厅，有亭有桥，有船有书，有酒有肴，有歌有弦。有叟在中，白须飘然，识分知足，外无求焉。……时饮一杯，或吟一篇，妻孥熙熙，鸡犬闲闲。优哉游哉，吾将终老于其间。”司马光的独乐园中有读书堂、弄水轩、钓鱼庵、种竹斋、采药圃、浇花亭、见山台。他在《独乐园记》里说：“平日多处堂中读书……志倦体疲，则投竿取鱼，执衽采药，决渠灌花，操斧剖竹，濯热盥手，临高纵目……不知天壤之间复有何乐可以代此也。”因此，宅园的生活气息很浓，园主人的文化气质鲜明地表现出来。他们通过给景点命名、给建筑物题匾额，或种竹疗俗，或筑曲水流觞仿兰亭雅集，给园林注入极其丰富的文化内涵。它调动人的多方面知识，引起人的多方面联想，把观赏园林变成高层次的文化活动。以宋代园林名称如“沧浪亭”“独乐园”与唐代的“平泉庄”“午桥庄”相比，拿“招隐”“濠上”这样的景点名称与“欹湖”“鹿砦”等相比，显见得宋代的造园艺术更深入、精致了，也更综合化了。

画家亲自动手擘画园林，更使造园艺术深入精致。北宋诗人兼画家晁无咎自己设计归去来园。周密《癸辛杂识》记南宋吴兴画家俞征造园，“胸中自有丘壑，又善画，故能出心匠之巧”。园林的综合化又进了一步。

较之庄园里的私家园林，城市里的私家园林一般面积比较小，所以更多发展象征手法调动观赏者的想象力。唐李华《贺遂员外药园小山池记》写道：“庭除有砥砺之材，础踬之璞，立而像之衡巫；堂下有畚锸之坳，圩塓之凹，陂而像之江湖。……一夫蹑轮而三江逼户，十指攒石而群山倚蹊。”努力在小中见大上做功夫，并且接近于写意画。要小中见大，除了像艮岳那样善于剪裁自然山水的典型特征外，掌握尺度是个关键。所以白居易说，“地窄林亭小”，“小水低亭自可亲”。在这种情况下，以单石代山的做法更普遍。士大夫知识分子爱石成癖，有人竟至称石为兄为丈。

突破高墙深院的局限的重要方法是靠楼阁或者假山巅上的亭台眺望外景。如吴兴沈做宾园有对湖台，“尽见太湖诸山”（周密《癸辛杂识》）；临安德寿宫内有聚远楼，取苏轼诗：“赖有高楼能聚远，一时收拾与闲人。”

早在汉武帝修上林苑的时候，就重视收集各种观赏花木，至唐李德裕的平泉庄有花木一百种以上。李格非说“洛中园圃花木有至千种者”（《洛阳名园记》），牡丹、芍药就有一百多种，造园因素已经很丰富了。花木的种植不但取观赏性，而且取它们的“品格”。松柏取其岁寒而不凋，梅取其冰清玉洁，菊取其象征隐逸，竹取其虚心劲节。周敦颐《爱莲说》称莲花“出淤泥而不染，濯清涟而不妖”，喻为君子，所以园林中很喜欢种植它。花木的人格化既增强了园林的抒情性，更丰富了园林的文化内涵。

从极盛到衰败

明末清初是中国造园艺术的极盛时期。

明代的皇家园林主要是北京皇宫的西苑，包括北海、中海和南海。北海在金代是中都北郊的离宫，元代建大都城后成为御苑的一部分。

金代皇帝开发北京的西北郊风景区，在香山和玉泉山建造离宫。明代在这一带建造了大量庙宇，都附有园林。清代初年，康熙、雍正、乾隆三朝又在这里造了畅春园、静明园、静宜园、圆明园（包括长春园和绮春园）和清漪园五座大型皇家园林。畅春园和圆明园建于平地，利用当地丰沛的泉水。静宜园占香山东麓，静明园就是玉泉山，二者都是山地园。清漪园居于平地园和山地园之间，有万寿山和昆明湖一山一湖。它们各依自然条件布局，特色鲜明。圆明园面积约350公顷，是集锦式的，由几十个小景区集合而成，每个景区大体上是以建筑物为核心的小园，用小山小水把它们分隔开来又连接起来。宫殿虽然居于中心，但在构图上不起统率作用。清漪园面积约290公顷，布局是集中式的，万寿山南坡壮丽的大报恩延寿寺和它的高阁统率着整个前山前湖区的构图。后山区和南湖区作为补充，增加全园的深度。乾隆最偏爱清漪园，有诗说：“何处燕山最畅情，无双风月属昆明。”

这五座皇家园林形成一个相互资借的园林群。从畅春园和圆明园西望香山，以玉泉山和万寿山为中间层次，山姿塔势各有不同。在清漪园东望是圆明园和畅春园的湖光树影，向西则隔玉泉山而望香山。在这五座园林的周围还散布着小型的王公大臣们的私园，使北京西北郊成了一个大园林区。1860年，英法联军破坏了全部这五座皇家园林。1889年重建了清漪园，恢复了一部分建筑物，改名为颐和园，正中的建筑物改名为排云殿和佛香阁。

清代初年另一座重要的皇家园林是热河承德的避暑山庄。它包括几座峰峦沟壑比较复杂的山和几片港汊歧出、洲渚纵横的湖。景观很自然而且曲折幽深，外围的山水也很好。全园面积564公顷，是清代最大的御园。

这六座皇家园林是历代皇家园林造园艺术的大总结。它们兴造的时候，特地招聘了苏州一带的著名匠师参加，而且辟出一些地段仿造江南名园，所以它们也是中国整个造园艺术的大总结，是中国造园艺术的重要代表作品。

明代初年，先在南京，后在北京，造了大量功臣将相的私家园林。据王世贞的描写，南京的这些园林，有"最大而雄爽"的，有"清远"的，有"大而奇瑰"的，有"华整"的和"小而靓美"的（《游金陵诸园记》）。可见造园已注意到整体的风格。

明清两代私家园林的最杰出代表则是扬州、苏州和江南各地的文士园。重要作品有无锡的寄畅园，海宁的安澜园，上海的豫园，南翔的古猗园，太仓的弇园，嘉定的秋霞圃，苏州的拙政园、沧浪亭、留园、环秀山庄、网师园和扬州的瘦西湖园林群等。寄畅园建筑物较少而且僻处一隅，以土石山居中，从水池对面望山，则山后接惠山和锡山，境界清旷。拙政园东北部是湖山区，西南部是厅堂廊桥所形成的若干院落区，西北有楼可以眺远，东南有一个小巧的枇杷园，景观的变化对比相当丰富。扬州瘦西湖是利用北城护城河和一段天然河道形成的，"行其途有八九里，虽全是人工，而奇思幻想，点缀天然，即阆苑瑶池，琼楼玉宇，谅不过此。其妙处在十余家之园亭合而为一，联络至山，气势俱贯"（沈复《浮生六记》）。

明末清初，江南一带涌现出一些著名的造园家，其中有计成、张涟和他的子侄、李渔、石涛等，再晚一些有戈裕良。张涟的长子张然应召到北京参加了瀛台、静明园和畅春园的造园工作，他的后人在北京“兴业百余年未替”，称“山子张”（《清史稿》），大约圆明园、清漪园内的谐趣园等处有他们的作品。李渔也在北京创作了“半亩园”的假山。

张涟和计成是这时期的主要代表。张涟“少学画，为倪云林、黄子久笔法……君治园林有巧思，一石一树，一亭一沼，经君指画，即成奇趣，虽在尘嚣中，如入岩谷。诸公贵人皆延翁为上客，东南名园大抵多翁所构也”（戴名世《南山集·张翁家传》）。计成早岁学画，宗关仝、荆浩笔意，曾在扬州造影园，“于尺幅之间，变化错从，出人意料，疑鬼疑神，如幻如蜃”（茅元仪《影园记》）。

张涟在叠山艺术上有重要革新。自南北朝以来，私家小园为师法自然常常不得不缩小山水的尺度。唐宋的城内小型私园，山水尺度更小。到了明代，这种做法大约已经使假山完全失去了真实感。张涟批评这类假山“何异市人搏土以欺儿童哉”！他主张基本不缩小尺度，但不仿造整座山岭，而仅仅仿山的片断，做到“若似乎处于大山之麓”，使人觉得墙外就是大山（吴梅村《张南垣传》）。

计成的最主要贡献是写了中国唯一的一本造园专著《园冶》（1635年刊印），这是文士园造园艺术的大总结。《园冶》包括兴造论、园说和相地、立基、屋宇、装折、门窗、墙垣、铺地、掇山、选石、借景等篇章。相地篇里又有山林地、城市地、村庄地、郊野地、傍宅地、江湖地等，论述在各种地段造园应有各自特殊的风格。他提出的造园的基本原则中最重要的有两条：一是“虽由人作，宛自天开”；一是“巧于因借，精在体宜”。

明清之际的造园论著除《园冶》之外，文震亨的《长物志》、钱泳的《履园丛话》、李渔的《一家言》、沈复的《浮生六记》，都有论述造园艺术的重要内容。小说《红楼梦》对造园艺术的论述也达到很高水平。这些都说明中国造园艺术到了它的成熟期。

但是，就在它的成熟期，中国造园艺术开始出现了衰败的迹象，以后渐趋严重。因为这时候扬州和江南一带的商业经济发达起来，“叠石造园，多属荐绅颐养之用”（李渔《闲情偶寄》）。这些荐绅当中有盐商之类的暴发户，他们以及一些受市井文化熏染的文士们，早已没有陶渊明、林和靖那样恬淡隐退的志趣，也没有谢灵运、王维、白居易那样对大自然的热爱。他们标榜山水之乐、老庄之道，不过是传统的文化惰性。所以他们已经失去了以前历代士大夫对园林的审美理想。他们拘居在拥挤的城市里，自称“市隐”。文震亨在《长物志》里说：“吾侪纵不能栖崖谷追绮园之踪，而混迹市廛，要须门庭雅洁，室庐清靓，亭台具旷士之怀，斋阁有幽人之致。又当种佳木怪箨，陈金石图书，令居之者忘忧，寓之者忘归，游之者忘倦。”其实在一些附庸风雅的人家，连金石图书在内，都充满了富贵气。华贵的陈设、精美的雕梁画栋，也压倒了明代兴起的楹联题咏之类带来的书卷气，园林已经退到很次要的地位。连计成也在《园冶》中说：“凡园圃立基，定厅堂为主。”晚清的江南园林里，往往建筑物过于壅塞，在残剩的狭窄空隙里造园，固然锻炼出一些小中见大的精致的手法，但毕竟巧而难工。园林过分曲折，过公堆砌，有些甚至矫揉造作，天趣尽失。有些园林，其实不过是散处在厅堂之间的院落而已。种几棵花木，立几块湖石，在粉墙衬托下仿写意的文人画小品，虽然也有清逸的佳构，但境界局促，谈不上田园之乐和山水情怀了。真正能做到“一峰则太华千寻，一勺则江湖万里”（文震亨《长物志》）的，百不要及一了。

中国的造园艺术，很早就影响了东亚各国，18世纪即传到欧洲，促成了英国式自然风致园的诞生，并进而影响到整个欧洲和造园艺术。

原载《中国文化史概要》，高等教育出版社，1988年

文士园林试论

从魏晋南北朝起，中国的园林，大约就有皇家的和文士的之分。这两种园林，功能和艺术明显不同。由于士这个阶层代表着时代文化的最高水平，所以，文士园林比起皇家园林来，常常居于优势地位。一千多年来，皇家园林不断接受文士园林的影响，到清朝，甚至直接仿造文士园林，相反的情况却几乎没有。因此，尽管皇家园林也有很高的成就，但人们一向都以文士园林作为中国造园艺术的代表。我现在试着探讨中国园林的美学，也以文士园林为对象。

长期以来，普遍公认的中国园林的基本特点是“师法自然”。自从《后汉书》形容大将军梁冀的私园“有若自然”之后，一千多年间，在无数关于园林的描述中，“有若自然”大概是出现得最多的形容词。到明代末年，计成在《园冶》中把中国园林的特点概括成“虽由人作，宛自天开”。近年来，大家都接受这八个字，很少有人怀疑它。

但是，如果简单地这么去认识中国园林，又会在实际面前碰壁。游览那些作为中国造园艺术代表的苏州园林，连从凡尔赛的国度来的人们都敢说它们并不自然。

1962年，我曾经把中国园林的特点表述为“典型地再现自然山水的美”（《咫尺山林》，载1962年3月13日《人民日报》）。在这个表述下，我提到了对自然景观的剪裁、提炼和典型化，提到了在无可奈何情况下锻冶出来的小中见大的手法，也提到了借用文学手段引起的联想。但这些仍然过于偏重形式方面，没有深入到作为园林灵魂的“意境”中去。

1985年，我在介绍外国造园艺术的时候，说：“在全世界，园林就是造在地上的天堂”，因此，“一个时代一个民族的造园艺术，也集中地反映了当时在文化上占支配地位的人们的理想和他们的情感与憧憬”。（《外国造园艺术散论》，载《文艺研究》1985年第3期）当时写的是外国造园艺术，没有讨论到中国的。但是，在我1978年写成的《中国造园艺术在欧洲的影响》（见《建筑史论文集》第3辑，清华大学建筑系编，1979年）中，我在后记里写过两段话：

> 中国园林的风格，是在六朝时候确立的。这时候大江中下游的南岸地区，成了中国正统的政治和文化的中心，而这地区，这时候已经被劳动者开辟得如锦似绣……正是这样的大好河山，迷住了当时文化人的心，使他们陶醉，趁着社会政治形势，影响到哲学、文学、艺术和生活方式，造成了一代崇尚自然的思想文化潮流，也终于造成了中国造园艺术的基本特点：典型地再现自然山水之美。
>
> ……六朝的那些隐士们，标榜的无非三点：第一，歌颂自食其力的劳动生活，鄙视追名逐利；第二，歌颂俭朴素约的读书生活，鄙视锦衣玉食；第三，歌颂无拘无束的自由生活，鄙视随人俯仰。……这就是所谓田园之乐。……至于园林，流露的情趣意境，主要也是这个田园之乐。

这个认识仍旧是比较浮浅的，但是提出从自然美的发现和田园生活的意境两个方面去认识中国园林的美学，在我自己来说，还是一个进步。1985年的论述，是从这个认识上的发展，在那篇文章里，我写道：

那些小小的园林里，回荡着整个封建时代士大夫的进退和荣辱、苦闷和追求、无奈和理想。所以，不能只从对自然美的审美关系去理解造园艺术。只有分析人们在一定历史条件下，一定文化背景下的全部理想，才能完全理解造园艺术。

在进一步探索中国园林的美学之前，我不妨先写下我目前对中国园林的认识：中国园林的艺术特色，是两千年来士这个阶层的价值观念、社会理想、道德规范、生活追求和审美趣味的结晶。要研究它，还得主要从自然美的发现和田园生活的意境两方面下手，而田园生活丰富的社会内容和思想内容是决定性的。“师法自然”，不但是在园林的形式上模仿自然的景观，更重要的是追求一种自然的生活。士主要是通过追求自然的生活才对自然的美有所会心的。园林是作为自然的生活的场所环境，才被要求自然的风格。

园林属于上位层次文化，士又处于这个文化层次的顶端，所以，我们可以比较有把握地通过文字资料来了解士的生活和审美理想怎样氤氲了中国的造园艺术。因为文士园林大致在魏晋南北朝时期确立了它的风格特点，所以，我们的研究，要更多地依靠这时期的资料。当然，有时候要上溯，有时候要下延。

士的思想往往兼有儒道两家，有个时期还加上一个禅学。在不同的时期，不同的成分有所侧重，但儒道之间，门阈未必那么分明，相通处不少，所以我们只要着眼在某种思想对士有什么影响就可以了，不必太看重这家那家的界限。

士往往既是地主，又是官僚。但士这个阶层，在整个中国历史中，又有一种社会功能，这就是：他们是社会道德理想的体现者。这个社会功能，或者说，重大的文化使命，使他们中许多人，至少在精神上需要并且能够超越自己的社会关系的局限。他们批判一切不符合道德理想的现象，同时努力使道德理想充分化为现实。因此，士必须标榜精神的自由和独立，这就是，从政治羁绊，从物欲，从名位，甚至从礼法名教完全解放出来而获得自由。这种精神解放的生活，就是自然的生活。

第一个把这种自然的生活叙述得最生动的是孔子的弟子曾点。孔子有一天跟子路、曾点、冉有、公西华几个弟子闲坐聊天，各人说自己的志趣。曾点说："暮春者，春服既成，冠者五六人，童子六七人，浴乎沂，风乎舞雩，咏而归。"孔子喟然叹曰："吾与点也！"（《论语·先进》）以后，"舞沂"就成了封建士大夫最高的志趣之一，即使穿戴的是蟒袍玉带。

另一个生动地叙说了自然生活的是庄子。他说：

> 刻意尚行，离世异俗，高论怨诽，为亢而已矣；此山谷之士，非世之人，枯槁赴渊者之所好也。……就薮泽，处闲旷，钓鱼闲处，无为而已矣；此江海之士，避世之人，闲暇者之所好也。（《庄子·刻意》）

孔子和庄子，这儒、道两家的代表，所提倡的这种自然的生活，看上去似乎很平凡，却体现了"独与天地精神往来"的崇高理想，对后世的士的生活追求产生了很大的影响。

自然的生活的外在表现就是隐逸。在君主集权的封建社会里，拘羁着士的精神的最大力量是政治权力，所以，士的自然生活的主要标志就是跟掌权的统治者不合作，这就是隐逸避世。虽然实际上他们跟政治统治者有千丝万缕的关系，而且有时直接出入这个统治阶层。

隐逸思想在中国由来已久。《击壤歌》里唱的"日出而作，日入而息，帝力于我何有哉"，大约反映的是原始公社晚期的思想，反抗政治权力的形成。稍微晚一点，又有长沮、桀溺、荷篠丈人之流作为高尚的、睿智的大贤出现。到汉初，深隐不仕的商山四皓竟能在奸诈残暴的宫廷废立斗争中起那么大的作用。

其后的两千年间，凡士，不论是穷愁潦倒的还是飞黄腾达的，都把这些“古逸”奉为最高的楷模。不但表示羡慕他们的生活方式，而且赋予这种生活以巨大的道德价值。士作为官僚或候补官僚或失意官僚，他们调和隐逸与仕进之间的矛盾的理论是对统治权力采取一种超然的态度，避免跟爵禄进退发生过于密切的关系。孔子说：“笃信好学，守死善道。危邦不入，乱邦不居。天下有道则见，无道则隐。”（《论语·泰伯》）又说：“邦有道则仕，邦无道则可卷而怀之。”（《论语·卫灵公》）孔子的传人孟子则说“穷则独善其身，达则兼善天下”（《孟子·尽心上》），道德意味更浓些。至于庄子，则显出对于仕途凶险的恐惧：“庄周为蒙县漆园吏……齐宣王又以千金之币迎周为相。周曰：‘子不见郊祭之牺牛乎？衣以文绣，食以刍菽，及其牵入太庙，欲为孤豚，其可得乎？’遂终身不仕。”（见魏隶：《高士传》）

对政治的超然态度是为维护他们作为社会道德理想的体现者所必要的，他们不想对政治的“有道”“无道”负责。不过，对以后两千年的士来说，这种两面灵活的态度有它的现实根据。在中国的封建政治体制里，士的政治地位既不是终身的，也不是世袭的。他们“学而优则仕”，却又常常在尖锐激烈的斗争中受到排挤和打击，以致被迫退出官场。荣辱穷达，变化不居，所以士就需要一种不羁于进退的超然的人生观，以求得在各种旦夕祸福中的心理平衡。当然，热衷与恬退之间的矛盾始终存在，有时很尖锐，中国的文化中几乎处处都显现出这种矛盾。不过，作为人生价值标准的，始终是恬退，是清净，是散逸，也就是精神的自由解放。这既由士的社会功能决定，也因为在野的地主生活，毕竟比复杂的庙堂生涯要平稳而持久。

在农业社会里，隐逸生活就是“归田”“闲居”，简单地说，就是过地主的田园生活。所以，田园之乐就成了士的最富有感情的话题，成了中国文学、美术的最高雅的情趣，也成了园林艺术的灵魂。因为从东汉末到魏晋南北朝，是一个政治上极端“无道”的时期，所以隐逸之风大盛，随之就形成了田园、山水文学和山水美术的高潮，而文士园林，也在这时期确立了自己的艺术特色。要理解文士园林，就必须先理解士的隐逸生活。

东汉的仲长统的《乐志论》，最早地全面说明了隐逸生活的方式、环境、情操和思想。他说：

> 使居有良田广宅，背山临流，沟池环匝，竹木周布，场圃筑前，果园树后。舟车足以代步涉之艰，使令足以息四体之役。养亲有兼珍之膳，妻孥无苦身之劳。良朋萃止，则陈酒肴以娱之；嘉时吉日，则烹羔豚以奉之。蹰躇畦苑，游戏平林，濯清水、追凉风、钓游鲤、弋高鸿，讽于舞雩之下，咏归高堂之上。安神闺房，思老氏之玄虚；呼吸精和，求至人之仿佛。与达者数子，论道讲书，俯仰二仪，错综人物。弹南风之雅操，发清商之妙曲，消摇一世之上，睥睨天地之间。不受当时之责，永保性命之期。如是则可以陵霄汉、出宇宙之外矣，岂羡夫入帝王之门哉！（见《后汉书·仲长统传》）

此后一千多年，从魏晋南北朝数不清的《归田赋》《闲居赋》《遂初赋》以及其他诗文之类，到几乎历代绝大多数文士都写过的赏玩散淡闲逸生活的文字，大体都不出仲长统这篇文章的旨趣。连鄙俗淫残之极的西晋大官僚石崇，都要写写《思归引》。在它的序中，石崇写道："晚节更乐放逸，笃好林薮……出则以游目钓鱼为事，入则有琴书之娱……傲然有凌云之操。"直到清代，乾隆皇帝在吟咏圆明园四十景的时候，还要写出"云山同妙静，鱼鸟适清酣，天水相忘处，空明共我三"（"涵虚朗鉴"）和"鸟语花香生静悟，松风水月得佳朋"（"茹古涵今"）这样没有人间烟火气的话来。可见这种隐逸生活的文化和道德威力。

不过，魏晋南北朝时期，描写隐逸生活自然环境的笔墨要优美得多。例如曹魏时的应璩在《与从弟君苗君胄书》中说：

间者北游，喜欢无量。登芒济河，旷若发矇。风伯扫途，雨师洒道。按辔清路，周望山野。……逍遥陂塘之上，吟咏苑柳之下。结春芳以崇佩，折若华以翳日。弋下高云之鸟，饵出深渊之鱼。蒲且赞善，便嬛称妙，何其乐哉！（见《文选》卷四十二）

另有一些人，则对政治权势的蔑视更加强烈得多。例如东汉末年大名士郭泰，范滂说他“隐不违亲，贞不绝俗，天子不得臣，诸侯不得友”（见《后汉书·郭泰传》）。这“天子不得臣，诸侯不得友”本来是庄子的话，傲骨铮铮，决绝得很，而在汉末和魏晋南北朝时期，则反映着士的自我意识的觉醒。

这种对政治权势的决裂态度，在以后的历史上很不少见。如唐代的皮日休写道：“倨见青山，傲视白云，得丧不可摇其心，荣辱不可动其志。”（《皮子文薮》）另一位唐朝人王绩在《答冯子华书》中则说：“糠秕礼义，锱铢功名。”

糠秕礼义，是对礼法名教的大侮蔑。这种态度也是在汉末、魏晋南北朝时期最激烈，阮籍、嵇康、刘伶等是突出的代表人物。他们既不尊君臣，也不重父子，行为任率放诞，什么都不顾。他们认为一切礼法都是违反自然的，所以自然的生活必须从礼法的束缚下解放出来。嵇康说：

推其原也，六经以抑引为主，人性以从欲为欢。抑引则违其愿，从欲则得自然。然则自然之得，不由抑引之六经，全性之本，不须犯情之礼律。因知仁义务于理伪，非养真之要求；廉让生于争夺，非自然之所出也。（《嵇中散集》卷七《难自然好学论》）

针锋相对地反对儒家的礼义。

士，作为社会道德理想的代表，不仅仅在精神上要超越政治统治权力，也就是超越他的官僚身份的局限，而且还要超越物欲的羁绊，这样也就超越了他的地主身份的局限。因此，隐逸生活又标榜安贫贱而鄙视富贵荣华，爱劳动而鄙视四体不勤。此外，作为士，当然还要标榜最高层次的文化活动，如读书、吟诗、下棋、作画、弹琴之类。

安贫是为了乐道。孔子说："士志于道，而耻恶衣恶食者，未足与议也。"（《论语·里仁》）又说："君子忧道不忧贫。"（《论语·卫灵公》）这些话一直被士当作行为准则。超越政治权势和超越物欲的羁绊既然有很高的道德价值，因此，隐逸生活就无比崇高。儒家大师荀子说过："隐于穷阎陋屋，王公不能与之争名。"《后汉书补注》卷十九引胡广《征士法高卿碑》里说："翻然凤举，匿耀远遁，名不可得而闻，身难可得而睹。……揆君分量，轻宠傲俗，乃百世之师也。"这股强大的道德力量"骄富贵，轻王公"，逼迫得许多公卿将相甚至皇帝，也不得不表示羡慕隐逸生活，屡屡表态，说什么只要一有机会，他们就会高高兴兴地遁迹山林，跟樵子渔父做伴。

前面说过，在农业社会里，隐遁就是归田，隐遁生活就是村野田园生活。所以，自然山水是自然的生活的必然环境，追求自然的生活就一定会对自然的山水发生亲切的感情。变幻无穷的自然山水也最适合于寄托隐士们的自由思想和解放的精神。因此，两千多年来，自然环境中的自然生活就被士看成"尽善尽美"的生活。

文士园林是在魏晋南北朝时期随着隐逸生活的盛行而发展起来的，它们是隐士们的居住场所，所以，它们的主要特点之一就是典型地再现自然山水美。

但是，决定园林艺术意境的是生活，是隐逸生活的理想和情趣，它的精神力量。园林的自然景色是这种生活的衬托。如果把文士园林比作一首诗，那么，山水花木起的是"比""兴"的作用，就像"关关雎鸠，在河之洲"，或者"昔我往矣，杨柳依依；今我来思，雨雪霏霏"一样。在魏晋南北朝大量关于文士园林的文章里，例如张缵的《谢东宫赉园启》和庾信的《小园赋》，主要写的是园林中的精神生活。即使那些极优美的写景文字，如《小园赋》中的“一寸二寸之鱼，三竿两竿之竹”，也是为了美化“黄鹤戒露，非有意于轮轩；爰居避风，本无情于钟鼓”的高逸情致。

这种传统一直承袭下来，唐朝白居易的《池上篇》和宋朝司马光的《独乐园记》，以及其他许多描写园林的文章，也同样是以散淡的生活作为主调。独乐园中有“读书堂”“弄水轩”“钓鱼庵”“种竹斋”“采药圃”“浇花亭”“见山台”等等。司马光说：

> 迂叟平日多处堂中读书，上师圣人，下友群贤，窥仁义之原，探礼乐之绪，自未始有形之前，暨四达无穷之外，事物之理，举集目前。……志倦体疲，则投竿取鱼，执衽采药，决渠灌花，操斧剖竹，濯热盥手，临高纵目，逍遥相羊，唯意所适。

亭台池沼，不过是这种生活的舞台。

因此，文士园林的美，主要是一种意境美，就是道德高尚、哲理深沉的生活的美。就是傲王侯、轻功名、脱略形骸、安贫乐道、从事时代水平最高的文化活动，思考宇宙、历史、人生的基本问题的那种生活的无限的美。“境生于象外”，景起的作用，主要是为了生情，引起丰富的、自由活泼的思想。

又因此，文士园林中建筑物的比例相当大，这是生活功能必需的。

这两个特点，决定了文士园林的创作原则并不必然是写实地模山范水，在一定条件下，可以只用山水作点缀。所以，用直感的方式到文士园林里去欣赏“宛自天开”的自然风光，是可能会失望的。

同时，跟隐逸生活的思想内容相应，文士园林的风格是朴素、淡雅、精致而又亲切的。虽然未必都像白居易的庐山草堂那样全用粉壁白木，但绝不落于华丽雕琢。

隐逸文化包含着山水文化。游山玩水是隐逸生活的高情雅致的一部分。山水之美的主要发现者是避世之士。所以，六朝时期，随着隐逸生活的大盛，对山水美的爱恋也达到了高潮。文士园林在这个时候发展起来，它的自然形式固然基本上决定于自然的生活的哲理内蕴，但跟自然的生活相附相生的对自然美的迷醉，也是一个决定因素。谢灵运在《山居赋》里写道："昔仲长愿言，流水高山；应璩作书，邙阜洛川。"就说明了他的居山，既是为了像仲长统那样归隐，也是为了像应璩那样欣赏山水。

所以，早期的文士园林，大多修筑于风景区。西晋的潘岳在《闲居赋》里就说：

> 退而闲居洛水之涘，身齐逸民，名缀下士。背京泝伊，面郊后市……爰定我居，筑室穿池；长杨映沼，芳枳树篱；游鳞瀺灂，菡萏敷披；竹木蓊郁，灵果参差。……

又《南史·刘慧斐传》：

> 慧斐尝还都，途经浔阳，游于匡山，遇处士张孝秀，相得甚欢，遂有终焉之志，因不仕，居东林寺，又于山北构园一所，号曰离垢园。

中国第一个著名的山水画家，刘宋的宗炳说："余眷恋庐衡，契阔荆巫，不知老之将至。愧不能凝气怡身，伤跕石门之流。于是画像布色，构兹云岭。"（《画山水序》）绘画是为了仿佛长留于名山胜水之间，筑园当然更是为了这个目的。

但中国的士，对山水的感兴有很大的一个特点，就是富有哲理性。他们在登临之际，对宇宙、对历史、对人生的种种思考往往油然而生。这些思考充塞了他们的心灵，山水本身的种种形象特点却变得淡远模糊了。因此，士在山水中见到的仍然是一种意境美，由景及情，由有限到无限。这就是为什么我们从历代的山水文学中见到，对景的描写往往缺乏具体性，一些很美丽鲜明的辞藻，细读起来大多是一种文字功夫。但另一方面，哲理性的抒发却占了很大的分量，甚至成为主要的内容。所以魏晋南北朝的山水文学里多有玄言。初唐诗人陈子昂的《登幽州台歌》则是："前不见古人，后不见来者，念天地之悠悠，独怆然而涕下。"什么景致也没有描写。范仲淹的《岳阳楼记》倒是细细刻画了各种景色，但写景是为了写情，全篇的旨趣归结为"先天下之忧而忧，后天下之乐而乐"，并以此而不朽。

这种在大自然中领悟宇宙、历史、人生精蕴的思想，儒家和道家是共同的，它的最根本的哲理思想，是人与自然的亲和一致。

对上节引过的孔子听曾点言志的那一段故事，宋儒朱熹解释道："其胸次悠然，直与天地万物，上下同流，各得其所之妙，隐然自见于言外。"（《四书章句集注》）《周易·文言》里说："夫大人者，与天地合其德，与日月合其明，与四时合其序，与鬼神合其吉凶。先天而天弗违，后天而奉天时。"说的是人与天地之德、日月之明、四时之序以及鬼神之吉凶的和合，即与自然规律的和谐。庄子则说："天地有大美而不言，四时有明法而不议，万物有成理而不说。圣人者，原天地之美而达万物之理。是故至人无为，大圣不作，观于天地之谓也。"（《庄子·知北游》）说的是人通过静态地观照自然，就可以达到"万物之理"，也就是达到宇宙间最高的本原——道。这是一种至善至美的境界。

因此，儒道两家都倡导顺乎自然规律。《周易·系辞上》里说："是故法象莫大乎天地，变通莫大乎四时，县象著明莫大乎日月……是故天生神物，圣人则之；天地变化，圣人效之。"而庄子则说："礼者，世俗之所为也；真者，所以受于天也，自然不可易也。故圣人法天贵真，不拘于俗。"（《庄子·渔父》）这就是嵇康"越名教而任自然"的根据。儒道两家所说的"师法自然"，虽然内涵不同，却都可以成为出入于儒道之间的士的隐逸生活的精神支柱。人与天地的亲和，人通过观照天地而达于道，这既是生活理想，也是审美理想。

作为士的隐逸生活的一个重要内容，士在游山玩水之际完善自己，体味到深巨的宇宙感和历史感，从而达到与天道的和谐统一，这就是最大的美。王羲之在《兰亭集序》中写道："仰观宇宙之大，俯察品类之盛，所以游目骋怀，足以极视听之娱，信可乐也！"唐初的王勃，在"落霞与孤鹜齐飞，秋水共长天一色"的迷人风光中，感到的是"天高地迥，觉宇宙之无穷；兴尽悲来，识盈虚之有数"。（《滕王阁序》）他们都感到了一种无限的意境之美。物我同一的生活美和自然美融合的极致，是嵇康的诗："……目送归鸿，手挥五弦，俯仰自得，游心太玄。……"（《四言赠兄秀才公穆入军诗》之十四）

人与自然的完全和合一致，也是与隐逸生活追求的精神的自由和解放相辅相成的。

在儒家看来，人与自然的亲和，表现之一是自然与人事的相互感应。这种感应可见于《诗经》的大量篇什中。孔子也说过："知者乐水，仁者乐山。"（《论语·雍也》）到了汉代，董仲舒在《春秋繁露·山川颂》中把这种关系发展为"比德说"。刘向在《说苑·杂言》中大体复述了董仲舒的话而更清晰一些：

> 夫知者何以乐水也？曰：泉源溃溃，不释昼夜，其似力者；循理而行，不遗小间，其似持平者；动而之下，其似有礼者；赴千仞之壑而不疑，其似勇者；障防而清，其似知命者；不清以入，鲜洁而出，其似善化者；众人取平，品类以正，万物得之则生，失之则死，其似有德者；淑淑渊渊，深不可测，其似圣者；通润天地之间，国家以成，是知者之所以乐水也。……夫仁者何以乐山也？曰：夫山巃嵸㠑嵲，万民之所观仰，草木生焉，众物立焉，飞禽萃焉，走兽休焉，宝藏殖焉，奇夫息焉，育群物而不倦焉，四方并取而不限焉，出云风通气于天地之间，国家以成，

是仁者所以乐山也。

这种比德说，也被魏晋时代主要崇尚道家思想的人们所接受。“王武子、孙子荆各言其土地人物之美。王云：‘其地坦而平，其水淡而清，其人廉且贞。’孙云：‘其山嶵巍以嵯峨，其水泙渫而扬波，其人磊砢而英多。’”（《世说新语·言语》）

山水不仅是自然界最典型的景观，由孔子萃取出来，而且具有德行。所以，热爱自然山水，不仅是人与宇宙天地亲和一致的表现，也是一种高尚的情操，是士的道德的完善。长期以来，在士的阶层中，认为只有品德崇高的人才能真正认识自然之美。晋代陆云在《逸民赋》里说，隐士们“轻天下，细万物，而专一丘之欢，擅一壑之美”，是“身重于宇宙”。后来，唐朝的柳宗元在《序饮》中说：“合山水之乐，成君子之心。”而宋朝的欧阳修则在《答李临学士书》中说：

足下知道之明者，固能达于进退穷通之理，能达于此而无累于心，然后山林泉石可以乐。必与贤者共，然后登临之际有以乐也。

这样，对自然美的审美观照中，有了比欣赏山水的深厚、变化和生命力更大得多的内容。六朝士人因此以爱好自然美、能赏玩自然美作为品藻人物的一项价值标准。《世说新语》里有两则很有趣的故事。一则说：“（晋）明帝问谢鲲：‘君自谓何如庾亮？’答曰：‘端委庙堂，使百僚准则，臣不如亮；一丘一壑，自谓过之。’”（《世说新语·品藻》）以丘壑之好与庙堂之尊相提并论。另一则是：“孙兴公为庾公参军，共游白石山，卫君长在坐。孙曰：‘此子神情都不关山水，而能作文？’”（《世说新语·赏誉》）对山水之美漠然没有感兴的人受到这样的轻视，被认为没有文化。这种风气，在封建社会中长期承袭下来，直到清代，叶燮还说：“功名之士，决不能为泉石淡泊之音。”（《原诗》）

在这种心理的、文化的、道德的巨大压力之下，连“功名之士”、有权有势俗不可耐的人，都得说上些吟风弄月的话。乾隆皇帝还要自称为“山水之乐，不能忘于怀”，仿佛这样就跟说过“山林与，皋壤与，使我欣欣然而乐欤”（《庄子·知北游》）的庄子在精神上有了相通之处。

人与天地宇宙的完美亲和，人在大自然中所领悟到的宇宙感、历史感和人生感，人对自然美的观照感兴所具有的道德意义，都是士对自然的审美意识的基本内容。自然物的作用，主要在于诱发人的意境美感。于是，在文学和艺术中，自然景色大多不过是宇宙感、历史感和人生感的寄托。在园林中，就像上节论述的隐逸生活对园林的要求一样，山水花木仍然主要起“比”“兴”的作用，无须强求模山范水，而可以满足于象征性的点缀。一拳石则苍山千仞，一勺水则碧波万顷；层峦叠嶂，长河巨泊，都在想象中形成。关于园林的文字和绘画都充分说明了这一点。看一看《圆明园四十景图》《鸿雪因缘图记》之类，上面画的都是巍巍然、恢恢然的真山真水，虽然实际上全都是假的。

可以满足于象征性的点缀，也是文士园林的抒情性的必然结论。文士园林的抒情性，来源于隐逸生活的哲理，来源于人与大自然的亲和，不过，这种抒情性要表现得更加细腻、更加亲切罢了。

比德之说，不但寄寓在山、水这样的大块文章里，而且寄寓在花草树木、鸟兽禽鱼中。例如，《世说新语》中就记载着许多魏晋时代人们以自然物比拟人的品德、性情、容貌、举止和风度。《容止》篇中写道：“时人目王右军：‘飘如游云，矫若惊龙。’”嵇康“岩岩若孤松之独立”。《赏誉》篇中写道：“王公目太尉：‘岩岩清峙，壁立千仞。’”如此等等。

同时，历代文士又赋予自然物拟人的品格和气质。孔子就说过：“岁寒，然后知松柏之后凋也。”（《论语·子罕》）后来，人们又附会菊之傲霜、梅之凌雪、竹之虚心劲节、荷之出污泥而不染、兰之处幽谷而香清，以及石之坚贞、水之清而可濯，等等。

以自然物拟人或象征性地赋予它们某种高尚的品格，就产生了物我融合无间的境界，因而人对自然的审美观照中就有了强烈的抒情色彩，人与自然物在感情上十分亲近。陆机《文赋》中说：“悲落叶于劲秋，喜柔条于芳春。”刘勰《文心雕龙·神思》中说：“登山则情满于山，观海则意溢于海。”辛弃疾写得更生动：“青山意气峥嵘，似为我归来妩媚生。解频教花鸟，前歌后舞；更催云水，暮送朝迎。”（《沁园春·再到期思卜筑》）正如清代的王夫之所说：“景中生情，情中含景，故曰，景者情之景，情者景之情也。”（见《唐诗评选·岑参〈首春谓西郊行呈蓝田张二主簿〉》）

这种抒情性，当然浸润到园林中去。园林中的景色，都充满了情意。《世说新语》中有两则很有情趣的记载：

> （晋）简文入华林园，顾谓左右曰：“会心处不必在远，翳然林水，便自有濠濮间想也，觉鸟兽禽鱼自来亲人。”（《世说新语·言语》）

又：

> 王子猷尝暂寄人空宅住，便令种竹。或问：“暂住何烦尔？”王啸咏良久，直指竹曰：“何可一日无此君？”（《世说新语·任诞》）

庾信在《小园赋》里写道：“草无忘忧之意，花无长乐之心；鸟何事而逐酒，鱼何情而听琴。”他与花草鱼鸟之间心性相通。说得最痛快的是后来的郑板桥。他说：

> 十笏茅斋，一方天井，修竹数竿，石笋数尺……而风中雨中有声，日中月中有影，诗中酒中有情，闲中闷中有伴。非唯我爱

竹石，即竹石亦爱我也。(《题画·竹石》)

强烈的抒情色彩使中国的山水文学和山水画成了表意性的。游国恩等主编的《中国文学史》在写到陶渊明的时候说：

诗人写作田园诗，目的并不在于客观地描摹田园生活，而是要强调和表现这种生活中的情趣。因此，他在创作时并不是随意摄取田园生活的影像，而是把那些最能引起自己思想感情共鸣的东西摄取到诗中来，在平凡的生活素材中含有极不平凡的思想意境，它潜移默化，使人们感到亲切，又感到崇高。(《中国文学史》，人民文学出版社1963年版，第1卷，第249页)

这段话可以移用到文士园林中来。造园的主要目的并不是“客观地描摹”山水之美，而是“要强调和表现”自然景观所诱发的“情趣”，那种深沉的宇宙感、历史感和人生感，那种物我融合、怡然相得的人与自然的亲和一致的关系。所以，园林中的山水树木，大都重在它们的象征意义，而不在它们的实感形象。

总而言之，文士园林的基本内容，是士的隐逸生活之乐。这种生活的真谛，可以用庄子的一段话来说明。他虚拟黄帝答北门成问咸池之乐说：

夫至乐者，先应之以人事，顺之以天理，行之以五德，应之以自然，然后调理四时，太和万物。(《庄子·天运》，按：引文据郭庆藩《庄子集释》)

这是一种自然的生活，园林的自然形式是自然的生活所需要的。

因此，文士园林所追求的美，首先是一种意境美。它包含着士这个阶层的道德美、理想美和情感美，一种与天地相亲和、充满了深沉的宇宙感、历史感和人生感的富有哲理性的生活美。所以，它并不强求重现自然山水的形象，而是把那些最能引起思想情感活动的因素摄取到园林中来，以象征性的题材和手法反映高尚、深邃的意境，使观赏的人感到亲切，又感到崇高。其次，才是花木竹石本身形式的美。

因此，观赏中国园林，是一种高层次的审美活动，它需要观赏者有相当高的文化素养甚至有相当高的志趣，否则是很难领略园林艺术的精微之处的。同时，也需要有从容的心态和清静的环境，因为在观赏的时候，不但要调动大量的文化知识，还要调动活泼的想象力。

最后，有两点应该说清楚：

第一，理想的未必是现实的，追求的未必是达到了的。士作为社会的道德理想的代表，虽然在精神上力求超越自己的官僚和地主地位，但实际却不能那么超脱干净。因而他们往往表现出两重人格，石崇之流便是例证。还有一则有兴味的资料：努力把自己塑造成士（知识分子中的富有使命感的部分）的梁简文帝萧纲描写他的山斋：

> 玲珑绕竹涧，间关通槿藩。缺岸新成浦，危石久为门。北荣下飞桂，南柯吟夜猿。暮流澄锦碛，晨冰照采鸾。（《山斋诗》）

写得很萧疏散淡。但诗人徐陵写了一首《奉和简文帝山斋诗》，不小心却露出了另一些情况：

> 架岭承金阙，飞桥对石梁；竹密山斋冷，荷开水殿香；山花临舞席，冰影照歌床。

这里有金阙、水殿，有舞席、歌床，相当豪华，夜里猿猴恐怕是不会到这里来吟啸的。何况几乎可以断定，按照传统，徐陵的诗还是加倍渲染了园林的雅趣而避开了它的尘俗喧嚣的。

第二，士的社会地位和历史使命在各个时期是有变化的，他们的教养、志趣和理想也都不同。士们虽然始终标举着魏晋以来隐逸生活的理想，但实际又往往是另外一回事。唐代皮日休《鹿门隐书》里说："古之隐者，志在其中；今之隐者，爵在其中。"（见《说郛》册十）所以"终南捷径"终于成了笑话。

这情况也会影响到园林。清末扬州一带的一些园林和苏州的一些园林，相当奢华雕琢，风格俗艳，极少天趣。并不是现存的江南私家园林，或曰文士园林，都纯净地体现了文士园林传统的审美理想和生活理想。我在这篇文章里试探着谈谈的，多少是一种理想化了的状态。至于它的历史状态，就得靠园林史来阐明了。

后记

去年写了一篇《清初扬州园林中的欧洲影响》，在《建筑师》第28期发表之后，一看，把《扬州画舫录》的作者李斗误写成李渔了。起初还心存侥幸，希望是偶然的笔误，但翻阅了全篇，所有的李斗都写成了李渔。立即心跳耳热，脑门儿冒汗。贻笑于大方还在其次，怕的是万一有几个读者粗心，以讹传讹。学术工作出这样的大错，真是对不起了，诸位！

旧汗未干，又写成这篇文章，很怕又得出一身新汗。因为所写的问题虽然是我多年来一直怀有兴趣的，但却来不及做深刻的研究。明眼人看得出，这篇文章的气息有点儿紧张，没有多少余力。有两处地方，还显出"学舌"的痕迹。

我写这篇文章，是因为前年写完《外国造园艺术》之后，想写一写中外造园艺术的比较。为了这个目的，我搜集了一些中国园林的资料。但是，我反复琢磨，始终想不出一个妥当的结构，来写中外的比较。最后觉得，也许仿照英国散文家的办法，把比较写成"断想"式的倒还可能行得通。不过，如果这样写，我在准备过程中形成的一些关于中国文士园林的粗浅看法就不能完整地表达出来。于是，大胆先把这部分写成一篇文章。

看法的形成虽然不久，但这个题目我早有兴趣，而且过去有过一些探索。这次把过去的探索简单地回顾了一下，倒不是说它们多么重要，而是为了提醒自己：过去的认识今天看来很不足，那么，今天的认识到将来看起来也可能很不足，得留心一点儿。同时，也可以见到自己这几年并没有停滞，因而得到些鼓舞，就是说，打打气。

好久以前，我就觉得江南私家园林除了片断之外，一般都说不上“宛自天开”。相反，人工斧凿的痕迹相当刻露，而且，人工痕迹往往是作为一种艺术成分来显现的。但是，江南私家园林又确实有它们的美。美在哪里？首先在它们的意境。什么意境？意境跟它们的风格有什么关系？我反复琢磨的就是这些问题。

要回答这些问题，在过去是完全不可能的，障碍太多，突破不了。一个形而上学的阶级论，一个机械的反映论，结合在一起。文士园林也好，皇家园林也好，都只能讲讲它们的手法，曲折掩映之类，意境哪里提得起来？偶然提到，也只能在浅层上草草说几句就搁下。

我不想反对阶级论和反映论，这在当前似乎还算得上保守。不过我反对形而上学和机械论。反对了它们，过去说起来交不上圈儿的话，好像比较容易圆上了。我试了一试，不知道大家以为行不行？

原载《建筑师》第36期，1989年12月

记台北故宫博物院藏园林名画

梅　尘

1987年，台北故宫博物院于藏画中选出三十七件，举办“园林名画特展”，事后全部制版成书，名《园林名画特展图录》。此《图录》为治中国园林史之重要资料，然于大陆殊不易得，故特介绍如下。

三十七幅名画为：

1.唐　庐鸿　《草堂十志图》　纸本水墨画

（全卷十景，每景自成一段，皆为天然园林景致。《图录》收“草堂”“樾馆”二景）此图与临王维《辋川图》印证，可见唐时已用“景”作为大型园林之布局单元，且“景”多以建筑物为中心。西方园林亦有景，多以喷泉、雕刻等为中心，多景之间较少蔽障。

2.宋　徽宗　《文会图》　绢本设色画

（画园岸边，竹树掩映，临水一侧护以栏杆。中设大案，饮者八人，树后天然形石桌上置琴一）可见园林中生活方式之一种，文化追求与物欲生活之矛盾历历在目。西方园林号为“露天客厅”，直接为世俗生活服务，故较少矛盾。

3.宋　李公麟　《山庄图》　纸本水墨画

（龙眠山庄建于1077年。画上标出山庄各景。此图出，苏轼即谓：“见山中草木，不问而知其名。”《图录》中收“秘全庵”“栖去室”“璎珞岩”三景）充分体现造园构思中对山水景色之剪裁、浓缩及典型化。西方称一切存在物之基本形为简单之几何形，故园林之几何性系为表现自然之本性。中西园林之别，在认识方法上之根源为，一重直观一重分析。

4. 宋　马麟　《秉烛夜游》　绢本设色画

（长廊数间，横贯一重檐八角亭。廊外远山，廊内古木数株）廊子分区隔景，并增加园林景色层次，亭子则活泼其轮廓，使与自然景色相洽。建筑成为重要之造园要素，是为中国园林之一特色。西方园林较少用廊，起类似作用者多为绿篱及行列树。

5. 宋　朱光普　《柳风水榭》　绢本设色画

（界画水榭亭台。亭外柳拂荷塘。《图录》收局部）建筑物全面开敞，园林景色入槛而来，内外空间浑然一体。建筑园林化，不同于西方之园林建筑化。此为中国园林之又一特色。西方园林建筑以其多砖石，较封闭沉重，不易与自然契合，故不得不使园林几何化以就之。

6. 宋　赵伯驹　《阿阁图》　绢本设色画

（界画楼台殿阁，依松岗、傍池水，花木杂陈。《图录》收局部）景色壮丽，渲染帝王生活之富贵，皇家园林，风格绝不与文士园林相类。西方园林也有类似情况，如法国古典主义园林多为宫廷园林，而意大利园林多为豪门别墅，但分化似不如中国园林之甚，其原因大约在于中国文士园之自然化趋向极强，而意大利豪门则颇有“帝王化”倾向。

7. 宋人　《柳塘钓隐》　绢本设色画

（全幅为山水画，富野趣，唯一榭临水而已）与《阿阁图》对比强烈，表现封建时代文士之生活憧憬。此憧憬为西方文人所不知。

8. 宋人　《画司马光独乐园图》　纸本水墨画

（竹树掩映中界画作弟舍亭阁，别有园圃、奇石、小径等，《图录》收局部）朴素无华，风格自然，村居而已，并无刻意造园痕迹，体现文士园之艺术追求。木构建筑物曲折参差，体积小，玲珑开敞，能与自然要素相渗透，此为西方砖石建筑所不易获致者。故凡尔赛小特里阿农之中国园林中不得不建木构房屋。18世纪英国之中式园林，亦必同时引进轻巧之中式本构建筑。

9.宋人 《荷亭纳凉》 绢本设色画

（敞轩临水，柳荫下荷花盛开。小径上高士二人且行且语，阁中女乐三，一笙、一箫、一牙板、一高士挥羽扇赏乐。《图录》收局部）表现出与赵佶《文会图》不同之另一种园林生活。但建筑物豪华，又不同于独乐园图中所见。相互比较，可见宋时园林艺术意境之多样性。

10.宋人 《十八学士图》 绢本画

（宋人仿唐阎之本十八学士图，绘杜如晦、房玄龄等。《图录》收局部二，一为太湖石，下设雕刻精致之须弥座，一为孔雀、盆栽、牡丹、湖石）可见太湖石在唐代园林中之重要地位，此画已创意表现湖石之“瘦、漏、透、怪”诸性质。16世纪以还，西方人之介绍中国园林者，莫不以太湖石山为第一奇物，大加渲染。故西方之中式园林中，亦多堆垒毛石而为假山工或筑物之基座。

11.宋人 《松荫庭院》 绢本设色画

（围廊小院，中央须弥座花坛上植古松，旁立湖石。《图录》收局部）与李公麟《山庄图》及宋人《柳塘钓隐》等图相较，可见小型庭院园林不得不多借重象征手法，更需观赏者以想象力完成园林追求之意境。故小型园林要求观赏者具较高文化素养，诚然为一种纯粹的文士园。西方园林亦须借重观赏者之文学素养方能完全表现其内蕴，如神话或圣经题材之雕刻，其意义固不仅在其本身之美。但湖石盆栽，其启发想象之能力远较雕像为含蓄，而其所启发之想象亦更为自由。

12.明 文徵明 《影翠轩图》 纸本设色画

（影翠轩为文徵明之斋名。斋在浓荫下，槛外有竹。左上方自题：“墨痕漫漫纸肤浅，竹树依然翠雨寒，三十年来头白尽，卷中犹作故人看。”《图录》收局部）画面极自然，了不见斧凿，村居而矣！计成云：“古之乐田园者，居于畎亩之中，今耽丘壑者，选村庄之胜，团团篱落，处处桑麻。”此之谓欤？18世纪中叶，英国造园家勃朗时代，亦有所谓“庄园式园林”，园林景色，仅为牧场之一角而已。但稍后之“中国式”园林代表人物钱伯斯极诋之，代之以意境刻露、手法堆砌之“图画式园林”。钱伯斯氏所见之中国园林为岭南园林，而于中国文士之理想颇隔膜也。

13.明　仇英　《林亭佳趣》　纸本设色画

（背影为远山悬瀑，楼宇参差。前景为曲径柴门，中画敞轩，一高士倚榻，一童子立庭中诵书。缘池岸曲折设朱栏。有湖石假山二，一在水中央，一在轩侧，均有洞穴。《图录》收局部）敞轩处自然中，轩前轩侧之假山假水系轩与自然间之过渡物，此法与西方园林略同其构思。

14.明　仇英　《园居图》　绢本设色画

（所绘系吴人王献臣拙政园。山光水色，古木翳如。《图录》收局部）所画俱真山真水，无园林气。虽谓拙政园，实为居园林者对自然之眷恋，亦为造园家所冀望于观赏者想象。托身城市而顾念山林，士人之进退出处之矛盾逼迫造园家于数亩之地呈高山远水之像。“咫尺应须论万里”乃成为中国园林基本特色之一。此种追求，非西方人士所能解，故有钱伯斯之穿凿。

15.明　仇英　《园林清课》　绢本设色画

（乡野中华宇，院落重重皆布假山竹树，而以堂前水池区为主要园林部分，其左侧院落为假山区，有弈棋台。《图录》收局部二）此图有堪注意者二：一、不同功能之院落有不同造园题材与手法，风格不同，相互间似通而隔，似隔而通，园林内涵与层次由是而益形丰富；二、有类似西方园林中之“绿色建筑”。由树木（攀缘植物？）修剪（？）而成之墙逶迤数折，且有拱门若干。近处则有四树交盖，树冠修剪成翼角翻飞之攒尖顶。李斗《扬州画舫录》曾记18世纪下半叶扬州园林中之西方影响，仇英为16世纪上半叶人，早于李斗二百余年，此画中之“绿色建筑”，是否为西方影响所致？

16.明　钱谷　《纪行图》　纸本设色画

（《纪行图》共32幅，画太仓至扬州间山川城市。此幅为“小祇园”图，鸟瞰全景）传世园林图往往作理想化表现，尺度多失真，如将假山画作深山大壑。此图极写实，尺度真切，为园林史难得之资料。

17. 明　陈师道　《临文徵明吉祥庵图》　纸本设色画

（文徵明吉祥庵图于清初有数本流传，今仅见著录。此幅绘草庵建密林中，前临急湍。庵旁植棕、芭蕉，布奇石。《图录》收局部）此图便为大失真者。芭蕉大于溪桥数十倍，园林风格亦不可知。中国画之不求形似固无妨于艺术，但较少史料价值。且此种画风所反映之思维习惯，则大不利于科学之发展。

18. 明　沈士充　《郊园十二景》　纸本设色画

（十二景分为十二图，收于《图录》者为“就花亭”“晴绮楼”“凉心堂”“雪斋”四景）四景均以建筑物为中心，此系园林之惯例。郭熙《山水训》：“观今山川，地占数百里，可游可居之处十无三四，而必取可居可游之品，君子之所以渴慕林尔者，正谓此佳处故也。”中国园林中之景，均为“可居可游”之所，故以建筑物为中心，并非纯取“天开”之境。西方园林，则截然区分花园与林园。花园为起居之“露天客厅”，故取几何形；林园为游猎场所，草莽不辟，野趣自然。中国文士多慵懒，西方贵族多勇武，此差别必有所见于园林之格局。

19. 明　吴彬　《岁华纪胜》　纸本设色画

（共十二幅，描绘各月份之节庆活动。选展之二幅为“浴佛”及“结夏”。“浴佛”画寺庙依山而筑；“结夏”画水榭、曲廊、短桥。《图录》均收局部）寺庙多筑于山水胜地，多在幽深处，故常沿山径点缀亭台，或取景，或成景，本无所谓有特殊风格及构图原则之“寺庙园林”。

20. 明　孙克弘　《销闲请课图》　纸本设色画

（此图为林下清课二十幅之一，画松坞茅亭，僧俗清谈，《图录》收局部）孙克弘曾为太守，后无意仕进，筑精舍闲居。此图自题：“小斋幽寂，夜雨篝灯，坐对终夕，为戴发僧。”中国园林艺术之又一基础为佛教之出世思想，而西方园林之情趣精髓为入世思想。入世出世之别，亦为中西园林差异原因之一。

21. 明　曹羲　《兰亭修禊》　金笺设色画

（一溪绕山而来，蜿蜒松下竹间，名士踞坐溪边，相距各约三五步，羽觞浮溪而下。原为扇面画，《图录》裁为局部二幅）园林中引入文学趣味，故园林艺术求实为一广义之综合艺术，诗、画、艺文、历史，并及建筑、园艺等。“曲水流觞”。固为浮觞于溪，但四十一人缘溪而坐，迤逦数十米，吟咏恐非易事也。

22. 明　孔贞一　《桐荫出焦》　金笺设色画

（所画或为东坡朝云故事。原为扇面，《图录》收局部）于姬妾陪侍下吟诗作书，为园林中士大夫之另一种生活。西方园林亦常有画家、诗人、音乐家、哲学家居住，恐亦不免于风流韵事。

23. 明人　《梅妻鹤子图》　绢本设色画

（画幅中部横贯曲廊，一端接敞轩，和靖先生坐轩中读书，窗外双鹤闲步，檐头寒梅着花）为引文学趣味入园林艺术之又一佳例。写诗文用典，造园亦用典，中西均为此。用典利于以较少笔墨得较多意蕴，诗文与园林同理。

24. 清　王翚　《一梧轩图》　纸本设色画

（草堂中高士抚琴，堂左隔水为一敞轩，障以假山。《图录》收局部）假山起分隔景区之作用，山有洞，故分隔在断续之间，中国园林忌一览无余，然亦不可使各景孤立而失整体。西方园林之美在于其整体之几何布局，故必一览无余方能尽其妙，此所以府邸中多有阳台之设。

25. 清　萧云从　《泽彼》　绢本设色画

（泽旁草庵中一高士于榻上倚枕而卧。塘中荷花正开。《图录》收局部）此画临宋人马和之《陈风图》。荷花因其出污泥而不染，深受高士喜爱。中国园林中植物多取其品格象征意义。菊之傲霜、梅之斗雪、松之坚贞、竹之劲节，故造园艺术含有道德判断，园林生活遂成为一种高尚之生活。西方园林无此种道德判值，不避肉欲。好做浅薄之道德说教，书之为标语口号，张之于檐头阶前，至今仍为中国人之一种怪癖。

26. 无款　《越王宫殿图》　绢本青绿设色

（手卷，中段为宫殿，院落重叠，千门万户。石峰、盆栽罗列，复有成列整齐之树木。宫殿外为大片园林区。《图录》收中段局部）此图之价值在建筑而不在园林。园林杂乱无章法，但有松成林而已。不善于处理大面积平地，为中国造园艺术弱点之一，而西方造园艺术正于此为其特长。

27. 宋　郭忠恕　《临王维辋川图》　绢本设色画

（绘辋川二十景成长卷，每景以山环为一区。房舍多宏大壮丽，如宫阙，大不类辋川景色）尺度夸大，风格豪奢，全无中国园林情趣。自称临王维，恐未必然。

28. 元　李容瑾　《汉苑图》　绢本水墨画

（崇楼杰阁依山而筑，层层叠叠，极其宏伟华美）虽夸张之甚，但皇家园林，如清代之颐和园，大致为此。此种园林，与法国古典主义园林，于精神上有相似处。

29. 明　徐贲　《狮子林图》　纸本水墨画

（中央为狮子峰，峰后草屋三间，环列竹石狮子峰绘眉眼四肢，趣味低劣）当今各地天然溶洞中，设红绿灯，以"童子拜观音""蓑衣""乌龟头"命名钟乳石，流为通病，西人因曰：中国人不能欣赏自然美。欣赏自然美，为一种高层次文化心理，故中国园林为文士所专好，非常人所能欣赏也。

30. 明　杜琼　《狮子林图》　纸本水墨画

（本图为杜氏追摹徐贲《狮子林图》而作，分十二段，本图所绘仅为村舍数楹而已）杜氏自题《狮子峰》曰："踞地似扬威，昂藏浑欲吼，猛虎见还猜，妖狐宁敢走。"园林情趣，一败如此。杜琼号称"明经博学"，文化悟性尚如此，则盐商富贾，能知多少情耶？

31. 明　谢诗臣　《高人雅集》　纸本水墨画

（画中一枯树、一湖石山，山左芭蕉数株，新篁数丛。三文士席地坐。一诵卷，另二人罢琴而听）园林小品仿绘画小品。小品除本身意外，更须发人遐思，见木如见林，见石如见山。故造园者有望于游园者之想象力，此想象力必有赖于文化之全面素养。如游园者肩摩而踵接，寻路于瓜皮果屑之间。复有山林之趣哉！

32. 明　文徵明　《独乐园图》　纸本水墨画

（竹篱茅舍，傍水而筑，一派村居景象）水村写真，朴素天然，绝类文徵明之《影翠轩图》而与郭忠恕之《临王维辋川图》大异其趣。故中国私家园林之造园艺术，恐亦非“宛若天开”四字所能尽之者。

33. 明　黄炳中　《牡丹亭》　纸本设色画

（幅中方亭一，阶前环植松树，台坪如砥，缘边列湖石）典型之园林小景，雅洁可爱，善于以少胜多。西方园林中亦可见近似之小景。

34. 明　邹弥　《竹石高士》　绢本设色画

（巨石二，石后竹数，石前高士正襟端坐）中国园林中以一拳石象千山万壑，一勺水象江湖河海，高人逸士，于其中仰观宇宙之大，俯察品类之繁，精神超越，此所以“半亩园”“芥子园”“残粒园”“勺园”之以小为雅也。而西方园林，颇难致此。

35. 明　尤求　《西园雅集》　纸本水墨画

（绘苏轼、黄庭坚、米芾、秦观、晁无咎、王诜诸人集于西园，米芾振禾笔作记故事）园林中活动人物为文人雅士，活动内容为高卧、抚琴、弹棋、品茗、吟咏、书画、沉思以及雅集。园林为高层知识分子消闲颐养之所，抒情明志之所，艺文创造之所，中国园林之风格及造园手法均与此相应。从而形成高雅含蓄之优点，也从而形成不能适应城市公众享用之缺点。

36. 清　沈源　《中吕清和》　纸本设色画

（禁中御园四月春景。粉墙院落两进，门前为小园，中立一方亭，左右及前方各有一木拱桥跨水而出）小园布局有明确之几何性。禁中御园与文士园之相异处，正是其与西方宫廷园林之相似处。

37. 清　余省　《姑洗吕辰》　纸本设色画

（高山之麓，华宇一区，门前为园林，牡丹盛开，一片富贵景象）

与前第36图同为“臣某某恭画”之院画。所画虽非宫阙及皇家园林，但仍不免宫廷气。故统一之“中国园林风格”颇难确定。强为之则必空泛，强坐实则必偏颇。故较合理之方法乃分园林为几类，分别予以描述。

以上三十七画，于《图录》中前二十六幅为彩色，后十一幅为黑白。凡《图录》中仅收局部者，其全画均附于《参考图版》中，计二十一幅，黑白。

记之以供园林史研究者参考。

原载《古建园林技术》1990年第1期

咫尺山林
——我国园林艺术的精华

窦　武

我国园林的传统特点是：典型地再现自然山水的美，力求不落人工斧凿的痕迹而达到“虽由人作，宛自天开”（《园冶》）的效果。创作者的思想情趣，他对自然美的感受只是在意境的再创造中隐约曲折地流露出来。要在一所园林的不大范围内再现自然山水之美，最重要也是最困难的课题是突破空间的局限，明清以来江南私家园林和北方皇家园林的创造者都在这方面呕尽心血，所以“多方景胜，咫尺山林”（《园冶》）就成了我国园林的精华所在。

要做到这一点，先要创作者熟知各种自然景色的典型特点，心中自有河湖丘壑。所以我国历来著名的造园家大都是杰出的画家，例如文徵明、倪云林、石涛、米万钟等。有一些人则在叠石、理水、栽花、植木时刻意模仿某家画意，如明末计成之于荆浩、关仝，这是因为在画家作品中已经把自然山水典型化了的缘故。抓住了山水的典型特点，就可以用不大的假山假水模制雄浑幽深的自然风光了。这个典型化的过程，也是去粗存精地剪裁自然山水的过程。“观今山川，地占数百里，可游可居之处，十无三四，而必取可居可游之品。君子之所以渴慕林泉者，正谓此佳处故也。故画者当以此意造……”（《林泉高致》）经过这样的选择，小小园林中不仅山川俱备，而且美景遍布。以自然风景取胜的杭州西湖有八景，而方圆五百公顷的承德避暑山庄却有七十二景，就是这种创造的结果。典型化和剪裁因此是突破园林空间局限的最根本的办法。

造园家还利用分区的办法突破空间局限。把园子分成几区，使每区都有非常独特、强烈而不含糊的性格，游人每到一处都有新鲜的感受，都留下深刻而容易记忆的印象，随着环境的不断变化，园子的天地仿佛就扩大了。例如颐和园，前湖丽日高悬，碧波浩荡，而后湖柳荫夹岸，涧谷曲折；前山殿阁重叠，金碧辉煌，而后山松径迂曲，满坡榛榛莽莽；万寿山上极目骋怀，而谐趣园里却是小小一池荷花，四岸环绕着曲廊小榭。树木花草也可以用来造成不同的风景区，如某处看荷花，某处赏红叶等；承德避暑山庄有"松云峪""梨花峪"，苏州怡园在"听涛处"附近植松，留园在"闻木樨香轩"前植桂，都是这种意匠。这种办法能使园子内容丰富起来，游历一次，好像经历了许多地方。

在幻觉中扩大园林空间的另一个办法是使园林适当曲折，增加层次，避免一览无余，这近似画论中说的"景愈藏，意境愈大，景愈露，意境愈小"。通常利用山、水、建筑物和树木来盘曲路径，遮断视线，造成这种深邃效果，它们被安置在两个性格对比很强烈的风景区之间，使游人在经过一番盘绕之后，突然见到另一种全然不同的风光，游兴顿时勃发。如苏州网师园，进门先是一座"道古轩"，前后左右满是奇峰怪石，待到转过"山"脚，眼前豁然开畅，竟是一泓池水，园子因此显得颇有奥秘，而这池水由于和轩前小院对比也似乎大了起来。苏州园林中爱用复廊和粉墙分隔风景区，它们的漏窗中透过来的另一番景色，另一种情趣，特别挑逗人心，激起游人"探幽"的兴趣，使园林显得堂奥很深。苏州园林中还使廊子沿园子的界墙蜿蜒上下，削弱界墙的封闭感，特别是使廊子曲折而在它与界墙间形成一些极小的空隙，其中种一丛萱草，几竿修竹，数叶芭蕉，以致廊子外好像还颇有一番天地，有些园子里把这种小空隙用粉墙围起，从漏窗里露出一峰怪石，三两片绿叶，更觉得那里深不可测了。颐和园的长廊也是增加园林层次的绝佳例子，它使从乐寿堂到石丈亭这个风景变化很少的地带，景色大大丰富起来，使万寿山前窄狭的一条湖岸显得深而且阔，扩大了空间感觉。水面本是空阔的，但苏州园子里使池岸进退很大，用桥、岛屿分隔本来不大的水面，池子仿佛大了许多。南京玄武湖和承德避暑山庄的比较广阔的水面，也被柳堤和洲渚分得若断若续，回环错杂，于其中驾舟浮泛，总觉得看不遍，游不尽。最巧妙的是在水池旁伸出不宽的汊港，港口架桥掩映，引诱游人联想到它上通水源，下达江河，把水池范围在想象中远远扩大开去。水中植菱荷限在一定区域里，不让它遍遮水面，以保留水底云影、波上亭台，也是增加园林层次的一个重要方面。

要使园林小中见大，必须掌握尺度，所谓“丈山尺树，寸马分人”（《山水论》），就是这个意思，否则山不过石数方，湖不过水数斗，自然意趣从何谈起。江南园林中建筑物一般都不大，大必错落，桥梁都不长，长必曲折，都为的是避免把园子比小了。颐和园后湖北岸、北宫门之西有一座小庙和一座关门，都是装饰性的，尺度很小，显得土阜高而且远。北海公园琼岛北坡的房屋也都是缩小了尺度的。小园子里高树不多，而多种并不高大但夭矫古拙的树，如松、梅、紫荆、黄杨、藤萝等，苍老就显得高大。此外，多种水竹和天竺子等灌木，在尺度上起衬托作用，山东曲阜孔府花园种着浓密的灌木，郁郁苍苍，很有深山大岭的气氛。

造园家还借助于匾额、对联、题咏等文学手段在游人想象中扩大园林空间。如称几十亩的水面为“海”，称几尺高的石头为“峰”，承德避暑山庄北端的楼额曰“万壑松风”，把蓟县盘山行宫丈把长的一块被山水刷白的石头叫“千尺雪”，颐和园西北的一座亭子叫“宿云檐”等等，都有这种意图。小小的谐趣园，在涵远堂的楹联上写着：“西岭烟霞生袖底，东洲云海落樽前。”游人吟味品嚼，浮想联翩，眼前仿佛展开了壮阔的河山。

突破园林空间局限的很有效的办法是借景。借景就是把园子以外或邻或远的风景引到园子里来，成为园景的一部分。借远景多靠地形起伏，城市中私家小园颇难办到，借邻景也要凑机缘，所以借景之术并非随处可施。皇家园林中借景最妙的是颐和园和避暑山庄。在颐和园的绝大部分地点，玉泉山和那亭亭玉立的宝塔，都成了风景的重要因素，通过它们媒介，远远一带岗峦重叠的西山也来到了园中，这就把颐和园的范围扩大了几十里。承德避暑山庄把庄外罗汉峰、磬锤峰、普乐寺和安远庙等组成风景点，大大丰富了园景。苏州园林中借景最妙的是沧浪亭，因为门外有一湾河水，因此它在这一面不建界墙，而以有漏窗的复廊对外，巧妙地把河水包括到园景里去了。此外如无锡寄畅园借惠山，济南大明湖借千佛山，都是很成功的例子。为借外景，必须掩蔽自己的围墙。颐和园的西墙和北墙，北海的东墙，就都是用土山、树木等等遮起来的。苏州拙政园东北界墙外一箭之地有几丛松林，造园家在园内东北角也种了些松树，并用灌木挡住围墙，于是内外松树连成一片，把园子的境界仿佛推了出去，构思很巧。

我国园林艺术在世界上独树一帜，成就很高，并且曾对欧洲造园发生了很不小的影响，把这足有两千年历史的园林艺术的经验总结下来，为美化祖国万里江山作借鉴之用，是很有意义的事，希望很快就能见到这样的研究成果。

原载《人民日报》1962年3月13日第5版

颐和园的园林艺术

窦　武

颐和园在北京西北郊，是清帝乾隆在1750年兴建的。1860年，它被英法联军烧毁，光绪时又恢复了它的大部。在将近两百年的时间里，颐和园是清帝的行宫之一，因此，它既是园林，又是宫殿，它是大型宫廷园林的杰作。

颐和园的布局特点主要是：它以仁寿殿为行政中心，以乐寿堂为生活中心，它的风景区以佛香阁为构图中心。

仁寿殿在园的东部，这一区的建筑物布置比较方整，是宫殿的格局，不过，因为毕竟是园林行宫，所以院子里种着茂密的树木，中央还放一块玲珑秀润的太湖石，气氛不像故宫里那样肃穆。

乐寿堂是乾隆和慈禧居住的地方，它位置在山水之间、宫苑之间，是全园布局的枢纽。它在仁寿殿西北边不远，前面可以从“水木自亲”登舟泛湖，向西横穿全园的长廊和从东上万寿山的正路都以这里为起点。御膳房、寿药房、大戏台，也都分布在它的附近，昆明湖东岸是最重要的风景点，知春亭显然首先是为它布置的，从“水木自亲”望出去，知春亭遮住了枯燥的东堤，增加了湖面和湖岸的层次，并且和龙王庙、十七孔桥等一起组成了一幅极完整的图画。这幅画是从昆明湖北岸向南望去所能看到的最富变化的一幅。

我国园林多追求自然风致，曲折分散，避免严格对称。但作为宫廷园林，颐和园却在万寿山南坡中央造起一座几十米高的佛香阁，它和排云殿形成了前山风景区的强有力的中轴。在它们两侧各几百米的距离内，对称地布置了几组建筑物用长廊串联起来，使整个前山区成了有严格轴线对称关系的一个大建筑群。并且，当湖里造了西堤之后，昆明湖的主要部分也就依前山的轴线而大致对称了。因此，除了后山狭长的一带之外，颐和园形成了一个单一的完整构图，这种构图在全国园林里是极为少有的，只有北海公园和它有点相像。佛香阁的体积恰到好处地控制了龙王庙小岛以北前山前湖整个风景区。龙王庙小岛是这风景区南端的结束点。大概可以说，这个范围的大小正好是人的视力所能达到的单一构图的极限。

颐和园的布局当然也受制于它的自然条件。它之所以被布置成对称的、单一的，还因为万寿山轮廓近于对称，南坡平浅；半人工的昆明湖的岸线缺乏变化，而且山水之间的交接没有起伏错杂的形势。面对这样不利的条件，园林家大胆因地利势，把颐和园的构图设计成单一的、对称的，并且在山水之间造了一道723间的长廊，丰富了山水交接处的变化，掩饰了它们单调的关系。相反，万寿山北坡山脉曲折比较大，略有涧谷，因此就开挖后湖，散置轩榭，使这一区比较幽深、自然、野趣很浓，和前山恰成对比。

颐和园之西有玉泉山和西山，但东面却是一片平原，从昆明湖东岸向西望，碧水青山，景色比从它的西岸向东望要美得多，所以，颐和园的主要建筑物大都在东部，大门也向东，在门外就见到了玉泉山的宝塔和万寿山的佛香阁相互辉映。

因为是一所大型园林，颐和园不采取江南私家园林常用的掩映遮挡、通绕的扩大空间的手法，而是利用自然条件，从大处落墨，使园林内容丰富多彩而又挥洒大方，流转有余地，尽脱矫揉造作之气。颐和园景色多变，有性格各不相同的许多区域，每一区域的处理都着力于渲染总的气氛。前山前湖区和后山后湖区是它最重要的两区，它们的性格对照强烈、彻底。前区开阔，景色大面展开，后区幽邃，景色纵深串列；

前区以佛香阁控制全局，构图是单一的，后区虽然也有中轴上的须弥灵境大殿，但它不控制全局，构图是分散多变的；前区主要建筑物是清代官式的，后区则是以西藏式的喇嘛庙为主；前区除云松巢一处外，所有建筑物都是方整对称的，后区则除须弥灵境等中央部分外，所有建筑物都是依地势错落，自由变化的；前区主要道路是平而且直的长廊，后区则是山腰曲折的松间小径；前区湖岸是石砌的，有汉白玉栏杆，后区湖岸是自然的土岸，间或有几块散础，几丛芦苇。为了明确地划分这两区，佛香阁不造在山顶上，造在万寿山南坡山腰，阁顶和山脊同高。此外，南湖、西堤、谐趣园等也都是特点极明显的风景区。

在同一个风景区里，又布置了不同的风景线和风景点。前区沿长廊、沿山腰、沿山脊是三条景色绝然不同的风景线，“含新亭”和“画中游”又是绝然不同的风景点，含新亭在密林之中，非常清幽，画中游突出在山台之上，眼界辽阔得很。

作为大型园林，颐和园的布景首先着眼于大范围内的构图完整，万寿山西、北两面都有西山余脉环绕，而东北侧是缺口，因此，就用大戏台、玉澜堂、文昌阁等建筑物把东北角兜起，并且在玉澜堂和文昌阁之间堆了土山，上面种了高大的乔木，这样就使万寿山和昆明湖连接得紧密多了。颐和园里布景最成功的例子之一是知春亭，它在昆明湖东岸人工堆成的小岛上，从东岸望，西山是远景，西堤是中景，而知春亭就是使画面大大丰富起来的近景；从乐寿堂前面望，它遮住了东堤，增加了湖面层次；从湖上望，它又使东岸的层次增加了。知春亭并且使玉澜堂前面的湖面形成了一个港湾，特别宁静、亲切、尺度宜人。

取景也多从大处着眼。知春亭和“湖山真意”最得西山和玉泉山之景，南湖的涵虚堂可以观赏整个前山。至于登上万寿山，不仅前山前湖一一在目，甚至北海的白塔也隐约可见，使人开怀。后山虽然以幽深取胜，但在构虚轩，能将后山全景尽收眼底，万峰丛中红墙金塔，煞是好看，而香岩宗印阁则是远眺西北群山的极好地方。沿前湖的长廊，在寄澜亭和秋水亭之间向南望出，同时山脚向北凹进，而佛香阁和排云殿就布置在这一凹一凸之间，走到这里，眼界突然一变，延台崇阁扑面而来，重重叠叠的金瓦朱楹照得游人眼花缭乱，华丽庄严之极。长廊上的这一转折，是取景的极成功的杰作。

颐和园在我国园林艺术史中占着特别重要的地位，它不仅汲取了在它之前的许多私家园林和皇家园林的成就，而且大胆突破传统，创造了许多前所未见的艺术手法。以大型皇家园林而论，圆明三园基本上是江南小园的集锦，香山、玉泉不过是在秀丽的自然风景区里略加人工点缀。而颐和园，既没有分割成七零八落的小框框去适应江南园林的程式，也不可能只靠在山水当中点缀些建筑物取得引人入胜的美景。自然条件并不好，但造园家趋势利导，扬长补短，充分发展了大型园林的可能性，并借助于皇家建筑的气派，终于使它成为世界最杰出的园林之一。

颐和园，我国文化遗产中的一粒珍珠，需要有更多的人细细地研究它，从中汲取宝贵的制作经验。

原载《北京日报》1962年6月15日

巴黎圣母院

窦　武

巴黎并不以教堂出名，可是它却有不少出名的教堂，其中最重要的要数“圣母院”（Notre-Dame）了。这不仅是因为雨果写过一本著名的小说《巴黎圣母院》，而主要由于它是巴黎最古最大、建筑也最出色的教堂，又是巴黎的主教教堂。

十二三世纪时，法国出现了一股兴建教堂的热潮。这是因为当时法国王室由于政治和财政上的需要，大力建设都市，这样做一方面是为了使法国人民脱离封建领主的支配，另一方面也可以从都市征收捐税，增加国库收入。从封建领主束缚下解脱出来的都市居民，便往往建筑教堂，庆祝胜利，巴黎圣母院便是在这时产生的。圣母院坐落在巴黎市中心塞纳河上的“城之岛”（Ile de la Cité）上，1163年开始兴建，由主教亚历山大第三和法王路易七世奠定第一块基石，菲利普·奥古斯特时期继续进行修建工程，直到13世纪中叶才大体完成。那时欧洲流行哥特式建筑，因而圣母院具有早期哥特式风格，同时也是哥特式教堂的一个代表作。

哥特式建筑风格很统一，也很强烈，从整个布局到小小一朵花饰，都有特殊的处理手法和性格。巴黎圣母院的绝大部分东西的式样，都有哥特式建筑的特点。教堂在19世纪中叶曾大修过一次，有些东西有点走样，不过主持修理的维奥勒-勒-杜克是法国著名的建筑大师，对哥特式建筑研究很深，因而所做的改动并没有脱出哥特式的风格。

圣母院朝西。正面分成三段，左右是一对足足有69米高的钟塔，夹着中央比较低的一段。在两个钟塔之间，可以看到后面有一个挺拔的尖塔直插云霄。这尖塔在歌坛的前面，比钟塔还要高出将近18米。圣母院的柱子又细又高，柱身上有几道垂直的棱。长长的窗子也很别致，上面既不是方的也不是半圆形的，而是一个顶儿尖尖的发券。门上，柱廊上，到处都是这样的尖券，支着屋顶的券也是尖的。外面墙上满是壁柱和墩子，它们顶上也冒出各种各样、大大小小的尖儿来。真似“雨后春笋”一般。教会喜欢教堂这股向上迸跳的劲，因为上面是“天国”。城市市民也喜欢它，因为它有激扬奋励的热情。圣母院正面的钟塔上本来会有很锋锐的尖顶，不知为什么没有造起来。在一般哥特式教堂中，钟塔上的尖顶是全身力量的集中点，少了这一对尖顶，向上飞升的动势就差了一些。不过巴黎圣母院正面骨架匀称，条理分明，看起来也很和谐。

在正面三个大门之上，有一排雕像，一共28个，刻的是圣母的祖先，犹太的历代国王。在这排雕像上层的正中央立着圣母像，她怀抱着年幼的耶稣，左右站着亚当和夏娃。圣母像背后衬着一个直径将近十米的圆窗子，恰像是圣母的光环。这种窗子叫作“玫瑰”，是哥特式建筑的特色之一。大门门洞周围套着一层一层的棱线。棱线上、门洞中央的柱子上、门楣上和门楣上面的石板上，满都是浮雕。中世纪的法国人大都不识字，看不懂圣经，神甫们就对着这些雕刻向信徒们讲解新旧约。所以哥特式教堂的这种雕刻就叫作“傻子的圣经”。窗子上用彩色玻璃镶成一幅幅的连环画，大多从福音上取材。太阳一照，窗子上的圣人闪着灿烂的光霞，使整个教堂映印在五色缤纷之中。

圣母院的殿堂长130米，宽48米。可以容纳9000人做礼拜，其中1500人在侧楼上。四长排柱子把殿堂分成五部分，中央一部分有35米高，相当于十二层住宅，旁边几部分比较矮，其中贴近中央部分两侧的，在上面还有一层侧楼，它们向中央部分敞开。每个柱头上立着一束细长的骨柱，它们腾空而起，在拱顶上四散射出，宛如一支焰火。在当中偏东一点的地方，四排柱子被拦腰切断，在这儿留出了和中央部分一样宽的一段，它横向走，高度也是35米。这样一来，殿堂特别高的部分在平面上看来成了个十字，据说是象征钉死耶稣的十字架。十字架的头上是唱诗班的席位和祭坛，1804年拿破仑就是在这儿给自己和约瑟芬加冕的。大多数哥特式的教堂，这十字架的横向两头是伸出在外面，巴黎圣母院的则不，它在这两头都有门，门面精致华丽，它们的“玫瑰”和正面的“玫瑰”都是13世纪的作品，是巴黎最古老的三朵，也是圣母院现存的窗子中最古老的。

从塞纳河上游看圣母院的东面和南面，只见一排高大的墩子，支着发卷凌空飞起，越过殿堂外侧比较矮的那部分的屋顶，一直抵到特别高的中央部分的屋檐下。它们使整个教堂显得矫捷而有弹性，似乎能把大大小小的尖塔一齐发射出去。这些骨架是用来抵抗拱顶的横推力的。哥特式教堂的拱顶用发券打了许多纵横交叉的箍，这些箍把拱顶的重量集中到柱子上，但是柱子吃不消拱顶的横推力，所以法国的巧匠们就想出了用这些骨架来推住拱顶的绝招。这种结构方法不但是哥特式教堂建筑非常重要的特点，而且是它特别突出的成就。有了这种结构方法，哥特式教堂就不需要又厚又重的墙、又粗又笨的墩子了。柱子比较细，墙上又开了大窗子，教堂的模样轻快了许多，那种向上飞腾的劲头不受累赘，风格就更统一、更彻底了。

这些骨架的下部是薄而宽的墩子，像一片片短墙从殿堂两侧伸出来。13和14世纪，巴黎圣母院的全部墩子之间都改建成了小礼拜堂。有钱有势的“施主”们各据一间，供家属们礼拜之用，以免和“低三下四”的平民混杂。但是，建造这座不朽的建筑物的倒不是这些豪门权贵，而恰是那些遭受他们白眼的普通劳动者。雨果在《巴黎圣母院》中说得好，这座教堂“与其说是个人的创造，不如说是整个社会的作品；这与其说是天才光辉的闪耀，不如说是人民创造努力的结果；这是民族遗留下来的水成岩，是经过很多世纪形成的积层”。

原载《世界知识》1962年11月12日

北京建筑史上的著名人物“样式雷”

窦　武

“上有鲁般，下有长班，紫薇照命，金殿封官。”清代初年，北京流传着这四句话。鲁般就是鲁班，大家都知道的。“长班”是谁呢？“封官”说的又是什么事呢？知道的人大概不多，可是，这个人和这件事同北京却有着密切的关系。

说的是康熙年间，重建皇宫“三大殿”的时候，一天，太和殿要上梁了，皇帝亲自来参加典礼。谁知大梁抬了上去，怎么也安不上。工部（主管建筑）的官员们慌了手脚，个个吓得面如土色。这时只见一个木匠，三攀两援上了房架，“斧落榫木，礼成”。众人喝彩。皇帝高兴，下令叫他做了工部营造所的“长班”。

这木匠姓雷，名叫发达（1619—1693），原籍江西，住在金陵，因为手艺高超，被征召到北京供役。他的大儿子雷金玉（1659—1729）后来也做了营造所长班，担任圆明园建设工程中楠木作“样式房”的掌案，大约相当于一个皇家建筑师，主管设计。雷家子孙代代继承祖业，世袭样式房掌案的职务，这个家族因此得名“样式雷”。

从雷金玉起，清代两百多年间的宫廷重大建筑工程，大多都有“样式雷”参加，有的还直接由他们主持设计和施工。其中比较重要的，有雷家玺（1764—1825）承办的万寿山、玉泉山、香山、冒（应为“昌”，此注）陵和热河避暑山庄的工程，雷思起（1826—1876）重修定陵，雷廷昌（1845—1907）参加“三海”、万寿山等大工程。他们还先后承办过圆明园东路以及南苑和内廷的许多其他工程。宫廷里的年例灯彩、西厂焰火、舞台布置道具，重大节庆典礼的楼台，等等，也都大多由他们承办。雷家玮（1758—1845）曾经审查外省各路行宫及堤工的工程，并随乾隆南巡。当时江淮一带的富商为迎接乾隆，大事兴建园林别馆，雷家玮从这些建筑中取得了不少经验，这对以后南北建筑和造园艺术的交流上，起了不小的作用。同治年间，清廷一度准备修复被英法帝国主义破坏了的圆明园，雷思起和雷廷昌设计了工程图样，并且做了大批模型。后来虽然没有兴建，但是当时有些模型却宝贵地留存了下来。

“样式雷”一家，多才多艺。他们是木匠，是建筑师，是造园家，又是舞台美术设计者。他们的作品，风格和样式千变万化，万寿山、热河避暑山庄和圆明园的重建设计，水平都很高。有的格局整肃、庄严巍峨，有的错落掩映、曲折有致。他们既能在数十公顷的范围里纵横擘画，也能在内檐硬木装修上雕刻小小的花朵。虽然在封建王朝，他们也被封官任职，但毕竟是“匠人”，所以默默无闻。“样式雷”几代积存下来的图稿、烫样、模型、档案，现在还保存不少，系统地收集、整理和研究“样式雷”建筑方面材料，对继承祖国建筑艺术传统，是有一定参考价值的。

原载《北京日报》1963年1月15日第3版

比萨斜塔

李渔舟

意大利有许许多多高大壮美的塔，但没有一个比得上这一座出名，因为它是斜的。意大利还有许多斜塔，但也没有一个比得上比萨这一座出名，因为它高大壮美。它还有两个与众不同的特点，这就是，在全意大利的塔中，唯独它是圆的，唯独它是通体用白大理石造的。人们还都知道，伽利略曾经拿它当作自由落体试验场地。当着比萨大学身穿紫色道袍的教授们的面，一大一小两个铅球从塔顶同时落到了地面，一下子把传统观念砸开了个口子，动摇了统治一千九百年之久的亚里士多德的权威。

选择比萨斜塔做自由落体试验是再好不过了。四米多的偏心可以保证落地的自由。循楼梯一圈圈绕着往上走，294级到顶，54.6米高，足够做试验，太低了当然不行。

在塔顶望比萨城，一片鲜红的瓦顶，在纯净之极的蓝天底下，实在明丽。回头看它前面的主教堂和洗礼堂，全是雪白的大理石造的，在碧绿的草地上，也是明丽得好看。

主教堂、洗礼堂和钟塔，三件一套，意大利不少城市都有，不过大多在市中心，包围在店铺中间，前前后后是熙来攘往的人群。比萨的这三大件偏偏在西北角墙边上，就好像专为陈列着给人看的。

它们可也真是叫人看的。12—13世纪，建造它们的时候，正是比萨共和国“烈火烹油”“鲜花着锦”般的极盛时期。它在航海贸易上跟热那亚、威尼斯匹敌，也不能不在城市面貌上争高低。于是就造了这个主教堂建筑群。它们的样式，是当时当地的比萨罗曼式，立面上布满连续的券廊，就是特征。

这么漂亮的建筑群，在意大利属于顶尖儿第一流。最好看的位置在西面圣玛丽亚城门口，从这里一眼看到三个，前后相跟着。有人说，是故意把钟塔造得倾斜的，造直了，就会被主教堂挡住。这当然是说着好玩的。不过，光为欣赏，这塔斜那么一点，倒真是妩媚。它好像娇憨的少女，羞答答躲在胖墩墩的姑妈背后，微微探着身子，露出半张脸来看人。建筑群因此生动多了。

原载《世界建筑》1984年第1期

罗马市中心

这张照片*照的是罗马的市中心从西北向东南照。上部椭圆形的，是著名的古罗马大角斗场，下部右侧白色的长廊，造于1885年至1911年，是维多利奥·艾玛纽勒二世纪念碑，他是19世纪中叶重新统一意大利的国王。

大角斗场的右侧有一个君士坦丁凯旋门，它后面一条路微微斜着穿过绿地，那就是古罗马最重要的阿庇亚大道，通向卡普亚的。古罗马军团举行重大的凯旋仪式，都从阿庇亚大道进入罗马，掠过巴拉丁山，经第度凯旋门来到照片右侧中央的市中心广场，广场和大角斗场之间的那道白色的门就是第度凯旋门，它右边那一块三角形绿地是巴拉丁山，山上有古罗马的皇宫，现在都已成了废墟。

纪念碑前面的广场叫威尼斯广场，因为右下角那座土红色的建筑物是当年威尼斯红衣主教造的，后来当作威尼斯共和国驻罗马的大使馆。现在它是美术馆。威尼斯广场前笔直的一条大路向北直通著名的波波洛（人民）广场，这条大路是罗马城的中轴线，它的西侧，直抵泰伯河岸，曾是古罗马繁华的市区，万神庙就在那里，现在叫文艺复兴区，因为那里集中了大量文艺复兴的府邸。这条大路的东侧直到基里纳尔山，叫巴洛克区，那里有著名的巴洛克时代的教堂和喷泉。现

* 照片略。——编注

有罗马城的大部分，都是19世纪末20世纪初造起来的。

从上至下斜穿过照片中央的叫帝国广场大道，它正好造在古罗马帝国广场群上，压掉了广场群84%的面积。这条800米长的大道是1930年代法西斯统治时期造的。墨索里尼当时住在威尼斯府邸里，他要在它的阳台上阅兵，而军队则集结在大角斗场，从这条大道过来。纪念碑左侧有一小方块废墟，那是图拉真广场的一部分，大纪功柱还矗立在那里。它左上角的一小段圆弧形建筑物，是古罗马时最繁华的商场。现在，帝国广场大道每小时有两千辆汽车通过，但意大利政府还是决定把它拆掉，重新开挖出广场群的遗址来。

大角斗场的左侧，照片上一小片绿地，那是奥比欧山，古罗马时曾经造过尼禄的皇宫和杜米善的大浴场，以及图拉真时代的一些建筑物，现在还有遗迹，著名的尼禄金屋就在这小山的半腰。尼禄的皇宫占地非常大，从奥比欧山一直造到巴拉丁山。

大角斗场的右上方，跟巴拉丁山隔一条阿庇亚大道，是翠利欧山，那里的古罗马建筑物已经几乎全部湮没，但有几座中世纪文艺复兴和巴洛克的教堂。一座很大的古罗马建筑物压在一座中世纪的教堂下，现在像地下迷宫。山东侧圆形的是著名的圣斯蒂芳诺教堂。

纪念碑在卡比多山的北峰。商场上面是艾斯基里山，大角斗场造在几个山丘之间的盆地里，当年是尼禄皇宫花园里的一个大人工湖。大角斗场造成之后，居然至今不能发现有基础不均匀沉陷。

照片左下角有一段路。这是繁华的民族大街的一小段，它从火车总站过来，向西北延长过去直抵泰伯河上的维多利奥·艾玛纽勒桥，过桥向西拐就是梵蒂冈的圣彼得大教堂。

大角斗场的上方，所见到的是20世纪的新住宅区。奥比欧山下方，贴近照片左边的，是罗马大学工学院校舍。它旁边的一个小教堂里就安放着米开朗琪罗的摩西像。

这张照片上，威尼斯广场还是铺砌的。从1982年起，这里已经造了一小片草地。这是舆论界在报上长期鼓吹的结果。现在还有许多文物界和建筑界的人继续鼓吹在这绿地里种松树，跟纪念碑左右两侧松树连接起来，目的是挡住纪念碑。因为他们认为这纪念碑的风格、尺度、颜色、体积等等都跟罗马城格格不入，很讨厌它。他们尤其恨它占了卡比多山的北峰，这里本来是罗马极重要的史迹地，有最古的庙宇之一——朱诺庙，有一座中世纪的修道院，还有一块悬崖峭壁。这块悬崖峭壁就是发生了“白鹅救罗马”的故事的地方。公元前390年高卢人围攻罗马人困守的最后一块阵地卡比多山，乘夜从这悬岩攀上山去，幸得山上朱诺庙里的白鹅惊醒大叫，罗马兵士才起来抵抗，击退了高卢人。终于在千钧一发之际挽救了罗马国家，此后才得以繁荣昌盛。如今这些史迹已被纪念碑完全毁光，连著名的卡比多广场也深受压迫。照片上的右边缘，也就是纪念碑的右上方，小小一点三角形的面积，那里就是卡比多广场的一角。

照片的左下方所能见到的几幢楼房，都是20世纪上半叶造的。它们的形式模仿文艺复兴的府邸，也作土红、土黄或者赭色。现在罗马的中心部分，也就是奥瑞里城墙以内，大多数建筑物都是这样的。

现在，大规模整理古罗马中心区的计划已经开始实行。总目的是要把它的原状重新展现出来，当然，还是废墟，绝不是重建。要拆掉帝国广场大道，使帝国广场群与中心广场连成一片；要把大角斗场周围改成步行区，挖掉水泥地面，重视原来的石块铺砌和原有的喷泉等小建筑物的遗迹；要发掘巴拉丁山西南侧的大赛车场，把它跟巴拉丁山连接起来。一条横穿中心广场西北部的马路已经完全拆掉，再现了下面的废墟；从大角斗场，经第度凯旋门，穿中心广场，过赛维鲁斯凯旋门向东绕，登上陡坡抵达卡比多山顶的古代宗教仪典道路已经恢复。还有一些建筑物将要做一番清理。帝国广场群里总共还要发掘31 950平方米，约占广场群总面积的三分之一左右。

原载《世界建筑》1986年第3期

洪尚教堂*

李渔舟

一束阳光从圣母身边射进来，落到祭坛前一朵百合花上，幽暗的空洞里，金红色花朵，照眼地亮，仿佛在这支阳光的尖端上绽开，这是天上落下来的花吗？我一踏进教堂，就这样问。

洪尚教堂是天上落下来的花吗？我还要问。它仿佛无根无源，一个天才的纯创造。

它太独特了。世上有过无数天主教堂，从哥特式到巴洛克式，绞尽了人们的脑汁，想象力也许被挤干了吧？——然而它，前无古人，涌地而出，证明人类的创造力远远没有枯竭。

它因而伟大。但它在历史上是孤独的。

它在大地上的孤独象征着它的历史上的孤独。远远离开人间，在群山环抱的盆地当中，一个小小山顶上，寂寞地用卷曲的屋顶舐着苍天。

乘了几小时的汽车，我来到它的脚下，被惊呆了。在蓝天和林海之间，一点儿白，无比明洁，可是，就这么一点儿。没有人对话，也不想跟谁对话。它是天上落下来的花。不像僧帽，不像合十的手掌，也不像船；它不像什么，什么也不像它，它就是它——唯一者。

* 编者按：洪尚教堂（La Chapelle de Ronchamp，1950—1954），通常译为朗香教堂，本文作者认为，译为“朗香”是错误的，“没有一个外国人，包括法国人，知道‘朗香教堂’是什么”。因此，他建议按相近的发音译称洪尚教堂。

它出自勒·柯布西耶之手。这位人物，不是说过，房屋是居住的机器？是的，他说过。但他还说过："建筑是一件有关艺术的事情，一种情感现象，……建筑是为了动人。"洪尚教堂是动人的，它是真正的建筑……

当我在一个小村子里向洪尚教堂最后看一眼时，我知道我将永远为天才的创造力所感动。但我怜悯它的寂寞。

原载《世界建筑》1987年第3期

科尔多瓦意大利广场，阿根廷

窦　武

意大利广场是罗卡保护科尔多瓦城总战略的一部分。广场呈三角形，角部是三个缓坡的小高地，其顶部布置了三个不同形式的喷泉。清水由喷泉缓缓流下，再沿着一条条小溪流向广场中央的水池。这个水系象征着科尔多瓦省的水系。为标志三个高地的坡度，沿等高线砌了一圈圈柔软的曲线，曲线之间是草坪，好似绿色的梯田。广场中的曲线和水流有一种自由和自然的特色。这种特色使简单的几何形的建筑物柔和了，也活跃了整个科尔多瓦城。

原载《世界建筑》1988年第3期

创新论　建筑教育

看一看反面

去年，在一个专门研究古建筑保护的机构里，见到一本很别致的书，叫作《文物建筑破坏史》，看了真是怵目惊心，也很开心窍。

近来讨论建筑的发展，忽然记起那本书来，我想，把历来反对革新、反对进步的议论编纂成史，也很可能挺有意思，会教咱们头脑清醒一点儿。

可是，要收集这样的史料，并不容易。在中国，这类议论，近几十年才有；过去的两千年里，中国建筑极少革新，所以无从反对。在欧洲，反对革新的人倒是古已有之，以后也不太少，可惜，过去的史籍，大多只记载新事物的胜利，而对旧事物的反抗，却不很着意。如果等占尽史料才动笔，恐怕赶不上趟。我先把想到的几条写出来，给有兴趣的同志们参考。

欧洲建筑的第一次大革新，发生在古罗马共和时期之末。那时，在大型建筑物里，拱券结构代替了梁柱结构。结构方法的大进步，根本改变了建筑，包括改变了它的空间尺度、空间组合方式、艺术形式和风格，甚至改变了城市的选址、规模和布局。这次革新的进步性显而易见，它深入，并且全面。就在这场革新的高潮时期，维特鲁威写下了他的《建筑十书》。这本书成就很高，可是，它居然绝口不提这场革新。他几乎不谈拱券结构，不谈已经相当成熟的券柱式，只大谈古希腊的柱式和它们的组合构图。那时候，庞培剧场早已建成，马尔采拉剧场正在兴建，它们都是早期拱券结构和券柱式的代表作，维特鲁威当然熟悉这些工程，但他不写它们的成就。沉默就是反对。他被传统蒙住了眼睛，变得“视而不见”了。

罗马的拱券结构发展得那么快，很重要的一个条件，是它用了天然水泥的混凝土。维特鲁威很看不上混凝土，说它填充断砖烂瓦，工艺粗糙，容易破坏。他振振有词地说“希腊人无论如何不会这么干”，推崇古时候用大石块砌的墙。其实，罗马的混凝土，经过两千年，到现在还结结实实。罗马人如果照希腊人的办法砌墙，他们的建设根本到不了那么宏伟的规模。正是天然水泥混凝土和拱券技术，才使罗马建筑达到古代世界的最高峰。

欧洲建筑后来的发展，全仗罗马人发明了拱券结构技术。希腊柱式对欧洲建筑影响之大，也多半亏了罗马人把它跟拱券结构挂上了钩。维特鲁威对这两项大贡献没有兴趣，他写的《建筑十书》就代表不了当时建筑的最高成就。

欧洲建筑的第二次革新在中世纪。古罗马之后，经过几百年的沉寂，各地重新发展了很高的建筑文化。它们摆脱了希腊罗马传统的束缚，自辟蹊径，形成了强烈的地方特色。颖异的构思层出不穷。拿意大利来说，就有威尼斯的总理府、比萨的主教堂建筑群、锡耶纳和奥维埃多的主教堂、佛罗伦萨的主教堂和克罗齐教堂、阿西西的圣芳济教堂等等。这幅繁荣景象当时受到过什么非难，现在大约已经没有资料了。但是，在意大利文艺复兴时期，它遭到了很尖锐的攻击，包括获得了“哥特式”这个雅号，意思相当于“野蛮的”。1519年，拉斐尔在他给教皇利奥十世的一封信里，把古罗马之后、15世纪之前的罗马城的建筑叫作哥特建筑，并且说，“哥特时代的建筑无雅致与风格可言”，然后痛骂一场，措词非常激烈尖刻。关于中世纪流行的双圆心尖券，拉斐尔在信里说它“不但本身有许多弱点，而且丝毫没有优美之处值得我们注意”。后来，哥特式这个词渐渐扩大到整个欧洲的中世纪建筑上去，甚至包括了法国北部、英国和莱茵河地区那些成就很高的采用框架式拱券结构体系的主教堂。中世纪的文化，比起古典的来，当然相差很远。不过，哥特式这个词的扩大使用，还是因为文艺复兴时期的许多文人学士，被古代传统蒙住了眼睛，以致对中世纪建筑的成就“视而不见”。拉斐尔在那封信里说，古罗马的建筑是“最完善的，最美的”，“我老是想从古代建筑找到高超的形式……甘愿为此找遍这广大的世界”。

文艺复兴运动，总体上说，当然是进步的。不过，到了它的盛期，就建筑来说，确实过于喜欢追摹古罗马的型范。维特鲁威的书重新发现、刊印流行之后，教条化的倾向很严重。文艺复兴的影响传布开来，连法国、英国和德国都抛弃了中世纪建筑的伟大成就，又回到古罗马传统之下，这实在是很大的损失。从此，古典主义、罗马复兴、帝国风格等等，不是照搬古代样式，就是在维特鲁威的柱式里兜圈子，欧洲的建筑风格彷徨了几百年。巴洛克建筑师很想标新立异，可惜材料和结构体系没有突破，很快也就智穷力竭了。

到19世纪中叶，新的材料、新的结构和新的工艺，开始酝酿欧洲建筑的又一次大革新。这一次革新空前彻底，所以保守派也更顽固，反对革新的议论就多了。其中应当写一写的，是英国的建筑思想家拉斯金。在他的名著《建筑七灯》里，理智跟感情的冲突是那么尖锐剧烈，我们看到一个思维很敏锐的人，眼见大势已去，却沉溺在古老的梦里不能自拔，用一些暧昧不清的念头来愚弄自己的头脑，安慰自己的心灵。虽然可笑，但是因为真挚，倒教人觉得怪可怜的。

拉斯金很清醒地看到，几千年来，建筑的比例、样式、风格、法则，都生成于土、石、木这些材料所造的结构，使用了金属框架之后，所有这些都得彻底变样；他甚至有足够的见识，能清醒地看到，没有丝毫理由反对使用金属框架。但是，他好古成癖，情不能自已，一心希望不要用铁作结构材料。他写道：“我想，大家一定普遍地感到，建筑之所以尊贵，主要原因之一是它的历史效用，而这一点部分地依赖于风格的稳定性，所以，即使在科学更发达的时代，也应当（在建筑中）坚持古代的材料和原则。”他有勇气承认这是偏见，但又希望人家跟他一样不能摆脱偏见的影响，恳求人们赞同他的意见：“真正的建筑不允许用铁作结构。”他建议立一条规则，制止在建筑中越来越广泛地使用铁，这条规则是：“只许用铁来连接，不许用铁来支撑。”

拉斯金用非常激愤的话反对机器产品。他说，建筑里万万不可用机器生产的装饰品或者模铸品代替手工制品。我们可以从“手工制品里发现工人的思想、愿望、追求甚至悲伤，可以发现他们的快乐和成功”，这就是它们的价值所在。

拉斯金是一个消极浪漫主义者，他的思想，反映着封建宗法制度下的小农的情绪，他们在工业革命的冲击下破产，对大机器工业很陌生，甚至恐惧，对中世纪的农村生活和手工业生产比较熟悉，无限依恋。这是一种没落的、开倒车的思想。所以，拉斯金推崇的，正是拉斐尔痛斥的意大利哥特式建筑，他对古罗马建筑和文艺复兴建筑没有什么好感。

20世纪20年代，现代建筑运动掀起了一个高潮，保守派的抵抗也到了生死相搏的程度。这时期的历史大家比较熟悉，但是一件史料很值得我们多想想：1926年，日内瓦国联大厦设计竞赛，勒·柯布西耶的方案落选，以折衷主义方案获奖的内诺对记者们说：“我已有六十年的建筑经验，对勒·柯布西耶所设计的图，我简直看不懂是在画些什么。如果你有本领的话，可以来向我解释；但是我是永远不会向你解释的……绝对不会的，因为画这些图的人简直是原始社会中不开化的野蛮人。……我为着崇高的艺术而感觉到兴奋和高兴。法国的一组建筑师一开始工作就决定以战胜这些野蛮的建筑为最终的目的。我们称某些建筑为野蛮，实际上不应称之为建筑，它们根本是反建筑。二十年来，这种可怕的建筑形式，像洪水猛兽一样侵袭了东欧与中欧，它否定了历史中一切优秀的传统，对一般常识及美感进行侮辱。现在这派人失败了，天下太平了。”（吴景祥译文）

这一段很有历史价值的话里，有一多半是破口谩骂，它使我们知道，当时的斗争有多么激烈！因此，对革新者说过的也许过火的话，我们可以宽容一些。从另外一小半里，能够看出，所谓的“优秀传统”“一般常识及美感”“称之为建筑”等旧概念，都曾经是保守派的武器；还能够看出，“六十年的建筑经验”未必会使人聪明一点，内诺还是“简直看不懂”新事物，法兰西建筑学院院士的基本功也没有帮助他当一个革新派。革新派不会“失败”，保守派也甭想“天下太平”。

原载《建筑学报》1983年第12期

创新散论

有人说："我们的建筑，只有继承了民族传统，才能成为世界的。"这说法现在很有点儿影响，复述的人不少。

但这话语焉不详。"成为世界的"，这是什么意思？世界的古董？外国人的观览物？推动世界建筑前进？给世界建筑做榜样？

仔细揣摩，这些同志的意思大约不至于说是要把中国现代建筑搞成世界的古董或者外国人的观览物。同志们心里想必记挂着住在危房漏屋里的人，记挂着三代同室的人，记挂着领到结婚证却没有地方摆一张新床的人。

那么，这些同志所说的"成为世界的"，大约是说能对世界建筑的发展起推动作用，夺冠军，捧金杯，为祖国争荣誉。

这个愿望非常好，咱们应当努力。不过，要实现这个愿望，可不能靠保持中国建筑的传统特色，只能靠革新。只有革新，才能推动世界建筑的前进，才能使中国建筑被世界公认。这是中外古今几千年建筑历史证明了的不易的公理。这就是说，越是创新的，就越是世界的。

古希腊雅典卫城建筑群，古罗马大角斗场和万神庙，巴黎圣母院，佛罗伦萨主教堂，威尼斯总督府，凡尔赛大花园，直到伦敦水晶宫和20世纪头几十年现代建筑先驱者们的作品，所以永垂不朽，都是因为它们有所突破，有所创造，有所发明，有所前进，而不是因为它们保持了古老的传统。

巴黎城里，保持民族传统的住宅大厦有千千万，谁能叫得出它们的名字？但任何一本认真的历史书，都要写上远在偏僻的乡下的萨乌阿别墅，为什么？因为它抛弃了古老传统的束缚，用新方法解决了新问题。

抛弃古老传统的束缚，是现代建筑先驱者的伟大所在。他们和他们的创作，推动了世界建筑的前进，那才真正是“世界的”。

巴黎上空三百米的地方，有一间不大的办公室，里面坐着埃菲尔，正在跟爱迪生聊天。他要永远坐在那里，接受世界各地来客的敬意。这样的尊荣可是少有，而埃菲尔之所以得到，是因为他造了那座突破了一切传统的铁塔，为法兰西赢得了荣誉。埃菲尔的那座蜡像，将会激励一代一代的人，用创新的努力，为祖国建功立业。

相反，那个设计了国际联盟大厦的内诺，虽然继承了法国建筑的传统，却只会使法兰西蒙受耻辱。

荣国辱国之间，咱们走哪条道呢？

有人说：“我们也赞成创新，不过我们只赞成在传统的基础上创新”，或者说，“使传统的中国建筑现代化。”这说法现在也挺时兴。

可惜，什么叫“在传统的基础上创新”，也是语焉不详。从字面上考究，大约是说，要拿传统当作创新的基础。

拿传统当作创新的基础，这可是行不得也哥哥。创新的基础，只能是新的条件，包括新的生活方式，新的功能要求，新的物质技术手段，新的政治，新的意识形态，等等，而所有这些，都是要破坏传统的基础的。靠传统去创新，要不是与虎谋皮，起码也是缘木求鱼。

相仿，还有这样一些说法：“创新不能割断传统”，“创新不该跟传统对立”，等等。这叫作自相矛盾。什么是创新？创新就是传统的对立面，创新就是传统的中断。这是它们俩的本质决定的。否则，传统就不是真正的传统，创新也不是真正的创新。

全面的创新，全面突破传统，局部的创新，局部突破传统。因为过去建筑不大可能发生全面的创新，所以，历史上，传统仿佛绵绵不绝。但一旦有了比较大幅度的创新的必要和可能，还唯恐传统中断，那可就要阻碍历史的前进了。

至于说创新应当是“使中国的传统建筑现代化”，这主张好有一比：它等于建议不要造汽车，而要造机器人抬轿子。

还有一种说法：“要保持中国建筑鲜明的传统特色，世界建筑才会更丰富多彩。”

这些同志倒是很关心世界，可惜不大关心中国。因为照这个办法做去，世界建筑也许丰富了，中国建筑可就贫乏了；外国旅游者大饱眼福了，中国人却只能看看千年一律的传统特色了。

其实，各国死守传统，也并不能使世界建筑丰富多彩。不妨设想一下，如果法国人死守传统，不造埃菲尔铁塔、蓬皮杜文化中心和马赛公寓，世界建筑是丰富了呢，还是贫乏了？如果意大利人死守文艺复兴的传统，不造罗马小体育宫，如果苏联人死守洋葱头，不造加里宁大街，如果英国人不造水晶宫，美国人不造摩天楼……如果这个为丰富世界建筑而各国必须保持传统特色的理论早提出几百年，并且认真贯彻，那么，世界得到的只会是可怜的贫乏。

有人说，创新就会千篇一律，就会走向“国际式”。这至少是多虑，是由于对建筑的过去和现在缺少考察。

在未有创新之前，建筑反而丰富多彩吗？断乎不能！即使在封建闭锁时期，各地区、各民族建筑的鲜明特色，也是长年累月不断小有创新积累下来的成果，不过缓慢得可怜罢了。

只有创新，才会丰富多彩。只有各个国家的建筑丰富多彩，才有世界建筑的丰富多彩，这难道还要论证吗？

现代建筑僵化成“国际式”了吗？僵化的是一些没有创新的自觉性和才能的建筑师，不是现代建筑本身。任何一个时代，开创性的建筑总是少数，跟着来的是模仿的大路货。伯尼尼和波洛米尼开创了巴洛克建筑，后面成批的不是千篇一律的歪歪扭扭的小教堂吗？勒诺特亥开创了古典主义园林，后面成批的不又是千篇一律地辟轴线、画图案的花园吗？于是，又需要有新的创新。这才见出不断创新的必要和创新想象力的可贵。

“唯劳动者才有未来”。一个建筑师，对未来要有信心，对社会要有责任心。有了信心和责任心，才能有创新的自觉和勇气。

原载《建筑师》第22期，1985年3月，此处有删节

功能主义就是人道主义

李渔舟

写下这个题目，心里有点儿嘀咕。要是抠起字眼儿来，毛病可是不少：什么建筑的思想艺术作用啦，历史文化作用啦，心理精神作用啦，岂不是更正宗的人道主义话题。但是，我从来不想写包罗万象的理论文章，只不过喜欢拾遗补阙，专敲没有人敲的锣——甚至是别人厌弃了的锣。

促使我写下这个题目的，是刚刚读到的一篇文章，那里又一次批判“功能主义”反人道、没有人性、败坏人情味等等。这当然是眼下最流行的理论，“众所周知”。

但是，究竟什么是“功能主义”呢？它无非主张建筑的头等重要任务是满足各种功能要求，建筑物首先要在功能上完善，然后才谈得上其他。那么，什么是功能呢？又无非是人的生活、劳动、学习等等的实际需要，其中包括方便各种现代化设施的使用和生产流程的运行。所以说，功能主义所提倡的，不是别的，正是建筑要为人服务。这不是人道主义又是什么呢？

功能主义反对建筑的“审美功能”或者“精神功能”吗？没有！随便打开格罗庇乌斯、密斯或者勒·柯布西耶的哪一本著作，都能看到他们把建筑的精神功能都说得过了头。在他们早期的代表作中，包豪斯校舍、巴塞罗那德国馆、萨乌阿别墅，今天看来，艺术质量也不能说不高。功能主义的最经典性表述就是那句现在几乎人人喊打的话——“住宅是居住的机器”。但是，在这句话下面，紧接着的是：“沐浴、阳光、热水、冷水、可随意控制的温度、保存食物、卫生、因比例良好而获致的美。”这些就是“机器”的功能，哪里有反人道的气息？甚至连“美”都说到了。

功能主义的另一个著名的口号是“装饰就是罪恶”。这是从卢斯在1908年写的《装饰与罪恶》那篇论文概括出来的。卢斯在那儿斥责现代搞装饰的人“不是罪犯就是堕落者”。但我们还是要看一看卢斯的基本论点。他说：“装饰的复活给审美意识发展造成的巨大破坏和损失可以不必重视，因为没有任何人，甚至政府的力量，能够制止人类的进步。它至多被延缓而已。我们可以等待。但是装饰的复活是危害国民经济的一种罪行，因为它浪费劳动力、钱和材料。时间不能补偿这个损失。”他给享用装饰的人和制作装饰的人都算了一笔经济账，享用昂贵的装饰会使富人破产，而制作装饰的人因为劳动生产率大大低于现代化工人而受穷。他以深深的同情描述了这些手工艺匠人的辛苦。所以，卢斯的《装饰与罪恶》的基调也是人道主义的。

对功能主义的批判，首先由苏联在1930年代后期发动。来势之猛、上纲之高、范围之广、持续之久，连我们后来经历过“横扫”的人都难以想象。批判派的基本论点其实是很简单，就是说，应该把“思想艺术任务”“历史文化任务”放在建筑创作的第一位。而要完成这样的任务，就必须继承“传统”，搞“民族形式”。

结果怎么样呢？我们有点儿“历史”的人总还记得，1950年代中叶，全苏第二次建筑工作者会议和第二次建筑师代表大会揭露出来的情况，多么叫人吃惊！房子不实用、浪费、工期长、古老，耽误了工业化进度，远远不能满足人民的需要。

纠正苏联建筑二十年迷误的口号是什么呢？是“对人的关怀”！正是在这个口号之下，苏联建筑界拾起了曾经被他们批判得一钱不值的功能主义。这“对人的关怀”，不是人道主义又是什么呢？反过来，这就是说，那些充满了“传统”和“遗产”，体现了以某个超人为标志的“时代”的“伟大和光荣”的建筑，并不那么“人道”，并不那么“有人性”。

这一段往事，实在值得常常回想，它还新鲜得很呐！

现在有人提出，只满足物质功能，只有“比例良好的美”还不够，还应当把建筑和城市搞得更有人情味。这很好，这说明“功能主义”并不全面，我们现在有更深、更高的要求。

不过，以中国目前的建筑水平来说，要更“人情味”一点儿，更“人性”一点儿，重点并不在大家议论得很红火的形式和风格问题，不在要装饰，要民族传统、地方风味。当前中国建筑的“人道主义”，重点还是在进一步完善物质功能。我们的建筑和城市，物质功能还实在太差了。

的确，人情味、人性，都是“精神功能”。不过咱们有一句话，叫作“物质能变精神，精神能变物质”。建筑的物质功能进一步完善，会产生精神上的“人情味”。物质功能不完善，贴多少玻璃檐口、勾片栏杆，建筑物也不会有多少人情味。

这一点，只要举个例子就能明白。

我们见到过一些火车站和航空站。那里简直见不到通常说的“建筑”，弄不清它们是什么形式，什么风格。在还没有见到它的“立面”之前，我们就已经在它附近的街口下地道走到它里面去了，避开了繁忙的地面交通。在它里面，处处都有列车或者飞机时刻表和本市地图，不必到处打听。交通和各种设施的标志很醒目，不识字的人也能轻而易举地找到要去的地方和需要的东西。稍大一点的城市，这种场所还有沙盘，按按电钮，就能知道各种公共建筑物、市场、交通枢纽和旅馆、饭店的位置，还能够看出通向那里的最佳路线。垂直交通，有电梯和滚梯；步行的话，除楼梯外还有坡道，可以推行李车、拉带轱辘的箱子。更显出体贴人心的，是给伤残人的轮椅准备了专用的电梯、坡道和厕所。车站和机场没有装饰，有的只是明晃晃的玻璃后面的各种小商店，五颜六色，既好看又热闹。接客的可以买花，候车的可以买报，饿了有吃有喝。临时有需要，旅行的人可以买到箱子和提包。送人的礼品也是琳琅满目。车站的建筑在哪里？就溶化在这些设施里。

我们也见到过另外一类车站或者航空港。那里有雄伟的钟塔，豪华而神气的内部空间。彩色大理石和琉璃闪闪发光。除了精致的建筑雕饰，甚至有壁画、雕像和各种工艺美术品。既富丽堂皇又兼有民族特色，艺术水平可谓高矣！然而，在那里找不到列车时刻表，找不到本市地图。标志不全，零零落落有几个也不清不楚，连经常出门的人也要晕头转向。有什么急需，那更无办法。连一条坡道都没有，即使自己带了行李车，也不得不把箱子铺盖扛在肩上、提在手里，艰难地走上一级又一级壮观的楼梯。不过，倒大多有一间漂漂亮亮、终年空着的贵宾室，为了它，千千万万旅客得多走不少路。

这两种车站、机场，是哪一种更有人情味，哪一种更有人性呢？当你精疲力尽，四顾茫然的时候，最人道主义的，是一辆行李车而不是一尊雕像，是一张列车时刻表而不是一幅泼墨山水，是一份旅馆介绍单而不是一扇磨花玻璃屏风。这时候你需要的是有效地解决你的实际问题，而不会去欣赏车站或机场的民族形式、地方风格、历史的纪念性。

这就是物质功能跟精神功能的关系。“人道主义”，“关怀人”，要落到实处，要切实解决问题。所以说，人情味，至少对目前的中国建筑来说，顶要紧的是完善使用功能，而不是只在形式和风格上下功夫。总而言之：要实惠！

我们提倡创新，但创新也不只是形式和风格的创新。在功能、结构、经济、设计方法、生活发展等等各个方面，都有更实际、更迫切的创新任务。

其实，话说得再实在一点儿，现在中国建筑的人性和人情味，甚至还不在完善功能。在很大程度上，还在于赶快造出房子来，好叫三十多岁的人有个地方结婚，大儿大女能分开来住，三代人不再挤在一个窝里，刮风下雨不怕房漏屋塌；还在于消除一些不好说出口的尴尬场面。

这就是当前建筑的人道主义的主要内容。

设计简陋的房屋是既不过瘾又不能达至不朽的，因为那里没有多少“空间艺术”。但是，我想，当有朝一日国家富裕了，要炸掉这些房子的时候，我们会像过节一样高兴，而不致惋惜自己没有在大地上留下一份杰作。

有一个建筑工程学院的建筑系大楼里有一对楼梯，每座楼梯下的三角形空间里——不是那种时髦的三角形艺术空间，而是通常存放扫帚、墩布的空间——住着一家人，孩子已经出世，尿布就晾在楼梯栏杆上。我相信，这个系的老师们会把这当作很好的教材，使学生们知道什么是建筑师的社会责任。

现在，售货员们脸色冰冷，出言不逊，已经成了全国性的热门话题，提到了职业道德的高度。那么，什么是建筑师的职业道德呢？如果一个建筑师，虽然笑眯眯一团和气，却每年在笔下丢掉十几二十户住宅，于职业道德如何呢？那可不是学十句礼貌语言的事了。

三十多年来强加于建筑创作的种种枷锁已经打开，建筑师们日思夜想，甚至有人为它付出重大代价的创作自由，已经来到。但是我们没有忘记人民迫切需要的自由，没有把自己关闭在象牙塔里的自由，这是我们大家都很明白的。

离开了人民迫切的需要，那就根本谈不上什么人道主义了。

原载《新建筑》1985年第3期

说建筑社会学

窦　武

近来，建筑理论的研究活跃了一点儿，文章多了起来。这趋势挺好。可惜，选题的范围还嫌窄，而且有点陈旧。其实，建筑理论的天地很大，而目前空白的无人区还不少，这种情况不利于理论的发展提高。如果这些有兴趣于建筑理论的同志们，做战略的展开，去开拓一些新学科，成绩就会比现在好得多。

建筑社会学，倒是有不少同志在它的个别课题里做过不少工作，特别是干住宅设计这一行的（这里不谈城市规划，那个学科跟社会学简直难分难解）。但是，到目前为止，还不见有人正式建立整个建筑社会学的学科体系，这实在非常可惜。

建筑社会学，它是建筑领域里决策的科学根据之一。这课题太诱人了，应该多谈几句。

有人说，建筑是为人服务的，是为满足人的需要的，这话其实很不确切。应该说，建筑是为社会服务的，是为满足在某个历史发展时期的社会系统里的人的需要的。否则就说不清楚为什么现在我们大多数人的住宅里设有热水管子。人是社会化了的人，建筑活动是在一定的社会条件下进行的，建筑的功能只能是社会功能。建筑创作渗透着大量的社会性问题，这就是建筑社会学肥沃的土壤。

从古希腊以来，几乎所有的社会思想家、社会改革家、空想社会主义者，都十分重视社会的建筑环境。他们或者给理想社会勾画理想的城乡社区，有几个天真的甚至筹了钱认真动手建设；或者愤怒地揭露旧社会建筑环境的不人道，以论证推翻它的必要性。恩格斯写的《英国工人阶级状况》和《论住宅问题》都已经是建筑社会学的著作。至于建筑师自己，虽然自古以来在著作中总要牵涉到一些社会学，但真正自觉意识到建筑社会学，却要到现代建筑运动的兴起。卢斯的《装饰与罪恶》完全从社会学角度立论，勒·柯布西耶的《走向新建筑》有半本是建筑社会学（或者说住宅社会学）的著作。如果把历代思想家、改革家、革命家和进步的建筑师关于建筑社会学的论述收集起来，倒是一份重要的建筑思想史资料。

建筑是社会赖以存在的物质条件之一，它的产生又依赖于社会的生产力。同时，它是社会制度和社会意识形态的物质表征。建筑社会学，就是要研究建筑跟各种社会因素在不同层次上的相互关系。在一定历史发展阶段上的社会（包括生产、制度、意识形态等）如何规定了它的建筑，反过来，建筑又如何影响了社会。要研究这个课题，当然最好把建筑这概念扩大到城乡建设，甚至环境建设上去，但是我力不能及，只能在建筑这个起点上，说几句试探性的话。

建筑社会学的边界是很不确定的。第一，随着社会的发展，会有新的社会现象和问题出现。新现象和问题出现，就有可能对建筑提出新的要求。第二，它常常要跟别的学科闹一点儿边界纠纷，例如建筑史、建筑心理学、建筑经济学等等。第三，在它的领域里，可能会有一些课题闹独立性，羽毛一长成，就反出去自立门户。这些，正是建筑社会学作为一门边缘学科的特点。

不过，它当然也有一些基本的内容。

第一，建筑社会学要阐明建筑跟社会生产和科学技术的关系，特别是跟公有制的社会化大生产和信息时代的科学技术新发展的关系。为这个目的，最好先研究工业革命对建筑和它的发展的全面影响，直到现代建筑的革命。

科学技术和物质生产是最活跃的力量，它们不但推动社会的进步，而且直接推动建筑的进步。它开辟建筑活动的新领域，包括新的建筑类型和形制；它给建筑提供新的物质基础，扩大它的可能性；它也通过培养新的意识，如破旧立新，追求高效率、高效能、快节奏、低消耗，眼界开阔、想象力丰富，多创造、少保守，等等，来刷新建筑观念。反过来，建筑的这些进步又是物质生产和科学技术发展所必不可少的条件，新的建筑类型和新的建筑形制大都是直接为它们服务的。建筑形式的改变在近代首先是因为技术条件的变化。

第二，要阐明建筑跟各种社会制度的关系。包括经济制度、政治制度、宗教制度、宗族制度、家庭制度、劳动制度、教育制度等等。这个关系也往往是渗透到各个层次、各个方面去的，拿民主制度下的建筑跟专制制度下的建筑做对比，就很容易看到这一点。1930年代，现代建筑在法国和美国蓬勃发展，而在德国和意大利却被压制下去了，虽然物质生产和科学技术的水平在这些国家是差不多的。

社会制度的变化同样也会引起占主导地位的建筑类型的变化，建筑形制和样式风格的变化，以及相应的建筑观念的变化。在社会主义社会里，如果仍然把兴趣主要放在少量纪念性大型公共建筑物上，而轻视直接为普通人民大众服务的住宅和日常建筑，那就是一种“滞后现象”，应该促使它早早过去。在审美上也一样，拉斯金说过一句很精辟的话：宏伟壮丽从来不是平民百姓的审美要求。

第三，要阐明建筑跟社会意识的关系，包括社会心理、人际关系、道德伦理观念、宗教信仰、社会理想、文艺思潮、审美观念、价值观念、文化教育等等。社会生活方式大约也不妨列入这一项来。

社会生产和社会制度对建筑的关系，有一部分是要通过社会意识来实现的。

封建意识对我们当前建筑的发展所起的阻碍作用是十分顽固的。沉重的传统包袱使一些建筑师的创新意识不能觉醒，而长官、领导、舆论等严重压抑着一些建筑师的创造意志。等级制还时时在建筑活动中有所表现，既表现为某些建筑物不正常的优先，也表现为某些建筑物格局的畸形。“非壮丽无以重威”的思想在规划和建筑设计中造成许多太不合理，也使我们的建筑环境的艺术质量下降。

反过来，建筑也会影响社会意识，塑造社会心理、人际关系等等。因循保守的建筑环境跟富有想象力和进取精神的建筑环境，都会在人们意识中留下印记。

第四，要阐明建筑跟各种社会问题的关系，包括住宅问题、人口问题、犯罪问题、社会老龄化问题、就业问题、青少年问题，等等。这里面，住宅问题已经独立地形成住宅社会学了，不过，在建筑社会学里还是要比较更概括地、宏观地讨论这个问题。

社会老龄化对建筑和城市提出许多新的要求：老人公寓问题，医疗保健问题，文化娱乐及社会问题，心理慰藉问题，社会服务问题，建筑及城市的无障碍化问题，等等。我们目前大量地、快速地建设着的建筑和城市，对这些问题都不予考虑。这些问题，在我国已经迫在眉睫，再不采取措施也许就会太晚了。等建成之后再去改造，那可要多花许多手脚，而且怕也没有多少人会认真去改造。

第五，还有一项要阐明的是建筑的社会化生产跟它本身发展的关系。这里包括建筑的订货者、承建者、城乡建设的管理者、地方长官等在社会中的各种地位、关系和作用，他们相互关系，以及他们跟建筑设计者的关系。要探讨设计者的社会地位和社会作用和设计单位的组织方式问题。这一项里大约还应该包括立法问题在内。有一些内容可能跟建筑的经济管理学交叉。

第六，以上各项的研究都应该是动态的，也就是说，都应该是历史的，应该把所有的因素放在它们的发展变化中来阐明相互间的关系。处在不断适应又不断不适应又再适应的过程之中的不断调节关系。但是，即使如此，建筑社会学也还需要有单独的一项内容，就是建筑与社会发展，特别是建筑与我国社会主义现代化的相互关系。这现代化应该包括观念、心理、生活方式、文化教养等等的全面变化在内。例如主体意识增强、婚姻关系松散化、闲暇时间增多、社会机构离散化之类。

在这个领域里，可以生长出建筑未来学。在国外，包括西方、日本和苏联，关于城市和建筑的未来学都相当活跃，提出了一些非常有想象力的、非常富有创造性的设想。这些设想中有许多将不会成为现实，但未来学不但对未来，而且会对现在的建筑发生重要的影响。1980年代巴黎东北角的维耶特公园的建设，就是在未来学的思想指导下进行的。

我们的出版社介绍过一些建筑和城市未来学的著作，但是几乎引不起一丝反响。我们的杂志文章里也常常有一些前瞻性很强的国外建筑创作的消息，也几乎引不起一丝反响。但是文丘里的一篇文章，寻根的一般潮流，却在我们这里引起了巨大的反响。我们的思维天地，我们的眼界，我们的趣味中心，不是太狭隘了吗？

不探索未来，而战战兢兢保持传统，这是我们民族的固有心态。相反，在欧洲，至少从文艺复兴时期开始，关于未来（理想）城市的探索就已经相当热闹了。比较之下，很值得我们警醒。但愿大声疾呼者不再被看作怪人或者妄人。

前头说的，不过是个大概齐。还会有别的建筑社会学的内容。有一些可能跟别的学科闹边界矛盾的。比如跟建筑经济学、建筑心理学之类，这就要努力用社会学的方法研究出特色来。

这些内容，罗列的时候分门别类，真正研究起来，就会东连西挂，交叉渗透，突破门类，比如，住宅问题，它会在社会生产、社会制度、社会意识、社会问题、建筑本身的社会化生产和社会发展等等的各种因素之间组成一个复杂的网络。所以，建筑社会学这门学科的体系结构是要很费一番气力才能建立起来的。

在建立这个体系结构之前，最好先做大量的专题研究。在各个方面都有了一批质量可观的专题研究之后，学科的体系结构就比较容易建立了。从工作条件来看也是这样。目前搞点理论研究的，大多是业余的单干户。他们不但难于合作，连交流一下也几乎不可能。这种情况下，是不大搞得了建筑社会学的体系结构的。搞一点零零星星的专题，也许行得通。

小打小闹，原来是个体户的本色。只要留心社会，小专题倒是不少。建筑学是一门很有生活气息的学科，社会学也是的。所以，建筑社会学应该是充满了生活气息的，人情味儿扑鼻地香。可选的小专题大都很有情趣。

比方说，近几年很有一些文艺作品竭力渲染小胡同大杂院的人情味。这是社会舆论。在建筑界也有人这么说，并且指责现代化的城市型住宅和居住区造成了人际关系的冷漠，死了都没有人管。言之者凿凿，但真正深入研究的文章却还没有见到，至今为止，不过是直感的议论而已。这是一个不妨专门钻研一下的课题。下功夫调查调查，通过定比选样，弄清各种不同人口组（性别、年龄、职业、教育、收入、家庭中角色等等）对这个问题的具体意见，有一个定量的认识。找出造成小胡同大杂院的人情味的机制，分析清楚，有哪些是合理的、健康的、有生命力，有哪些不过是落后的、贫穷的、没有文化的生活方式的反映。至于现代化城市型住宅和居住区的人情冷漠，生成机制是什么，哪些是居住环境造成的，应该从改善环境下手克服，哪些不是。甚至，所谓人情冷漠，有一些也许其实是一种社会进步现象。小胡同大杂院的合理而健康的人情味，可不可以像生物工程的移植基因一样，移植到现代化城市型居住区里去？现代居住区的缺点，有没有别的更有效、更健康的办法来克服？

无论如何，我们总不能否认，居住环境对人们的素质和活动方式是有影响的。住在高层公寓里的人，搞起抗日活动来一定跟小羊圈胡同里的人不同。如果我们正在大规模建造的现代化城市型居住区，对青少年的素质会有消极的不利影响，像有些人确凿地说的，使他们孤僻、冷漠、自私，缺乏社会责任心，那可是有关民族兴衰的特大事件。反过来，又有人确凿地说，住在大杂院里的青少年犯罪率高、智商低、升学率低等等。如果是真的，那当然也是大事一件。所以，这个专题是大有研究价值的。不要直感地拍脑袋随便说说，要经过深入的调查，掌握有根有据的材料。

用社会学的方法研究建筑师本身和他的工作也是很有意义的专题。建筑师的社会地位，他跟业主、施工单位、长官、本单位领导和人民大众的关系等等，怎么样才更合理，才有利于充分发挥他们的才能和想象力。怎样使建筑师跟建筑的直接使用者，普普通通的老百姓，密切地联系起来，而不像现在这样，中间隔着许多很有权力的层次。普通老百姓怎么样以他们实实在在的需要和愿望去影响建筑师的观念？使用者怎么样参加到设计过程中去，成为建筑史的积极创造因素？

还有一个挺有意思的专题可以研究。有些同志在提倡某种建筑样式的时候，喜欢说这是“人民大众喜闻乐见的”。其实，他既没有接触人民大众，也不知道他们的喜闻乐见。仍然可以采用定比选样的方法，调查各种人口组对建筑样式的所喜所乐，不但找出当前的定量性论据，而且可以分析出喜乐的发展趋向。如果一次调查分析不出趋向，就隔几年进行一次，有几次就见效了。

这又教我想起，如果我们的建筑科研机构里，设一个社会调查部门，年年做各种专题的调查，长长积累一批资料数据，那肯定是大有价值的。不过，这种工作当然很难“创收”，做这种工作，尽管很有意义，怕的是没有人给饭吃。

恩格斯在马克思墓前说，人在做无论什么事之前，先得有饭吃。所以，真正要繁荣我们的建筑理论，还是要靠国家养活一批专门从事建筑理论的人。最好像许多别的行业一样建立一些认真的机构，真正做理论工作的机构。业余个体户是搞不成大事业的，不要老是责备他们理论水平不高。那不公平。

实际上，业余个体户们连上面建议的小专题都做不了。因为他们大概连做最小规模的社会调查都不可能。没错儿。根本不可能！那么，只好不得已求其次，也许是次而又次，把现成的中外古今零星资料搜集起来，按专题写出些系列化的文章来。虽然不如直接做社会调查那样有生气，有开拓性，有更大的现实价值，不过，既然搜集了，按专题整理了，分析综合过了，考察过资料的纵向和横向联系了，而且系列化了，那么，这种工作仍然是很有意义的，不是原地踏步，而是大进一步。至少，可以给以后的工作做一些准备。

原载《建筑学报》1987年第1期

试探建筑理论系统

近来，建筑理论的研究活跃了一点儿，文章多了起来。领域拓宽了，方法也常有新的探索。这趋势挺好。可惜，选题的范围还嫌窄，因此有些文章不免有点陈旧。其实，建筑理论的天地很大，而目前空白的无人区还不少，这种情况不利于理论的发展提高。如果咱们有兴趣于建筑理论的同志们，做战略的展开，去开拓一些新学科，局面就会比现在热闹得多。

建筑理论是一个包括好多元素（子系统）的系统。这些元素形成一个有序的层次结构。把这个理论的系统弄弄清楚，有利于理论工作的布局，有利于各元素研究的取向，也有利于现有人力的发挥和协作。要弄清这个理论系统得花些力气，不是一两个人一两篇文章就行了的。不过，总得先有人提出一个草草的大轮廓来，好教人添枝加叶，疏清脉络，论证辩驳，以至渐渐接近实情。

那么，我先提出一个粗略的设想来吧。

建筑理论系统不是封闭的，除了以方法论、建筑社会学、建筑心理学等作为中介环节跟它的环境做交流之外，还跟经济、政治、技术、科学、哲学、文艺等做各种形式的直接交流。这种外部关系在这个图式里就不能显示了。

系统里的各个元素（子系统）互相影响，互相制约。它们各自在这个有序的层次结构中占一定的位置，但并没有高低贵贱之分。概括性强的，并不比实践性强的更多一分光彩，各有所适而已。

系统的功能是它的各元素功能的有机综合。所以，如果这个系统里的缺门和薄弱环节太多，那么，我们的建筑理论水平总体上说就不会高，同时，处于互相影响和制约中的各个元素的水平也不会高。“孤枝临风”的可能性是不大的。所以，很有必要协调一下理论工作的选题。

建筑的基本理论包括建筑的本质和它的基本的运动规律。研究这个课题，现在看来，最好也是先探一探它的层次结构。而且，一定要放在系统的制约关系里来研究，否则，它就会走向完全脱离实证的抽象，空洞无物。把问题缩小到建筑本身来说，它也包含着从鸡棚牛舍到平民住宅到宫殿庙宇等许多层次。在每个层次里，建筑的各基本元素之间的相互关系是很不一样的。有的层次里，艺术占优势地位，有的层次里，经济或功能或技术占优势地位。在不同的历史条件下，在不同的社会背景下，不同的层次成为主导的层次，它决定了当时主导的建筑观念，也决定了当时建筑主流的运动规律。因此，必须在动态中，在一定的时间坐标和空间坐标中研究建筑的本质和它的运动。离开建筑的社会历史条件去寻求它的永恒不变的本质，那就会发生把建筑定义为“固定在地上不动的”构筑物那样的事来。我们不赞成庸俗社会学的方法，但我们也反对孤立地、静止地研究的方法。建筑毕竟是社会的，不是自然的，在当前还有大量的人没有住宅，多少中小学的校舍还不安全，多少医院因为病房不足而不得不拒收危重病人的情况下，悠悠然地说艺术是建筑的灵魂，或者空间艺术是建筑的本质等等，至少是过分超脱了。观念要随时代变化才好。

建筑美学现在还很冷落。希望有更多的同志在技术美学的层次上研究这个课题。技术美学是关于大规模生产的工业品的美学，是普通老百姓物质生活环境的美学，它是一个更适合于现代建筑特性的美学层次。现代建筑的先驱者们曾经对技术美学的诞生和发展做出过重大的贡献。格罗庇乌斯主持的包豪斯曾经是技术美学最重要的研讨中心。勒·柯布西耶的《走向新建筑》就是用技术美学打破了传统的学院派建筑美学的禁锢的。长期脱离时代、脱离实践，或者只在古代建筑上探讨建筑美学，把建筑跟纯精神产品的绘画、雕刻一样当作纯审美对象来研究，大概是很难有切实的成果的。

建筑史的研究缺项也很多。中国近代建筑史的研究起步不久而解放以来的建筑史的研究更不成局面。近三十多年来的我国建筑史是一个非常有意思的科目，有很高的理论价值和实践价值。有些同志觉得这个科目太难，因为许多问题没有结论。其实，整个建筑理论领域里，有结论的问题并不多。越是没有结论的地方，越是开拓性的地方，越有吸引力。研究工作的意义，就是力求给没有结论的问题探索结论。有了结论的地方，还去干什么呢？近三十几年的建筑史这个科目也应该先分解成元素，在系统整体目标的制约下一个一个地下手研究。既不要心有余悸，更不要有预悸。实事求是地去写就是了。在这个科目中，更难做到的，也许是克服早已深深渗透到我们意识中去的一套八股。这就是为什么我们总突不破对“国庆工程”评价的禁区的主要原因。

人永远不可能摆脱历史。对建筑历史的认识影响着建筑师创造追求的取向，也就是导引着建筑的创作论和价值观。研究建筑史的目的，就是使这种影响从潜移默化变为自觉。因此，研究建筑史，似乎不必把精力过分地放在挖掘很冷僻的新史料上，最好是善于在整个社会文化史的大背景上做综合的研究，理解和阐释基本的史料，发现建筑发展的基本规律。单纯描述性的历史是不大可能进入理论系统的。这就要求研究者有开拓精神，有时代意识，有社会责任心。

价值论和创作论是咽喉锁钥之地，兵家必争。当年现代建筑造学院派的反，这里是主战场，勒·柯布西耶的《走向新建筑》在这儿爆炸。如今后现代派想造反，也把主战场在这里摆开，文丘里的《论建筑的复杂性与模糊性》也在这儿爆炸。每个时代，每种社会制度，每种文化类型，每一代人，都会要求有自己的价值论和创作论。将来，真正的社会主义建筑，必然要首先在这个领域里竖立自己的大旗。创作论是理论上的创新机制，它进行探索性的思考，它是建筑发展的主要的发动机；价值论则是自律机制，它对建筑创作的各种创造性思维进行检验和确认，包括功利的、审美的、道德的等方面的价值判断，从而判定它对社会的意义。价值论和创作论是同一钢币的两面，总是相伴而生的，不过因为思维活动的方式有区别，所以把它们并列为二。这种并列仅仅为了说明它们的实质，至于它们由同一个人完成还是由几个人完成，没有什么关系。在我们建立社会主义的建筑理论系统的时候，对已有的各种创作论做一次全面而彻底的审查，倒是一件很重要的工作，最好有些同志能在这个课题上坚持不懈地一项一项做下去。这也是个建立社会主义的建筑价值论的过程。

建筑评论也是建筑活动的自律机制之一。它可以以建筑物为对象，也可以以建筑师为对象。当问题探讨得比较深入的时候，它就会跟价值论和创作论接茬。建筑评论起两种桥梁作用：一是联系理论和实践；一是联系社会和建筑。所以，它不但要面向建筑师，面向建筑理论工作者，也要面向社会群众，培养他们的"建筑意识"。一篇评论当然可以是单义的，只从一个标准来评价，但是，评论在总体上应该是全面的——力争全面的，要反对唯美主义，反对纯功利主义，反对庸俗社会学。时代气息和进取精神是它的灵魂。目前，因为建筑创作体制不很合理，创作过程不很合理，建筑评论很有困难。因此，建筑活动的自我调节机制就不大灵。

方法论当今比较热门。大概说来，各种方法都不过是方法而已，而且并不是唯一正确的方法。它们各有所长，都是方法论系统里的一个元素，在一定的层次和方位里。所以，认为"牛顿力学式的思维已经过时"，恐怕不大合适。所谓线性的、单向的、单因单果的、"非此即彼"的和分析的思维，仍然会有它们适合的用武之地，而且永远会有，永远必不可少。就像微积分不可能废除整数四则运算，反倒离不开它一样。何况实际上有大量的计算并不需要动用微积分，比如买西瓜的时候。同样，综合研究尽管越来越重要，但"没有分析就没有综合”，还是颠扑不破的真理。研究方法论的最优方法，是把它当作方法来用，而不要过多停留在对它本身的描述上，如果用系统论（含信息论、控制论）方法来写一本《建筑设计原理》或者《建筑构图原理》，或者写一些这方面的文章，那是非常有意义的工作，在方法论的应用探索中，如果忽略了它们不过是解决问题的方法，也许有可能搞出一个“屠龙之术”来。

建筑社会学是个有特殊意义的领域，城市规划和住宅的社会学已经有不少人在做工作了。一般的建筑社会学好像还没有。建筑是一门非常生活化的专业，生活总是社会的。建筑不但受社会生活的塑造，它也塑造社会生活。梁思成先生写过一篇小文章，题目就叫《建筑⊂（社会科学∪技术科学∪美术）》，他认为建筑要解决社会性问题，“建筑师就必须在一定程度上成为一位社会科学家了”。卢斯、勒·柯布西耶、格罗庇乌斯这些现代建筑先驱者，就是把建筑革新跟社会改造放在一起考虑的。社会学的问题渗透到建筑理论的各个层次、各个元素中去，在任何一种有关建筑的理论思考中，如果脱离了社会，没有社会学的眼光，那大概就不免会走些弯路甚至歧途。因此，尽快地建立我们的社会主义的建筑引论学是十分重要的事，但这件事又不是任何一个人单独能够搞得起来的，除非只弄些书本上现成资料先搭一个架子，以图引起人对这项科目的注意。

我也仅仅是为引起人的注意才试探一下建筑理论系统的。所说的当然很肤浅、可笑。但如果有更多的同志来弄清这个系统构架，然后使一些理论爱好者做多方位的战略展开，填补上空白，形成系统，那么，大家协同作战，我们的理论工作就有可能进步得快些。

原载《新建筑》1987年第3期

拉斯金论创新

梅　尘　摘译

译者说明：

拉斯金是19世纪英国的文艺理论家，他生活在欧洲现代建筑革命的酝酿时期，但是沉溺于提倡手工业的生产方法，怀恋中世纪的文物，顽固地反对在建筑中进行变革。拉斯金在欧洲曾经是很有影响的人物，我从他的名著《建筑七论》的“论顺从”一章里摘译出一些理论，供大家参考。此书初版于1849年，可见当时建筑革新者所面临的斗争的艰难。

现在，每天我们都能听到英国的建筑师呼吁要独创，要创造新的风格：其明智和必要，就好像劝说一个身无寸缕以御寒的人去发明服装的新款式一样。先给他一件囫囵的衣服，然后再叫他去关心衣服的式样罢。我们不需要新的建筑风格。……但是我们需要某种风格。如果我们有法律，而且是很好的法律，那么，它们是新是旧，是外来的是土生的，是罗马的、撒克逊的、诺曼的或者英格兰的，都根本没有关系。但是，我们确实应当有某种法律，而且这法律必须全国通用，不能有些在约克有效，另一些在埃克塞特有效。同样道理，我们的建筑是新的还是旧的，这事不值一提，但是，我们的建筑真是建筑还是假的，这倒很重要；这就是说，我们的建筑法则是不是能像教授英文拼写和文法那样在全国学校里教授，还是每逢建造一所作坊或教区小学校舍时都得发明些新东西。我认为，现在绝大多数建筑师都丝毫不懂独创性的本质和意义，也不知道它存在于何处。说话的独创性不在发明几个新词；写诗的独创性不在发明几个新格律；在绘画中，独创性也不在发明新的色彩或者敷色法。音乐的和弦，色彩的和谐，雕刻形体的基本配置方法，都是早就定了的，已经既不能改变也不能增添。……创新跟这些无关。一个有才赋的人，能够利用他当时流行的任何一种风格，卓然成家，使在这些风格下所做的一切都新鲜得像是刚刚从天上降下来的。我不是说，他在运用材料和规则方面毫无自由；我不是说，他不能靠他的努力和想象搞出点前所未有的变化来。但是，所有这些变化都应当是有益的、自然的、顺理成章的，虽然有时也可以出人意外；绝不可把它们当作高雅或特立所必要的条件而有意加以追求。

不论多么好的独创性和变化，尽管它们通常受到最热烈的称赞，也不能为它们本身而去追求它们，并且不可能通过背离流行的法则或向流行的法则做斗争而得到它们。我们既不要独创性也不要变化。已有的建筑形式对我们来说已经足够好了，对那些远比我们强的人来说也已经足够好了；既然我们可以照它们现在的样子捡起来就用，那么，我们就有足够的时间慢慢考虑改进它们。但是，有一些东西，我们不仅需要，而且没有了它们就一事无成，没有了它们，全世界的奋斗和激动、全英国的才智和决心，都不能帮我们去做成什么事，这些东西就是：顺从、一致、友爱和纪律。

原载《建筑史论文集》第8辑，1987年5月

危机与生路
——外国建筑史教学的问题

李渔舟

1993年1月，我第五次到台北，立即就读到了《空间》杂志1992年第12期。那里面有一篇台湾各大学建筑系西洋建筑史课教师的座谈会纪要，大标题赫然写着："为建筑史寻生路？"我教了40年外国建筑史，风风雨雨尝尽了酸涩苦辣各种滋味，如今看到台湾同行们居然也在为建筑史的"生路"犯愁，虽然早已到了说"天凉好个秋"的年龄，还是禁不住心头一阵阵的凄惶。

看会议纪要，所谓"寻生路"，无非是要回答"建筑史有用吗？"这个老问题，或者说，一些教建筑史这门课程的人，努力要给建筑史找出点儿用处来，真是其情可哀也复可敬。

"有用"是大学里开设一门课程的前提条件，"有没有用"关系到一门课程的存废，这好像是天经地义，没有怀疑的余地。不过，真要较起真来多想一想，这个道理又挺"模糊"。什么叫"有用"呢？是地球围着太阳转，还是太阳围着地球转？这样的知识，对百分之九十九点九的人来说，大约是一丁点儿用处也没有的。没有用，就可以不知道吗？也许是的，反正我想不明白。这例子恐怕远得太没有边儿，不过，对建筑师来说，建筑史总比太阳系的运动更贴近一些实用。

我们教建筑史的人有一个习惯，遇到疑难问题，总要先弄清楚问题产生的背景和它的发展过程。要回答建筑史有没有用，也不能"迎难而上”，倒是不妨“知难而退”，先绕几个弯子。

回想五六十年代，只要不搞政治运动，我的建筑史课的行情还是挺俏的，学生们从来没有问过“有什么用”，听起课来却兴趣勃勃。不过，政治的风云一起，我立即就会被上面抛出来，被下面揪出来，大字报“铺天盖地”，在走廊上过，两条腿都发软。一位1970年代末就“开风气之先”、迫不及待移居“天堂”的“左派”，当年指着我的鼻子骂：“你讲宫殿、庙宇就是反动！就有罪！”可是，政治运动一过，“休养生息”了，我还是讲宫殿、庙宇，学生还是听得津津有味，仍然不问“有什么用”，却座无虚席，仿佛那些大字报是天外来客写的。这样反反复复好几次，我渐渐明白，建筑史该不该学，受不受欢迎，并不完全决定于它的科学内容，更重要的是政治环境。说起政治环境，也还有点儿哏。批判起来，上的政治纲是宣扬“封资修”，但领路人给我指明的阳关大道是以后只讲历代杰作的比例、构图、线脚、檐口，美其名曰历史为设计服务，正好扣紧“理论为实践服务”这条政治性意识形态口号。不过我冥顽不灵，仍旧坚持我的史学道路，尽管有人慷慨激昂地建议把“屡教不改”的我清除出讲台。

近十几年来，情况大不一样。政治恐怖渐渐退潮，思想活跃了一点儿，建筑史课受到学生的热烈欢迎，讲课会有满堂彩，倒也很使我觉得意外。不料好景不长，到了近两三年，建筑设计市场大发，南飞大雁日进斗金，我的教室反倒“门前冷落车马稀”，没有几个学生了。每次上课，我都要在冷板凳上坐十来分钟，才零零落落有几个学生来到教室，刚刚够我提得起讲课的情绪。最近有两次，竟至于只有一位小辫子姑娘，准时坐在第二排中央。白头宫人，回首天宝盛世，我也不胜黄昏落寞之感了，好在作为一个老运动员，我早就泯灭了自尊心。于是，我又多明白了一点：建筑史该不该学，受不受欢迎，并不完全决定于它的科学内容，还要看经济环境。金浪滔天，人们的观念变了，衡量一门课程的价值，要看它能不能立竿见影地转化为钞票。我每年都要填好几次上面交来的论文报表，里面都有一项，叫作“经济效益”。我虽然教了40年外国建筑史，但实在填不出巴洛克、洛可可值多少钱。现在提倡把什么都商品化，连教育、文化、学术都不例外，我这门不能换钱的建筑史，一推上市场，当然就不会受“上帝”待见，何况“上帝”已经有赶海弄潮的了。

事情说到这里还不够。我找过几位在课堂上聊天、打瞌睡的学生，问了问，为什么对建筑史这么腻烦，这门课至少还有点儿“西洋景”可以看看嘛。聊了几次，我发觉，这些学生的历史和文化知识太可怜了。他们不大搞得清希腊、罗马，地中海、尼罗河，更搞不清路易十四和拿破仑。过去，建筑系的学生一般比较有书卷气，课余时间，听听贝多芬、舒伯特，看看雨果、狄更斯，背得出几首莎士比亚的十四行诗，也能议论议论米开朗琪罗的大卫像。所以，他们听外国建筑史，把哥特教堂和文艺复兴府邸投到心里的历史文化知识网络里去，每每领悟很多，大有兴趣，也大有收获。而现在的一部分学生，把相当多的课余时间消磨在“床底下拖出一具裸体女尸”那样的“文学”里，消磨在电视机五光十色却空虚无聊的节目里，更不用说斗牌了。社会上一个劲地叫嚷要娱乐、消遣，轻松自在地“享受人生”，嘲笑“说教”、严肃和崇高，连建筑文章家都嘲笑社会责任心和历史使命感。于是，有些年轻人的文化品位大大降低了，当然懒得去探究天人之源和古今之变。因此，我又进一步明白，建筑史该不该学，受不受欢迎，并不完全决定于它的科学内容，还要看文化环境。我讲的外国建筑史虽然远远提不到什么阳春白雪，至少也不是下里巴人，在“通俗文化”淹没大地的时候，当然就会遇到“有什么用”这样的问题。

或许还可以说许多别的话，不过，政治环境、经济环境、文化环境，这三样，确实左右着外国建筑史课程的命运。现在，政治环境已经宽松了，而经济环境和文化环境却是风刀霜剑严相逼了。这两个环境的作用，台湾的同行们也在不同程度上感受着，所以他们喊出了为建筑史寻找生路的天鹅绝唱。台湾的朋友们很厚道，严于律己，他们寻生路，着眼于加深自己的认识，提高自己的水平，改造自己的讲课内容，力求对学生有用。我大概是因为过去写过几十万字的交代检讨，有了点儿逆反心理，更倾向把我讲的外国建筑史的跌价诿过于环境。虽说学海无涯，但只要拿出铁杵磨针的功夫来，教师个人的学识和能力总是可以长进的。个人因素不至于造成建筑史这门课程的危机。只有大环境才会给这门课程造成危机。我几十年来讲建筑史，坚持的就是这个史观。不过，我在这里仍然回避了外国建筑史本身对建筑师来说到底有没有用处、有什么用处的问题。

说起危机，这几年所见所闻可就多了。小而言之，有纯文学危机，有严肃音乐危机之类；大而言之，有教育危机、文化危机、学术危机之类。跟这些危机比起来，建筑史课程的危机实在算不了什么。我这个穷教师，从来舍不得买票进音乐厅，近来却有两次因为找朋友，居然在豪华宾馆的门厅里揩油白欣赏了几位高级乐团艺术家们“洋琴鬼”式的表演。听说他们在剧场里正式演出，也是门可罗雀。我们彼此彼此。酸楚之余，我想，如果我问他们，莫扎特有什么用处，冼星海有什么用处，他们大概也只会瞠目结舌，说不出多少过硬的道理来。没有莫扎特和冼星海，能发财的还不是照样发财，一个镚子儿也不会少。

因此，如果我现在去回答建筑史有什么用处这个问题，岂不是自讨没趣，犯傻！

过去，学生们不问建筑史有什么用处，我却大卖力气，讲建筑史的用处，它的重要性，足足要讲两个学时。后来，学生们怀疑建筑史的用处了，我却不讲了。相反，我老老实实告诉学生，有些人并不懂建筑史，也能成为著名建筑师；有些人并不懂建筑史，也能成为著名建筑理论家。反过来，懂得一点儿建筑史，未必就能成为著名建筑师或者著名理论家。

我也曾想，应该告诉学生，学了外国建筑史，能够登高望远。但我遥看南天如林的高楼，近看身边同事鼓起的腰包，问一问：登高望远有什么用？“三杯两盏淡酒，怎敌他晚来风急？”

有一位书呆子，忧心忡忡地写文章说：到了21世纪，我们将不缺钱，不缺技术，但我们将缺乏思想。而没有思想，将是民族命运的劫数。民族命运这个题目太大，且不去说它，要说没有思想将是建筑学界的劫数，如何呢？

原载《新建筑》1993年第3期

《世界建筑》创刊十五周年笔谈会发言

梅　尘

一晃十五年，《世界建筑》已经是豆蔻年华，这般如花美眷，是秾了、纤了！是红了、白了？我竟都不知道——自从眼睛坏了之后，整整两年没有读它了。好在毕竟曾经对它钟情，忘不了它的声欬倩影，且凭淡去了的印象，向耳边送上几句知心话。

一望《世界建筑》，少讲一点大师、名作，请多介绍一点跟寻常老百姓生活有关系的建筑，量大、普及型的建筑。让读者全面了解外国建筑活动的真实情况。

二望《世界建筑》，不要对玄言空论太感兴趣，不要把建筑只当作看看的东西，甚至只当作说说的东西。请多实事求是地分析建筑，以及它的社会价值，它的历史意义。

三望《世界建筑》压缩一下东张西望报道性的篇幅，请增加一点看得仔细、想得深透的文章。不妨有一些系列性文章，专栏文章。

四望《世界建筑》努力避免面色枯槁、言语干涩、千曲同腔。请尽可能说得生动活泼、性格鲜明，多一点儿创造性。

难了！难了！好在已经有不少朋友长期地或短暂地到海外，多请他们帮帮忙罢。

原载《世界建筑》1995年第3期

关于建筑史的研究和教学的随想

建筑史的研究和教学，历来有一类问题，概括起来，就是它们的目的和方法。

过去，现在，关于建筑史的研究和教学的目的，已经提出过许多主张。似乎还不能说其中哪一个压根儿不行，哪一个又唯一正确。各人不妨按自己的主张去做，都有可能果实累累。这样便形成了特色，形成了学派。

天地间的一切存在之中，历史是最雄伟、最庄严的。它也无比地丰富多彩。没有一个人，没有一种方法，能够整体地把握历史的丰富性，因而我们很难进一步真正领会历史的雄伟和庄严。我们只能依照各人的主张，从一个个角度，一个个侧面，去接近历史，实践着的主张越多，它们的总和便越能把历史的丰富性显示得多一点。

关于建筑史的研究和教学的目的，不论怎么主张，最好都能包容着教人品味到一点点历史的雄伟和庄严。这就是说要培养人们的历史意识和历史感。

一个人的素养之中，最深沉的莫过于历史意识和历史感了。

历史意识，首先是思维的大尺度。历史是在空间和时间中展开的，所以历史的内容不仅是时间的，也是空间的。“究天人之际，通古今之变”，便是历史思维的时间尺度和空间尺度。其次是理解万事万物都有产生、发展和消亡的过程，变化无穷。正是这个过程构成了历史，历史就是变化。“子在川上曰：逝者如斯夫！不舍昼夜。”这便是历史的感叹。一切美好的东西也都会无可奈何地消灭，所以，从某个角度看去，历史常常带有悲剧色彩。再次是一种创造精神。人类要生存就得劳动，劳动的本质是创造。文明史，包括建筑史，是创造的历史。有点点滴滴默默无闻的积累，有大智大勇无所羁绊的开拓，仰望古今，这两者都是崇高的，而尤其是后者。创造是历史永恒的动力。

历史意识诉诸头脑的思考，是理性的；而用心灵去感受，将它转化为情感的，那便是历史感了。用心灵感受历史，需要博大的胸襟、深远的眼光、沉郁的感情，需要对一切创造者的尊敬和热爱以及对人类命运真切的关怀。“前不见古人，后不见来者，念天地之悠悠，独怆然而涕下”，便是历史感的最动人的表现。建筑史是科学，科学需要冷静的理性思考，但是，没有激情也是研究不好历史的。历史的主角毕竟是活生生的人。

会有人问，历史意识和历史感有什么用？提出这种问题，恰恰是因为缺乏历史意识和历史感。他们把人生意义看得太过于功利了，太过于追求狭隘的目的性了。他们惯于用现金结算人生的价值。直接回答他们的这个问题，去苦口婆心地说服，去面红耳赤地争辩，都是毫无用处的，只有随他们去罢。我们把希望寄托在教育新人上，一代不成再下一代，一代一代把人的素质提高。这当然要付出代价，甘受一辈子冷落。

因此，很难同意新近出现的一种主张，说要改造建筑史的研究和教学，使它跟市场经济接轨。建筑史的研究和教学当然要发展，也可以改造，但它决不能阿世媚俗，不能成为商品化了的建筑师劳务的包装或者促销手段。即使在已经有几百年市场经济历史的社会里，市场也没有能完全征服教育、学术和文化。为什么在我们这个刚刚在市场经济中学步的社会里，教育、学术和文化要向市场卖身？

至于建筑史的研究和教学方法，那当然也可以五花八门。旧的并没有像一些人以为的那样，已经过时，要赶快唾弃，甚至标榜自己的“出污泥而不染”，一身清白。新的也需要探索，在积极的探索中不妨有所引进。所谓新的方法，基本上是新的思维和新的视角。这当然值得欢迎。但是，无论如何，研究建筑和建筑史的方法都应该源自建筑的本质，它的社会功能，社会对它的要求，它与一定的社会文化的联系，等等。简单地说，研究建筑和建筑史的方法存在于建筑的本身之中。建筑是什么，就决定了应该采用什么样的方法去研究它和它的历史。

建筑是人类社会生活的人为的物质环境，是人类社会存在和发展的必要的物质条件；建筑是为一定历史条件下社会人的社会需要而被建造起来的；建筑是作为一个有内部层次结构的大系统而服务于社会的，这个系统与社会的生态系统相对应，它又是更大的文化系统的一个子系统，与文化的各个子系统发生着密切的关系；建筑是存在于历史环境、自然环境、人为的物质环境和人文环境之中的；建筑是用大量的人力物力，依靠一定的科学技术建造起来的;建筑是人类创造力的丰碑，有些是国家权力的标志，或者是精神奴役的手段，或者是自由解放的象征；建筑寄托着人们的理想、愿望、情感、宗教信仰和价值观;建筑要满足平常百姓的自尊心和安全感;在某些历史时期，建筑会异化为商品，如此等等，还可以列举出许多来。只有根据这些，才能正确地决定建筑的研究方法和建筑史的研究方法。

因此，我不敢贸然赞同脱离建筑的本质和它的社会功能，脱离建筑客观的现实存在和历史存在，把它从一定的社会历史文化环境中抽象出来，而去从外国18、19世纪的美学类书本里或者当代流行的人文类书本里，直接引进不相干的概念、“哲理”和方法。可以做盗天火的普罗米修斯，却不可以当思想的倒爷。

建筑史的研究，目前似乎不必急于撰写大部头的通史。任何时候，基础研究都应该放在第一位，多写一些专题著作、论文、调查报告、文献整编、史料钩沉等等，还应该时时注意扩大研究的领域，填补空白。建筑史工作者完全可以在这些基础研究上充分展现史才、史识、史胆和史德。建筑史研究的繁荣是由各种各样的成果总汇来反映的，不一定反映在划时代的通史巨著上。在这个问题上，应该改变我们的价值观，以免事倍而功半。

原载《建筑师》第69期，1996年4月

一封推荐信

衍庆同志：

我向您推荐一篇很精彩的论文：台湾成功大学建筑系王明蘅教授写的《当代建筑人文的贫困》，原载在1997年3月出版的《台湾建筑》第18期上。这本是王先生1987年12月在东海大学做的演讲。我建议《世界建筑》转载它的第一、三两部分。理由是：第一，这篇论文写得很深刻，很有特色，而且十年之后的今天，读起来依然新鲜；第二，我们长久没有读到台湾朋友的理论文章了，不知道他们在想什么，怎么想。这个缺口应该补上。

台湾的建筑界里，“业界”和“学界”的分野相当清楚。学界的朋友们几乎全都在英美受过学术工作的科班训练，很有功力，成绩可观。我会见过其中不少人，有几位很熟悉。有一件事很有趣：我跟他们交谈的时候，彼此很容易沟通，毫无隔阂，可是他们写出来的文章，我实在不敢看，那词法、句法、章法疙里疙瘩，有些“行话”简直像外星人说的。有一次，一位教授朋友真诚地对我说，我的文章的内容，他都能同意，但是，可惜我的文章太不学术化了，没有使用学术语言。我这才知道，他们的文章所以写成那样，是使用了学术语言的缘故，而那些文章的内容，当面用普通语言也是可以说清楚的。

王明蘅先生的这篇文章，明白如话，十分好懂，在台湾建筑学界中真是少见。更教我大感痛快的，是王先生对那种“Anglo-American式的文风”也是“敬而远之”，害怕读起来颇受“煎熬”，而且点明它是一种“促销”手段。我们如今有些年轻朋友写文章，跟在西方后现代主义理论家后面邯郸学步，满纸的“话语”“文本”，还有许多古怪稀奇的没有表达力的表达方式，真正把中国话解构了。所以，我特别觉得，王先生的这篇文章值得一读。

还有一件事引起了我的注意：王先生的头衔是“设计理论与方法教授”。这个头衔我们有吗？应该设吗？早在“文化大革命”之前，我就向某校建筑系的负责人建议开设这样一门课和一门“建筑学术工作方法与论文写作”课。当时那位先生答复说，这建议很重要，但是现在没有人能讲。“文化大革命”之后我又建议过两次。三十几年过去了，如果真心认为这建议“重要”，那么，能讲这两门课的教师恐怕可以培养出一打来了，“梯队”都可以形成了。不知现状如何？

原载《世界建筑》1997年第6期

赶紧培育健全的建筑学术界*

这次会议的题目是中国建筑的“现状与出路”。这是个战略性的题目，很大，又是个需要时常想一想的永恒性的题目。

在这个包罗万象的题目里，我打算说一点儿关于建筑学术方面的事。这方面的事早就应该说说清楚了，总不能随它自生自灭。在姥姥不疼、舅舅不爱的现状下，学术工作居然还能有一口气，真是人间奇迹。可是总不能长期如此，万一这口气断了呢？何况一口气大大不够。以我的身份和学识，一向自知，并没有资格说学术界的大问题。好在我以发表意见不怕出乖露丑闻名，这次“杀上第一线”，向身怀宝玉的朋友们抛出一块碎砖头。

咱们建筑这个行当，大致粗说一下，可以分为两大部分，一个是建筑创作，一个是建筑学术。它们哥儿俩，创作是老大，居第一位，这一点用不着争论。不过哥儿俩相亲相爱，互相作用，互相促进，才能家道昌隆，所以，不能太亏待了老二，总得吃饱穿暖。

十几年来，有改革开放的好政策，建筑创作真个是繁花似锦，好一派阳春三月景象。听说，建筑论坛的上一次会议着重讨论了中国当代建筑与发达国家的差距。差距固然不小，但是照这些年样子如火如荼地下去，只要观念革新，赶上的日子怕也不会太远，有半个世纪总差不离了罢。

---

* 本文是为1997年的一次建筑学术讨论会写的发言稿。

建筑创作要赶上先进国家，少不了建筑学术搭帮一把。可惜，建筑学术目前很不景气，身子骨单薄，助不了大哥一臂之力。这恐怕很不利于创作的赶先进。

咱们中国，向来没有形成一个有相当程度专业化的、独立的建筑学术界，学术工作的底子很薄弱，再加上先有政治大棒的摧折，后有经济大潮的冲击，根本排不开阵势。一向，学术工作大多是从业建筑师顺手做一做，外加寥寥几个学校里的教师。所以，创作和学术之间产生了一个奇怪的关系：创作繁荣了，学术便没有人去做，衰落了；什么时候学术有了点起色，必是创作不大活跃，建筑师闲下来了。创作和学术没有同步发展，反倒是此长彼消，此消彼长。“文化大革命”以前如此，之后也是如此。

回想1980年代，人心振奋，咱们的建筑学术界很有点儿蓬勃气象。高等学校出齐了一套教学用书，专业杂志创办了好几份，学校和研究所纷纷编印了论文集或者学报，专著和论文也不少，光是中国造园史就出了好几种。我1990年代初期到台北去了六次，看见书店里建筑类的重头书，有一半以上是大陆著作。台北建筑界的朋友们说，他们那边的人比较浮躁，坐不下来做深入的研究工作，对我们这边的学术成就很有点敬意。那时候，学术工作的领域也扩大了不少，古今中外，城市、建筑、造园、装饰、纪念性雕刻、设计原理、建筑和造园史、文化建筑和历史文化名城保护等等，都有些分量不轻的研究成果。建筑美学、生态建筑学、建筑社会学等学科的初步构想也提出来了。理论的探讨更是热热闹闹。如果算上翻译，那就更可观了。

所以出现了这种场面，一半是靠“文化大革命”前的多年囤积存货，一半是由于设计业务还没有火爆起来，出书发文章，还算得上是一件美事。而且出版社那时候还懂得支持学术。从1980年代晚期起，建筑设计院忙得不可开交，从业建筑师当然顾不上读书写文章。学校里的历史、理论课程的教师，本来应该是学术工作的主力部队，也因为开放了第二职业，干设计工作可以大把捞钞票，而学术工作不但几乎没有收入，有时候还得倒贴，便禁不住发财致富的诱惑，耐不了清贫寂寞的煎熬，纷纷下海了。这也难怪，谁不抢香饽饽吃呢？釜底抽薪，建筑学术就冷了锅灶。

立竿见影，到1980年代末，有些名声挺不错的论文集办不下去了，做了一半已经积累了大量测绘图的研究扔下了，拿了资助的写作计划不想干了，海外出版社预付稿费约人编一套书竟没有几个人应承。学校里好不容易培养了几个学术苗子，不是出国了，便是到公司赚大钱去了。杂志往往只靠大学研究生的论文支撑场面。一位编辑说，幸亏教师申请高级职称要评论文，总算帮了杂志一把。不料有些大学，立了新规矩，教师评职称只要看设计了多少平方米房子，不要学术论文了。一个建筑学院的领导人之一，到美国去待了几个月，回来之后说，建筑嘛，就是做设计，没有什么学术论文可写。连本来就太少的专业研究机构，也名存实亡，研究人员整天忙于养家糊口。出版社也不支持学术工作了，有著作要出版吗？拿钱来！一位老朋友，心脏病闹得死去活来，做手术，往血管里装了架子撑着，出院不到半年，又玩命上山下乡去研究民居，十天半个月不歇，有时候一天用两条腿走几十里山路。辛辛苦苦写成了书，送到出版社，编辑先生一开口就要二十万元出版费，而这位老朋友的全部研究费才用了三万元。另一位朋友，也闹心脏病，被急救中心拉到医院，做了冠状动脉搭桥手术，活过来了，花几年时间写了一本书，出版费竟要二十五万元。这不教人流泪吗？不能出版，谁还做学术工作呢？疯了？傻了？出版社也有话说，市场经济，讲的是经济效益，你那个学术研究值几个钱？瞧瞧！人家占着硬道理。

以上说的是现状，句句属实，不怕您打假。

一辆板车，一只轱辘瘪了，另一只气再硬，车子也走不利索。咱们建筑行业眼前就是这副模样。已经有人看出这辆车子走得歪歪斜斜的了。有的说：多写点儿建筑评论罢，写深一点，透一点，别不痛不痒或者胡吹乱捧；有的说：一阵风后现代，一阵风解构主义，还有那漫天阴阳八卦、易经禅学、天人合一的风，如今又兴起外国古代式样来了，怎么回事呀？总得有个明白一点的说法。还有一个成天价念叨的老题目：建筑要中国气派，要地方特色，您倒把中国传统建筑的气派、特色给我讲透彻了，总不会只有大屋顶和小亭子罢。您还得讲明白它们是怎么形成的，有什么历史因由。

这不，理论、评论、历史，都有人召唤。建筑学术，主要就是这三大块。归拢包堆一句话：还是要发展建筑学术。

那么，出路在哪里？出路在培养一个稳定的、独立的、相当专业化的建筑学术界。只有相当专业化的学术工作者，才能安下心来，踏踏实实学习、研究，少受外界干扰，一辈子奉献给学术事业。学术事业是他们的安身立命之地，容不得他们玩票，他们也不大敢怠慢。眼前来说，先要创造条件，让有志于学术工作的人，收入不要比搞设计的差得太多。老婆生病买得起药，孩子上学交得起费，日子过得体体面面，礼拜天全家下馆子吃一顿红焖羊肉，别教老婆孩子太受委屈。工作经费要够，出门调查用不着为路费和住店钱犯愁，拍照片不必扳着手指头算过来算过去，多一张就心痛。资料图书该买的就得买。有了成果交得起出版费，不至于锁到抽屉里变成跨世纪的文物。有合适的国际会议，出趟国也不成问题。有了这些条件，总会有一些人塌下心来熬寂寞。但是，这样还不过是初级阶段，进一步，就得设立一些专门的研究机构，包括学校里的教研组或者研究所。靠个体户是形不成学术界的。有了专门的研究机构，才能有学术核心，才能把各类人员搭配成完整的阵势，才能展开课题，才能有长远计划做系统的研究工作，才能有薪火传承，形成学术传统。资料档案的制度化的搜集保存，也只有专门的机构可以做到。总而言之，有了专门机构，才能有人才积累、学术积累和资料积累。没有这些的长期积累，学术的水平是不可能提高的。专门的研究机构，包括学校里的，是学术界的骨干，没有稳定的专业机构就没有学术界。当年中国营造学社，干了不过十来年，便给中国建筑史这门学科的研究和研究人才打下了结结实实的基础。咱们耽误了多少个十来年了哟！

当然，这样的机构，要有相当多的数量，相当大的规模，“三个五个，一群两群”，只能在高粱地里打游击，而学术界要正规军。这样的机构，更需要有足够的经费，如果要正规编制的研究人员自筹经费甚至生活费用，那不如趁早别挂招牌，免得把有志于学术工作的人的心气儿伤了，十年八年也缓不过来。

有了专门的研究机构还不够，还要使研究人员科班化，就是说，要在大学的建筑系里，制度化地培养专门的学术工作者。到了这一步，学术界的长远发展才算有了保证。

专业化培养的专职的研究人员会不会变成脱离实际说空话的大炮或者谈玄学的书虫？这些年，由于西风劲吹，咱们这里也出现了休闲神侃式的建筑文章。先是生吞19世纪的美学，后是活剥20世纪的哲学。这些“学术”把不少人弄怕了，弄烦了，以致一提起学术论文来就摇头叹气。那样的问题由学校和研究机构去注意提防，是有难处，中国人说一万句，顶不住外国人说一句，不过不见得是宿命，不可避免。

有了机构有了人，下一步就得稳定、提高、发展。这里头一个关键就是出版。没有出版便没有学术，到头来学术界也就散伙拉倒。所以我们要有眼光远大、胸襟开阔的出版家、文化人，而不是出版商、买卖人。当然，只靠好心是不行的，得有一些经济的资助和行政的责任才行。另外，大学的建筑系，必须出版学报或论文集，没有，或者太少，就不给评上什么什么的。这要立规矩，要严格执行。一些挂着金字招牌的大学建筑系，居然多年来没有学报，没有文集，真是天大的笑话。

说到这里，明摆着，我又只好豁出去，再说一句开罪人的话，这叫“箭在弦上，不得不发耳”。这话就是，当然不必要求从业建筑师做学术工作，但是，当教师，总得做一点像样的学术工作！——阿弥陀佛，请宽恕我！那么，又牵涉到教师们的工资待遇问题了。没有高工资，又非搞清汤寡水的学术工作不可，谁到学校来教书？这就不是我能说得明白的事了。

上面说了出路。说起来容易，做起来挺难。难在哪里，说穿了，一句话：这些事，在我们现行的体制下，都必须由政府来做，而政府，又不知道什么时候才想得到这些事。就说经费问题，我们没有基金会制度，学术工作者个人又绝对无能为力。由政府来做，本来并不难，总体上说，咱们这个建筑行业的经济收益够肥的，养活几个专门的研究机构和研究人员，拨几个出版费，不过是小事一件，刮刮牙缝就行了。然而，缺乏一种制度，一种在本行业里“损有余而补不足”的制度。全世界各国都是用累进制所得税促进基金会制度来养活学术工作的。这不是“劫富济贫”，不是“吃大锅饭”，这是调剂余缺，培育自己的根本。根深了，本固了，叶儿才能更绿，花儿才能更红。往根上培土、浇水，这才是有远见的做法。我们希望政府能有这种远见和魄力。我们本打算提个醒儿，可惜传不到有关人的耳朵眼儿里去。另外，成立机构，设置专业，安排出版，规定制度，也都得由政府部门来做。政府部门不管，谁也管不了。这是明摆着的事儿。

说要远见，又是急茬。根据脉象，建筑学术已经是气血两亏，不赶快下重药，不死也得落下病根，治晚了要康复就难了。这病症候如何？又何以恁般急？一说您就明白：有志趣、有学识、有经验的学术工作者，早已是风中残烛，大多吃着“返聘”饭；新培养出来的研究生，由于没有专业或半专业的学术工作岗位，只好还是去干建筑设计或者当官，也有到房地产公司发财的。说得再透彻一点儿，正因为毕业后没有学术饭碗可端，有些导师压根儿不忍心严格按照学术工作者的规格来培养研究生，睁一只眼闭一只眼，在他们未毕业之前就随他们去打工挣钱。这也说得上是体恤年轻人。大家都无可奈何嘛。

老的老了，少的接不上，这中间断了档，将来再想续香火，可不是容易的事。说一件事您听听：年轻人有几个能给古文断句？怕连繁体字都认不多。不懂古文，怎么研究中国建筑史？建筑史可是建筑学术的基础哟！只有精通中外古今的建筑史，才能真正搞好理论和评论。说到外国史，就有个外语问题。如今的年轻人有几个能真正精通一门外语，更不用说通两三门外语了。有些研究课题，一门外语是不大够用的，一门不大靠得住的外语就更难办了。再就还有一个思维能力的问题，学风端正、概念准确、逻辑严谨、简练明白，教人家能看得懂的文章，可并不好写。学风也好，古文也好，外语也好，思维也好，都不是“一抓就灵”的，没有十几二十年的磨炼大概不行。断档不断档，是从这个尺度来说的，不能看眼眉前三年五年就出个硕士、博士。更不用说等老人吹灯拔蜡以后才找人来接班，那更来不及了，事情误大发了。

这事还有一急。有些很有价值的、很重要的课题，比方说乡土建筑研究，还没有来得及以相称的规模展开，可是民居呀，宗祠呀，文昌阁呀，书院呀，倒的倒，拆的拆，眼瞅着一天比一天少。再过几年，想研究怕都找不到几幢残剩的对象了。那时候，您心痛去罢，后悔药治不了千古遗恨！不蒙您，说实在的，现在动手做已经嫌晚了，已经是抢救性的了，知道点儿旧事的老人，懂得点儿旧工艺的老师傅，已经难得一见了。再不做，咱们这一代人就上对不起祖宗，下对不起子孙了。您说急人不急人？

最后，再补充说一说为什么要在大学里制度化地培养专门的建筑学术工作者。这可以从两个方面来看。一方面，高档次的学术研究人员，不论哪个领域，都要专门培养，这叫一般性；另一方面，建筑师跟美术家、舞蹈家、音乐家、作家和诗人相仿，常规地说，他们的知识结构和职业的思维习惯都不大适合做学术研究工作，这叫特殊性。现在，美术学院、工艺美术学院、舞蹈学院、音乐学院和大学的文学系，都有专门培养研究工作者的专业，有的叫史论系，就是历史和理论系。唯独建筑学院没有这类专业，只靠有数几个研究生。是不是要设个专业，这倒还可以商量，但是，要制度化地专门培养，大概没有商量余地。而且，从硕士生开始，便太晚了，最迟要从毕业班本科生下手，选拔几个心甘情愿的苗子，精雕细刻。

头等要紧的是培养他们的学术工作者品格：在任何情况下，只要还活得下去，就要坚持学术工作。要当一个好的学者，一辈子的时间都是不够的，还搞什么第二职业？坚持正确的学术道路，在任何情况下都要说真话，说正话，不怕得罪得罪不起的人。要时时记得普普通通、老老实实的小百姓的利益，然后才是必要的知识。要明白，任何建筑理论，如果不能涵盖老百姓的住房问题，便是言不及义。

懂得点儿哲学和哲学史，就不大会教五花八门的“哲理性”唬住，就可能比较正确地知道怎么把科学的哲学思想渗入到形而下的建筑的创作中去；就不大会被语言、符号、后现代、解构这些西装革履的“哲理”弄得晕头转向。懂得点儿文化史，就可能比较正确地迎头批判穿着长袍马褂的阴阳八卦、风水堪舆、禅意佛理、“天人合一”，还有什么新易学和新儒学。哲学史和文化史，也可能使学术工作者比较清醒地相信科学和科学的世界观与方法论。我在这里只说“可能”，不敢说“一定”，因为有一些正经八百学哲学史、建筑史和文化史的人，正津津有味地在传播玄学，宣扬向后看，或者紧赶着卖弄西方的各色时新哲学。

说到这里，我想到台湾成功大学建筑系王明蘅教授1987年12月在东海大学演讲中的一段话：

> 我不愿意，但却不能不承认当代东方的世界尚缺乏可以与西方等量齐观的声音。当然，声音是有的，但不容易听得到，或者听得不真切。这也许是由于当代东方世界的知识分子大多是抱着向西方寻求真理的心态在进行他们的思想活动……因此，他们的看法只是或大或小的一组回声器或变奏器中所传送出来的声音。……我有意使我们警觉“当代”的代表性思潮里东方的表现在质与量上都是不足的。如果当代西方的思想有贫困之处，而东方则根本是贫乏。在这个认识上，我想强调的只是对于当代的思潮，期许东方应该有原创性的贡献，而不是完全弃权，转而归附于西方的阵营中，使自己的大脑成了西方思想的殖民地，而导致西方有一点风吹草动（现在流行什么主义?），我们不是望风披靡，就是人仰马翻。

这段教人伤心的话说在整整十年以前。我很遗憾地说，“我不愿意，但却不能不承认”，现在情况依旧大体如此。

我说“大体如此”，是因为有点儿小小的保留。第一点是，东方也还有一些人能说些独立的、有分量的话。这些话不是西方的回声，也不是西方的变奏，但“不容易听到”，因为能识别这些话的价值的耳朵很少，大多数耳朵都是西方声音的接收器，不能接收东方声音的频率。第二点是，西方“当代的代表性思想”里，有不少不过是五光十色的“泡沫”。它们有些是“沙龙文化”，喝了咖啡闲聊，有些是“商业文化”，即使不是商品本身，也是用来包装什么商品的。认真的著作里，也还有一些论说并不严谨，概念和逻辑都有毛病。

对王先生这段精彩的话，我还有一点小小的补充。这就是，要警惕有人拿易理禅意、阴阳八卦、风水堪舆、“天人合一”当作“中国特色”的“原创性贡献”去和西方的思潮抗衡。这些东西，第一，从本质上说，是反科学的，有些人打着人文精神的幌子反理性或者提倡非理性，大肆鼓吹它们，也有人则把它们乔装成为“科学”。第二，它们的忽然兴起，至少在中国大陆，其实是“西方人”刮来的风，所谓“文化保守主义”的风。有些人闻风而动，大批“文化激进主义”，捣腾起沉渣来，不过并没有闹得“人仰马翻”，而是“人欢马叫”，好一派“大好形势”，怕的是“高潮还在后头”。

要在当代建筑思想的质与量上赶上西方，要对当代建筑思想做出科学的、理性的、富有人文精神的贡献，没有功底深厚的、专业的建筑学术界是办不到的。所谓赶上西方，绝不是读着西方的“文本”，说着西方的“话语”，玩着西方的哑谜，写些毫无表达能力的怪文章。而是老老实实研究中国和世界的丰富的建筑创作实践和它向前的发展。没有独立的思想，我们就只会在西方思想前“望风披靡”“五体投地”。

当然，会有一些从业建筑师能做出很好的学术工作，这种人才，中外古今都有，不过，常规的办法还是得靠学校专门培养一些人来做。我们对工作的设想，总得立足在常规上。这事好有一比，勒·柯布西耶和赖特都不是科班出身的建筑师，倒比许多科班出身的贡献更大，可是我们还得要办建筑系。

总而言之，建筑界的现状是：没有形成一个正儿八经的学术界。这是咱们跟先进国家建筑界的差距之一。要追上这段差距，就得靠政府行为，有见识、有决心、有计划地抓紧建立一个稳定的、独立的、相当专业化的建筑学术界。要有机构、有人才，还得有足够的经费。建筑是一个很容易蒙混的专业，又不像电子产品那样面对面跟外国货抢市场，所以，落后一大截还可以满不在乎，日子混得挺有油水。这么着，有没有建筑学术界好像都无所谓。不过，咱们要是真想把事情办得好一点，那可是另一回事了。

就说到这儿罢。人微言轻，说了也是白说；不过，白说也得说，了一件心愿，睡得香一点。

原载《现状与出路》（建筑论坛丛书），潘祖尧、杨永生主编，天津科学技术出版社1998年版

为我们的时代思考

评翟立林“论建筑艺术与美及民族形式”

陈志华　英若聪

去年《建筑学报》第一期刊载了翟立林先生的“论建筑艺术与美及民族形式”的文章，第三期又有周祥源、葛钦等几位先生对此补充了些意见。我们认为，翟先生想阐明的几个建筑理论问题是很重要的，但遗憾的是由于他在研究理论中脱离了建筑的社会实践，只是从一些教条和概念出发，因此造成许多错误。甚至从结构主义到复古主义似乎都可以从他的理论中找到自己的根据。

我们对建筑理论问题很少研究，所以只能从一般常识的观点初步提出翟立林先生的一些明显错误，个别的地方也谈到其他几位先生。为了讨论方便，本文的次序也是按照翟先生的。

一、关于“建筑最主要的特征”问题

翟先生在文章一开始就说：“研究任何事物，必须先找出这个事物的本质的特征。”当分析了从太古时代的“穴居”“巢居”，直到近代的“摩天大楼”之后，他终于找到了建筑的本质特征，那就是“建筑是从功能及美观两方面来替人类服务的。这是建筑的最主要的特征”。为什么呢？翟先生说：“我们考察建筑上的任何问题时，必须时时注意到建筑的这种双重性格。如果片面地强调其某一方面而抹杀其另一方面，就会引起种种错误。”显然，他认为不了解建筑的这个“双重性格”是错误理论的根源。因此这个最主要的特征可以作为阐明正确建筑理论的出发点，翟先生自己也说他正是从此作为出发点的。

假如只准备一般化地谈谈建筑，则将“双重性格”作为建筑最主要的特征，也是可以的。但翟先生自己说这篇文章“目的在于批判当时正在流行着的形式主义复古主义的建筑理论”，也就是说，目的是为了解决今天现实问题的，这样一来，这个建筑的特征就未必是主要的了。

实用和美观只是对建筑的一般要求；但这要求能否实现，或实现到什么程度，则在各种社会、不同的阶级中是完全不一样的。因此，只提建筑以实用和美观为人类服务并不能解决问题，因为更根本的问题是建筑在什么样的社会条件下为什么阶级服务。

事实上不完全像翟先生所说：“可见人类在很古的时期就已经把建筑不仅当作是纯供实用的物质手段，同时也看作是艺术活动的一种。”其实不必说“很古的时期”，就在我们解放以前，或就在资本主义国家的今天，饥寒交迫的劳动人民并不能完全把建筑作为实用的物质手段，更谈不到是“艺术活动的一种”了。就从统治阶级来说，建筑也不总是“从功能及美观两方面来替人类服务的”。在帝国主义国家里，今天很难看到建筑如何从美观方面来替人类服务，相反地，倒常看到建筑正以奇形怪状，来为资本家服务。因为反对人类的正常理性和争奇斗艳正是这些家伙的目的。这些恶劣的房子虽然并不完全具备翟先生所找出的建筑最本质的特征，但还应该承认它也是建筑。

今天的建筑，的确要求以实用和美观为我们服务。但这实用和美观，是受着社会条件限制的，是有我们的标准的。撇开这些，抽象地提从实用和美观两方面为人类服务只能造成理论上的混乱和是非不明。譬如说，资产阶级的住宅，有许多卧室，又有起居室；甚至还有读书室等等。个别地看这种住宅比我们每家只有一两间房间的工人住宅要实用得多。有些资产阶级的住宅也有着令人愉快的外貌，比我们现在一般盖的房子不见得难看。若只从所谓“双重性格”出发，就会觉得我们今天的建筑与资本主义的建筑很难分高下，甚至会觉得这些资本主义的建筑师比我们更懂得建筑的本质特征。但只要从服务的对象与规模去考察的话，就会明白我们的建筑是比任何阶级社会的建筑高出不知多少倍的。

考察今天的建筑问题，首先就应该找出今天的建筑与阶级社会中的建筑有什么根本的区别，应该认识到社会主义的建筑已经不再是剥削阶级少数人物质上及精神上的享乐工具、统治工具和牟利的资本了。社会主义的建筑是为广大劳动人民服务的，是国家领导的空前规模的全民事业，是社会主义建设重要的项目之一。考察建筑上的任何问题时，必须从这一点出发。

今天对建筑的要求不提为“从功能和美观两方面为人类服务”，而提以“实用、经济、在可能的条件下注意美观”为人民服务，或提“又多、又好、又快、又省”，也正是从我们社会的现实条件出发的。

总而言之，研究今天的建筑理论问题，应该找出建筑的本质特征。但这本质特征绝不能仅从建筑的本身去探求；也就是说绝不能脱离开建筑的社会条件和经济条件，脱离开建筑为谁服务这个最根本的问题，寻求万世不变的本质特征，也绝不能到“巢居”“穴居”中去寻求今天建筑理论的根据，否则就只能找到翟先生的这种似是而非的理论，导致种种错误。

二、关于“建筑的实用和美观的阶级性”问题

关于这个问题，翟先生的结论是：“建筑从物质及精神两方面为人类服务，前者是主要的，后者是从属的。它既是生活资料和生产手段，又具有属于上层建筑的意识形态的性质。作为前者，它没有阶级性；而作为后者，则有阶级性。”或说建筑的实用方面无阶级性；美观方面，则有阶级性。

什么叫作实用无阶级性呢？翟先生说：“当建筑以功能为人类服务时，对于各个阶级是一视同仁的。”“建筑可以以其功能为一切人们服

务，不管他们的社会地位怎样。建筑的种种功能，如避风雨，防寒暑等，对于一切人们有同样的作用，既可以满足这一个阶级的需要，也可以满足那一个阶级的需要。”当然，只把建筑作为满足人类生理需要的工具来看，从资产阶级和工人阶级全都怕冷怕雨来看，建筑的功能方面似乎对各阶级是一视同仁的。但建筑并不如此简单。我们待在房子里不仅像动物那样的要避风雨，防寒暑，更重要的是要在房子里劳动，工作，休息，生活。而这些活动却有着很明显的阶级影响。资本家金碧辉煌的大旅馆里，虽在严冬也温暖如春；但就在下面暗无天日的锅炉房中，烧煤工人却可能连腰也直不起来，更不用说旧时的工厂只适合于资本家去牟利而不顾工人的死活了。这些现象并不是像翟先生所说，“当然，不同的阶级，由于生活习惯的不同，对于房屋的功能的要求不是没有差别的”，而是由于以前的建筑是为少数剥削者服务的，是他们牟利的或享乐的工具。旧时代遗留下的房子今天还能用，但不足以证明旧建筑的实用方面完全适合我们今天的需要。这正是许多旧的建筑要加以改造的原因。此外谁都知道，正是由于功能的要求，社会主义社会还创造了工人俱乐部、文化宫等新的建筑类型。创造了集体农庄、大型街坊等新的规划方式。

我们并不是想学翟先生的方法，也给建筑的实用这个复杂的问题扣上一顶“阶级性”的帽子了事。我们只想指出，在分析建筑的功能问题时，应该具体分析阶级的影响，不能说对各阶级“一视同仁”。因为那样只会妨碍我们更深入地研究社会主义的生活要求，妨碍我们对社会主义类型的建筑的追求。

与分析实用相反，翟先生在谈建筑的美观时，不是没有顾到阶级影响，而是不适当地提高了阶级影响的作用。

翟先生是从“美是什么”这个复杂的哲学问题谈起的，当他批判了唯心主义的美学观之后，就引出了车尔尼雪夫斯基“美是生活”这有名的方式。但可惜翟先生仅把“美是生活”的生活简单地解释为阶级生活，因此做出结论说：“所以，在美的概念中，已经包括了以一定阶级立场和观点观察生活，评判生活，并表示爱憎的感情等等在内。”以及：“当建筑以美观为人类服务时，不是对各个阶级一视同仁，而是有利于一个阶级，损害另一个阶级，帮助一个阶级去摧毁另一个阶级。”翟先生在举出了地主喜欢弱不禁风的女性，而农民喜欢健康美，以及对于同样一个赤日炎炎的夏天，农夫和公子王孙的感受完全相反之后，就将所有“美的概念”全和阶级立场联系起来，这就未免过于天真了。不同的阶级不同的人对美的看法有时会有不同，甚至完全相反，但在每一个“美的概念”中都找出一个阶级立场来却未必可能。譬如希腊奴隶主所欣赏的雕刻品，今天工人也认为是充满了健康美的杰作，革命家欣赏清朝皇帝的故宫也不算丧失立场。常识证明，对建筑美的欣赏不是各个阶级全无共同之点的。

翟先生大概也感到这种理论不够全面，不能解释立场全然不同的人有时会有共同的美感。因此他说：“一切剥削阶级，当他们在历史上还发生进步作用时，即当他们的阶级利益多少和人民群众的利益相一致时，也只有在这个阶段，他们对于生活的看法多少和人民群众的看法相接近，因而他们的美的看法也多少和人民群众的美的看法相接近。但是当这些阶级从促进社会发展的地位变到阻碍社会发展的地位时，情形就完全不同了，这时，他们的美的看法也就和人民群众的美的看法直接对立了。”翟先生谈的这些，只是在分析美这个复杂问题时的一个方面，但绝不能简单地说明一切。譬如说，满足了西太后美学享受的颐和园，今天虽然不能完全满足我们的要求，但每天仍有许多工人在欣赏它的美。这是由于他们的立场和西太后相同呢，还是由于西太后当时“在历史上还发生进步作用”，“对于生活的看法多少和人民群众的看法相接近”呢？显而易见，翟先生的理论又一次地违反了常识。

翟先生的另一错误就是完全以个人的理性联想来解释美的现象。他说：“悬挂在晴空中的圆圆的月亮，代表着舒适爽快的天气，幽静明朗的夜，使人想到劳动一天后休息，愉快的谈天或游戏等，乃至于从月亮的圆满联想到生活的圆满，从月球联想到遥远的幸福世界等等……”

谁都欣赏过月亮，但很少有人先动过这样一番脑筋，然后才认为月亮是美的。在这一点上，翟先生的说法与他所批判的“功能适用就是美的”“结构合理就是美的”这些理论倒很相似。因为联想到功能适用或结构合理当然很令人痛快，于是这样的建筑就美了。这里，翟先生再一次地以理论违反了常识。

翟先生不是从“美是生活”这公式引导我们更深刻地想到全部人类生活的复杂性与美感的关系，引导我们对复杂的美的现象做具体分析，而是企图给建筑的美扣上一顶阶级性的帽子，让我们用联想或用阶级立场去否认古代建筑是美的。翟先生认为这样就挖了复古主义的老根子。其实古建筑的大屋顶和彩画，虽然不能表现今天的生活，但还是美的。我们今天反对复古主义并不是用阶级分析法看出古代建筑很难看，而更根本的是由于现在盖大屋顶要浪费国家资金，要妨碍社会主义建设的速度，翟先生的理论不仅没击中复古主义的要害，倒可能导致以个人的偏爱粗暴地否定全部古典建筑遗产。

三、关于“建筑艺术的特征”问题

为了讨论起来方便，首先应该说明，我们常用的艺术两个字是可以有不同的解释的。翟先生在这一节里所谈的“建筑艺术”中的“艺术”两字是按艺术的本义去解释的，如翟先生所说它是“一种以艺术形象反映现实生活的社会现象”，“具有属于上层建筑的意识形态的性质”。

翟先生的错误在于，原先只谈建筑要美观，但逐渐地就将美观转称为艺术了。一切人类实用的东西都要美观，衣服也要美，如果在聊天时称之为服装艺术也无不可，这时它已不是作为上层建筑意识形态的艺术的本义了。但翟先生却把建筑艺术的艺术这两个字，解释为艺术的本义了。翟先生说：“建筑艺术既是属于艺术的范畴，它和文学、音乐、美术等一般的艺术相比，当然有许多共同之点，它同样是一种以艺术形象反映现实生活的社会现象。”在这个前提下，他又进一步地列举了许多建筑区别于其他艺术的特征：如建筑首先要合乎功能，要花大量的钱，建筑实在也表达不出具体的形象，等等。我们认为，这种区别还可以举出更多，因为建筑艺术与文学、音乐根本就不是一个东西。问题倒在于它们的“共同之点”究竟在哪里，把它列为艺术的根据是什么？这方面翟先生并没有具体说明。

翟先生的错误还在于这个问题的提法和叙述的方法上，因为他首先未经具体分析就将建筑与文学、音乐、绘画一起归于艺术，然后再花很多篇幅去阐述它们的不同点。也就是说，承认了建筑与其他艺术是“大同小异”。从翟先生的论述中可以看出，他将建筑的实用、经济、材料结构等各种因素都附在建筑艺术的前提下，只算是些建筑艺术的“特征”。翟先生也一再说过要实用、要经济是建筑的主要方向；由此可见，既不能实用又没多大经济问题的文学、音乐与建筑的区别其实是主要的，相同是次要的，也就是它们之间是“大异小同”的。完全否认建筑要实用要经济的形式主义者是很少见的，问题恰恰就在那方面是主要的。这一点翟先生好像很清楚，但一发挥理论，却又使翟先生自相矛盾了。

历史上确有不少建筑物有很强的艺术性，翟先生就描写过故宫、天坛对人民镇服的力量。但我们若不只谈这些个别的建筑物，也看看当时最大量的民间建筑，或今天正在大量建造的工厂、住宅，则建筑一般地说，只不过是实用品而在可能的条件下讲求些美观而已。

由此可见，将今天建筑的首要方面依附于艺术，只能给各种形式主义以方便。葛钦先生更进一步发挥了这种理论，他简直就要求我们首先承认“建筑是一种艺术”，然后再谈“这种艺术与别种艺术不相同”。这种不从今天建筑实践出发的抽象理论，除了会给错误的实践造成借口外，还将导致勉强地搬用许多一般艺术的原则，硬放到建筑上。这就是我们所读到的典型问题，形式与内容的问题，民族形式社会主义内容就是建筑的社会主义现实主义，等等。

四、关于“建筑的形式和内容”

翟先生在论文的第三部分，“建筑的形式和内容”这一节中，企图进一步解决建筑形式的创作问题。这个问题当然是一个很有意义的问题，但是，我们却在这一部分中仍然看到翟先生在探讨建筑理论问题时的根本错误，这就是在上面已经屡次提到过的，把建筑活动从社会中孤立出来，对建筑创作不做具体的分析，而仅仅以建筑物本身的内容与形式间的矛盾统一的关系来论证它的发展。

翟先生在谈到内容与形式的统一在建筑问题上的意义时，提到了下列三点：

（一）“不能脱离建筑的内容而孤立地研究建筑的形式”；

（二）“建筑的内容决定建筑的形式”；

（三）“新的建筑内容要求新的建筑形式”。

辩证唯物主义关于形式与内容的辩证统一的基本原理，在建筑上做这样一般性的表述，当然是正确的。但这种过于一般化的叙述却对实际的建筑创作没有什么帮助。而当进一步探讨什么是建筑物的内容和它的形式时，翟先生却又陷入了新的混乱之中。

翟先生说“功能、技术及思想性三者是统一地容纳在一个建筑形式之中的三种内容或内容的三种成分”。

我们觉得，这种把三个内容纳入一个形式之中的提法是不恰当的，这提法就如同说颜料、麻布、木框、技巧和主题思想都是统一地容纳在一幅油画形式之中的若干种内容或内容的若干种成分一样。当然，我们举一张油画为例，并不说明我们同意葛钦先生的意见，认为建筑就是艺术。我们不过是说，这样笼统地、毫无分析地把影响建筑形式的一切因素都同等地并列为统一地容纳在一个形式中的内容，是不正确的。

建筑物首先应该满足实用需要并且看上去也要美丽悦目，表达一定的思想感情，这是对建筑物的要求。而材料与技术是满足这些要求的手段，是为这些要求服务的。

技术与材料对建筑物形式的影响，一定要通过社会对建筑物的要求才能起作用。工业技术本身并没有规定自己不能生产菱花窗、大屋顶、科林斯柱头或者其他的浮雕花饰，相反，用机器来生产它们一定会比以前手工业生产得更好、更快。手工业本身也没有规定自己一定要雕梁画栋，在柱头上刻复杂的忍冬叶，相反，即使对手工业来说，也是形象越简单就越易于生产，成本越低。

那么，为什么故宫有那么多菱花窗，而现在却不要了呢？为什么俄罗斯时代有那么多柱头而现在不要了呢？就如同以前有人问过："难道工业发达了，技术进步了，我们的生活反而贫乏了吗？"

不是的，最根本地决定它们的不是技术，而是建筑物的社会任务。故宫是皇帝为了表现自己的威严搜刮了大量的财富来建造的唯我独尊的建筑物；而我们现在的建筑物，正如同我们在上面再三提到过的那样，是为广大劳动人民建造的，它是用国家的钱大规模地建造的。问题在于，我们的首要任务是供给劳动者以大量的住宅、工厂、学校呢，还是建造一些极其华丽的房屋，让大家到星期日排着队去观赏。

避免铺张浪费，排除一切不必要的装饰，可以使建筑工业发挥最大的效能，可以降低造价，可以大量地供应人民以廉价的住宅，这是问题的实质，它决定于建筑的社会任务。

抽象地谈实用、功能，而不联系到经济条件对它的制约也是不对的。所谓经济条件，就是国家生产力的发展水平，就是人民的一般生活水平。建筑作为"丰富人们精神生活的艺术作品"，不仅对于它的物质功能来说是"次要的，派生的"，而且是更严格地服从于国家的经济力量的。

同时，翟先生也没有具体分析思想性与功能之间的关系，依照他的意见，好像思想性在建筑中的表现和在一张油画中的表现一样，纯粹是艺术的。这看法是和上面已经讨论过的，翟先生认为建筑物的实用是对各阶级"一视同仁"的错误相联系的。我们认为，社会思想不仅仅表现在建筑的形式、风格上，也同样地要影响到它的功能。

由此可见，脱离了国家建设，对建筑不做与社会相联系的具体分析，而仅仅从内容与形式相统一这个一般原理出发，是不会得出很有用的结论来的。相反，这种研究问题的方法倒有引导建筑师脱离实际的可能。

翟先生在谈到建筑的形式时说："在外观表现出来的东西，应该都属于形式的范畴。"这种简单化了的提法说明翟先生没有考虑过形式与内容在一定条件下是会转化的。例如，窗户上的一个过梁，门洞上的一个发券，是建筑物的内容还是形式呢？翟先生说："材料和结构"应该是内容，可它们却分明又是有形有色，"在外观表现出来的东西"，那么，它们似乎又该被列为建筑物的形式或形式的组成部分了。翟先生没有能解答这个问题。

由于翟先生过分简单地理解了形式与内容间的辩证关系，由于他没有具体地分析建筑的内容形式，自然就不可避免地陷入了混乱的状况。

可是，翟先生仍然认为内容与形式的关系是解决建筑理论问题的最锐利的武器，于是就在这一节的后半段用"脱离内容，追求形式"来批判一切形式主义的建筑思想。可惜他的武器并不如想象的那样有效，这些批判就显得非常无力，而其中个别比较中肯的话，却又是与翟先生所阐述的筑建的内容与形式的矛盾统一没有什么关系的，在他的论文中出现得非常偶然。当翟先生感觉到自己理论的软弱时，甚至就说出"根据'美是生活'的定义，这样的建筑形式是更美的形式"这种武断、主观、单纯从定义出发的话来了。

我们认为，对形式与内容这一对范畴的认识是会有助于我们对建筑的认识的。但是如果用它来简单地代替了对社会主义社会中建筑的发展做具体的分析，那是不正确的。正如我们在研究社会发展时，必须详尽地分析生产力、生产关系，以及它们在各个历史阶段的相互关系，而不能说因为生产关系是生产力的形式，生产力是生产关系的内容，所以生产关系就必须适合生产力，理论就此完成。

五、关于“建筑中的社会主义现实主义”

建筑中的社会主义现实主义的创作方法，是使许多人发生很大兴趣的问题。我们也抱着希望读完了翟先生论文中的第四部分，即“建筑中的社会主义现实主义”，但是，我们却比在读其他文章时感到更大的失望。

翟先生一开始就说“社会主义现实主义的建筑要求‘民族的形式，社会主义的内容’”，显然，翟先生还没有了解到社会主义现实主义是文学艺术的创作方法，而民族的形式、社会主义的内容则是无产阶级文化建设的方向。因此，在这一部分中，翟先生丝毫也没有涉及建筑的创作方法，而只是继续发挥了一些他对内容与形式的意见。

于是，我们就不得不放弃对社会主义现实主义的创作方法的兴趣，来看一看翟先生谈的社会主义内容与民族形式。

当谈到社会主义的内容时，翟先生把他在前面提到过的内容的三个方面一律都加上了“社会主义的”这个形容词。

首先，我们觉得“社会主义的技术”这个说法一般地说是不恰当的。

其次，我们觉得，翟先生在“社会主义的功能”这一点上的意见，恰巧如前面已讨论过的那样驳斥了他自己说的“当建筑以功能为人类服务时，对于各个阶级是一视同仁的”这一段话。可见翟先生对“社会主义”与“阶级”二者之间的关系是不清楚的，也可见翟先生由于对某些基本问题没有深入思考，由于没有一个坚定的原则，所以常常自相矛盾，前后不符。

当研究到民族形式的时候，翟先生理论的混乱就更严重了。

混乱之一是：翟先生说过，社会主义现实主义的建筑要求民族的形式、社会主义的内容，后来又说“建筑如果要想表现美，如果要想发挥其从精神上为人们服务的作用，就不能不采用一定的民族形式”。可是他接着又说：“只有当它们（即大屋顶、台基、斗栱等）按照一定的规律，例如按照‘法式’组合成为一定的建筑形式……这时才能称作民族形式。”那么，建筑师岂不是只有悲惨地按照翟先生的指示去一丝不苟地抄袭宫殿和庙宇了吗？翟先生也发现了这个危险，于是就忙着用“封建主义的内容”这顶帽子一笔抹杀了太和殿、天坛、雍和宫、碧云寺等中国建筑中的优秀作品。那么，建筑师们到那儿去寻找可贵的遗产呢？复古主义者对前面的结论鼓掌，而结构主义者则会对后面的结论喝彩。

混乱之二是：翟先生在抹杀了宫殿和庙宇等等的价值之后，就建议人们去学习民居，认为民居的“人民性丰富，表现力强”等等。我们不否认民居中有许多可以学习的东西，但我们却不能同意它们会比故宫、天坛更有价值。而且，如果按照翟先生的以简单的“阶级分析”来否定故宫、天坛等建筑物的价值的方法，我们在民居中也否定了地主、富农、官僚等等的住宅和庭园，那么，剩下来的恐怕也只是些贫民窟了吧？翟先生在谈建筑的特征时，大量引证了宫殿庙宇，而不谈劳动人民的居室，可是当谈民族形式时，又不知不觉地引导人要向贫民窟学习；翟先生在谈宫殿庙宇时，痛斥了它们的封建主义内容，而谈到民居时，却又避开了地主和富农，可见，翟先生的理论是多么支离破碎，捉襟见肘，而不能自圆其说。

混乱之三是：翟先生原来并不同意简单地把建筑当作艺术，但是他的理论却又违反了他的本意。他说：“联系到建筑上的问题，只有在建筑艺术方面才可以谈民族形式，而在建筑科学方面不需要也不应谈什么民族形式。”可是他又把社会主义现实主义仅仅规定为民族的形式，社会主义的内容。那么，如果把社会主义现实主义正确地理解为创作方法的话，岂不是就用建筑艺术的创作方法代替了整个的建筑创作方法了吗？因此，由于翟先生错误地理解了建筑中的社会主义现实主义，就失足坠入了形式主义的泥坑。大概是翟先生自己也感觉到了这个矛盾，所以就又在后面含含糊糊地补充说：“在建筑问题中既不可忽视民族形式，也不可过分地强调民族形式。”那么，建筑师们在跟着翟先生探讨了一番民族形式之后，到此就只得掩卷长叹了。

混乱之四是：翟先生在论文中显然是只把民族形式当作建筑物的立

面处理和装饰手法的。其实，在建筑中，民族形式的意义是应该更加广泛得多的。它应该涉及到民族生活的各个方面对建筑的影响，不仅影响到它的外观，还要影响到它的功能、构造等一切方面。只有这样去理解民族形式，才能正确地理解民族的社会生活的变革对建筑形式的影响，才能看到建筑的民族形式的发展。仅仅用“美是生活”这句教条，绝不能使人觉得过去的旧建筑形式忽然都丑恶起来，因而厌弃它们。我们在前面已经说过，目前建筑中民族形式的变革，主要的乃是因为旧形式在技术上与经济上不合理，不便于使用，不适合于大规模建设的需要，因而失去了存在的现实基础，倒并不见得是因为大多数人觉得它们十分难看。翟先生只把民族形式理解为立面处理和装饰手法，这是和他对建筑形式的简单化了的理解相联系的，因而当论证到技术与社会生活迫使建筑形式革新时，仍然不得不借重“美是生活”这一个公式。

最后，我们还得指出，翟先生把民族形式当作社会主义现实主义的主要内容来反复地论述了很久，而丝毫没有提到社会主义的现实生活对建筑提出来的要求，以及这个社会所提供的满足这些要求所必要的具体条件，去指导建筑师最大限度地利用这些条件，适合当时的可能性，来最大限度地满足社会主义社会对建筑的要求，这是十分错误的，这是对社会主义现实主义创作方法的彻底的误解。同时也不应该把文化建设的方向当作建筑创作的方向。

六、最后的话

在翟先生论文的最后一段，我们很高兴地见到他基本上正确地叙述了党对建筑的政策。我们觉得，如果翟先生在他的整个论文中，都能以党的政策作为理论结论的准绳，那就不至于弄得错误百出了。可惜的是，翟先生在他论文中引导读者在马列主义的词句中绕了许多圈子，不但没有弄清究竟应该怎样创作，反而迷迷糊糊，得到一些与党的政策直接抵触、与常识相违背的结论。而我们在这儿不过是指出了一些比较重要的问题，对翟先生的论文中的许多比较次要的错误和逻辑上的混乱，并没有全部加以讨论。

我们想再重复地说一遍，翟先生的根本错误，在于他脱离了建筑存在于其中的那个社会的现实条件，把建筑孤立起来，企图在它本身中寻找一个适合于它的任何发展阶段的特征，然后以这个特征来指导我们现在的建筑创作。我们认为，如果要找这个特征的话，恰恰与翟先生的想象完全相反，这个特征正是建筑的发展是与社会条件紧密地联系着的，要认识一个时期的建筑，就必须认识这个时期的社会对它的要求。如果要指导今天的创作，就必须要认识建筑在今天社会主义建设中的地位，必须认识它和今天国民经济的联系。

马列主义的活的灵魂在于对具体事物进行具体的分析，绝不能一般化地泛泛而谈。翟先生在他的论文中却正是不做具体分析，而以“美是生活”“内容决定形式”“阶级性”等说法为武器，以为套上了就是解决了问题。甚至，翟先生会以他的理论来直接违反常识，徒然使人觉得玄奥而不可理解。

建筑理论不能产生于哲学名词和教条，它只能产生于对活生生的实践的具体研究。否则，以唯物主义为名的理论一定会坠入唯心主义的泥坑中去。脱离了国家的社会主义建设，脱离了目前的建筑实践，就必然会脱离党的政策。但可惜是，目前仍旧有一些人以为研究建筑理论必须从太古时代的穴居谈起，必须从马列主义的一些条文出发，我们想，这样的路怕是走不通的吧！

原载《建筑学报》1956年第3期

风格试论

作者说明

这篇文章的初稿完成于1960年。为了贯彻一篇权威的指导“创造新风格”的文章的“精神”，我所在的单位在全体大会上批了我两天。我的“错误”是倡导建筑风格的“材料技术决定论”，而批判者自己倡导的是“思想意识决定论”。那时候的批判，跟几年以后“文化大革命”的批判一样，为某种目的，抓住片言只语，加以歪曲，就上纲上线，并不顾被批判者的理论的全貌。一位长者，在发言之初，表示很不理解我为什么会成了“材料技术决定论者”，从我的著作中所见的并不是这样。但是他还是按照“布置”，宣读了他的批判稿。这位长者启发了我，我可以写一篇答辩的文章。因为那两年大家“枵腹从公”，好像被允许讨论些学术问题。但这篇稿子显然很使某刊物的编辑同志为难，压了两年。肚子吃饱之后，“四清”开始，编辑部把稿子退了回来，告诉我说，就现在的形势，讨论这类问题已经“不便”了。随后又听说连那篇权威文章都吃了苦头，被抹成了“黑”色，作者靠边站了。我心里也不是滋味，虽然位卑人微，却攀高枝儿，仿佛觉得都是涸辙之鲋，应该以沫相濡，把稿子塞进了抽屉。

“文化大革命”一结束，那篇“指导性”文章立即恢复了权威性，专业刊物上大有人鼓吹，于是，我觉得，这篇唱反调的答辩还是应该发表。乍暖还寒时节，也只能发表在我自己主编的《建筑史论文集》里。这次发表，是诚心希望百花齐放、百家争鸣的时代真正降临人间。在肃杀的冬天之后，大家都愿意为我们建筑文化的复苏做点儿事。

以后读这篇文章的人，将是些没有亲历过那个时代的人，而不了解那个时代，就不会了解这篇文章的一些写法和语言。所以，我想还是写这么几句好。

经过三十多年，这里面的有些说法看起来已经不大妥当了，有些是因为我自己有了些长进，看旧作不免汗颜，有些是因为环境变化，有些话不必那样说了。但为了保存历史的真实性，我不修改了，就请读者注意它写作与发表时的情况罢。

不过，在《建筑史论文集》里发表的时候，我把千把字的开篇改写了一下，为的是把它拉到“文化大革命”之后的现代化潮流中来，现在也不改回去了，好在正文是原来的样子。

我想，让以后的读者嗅一嗅那时候的政治气息，品一品它对学术思想的压力，也是好事情。

1998年9月

国家要现代化，建筑也得现代化，建筑要跟国家一起，进入新的历史发展时期。

建筑要现代化，得解决许多问题，其中一个问题，是新建筑应该有什么样的风格。这个问题不算大，不过对建筑的现代化还是挺有影响，弄得不好，会扯后腿。比方说，已经是1978年了，现代化的口号可说深入人心，居然还有人硬要把大大小小的古式亭台楼阁堆在北京的一座大型旅馆上。这样的设计，就世界范围来说，倒车开了整整一百年。可是，这个设计却得到过一些领导人的支持。

所以，建筑要现代化，无论是设计人还是领导人，都需要对建筑的风格问题有一个比较清楚的认识。

有相当一些人不大清楚建筑风格问题的意义，他们错误地以为风格问题只不过是个好看不好看的问题，而建筑物要好看，只消推敲比例、节奏、虚实、层次、尺度等等就行了，以为这些就是建筑构图的精髓。

比例、节奏、尺度等等诚然重要，应该好好学习，但是，在建筑艺术里，或者，简单一点说，在建筑形式里，风格问题其实更加重要得多。亭台楼阁式的旅馆，比例、尺度未必不好，层次、节奏也许还挺有讲究，但是，那样的建筑物实在太要不得了，它们会耽误建筑的现代化。

历史是面镜子，应该常常借来照一照。19世纪，欧洲各国都造过不少大型公共建筑物，比例匀称，尺度准确，层次井然。至于风格呢？造市政厅，来一个“罗马复兴式”；造银行，来一个“希腊复兴式”；学校吗？“都铎式”；议会吗？“垂直式”！把法国古典主义和意大利巴洛克等等手法七拼八凑在一起，搞出一座珠翠满头的大歌舞剧院来。热闹一阵，资本家仿佛买尽了天下风格，可是事过境迁之后，大家都说，19世纪是欧洲建筑艺术的极衰落时期之一。说它衰落，不仅仅因为它没有形成自己的风格，更严重的是，它这种抄袭历史风格的创作方法，妨碍了新技术和新材料在建筑中的合理应用，也就是妨碍了当时建筑的“现代化”。

不要以为这是天方海外的笑话奇谈，跟我们无关。其实，在我们这里，用中国庙宇的大屋顶造展览馆，用外国庙宇的柱廊造纪念堂，把古式亭子和洋式的塔凑合成不三不四的火车站，还是很普通的现象。

再说，欧洲建筑里最讲究比例、节奏、虚实和层次的，是法国的古典主义建筑。但是，古典主义的建筑物，端足了架子，挺着一身硬绷绷的石头，板起脸，十几米长的柱子趾高气扬地站在高高的基座上，叫人从基座的小小门洞出入，真是欺人太甚。而欧洲中世纪的民间木构建筑，窗子大大的，向外坦然敞开，主要材料用木头和抹灰，又柔和又温暖；它们不死守轴线，形体和门窗按需要随宜安排，活泼轻快。虽然它们的比例、节奏之类可能被构图家们指责得体无完肤，可是，它们有一股朴实的居家情味，教人见到主人的淳厚和勤劳，它们能用真正的生活乐趣感染人。

这倒不是说比例、节奏等等毫无意义，而是说，喜欢什么样的比例，往往是从属于喜欢什么样的风格的。常常是一种风格有它自己的一种构图原则。中国古典建筑的比例跟欧洲古典建筑的比例很不一样，可是它们的比例都很成熟。不过，欧洲古典主义建筑，源远流长，而且，作为一种官方建筑，垄断了18—19世纪直到20世纪初年的欧洲建筑教育，理论著作汗牛充栋，以致造成一种假象，好像只有它的构图手法，它的比例、节奏之类才是唯一正确的。中国的近代建筑学是从欧洲引进的，所以就引进了这种假象，一直到现在，还禁锢着不少建筑工作者的头脑。

有人争辩说，不然，建筑只不过同日用品、汽车、家具、收音机等等一样，讲究形式美，谈不上艺术，因此，谈不上风格。这个意见，前半截差不多是对的，后半截就不对了。日用品、汽车、家具、收音机之类是很有风格的。1930年代，电灯罩是荷叶式的；现在，工艺水平高得多了，电灯罩反倒简单了，成了个圆盘。在荷叶式电灯罩流行的时候，枕头套、蚊帐、床单都镶着荷叶边，连花瓶和漱口的瓷缸子也是荷叶式的。再说，1930年代，收音机和座钟都是竖长方形的，现在都变成横长方形的了。连这么一个最简单的长方形，横竖之间，都有时代的风格，何况其他。亭台楼阁式的旅馆，官署衙门式的办公楼，明明是风格问题，避而不谈是不行的。

还有人说，年长日久，风格会慢慢儿自然形成，用不着谁去操心，操心也是白搭。

风格是自然形成的吗？不！风格从来是自觉创造的结果。远的不说，说近一点的。欧洲建筑中，意大利文艺复兴建筑的兴起和被巴洛克建筑取代，都经过激烈的斗争。法国古典主义同巴洛克也是对着干的。法国资产阶级革命的曲折过程，引起了建筑风格一次又一次的变化，每次变化，都有明确的政治意义。19世纪，“古典复兴”和“哥特复兴”

两派，旗帜鲜明，双方各有代表作家，各有理论著作，深深牵连到政治斗争和宗教斗争。20世纪初年，新建筑运动的勃兴，那一场恶斗，更是空前尖锐、空前彻底。新建筑的代表人物，思想敏锐，看透了当时那种抄袭历史风格的创作方法的弊害，又看清了建筑发展的方向，目标明确。他们在斗争中决不妥协，通过办学校，写文章，参加设计竞赛，甚至打官司，不遗余力地推进新建筑风格的发展，终于开创了建筑史的一个崭新的时代。

再看一看我们这三十来年的经验，建筑风格的斗争也从来没有间断过，只不过常常由于对创作实行封建衙门式的领导，在“长官意志”的压抑下，斗争没有展开罢了。最近，关于北京一个大旅馆的设计方案的争论，就是一场关于建筑风格的斗争，可惜，它自始至终没有能按照建筑创作应该有的民主程序进行。

当然，即使在历史发生剧烈变革的时期，也会有很多建筑工作者并不明确地参加创造历史的斗争。他们中的大多数，是缺乏这样的自觉和勇气。他们中的少数，是习惯于看眼色办事，因此往往成为保守的力量。

那么，到底什么是风格呢？这个问题要弄清楚，不过，用不着下抽象的定义。其实，风格这个词是大家经常挂在嘴边上的，不妨先分析分析大家是怎么说的。

颐和园中轴线前端，湖边上，有一个牌楼，叫“云辉玉宇”。后端，山脊上，有一个牌楼，叫“众香界”。拿它们跟外国建筑比，它们是中国风格的；跟唐代的比，它们是清代风格的；跟民间的比，是皇家的；跟宫殿比，是园林的；比实用建筑，是装饰性的；比南方的，是北方的。再把它们互相比一比，一个是木构架建筑风格，一个是砖石建筑风格，如此等等。为了求全，再参照欧洲文艺复兴时代以来的建筑，还有一个大家常说的个人风格。

由此可见，所谓建筑风格，其实包含着许多个层次，许多个方面。

把这些说法简单理一理，大致可以说：时代的、民族的风格是比较一般的，更加概括的；个人的、类型的、一定材料结构的风格是个别的，更加具体的。因此，后者总要从属于前者，没有时代和民族特点的个人风格或者木结构风格是没有的。反过来，时代的和民族的风格也只能表现在具有类型特点、材料技术特点，或者还有个人特点的建筑物上。总之，一个成熟的建筑风格，必定同时兼备这许多方面或层次，就像“云辉玉宇”，或者“众香界”那样，这一点挺重要。

会有一种责难，说口头用词不科学，从时代到个人，从民族到砖木，都叫作风格，风格这个词就没有意义了。

其实不然，众口相传的话，常常是挺有道理的。把上面提到过的所有的风格，细细琢磨琢磨，就能看出来，这些风格，都有三个主要的共同点。第一，凡一种成熟的风格都有独特性；第二，凡一种成熟的风格，都有一贯性；第三，有稳定性。

独特性，就是与众不同，有它自己确定的特点。唐辽建筑和明清建筑，是一眼就分得清楚的。唐辽官式建筑斗栱大、举得高，把屋檐远远托出；檐口曲线完整而有弹性；角柱明显地向里倾斜，更加夸张了屋顶的飞扬劲儿。建筑物由此显得雄壮飘洒。明清官式建筑斗栱小而密，出檐比较少；檐口平直而只在翼角飞起；柱子没有侧脚。所以建筑物端庄凝重。

木牌楼和砖牌楼，因为材料和结构方法不一样，风格的差异也是一目了然的：一个用梁柱结构，虚多实少，灵灵巧巧，一个用拱券结构，又厚又重，板实一块；一个用彩画作装饰，一个贴琉璃；一个斗栱一朵朵，出檐比较舒展，一个小斗栱挤成堆，出檐不大。因此，一个是轻盈华美，一个是庄重肃穆。

同样，中国建筑和日本建筑，南方建筑和北方建筑，格罗庇乌斯的作品和柯布西耶的作品，博物馆和图书馆，都有很容易辨识的特点，可以说得分明。

没有独特性就没有风格。我们现在的建筑，至少可以说没有个人或者某个创作集体的特有风格。地方风格大概也谈不上，因为没有明显的特点。

一贯性，就是某个成熟的建筑风格，从建筑群到个体建筑物的形体、布局、立面、局部、细节、装饰等等，都贯彻一致的艺术构思，没有或很少有不协调的杂质。比方说，欧洲中世纪的哥特式教堂，它是城市的垂直轴线；它本身的构图中心是一对冲天的尖塔；它一身满是垂直线和尖顶，发券也是尖的；它下部重拙，上部轻盈，造成了强烈的向上动势；它的飞券扶壁看上去富有弹性，仿佛能把尖塔发射出去；它的窗子很大，墙面很少，看来空灵，完全适合教堂向上腾空而去的那股冲劲；它的神龛、歌坛屏风、经台等等都采用尖顶、尖券和垂直线；它的装饰雕像又瘦又长，密密裹一身下垂的衣纹；它的窗棂、栏杆等等的剖面形式，都是以尖棱朝外，特别瘦劲。哥特教堂全身的大多数处理，都服从于超凡脱俗、飞升而去的构思。

密斯是很注意他的个人风格的一贯性的。他的风格，是与钢框架建筑的风格紧密联系着的。他小心翼翼地表现钢框架的特点，注意不让隔断墙看起来好像承重墙，不让钢柱子埋没在墙里。甚至连玻璃幕墙和钢柱的连接方法、大小钢梁的搭架形式，他都十分注意，要它们表现出钢框架的构造和工艺特点。

风格越成熟，它的艺术构思的一贯性也就越彻底。没有一贯性，独特性就不会明确，人们就说不出什么风格。所以，外国柱廊加上中国莲瓣，现代的壳体加上古代的亭子，是形不成什么风格的。

稳定性，就是说，在一个相当长的时期内，基本特点不变，并且有一批代表作品。

一种成熟的建筑风格，总是在反复实践的过程中形成的，所以它必定具有稳定性。一幢两幢建筑物，即使有一定的独特性，如果前无古人，后无来者，绝不可能形成成熟的风格。所以，现在还不能说法国的蓬皮杜中心已经有了什么风格，虽然它肯定有所突破。19世纪初年，法国的帝国式风格，流行年代算是很短的了，但是它有教堂、凯旋门、纪功柱、交易所、国民议会大厦等不少代表作品。它们都尺度超人，体积庞大而形体简单，封闭沉重而色调灰暗。它们形成了严峻的、盛气凌人的风格，明确而稳定。

个人的创作特点不可能像时代的或者民族的风格那样维持长久，一辈子不过几十年。但是，在这几十年里，也总得有一定的稳定性。而且，一种真正有价值的个人风格，总会形成一个流派，在相当长的时期里发生影响。米开朗琪罗如此，格罗庇乌斯也如此。

由上面这些分析，可以看到，独特性、一贯性、稳定性，凡是大家惯常叫作风格的都有这三个主要特点，不论是时代风格还是民族风格，个人风格还是地方风格，木构风格还是钢筋混凝土风格。所以说，尽管有这许多不同方面、不同层次的风格，风格这个词还是有很明确的含义的，人们并不是随便说说的。方面和层次不过是它的内部结构。

从风格的这三个主要特点来看，很明显，没有自觉的、有意识的创作，社会主义的、民族的、现代化的建筑风格是不会有的。我们有些建筑设计工作者和设计单位，在这幢建筑物上画几层古式大屋顶，在那幢建筑物上画一圈西式柱廊，在另一幢上又画钢架大玻璃窗，五花八门，什么都会画，都画过，追求什么风格吗？对不起，没有想过。工作没有继承性，平地造起来的城市、街道、科学研究机关、学校，一栋栋房子，只要相隔一两年，就张三李四，各有各的长相，彼此之间连一点照应都没有。北京的民航大楼、华侨饭店、美术馆，把着十字路口的三个角，好像互相成心赌气。其中有两个还是同时设计、同时建造的。天晓得第四个要怎么样。

形成风格，当然不是一天两天、一年两年的事，但是，总不能三十来年没有落实的打算，没有系统的探索，没有认真的讨论。这样迷迷糊糊下去怎么成！19世纪末，20世纪初，欧洲的建筑很混乱，但在混乱之中，看得出一些人热烈的追求和顽强的创造，我们难道连这样的精神都没有？

那么，怎样追求，怎样探索呢？是不是在创作中一贯地坚持重复无论什么样的独特性就可以形成新风格了呢？不行！仔细分析中外古今的各种建筑风格，可以看出，任何一种有意义的风格，都是有客观根据的。也就是说，它的独特性和一贯性都是有客观根据的，这样，它才能稳定。不反映客观事物的独特性，凭主观硬造出来，不可能获得一贯性，也不可能稳定成风。20世纪初年的现代建筑运动，所以能够在短短时间里席卷欧洲，得到彻底的胜利，就是因为它顺应建筑发展的客观要求。在这场运动里有过一点贡献的赖特，在创作中常常有主观主义的东西，他的风格就不很一贯，不很稳定，有折衷主义的倾向，有跟现代建筑格格不入的杂质。

根据人们关于“云辉玉宇”和“众香界”两个牌楼所说的，风格有时代的、民族的、各种材料和结构的、各种建筑类型的，等等。而且，一个建筑物的风格必定同时兼备这些方面或层次，看起来，风格所反映的客观内容很复杂，很错综。决不能回避问题的错综复杂，把它简单化，但是却可以在千头万绪之中选择出主要的东西。建筑风格所反映的客观内容，主要的有三方面：第一，时代的社会面貌，包括民族的传统；第二，材料、技术的特点和它们的审美可能性；第三，建筑物的功能特点和具体的艺术要求，包括地方的气候和地理等条件在内。

因为有一些人只承认第一方面，不承认第二、第三方面，又有一些人虽然也承认第二、第三方面，却把它们当作次要的，把第一方面当作主要的，所以，有必要先说一说这三方面的关系。

一种成熟的时代风格，理应概括着当时各种材料的、各种类型的建筑物的一般艺术特点，集中地反映着社会历史面貌。在一个统一的时代风格之下，为各种社会阶级或阶层服务的建筑物，各种类型的建筑物，用各种材料和结构方式造起来的建筑物，各有自己的风格，反映着各社会阶级的审美情趣，材料和技术的特点、功能，以及具体的艺术要求。但是，超脱材料和技术的特点、超脱功能和具体艺术要求的时代风格，只能在概念里存在，它没有形骸，像一缕游魂。它必须有所寄托，才能有血有肉，存在于现实之中，被人们认识。这就是说，意识只有在用可以感知的形象表现出来的时候，才能成为艺术。反映一定的时代精神和社会面貌的建筑形象，是寄托在用一定的材料造起来的、有一定的用途的、有它自己具体的艺术要求的建筑物上的，它绝不可能不受到材料、功能和具体艺术要求的制约。而风格，却正是建筑形象的一种可以直接感知的特征，不是一种虚无缥缈的东西。提到古希腊建筑风格，就要通过石头的、梁柱结构的庙宇去认识；提到赖特的建筑风格，就要通过一幢幢草原住宅去认识；离开这些具体的建筑物，离开它们的特定形象，什么风格都设想不出来。

所以说，前面提到的，建筑风格所反映的三方面的主要客观内容，不能随意否认一个两个，它们的关系，也不是主要次要，或者什么“大”“小”的关系。

建筑的风格既然反映时代的社会面貌，那么，在阶级社会里，它就必定是站在某一个阶级的立场上来反映的。看看欧洲的建筑史，从古希腊直到19世纪，不同风格的对立和斗争，总是和阶级斗争的形势息息相关的。17世纪，意大利的巴洛克式教堂，追求扑朔迷离、神秘恍惚的气氛。墙面是破碎的，柱子是扭曲的，深深的壁龛、厚厚的壁柱和雕饰，造成千变万化的闪光和暗影。线脚不断被各种装饰突破，雕刻放在出人意料的地方，好像随时会跳跃起来。没有什么东西的形状是完整的、明确的、肯定的。还要用绘画来造成虚幻的空间。同时，所有这一切又都用彩色大理石、金、银、铜、宝石等等装饰起来，珠光宝气，一派繁华景象。走进教堂，就像到了一个非现实的世界，而在这个世界里，掌握人们命运的“天国力量”又豪华富贵得很。巴洛克建筑的取代文艺复兴建筑，相当鲜明地表现了当时重要的历史事件：封建贵族和教会勾结起来，拼死命反对新兴的资产阶级的文化运动和宗教改革运动。它站在贵族和教会一边。

正因为风格是站在一定阶级的立场上反映社会面貌的，所以，风格的斗争才会牵涉到政治的和宗教的斗争。在现代建筑诞生之前，统一的时代和民族的建筑风格，是十分有条件的，内涵相当空泛。不过，统治阶级的思想总是占统治地位的思想，所以，反映统治阶级思想的建筑风格就成了占统治地位的风格，以表现统治阶级的意识为主的庙宇、教堂、宫殿等等，因此成了历史风格的代表作。

建筑风格反映社会面貌，是十分概括的。如果对那个社会不熟悉，很难看出来。不过，只要把它和当时社会的各个主要方面联系起来，下一番研究的苦功，就不难理解它了。理解之后，就能感觉得清楚多了。欧洲人把建筑叫作石头的史书，不是毫无根据的。

因此，创造我们现代的建筑风格，不仅仅为了建筑的现代化，也是用建筑写我们的现代史，怎么认识我们现代的建筑风格，关系到怎么认识我们的社会主义社会和它的建筑。

当然，对一些大量性的建筑物，这样提问题是不恰当的。工厂、住宅、中小学校等等，至少在目前，不能担当这样的任务。

但是，北京和一些大城市的大型公共建筑物，是不能不负起反映我们时代面貌的责任的。一部世界建筑史证明，每个历史时期，对社会变动反映得最灵敏的是大型公共建筑物，包括宫殿和宗教建筑物在内。以往，每一种新的建筑风格，总是首先在大型公共建筑物上产生、发展、成熟起来的。大型公共建筑物，使用着当时最先进的技术，在风格的演变上，总是开风气之先，而且最典型地代表着新风格。

但是，在北京的三十来年的实践中，有一个奇怪的现象，这就是，大型公共建筑物的风格最保守、最陈旧，而且往往是越重要的就越这样。一些设计工作者，一遇到这类任务，就立即转向《营造法式》或者"古典柱式"，甚至振振有词。创新的事，八字还没有一撇，就忧心忡忡，唯恐失去了传统。

怎样认识社会主义制度呢？社会主义社会应该是人类历史上迄今为止最富有创造性的、最富有进取性的、最彻底地同旧世界决裂的社会。那些保守、陈旧的建筑样式怎么能反映社会主义的本质呢？

有一些人，把社会主义的建筑风格编成几个抽象概念：庄严、宏伟、明朗、亲切等等，但是一落实，得到的具体建筑形象，不是在中国的封建社会里，就是在外国的封建社会里，早就见过的了。由此可见，在他们的头脑里，是用封建意识歪曲了社会主义。而用封建意识歪曲社会主义，恰恰是我们经历的历史现象，所以，这些建筑仍然是真实的。

在创造富有时代特点的建筑物的过程中，能够形成个人的风格。当然，也需要经过自觉的努力。欧洲的建筑，从意大利文艺复兴时期倡导人性解放以来，建筑师的个人风格始终很鲜明，直到新建筑运动的代表人物。在一个时代的总潮流之下，建筑师们各有独特的创作个性，能够造成百花齐放的繁荣局面。

不过，建筑的个人风格，既不是主观随意的产物，也不是只反映作者个人的气质、性格、教养、经历等等。它也有客观根据。拿文艺复兴时代来说，米开朗琪罗的风格，雄健有力，充满激越不安的情绪。拉斐尔的风格，温文儒雅，洋溢着柔情。米开朗琪罗的风格，反映着城市市民力求摆脱被奴役的状况的斗争。拉斐尔的风格，则反映着市民上层和贵族合流而取得统治地位后，平静而满足的心境。他们的个人风格，所反映的仍然是纷扰动荡的时代里他们最熟悉、最同情的一部分社会力量的审美理想。拿新建筑运动的代表人物来说，柯布西耶的风格，建立在钢筋混凝土框架建筑的特点和审美可能性上，密斯的个人风格，则依据钢框架玻璃幕墙的特点和审美可能性。

主观主义地胡思乱想，企图硬造出自己的个人风格来的人也是有的，例如西班牙的高迪之类。虽然也有人给他们喝彩叫好，可是稍微有点历史眼光的人都知道，他们不过是些左道旁门。同时，他们的创作固然没有客观意义，不可能普及为一种时代的、民族的风格，但资本主义社会里产生这么一些人，却是客观的必然。

既然形成一些个人的风格或者一些创作集体的风格，能够繁荣建筑文化，那么，我们为什么不提倡呢？不但不提倡，恰恰相反，在有些地方，还要批判有意追求个人风格的人。批判的道理很滑稽，把剥夺个人风格当作剥夺个人的生产资料所有制，叫作什么反对知识私有。这些批判者不明白，个人私有生产资料，是会用来剥削别人的，而个人形成了创作风格，却只会使人民的城市丰富多彩。而且，建筑师个人或者某一个创作集体，如果不在风格上有所追求，那么，时代的风格又何从产生呢？不追求个人风格而只追求时代风格，这是不可能的事。成千上万的建筑师，如果动员起来探索时代的建筑风格，那么，各有各的理解，各有各的路子，八仙过海，各显神通，其实每个人探索的是现代条件下的个人风格。只是在这些个人风格之上，才能汇集出时代的风格。不许个人或者创作集体建立自己的风格，实际上就是不想形成时代的建筑风格。重大任务来了，找一批人议论议论，出一些方案，然后写文章，说是风格如何如何，只不过是自欺欺人。三十来年的实践，已经证明这么办毫无成效。

历史上，每一种成熟的建筑风格，都适应着它的建筑物所用的材料、结构方式等等物质技术条件，并且相当大地发挥了它们的审美可能性。中国的古典建筑的风格，同木质的梁架结构分不开；古罗马建筑的风格，同拱券结构和混凝土承重墙分不开；哥特式教堂建筑，同框架式拱券结构分不开。意大利建筑师纳维，则是在预制装配式壳体建筑上形成了他自己的风格。离开了这些材料和结构方法，这些风格都是不可能产生的。在中亚的土坯砖建筑上，不会有飞檐翼角；在日本木构的神社上，不会有穹顶。

一种材料，一种结构方法，往往不只提供一两种可能性，而是可以利用它们创造出好几种差异相当大的风格来。利用并且发挥材料和结构的哪一方面的特性，常常取决于思想艺术要求和物质经济利益的统一考虑。但不管有多少种风格，它们都得适应这种材料和结构方法的特点，这是一定的。例如，古典主义建筑和巴洛克建筑，材料和结构没有什么不同，风格却很不一样。不过，它们的风格都只能产生在石头的拱券结构上，它们之间风格的差异，远远小于它们跟俄罗斯木构建筑风格的差异。

建筑业归根到底是一项物质生产，不是造型艺术。建筑因此总得按照物质生产的规律发展。它的材料、结构、设备等等，直接决定于社会生产力。每当一种更经济、更有效、更可靠的材料或者结构技术发明出来之后，它们就必定要排挤旧的、落后的材料和结构技术，跟适应于旧材料、旧技术的建筑风格发生矛盾，不管它曾经多么完美，多么有成就。同时，人们在实践中，又会渐渐发现并且掌握新材料和新结构的审美可能性，触发新的艺术构思，进而形成新的风格。从19世纪初到20世纪初，经过整整一百年，钢铁和钢筋混凝土代替石头成为主要的结构材料，是引起建筑的革命性变革的原因之一。在这个变革过程中，无情地开辟着道路的，就是建筑作为物质生产所固有的客观规律性。19世纪的欧洲建筑，风格虽然混乱，但是，建筑师的职业技巧一般说来却是相当地高。资本主义经济开阔了人们的眼界，建筑师汇集了世界各地几千年来的建筑经验，加以研究。他们模仿一种历史风格，能够比这种风格流行时的建筑都地道。但是，不论有多么高明的技巧，钢铁、钢筋混凝土和玻璃把他们全都打倒了，代表着更高级的、更先进的生产力的新生事物，不可抗拒。

有人说，新的可以在形式上模仿旧的，所以，新技术不一定非引起风格的变化不可。

新材料和新技术初期应用的时候，总要模仿旧东西，因为人们还不熟悉它。19世纪初年，铁就曾经被铸成块，像石头一样砌筑拱桥。铁被用到建筑里来，先是架搭穹顶，外表上看，跟石头的没有两样。这种时候，就是建筑形式既不一贯又不稳定的风格的过渡期。用新材料和新技术模仿旧形式，不可能有一贯性，因为这样的形式没有客观的依据，全凭主观的愿望。也不可能有稳定性，因为这种做法不能充分发挥新事物经济的和功能的优点，而人们正是为了这些优点才把它们创造出来的。

同时，不能充分发挥新事物的经济和功能效益的形式，也是不美的。它在艺术上站不住脚。对美的认识也和对其他一切的认识一样，是从感性运动到理性的。不真不善的形式在认识的感性阶段可能引起美感，但是当人们知道了它的种种不合理的弊病之后，它连存在的余地都没有了，还谈得上什么美！以新仿旧的办法，跟劳动者永远不迟疑的革新精神格格不入，它散发着因循保守的暮气，这样的作品，还谈得上什么美！

可惜，这种违反建筑固有的客观规律的创作方法，在我们这里还相当流行。火车站用了跨度相当大的壳体，却把它装扮得很古老。教学楼用了钢筋混凝土框架，却把它伪装成承重墙结构的样子。甚至，有些建筑物还要造高高的假柱子。常常听到一些人争辩，说我们没有创造出新的建筑风格，是因为我们的建筑材料和结构都还不够先进。其实，北京的不少大型公共建筑物，建造的时候，结构的先进性在世界上还是数得着的。关键在创作思想不正确。

相反，充分发挥了新事物的优点的形式，它们的合理性、创造性、进取性，会引起人们的美感，因为它们体现了人类劳动和智慧的创造力量，而这种力量是美的，非常美的。那些代表着当代科学技术的最新成就，代表着当代生产力的最高水平的建筑材料、结构方式和设备，是建筑现代化的标志，是当代任何一种时代风格的理所当然的重要因素。合理地使用它们，充分地表现它们，是形成当代任何一种时代风格的必要条件之一。在陈旧的形式上加上宏伟、庄严、明朗等字眼，是搞不出名堂来的，它不符合建筑本身的发展规律。

有一种说法，说我们的时代，是帝国主义和无产阶级革命的时代，不是钢铁时代、原子时代、空间时代，所以，我们的建筑的时代风格，要反映的只是无产阶级的革命精神，而不要表现钢铁玻璃之类。这是一种糊涂思想。把政治概念直接搬到建筑创作中来是不行的。无论研究什么事情，都要研究这件事情本身的特点，找出它的规律性，这样才能指导实践。移花接木，张冠李戴，那是什么事情都搞不好的。

从政治角度看时代的性质，没有钢铁时代、原子时代。但是，从生产技术来看，就显然有这类时代了。例如，看火车头的发展史，就有蒸汽机时代、内燃机时代和电动机时代；看电子计算机的发展史，就有电子管时代、晶体管时代和大规模集成电路时代。电力机车代表着火车头的现代化，大规模集成电路代表着计算机的现代化。同样，先进的材料和设备代表着建筑的现代化，而黏土砖的混合结构则代表着陈旧和落后。现时代的建筑风格当然只能在现代化的建筑上形成，在落后而陈旧的建筑上怎么可能形成现时代的建筑风格？

无产阶级革命精神应该在我们的一些重点建筑物里有所反映，但是，用混合结构的形式，用古典主义的构图，是反映不出来的。社会主义制度的优越性也应该在我们的一些重点建筑物里有所反映，但是，用混合结构的形式，用古典主义的构图，也是反映不出来的。无产阶级是最富有创造精神的阶级，社会主义制度的优越性在于它能大大解放生产力，能够最充分地发挥劳动和智慧的创造性，能够获得科学技术及一切生产力的最新最高的成就。因此，只有在最现代化的建筑上，才能反映无产阶级的革命精神，反映社会主义制度的优越性。所以，社会主义的时代的建筑风格，必然要在建筑现代化之后才能真正形成。建筑的现代化，是真正形成社会主义的时代的建筑风格的必要前提。没有建筑的现代化，就没有真正的社会主义的时代的建筑风格。用落后而陈旧的混合结构的形式和封建时代的古典主义的柱式构图，或者再糅合一些大屋顶，想这样来形成社会主义的时代风格，那是缘木求鱼。把已经达到的相当不错的新技术成就，埋葬在古老的外衣里，那是开倒车。再也不能这样糊涂下去了。

当然，不能等待，必须在建筑逐步现代化的过程中，利用一切可能的条件，逐步向着社会主义的时代的建筑风格探索前进。

一切建筑物的形式都要经过功能的严格检验，合则留，不合则去。不便于使用的形式，经不起理性的批判，不会真正是美的。把功能安排得合理的，适合气候等等自然条件的，教人觉得应该如此的，觉得在里面工作或者生活又方便、又健康的，这种形式会引起美感。风格寄托于形式，于是，建筑物的功能，包括自然条件，也就会反映在建筑风格上。

作为一种物质生产，除了极少数纪念物之外，建造建筑物的唯一理由就是要使用。因此，建筑功能的逐渐复杂化和完善化，是一个客观的过程，也是建筑本身固有的规律性之一。在这个过程中，新的、逐渐复杂和完善的功能，必定要同旧的形式发生矛盾，促进建筑风格的变化。欧洲的新建筑运动，就是首先在和新兴的大机器工业有直接关系的建筑物上酝酿的。那些建筑物的功能要求是历史上从来没有过的。为了解决新问题，使用了当时最新的材料和技术。新功能、新材料、新技术，同旧形式不能相容，因此，突破它，产生了新形式，也就为新风格创造了条件。这种情况逐渐普遍，波及到其他各类建筑物，于是，新建筑运动就势在不免了。

每一种不同功能的建筑物，有它自己必然的样式。住宅、商店、剧场、博物馆等等，由于功能而产生的特点相当明显。住宅重复着一个个的单元，阳台整齐地排列着；商店有五颜六色的大玻璃橱窗；剧场的观众厅和舞台等几部分的组合很有程式，门面宽阔；博物馆的墙面大多封闭。每一类建筑物又各有独自的艺术要求。住宅要宁静亲切，商店要活泼热闹，剧场要愉快堂皇，博物馆要典雅。因此，各类建筑物不可避免地有自己的风格。历史上，每一种成熟的时代风格，其实是由一类占主导地位的建筑物来代表的。古希腊是神庙，古罗马是公共建筑物，中世纪是教堂，古典主义时期是宫殿，等等。

探索我们时代的、民族的新建筑风格，不是从推敲几个形容词下手的，而是通过具体的创作实践来进行的，而每次创作的，总是有特定功能的建筑物，因此，时代的、民族的建筑风格，是通过各种类型的建筑物的风格而逐渐形成的。这就要求，推敲每一幢重要建筑物的风格的时候，要真正了解这类建筑物在社会主义制度下的意义，要给它时代的特征。

比方说，我们社会主义制度下政府机关的办公大楼应该是怎么样的呢？社会主义制度意味着比资本主义制度更广泛、更完全的民主，意味着人民群众要直接管理国家机器，意味着政府工作人员是人民的公仆而不是人民的主人。因此，办公大楼应该是叫人亲近的，开敞的，不应该是威风凛凛的。可是，我们的一些办公楼，却是一副封建官署衙门的样子。当中轴线突出；左青龙，右白虎，刻板对称；基座墙做到窗台，大台阶高高的；基座墙上是一通几层的大壁柱。这样的办公楼，真是壁垒森严，叫人望而生畏，要有几分勇气才能走到它门前去。实在很难想象，这是人民公仆工作的地方。显然，在我们有些人头脑里，封建意识还很浓厚，他们的建筑趣味，跟两千年前苏秦和萧何的相差不远。苏秦说“高宫室，大苑囿，以鸣得意”，萧何说“非壮丽无以重威”，而我们有一些办公楼，确实是在那里自鸣得意和抖威风，却还有人在翻来覆去地说什么庄严呀，雄伟呀，把这些当作社会主义时代建筑风格的头号特征。难怪他们喜欢古典主义的构图，那是欧洲封建等级制在建筑艺术上最典型的反映。

所以，要创造社会主义的新建筑风格，首先还得清除封建意识。

各种不同类型建筑物的风格，或者说艺术性格，并不是一成不变的，因为它不仅仅决定于它们自己的功能特点和相应的观念。人们关于一种建筑物的艺术性格的认识，也被建筑的材料结构等技术因素深深地渗透着，因此，也要随着这些因素的发展而起变化。比方说体育建筑罢，因为古罗马的角斗场使用的是拱券结构，立面上的券柱式很沉重厚实，所以，长期以来，人们一直把沉重厚实当作体育建筑的典型的艺术性格。解释说，这样的性格反映着体育运动所代表的强壮的力量。但是，当技术进步了之后，由于本身的一些特点，体育建筑比一般建筑更多地使用了大跨度和大悬挑的结构，因而格外轻快。于是，就有一些泥古不化的人谴责说，新的体育建筑失去了应该有的艺术性格，或者说，风格不对头了。

其实呢，不过是体育建筑的风格起了很好的变化罢了。只要稍稍想一下，就很容易明白，现代建筑轻快的形象，比起沉重厚实的老形象来，代表着更加强大得多的力量。“举重若轻”者岂不是比汗流浃背者更有力量？从汗流浃背的砖石拱券结构到举重若轻的大跨度和大悬挑的钢结构，是结构力量的一个大进步。所以，完全没有理由说轻快的体育馆失去了这类建筑的艺术性格，相反，是在更高一级的水平上表现了强壮的力量。

会有人说，真是三寸不烂之舌，怎么说怎么有理！不对的，请不要挖苦！体育建筑的这种艺术性格的变化不是什么人说出来的，这是客观的、合乎规律的发展的必然结果。科学技术的发展，使人类更强大了，更有力量了。轻快的建筑形象，反映着科学技术的发展，自然就表现了更大的力量、更大的信心，真是游刃有余，像一个体操运动员，在吊环上用了千钧之力，却显得那么轻松自在。

所以，从用沉重厚实的形式表现力量到用轻快自如的形式表现力量，是人们观念上的一个大变革。它反映着科学技术的进步。因此，完全没有必要执着地认为，体育建筑非沉重厚实不可。

这就证明，为了促进建筑的现代化，为了促进新的建筑风格的发展，需要打扫一切角落，把形形色色的陈腐观念、习惯势力统统扫进垃圾堆去，来一场破旧立新的思想上的大解放，把多少年来当作常规的东西全都放到理性的审判台上重新衡量一番。何必自套枷锁。

文章写到这里，势必要回答这样一个问题：资本主义国家的现代建筑的风格还有阶级性没有？还有民族性没有？我们国家的建筑风格将来同资本主义国家的还有没有差别？

先简单说一个判断：资本主义国家的现代建筑风格的主流，阶级性和民族性越来越淡薄；我们国家的建筑在可见的将来同资本主义国家的主流建筑会逐渐接近、相似。

要阐明这个问题，先得弄清20世纪初年新建筑运动的意义。这场运动的历史意义之一是：把建筑从几千年来适应手工业生产，决定性地转变为适应现代大工业生产。

现代大工业，对于手工业，是人类征服自然力的一个崭新的历史阶段，是生产力上的一场大革命。但是，正如恩格斯指出的那样，“如果说人靠科学和创造天才征服了自然力，那么自然力也对人进行报复，按他利用自然力的程度使他服从一种真正的专制，而不管社会组织怎样”（《马克思恩格斯选集》第2卷，第552页）。现代建筑就是这样。人们把建筑从手工业的改变为大工业的，实现了一次飞跃，争得了空间和环境等方面的许多自由，同时，大工业也从建筑师手里剥夺了不少自由。人们使用工业化生产的大板材造房屋，自由度比在古代用手锤凿打石头块的时候要小多了。大板材住宅的形式，不但受到大板材本身生产工艺的极大限制，甚至还要受到塔式吊车性能的限制。滑模法、顶升法、大模板法，所有这些先进的工艺，都对建筑形式有许多限制。这就是人在征服自然力后所受到的“专制”。

在这种情况下，艺术加工的余地相当小。建筑越来越干净彻底地按照物质生产的客观规律办事。因此，材料、技术和设备等等的特点，以及功能的复杂性和完善性，在现代建筑的风格中反映得越来越突出，占了主导地位，而阶级意识则相对地比较弱，尤其在总体上。这是主流。

但削弱并不等于没有。资产阶级总是要顽强地表现自己的。他们钻头觅缝地寻找着机会。过于炫奇的、有意杂乱的、商业广告式的、妄图别出心裁的，这样的建筑形式在资本主义世界里到处都有。一些建筑师，为了卖弄他们的资产阶级趣味，喜欢在那些自由度比较大的特殊建筑物上一显身手，于是，小教堂一度成了热门货。新建筑运动当年的先驱者之一，柯布西耶，忍受不了生产力的专制，背弃了他自己曾经为之奋斗过的理性原则，设计了洪尚教堂。他想夺回失去了的自由，从大工业回复到手工业，虽然搞出了一个从来没有过的形象，但是从本质上说，它不是新的，而当时的轰动情况，恰好证明资产阶级多么希望在建筑上表现自己。

当然，在大量性的建筑物上，在功能要求比较严格的建筑物上，资产阶级意识在风格上的反映机会就少得多。这在历史上也是一样的。英国资产阶级革命的先进人物同复辟王朝在圣保罗大教堂的形式上进行尖锐的斗争时，城市里大量建造的住宅并不响应这场斗争，只是以朴实的面貌默默地出现。不过，从前，教堂是建筑的主流，而现在，大量性的成了主流建筑。

有些资本主义国家，例如日本和意大利，还有人追求现代建筑风格的民族化。但也只能在不多的特殊建筑物上有所成就。至于大量性的建筑同样失去了民族的特色。这是因为现代的工业技术并没有国界，而且，就社会历史的情况来说，民族特色在大多数资本主义国家已经丧失了客观根据。

至于我们的建筑将来会跟资本主义国家的主流建筑接近、相似，这是因为我们的建筑还很落后，需要有一个现代化的过程，一个从适应手工业向适应大工业转变的过程。在这个过程中，建筑发展的本身客观规律，会迫使我们放弃许多特点，放弃看熟了的形式。一点不要可惜，失去陈旧古老的形式，就像春蚕脱去一层皮一样，成长了，更光鲜了。更不要企图挣扎，大工业是无情的。我们只能在它允许的自由度里，按照它的条件办事。否则就要劳民伤财。

社会主义社会应该是资本主义合乎规律发展的结果。社会主义时代的建筑，也是资本主义时代建筑的进一步发展。因此，社会主义时代的建筑风格，从资本主义的羽化而出，必然要吸收资本主义时代建筑风格的一切有益成果。从历史的规律看，这本来是理所当然的。

但是，在我们这里，由于种种复杂的历史条件，社会主义制度建立在远比资本主义当代生产力要低得多的生产力上。资本主义国家的建筑已经适应大工业生产了，而我们的建筑还停留在手工业生产上。应该在资本主义时代进行的新建筑运动，在我们这里还没有进行过，不得不补课。于是，造成了一种特殊的情况，社会主义制度下的建筑，水平越提高，越像资本主义国家的了。

有些不肯实事求是地分析问题的人，因此惊叫起来，说是建筑发生了方向性问题，历史的方向被颠倒了。他们把资本主义现代建筑看得比洪水猛兽还要可恶，划为禁区，不许借鉴，甚至不许看。谁要说我们的建筑将来会跟资本主义国家的主流建筑相似、接近，谁就是犯了罪，就是否认社会主义制度的优越性，就是鼓吹复辟。

其实，我们的大量性建筑，在可见的将来，会变得跟资本主义国家的差不多，这是建筑现代化的必然结果，是建筑按本身固有的客观规律发展的结果。这是历史的补课，不是历史的倒退。它完全不牵涉社会主义制度本身的发展方向。相反，用封建的、手工业时代的建筑特征，冒充社会主义时代建筑的特征，去抵制现代的、大工业化了的资本主义国家建筑，去阻碍社会主义建筑的健康发展，那才是真正地颠倒了历史。

真正的社会主义时代的建筑风格，只有在完全的社会主义建成之后才能形成。这就是说，真正的社会主义时代的建筑风格，只能形成在比当前资本主义国家建筑的工业化水平高得多、科学技术水平高得多的建筑上。那是什么样的，现在还看不出来。但是，应该而且可以从现在起步探索，这就要彻底破除封建的、手工业时代留下来的陈腐观念，正确认识资本主义国家的现代建筑，按照建筑本身的规律促进建筑的现代化，并且在政治上、理论上、思想上努力认识社会主义制度的本质。

所以说，能不能正确地、全面地理解建筑风格问题，是一个关系到建筑现代化进程的问题，关系到我们当促进派还是促退派的问题，也是一个怎样用建筑来反映我们这个时代的问题，需要认真研究。

1960年初稿，1978年改定

原载《建筑史论文集》第2辑，1979年

读书偶感

在世界建筑史里，欧洲的建筑遗产是最丰富的，风格变化大，水平又高。它的建筑传统也是根深蒂固的，两千多年的以柱式为基本手段的建筑艺术，有辉煌的作品，有严谨的理论，后来还形成了一整套的教学原则和方法。

在一些人看来，有这么一份遗产和传统，欧洲的建筑可谓得天独厚了罢，他们的建筑发展一定会顺利得多了罢。

但是，不！恰恰相反！19世纪后半叶和20世纪初，西欧和北美的一些建筑家，在工业革命的推动下，为了开辟建筑历史的新时期，却必须与这份遗产和传统所造成的强大惰力做斗争。它们是当时挡在前进道路上的大山，正因为它们“厚”，所以，斗争就非常困难，非常尖锐激烈，因此，延续的时间也很长。

要突破这份遗产和传统的重重包围，不仅要有科学的远见，要有创新的胆略，要有丰富而敏锐的想象力，而且要有很高的技巧，很锋利的理论。

遗产和传统压迫着革新者，以致像水晶宫和埃菲尔铁塔这类开天辟地的建筑物，都不得不用钢铁去做一些陈旧的花饰。使人耳目一新的“新艺术运动”的建筑，虽然探讨了适合钢铁某些特性的装饰风格，但是却歪曲了它作为新建筑材料的基本功能。直到分离派、立体派提供了可资借鉴的造型手法，未来派提供了可资借鉴的理论武器，又有了苏俄构成主义的呼应，格罗庇乌斯、柯布西耶和密斯，才得以他们的才能、勇气和坚定性，从大量性工业化的平民住宅突破，为新建筑运动打了决定性的战役，奠定胜局。他们是开创了建筑历史新时期的第一代闯将。

在这场建筑大革命中，有两个重要的理论口号。一个是“房屋是居住的机器”，一个是“少就是多”。

“房屋是居住的机器”，这口号宣布，大量性的平民住宅建筑不再是同手工业相联系的艺术品，而是同现代大工业相联系的产品；宣布现代建筑同两千多年来建筑的本质区别；宣布新建筑有自己新的基本观念和设计原则。只有工业化的大规模生产，才能满足普通劳动者迫切的住房需要。

“少就是多”，这口号完全抛开了压在革新者心头的同手工业相联系的建筑美学标准，提出了同现代大工业的工艺特点相联系的建筑美学标准，使建筑风格适应新的生产力。它的矛头，直接指向精雕细刻、装饰繁富的欧洲帝王将相的建筑传统。

这是两句战略性的口号，它们划清了新建筑同旧建筑的界限，甩开了遗产和传统的束缚，使新建筑在新道路上轻装前进。这两句口号，标志着建筑思想的大解放，使建筑学能够更自觉地建立在现代科学技术的基础上，同现代大工业结合起来。所以，几十年来，这两句口号翻来覆去地被人引用。同这两句口号相适应，几十年来，建筑的创作和建筑科学有了很大的发展。

所以，不能只从字面上简单理解这两句口号。把它们放在它们所产生的那场建筑革命中去理解，理解它们的历史作用，那么，可以说，它们到现代还是富有生命力的。

第一代开拓者当然有他们的短缺，发展他们的理论和创作，超过他们，这是应该的。但是，必须认识他们的历史地位，认识他们开创的新时期的历史意义和他们所代表的建筑的发展方向。

跟最新的科学技术结合起来，跟最先进的生产力结合起来，跟社会生活的民主化、现代化结合起来，这就是建筑发展的大方向。只能不断革新建筑的形制、形式、风格去适应科学技术和大生产的发展，而绝不能去阻碍它们，逼迫它们反过来适应陈旧落后的建筑观念和创作方法。现在，在许多工业发达的国家，已经有了不少新的探索和成就：新的材料、结构和施工方法，新的自动化设备，电算技术，新的能源，人造天候，新的环境科学，新的生活方式，新的经济关系，等等，不但正在引起个体建筑的重大变化，而且把个体建筑同整个城市、整个环境融成一体，引起城市结构，或者说生活环境的重大变化。可以说，一次新的建筑革命已经在酝酿之中，这是西方建筑的主流，是真正有生命力的。但是，它是第一代建筑师所开创的历史新阶段的进一步发展，而不是它的否定。“房屋是居住的机器”，“少就是多”，仍然是锋利的、有效的口号，没有过时。

然而，虽然建筑的主流按照物质生产的铁的规律发展着，但一些人对这个规律并不清楚。近些年来，西欧、日本和北美，都有一些人想贬低格罗庇乌斯、柯布西耶和密斯，提出一些模糊不清的所谓新理论。其中有几个人，甚至从积满了尘土和蛛网的仓库里取出了遗产和传统来，打着文化和精神文明的幌子，来同那两个口号对抗。这情况恰好说明，欧洲建筑的遗产和传统毕竟是强大的，百足之虫，死而不僵，到现在还有挣扎几下的能力。也恰好说明，建筑为了进步，还必须准备同作为历史的惰力的传统做不懈的斗争。

一部建筑史中，每个历史时期都有它的占主导地位的代表性建筑类型，这时期的建筑理论主要是反映这类建筑的特点。希腊时期，是泛神论的圣地建筑群；罗马时期，是大型消费性公共建筑；中世纪是天主教堂；文艺复兴时期是富贵人的府邸；古典主义时期是中央集权的君主的宫殿；等等。格罗庇乌斯、柯布西耶和密斯等建立他们的建筑理论，提出“房屋是居住的机器”和“少就是多”这样的口号时，在他们头脑里，工业建筑、大规模建造的住宅和一般公共建筑，是占着很大分量的。现在，外国那些鼓吹遗产和传统的建筑师的主张，反映出这样一种情况：观光性和商业性建筑的重要性在增长。从这个角度去认识，我们就能更加清醒。

这两年，有些人写文章反对建筑的千篇一律，这很好。可是，怎么克服千篇一律呢？居然有人说，要多多依靠遗产和传统，这就未免太奇怪了。

中国建筑的遗产才真正是千篇一律的。北京的四合院，千家万户，有什么两样？佛寺、道观，衙署、宫殿，甚至染坊和酱园，也都大致一个模样。东南西北，跑出几千里去，建筑遗产有多大差别？即使有那么一点，它们在本地区很大一个范围里又是千篇一律的。

中国建筑的传统是“千年一律”。上自战国，下迄明清，变化微乎其微。据说殷墟的建筑就已经是这副样子了，近年来又大有上溯到河姆渡的可能。有些人为这种“源远流长”而很觉得体面光彩，其实，这个“千年一律”的停滞有多么可怕！

千篇一律的遗产，千年一律的传统，不但使中国的建筑同欧洲的相比显得极其贫乏，而且它们形成了一副十分沉重的精神枷锁，禁锢着人们的思想，使它僵化。因此，我们不习惯于变革，不习惯于多样化，看到一些不合老头老太太口味的新东西就大惊小怪。要求于人的是“遵奉祖宗成法”，“不爽毫厘”，稍有革新便是悖逆。以致直到现在，还有人在提笔开口之际，总要俨然以天朝正宗自居，呼吁不要忘了遗产和传统，虽然既没有理论的根据，也没有实际的必要。这真是身上压着保守惰力的包袱，踉跄跌扑，却还要夸耀这份负担。

提倡遗产和传统的同志，常常把千篇一律归咎于所谓“国际式的方盒子”。这个“国际式的方盒子”，是给近五六十年来现代建筑的恶谥。如果不被传统和遗产蒙住眼睛的话，我们就要承认，短短几十年里，现代建筑所呈现出来的形式和风格的多样性是世界历史上从来没有过的，而且越来越显出多样化的可能性。这不但是因为日新月异的生产力给建筑以千变万化的物质的条件，而且它给人们以一种精神状态，使他们不断地立意创新。

几十年前发生于西欧和北美的那场建筑革命，就它的基本方面来说，它是建筑的本质化，是客观的必然，在中国，也一定要进行，不管喜欢还是不喜欢，谁也阻挡不住。难道还要用那个足足有两千年高龄的“如鸟斯革，如翚斯飞”来“丰富”“方盒子”吗？

怎样克服千篇一律和千年一律呢？办法是，积极地推动这场革命，在把建筑同现代生活方式、现代生产力、现代科学技术和对人类生存环境的现代理解紧密结合起来的道路上。

有人从云端里俯视大千世界，说只有我们的建筑保持传统和遗产，人类的建筑才会丰富多彩。我们站在这个尘俗的地面上回答，我们要发展，我们要现代化。要同全人类一道前进，不要那个在生产力极其低落的历史条件下、在封建专制社会中形成的与众不同的“独特性”，它们已经成了我们现代化的障碍。

原载《建筑学报》1981年第4期，此处有删节

建筑学家陈志华给编辑部的信

×××同志：

来信收到。

过去因为工作关系，我收集过一些纪念性建筑的装饰雕刻资料，从建筑同雕刻的相互配合这个角度整理了一部分。后来，“横扫”期间，全部散失了，因此，在这方面做点学术性工作，目前无从下手，但愿以后有机会。

至于你让我写呼吁的稿子，我可不是合适的人选，身价还差得远。而且，说实话，我也不信别人会呼吁出什么结果来。经济水平上不去，文化水平上不去，要想在城市中和建筑上多搞点雕刻，那是梦想。何况还有比这两个水平更难办的别的问题。

向建筑师呼吁是没有用处的。本来嘛，喜欢搞点雕刻，搞点绘画，一向是建筑师的“毛病”。可是，除了几个“敬建”工程，哪一个“业主”也不会出钱搞雕刻的，块儿八毛也不成，建筑师总不能自己掏腰包。道理很简单，业主出了雕刻钱，就背了包袱。何况还得提防什么风一来，为泥塑木雕的玩意儿去当个“走什么派”也犯不着。多一事不如少一事，用这点儿钱买几把软椅子坐坐岂不惬意！这事要搁在我身上，我也不批这笔钱，我窗外就有好几户人家住在抗震棚里。要美化生活，美化城市，现在还轮不到雕刻，连垃圾都还没有扫干净，下水道，公厕，哪一件不比雕刻重要？何况我们现在做雕刻，为图省钱，搞点水泥糊弄糊弄，又没有人去维护修理，要不了多久，就破破烂烂，看上去也没有多少“文化”。

不要以为我写的是牢骚。一点也不是，写的是很认真的话，因为太认真，不免不好听，所以就显得像牢骚了。

再进一步说，现在的一般性建筑，本身的质量和设计水平，也配不上安雕刻。花钱安了，不伦不类，未必有好处。

至于“敬建”工程，那倒常常要安雕刻。过去雕刻家们干的，都是配合这类工程的。但这类工程都要突出政治，于是，左边工农兵学商，右边党政军民学，工人在前面指方向，当兵的举着旗，胖胖的公社姑娘提一把镰刀落后半步，知识分子戴副眼镜，以示看不清道路，紧紧跟在后面。这就是我在几处看到的“样板雕刻”。做这种雕刻，非同小可，雕刻家们自己未必能拿多少主意，一个模子，倒也省心。坦率地说，我很少见到有什么人站定了去欣赏这些雕刻，虽然雕刻家很卖力气，连鞋带都做到了“细节的真实”。

大受人们欢迎的雕像也见到过。一尊是南京莫愁湖公园的莫愁像。一尊是广州越秀山公园的五羊像。莫愁像的艺术水平我不敢说什么，但围着她起哄的人，实在有一些教人看不下去。（或许我那一天运气不好！）我看了很伤心，我想，如果我是那雕刻家，我或者到那里去打架，或者就自己动手砸碎拉倒。五羊像真叫人高兴，我本来打算照几个角度的相，但是，从早到晚，它身上爬满了人，实在照不成相。但我心里挺痛快，艺术家的作品有这么多人喜欢，而又没有什么侮辱性的“亲热”，那是很足以得到安慰的。

其实，五羊像之受欢迎，很有点“传统”色彩，颐和园的铜牛，围上了带刺的铁栏杆也挡不住人爬上去，以致磨得锃亮。听说，有人认为中国园林没有用雕刻的“传统”，这不对。颐和园不但有铜牛，还有许多别的飞禽走兽。十七孔桥上的狮子就有多少！北海不是还有个仙人承露盘吗？于是，就产生了雕刻家喜爱什么创作题材的问题。这牵涉到艺术的道路、方向等大问题。如果不坚持某种框框，那么，园林绿地里还是有些用武之地的，虽然也不会很多。不过，会不会有些人觉得干那个不过瘾？不是正路？

说到这里，我不免替园林捏把汗。我在哈尔滨斯大林公园里散步，见到一尊尊雕像，不是举着枪向我刺来，就是要把手榴弹甩到我身上。虽然我没有做过亏心事，也觉得挺害怕，但愿这些雕像快点儿倒塌。

当然，还有个风格问题。我要说的主要是同建筑的协调问题。过去雕刻一味强调“真实”，甚至只差汗毛孔没做出来了。这样的雕刻，放在哪里都教人觉得奇怪。恰好今天报上有一则《笑林》里“罚站的叔叔”，小学生错把人像当真人了。虽然说的是橱窗里的模特儿，但咱们多少年来不是一向以“栩栩如生”作为雕刻的最高褒辞么。上海宝山和南京的渡江纪念碑，雕刻也许有点儿新。宝山的我见过，太过于装饰味儿了，又削弱了纪念性。南京的见了碑，没见雕刻。雨花台的，见了稿子的照片，不知环境如何。

我这说的仅仅是同建筑（包括园林）有关的一点儿情况。无意褒贬雕塑家的其他作品。城市和建筑的装饰性或纪念性雕刻，牵涉面大，难处太多。

废话一堆，调子不高。文章又写不出，请谅。

敬礼！

陈志华

1981年4月9日

原载《美术》1981年第7期

为了克服千篇一律，必须提倡个人风格

梅　尘

现在，不少人在反对建筑的千篇一律了，这是好的，表现了思想文化的进步。千篇一律的生活环境毕竟不是文明的标志。

怎么打破千篇一律呢？有人主张用大屋顶、吊脚楼或者什么“历史形成的传统特色”之类的民族形式和乡土风味来打破它。这是行不通的。要生产力开倒车去适应旧形式，这怎么可能？

有人主张注意建筑物的群体布局，在群体中追求各个建筑物的体形变化。这是打破千篇一律的办法之一，但未必根本解决问题。就以故宫来说罢，建筑的群体布局是注意到了的，天安门、午门、太和殿、中和殿、千步廊和角楼等等，体形的变化不能算不大，但是，请看鲁迅先生的评论罢。鲁迅先生略带玩笑地说：“我从前也很想做皇帝，后来在北京去看到宫殿的房子都是一个刻板的格式，觉得无聊极了。所以我皇帝也不想做了。”（《集外集拾遗·关于知识阶级》）

为什么呢？就因为这些建筑物的风格是一模一样的。就像一个人群，尽管人人长相不同，穿戴不同，但是，如果只有一种谈吐、一种喜怒哀乐，那么，这个人群就会教人“觉得无聊极了”。相反，只要各人都有自己的性格、愿望、七情六欲，那么，这人群就会很活跃，生气勃勃、丰富多彩了。

风格是建筑物的思想感情。思想的贫乏和感情的枯萎，导致建筑风格的呆板单调，这种呆板单调造成的千篇一律最叫人难受，建筑体形的高矮横竖都挽救不了它。福楼拜说得好：“……风格就是生命。这是思想本身的血液。”

所以说，要突破建筑的千篇一律，必须千方百计，提倡风格的多样化。风格多样化了，建筑的体形也必然会跟着多样化的。

要使风格多样化，唯一的途径就是鼓励建筑师个人或者某种恰当的创作集体建立自己的风格。

可惜，三十年来，我们经历的却是相反的情况，有些人不但不倡导个人的或者创作集体的风格，反而压制它，把它当作资本主义的东西——或许是“尾巴”罢——毫不留情地割掉。在反对“树立个人纪念碑”，反对“知识私有”的口号下，经过“综合”“调整”“统一”，把建筑设计的个性、特色，磨得所剩无几。这样，我们的建筑怎么能不千篇一律呢？

有的人长篇大论说要创造“社会主义的建筑新风格”，却绝口不提个人的或者创作集体的风格，这是很古怪的。因为，如果认真放手发动群众，鼓励人去积极探索社会主义的建筑新风格，那么，各人按照自己的理解和途径去创作，首先表现出来的必然是千变万化的个人风格，在这个基础之上，然后，才会由那些在一定的历史条件下产生的共同特征汇成社会主义建筑的新风格。这是必由之路。

不鼓励建筑师个人或者某种恰当的创作集体建立自己的风格，甚至去压制它，那么，创造中国的社会主义的建筑新风格，就是一句空话，毫无意义。在这种情况下，所谓新风格，只不过是少数长官选定的一种公式而已。

19世纪的英国思想家约·斯·穆勒，在1859年写的《论自由》中，看到一两千年的封建专制对中国人的思想和个性的沉重压抑之后，慨叹说，中国的“民族智慧僵化了，文化停滞不前了”，他得到一个结论：“什么时候一个民族将会停滞不前呢？——当人民中的个性陷于消灭的时候。”（《论自由》，商务印书馆，1979年重印）

可惜，由于历史的惰性，在我们进行社会主义革命和社会主义建设的时候，在一些方面错把封建主义当作反对资产阶级思想的武器。人们的思想和个性继续受到压抑，推动人类社会进步的重要因素的个人独创精神，没有充分发挥出来。各种各样的“三结合”，使有一些建筑工作者失去了独立思考的可能。于是，在一定程度上，我们的“智慧僵化了，文化停滞不前了”，我们的建筑也就千篇一律了。

批判建筑工作者的个性和创作中个人风格的“理论”基础，是把共产主义同个人发展对立起来。把共产主义同人的解放和个性的解放对立起来，这是一种被误解了的共产主义，它恰恰反映了封建主义的意识形态。只要看一看恩格斯对意大利文艺复兴时代的“巨人”的那么高昂激越、毫无保留的歌颂，就可以知道共产主义学说的奠基人对人和个性的解放抱着多么大的热情。在《德意志意识形态》里，马克思和恩格斯把共产主义社会叫作“个人独特的和自由的发展不再是一句空话”的社会。共产主义就是对人的自由本质异化的积极扬弃，就是“人的复归”。这就是说，共产主义社会里必定要实现人的解放，个性的解放，也就是人类的彻底解放。在这样的社会里，个人从私有制和分工的桎梏下解放出来，全面地发展，人性丰富而充实，整个社会必然会无比地缤纷多彩。

社会主义是共产主义的初级阶段，它要向共产主义过渡。在这个过渡过程里，必然要发生人和个性的逐渐解放的过程。一些思想禁锢在封建主义里的人们，把人和个性的解放这个口号拱手让给资产阶级，好像限制或者否认它们才是无产阶级的口号，真是太不知道什么叫共产主义了。

个性解放的必然后果之一，是个人独创精神的大发扬。可以断定，共产主义社会里，建筑创作中一定是个人风格百花齐放的大繁荣。在奔向共产主义的社会主义时代，一个以共产主义为自己理想的人，怎么可以反对建筑创作中的个人风格呢？人道主义者雨果说得好：“未来仅仅属于拥有风格的人。”这句话多么深刻。

所以说，要想克服建筑的千篇一律，就必须向前看，寄希望于人和个性的解放和它们所带来的个人风格的千姿百态，而决不能向后看，寄希望于封建主义时代形成的历史传统特色。这样，我们就能把繁荣建筑创作同坚决反对封建主义、资本主义，同争取共产主义的彻底胜利的伟大斗争联系在一起了。

这样的理论太迂阔了吗？不！这是方向。方向明了，就可以知道现在该怎么办。既然我们今天的努力都为了共产主义的前景，我们为什么不能在建筑创作中逐步向这个前景发展呢？

从建筑本身的历史看，个人风格从意大利文艺复兴起才鲜明突出，这是产生了“在思维能力、热情和性格方面，在多才多艺和学识渊博方面的巨人时代”（《马克思恩格斯全集》第3卷，455页），这个时代的重要特点之一是“教会的精神独裁被击破”。在封建的中世纪，人们把无限的尊敬和信仰奉献给神，文艺复兴时候，开始肯定人的价值了。皮科·德拉·弥兰多拉写道：“上帝创造世人，为的是他能认识宇宙的规律，热爱它的美丽，惊叹它的宏壮……人能根据自由意志而成长和完善。”就是这种精神状态，造就了意大利空前未有的文化大繁荣。

后来，法国的古典主义领导了欧洲的文化潮流。古典主义是君主集权的封建国家的正统文化，一切服从于颂扬君主的伟大和光荣。于是，在建筑中，僵死的古典主义柱式教条就扼杀了个人的独创性。

资产阶级在欧洲主要国家推翻了封建统治之后，建筑中的个人风格又重新发展。到20世纪初年，随着建筑中工业革命的胜利，建筑的个人风格在破格创新的高潮中更加蓬蓬勃勃。现代建筑的一个重大进步，就是形式和风格的多样化，远远超过了历史上的任何一个时代。

资本主义比封建主义虽然是一个进步，但在资本主义制度下，人的自由本质还处在异化的状态中，资本还奴役着人，这种状况妨碍人们通过对必然性的认识获得自由。反映在建筑中，是包括建筑革命的先驱者在内，远远不能摆脱私有制的束缚，不论是思想上的还是实际上的。他们的理论是混乱的，创作是摇摆的，市侩气很浓，或者形成新的僵化。

此外，还时时有一些十分荒谬的建筑思潮登台表现（例如高迪和文丘里），建筑发展的客观规律在相当大的程度上还是盲目地、自发地起着作用。

在社会主义制度下，随着私有制和阶级的消灭，开始了“人的复归”的过程。应该恢复人性的尊严，不断丰富它，充实它。应该培养能够独特地和自由地发展的新人，使他们富有进取性和创新精神。在建筑创作中，则应该鼓励和尊重个人的独创性和建立自己的风格。毫无疑问，在人和个性解放的基础之上，社会主义时代的个人建筑风格必定比资本主义社会里的会更加健康，更加和谐，更加生气勃勃。社会主义的建筑园地，必将因此而万紫千红。

为了充分发挥社会主义制度的优越性，促进社会主义建筑园地的繁荣，必须弄清楚什么是封建主义，什么是资本主义，什么是共产主义。从而在理论上打破封建主义的桎梏，使所有的人，尤其是那些惯于磨掉创作个性、制造平庸和千篇一律的人们，知道个人风格的重大意义。知道在批判资本主义的时候，包括批判资产阶级个人主义和无政府主义的时候，小心不要用小生产者的思想当武器，小心不要偏到封建主义那一边去。这样，我们就会有建筑创作中的民主和自由。

但是，有了创作的民主和自由，仍然不能保证个人风格的形成。这就像小脚放成了天足，并不见得就成了运动健将一样。运动健将要精心培养，富有独创精神的建筑师也要经过精心培养才成。

个人风格的产生不是一个自然过程，它要靠建筑师个人和恰当的创作集体的自觉追求，这追求又不能是主观主义的。不顾一切地坚持重复画六边形、蒙花格遮阳或者使用历史上的陈旧式样，并不能形成有生命的风格。歌德透彻地说过：“……风格建立在认识的最深刻的基础上，建立在事物的本质本身上。”这就是说，风格有它的客观根据。现代建筑的先驱之一，格罗庇乌斯也说：新建筑“并非少数几个建筑师不惜代价热衷于创新的个人奇想，而是我们时代的知识水平、社会条件和技术条件不可避免的合乎规律的产物”。（《新建筑与包豪斯》，中国建筑工业出版社，1—2页）所以，为了建立个人的建筑风格，必须洞察建筑的过去、现在和未来，必须掌握先进的技术和设计方法，必须理解人们思想文化的发展。个人风格的千差万别，反映了这些客观事物的无比丰富和人们对它们的认识和掌握的差异，这种差异，则是由人们的修养、气质、功力和环境等等因素造成的。

一切人，凡是真诚地希望克服建筑的千篇一律，希望创造出中国社会主义建筑新风格的，都应当奋起打破封建主义的思想束缚，批判资产阶级，向着共产主义——人和个性的解放——的大方向，鼓吹和扶植建筑师的创作个性，扶植和鼓励他们和他们的集体建立个人风格。

原载《建筑史论文集》第5辑，1981年9月

要生存，要发展
——纪念鲁迅一百周年诞辰

史健公

近来，出现了不少谈论中国建筑中民族形式的文章。其中一些文章，有具体分析，有新颖见解，使人很受启发。但是，也有一些文章，其中虽有不少“豪言壮语”，而其实还是“陈年旧货”。他们对于民族形式，有的号召“发扬光大”，有的提倡“法古变今”，有的说应该“探索、临摹”，有的说必须“神似其意”；有为民族形式“恢复名誉”者，有“为大屋顶辩”者。他们竞相吹捧民族形式，甚至捧上了天。他们自称“解放思想”，实际上是老调重弹。而其老调之“老”，竟使我想起半个多世纪以前，鲁迅称之为“爱国的自大家”或“国粹派”来了。而鲁迅的话，今天也还很“切中时弊”。鲁迅有灵，一定会说：“这正是我所悲哀的。”

“国粹所在，妙不可言”

鲁迅在谈到“爱国的自大家”时说：“他们把国里的习惯制度抬得很高，赞美的了不得；他们的国粹，既然这样有荣光，他们自然也有荣光了！”今天建筑界的国粹派们认为外国的东西，全然不在话下。有人说：“中国古建筑的屋顶形式之丰富，在世界建筑史上是罕见的，是古人为我们留下的一份丰厚遗产。”并且断言：“优美的中国屋顶形式将会发扬光大。”其实，只要翻一下世界建筑史，就可以看到，外国古建筑的屋顶形式似乎比中国更丰富。外国屋顶，您也许不称为“倩影”，但无论如何是很丰富的。当然，有人认为外国人全长得差不多，那是因为观察不深，缺乏研究。还有人说：“例如，西方现代建筑普遍重视人体尺度，反对高大空，主张面向人。其实，这一点在中国历代民居中都有讲究。”其实，这一点在外国历代民居中也都有“讲究”。而正是中国现代建筑里，有人偏喜欢高大空，不知有多少冤枉钱花在那些“雄伟壮丽”而又空无所有的大厅里了。

鲁迅谈到一种“爱国的自大家”，他们爱说：“外国的东西，中国都已有过；某种科学，即某子所说的云云。”这种“古已有之”论，现在还很盛行。有的研究出：建筑工业化所采用的模数制，不过是中国古代的“斗口”。有的考证出：“可以说，城市交通以专业分工分流的想法，早在我国七百多年前就已经在城市中采用了。”其证据是中国古代已经有了桥上走车、桥下行船的“立体交叉”。但外国人在更早以前造的桥，下面照样行船。还有人说：“目前风靡一时的‘绿化内庭’，发端于中国的四合院；广为流行的‘流动空间’，脱模于中国的园林建筑。”而且据说中国原有许多精华，但由于我们忽视，都被外国人拿走了。“传回来当作宝贝‘洋为中用’，而实际只不过‘中为中用’而已。这种徒然绕着大弯子走的教训该是好好总结的时候了。”但是，在中国封建社会完全闭关自守的时候，并没有“徒然绕着大弯子走”，而建筑，却大体上是原地踏步，更没有产生出现代建筑。这种教训，才“该是好好总结的时候了”。还有一位，在列举了“光辉灿烂的我国建筑艺术传统的本质特征”之后，写道：“以上这些我国建筑传统本质的特征，不仅是在我国世世代代传下来，不断地发展着，而且已成为今天世界各国建筑师创新立论的理论基础，它使我国建筑艺术在世界上得独树一帜，久放异彩。”今天世界各国建筑师的“创新立论”，我们不大清楚。但据说比较流行的有“光亮派”，看上去一片玻璃；还有“重技派”，钢架上挂着许多设备管道。不知道，这些派的“理论基础”全在我国建筑传统之中的哪个旮旯里。总而言之，还是阿Q说得痛快："我们先前——比你阔的多啦！你算什么东西！"

鲁迅说过："不幸中国偏只多这一种自大：古人所作所说的事，没一件不好，遵行还怕不及，怎敢说到改革？"于是，古时的缺点也变成可爱，落后也足以自豪。请看，有人竟说："尤其难能可贵的是：在我国建筑传统中，构配件的标准化，带来了构配件通用化，从而进一步发展成为建筑本身通用化。如世俗性的建筑和宗教性的建筑之间，从来没有任何区分和界限。如宫殿可以作为庙宇使用，庙宇也可以还俗作为学校使用等等。由此可见，当前世界上各先进国家所追求的建筑标准化、多样化、通用化，它在我国文化中已早被普通地而不是偶然地应用着。"我国古代的建筑"通用化"，只不过反映了封建时代建筑功能的简单和科学的落后，以致建筑物的形制丝毫没有分化。"当前世界上各先进国家所追求的标准化、多样化、通用化"是这个吗？

主要形成于封建社会的中国建筑，必然也反映出了中国封建社会的长期停滞和闭关自守。但这些却被吹嘘为"源远流长""一脉相承""独树一帜""久放异彩"。甚至古代的看"风水"，也成了结合地形、"定点设计"。风水先生居然有幸成了科技工作者。鲁迅有一段名言，或可使某些人清醒些，他说："那时候，只要从来如此，便是宝贝。即使无名肿毒，倘若生在中国人身上，便也'红肿之处，艳若桃花；溃烂之时，美如乳酪'。国粹所在，妙不可言。"

四合院的衰亡

随着一片"发扬光大优秀遗产"的喧声中，北京的四合院也抬高了身价。据说北京典型的四合院："这样的布局，使建筑与庭园相结合，使居室空间与自然空间相结合，让大自然在布局中占着主要地位，以避免人们活动受到建筑格局的约束。""我们的传统空间艺术就是这样，像音乐一样，在潜移默化中教育人们。"它不仅有这种"神力"，并且

“不少外宾还特别喜欢住四合院”。

北京确实有少数的四合院，不仅现代装修考究，而且西式设备齐全。可谓“中学为体，西学为用”者也。但能住进去的只是少数阔人。

您知道绝大多数北京四合院的情景吗？这里，在过去也许是四世同堂的独门独院，可是现在已是十几家共住的“团结”大院了。熙熙攘攘，好不热闹。住在南屋的嫌潮，住在东屋的嚷热。院子里，挤满了各式各样的棚子，四合院变成了“八阵图”。上下水虽然据说“古已有之”，但却至今接不到屋里。这里体会不到“那阳光透过四合院的花架、树丛，显得多么宁静”，更没有“作画的好题材”。这里，外宾们不会“特别喜欢住”，就连中国人也似乎数典忘祖，并不特别喜欢住。住户们不管什么“民族形式”和“空间艺术”，只是盼着有朝一日搬到“洋式”的居民楼去。这里最大的喜讯是“将要拆迁”。

鲁迅说过：“什么叫‘国粹’？照字面看来，必是一国独有，他国所无的事物了。换一句话，便是特别的东西。但特别未必定是好，何以应该保存？譬如一个人，脸上长了一个瘤，额上肿出一颗疮，的确是与众不同，显出他特别的样子，可以算他的‘粹’。然而据我看来，还不如将这‘粹’割去了，同别人一样的好。”

事实上，北京已经拆掉了一些四合院，代之而起的是“洋式”居民楼。今后，将会有更多更好的居民楼去取代四合院。最后，除少数保留者外，传统的四合院住宅将会淘汰。这正是社会的进步。鲁迅有几句话很精辟，他说：“我有一位朋友说得好：‘要我们保存国粹，也须国粹能保存我们。’保存我们，的确是第一义。只要问他有无保存我们的力量，不管他是否国粹。”

四合院的淘汰，或说居民楼的兴起，是个极重要的事实。它正是现代建筑战胜传统建筑的一个缩影。传统建筑不能保存我们，我们只能拆掉它。住宅如此，其他类型的建筑也是如此。四合院的淘汰，不是偶然的，也不是什么“主观能动性”所决定的，而是客观条件和生活决定的。世界各国近代的建筑历史，包括苏联的，全说明了这点。最近看到

《中国古代建筑史》的出版预告，其中说："我们建造的建筑物，应该是中国人民喜欢的、爱看的，应该是在中华民族建筑艺术这杆树上，生长和发展起来的建筑艺术。"从居民楼战胜了四合院来看，这种说法已经"不攻自破"。因为谁也看不出来居民楼如何从四合院"生长和发展起来"。居民楼恰恰是否定四合院的产物。说得确切些，居民楼是从外国引进的新品种，结果能解决问题，这难道不好吗？你说"不应该"，但怎么办呢？既然我们承认了居民楼存在和发展的事实，有什么办法再嫁接到老树上去呢？鲁迅说得好："我们的古今人，对于现状，实在也愿意有变化，承认其变化的，变鬼无法，成仙更佳，然而对于老家，却总是死也不肯放。"接着，鲁迅意味深长地说："家是我们的生处，也是我们的死所。"我们绝不要抱着老树而死。

"我怕得有理"

本来，有些人谈谈中国古建筑的"五大特征""六大成就"，"中华古国，人杰地灵"，也无不可。但是，他们不仅是谈谈"光辉灿烂的我国建筑艺术传统"而已，而是要它"发扬光大"和"永放光芒"，这可是个大问题。最近，有位"本意是着眼于民族复兴"的人，竟公然宣称："有志于建筑民族形式的探索而搞大屋顶，作为一种尝试，应该说是可以理解的。"并说："学国画要搞临摹，学古建筑也应该允许经过临摹的阶段。"请看，他们不仅要"探索""尝试"，而且要"临摹"了。可怕的是：对大屋顶这一"探索""尝试"和"临摹"，又不知要浪费掉多少人民的血汗。据说，仅北京就有二十多万严重缺房户，他们老少三代或大儿大女全住在一间足有资格当作文物的"古建筑"里。大屋顶再闹下去，他们何年何月才能住上现代化的住宅呢？

因此，这样的"民族复兴"，是个关系到建筑现代化的成败问题，不能不加以明辨。对于那些论证现代建筑必须要民族形式的理由，也有必要加以分析。

有一种人说："外国人全很喜欢中国建筑的民族形式，我们更不能丢掉它，应该发扬光大。"

中国古代建筑，确有成就。已经剩下不多的宝贵建筑文物，应该认真保护。但鲁迅说过："不革新，是生存也为难的，而况保古。"真是不幸而言中，这二三十年里，一面提倡民族形式，一面却破坏着文物古迹。

但是，保护古建筑与创作现代建筑并不能混为一谈。正如殷周的青铜鼎，应该放在博物馆的玻璃柜子里，今天却要生产高压锅。

值得骄傲和宝贵的是有价值的真古董，不是拙劣的假古董。外国人喜欢看的是故宫、十三陵，不是北京农展馆的大屋顶。当然，也有些外国人，希望中国现在还盖琉璃瓦大屋顶，很使国粹家们高兴。但是，鲁迅曾经尖锐地指出："有些外人，很希望中国永是一个大古董以供他们赏鉴，这虽然可恶，却还不奇，因为他们究竟是外人。而中国竟也有自己还不够，并且要率领了少年、赤子，共成一个大古董以供他们赏鉴者，则真不知是生着怎样的心肝。"那些不要现代化，而要古董化的人们，不应当出一身汗吗？

还有一种人，则又抬出了建筑"两重性"，或从建筑的"艺术性"，来鼓吹民族形式。

这派的理论，我们早就领教过了。它是苏联首先发明，并有一套奇怪的"逻辑"。如说："埃及有金字塔，罗马有凯旋门，都是伟大的艺术品，所以建筑是一种艺术。而建筑又有实用性，此之谓'两重性'，所以建筑较其他艺术尤高。""建筑既然是艺术，就要服从'社会主义内容，民族形式'的公式。你反对民族形式，就是反对社会主义内容！"或者说："建筑是艺术，就是意识形态了。你不赞成民族形式，就是赞成西方现代建筑，就是赞成帝国主义的意识形态。"如是等等。

将一些建筑物作为雕刻艺术处理的时代已经过去了。金字塔、凯旋门等等，只是阶级社会中的一些"特例"。就是在古代，大量的建筑物也主要是满足物质需要的产品，谈不到是艺术。近代大工业产生的现代建筑，否定了手工业建筑的形式，建筑物作为物质产品的本质更加明确，并强调了建筑的科学性。总之，现代大量的建筑是物质产品，不是艺术作品。

“建筑要求美，美即艺术”，有人这样说。但谁说物质产品不要求美呢？现代的飞机、汽车、电视机、沙发等等，不都要求美吗？而且有些不是很有时代美吗？但是，这些人又不肯承认汽车和沙发是艺术品，可见，他们也不得不认为美并不等于是艺术。

主张建筑是艺术的人，总是将一些艺术上的概念和提法，硬套在现代建筑头上。大谈建筑艺术的“两重性”“思想性”“阶级性”“继承性”等等。还有什么“社会主义现实主义的创作方法”，“社会主义内容，民族形式”。结果使人头昏脑涨，越来越糊涂。因为现代建筑根本不能“作为一种艺术来看”。

有一篇《为“大屋顶”辩》的妙文，颇有代表性。其中说：“当然，艺术不可避免地会反映某些政治倾向，而正是在这一点上才能以政治标准来衡量。……一件作品即使在政治上是错的，对其艺术上的价值也不应一笔勾销。”作者好像在谈文艺，其实在谈建筑。我们不知道建筑“在政治上”指的是什么。是塔顶上的火炬不许朝东也不许朝西吗？是檐头的红旗必须不多不少地只能有三面吗？同一篇文章里，我们还读到这样的话：“奇怪的是为什么读唐诗宋词，甚至于不少名人写诗词散曲，没有人说复古，而造了一些大屋顶就是‘复古’呢？事实上，就像喜欢四大名菜和唐诗宋词一样，很有一些中国人是喜欢大屋顶的。”我们要问问这位作者：“您知道现在是唐朝还是宋朝？框架轻板是七绝还是菩萨蛮？为什么很有一些喜欢大屋顶的中国人现在还住在抗震棚里？”

建筑要现代化，应该大力提倡建筑的科学性。鲁迅说过有一种人最恨科学，他们“先把科学东拉西扯，羼进鬼话，弄得是非不明，连科学也带了妖气”。

“形似”不成，“神似”如何？

近来，还流行一种主张，即建筑创作对待民族形式要“神似”而非“形似”，“换句话说，要求其味而不仿其形”。

抱有这种主张的人，总算看到：现代建筑中照搬民族形式是不成了。但不搞民族形式，又心有不甘，或怕长官发火。于是采取了调和的提法。这是颇近乎“中庸之道”的。正如鲁迅所谓：“中庸太太提起笔来，取精神文明精髓，作明哲保身大吉大利格言二句云：‘中学为体西学用，不薄今人爱古人。’”

这种“神似”论，实在也难理解。因为建筑抽去了“形”，也就没有“神”。有人问得好：“形之不存，神将焉附？”所谓“神似”，不过是一种依稀可辨的“形似”而已。

现代建筑为什么却要“神似”封建时代的建筑呢？那么多古所未有的现代建筑类型，如实验室、计算中心，是应该“神似”宫殿呢，还是庙宇呢？有不少新建的机关大楼，对称庄严，威风凛凛，使人望而生畏。建筑形象上确有些“封建衙门”的味儿。这可以算得上“神似”了吧，但这封建之神不正是应该痛加反对的吗？

我们也认为在现代创作中，不妨利用传统建筑的一些处理手法，推陈出新，甚至“化腐朽为神奇”。但是，无论“神似”或“形似”都不能成为建筑创作的一条原则。现在的居民楼因为毫不“神似”旧式四合院，正说明了进步。将来的建筑还会不“神似”今天的建筑，那将是更大的进步！谁知道将来的房子会是什么样子呢？

提倡“拿来主义”

应该承认：中国近代的建筑是落后了。为了实现建筑现代化，就要反对“自大与好古”，提倡学习和创新。学习，主要包括近现代外国的好东西。对于“洋货”，鲁迅主张“拿来主义”。他说：“我们要运用脑髓，放出眼光，自己来拿！”其实，我们在建筑上，已经从外国拿来了许多东西，并且证明很有成效。今后，应该更大胆放手和理直气壮地去拿，正不必有什么禁忌。鲁迅说得好：“无论从那里来的，只要是食物，壮健者大抵就无需思索，承认是吃的东西。惟有衰病的，却总常想到害胃，伤身，特有许多禁条，许多避忌；……但这一类人物总要日见其衰弱的，因为他终日战战兢兢，自己先已失了活气了。”

但是，我们过去在“拿来”时，也有不少教训。譬如说，学习苏联建筑虽有所得，但也有不少失误。一是从苏联建筑界引进了“民族形式”的理论，二是又引进“神似”苏联式样的古典味儿的大楼。如今，当苏联最终放弃了“民族形式”的框框，转向现代建筑之后，我们仍有人死抱框框不放。从世界范围看，在现代建筑与“复古”风格的百年战争中，我们真要成为坚守旧阵地的最后一兵了。

过去长时期内，往往将政治问题与科学问题混在一起。对于资本主义的现代建筑，我们一律斥为反动，生怕沾了“洋气”，成了鲁迅所说的那种可笑的人：“又因为多年受着侵略，就和这‘洋气’为仇，更进一步，则故意和这‘洋气’反一调：他们活动，我偏静坐；他们讲科学，我偏扶乩；他们穿短衣，我偏着长衫；他们重卫生，我偏吃苍蝇；他们壮健，我偏生病……这才是保存中国固有文化，这才是爱国，这才不是奴隶性。”但愿我们现在不再如此糊涂。

凡能促进建筑现代化的，我们全要拿来，不管它是否“国粹”。鲁迅说：“即使并非中国所固有的罢，只要是优点，我们也应该学习。即使那老师是我们的仇敌罢，我们也应该向他学习。”

凡阻碍建筑现代化的，我们全应舍弃，也不管它是否“国粹”。鲁迅说：“我们目下的当务之急，是：一要生存，二要温饱，三要发展。苟有阻碍这前途者，无论是古是今，是人是鬼，是三坟五典，百宋千元，天球河图，金人玉佛，祖传丸散，秘制膏丹，全都踏倒他。”

原载《建筑史论文集》第5期，1981年9月

有感于建筑理论

李渔舟

有些同志说，现在，建筑理论文章太多了，“空洞的玄学”已经使人厌烦，最好多写一点“务实”的文章。

写“务实”的文章当然是好的。但是，理论文章还是不可不写。

请这些同志们想一想，三十年来，常常是一些十分肤浅而又十分荒唐的“理论”，牵着我们跑。我们搞过俄罗斯古典主义，搞过大屋顶，搞过五角星、火炬和一些阴阳五行之类的玩意儿。虽然有一些是长官强加的，但不能不说我们的头脑也不大清楚。目前，在并没有外力强加的情况下，不是又有人要跟着“第三代”的文丘里等跑了吗?

如果要总结这些教训，看来，我们还是要弄清楚一些基本理论的。

看看我们目前的理论水平罢。虽然“人有多大胆，地有多大产”这样的豪言壮语早就成了过去，最近却有人提出一种看法，说“建筑风格是由人的主观能动性决定的”。这种建立在主观精神上的理论实在不少，如“喜闻乐见”“好看”“外国人喜欢”“对传统文化有感情”等等。此外，有些同志弄不清楚建筑同唐诗宋词的区别，有些同志不伦不类把建筑发展比作一棵树。还有人居然花时间来论证现代化的建筑在中国“古已有之”，而竟不知道鸟枪早就该换炮了。

还有那么一些文章，开口就是什么本质特征、美学原理、形式与内容、这个性那个性，从概念到概念，往往不知所云，白白败坏了理论的名声。

这样的理论是要反对的。但反对之道，是提倡好的文风和学风，而不是索性不要理论。那些理论的谬误还得要理论来辨析。

希望同志们看长远一些。我们设计一项工程，功能上有毛病，立面上有败笔，或者多花了钱，往往搁在心里很难过，但是，在荒谬的理论指导下，大方向错了，搞了折衷主义，搞了大屋顶，或者又奉命搞了个什么，反而觉得无所谓，说不定还觉得有几个作品挺有点儿水平。其实，这种错误给人民造成的损失更大，我们应该在心里难过的。因此，我们必须提高理论水平，不能因为过去的理论太倒人胃口而再也不想看了。

理论不是写爱好、愿望和感想的，更不是写外国人的口味的。建筑理论要探讨的，是建筑发展的客观规律，它的必然的发展道路。这样的理论才能根据当前条件和对未来的瞻望，提出建筑创作的历史任务。

就拿目前谈论得最多的“民族形式”的问题来说罢，论证绝不能建立在“喜闻乐见”“好看”或在“外国人喜欢”这些主观精神因素上。要论证的是：民族形式在什么历史条件下必然形成，又在什么历史条件下必然消失，当前的历史条件如何，我们应该怎样对待。

这样的科学的理论，要求对过去、现在甚至未来的建筑下一番研究功夫，进行纵的和横的比较，要求在思考力上做一些准备，不能凭感想，或者东拉西扯做不合实际的比拟。

思考力上的准备，最根本的就是学唯物主义，学辩证法。过去，有些文章只堆砌马列的语录，引现成的结论，写起来容易得很，可惜没有用处。现在，又有人不认真去研究马列的著作而拍脑袋写文章，也容易得出一些不恰当的结论来。

这可以举两个例子。

先说那个“人的主观能动性决定建筑风格”的一种见解罢。论者所根据的，无非是说精神对物质能起反作用。但是，反作用在任何时候都不可能成为决定作用。如果可以成为决定作用，即使只有几百万分之一的机会罢，那也不是唯物主义，而是二元论。唯物主义只能是一元论的。把反作用夸大到决定作用的程度，就会产生唯意志论，咱们吃过它的苦头。

再一个例子，就是有人介绍路易斯·康是“第一个打破‘形式追随功能’的国际式框框的建筑师，使现代建筑又大大地迈进了一步”。他不知道，“形式追随功能”是“内容决定形式”这个辩证法原理在建筑中的表述，虽然不够完备。这个原理是打不破的，而它却打破了折衷主义。只要有这样一些起码的关于辩证法的常识，就能够分辨目前西方一些“理论”的真伪。虽然我们在理论上曾经上当受骗，但是，唯物主义和辩证法是绝不会过时的。

理论工作是一项严肃的工作，写文章尽管可以活泼、奔放、俏皮或者峻急，但是，总得在基本原理上多想想、多学学。

我们建筑理论之所以招人厌烦，原因之一，是还没有摆脱1950年代初期从苏联传来的影响。那会儿的苏联建筑理论，实在太差劲。

它的要害是，认为建筑是一种造型艺术。这本来是欧洲传统的观点，但是，自从工业革命以来，它就不符合建筑的实际情况了。有些苏联理论家死守住这个观点不放，为了摆脱它同建筑实际情况的矛盾，索性武断地说，只有具有造型艺术特点的才叫建筑物，否则，只能叫构筑物。

从这个基本论点派生出来的第一点，是钢铁、水泥、砖瓦、木头造起来的硬碰硬的建筑竟被派生成意识形态的上层建筑。因此，就必然要强调它的阶级属性。这样，就把19世纪末年萌动起来的建筑革命，同恰好在这时发展的帝国主义扯在一起，打成是“资本主义制度腐朽、堕落、垂死的表现”，而社会主义的建筑必须同它“针锋相对”，反其道而行之。所以，不但扼杀了在苏联已经开展起来的建筑革命，还把建筑也卷进到一场反对世界主义的斗争里去了。

第二点，作为造型艺术，就夸张了建筑形式的社会意义和认识作用，给它的首要任务是反映时代，而这个时代恰恰又以被神化了的个人为标志，于是，不但追求伟大和壮丽，而且必须同封建传统结合。古典遗产和民族形式因此成了无产阶级建筑同资产阶级建筑相区别的标志，当包袱背在身上。

在这种情况下，建筑形式的思想性被夸大到了极点。当时苏联批判的所谓建筑中的形式主义，既不是矫揉造作，也不是铺张浪费，而是所谓"无思想性"，把它同康德的艺术的非功利性和无目的性联系起来一块儿批判。因此，为了表现思想内容，只好把柱式、雕刻、壁画一起堆砌上去，把建筑弄得烦琐之至，现代化就更谈不上了。

当然的结果是，把文学艺术中的社会主义现实主义创作方法引进到建筑中来，把"社会主义内容、民族形式"的方针也引进来。虽然理论上从来说不清楚，但作为样板的获得各种荣誉奖金的建筑物，都是古色古香的，这就决定了建筑的复古主义方向。

更要命的是，联共（布）十九次代表大会之后，从马林科夫报告中关于文艺的一段话里，摘来了一个典型问题，在建筑界大肆讨论。什么"典型环境里的典型性格"，什么"细节的真实"，把建筑理论不知扯到哪里去了。

那些文章的文风又极差。一上来就从哲学的基本概念说起，文章的骨架一般都是：现象与本质、内容与形式、传统与革新等等这样一些哲学范畴。写起来几万字，云里来雾里去，又虚又玄，什么实际问题都没有提，更不用说解决什么了。文章的手法也很一致：引几段马、恩、列、斯关于文学艺术的话，然后说"建筑也一样"，就发挥起来了，而对为什么会一样，从来不做任何论证。更简单化的例子，是一个叫阿谢普可夫的人，剽窃了一篇叫作《列宁的反映论与艺术》的文章，只把"艺术"两个字换成"建筑"，凑上几个实例，就在中国以《论建筑中的内容与形式的统一》的题目发表了。

比这些人稍稍现实一点的，就制造了一个"两重性"的理论。既这样，又那样，根本不是完整的、严谨的理论，而是继续把建筑当作一种造型艺术。

至于查宾科的《论苏联建筑艺术的现实主义基础》这本书，棍棒乱舞，大打出手，更足以使“四人帮”的刀笔吏失色。

所有这些论点、学风和方法，在我们现在的理论文章里还都常常隐约可辨。咱们大家警惕一点儿罢！

有一位同志说，什么叫新建筑？中国人看外国的新，外国人看中国的新，所以，只要我们在建筑物上贴一点琉璃、描一点彩画，在世界上就也可以算得上一新。

这也算“理论”，实在叫人发愁。

他把“新奇”“新鲜”叫作新。于是，这个新，就决定于个人的经验，而没有客观的标准。但是，不妨设想，请这位同志到非洲去，他看见穿着草裙的人们，一定会觉得“新奇”或者“新鲜”的，不过，他大约不会把这些草裙叫作什么新式服装罢。

他把“外国人的眼光”当作衡量建筑新旧的标准。一个外国旅游者，到了非洲，他会觉得，非洲人穿草裙比穿的确良更有趣。但他自己，是连的确良都嫌低级了。那些非洲人，只要有几个钱，也一定会去扯几尺的确良来缝一条裤子，而不愿意穿草裙的。而且，他们也绝不会把的确良撕成一条条的围在腰上。外国人看中国建筑，不也同这个有点相像吗？

什么是新建筑呢？它是有标准的。建筑的发展有它的客观规律、它的必然道路。20世纪头三十年在西方发生的那一场建筑革命，是工业革命在建筑中的表现。这场建筑革命，在任何一个向现代化过渡的国家里都要发生。就像没有现代化就没有社会主义一样，没有现代化，就没有社会主义的建筑。庑殿歇山、和玺旋子、楠木琉璃，或者落地罩碧纱橱，统统不是社会主义建筑的必要标记。即使把十八个大屋顶组成史无前例的样式，也像草裙一样算不得新东西。

建筑革命的基本内容是：把建筑从手工业决定性地变为大机器工业；把建筑学从艺术决定性地变为科学技术。在这个基础上，改造关于建筑的各种观念、创作方法和审美趣味。这正如格罗庇乌斯在五十年前说的，现代化的建筑必须是“我们这个机械化和快速交通的现代世界的直接见证物”。这就是新，新建筑的那个“新”！

人们批评说：你们不过是跟着外国人跑，你们那一套，在外国早就不新了。

据调查，上述批评基本属实。这有什么办法呢？我们不是要追上一大段差距吗？在外国早就不新了的东西，在我们这儿还如此难产，这才更叫人着急。

但是，持守旧传统、讥笑革新的人，在建筑发展史上是不乏先例的。他们反对过水晶宫，反对过埃菲尔铁塔，反对过芝加哥学派，反对过包豪斯。难道我们今天还要重复这样的历史教训吗？

在一则醒目的出版消息里，有这样一句话：“我们建造的建筑物，应该是中国人民喜欢的，爱看的，应该是在中华民族建筑艺术这杆树上，生长和发展起来的建筑艺术。”这大约就是“形象思维”吧，因为理性的思维很难了解它。

且不说这句话前后概念的不一致，就说它的形象比喻吧，新建筑是民族建筑艺术这杆树上生长起来的什么呢？

是枝叶吗？那么，它必定只能同老枝老叶一模一样，连细胞里的染色体都完全相同，岂但“不爽毫厘”而已。那就是说，我们造房子还要照清工部《工程做法则例》办事。

是花果吗？那么，它只能从枝叶取得它的全部营养。请问，仅仅从《营造法式》或者《营造法原》，从吊脚楼或者四合院，能滋养出现代化的建筑或者建筑艺术来吗？

再说，这花果怎么进一步发展呢？它只能从老树上脱落下来，离开这杆老树，才能有新生活。可惜，种子携带着老树的全部遗传信息，新生的幼树仍然同老树完全一样。

枝叶也好，花果也好，只能通过老杆从小小一块土壤上吸取水分和矿物质。可是，我们的新建筑，如果想有所进步，必须从全世界吸取水分和矿物质，这怎么办呢？

一定要用树木做比喻的话，那么，应该说，现在最要紧的，是培育适合新要求的新树种。用定向选育的办法，远缘杂交的办法，甚至借助辐射诱发基因突变的办法来培养新的、有优良性状的树种。老树早就枯死了，枯枝上既长不出新叶，也长不出鲜花。

原载《建筑学报》1981年第8期

读书笔记
——前进与后退

自从美国的“后现代主义”建筑家们宣布现代建筑的死亡之后，我们有些同志也起来指责现代建筑，说它是“反人性”的，或者是“为物而不为人”的。罪证大抵是“少就是多”“装饰就是罪恶”和“住宅是居住的机器”等几句话，或者是所谓“千篇一律”。虽然在实践中，现代建筑已经成了我们建筑的主流，要逆转大约也已经不可能了，却有同志把这现象叫作我国建筑界的“主要危险”。

关于现代建筑诞生和发展的必然性，已经有教科书和许多同志的文章论证过了，再来说一遍实在没有必要。但是对那个“反人性”或“为物不为人”的指责，还有必要议一议。虽然提出这种指责根本在于另有主张，但我们还是不得不从就事论事下手，先弄清“反人性”和“为物不为人”问题。

鲁迅先生说：“我总以为倘要论文，最好是顾及全篇，并且顾及作者的全人，以及他所处的社会状态，这才较为确凿。要不然，是很容易近乎说梦的。”（《题未定草（七）》）我们要评判现代建筑，评判它的先驱者，就不能不顾及现代建筑诞生和发展的具体历史过程，不能不了解现代建筑的真实意义和它的历史作用。

六七十年前，现代建筑运动的斗争对象是谁？是当时垄断着建筑界的以学院派为首的折衷主义者。学院派的基本点在于把建筑当作艺术。当时折衷主义建筑在形式上的一般特点是古典主义的大构图加巴洛克的装饰。这种雄伟而烦琐的建筑只为贵族老爷、阔佬大亨们服务，造些行政大厦、银行、剧场、博物馆之类的公共建筑物和市中心的豪华住宅。列宁墓的设计人舒舍夫有过一段话，足以说明折衷主义建筑的这种情况，他说，在十月革命前的俄罗斯，“宫廷和贵族那些有权势的顾主，去找福明做设计；做买卖的财主去找茹尔多夫斯基；而教会的设计则大部分找我去做”。在学院派建筑师的眼里，根本没有大量建造的城市普及型住宅，更没有工业建筑。他们那一套派不了这种用场，他们也不屑于派这种用场。他们高傲地把建筑看作是“艺术之首”，在象牙塔的尖顶上。至于城市大量需要的住宅，那不过是包工头们干的事。这样一来，正如格罗庇乌斯说的，学院派就歪曲了建筑的本来面目，“剥夺了普及的生命力”，并且“与社会完全隔绝”。

然而，现代建筑却在这类包工头们干的行当中兴起来了。现代建筑的先驱者，格罗庇乌斯、密斯和柯布西耶，都对普及型住宅倾注了很大的热情。柯布西耶说过：“广大的人民迫切需要住宅，这是火热的重要问题”，而且新的住宅必须“人人都住得起”。1920年代，这几个人都曾经从事大量性廉价住宅的设计，1927年的魏森浩夫住宅区建设，是现代建筑兴起的一个重要历史事件。他们的工作大大提高了廉价住宅在建筑学中的地位。柯布西耶说：“建筑学从来就是宫殿庙宇的建筑学，我们今天要把它变成住宅的建筑学。”这些工作和主张说明，现代建筑一开始就把建筑从云端上的艺术之宫里拉到尘世中来。这就是说，现代建筑的历史功绩之一，是使建筑学摆脱封建等级制时代的传统而进行了资产阶级的民主化。虽然这不过是资本主义制度范围里的民主化，但比起封建社会把建筑学供在艺术宝殿里，毕竟是个很大的进步。

为了大量建造城市普及型住宅，格罗庇乌斯、柯布西耶和密斯都曾经研究工业化的预制装配方法。柯布西耶在1917年就打算开创大规模建造的建筑工业，格罗庇乌斯则把这当作包豪斯的重要教学内容。正是在这之后，柯布西耶产生了“住宅是居住的机器”的想法。这命题的含义之一，就是必须像设计和生产机器那样来设计和生产住宅，讲究功能、讲究效率、讲究实惠、便于工业化生产，等等。根据同样的思想，密斯说，“少就是多”。因为当时的折衷主义建筑，它的古典主义构图和巴洛克式装饰，根本不能适合功能、效率、实惠、工业化生产等要求，而它的审美观念却牢牢统治着建筑界。为了打破它，就必须建立新的适合于新要求的审美观念，“少就是多”就是这样一个新观念，它其实就是密斯说的：“用我们时代的方法，按照任务的性质来创造形式。”这“时代的方法”就是工业化的方法。任务就是搞大量性居住建筑，向大多数人普及，也就是为建筑学在资本主义条件下的民主化服务，使建筑更“人性化”。1922年，包豪斯的教师施勒穆尔写道：“我们不在住宅的木材上雕刻，这并不是由于我们想不出什么东西，而是因为良心禁止我们这样做。”这就是“少就是多”的人道主义。

后现代主义者还不遗余力攻击“形式服从功能”这个虽不完备但基本正确的现代建筑的原则。我们一些同志则把它说成是“为物不为人”的。其实，现代建筑正是在“形式服从功能”的原则下，把人的尺度、需要和活动方式当作建筑设计的基本依据，在这个基础上建立了科学的设计原理和方法；现代建筑所反对的学院派折衷主义“为艺术而艺术”的设计方法，就是把建筑设计当作轴线、空间序列、比例划分、柱式组合等等的构图游戏，而并不认真考虑人的尺度、需要和活动方式。曼德侬夫人在回忆录中说：在凡尔赛宫里，因为追求堂皇的空间构图，每天晚上，路易十四的起居部分点一千支蜡烛都不够亮；一到严冬，炉火烤不暖大而空的房间，路易十四餐桌上的菜肴都冻冰；晚会的时候，雍容高雅的贵妇们只能在豪华富丽的大理石楼梯下随地方便。而学院派的折衷主义追慕的就是这种古典主义加巴洛克的建筑“艺术”。所以，现代建筑的又一个贡献，就是在“形式服从功能”的原则下把“为艺术而艺术”的建筑学变成了“为人”的建筑学。

如果我们仍然采用“人性”这个词儿的话，那么，究竟是用柱式、壁龛和雕像等盛装打扮起来，神气活现，价格高昂，只能为少数权势者享用的学院派折衷主义建筑有人性，还是简洁的、朴素的、能够用工业化方法生产而便于大量普及的现代建筑比较更有人性呢？是醉心于轴线、序列、比例、柱式而不顾功能的建筑“艺术”有人性，还是从功能出发，也就是把人的尺度、需要和活动方式当作出发点的建筑“科学”更有人性呢？

我们的同志们都诚恳地愿意为广大的人民群众服务，我们相信，经过冷静的思考，同志们一定会觉得现代建筑比学院派折衷主义更有人性，而这个进步，却正是由于“少就是多”“形式服从功能”“住宅是居住的机器”等等几个原则的生命力。所以，把这几句话打成“反人性”或“为物不为人”，是很不合乎实际的。我们不妨再进一步想一想，祖孙三代挤在一间小屋里生活的人，三十岁还分不到一间小屋结婚的人，如果看到大量的人力物力虚耗在大屋顶、琉璃檐口、勾片栏杆等等上面，以致延误了住宅建设的速度，他们会想些什么呢？恐怕会产生卢斯那样的想法，把这些装饰看成罪恶罢！

现代建筑从总体上、根本上看，不是僵死的模式，它在发展着。格罗庇乌斯说过：“看来好像这一代建筑师创作的精力已经被熟悉机器性能、攻克新的空间概念和探索新的建筑形式本质的共同特征这几种工作搞得精疲力尽了。让我们的下一代去完成对这种形式的加工完善，促成它的普及吧。”熟悉先驱者们的艰苦斗争历史的人，读到这几句话是不能不动心的。近一二十年来，有不少西方建筑师提倡建筑设计要重视生活情趣；研究建筑环境跟人们心理状态的关系，以利于培养人们之间亲切的感情；注意保护自然生态；注意形式的多样化；等等。这些都是很健康的进步，使现代建筑更丰富、更成熟了。

但是，一些后现代主义者却不是这样看问题的，他们宣称，现代建筑死亡了。后现代主义者詹克斯和文丘里等人的绝大部分著作是浅薄和颓废的。

说他们浅薄，是因为他们根本不懂现代建筑的真实意义和它的丰富内容，不了解现代主义建筑的根本历史功绩是推进了建筑的科学性和民主性，只把它简单化为“国际式”，再进一步简单化为“方盒子”。他们以为“打倒”了方盒子，现代建筑就死亡了。文丘里绝没有比别的什么人“更懂得现代建筑的真谛”。即使只谈形式，把现代建筑仅仅看作“方盒子”，也是一种欺人之谈。

说他们颓废，是因为他们提出了“形式服从形式”“形式派生功能”这种唯心主义的口号来反对基本正确的“形式服从功能”的口号。后现代主义的口号，其实就是“为艺术而艺术”的口号，所以文丘里、詹克斯等都主张回到折衷主义路子上去。

提倡形式脱离功能，就是要把建筑当作随心所欲的形式的玩意儿，不受任何限制。这就是他们的“唯我主义”“反理性主义”“主观主义”。这绝不是“丰富”现代建筑，绝不是“把现代建筑推向前进”。文丘里的文章，写得神神道道，难懂之极，无非在形式上出花样，没有超出这花样一步。而他的“论证”的主要方法，就是把明哲之士并不否定，只是正确地看作非基本的、次要的、个别的东西，荒谬地翻成基本的、首要的、一般的，然后把它当作新发现。把这些著作跟格罗庇乌斯、柯布西耶、密斯等先驱者具有强烈的历史使命感和社会责任感的著作相比，后现代主义者实在卑琐不足道。现代建筑是包括社会理想，建筑的基本概念、设计原则、施工方法等等的大体系，它的对立面不仅仅是19世纪以来的折衷主义建筑，而是它之前人类几千年的建筑史。后现代建筑只是在形式上做文章，它怎能否定、取代现代建筑呢？

所以，个别同志所说的，后现代主义正在跟现代建筑进行着一场“建筑哲学中人性与理性在新的历史时期中的大搏斗”，完全是无稽之谈。而且，人性中当然应该包含着理性，它们俩怎么能搏斗得起来？

我们一些同志主张建筑形式要多样化一点，要更富有生活情趣，要更重视建筑环境对培养健康的心理的作用，要注意保护生态环境，等等，这是好的，但不必非跟后现代主义挂钩不可。我们有些同志主张建筑要继承传统，这也不妨讨论，但最好也不要拉后现代主义当知己，他们说的“传统”，可不是什么严肃的东西。

原载《建筑学报》1984年第9期，有删节

假古董危言

大体还记得一则古代笑话：一个衙役，押了一个犯罪的和尚去充军，半路投宿，夜里和尚不知使了哪家“功法”，脱掉木枷逃走了。在逃走之前，还把熟睡中的衙役的头剃了个精光。第二天早晨，衙役发现少了一个人，大吃一惊，摸摸自己的头，失声叫道：和尚在这里，我到哪里去了？

这位衙役算得上是“忘我”的典范。

咱们现在也颇有几位这样“忘我”的人。他们把自己当作古人，不知道“我到哪里去了”。不过他们忘记的不只是自己，而且是这个本应属于我们的时代。

别的不说，就说建筑罢，在这个新事物像乱云惊涛汹涌而来的八十年代，却有人从容自闲，接二连三地写文章提倡“法古”。宾馆旅舍之类，以古气相标榜的也日见其多。

论之者曰：“这是弘扬传统建筑文化。”

传统文化的灿烂，是祖先的光荣。但是，如果我们至今能弘扬的还只是传统文化，这难道是我们的光荣？这样的弘扬，前提是自缚于传统文化。“述而不作”，咱们到什么时候才有自己时代的建筑文化？“不知尘世人间，今夕是何年？”闹什么历史笑话！

论之者又曰：“现代建筑咱们搞不过外国，搞传统样式是发挥我们的优势。”佛门子弟以否认一切来摆脱生老病死的烦恼。我们的这些假古董制造者，以“忘我”——忘掉我们这个时代来摆脱落后的烦恼。以不变应万变，只消往后一看，“我们的祖先比你阔得多了”，于是，眼前的一切落后就都不在话下了。多么省心省力！可惜土谷祠是住不稳的。

论之者还以赚外汇为说：“外国人到中国来，不要看你新东西，而是要看你的古董。”看真古董咱们当然欢迎。但是，说这样的“理由”而面无愧色，不是有点儿麻木么？如果外国人到中国来，只为了访古，咱们就得咂摸出一点儿危险的信息和屈辱的滋味来。想一想鲁迅先生是怎么愤怒地谴责那些要把中国搞成个大古董以供外国人鉴赏的人的罢。

原载1985年3月22日《中国美术报》

再说另一种假古董

自从北京琉璃厂造了一条古色古香的文化街之后，各地踵相效法，连五台山上也打算造这么一条街。还得加上黄鹤楼和正在加紧设计的滕王阁。

人们对这种造假古董之风议论纷纷。

有人出来辩护，说这是保护文物，是保护城市的历史风貌。

文物当然要保护，城市的历史风貌也应该保护一部分。不过，假古董绝不是文物，这是普通常识，连讨论都大可不必。

于是又有人来争辩，说现在的假古董，过了二百年就是真古董了，就是那时的文物了。

现在的建筑物，到二百年之后，或许不用二百年，就会有一部分成为珍贵的文物，这是不必怀疑的。不过，是哪些建筑物会成为文物呢？一定只会是那些代表现在先进技术的，代表现在进步形制的，反映现在典型的生活方式和精神面貌的，达到现在建筑艺术的新水平的，等等。那些假古董不具备这些特点，它们不可能成为有价值的文物。

文物建筑是历史的见证，后代人要通过它去了解产生这些建筑的时代。所谓“建筑是石头的编年史”，就是这个意思。那些假古董伪造历史，毫无史料意义，是写不进编年史里去的。就好像后人研究现代人类，绝不会拿返祖现象的毛孩当作标本一样。

不过，假古董，那些古色古香的街道和楼阁，也能向后代传递另一种历史信息，因而有可能被子孙们当作某种意义的文物。

它们传递什么信息呢？它们能告诉后人，20世纪80年代的祖先们，还没有能完全摆脱封建主义思想感情的沉重负担，还束缚在落后的意识里，把向后看、造假古董当作正儿八经的事来办。这些祖先的精神状态没有达到他们时代的先进水平。

如果子孙们细心一点，知道这些假古董的造价，比方说，造一座黄鹤楼要花掉造几万人的住宅的钱，而人们当时的居住问题还远远没有解决：有三代同室而无地可扫的，有两对夫妇轮班住一间房子的，有大男大女拿了结婚证却无处安身的，有下雨天要逃出屋外怕房子倒坍的，还有一些更加尴尬而不好意思说出口的，等等，那么，这些假古董传递的历史信息就会更多一点，后人们会因此知道，要真正树立社会主义的人道主义是多么不容易。人们多么喜欢陶醉于堂皇富丽的建筑之中，而淡忘了要为社会主义社会的真正主人——普通老百姓多办一点实事！

1959年，北京像造宫殿一样造农业展览馆的时候，中国的农民在什么样的情况中呢？当然，今非昔比，那样的历史绝不会重演了，但是，总还可以从那件事得一点教训，多一点警惕吧。

原载《中国美术报》1986年第13期

“物惟求新”

也许还没有人把李渔称为美学家，不过，他倒确实提出过很有意义的美学思想。在《闲情偶寄》里，他说：“新也者，天下事物之美称也。”又说：“尤物足以移人，尖新二字，即文中之尤物也。”跟那些不满“为新而新”的人相反，他直截了当地赋予“新”以审美价值。

李渔对“古董之可爱”新做的解释真是精彩之极。他抛弃“古色古香”之类的陈词滥调，说“如铜器玉器之在当年，不过一刮磨光莹之物耳，迨耳历年既久，刮磨者浑无全迹，光莹者斑驳成文，是以人人相宝，非宝其本质如常，宝其能新而善变也”。铜绿玉锈之所以美，是因为它们体现了物之“能新而善变”，多有意思！

在那个把“不敢为天下先”当作为人之道的封建时代，李渔的思想实在很需要勇气。可惜直到现在，我们的建筑界，还有许多人主张现代化的新建筑应该“形似”或者“神似”于古代建筑，也就是说，新建筑应该多多少少有点“古已有之”的味道，认为这样才能维系传统，不致“断裂”。

放眼世界，颇见另一番图景。富于创新精神的巴黎人，在历史上以一个又一个“前所未见”的建筑物推动世界建筑的发展。1980年代初，又落成一座抛光的不锈钢的球形剧场，大开了人们的眼界。在北京以“古已有之”的形式造了香山饭店的贝聿铭，到了巴黎，却为卢浮宫做了个“前所未见”的扩建方案。这叫入境随俗。

有道是，人塑造了环境，环境又反过来塑造了人。一个因循守旧的建筑环境塑造出来的青少年，跟一个充满了创造性想象力的建筑环境塑造出来的青少年，精神面貌大概不会是一样的罢，这难道不值得我们多想想？

著名的城市规划家伊·沙里宁说过：“城市是一本打开的书，从中可以看到人们的目标与抱负。”为表现我们的目标与抱负，我们城市的面貌应该怎么样呢？

还是以李渔的话作结，最好是“自出手眼，创为新异之篇”，不要再“法某人之制”，“遵谁氏之规”。说到这里，怕笠翁当笑我“拾人唾余”。

原载1986年10月11日《北京晚报》

新建筑应有当代新风格

长城饭店不是怪物，也不是异端，它是一座普普通通的现代化建筑。有钱而想造，就可以造，无钱而不想造，就不造，都无所谓，并没有什么问题可以讨论。

长城饭店在当今算不上是有什么创新、有什么成就的重要建筑物，但它仍然给北京增添了一点新东西，破了点儿千篇一律，给北京人长了点儿见识。可见北京迫切需要新建筑。

它跟古都风貌也没有什么值得指责的恶劣关系。古都风貌的唯一的、不可代替的载体是古建筑和古城区，此外，什么建筑也搞不成古都风貌。即使把美术馆、民族宫、友谊宾馆、火车站、“四部一会”拿来排成一条街，也绝不是古都风貌。当然也不是健康的现代风貌。

一方面，列为文物受保护的古建筑和古城区还很少很少，破坏还在继续，已列为文物的也因为经费或其他原因而没有受到应得的严格保护；另一方面又要花钱给新建筑物扣大屋顶，名为保护古都风貌，这叫我们说什么好呢？把造新大屋顶的钱用在保护真正的古都风貌上，这才是正经。

新建筑就应该是新风貌。它要跟当代的物质文明协调，要跟新的社会主义精神文明协调。它应该是我们这个时代的“历史见证”，这是一个古老而落后的民族摆脱沉重的历史包袱“面向现代化、面向世界、面向未来”的伟大的转折的时代。这绝不是一个因循守旧、谨小慎微的时代。新建筑不要写错了历史。

要保护好北京的古建筑和一部分古城区，这是一项十分严肃、十分迫切的任务，是规划和设计的重要课题。任何人都不应该轻视或者草率从事。但它并不要求新建筑去仿古。旃檀寺的那几座大楼，清一色的传统大屋顶，仍然大煞了北海的风景，人人摇头。如果在那儿控制新建筑物的高度和体量，即使造一座勒·柯布西耶的萨扶阿别墅对北海风景也毫无影响。

跟我们许多同志的认识相反，国际文物建筑保护界公认的权威文件《威尼斯宪章》却规定在扩建文物建筑时必须采用当代的风格，不可造成历史的混乱。现在古城区的保护也引用这条原则，在古城区内增添少数建筑物的时候必须采用当代新风格。但要求在体形、尺度、构图、色彩等方面精心推敲，做到与古建筑相得益彰。这样就既尊重了历史，也尊重了自己的时代。

当然，这样做就比较难，比起用假古董去跟真古董协调，它需要真正的水平。但是，有一句“豪言壮语”，叫：“没有困难，还要我们干什么。”请大家不要见笑或者见怪。

话说回来，只要从规划上控制好了，这问题也可以不那么难，现在北京市抓新建筑的高度，这一招就很好，可以避开许多难啃的“硬骨头”，而且也是保护古建筑与古城环境的最有效的一招。

原载《建筑学报》1986年第7期，

《关于长城饭店的建筑评论和保护北京古城风貌座谈会（发言摘要）》

也说“赶时髦”

“城中好高髻，四方且一丈；城中好广袖，四方且匹帛”，可见时髦之风，古已有之。髻高至于一丈，袖广至于匹帛，显然分寸失据，以致成了笑话。不过，只要不至于丈髻匹袖，则赶时髦未必只值得讥笑。“妆罢低声问夫婿，画眉深浅入时无？”小女子活泼的青春气息，实在非常可爱。她们唯恐落于陈套旧习，追求时兴和变化，正是生命力的蓬勃涌腾。所以，大千世界之中，发式裤筒之属，虽如芥子之微，不足登大雅之堂，但乍长又短，乍肥还瘦，也很给生活添了几分色彩，比起油光光的辫子一拖二百多年，确实可见时代是进步了。

不独小女子爱好装束入时，便是骚人墨客，也多以新为尚。“劝君莫奏前朝曲，听唱新翻杨柳枝”，除旧布新，本无须先行保证新声之必胜于旧曲。宋词未必优于唐诗，初时不过歌台舞榭，浅斟低唱，一时风流而已。但倡之者在先，从之者在后，时髦所趋，蔚为大观，终成一代文学的代表，千年艺文史，由此而增彩多姿。

“万象更新”，便是美的境界，所以，新之宜图，旧之宜弃，自有它的审美意义在。

赶时髦无疑包含着对新鲜事物的敏感、爱好和向往，所以，这是一种对美的追求。这种心态，厌烦死水一潭的停滞，是对一步三回首的封建意识的冲击力量。它是真正创新的肥沃土壤。没有广泛的、普遍的赶时髦的时代意识，创新精神就难以成势。放眼四海，大凡时髦成风之处，社会就有生气，奇思异想就多，创新也必丰富；而时髦敛迹，人人青衣褐衫，规行矩步之处，社会就死气沉沉，创新也必稀少以至于无。真心渴望文化有独创性进展的人，万不能笼统地鄙薄赶时髦。而且，赶时髦与创新，虽有识见深浅、格调高下之别，但有时也不过一纸之隔，一步之差，未必有天堑鸿沟，不可逾越。

追求时髦，在工业时代之成为普遍的社会心理，是生活发展节奏加快的一种反映。所以，现代工业产品的美学，技术美学，就有一条原则叫“流行性”，所谓“款式新颖”是也。试问，天底下有几个人爱买几十年一贯制傻大黑粗的商品，尽管它也许又结实又便宜。厂家们现在不都忙不迭地宣称自己造的是“新潮产品”吗？新而成潮，赶时髦之风可谓盛矣！

现代建筑是大工业的产品，它势必遵循技术美学的原则，也有“流行性”。因此，不时有人有所探求，有所主张，惹得一批人好一顿追赶，刮起一股风。这种“商品化”特色，对建筑的发展并非只有消极意义，它是百花齐放局面的催化剂之一。

时髦的建筑物多了，会形成一个通脱的生活环境。这种环境中培养出来的青少年，其思维之活跃、想象力之丰富，远胜过于在老气横秋、古色盎然的传统环境中培养出来的，这已是不待证明的事实。

“物惟求新”。赶时髦之心便是为怕落伍而求新之心。引导而使之加深识见、提高格调是好的，切勿以冷水泼之。

原载《建设报》1987年9月4日

建筑与社会生活

我主张在讨论建筑的基本问题的时候，要把建筑跟社会生活联系起来思考。社会生活这个概念很广泛，像弥勒佛的乾坤袋，无所不包，政治、社会、经济、文化、家庭都在里面。总而言之，讨论建筑的基本问题，要把建筑跟它过去、现在和可见的未来存在于其中的人文环境尽可能全面地联系起来。道理很简单，因为建筑跟它的人文环境本来就是全面联系着的，它是“石头的史书”嘛！如果我们不这样去看它，就会落到清谈家的行列里去。

我们的国家正处在一个全面现代化的重大的历史转折时期，在这样一个严重的时刻，在一切领域里，都必然有一个破除旧观念、建立新观念的历史任务。不完成这个任务，国家的现代化是不可能的。而破旧立新的根据，就是生活。

中国的现代化从19世纪末叶开始。先是洋务运动，从物质生产下手，“中体西用”，困难重重。于是有了戊戌维新和辛亥革命，改革政治、社会制度，但是收效不大；后来爆发了五四运动，做民主和科学的思想启蒙工作，破除封建主义的思想观念、风俗习惯，也就是改造中华民族的民族性格和行为方式。五四运动在短短几年里培养了一代新人，这些人确实大大改变了中国的面貌。但是，民主和科学的启蒙工作没有完成，历史发生了大波折，在特殊条件下泛滥起来的封建专制意识和小生产者意识终于使中国的发展遭到了像“文化大革命”那样的打击。近十年来的情况也有一个类似的小过程。开放以来，先是引进先进的技术和设备，渐渐觉得经济体制和政治体制不改革不行，后来又进一步认识到，必须提高人的素质，使人民本身现代化才能使国家现代化。这当然不是指吃西餐穿西服，而是指人民的精神状态、思维方式、观念意识的全面现代化，克服两千年封建制度遗留下来的封闭、内向而保守的心理，求稳怕变、不事进取、缺乏挑战精神的性格，以及模糊混沌的思维习惯。

建筑的现代化过程也大致相仿。第一步建立建筑工业和建筑材料工业基础，然后大家的意见集中到“长官意志”问题上，要求创作自由，也就是建筑设计管理体制的民主化问题。但是，事实教育了我们，在一些享有很大创作自由的建筑项目上，一些建筑师却开了历史的倒车。在并没有多少拘束的学术讨论中，陈陈相因以传统自缚的思维模式相当有势力，俨然成了主调。在一些有影响的建筑师的作用下，某些城市把仿古当成了不容讨论的决定。仿古一条街之类的风刮得相当有劲。当历史逼迫我们非弃旧图新不可的时候，有些人却高扬起传统的旗帜对抗挑战。不提倡发扬建筑师的创作个性，不鼓动创新的愿望和信心。所以，可以很肯定地说，我们的建筑要现代化，建筑师们的精神状态、观念意识和行为方式非现代化不可。

建筑现代化是整个国家现代化的一部分，建筑师的现代化是全体人民现代化的一部分。现代化是当前国家、人民面临着的首要的迫切任务，是一项民族振兴的历史使命。所以，建筑师的现代化是一项社会责任。

要自觉认识到这项历史使命和社会责任，就必须放眼世界，了解世界的过去、现在和将来。在整个世界的关系中，了解我们国家的过去，了解我们国家在当前世界中的处境，以及怎样争取一个光辉的未来。这就是说，只有有了历史意识和全球意识，我们才能知道当前中国人民应该提倡什么，反对什么；当前中国建筑学界应该提倡什么，反对什么；

什么是当前中国建筑学界的迫切任务。

可惜，并不是所有的同志们都意识到了这一点，有一些同志缺乏历史意识和全球意识，没有把建筑理论跟国家现代化，跟改造民族性格和行为方式结合起来，因此就不理解塑造建筑师的精神状态、思维习惯、观念意识等等的历史意义。

当然，我们不能老是在这个高度谈问题，否则就不免失之空阔。我们只能在实处说话。因此，我建议，我们讨论建筑的基本理论问题，要联系现实的社会生活。现代化是现实社会生活发展的必然要求，现实社会生活的基本内容就是争取国家、人民的现代化。

考虑到这些情况，我不大赞成现在流行的对建筑基本理论问题的几种研究方法。

第一种，就建筑论建筑，就设计论设计，就形式论形式，就风格论风格。这些同志的思考紧紧地禁锢在传统建筑学的僵硬而狭隘的框框里，把建筑当作一种闭锁而孤立的现象、静态的现象。他们的建筑理论脱离国家现代化的总的历史过程，也就是脱离当代现实的社会生活。这些同志不做多角度的思考，不能跳出牢笼，从新的视角来看问题，只死守着多少年来形成的建筑学专业的思维习惯。他们的理论仅仅着眼于建筑的内部规律，而这些规律其实又不过是19世纪学院派的教条。这些教条已经成了先验的，就是不经任何经验性事实证明就必须接受的信念。信念又变成了根深蒂固的专业爱好，染上了强烈的感情色彩。虽然自己把自己束缚在狭窄的天地里，束缚得很苦，却还自得其乐，甚至要把别人也束缚起来。

显然，这种理论没有蓬勃的、生动的、向前进取的力量，而是因循守旧，暮气沉沉；向后看得多，向前看得少；照顾旧的多，照顾新的少；既没有时代感，也没有现实感。这种理论把建筑风格的统一、和谐、完美当作唯一的艺术标准，而不承认动态的美，也就是新奇、发展、变化、对抗的美学意义，不承认想象力、创造性和挑战性的美学意义。因此他们一把抱住传统不放，民族的传统和乡土的传统，既没有明确的概念，也没有严密的逻辑，就把这提到原则的高度，用人们难以摆脱传统的客观现象来论证他们坚持传统的主观愿望，因而很容易在理论上和实践上沦落为复古主义。他们最喜欢讲文脉，不论什么地方，只要有一幢古建筑，那么新建筑就只好向它看齐，又是“形似”，又是“神似”，名为“和谐”“统一”，穿戴上长袍马褂，把这看成是达到完美的唯一道路。然而这却是一条既破坏文物建筑价值又扼杀新建筑的道路。他们不能设想也不能相信还有更诚实、更独创也更有挑战性的道路，虽然要艰难得多。他们的思想是封闭的，不关心建筑的未来发展，也不关心充分发扬建筑师的创作个性。他们的心理，对当前世界上的一切新经验的吸收和理解都有很强的选择性，而筛子就是传统。

在这些同志的视野里，也没有大量性的、工业化生产的、经济实惠的建筑物。学院派的建筑观念形成于封建时代。那时候，建筑主要为帝王将相服务，艺术性要求高，是手工业的，发展缓慢。到资本主义时代，新的建筑观念就完全突破了学院派的老一套，它反映的历史情况是：建筑师的服务面宽阔多了，建筑工业化、科学化了；发展速度很快。我们社会主义的建筑观念应该怎么样呢？它应该把直接为普通而平常的老百姓服务的建筑放在最重要的位置上。从这一点，将会生发出许多崭新的观念来，要求跟传统观念决裂。就建筑师的审美意识来说，也得赶上时代。现在，新奇性、流行性、独创性、挑战性，早已包含在新一代人的审美标准里了。我们看一个有趣的现象，前几年还有人打算在裤筒的肥瘦上订出清一色的规范来，现在可好，有些年轻人干脆没有了裤筒，齐大腿根儿亮出来炫耀一番。怎么着，谁来当孙传芳？

前些年，这些学院派同志在巴黎蓬皮杜文化中心前目瞪口呆，近来，不知他们对伦敦的劳埃德银行总部会说些什么。最大的可能是避而不谈，仍然只说他们自己的老一套。

在外国，过去也曾有人把学院派建筑学当作完成了的、封闭的系统，勒·柯布西耶针对他们写了《走向新建筑》，尤其是其中第三章“视而不见的眼睛”。65年过去了，我们有些同志对新事物仍然视而不见。勒·柯布西耶之所以能成为一个伟大的现代建筑先驱和思想家，就是因为他视野宽阔、思维领域广大，从来不仅仅就建筑论建筑，就设计论设计。

第二种我不大赞成的研究方法，是在近年“文化热”的影响下，从探寻“民族文化心理的深层结构”下手，来理解建筑问题。他们反对经济决定论，提倡文化决定论。用一位同志的话来说，就是“作为深层文化的群体心态，包括伦理思想、审美趣味、价值观念、民族性格、道德标准、宗教感情等，它离物较远，却是最终决定物的根本”，“心决定物”。研究上面这些“心”的因素，对于理解建筑和创作建筑当然是必要的。但是说它们是决定建筑和建筑发展的根本，那是违反历史事实的。当今实践着的每一个建筑师都可以驳倒这种观点。

从事这种研究的同志对“民族文化心理”的了解也是书斋式的。他们从儒、道、释三家的经典中和阴阳先生的“手册”中寻章摘句，当作民族文化心理。这就好像把什么《金刚般若波罗蜜经》《华严经》当作在观音娘娘前面叩头烧香求子求孙的老太太的思想，有点儿滑稽。近来中庸之道身价大增，被一些同志称为中华民族文化心理的精华。但是，看看事实，从秦始皇到明太祖再到康熙、雍正，哪一个统治者对知识分子宽容过？在贞节牌坊阴影的压迫下，妇女们得到过宽容吗？抽鸦片导致倾家荡产，民穷财尽，国将不国，有一点点儿中庸之道的影子吗？躲在书斋里查古书，是查不出民族的文化心理来的。更何况那个中庸之道实在也并不是什么好东西，它妨碍追求突破性的进展。

对文化心理的了解是如此，那么，用这种文化心理来解释建筑和建筑的发展，有多少可信的成果，就可想而知了。阴阳五行、太极八卦、易传佛典、禅机道心，把活生生的建筑弄成了书斋中的清谈空话。

这种研究，充其量能够说明古代建筑的一二现象而已。这些同志，到目前为止也确实是把他们的研究局限在古代。对于我们建筑的发展创新，对于建筑和建筑师如何与国家现代化同步，这些同志是不置一词的，却隐然有影响。

钻进了古书堆，渐渐就有了国粹主义的味道，不顾两千年中西历史的铁的事实，大讲中国传统文化的博大精深。他们忘了，鸦片战争之前的中国文化，真正祖传老牌、不掺一点假的纯种民族文化，跟西方文化一接触，咱们中国怎么就成了“世界的”窝囊废了呢？再说什么“越是民族的，就越是世界的”，岂不是一种辛辣的讽刺。有的同志陶醉于“文化层次”，重新捡起了“外国的物质文明好，中国的精神文明好”的老调，以为一讲到建筑文化，就必须继承传统。比如说，禅学对中国的封建士大夫的文化心理有过影响是事实，这影响是阻滞中国社会发展的原因之一也是事实。但我们看到，建筑界有些同志却那么热衷于在传统建筑和园林中找出哪怕是一点点儿禅趣、禅理，仿佛可以借此大大增加古典建筑和园林的价值，以至于不惜牵强附会。

这类研究容易搞得高蹈玄妙，很吸引了一些喜欢“哲理性”的年轻人。但是，年轻人的命运是跟国家的现代化紧紧联系在一起的。陈寅恪先生说：“一时代之学术，必有其新材料与新问题。取用此材料，以研求问题，则为此时代学术之新潮流。治学之士得预此新潮流者，谓之预流，其未得预者，谓之未预流。此古今学术史之通义，非彼闭门造车之徒所能同喻者也。”（《历史语言所集刊》第一本）但愿我们的年轻同志以新材料研求新问题，预当今学术的新潮流，而不要闭门造车。

勒·柯布西耶和其他的先驱者一起，经过顽强的奋斗改变了世界几千年建筑的历史，功业不可谓不伟大。但是，读读他们的书，看看他们的作品，无非是用新材料研求新问题而已，并没有什么深奥难测的东西。一切都是大白话。他们的理论的力量就在于把建筑跟当时的社会生活紧密联系起来。

我们民族当前社会生活中的主要课题就是反对封建主义的一切遗留。反对传统的建筑观念，反对建筑界的一些惰性力量，是全民族反对封建残余的一个方面。两千年的封建传统笼罩着一切，渗透进一切，是我们现代化道路上最主要的障碍之一。这可不是一个小障碍，而是一座比太行、王屋更高大的山。没有决裂的态度，没有强大的冲击力，没有坚韧的斗志，没有无所顾忌的决心，是搬不掉它的。而这种斗志和决心又必须跟自己头脑中、血液中的封建思想做不懈的斗争才能得到和维持。

在反对封建传统的激烈斗争中，作为一种规律性的现象，必然有一股强大的折衷主义势力。折衷主义者总是最心平气和的，总是最全面周到的，总是最公正执中的。在建筑界，有些同志高倡宽容、忠恕；高倡多元化，亦此亦彼，共存同荣。旧形式旧风格很好，新形式新风格也不错：大屋顶很好，方盒子也不错；创新很好，复古也不错。彼此何必要争个高下是非，你干你的，他干他的，岂不大妙。因此他们不但举出信息时代第三次浪潮带来的新精神，甚至抬出了胡适的“少谈些主义，多谈些问题”这样的话来，倒也算得上有勇气。

折衷主义者的错误，首先在于他们没有理解关于传统与革新问题争论的性质。他们没有看到，这是一场争取国家和人民现代化的运动的一部分，它关系到现代化运动的成败。他们总是蹲在建筑学专业的狭小天地里看问题，并以为争论的不过是形式和风格，不过是大屋顶还是方盒子，不过是建筑师个人的爱好。争论者是偏激的、片面的、感情用事的，甚至是专横的。他们要允执厥中，当个既公正又全面的和事佬。这就带出了他们的另一个错误：他们否认建筑的发展是有规律的、有方向的，他们看不到当前的中国建筑有一个向何处去的道路问题。有一个迫切需要解决的打破封建传统束缚的问题。由于这样的错误，他们折衷主义的主张其实是保护了该死未死的旧事物，挫伤了初生而尚待扶持的新事物。列宁和鲁迅都曾经尖锐地反对过在关键时刻起消极倒退作用的折衷主义，我们当前也必须反对它，尽管它好像面面俱到、滚光溜滑抓不到辫子。

宽容、多样化（比说多元化好）当然是好的。可是，妨碍多样化的不正是某些干涉过多过死的长官意志吗？不正是把大大小小的宋式清式屋顶强加给高楼大厦的某些人吗？不正是某些鼓吹继承传统、提倡新建筑必须跟古建筑形似神似以取得和谐统一甚完美的理论家吗？他们何尝对建筑师的创新追求宽容过？那么，为了宽容，为了多样化，现在不是应该反对那样的封建传统意识吗？怎么能跟封建传统意识亦此亦彼、共存同荣呢？

提倡创新，还是抱住传统不放，这绝不是喜欢不喜欢大屋顶的个人艺术口味问题。这是“不敢为天下先”，还是“争为天下先”的问题；是谨守“古已有之”，还是追求“空前未有”的问题；是小心翼翼保持与老古董的“形似、神似”，还是千方百计“独出心裁”的问题；是瞻前顾后、举步艰难的精神状态，还是敢于冒险、敢于挑战的心理素质的问题。一句话，这是民族性格改造的问题，是人民自身从封建传统束缚下解放出来成为现代人的大事业的一部分。当然，这一切都不能没有现实感。

有人会说，我是堂吉诃德先生，在向风车作战，建筑师同志们个个都巴不得有机会创新。我希望如此。我确实看到许许多多的建筑师意气风发地在进行独创性的设计，做出了很了不起的成绩。不过，我在前面举出过的一些相反的事实也并不是虚构的，而且这些事实的影响很大。既然还存在这些有影响的事实，那么，我以前写的那些文章还不能算无的放矢，今天再来说说也不算废话。对一切努力于创新的同志们来说，我不是堂吉诃德先生，我是替他们清路的人，给他们喝彩的人。对一些还沉溺于传统里的人，我当然也不是堂吉诃德先生，因为他们不是风车。

我不会放松对日益泛滥起来的折衷主义和复古主义的批判，因为它们会使建筑的发展停滞。不过，我今天并不想重复关于建筑的形式和风格的创新的意见。

我要强调的是：学院派的建筑学形成于封建主义时代，那时候，建筑主要为帝王将相和宗教势力服务，宫殿、府邸、教堂、庙宇、陵墓是占主导地位的建筑，所以学院派的基本建筑观念、审美理想、价值标准等等都反映着这类纪念性建筑物的特点。这就是传统。我们生活在现代社会主义社会里，我们的建筑理应为最大多数的人民服务，一些直接为他们使用的建筑物，例如住宅、学校、厂房、商店、公共娱乐场所等等，应该是占主导地位的建筑。因此，我们的基本建筑观念、审美理想、价值标准等等都应该而且不能不跟学院派的有本质的不同，这就是跟传统决裂。

我们有不少同志，包括一些努力于在形式和风格上创新的同志，并不很自觉地认识到这一点。有一位同志在论述建筑的一般特点的时候，引用了杰森（H. W. Janson）的《西洋艺术史》的《中古艺术》分卷中的话："当我们想起过去伟大的文明时，我们有一种习惯，就是应用看得见、有纪念性的建筑作为每个文明独特的象征。"然后，他说："建筑艺术具有最鲜明、最本质、最敏感地反映、体现文化整体深层结构的品质，所以才成为'巅峰性的艺术成就'，才有资格'作为每个文明独特的象征'。"这位同志也感觉到了这种论述的片面性、局限性，于是，一不做，二不休，索性又说："不是所有的房子都可称为是'建筑艺术'一词所指的建筑。"从这位同志的论述里，我们可以清楚地看到，他是把"过去"的文明时代，也就是中古时代的"有纪念性的建筑"的品质当作了超时间的、超越一切社会历史界限的建筑的普遍品质。而他认为不能称为建筑的那些房子，恰恰是在我们社会主义时代应当占主导地位的建筑。这就是说，他还是用封建时代的传统建筑观念来看待一切建筑，把封建的传统建筑观念和价值标准当作一般的。什么是中古的纪念性建筑，如故宫之类；什么是算不上建筑的房子，大众住宅之类！这样的文章出自当代建筑工作者之手，不是离现实、离生活太远了一点儿吗？

这样看问题的同志可不是太少。有相当多的文章一遍又一遍地重复这一类的理论，丝毫没有意识到有必要建立社会主义时代的在基本观念、审美理想、价值标准等方面跟学院派有本质差异的建筑理论。我们这些年来在建筑理论上的争论，就是由这一点引起的。

早在六十多年之前，勒·柯布西耶就跟学院派划清了界限。他说："当今的建筑专注于住宅，为普通而平常的人使用的普通而平常的住宅。它任凭宫殿倒塌。这是时代的标志。"围绕着这个标志，柯布西耶和其他先驱者建立了完整的现代建筑理论。

可是我们的一些同志，却还站在学院派的立场上，用学院派的眼光看建筑，落后于生活整整两个时代。

所以，我要大声疾呼：把建筑创作和研究跟社会生活和它的发展紧紧联系起来！

联系有两种，一种是消极的适应，一种是积极的创造。这两种实际上不能完全分开，不过在自觉程度上是有差别的。我今天要强调的是积极的创造，所以我认为即使是实践着的同志们，也还要时时注意联系生活的发展。

几年前我曾经说过，设计建筑，在一定程度上就是设计生活。简单地解释，就是说，我们设计了什么样的城市和房屋，人们就得按照这城市和房屋的特点来生活。比如，住在高层建筑里和住在四合院里，生活总不大一样；城市里只有集中的商业点和有繁华的商业街，居民的生活也不大一样。

设计生活还可以在更高的水平上进行。勒·柯布西耶在这问题上是很自觉的，他总是把建筑问题当作生活的改造问题。他在《走向新建筑》中写道："我们住在不宜于居住的房子里也是不幸的，因为它们败坏我们的健康和道德。我们已经成了不迁徙动物，这是命；趁我们住定不动，房子像肺痨一样吞噬我们。将会需要许多许多疗养院。我们是可怜的。我们的住宅使我们厌烦；我们逃出住宅，经常光顾咖啡馆和舞厅；不然就忧郁地、蜷缩着身子聚集在家里，像一些愁闷倒霉的动物。我们心情沮丧。"他所建议的新的住宅和城市，是要使人过健康的、道德的、愉快的生活。在1922年的一个出租楼房设计中，他甚至提出了家务劳动社会化的问题。勒·柯布西耶在城市规划中也着意贯彻民主、平等的思想。第二次世界大战之后，他做的法国圣迪埃城的重建规划和印度昌迪加尔的规划，都使市中心成为市民们无拘无束地交谈和讨论国家大事的场所，成为政治家跟人民对话的场所。昌迪加尔议会大厦的设计也是反等级观念的，没有讲台，每个人随时可以在座位上发言。

1919年3月，在德国社会民主革命期间，以格罗庇乌斯为首的艺术工作者协会发表了纲领，其中说："艺术和人民必须成为一个整体。……为人民造住宅是把一切艺术全都交给人民的手段。"

赖特也把建筑问题跟社会的资产阶级化的生活改造联系起来。他在《一位美国建筑师》里说："有机建筑学是自由民主的建筑学"，传统的封闭的建筑空间"是与我们民主政治的自由信仰背道而驰的东西，是根本反个性的东西……"。

还可以举出其他许多例子。在更实际的层次上，我们常常见到，国外设计竞赛的得奖作品，不见得在形式上有多少创新，而是在功能上有新的设想。学校有新的教育方式，剧场有新的演出方式，美术馆有新的陈列方式，等等。建筑师不是按一个固定的功能模式，照规范去设计房子，拍脑袋出些新花样。建筑师要参与设计功能本身，按功能的新设想创造出相应的新的建筑形式来。

社会主义社会是全新的社会。在这个社会里，生活和它的改造与发展向建筑提出了许多新问题。设计生活，这本来应该是当今建筑创作的一个重大课题，可惜，我们整个社会还没有看清楚这个问题。为什么没有看清楚，一是因为贫穷落后，我们还处在很不发达的社会主义的初级阶段；二是因为我们还受着封建传统的蒙蔽。比方说，我们还有很严的封建等级制的残余影响。在一些公共建筑物里，贵宾席、贵宾厅、贵宾入口、贵宾厕所、贵宾楼梯等等抢占了多少好地方；在城市里，长官院、书记楼、纪念堂等等又抢占了多少好地方。如果我们按照社会主义民主的理想去做规划和设计，我们会有多少新的思路。再比如说，在婚姻家庭问题上，我们还没有完全克服宗法制的思想；在经济生活上，我们长期受自然经济下养成的小农意识的支配，否定商品经济。否则，我们在住宅和居住区的设计中，在城市规划上，又会有多少新的思路。如果教育管理不采取集权体制，那么，跟教育家一起，我们在学校设计上能做多少生动活泼的探讨。这类例子太多了。在艺术上又何尝不是。我们为了从汉高祖到慈禧太后一直承传下来的追求"雄伟壮丽"的建筑审美理想，做了多少蠢事。到处搬用大轴线，拼凑对称的体形，搞假大空的空间艺术，追求神气而阔气，既浪费又不实用，还使我们在创作上成了懒汉。

物质的建筑环境能够影响人们的生活，也能够塑造品格，塑造心理素质。即所谓“触景生情”，建筑景观塑造人的思想情感。在公寓式居住区长大的青少年跟在四合院长大的在性格上有许多差异，这已经是老话题了。在充满了创造性想象力的环境中长大的青少年，跟在沉闷而保守的环境中长大的，当然在性格上也会有差异。前者肯定比后者更开放、更灵敏、更富有探索精神。所以设计生活同时是一个塑造青少年性格的十分严肃的重大问题。

但是，长期以来，我们没有认真研究过建筑设计与生活的改造发展的关系。我们的一些设计不但在形式上缺乏创造性，在功能上也是缺乏创造性的。就说我住的那个居住区，不但现在没有可能解决青年生活和家务社会化问题，而且将来也很难解决，因为它已经定型。

在1920年代，苏俄的构成主义建筑师们曾经怀着极大的革命热情，探讨过建筑设计与生活的社会主义改造的关系。1924年，构成主义的主要理论家金兹堡发表了重要著作《风格与时代》，他提出了关于建筑创作的三个基本观点，第一个就是“确认建筑和人工环境对社会变化的促进作用”。1927年，他又发表了《作为实验和教学方法的构成主义》。文中说到构成主义在建筑科学方面、在社会方面、在视觉心理和形式语言方面，所采用的研究方法，将成为设计新建筑物的方法，使建筑物成为“建设新的生活方式”的催化剂。

促进社会变化、建设新的生活方式，这就是构成主义者在建筑创作上十分自觉地追求的目标。当时在城市建设、住宅、文化机构、工业建筑等许许多多方面都提出过崭新的、适应于社会主义新概念的设想。例如，以劳动人民文化宫作为新的社会生活的标志，作为城市和它的各区的中心建筑物。劳动人民文化宫是工人阶级进行自我共产主义教育的场所，要适合于群众性的活动。它的剧场要供群众演出，观众席跟表演区要打成一片，而且采用古希腊剧场的形制，消灭等级差别，以体现民主精神。又例如，当时不少建筑师，包括金兹堡在内，设计过各种各样的新型居住建筑，公社大楼，里面的居民们完全过公有制的集体化的生活。

这些探索，有一部分是合理而现实的，成了苏联建筑和城市规划的普遍原则和经验。有一部分比较幼稚，例如公社大楼，对家庭生活的设想过于简单，过于物质化，稍稍尝试了几次就放弃了。不管是成功还是失败，这种探索和探索的热情，都是十分可贵的。1950年代初期，清华大学、北京大学、燕京大学三所学校调整的时候，我们在北大和清华都造了两幢公寓，每户没有私用厨房，而在两幢楼房之间设了一个公共食堂。当时，我们觉得这是按照社会主义制度下家务劳动社会化的理想来设计了生活。我们那时候都还是学生，不了解家庭生活的复杂性，也不懂得家务劳动的社会化还需要整个社会的发展和协调。这些公寓很不方便，后来花了很大力气才添建了厨房。我们犯了错误，但是我们毕竟有探索新生活的自觉性。这就比不动脑筋地按老一套的功能模式一个又一个地重复建造，对生活的改造和发展一点儿热情、一点儿预见性都没有要好得多。

当然，设计新的生活，需要社会的理解和支持，需要成熟的条件。不过，作为建筑师，我们要求我们自己具备这种自觉性，这也是一种现代化的思想观念和行为方式。也许有人会说，在目前条件下说这些，是不是过于空疏，有点儿大言欺人?

并不，我先说说外国的例子。比如巴黎的蓬皮杜文化中心，我们很注意它的形式的新颖。其实它的功能也同样新颖：它是巴黎市中心多功能的群众性活动场所，这些活动方式都是崭新的，不但使用了最新的设备，而且相当彻底地实现了群众性的原则。1982年4月，密特朗总统为建造巴黎东北角的维耶特公园发表文告，提出这个公园要体现出文化的整体性，使科学、技术、工业、音乐和其他文化艺术活动形成新颖的综合体，互相融合，充满生气。必须考虑文化的发展、各种文化的交融，文化形式和表现手段的推陈出新，生活方式的多样化，业余文艺爱好者的活跃，高级文化和通俗文化的接近，城市边缘文化活动的开展，世界文化的交流融合，以及各种现代化技术在文化艺术领域中的广泛使用，等等。由于这个眼光高远的设想，国际建筑师协会决意把维耶特公园建成21世纪的公园。这个目标，就给了建筑师充分发挥想象力和创造性的广阔天地。

这个例子肯定能给我们一点儿启发。我们也许没有这么大的远见和气魄，但是，在比较小的范围里，在比较低的水平上，在比较近的计划里，做一些前进的探索的机会还是有的。当然，我再说一遍，没有社会的支持，建筑师自己是很难有所作为的。

话说回来，建筑师在构思上也有可能先走一步，领先于社会。1914年，圣伊利亚的未来主义的建筑幻想和1920年代苏俄构成主义的建筑幻想，近年来陆陆续续有些成了现实。水平传送带、露明电梯、分层道路、旋转大厅、地下商场等等，已经司空见惯，连停直升飞机的屋顶平台也都建造成功。

现在，许多更大胆的设想又提出来了。未来的城市、未来的建筑，奇思异想，好不热闹。这些设想，肯定有一些是符合社会生活的发展规律的，是能够实现的。苏联的空间太阳能发电站不是已经有了眉目了吗？但是，在我们这里，杂志上正热闹着的却是阴阳五行、太极八卦、老子孔子、和尚道士。也许是我孤陋寡闻，我到现在没有看到有哪一位同志写过关于未来城市和未来建筑的畅想。拿我们的建筑刊物跟世界上任何一个国家的任何一本刊物比一比，维护传统的文章之多，对传统感情之深，真是独此一家。这不能不教人怵目惊心。是我们有幸远远跑在世界的前头了，还是不幸远远落在世界的后头了？

一个民族，不兴致勃勃地畅想未来，就表明它没有活力！这就是为什么我们必须改造我们民族的性格，包括建筑师的性格。

我们民族的活力不足还表现在我们不喜欢系统的理论思维。近来有人说，我们建筑界还应该像当年胡适那样，提倡“多谈些问题，少谈些主义”。我要说，不！我们需要主义。拿欧洲建筑来说，几百年来，有过多少主义！什么叫主义？主义就是有鲜明特色的、比较完备的理论体系和相应的创作实践。一个主义就是一个大学派。主义和学派的形成，是思想深刻和成熟的标志。欧洲文化无比丰富的发展过程，就是各色各样主义和学派的形成和交替过程。主义和学派是为解决问题而存在的，它代表着一种解决问题的方式。

我们国家几千年的历史里不大提什么主义，直到现在，我们的建筑界里也还没有什么主义。这不仅表现了我们民族性格上的弱点，表现了我们建筑界理论的肤浅和不成熟，缺乏思想的坚定性，也表现了我们民族的一个几千年的封建传统：实用主义！这不是现代意义上的实用主义，而是一种原始蒙昧的思维惰性。既不讲究明确的概念，也不讲究严密的逻辑，更不讲究完备的理论体系，这哪里形得成主义！欧洲人以一个个主义的方式推动着文化和建筑的前进，我们一些同志却满足于跟在他们后面捡现成的“手法”，以“为我所用”，还自以为得计，落了个实惠。我们再也不能这样没出息了。

当然，在建筑领域，主义就不能只有一个，而是应该有好多个，也就是百花齐放，而“民族形式”“民族化”“继承传统”的口号的要不得，就在于它是排他性的，企图用一个主义来统一天下，统一的思想、统一的理论、统一的方法，如此等等。所以，在这个问题上，没有妥协的余地，凡愿意我们建筑界出现真正创作自由，真正能尊重建筑师的创作个性，真正达到百花齐放的多样化的，都必须反对“民族形式”“民族化”“继承传统”这个口号，因为它必然是个大一统的口号。

有些同志正确地提倡多样化，但是又做出了妥协，说“在多样化的前提下来谈民族化，通过多样化来达到民族化”，这在逻辑上是说不通的。因为多样化必然要包括非民族化，而且是多种多样的非民族化，否则就不可能多样化。而达到民族化，则必然要排除一切非民族化，那么，多样化也就不存在了。理论必须彻底，理论必须不妥协，就是这个道理。这不是什么偏激，不是什么片面性，这是逻辑的必然规律。折衷主义的“全面性”假象后面，往往可以看到缺乏逻辑的一贯性。格罗庇乌斯在1919年4月说过：“思想只要一调和折衷，就会立刻死亡。”这话说得太精彩了。

当然，以通过自由创造达到多样化为基本方向，在这个大前提之下，有一些同志愿意多搞些古老手法和零件，或者如他们所说的“传统”，只要在自由平等的竞争中能够生存，也可以随他去。但决不能以“继承传统”“民族形式”为方向。

但是，决不可以用造假古董来破坏文物建筑的真实性。

不习惯于严密的逻辑思维，这是我们民族的一个重大的弱点，是我们在科学上、理论上长期落后的原因之一，尤其是我们建筑界的职业弱点，我们建筑理论比起其他各界的来落后很多，往往是因为概念不准确，推理又缺乏逻辑性。“立足传统，锐意创新”就是一个例子。立足于传统，怎么还迈得开前进的步子？因为一创新足就要离开传统。真正创新了，自己的立足点不就垮了？因为任何创新都意味着对传统的否定。

所以，提倡严谨的科学逻辑思维，对建筑界、对全民族都有很大的意义。它应该是民族性格改造的一个课题。

总之，还是歌德说得好：生活之树常青。只有跟现实的社会生活和它的发展联系起来，我们的建筑创作和建筑理论才道路宽阔、生机蓬勃、左右逢源。

就这个题目还可以说许多话。比如，新学科的诞生也是生活提出的课题。在学院派的框框里，在古书堆里，是找不出新学科诞生的契机的。

原载《新建筑》1988年第1期

“寻根”及其他

1960年代，美国流行所谓“认同”观念。它起源于心理学，说的是，一个人的人格，发展到某个阶段，就会提出自我确认问题：我是谁？我是什么？我已经做过什么，还应该做什么？后来，这个观念推广到了几乎一切领域。一个文化也有文化的认同。

文化的认同，简单地说，就是“寻根”。在文学里，新的趋势是不写积极创造自己的命运和改造世界的强有力的人物，而写一些没有独特性格的“反主角”，无能为力地受他们自己毫不理解的各种社会系统和文化系统的支配。这就叫文脉主义。1960年代，正好结构主义作为一种思想方法风靡一时，它跟文脉主义结合起来，在文学中提倡探索社会系统和文化系统下面的深层结构，往往就追溯到民族的起源、原始的文化等等方面去。这就叫作寻根。

波及到建筑界之后，就有人嘲笑现代派建筑师创造命运和改造世界的努力，而强调建筑要顺从既有社会系统和包括建筑环境在内的文化系统，即所谓文脉。为宣传顺从文脉，有人写了本轰动一时的《没有建筑师的建筑》。生土建筑的种种“优点”也被发现了。有一些后现代派建筑师就指责现代派建筑师太过于技术主义，割裂了传统，转而倡导历史主义。

结构主义有两个基本观点：一是，任何现象都没有本质，它的意义决定于它的内部结构和它在文脉结构中的地位；二是，一切现象都可以当作符号来研究。于是，后现代派中的一部分人，就抽取传统建筑中的任意一个构件，当作符号，在新的建筑中重新赋予意义。虽然这种做法离“传统”很远，但他们把它叫作“回归传统”。

这股风终于刮到了中国。在中国的文艺界和建筑界也颇有几个热衷于寻根的人。不过他们的意识更添上了封建色彩。文艺界的寻根，据说是为了寻找永世不变的“民族文化心理结构”。一部分人为了找它的最纯粹的原型，以揭示“民族生命的隐秘”，到了深山老林、洪莽未辟的最封闭、最落后的地方去。越是不开化的人的思想感情越“深刻”，叫作“原始的强力”。另一部分人则到传统的封建文化里去找“人情味儿”，找“道德规范”，找“人性的美”。愚昧落后的生活，被描写得温情脉脉富有诗意。这些都叫作开掘“文化心理结构的深层次”。这是一种悲观主义的反历史意识。

建筑界本来就有一些偏爱传统的同志，一接到寻根的信息，他们就主张到传统里去扎中国现代建筑的根。官定的宋式清式属于浅层，要找乡土的，于是找到了民居和窑洞，那才有人性。现代建筑被认为没有文化。海外建筑师又带来一股风，要“深入民族心理的深层结构”了，提倡到阴阳五行、太极八卦、堪舆风水、孔子老子和什么禅学里去找民族建筑文化的精蕴。这也是一种悲观主义的反历史意识。

在外国，有黑川纪章做出了榜样。他为一个简简单单的过渡空间卖弄渊博，七拉八扯上了“整个”东亚哲学，大谈茶道、大乘佛教甚至吠陀经。一位落籍美利坚合众国的建筑师，跑来寻了一趟根，反衬得有些把汗珠和血滴洒在祖国大地上、为祖国的现代化忧急的人几乎成了不肖子孙，只因为他们痛切地感到，不把传统思想的枷锁打破，中国的社会和建筑就不能前进。

大洋彼岸的学者们预测，“未来的世界是儒学的世界”，“儒道互补是世界文化的趋同方向”。他们一方面倡言“儒学复兴”，一方面谴责五四运动造成了民族文化传统的“断裂”，要“反反传统”。这些学者，虽然显出对中国的历史，尤其是近代史，一无所知，但谬种流传，在国内也挺有市场。反传统和“反反传统”的争论，正在我国文化的各个领域里兴起，这是一场严重的争论。我们建筑界寻根的同志，不管是自觉还是不自觉，卷入到这场“反反传统”的浪潮里去了。

老子之玄与夫禅学之空，其艰深不可及，其神秘不可测，我们摸不着头脑。虽然不懂其中奥妙，但我不妨斗胆冒说一句：不！现代中国建筑的根不扎在那些陈年古董里，它扎在中国现实生活的土壤里。

这个现实生活，包括现代普普通通老百姓的养老抚幼、工作学习、休息娱乐等等的方式，包括现代的科学、技术和工业能力，也包括当前国家的经济体制、人民的文化水平等等。总之，包括现实中跟建筑的设计和施工有关的一切方面。这个现实生活日新月异地变化着、进步着，是有生命力的。建筑把根扎在这块肥沃的土壤里，才能源源获得新的物质、能量和信息，成为开放的系统，生生不息地向前发展。如果我们按照约定俗成的理解，把传统看作是形成于过去的，那么，它就是固定的、有限的，建筑把根扎在传统里，不论是庙宇宫殿、民居窑洞，还是空间和意境，都得不到新的物质、新的能量和新的信息，它会成为一个近于封闭的系统，不能发展。

这个道理浅显明白到了不必论证的地步。要有实据吗？那也有的：那些自以为在传统中扎根的建筑，至少到目前为止，还只能放在游览区的山沟里，或者放在古庙旁边，用风景和文物来辩护它们的合理性，庇荫它们的存在，而远离开生活的主流，远离开沸腾的现代化建设的中心。寻根的理论也有一个重要的特点，就是从来都回避国计民生的根本问题，回避人民群众最紧迫的要求，回避真正决定人们生活环境的面貌的大量性建筑。他们的理论只建立在极少数的特殊性建筑物上。他们长篇大论地写文章，有时候连面子上的“全面性”都不顾，倾注全部感情为旧事物辩护。这样的理论和那样的建筑，实在太缺乏时代气息了。然而，它们却被一些同志热烈地赞扬为有文化。这叫人不禁想起五四时代那种把白话文称作“引车卖浆者流”的下等文字的高论来。

寻根的同志心口上总堵着一块大疙瘩，他们怕古老传统断了香火。他们不怕建筑没有现代感，却怕建筑没有古气。他们努力用自己的作品来证实古旧形式的生命力，对古老传统的感情不可谓不“铁”。但他们不能回答，为什么他们不用作品来证实创新的生命力，证实在古庙边上造崭新的建筑物的可能性，这不是历史发展的本质要求吗？

这一种心态，缺一点儿勇气，缺一点儿信心，也缺一点儿想象力，它又带着强烈的感情色彩，所以很难用道理说服。照学术界一些人的说法，这种心态来源于民族文化心理结构，跟我们民族同样古老，是几千年封建停滞状态中积淀下来的。要改变这种心态，只有通过长期的生活改造。

有一些寻根的同志有一个独特的理论，这就是，只要古旧的形式还能适应现代生活，还能用现代结构技术做出来，就不能把它淘汰。否则就是赶时髦，是“全盘西化”。

按照这种理论，拿欧洲来说，建筑的发展到古罗马帝国就应该停止，以后的拜占庭、哥特、文艺复兴、巴洛克等等变化都属多余。因为，古罗马建筑的形制、结构技术和形式，足够天主教、东正教、伊斯兰教等等各种宗教建筑用的了，也足够一切皇帝、国王、贵族和资产者用的了。甚至当今一些工业、交通、科技、文教等等建筑，也未必不能用古罗马的建筑形制、技术和形式去满足。

欧洲两千年建筑的发展，为丰富人类文化做出那么多的贡献，照这种理论来说，竟完全是白费力气，是无谓的赶时髦，是荒谬的拒绝传统，是像信奉神一样的崇拜“新”。倒是不好说什么“西化”。可是，奇怪，这些同志还口口声声批判现在的建筑千篇一律。他们所追求的，其实是更加贫乏得多的“千年一律”。有一些宾馆之类不是已经亮出相来了吗？只不过远没有真正的古董那么浑然天成罢了。

在面向现代化、面向世界、面向未来的社会主义现代化建设的历史时期，这种理论真是十分奇怪。

寻根的同志很关心现代建筑的“中国化”，或者叫寻找“中国式的现代建筑”。

我们说，提倡太阳从西边出来是多余的，那么，提倡从东边出来呢？当然也多余。

只要把建筑的根扎在当代现实生活的土壤里，那么，这建筑就必然是“新而中”的。现代的中国生活方式，现代的中国工业水平，现代的中国经济、社会体制，现代中国人的审美理想和生活情趣，根据这些条件创作的中国建筑，怎么可能不是“中国式”的？怎么可能“全盘西化”？化得起来吗？这本来无可争辩，但是，寻根的同志却认为不是。显而易见，他们所追求的“中国式”，其实是“中国古式”，还要添一个字，一个极关键的字。

正因为鼓吹的是“中国古式”，所以才需要有一个“西化”来对应反衬。这“西化”是画出来的鬼脸，用来吓人的。其实，一切从实际出发，立足于社会主义现代化，新的建筑应该化成什么样就什么样，不必自己吓唬自己，自己束缚自己。建筑是个复杂的大系统，它的高度复杂性要求载体的多样性，否则就不能维持系统的平衡。建筑把根扎在传统里，就大大限制了它的多样化，不能适应建筑系统的复杂度。相反，实事求是地把握建筑的差异性，多侧面、多层次、多向度、多方位地体现它的复杂度，我们就可能获得建筑作品的极大多样性。（参见侯幼彬：《系统建筑观初探》）

提倡继承传统的同志，现在几乎都要从西方寻找根据，西方当代建筑中的历史主义潮流，某某人的文章，外国人对中国建筑的评论或建议，等等。这是一种洋时髦。这些同志，就是不具体分析西方建筑跟我们的建筑目前处在怎样不同的发展阶段上。如果承认它们的建筑已经到了“后”现代时期，那么，可以说，我们的建筑还处在“前”现代时期。历史任务多么不同！何况还要分析西方跟我们在社会制度和文化上的差异。不弄清这些，只看到“传统”两个字，就“求同存异”，那未免太粗糙了。

回过头来说，美国人为什么时兴寻根呢？因为有些人有“认同心理”。为什么要认同呢？据说他们有“失落感”，就是找不到自己在“空间坐标”和“时间坐标”里的位置。这种心理对绝大多数中国人来说是太陌生了。面对塔吊如林、蓬蓬勃勃的建设场景，中国建筑工作者恐怕很难领会那种“失落感”是什么味道。从西方为继承传统寻求支持的同志，不是接错了线了吗？我们个别的同志，由于思想的惯性比较大，在加速发展的社会主义现代化运动中，感到失重，心里发慌，也许有可能产生类似“失落感”的心理。但相信这种情况会过去，他们会恢复镇定和自信。社会主义者应该是历史的乐观主义者。

这是一个激动人心的时代。若干年后，我们将会更清楚地看到，这个时代对民族的兴衰是多么关键而严重的时代。工作在这样一个伟大的时代，我们很幸运。但愿将来回首往事，看到我们留下的足迹是走向前方的，是跟民族的命运一致的。我们为民族的腾飞承担了一切，贡献了一切，既没有迷乱，也没有退缩。

美国的一些未来学学者说，现代社会已经进入信息时代。信息时代不再是一个非此即彼的时代，而是一个多元化的时代。“多元化”这个词，听起来很有哲学味道，其实没有什么奥妙，说的不过是，在信息时代，机会多了，选择的余地宽了，人们的兴趣和生活多样化了，连冰淇淋都起码有31种。

美国建筑界的后现代主义者里有些人也标榜多元化，他们谴责现代派建筑的排他性导致了传统的断裂，提倡无可无不可的“兼容性”，其实就是不分是非的随心所欲。为了给这种主观随意性涂上理论色彩，他们找到了当代西方哲学中的“反决定论”。这是一种新的不可知论。他们否认几千年的建筑史是有规律的，是有因果关系可寻的，甚至否认它的阶段性。他们用模糊边界或者每一个个体建筑物必然具有的特殊性否定任何一种历史风格的确定性。历史是没有道理可说的，风格和形式也是没有道理可说的，这是他们需要的理论前提。结论是，各人按各人的爱好去干，“多元化”！

诡辩往往很“雄辩”。对于深受孔家“中庸之道”熏陶的中国人来说，这一套“兼容论”是很有吸引力的。于是，我们有些同志也就主张起自己的“多元化”理论来：建筑创作嘛，既要创新，又要继承传统，创新和继承传统都重要，谁也不要只执着一端，自以为是。有人听了觉着有理，就认为理论上谁也说服不了谁，大家各行其是罢，“百花齐放”嘛！

这种理论，看起来很全面，很客观，很公正，很平和，似乎无可挑剔。

但是，它其实是很有害的折衷主义。为什么说它是折衷主义？因为，它既不研究当前时代的历史特点，也不研究社会当前对建筑的实际需要，更不研究建筑师当今迫切的历史任务以及建筑界的思想状况和愿望，只作一种架空的、面面俱到的文章，其效果是挫了革新者的锐气，长了因循保守者的威风。

这种“平衡态”的理论系统是没有活力的。因为它既不能提倡什么，鼓吹什么，也不能激发人去探索什么，追求什么。因此，它跟生动活泼的实践之间没有以反馈机制为基础的信息交换。它几乎是个封闭的系统，不能成为一个有一定功能的有效的存在。

我们再分析一下这个“平衡态”的结构，可以看出它根本是不能成立的虚构。

“既……又……”这一个思维结构形式，并不是可以随心使用的。如果前后两个论断相反或者矛盾，那么，在同一个时间、同一种关系中，它们就不能都是真的。例如，在参照系不变的情况下，“既前进又后退”，“既争自由又套上枷锁”，这样的叙述就是不成立的。对我们目前的建筑创作来说，创新就是争自由，要前进，继承传统就是套上枷锁，要后退。所以，既要创新，又要继承传统，是自相矛盾，自我否定，逻辑上不通。这就像既要马儿跑，又要马儿不吃草一样。

为什么说继承传统就是套上枷锁？道理很简单，所谓传统，按照约定俗成的理解，就是形成于过去，而又要“统起来，传下去”的东西。

所以，要继承传统，就必然要统到过去的框框里去。把今天统到过去的框框里了，未来也就逃不脱了。

这不是虚构的危险。现在建筑界鼓吹继承传统的人，不是都主张“神似”或者“形似”吗？虽然直到现在谁也没有说清楚不是“形似”的“神似”是怎么回事，但是，总而言之，神似也好，形似也好，要的都是“似”。似什么？当然只能是似一个形成于过去的模式。不管是飞檐翼角的大屋顶，还是“当其无”的那个四合院空间，或者园林的手法，都是一种既存的模式，而且是千百年“传”下来的。似什么，就必定统一在什么上，这无可回避。所以，对传统的形似或者神似，都是对创造精神的压制，都是对想象力的束缚，都是对自由的剥夺，对进步的扼杀！

要创作自由，就必须反传统，这是势所必然，我们义无反顾。只有从整体上反对了传统的模式，我们才可能在认识新时代、新生活、新技术、新材料和新的社会意识的必然性之后，获得创作的自由，这自由就是充分发挥这些新事物的优越性和可能性。而传统阻碍这个可能。半个多世纪之前欧洲的现代建筑运动，也是在这种意义下反传统的。这样的“排他性”，这样的传统断裂，好得很！

有了这样的自由，才有真正的“多元化”，也就是多样化。所以，多元化要求以创新精神来突破传统的束缚，而不是既要创新，又要继承传统，那种虚假的“全面性”。

海外的学者现在“告诫”我们说，中华民族传统文化的精华就是“中庸之道”，它使中国人在精神上高于一切外国人，所以，“未来世界必定是中国文化的复兴”。他们谴责五四运动“偏激、片面”，造成了中国文化传统的断裂。这种“反反传统”的真实内容，由他们推荐胡适的一句话就可以明白了。这句话是：“容忍比自由更重要。”为了全面，为了兼容，为了保存传统，我们不如放弃了自由好。这些学者的好意倒可以用来当一面镜子，引起我们的警觉。

在历史转折的关键时期，在革新与传统之间搞折衷平衡，搞兼容并包，不论有意无意，都会起保护旧事物、阻碍历史前进的作用。

历史发展的每一步都只能是片面的，一连串片面的总和才构成历史的全面性。历史在每个时期都有自己的主要任务，都有迫切需要优先解决的问题。五四运动要解决的问题是要把中华民族从愚昧、保守甚至野蛮状态中拯救出来，所以，它不能不跟传统的封建文化全面决裂。只有造成中国文化传统的断裂，才能弥补上中国文化与世界先进文化之间的断裂。五四运动造成的伟大的断裂，促成了中华民族几千年历史中从未有过的伟大进步。五四运动的历史任务远远没有完成，我们现在还要继续这个事业，而且要更加深入。我们决不后退。

每个时期的主要任务和迫切问题，反映着历史的规律性。历史的发展是有方向的。建筑的历史也是有规律、有方向的。所以，不分彼此、不分是非的兼容并蓄，共存共荣，不要批评，不要争论，是不符合历史发展的要求的。因为有些东西符合历史的方向，有些不符合，有些开倒车。有几位同志说，自己探索古为今用，却被称为复古，好不冤枉。其实，中外古今一切复古主义者，都是打算“古为今用”的。连五四时期坚持写文言文的人，也是要写他当时要说的话。现在建筑界搞点儿复古的同志，也许是用心良苦的，可惜的是他们没有弄清楚当前历史的任务和迫切要求解决的问题。

我们整个民族处在从封建文化向现代社会主义文化过渡的时期。我们的总任务要求粉碎封建的传统文化。这文化几千年来在极其封闭的环境中发展，所以特别顽固、稳定，整体性很强。所以只有把它们粉碎了之后，才谈得上有区别地汲取遗产中有用的东西。

许多同志为表示“全面性”，爱说从传统中“弃其糟粕，取其精华”。在建筑中，这种提法容易引起误会。因为，过去建筑中的精华，绝大多数在现在已经毫无用处，不值得一取，或者不可能取。精华也是会死亡的，仅仅作为历史的存在，但不再是现实的存在。所以，从历史遗产中，能汲取的应该只是还可能有点儿用处的东西，而不是一般地取其精华。那样，就会形成我们的负担，被“精华”压弯了腰。

建筑，作为社会主义现代化建设这个大系统的重要元素，它不能不跟其他元素耦合。否则，大系统的结构就要失稳，系统功能就受到损害。不能设想，在我们整个社会大踏步现代化的时候，我们的建筑还能停留在传统中而不妨碍整个现代化事业。

布鲁诺·赛维在他的《建筑空间论》里说过一句精辟的话。他说，现代世界提出要求“敦促建筑师和建筑评论家履行自己的社会职责，宣判任何不能造福现实生活的文化观点，任何脱离文明社会进展的艺术活动，任何缺乏改善现实生活的主题（按：疑应为目的）的建筑，都应立时灭绝”（张似赞译文）。这对写建筑理论文章的人是个极好的“要求”。

调和折衷不是全面，那么，建筑理论就没有全面性了么？有的！它的全面性表现在：全面地理解建筑的本质和功能，全面地理解建筑在当前历史条件下的任务，全面地理解建筑这个系统内部各个子系统和元素之间的关系，全面地理解建筑在社会主义现代化建设这个大系统中的地位和它跟其他子系统之间的关系，全面地理解建筑的过去、现在和未来。

很难！但愿我们不迷失方向。

读朱自清的《欧游杂记》，见到他评论巴黎的杜伊勒里花园，说：“花园是所谓法国式，将花草分成一畦畦的，各各排成精巧的花纹，互相对称着。又整洁，又玲珑，叫人看着赏心悦目；可是没有野情，也没有蓬勃之气，像北平的叭儿狗。”把园林比作叭儿狗，这想象可够奇特的。兴趣被勾起来了，我想了解一下，19世纪，海禁初开，在传统文化中塑造出来的中国士大夫，第一次见到西方园林时，有什么样的看法。

几年以前，我曾经考察过西方人士早期对中国园林的看法，那收获真是丰富。从16世纪末的金尼阁，到17世纪的纽浩夫，再到18世纪的王致诚、韩国英和钱伯斯，还有其他许多人，都兴致勃勃地论述过中国的园林。他们观察得相当细致深入，描写得相当具体详尽，跟他们本国的园林做了比较，还概括出一些理论。他们从中国得到的这些知识，传到欧洲，就立即出版、翻译、流布，引起广泛的注意，大大开阔了欧洲人的眼界。根据他们的需要，欧洲人汲取了中国造园艺术的经验，丰富并发展了他们的造园艺术。这些向欧洲介绍了中国造园艺术的，也无非是些商人、传教士和外交使节，他们对造园艺术或者建筑并没有专门的训练，但是，他们对新鲜事物敏感，而且有一种强烈的认识世界的愿望。

可是，这次考察中国人看外国园林的资料，却大不一样。

1866年，清政府派出第一个高级知识分子出国考察，恭亲王奕䜣在奏折里说："即令其沿途留心，将该国一切山川形势、风土人情随时记载，带回中国……"这个人叫斌椿，回来写了一本《乘槎笔记》。他到西方世界最壮丽的凡尔赛花园去了一趟，全部记载仅仅是："管园官导观水法多处，均甚佳。末一处，地极宽广，池中石雕海兽、神、人，喷水直上，高十余丈，如玉柱百余，排列可观。"

两年之后，1868年，清政府向西方派出了第一个外交使团，其中有一个"总理各国事务衙门章京、花翎记名海关道志刚"，回来也写了一本书，叫《初使泰西记》。书里有一段记马德里近郊宫山园的文字："宫在山下，由旁径登山。山顶有泉，泉旺潴而为泽。泽清，有泻口，闸之，有池，下通各水法之管。水法由高而下，层累曲折，以至于面山之堂。每于宴会之期，则拔塞放水，百数十出之。水势皆纵横起落，争奇献巧于兹堂之前。"后而还有一些很花哨的描写水法的话。

随斌椿一起出国的同文馆英文班学生张德彝，写过一本《航海述奇》，其中游历凡尔赛花园的一段比斌椿的详细一点，全文是："抵一洞，有四五铜人对饮，其水法自酒瓶跃出，高丈余。又一大池，中一铜人策四马驰驱而出，四角有许多水怪自水中奔出，口吐飞波如雨。又一十空大桥，下立一人，手作擎桥之状。又一小河，内两行水法，高皆丈许。正面玉石栏杆，上列石盆二十余，每盆中心出水高约丈五。又有别种水法、花木，清雅之至。西行里许，入一太后宫，内多宝玩，亦有奏乐者。”

从素称造园艺术十分发达的中国派出来的考察者，到了凡尔赛和宫山园，还有俄国的彼得霍夫等西方园林里，居然只看到“奇技淫巧之具”的大水法，而对跟中国传统差异极其鲜明的造园艺术如此麻木，视而不见，这不能不算一件怪事。跟从西方来的人对比，倒是文化心理学的一个好课题。

在《乘槎笔记》里，还可以零零星星看到这样一些记载：“又西行七八里，为官家花园，花木繁盛，鸟兽之奇异者，难更仆数”；“园周三十里……树木之大者以千计，皆百余年物，山花秀丽，溪水回环，鹿鸣呦呦，鸟声格磔”；“复至花园，各处台榭均鲜明，山水清幽，树林阴翳”；“游大花园，苍松怪石，信足游目骋怀”。这种笔墨，既没有精确性，也没有具体性，把它们用在任何一座园林里，不论是中国式的、法国式的，还是英国式的，都可以。总之，是模模糊糊、混混沌沌。

要知道，这几个早期出国考察的人，当时还算是士大夫里的“有识之士”，斌椿是早就立志出国的。他们尚且如此，其余人的模糊和混沌就可想而知了。

这种模模糊糊、混混沌沌、浅尝辄止、不求甚解的文化心理，跟西方人追求明白肯定的科学精神相比，可以看出中国传统文化的特色。1904年，康有为在意大利参观了文艺复兴时期的绘画之后，略有所悟地说：“彼则求真，我求不真，以此相反，而我遂退化。”说的是绘画，大致可以推广到整个文化领域去。

我们用文言文，写了几千年的文章，尽管为句读伤透脑筋，却不知道用三两样标点把文句弄得明白一点儿，照旧敷衍下来，倒生发出许多故事笑话来说，直到有了“西式”标点。

模糊、混沌，或者叫朦胧，也许会造成诗和绘画、雕刻之类的意境美。中国的造园艺术显然也受惠不浅。但是，这种思维特点却会扼杀思想的进步，科学的昌明。它们已经造成了中国跟世界之间的文化断裂，还在阻碍着这断裂的弥合。

目前一些卫护传统的同志，最爱说的事情之一是中国从汉唐以来消化了多少外来文化，把它们变成中国的，而仍然维系着中国的传统绵绵不绝。他们很为这个消化能力自豪，因而坚信传统不会断绝。但是，撇开其他因素不说，这个消化能力，不正好证明着传统可怕的顽固吗？消化的结果是磨掉了外来文化的生命力，而传统却纹丝不动，于是我们一次又一次丧失了进步的机会。中国传统的顽固有许多原因，其中之一，就是它有那个模糊和混沌，作为它的自我保护机制。模糊和混沌阻碍着中国人把外来的文化真正弄清楚。弄不清楚，当然就很容易把它歪曲、改造，纳入自己的传统了。如果把古希腊色诺芬写的精细详尽的《远征记》跟一千年之后玄奘写的稀里马虎的《大唐西域记》比较一下，就多少能看出一点意思。直到鸦片战争前夕，道光皇帝下令查明英国情况，奕䜣还说英国女王自行择配，是"蛮夷之国，犬羊之性"；英国人夜间目光昏暗。连林则徐都说："且夷人除枪炮外，击刺步伐俱非所娴，而其腿足缠束紧密，屈伸皆所不便，若至岸上，更无能为……"要不是洋枪洋炮一轰，这些外来的"信息"，当然就消化在大国上邦的自鸣得意之中，怎么可能动摇传统文化的一丝一毫呢？像斌椿、张德彝、志刚那样写的"述异"，又怎能对中国的造园艺术传统发生哪怕是一丢丢儿的影响？在现在的建筑领域里，类似的文化心理惰性也是传统的自我保护机制。

什么是中国建筑的传统？有人说是文法，有人说是符号，有人说是屋顶，有人说是空间，还有不知怎么"感觉"出来的"不可见"的东西。尽管众说纷纭，还弄不清传统是怎么回事，却都坚持非继承传统不可。

其他一些基本概念也都不必去搞清楚。比如说，创新本来就意味着传统的突破和中断，但却有人主张"在传统的基础上创新"，"从传统出发去创新"。真是难办！"创新意味着尊重历史"，这话怎么自圆其说？把历史解作发展，那倒对了，但他们愿意吗？

竭力鼓吹"形似""神似"，赞美"似与不似之间"，但新建筑为什么要似旧建筑或者一个既定模式？必要性在哪里？合理性在哪里？妙处又在哪里？都无须说。似乎这都是先验的真理。而且，什么叫“似与不似之间”？西尔斯大厦跟佛光寺大殿不也很相似吗？都有屋顶，都有门窗，都有承重构件和围护构件，都在地球之上立足，所有这些也都反映在形式上。它们之间当然也有不似之处，那么，是不是就“妙”得很了？

那几个“似”，都是从绘画艺术上借用过来的。在画论里，它们说的是艺术作品跟它所描绘的自然对象的关系，而不是作品跟作品的关系。在建筑界，却是把它们用在现代建筑作品跟古代建筑作品之间。这一点“变化”行得通吗？至于作品跟作品，那位说过“作画妙在似与不似之间”的大师齐白石，倒有一句毫不模糊的话，叫作“似我者死”，这可马虎不得！

为了卫护传统，就要反对曾经突破传统而对人类进步做出过贡献的现代派建筑。于是，“房屋是居住的机器”“少就是多”“装饰就是罪恶”等等，拿起来就批。但是，对不起，这几句话究竟是什么意思？前言后语怎么样？在什么情况下说的？针对什么问题说的？历史上起过什么作用？还有没有现实意义？这些问题都不弄明白，不是有点儿当年“大批判”的味道吗？

有些同志考虑到信息社会讲究多元化，于是在建筑领域里提倡不分是非、不分进步与落后的“多元化”，相信这是自然科学的最新成就趁第三次浪潮带来的新的思维方法。但是他们似乎没有想过，信息社会里，小脚、辫子和贞节牌坊这些传统的东西是不是也会成为三个“元”而复活，跟航天飞机一起来“无限”丰富我们的生活。不过，照这一种思维方法判断，连牛顿都已经被淘汰了，那么，为什么比牛顿还要古上一千年的大屋顶之类，却要在这个“多元化”的社会里，享受兼收并蓄的宽容呢？既有取舍，何独厚此而薄彼？

有同志引用列宁对蔡特金的谈话来保护旧的，反对新的。但是列宁是针对什么现象说这些话的，搞清楚了吗？列宁批评的是未来主义者。未来主义者在文学艺术上的求新，跟现代建筑的不得不新，是根本不同的。现代建筑的非新不可，有很复杂的客观原因，功能上的、技术上的、经济上的、生产上的、审美上的等等，这些，未来主义的文学艺术中都有吗？列宁生前，苏俄的现代派建筑很活跃，他从来没有批评过，倒还肯定过它的一些美学观点。

从马克思、列宁、鲁迅这些旧世界的伟大掘墓人那里去找为旧事物辩护的话，那是“烧香找错了庙”。不正是马克思、恩格斯号召跟传统决裂吗？鲁迅不是说出连一本中国旧书都不要看的激愤之词了吗？

有些同志为保卫传统而引美国的一些后现代主义者为同道。且不提他们在历史发展阶段上的“错位”，试想，在美国那种历史和文化背景下，认真地继承传统是可能的吗？后现代的一些建筑作品，自由地使用一些旧式零件倒是真的，可是，那也算得上继承传统？

我们在这里不全面评价后现代建筑，我们只说一点：后现代建筑其实是在求新，不过有些人犯主观主义罢了。请看美国建筑评论家赫克斯塔布尔关于1980年代初期建筑的一段话：“大家都在千方百计地寻求丰富多姿和更加奇异的建筑设计。在新的工作中起主导作用的精神，就是以全部历史和一切技术作为物质源泉的开拓和实验的自我意识……这是一个非常活跃和令人振奋的时代，我们就要亲眼看到大量的、更多的这类激动人心、令人神魂颠倒的建筑物，引人向往和大有前途的建筑物。这是一些非常新奇的现代建筑设计，完全不同于我们已经学会去喜爱或去厌恶的建筑设计。”（见奈斯比特：《大趋势》）请继承传统的同志注意，是“非常新奇”，是“完全不同”。这里可没有“形似”和“神似”。

对过去，对将来，对中国，对外国，我们都再也不能模模糊糊了！

只有克服传统的文化心理，我们才能真正自由。只有自由了，我们才能有效地向历史索取我们有用的东西。

原载《世界建筑》1988年第5期

城市素质与博物馆的利用

提高人的素质，现在已经成了热门话题。要实现这项历史任务，非得从许多方面同时下手不可，其中之一，就是提高人的生活环境素质，主要的是城市素质。有了良好的城市素质，才可以培养良好的人的素质。这是先决条件。

提高城市的素质，说来话长。从建造富有创新精神的房屋，理顺交通秩序，到不许随地吐痰和纠正招牌上的错别字，都是提高城市素质这个总目标的组成部分。

城市素质怎么评价，这倒是个大难题。1968年，美国人约·伯恰德列了24个项目，对16个世界大城市做了一次评价。这些项目大多是“硬件”，除了自然条件之外，重要的有出色的建筑、出色的博物馆、清晰的街道网、重要的高等学校、多种多样的居住区、良好的图书馆，以及古迹、喷泉、广场、绿地等等。评分的结果，巴黎是第一名。

值得注意的是，在这个评分表里，出色的建筑物和出色的博物馆名列前茅，仅次于天然条件。如果我们参照这个评分表来推算，北京的城市“硬件”素质能得多少分呢？这当然得做很多调查比较工作才知道，不过，有一点大约是很快就能得出结论来的，这就是：出色的博物馆这一项得分不会高。第一当然是数量太少；第二是数量很少的博物馆里又有不少展览面积用来办了“展销会”。有时候，平日冷冷清清的博物馆忽然人声鼎沸、摩肩接踵，不过，人们不是为丰富文化生活、增长知识而来，而是来买新式家具或时装。

博物馆是文化教育机构，它的职能就是塑造人的素质，比起其他环境的潜移默化作用来，它在提高人的素质这个当代大问题上是大有事情可做的。然而，它们却忙着张罗起“第二职业”来了，当前这时候，张罗第二职业也是糊口的手段，难以反对，不过占用博物馆的展览面积来搞第二职业，能不削弱第一位职责的作用吗？一方面大家强调要重视提高人的素质，一方面又听凭人的环境素质下降，这不自相矛盾么？

博物馆张罗自己的“第二职业”，可能也出于无奈。可是，提高全民族的文化素质不仅需要领导的重视，更需要在文化部门工作同志的努力，不可舍本求末。

原载《北京晚报》1988年9月21日

还得有文物建筑保护法

李渔舟

一位负责文物建筑保护的同志最近写文章诉苦，说有些领导同志“不太了解情况”就批条子允许某些单位在文物建筑保护范围内建违反规定的房子，“给执法工作增加了很多困难”。我不知道有什么困难——执法如山，给顶回去不就得了？不过，事实当然是很困难的，大概是“由于种种原因”吧，事实上并没有几个人能够顶得住领导的条子。

不久前，一位小领导打算在他管辖的一个文物建筑遗址里造一些赚钱的工程，有关管理部门不同意，于是他去找了大领导，大领导批准了，有关管理部门只好不再说话。那么，这位小领导和那位大领导显然并不是“不太了解情况”，只是不把《文物保护法》放在眼里罢了。

不过，关于文物建筑和历史性城市的保护的立法也太不完善，只在《文物保护法》里占了六条，其中还有两条是规定经过哪一级行政部门同意，就可以把“不得”做的事变成可以做的。以致那位写文章诉苦的同志“对一些破坏文物建筑的案件，司法部门无法依法审理和判决”。

在欧美许多国家，关于保护文物建筑和历史性城市都有专门的立法，独立于其他文物的保护法，而且内容很详尽具体。例如德意志民主共和国的文物建筑保护法，历经九年之久才写成，厚厚的一大本文字，再附上厚厚的一大本注释和细则，还外加一小册关于目的和原则的说明。民主德国的建筑科学院院长轻松地告诉他，立法是最重要的事情，现在他们搞文物建筑和历史性城市的保护就很方便，因为一切都有法可依。当然，他们是有法必依，否则也是白搭。

虽然我们现在还常常为有法不依而付出痛心的代价，但是，看来要想做好文物建筑和历史性城市的保护工作，还得要有专门的立法，详尽而具体，建立在科学的保护理论的基础上。只靠那六条是远远不够的。

当然，除了要让人们普遍懂得保护文物建筑的意义，还要让领导人学会遵守这种法律，这并不是一件容易的事。

原载《北京晚报》1988年11月8日

环境艺术与生活

“环境艺术”，这几年算得上是个热门话题，文章写得可真不少。

其实，所谓环境艺术，（暂不提听觉环境）说明白了，就是把人们看得见的一切东西都美化起来。大到整片国土、整座城市，小到一根牙签、一张手纸。总而言之，美化一切。早在1920年代，在列宁的倡导下，苏俄就有过一场“劳动人民物质生活环境艺术化”运动。当时几乎所有的苏俄美术家和建筑师，不论属哪个先锋派别，都兴致勃勃地参加了这场运动。有的装饰城市广场，有的装饰节日游行队伍，有的设计花布、服装，有的设计工具、用具、餐具、家具，还有的设计印刷字体，搞书籍装帧，等等。就在这场运动中，苏俄的工业美学（技术美学，“迪扎因”）跑到了世界的领先地位，直接影响到包豪斯的教学和创作。

当前所说的环境艺术，比起劳动人民物质生活环境艺术化的内容来，大致有两点发展：一是场所环境的范围扩大了；二是更注重环境审美质量的整体性和综合性。

尽管有这些发展，环境艺术的核心仍然应该是生活艺术，它要从日常生活中用到、看到的东西下手。在家里，桌椅板凳、锅碗瓢盆都要好看；上街去，门牌、招贴、店面、岗亭都要好看。正是这些东西，构成了跟人们关系最密切的环境。美化它们，就在很大程度上美化了生活，提高了生活的质量，使生活成为一种享受。人们爱说罗马城美，说它的老城区里有三百多座雕刻精致的喷泉，这话不假，不过，这些喷泉当年其实是生活水源：一是居民们可以洗衣服、打水、饮驴子；二是可以防火。喷泉的装饰把艺术送到了普通老百姓的日常生活之中。人们随时随地看到美，精神受到长期的陶冶，对美的敏感性和鉴赏力提高了，反过来会进一步促进环境美的创造和保持。

环境艺术既然是一种生活中的艺术，它就必定是群众性的艺术。它不仅仅依靠美术家和建筑师来创造，群众会直接参与进去。这种参与，有时是积极的，有时是消极的。当群众的文化修养很差的时候，他们的参与常常是消极的。比方说，一所苦心经营的园林里，在景致最好的地方，偏偏摆上了吃食摊，这种场面并不太少。在刚刚落成的漂漂亮亮的剧场里，歪七扭八糊在墙上的红绿告示“禁止随地吐痰”，那比痰迹更难看。虽然不至于散发出结核菌来，但是散发出来的不文明的粗野气息，对社会未必没有毒害作用。再请看一看那些熊猫形或者巴儿狗形的果皮箱吧，那可是经过专业人员“精心制作”的。

要提高群众的环境艺术意识，最有效的办法之一还是通过环境艺术本身。要把环境艺术当作美育手段，塑造人的心灵。李渔说过，“眼界关乎心境。人欲活泼其眼”，就是这个道理。当然，满眼假古董，也会使人愚钝而失去进取之心。

说环境艺术主要是群众性的生活艺术，当然并不排斥环境中的主题性装饰艺术或者纪念性艺术，比如大型壁画和城市雕刻之类。不过，说实在的，这些东西当前恐怕还是少做为妙。要用雕刻来进行品德教育、审美教育，那是太远了一点。在江南人文之乡的苏州，有一尊白色少女像竖立在一座桥头，少女挺可爱，但是它成年累月被用来搭晒衣服的竹竿，肩膀上，膝盖上，脚丫子上，凡可搭的地方都搭上一根。这还不算，每天早晚两次，少女身边都晾着一圈儿马桶。真是“一年三百六十日，风刀霜剑严相逼”，白衣少女的泪珠怕都已经要流干了吧！这怪谁呢？怪不着大嫂子们。看看那一带地方，确实只有那少女身边一小块空地能晒衣服，晾马桶。附近密密麻麻的住宅里，床上架床，人都挤成了球，谁还有闲情逸致来怜惜泥塑石雕的少女的妩媚呢？

在垃圾和屎尿都还没有弄干净的时候，为推广城市雕刻而大声疾呼，怕是早了点儿吧！

至于建筑，包括城市规划和设计、园林绿化、室内装修等等，本来就是人工环境的主体。它是环境艺术整体化、综合化的骨架，给各种环境艺术因素一定的场所。一个以建筑为骨架的，比较大的、综合的，整体的艺术环境，包含比任何一种环境艺术因素都复杂得多的问题。它牵涉到好多种科学，比如心理学、社会学、文化人类学、文物学、风景园林学、城市管理学、环境保护学等等。因此，建筑学就进入了一个时代的文化大系统之中，它的功能目的必须跟整个文化大系统的功能目的一致，它必须跟文化系统中的其他因素耦合。于是，环境艺术就跟社会总的人文环境联系了起来。联系时代总的人文环境来研究建筑环境的创造而不限于视觉环境，这应该是当代建筑师的重要认识，巴黎的蓬皮杜文化中心和维也纳科学城的设计，就在一定程度上考虑了大的人文环境。

附记

上面这篇杂文刚刚写完，接到一位在天津工作的同志寄来几张照片，上面有画在住宅山墙上的大熊猫和海盗船，有张牙舞爪奔腾在一溜小买卖铺屋脊上的龙，有用白涂料画出来的“西洋”线脚和窗套，还衬上阴影，俨然像陋俗的小镇里的照相馆布景。这位朋友挑逗地写了一句：“看了这些照片，你想说些嘛呢？”我想说的，何宝庆同志在他写的《城市环境美的创造学术研讨会综述》里已经说得很好了：

“环境美的创造不是用艺术或其他外加因素来‘美化’环境，而是要求调动环境中感官所及的一切自然的和人文的因素进行整体设计，创造一个美的环境。”（见《建筑学报》1987年第11期）

这个研讨会是在天津召开的，想来这几句话也是有所见而发的吧。我只想补充一点：在当前的文化水准之下，奉劝大家，还是别打开潘多拉的盒子为好。否则，怪物们一起跑了出来，怕是收拾不了。

原载《世界建筑》1988年第3期

为我们的时代思考

我的专业是搞外国古代建筑史，本来没有多少精力思考我们当前的建筑。“文化大革命”的时候，一位在“理论写作班子”发红的教师，在一次批斗会上指着我呵叱：“这家伙满嘴喷粪，居然在课堂上给学生讲公元前的事。”当时很引起一部分工农兵学员的义愤，从此叫我“公元前”。现在，我仍然讲公元前的事，不过，这几年也对当前建筑界的情况发表了一些意见。这倒不是因为批斗会改造了我，而是因为压根儿没有改造，对国家大事常常怀一点儿杞忧。议论当前的建筑界，也主要是对一些现象忧心忡忡，尤其是对封建主义的残余意识在建筑界的缠绵不去。

我今天要说的，是我们建筑理论的不景气。触发我的是一位建筑师的一首诗，其中说：“建筑，这是一种理念的模糊，这是一种思想的混乱。”自以为颇有创见。

一个民族不进行理论思维，这民族就不会有大出息。一个行业不进行理论思维，这行业就不会有大出息。我们的建筑要进一步繁荣，要富有独创的想象力，要有勇气面向世界、面向未来，没有生气勃勃的理论工作就不大行。在我们现在的体制下，建筑理论要想上去，就得有组织、有计划地做许多工作，光是每年年终总结说一句“理论水平还不高”，是一点用处都没有的。因为我们这里没有理论工作者自生自长的必要条件。

到现在为止，我们还没有一支真正的建筑理论队伍，有的不过是些散兵游勇、业余个体户。虽然在大形势影响之下，一时似乎文章不少，甚至已经使一些人埋怨“理论”太多，但稍稍一看，就能发现：有一些“理论”文章的底气不足，近乎茶余饭后的信口闲聊；有一些甚至犯起码的逻辑错误，概念不清楚，推理不能成立。比如，有一篇文章说“本（设计）院近年注意到建筑现代化的必要性，并以此作为主要努力方向”，接下去竟说“传统是创作的根基”。这个“努力方向”跟这个“创作根基”，简直是南其辕而北其辙，满拧。难怪人家要说“理论”太多，厌烦了！

我们没有下功夫培养一支理论队伍。我们爱听建筑是艺术、是文化这样的话，但是，看看国内各个文化艺术行业，包括舞蹈和工艺美术，都在相应的高等学校里有历史理论系。虽说学生人数不多，毕竟受到了系统的理论的基本功训练，有必要的基础知识，有必要的思维能力的准备。但是，我们建筑界至今没有这样一个系。建筑界如果说也在培养理论工作者，那都是偶然机遇，靠的只是一些大学教师带的研究生。虽然也出了几个人才，知识结构却未必理想。这些人，如果自己不意识到这点而去改善知识结构的话，在理论方面的发展怕也会受到限制。

这些难得培养出来的研究生，到哪里去干理论工作？我们并没有真正认真干这工作的机构。于是，只好到设计单位去当业余个体户。分配到高等学校里的，仍然要用百分之八十以上的精力和时间去干满“工作量”和“创收”，剩给理论工作的精力和时间就很可怜了。万一吃不得苦、耐不得劳，不甘心坐冷板凳受寂寞，抵不住票子的诱惑，就连这一点精力和时间也花不到理论工作上去了。搞理论工作，光是读书，就要死死地下多少苦功夫啊！

可怜几个对理论工作有点儿傻劲的人，没有可能聚会交流，连必要的图书资料都残缺不全。要出门寻师访友、借几本书，哪里去弄车钱？口袋里装的只有老婆给的几个买菜钱。

以前好像有过一个属于建筑学会的历史与理论委员会，这几年似乎已经销声匿迹，不知道是不是还有。即便有，大概也并不能在学术工作上起多少作用。这几年写写理论文章的，好像还不见有哪一个曾经是这个委员会的成员。

造成理论工作不景气的原因，主要当然是有关领导的不重视，其次是整个建筑界的不重视。有些人口称重视，但他们的重视里不免常常包含着误解。

不重视理论，不重视抽象的、逻辑的思维，不了解理论思维的规律和它们在人类文明发展中的照明作用，是我们这个民族的最落后的传统之一。我们的民族，是一个太过于功利性的民族。建筑界至今还没有摆脱这个传统的束缚。

相当多的同志，片面化、简单化地理解"实践出真知"，认为一个人的理论水平跟他的实际创作经验成正比。设计过几十万平方米房子的建筑师，提起笔来写理论文章，比从学校里培养出来的好；在生产第一线的建筑师提起笔来写理论文章，比多少有点专业化的理论工作者好。所以，没有人呼吁建立理论队伍，呼吁正规地培养这支队伍。

这种情况，恰恰反映出我们建筑界的理论意识太差，比起文化艺术的别的行业来，落后得太多了。不知道从经验到理论，是要经过鲤鱼跳龙门的那个变化的。

当然，有一些实际工作者能够写出很不错的理论文章来，专业的理论工作者也应当熟悉生产实际，但是，搞工程设计跟写理论文章毕竟是很不相同的两回事。这两种工作者的气质不同，所需要的知识结构不同，平素学习和探索的问题也不同，因此，这两种工作者的选材和培养方法是不能一样的。这一点，可惜，恐怕连某些负责建筑教育工作的人都未必很清楚，而且还没有意识到应该弄弄清楚。只要看研究生招生时候的随意性就知道了。

欧洲出过一些在实践方面和理论方面都有重大成就的建筑师，但数量屈指可数，一旦达到这种程度，就是一代宗师。我们总不能把我们的理论队伍的建设寄托在出现这样的大师上，这些人才是可遇而难求的。当然，我们也不必放弃希望，还应该宣传、提倡、想出点儿办法来，争取培养出一些学者型的建筑师，他们不但精于工程设计，而且善于做富有想象力的、独创性的理论思考。

因为不大了解理论的意义和理论工作的特点，有一些在第一线忙碌着的建筑师，常常喜欢用鄙薄的口气挖苦理论工作者："哼，他懂得什么？光会耍笔杆子说废话！"其实，理论工作者对之于实际工作，恰恰需要有点儿超脱，这样才能保持一个轻灵而冷静的头脑，否则，他的想象力是飞翔不起来的。有一位建筑师写了一篇相声式的杂文，嘲笑理论工作者对他的方案提不出什么高明的意见来，解答不了他在工作中的一些难题。他不知道，理论工作者不是教师爷，也没有包治百病的祖传秘方，他的任务不是就事论事地"指教"设计者。理论工作者研究的主要对象不是一幢一幢的建筑物，而是一批一批的建筑物：或是一个人的作品，或是一个时期的作品，或是一类有共同特点的作品，如此等等。他们研究的重点是倾向，是潮流，是规律性。因此不但要做静态的研究，更要做动态的研究，把逻辑研究和历史研究结合起来。理论工作者即使在研究单独一幢建筑物的时候，目的也在于从它扩散开去，探讨有普遍意义的问题，而不是评定它的优点缺点、经验教训，不是做设计总结。所以，不能指望读一篇理论文章就能"立竿见影"地提高设计水平。

举个例子来说，对假古董黄鹤楼的评论，不在于它仿得是不是地道，假得是不是有味儿，气势是不是雄伟壮观，色彩是不是富丽堂皇，更不在于它吸引了多少游客，赚了多少门票。理论工作者要着眼于它反映了一种什么样的民族性格，代表了一种什么样的潮流、倾向，跟当代的社会思想文化有什么样的关系。还要把这种造假古董的现象放到世界的文化历史背景上去对照考察，审定它是进步的还是落后的。当世界上一些先进的国家在兴致勃勃地探索21世纪的建筑的时候，我们一些同志却在探索宋式、清式，多的是对封建农业时代的留恋，少的是对现代化的敏感和激情。这种反差，会教一切多少有点儿眼光的人不寒而栗。用黄鹤楼收入了多少多少门票来为复古主义辩护，那是非常可笑的。如果我们的人民真的热爱假古董胜过一座有创新想象力的建筑物，那是要更加教人不寒而栗的，有什么值得自豪或者自慰？

苏联诗人安托科尔斯基（1896—1978）在他的《诗歌和物理》中激动地说："假如我们时代的诗人听不出在当今巨大的宇宙运动中和血管中的示踪原子的运动中含有音乐和节奏，那么，他就不配是一位当代诗人！"这很值得我们参考。

理论工作的受到鄙薄，另一个原因在于理论工作者本身的缺点。主要的是，这些年来，确实有一些理论工作者好古、炫虚、远离现实，有些玄妙高蹈的理论风行一时，似乎"高潮还在后头"。这些文章，教人读起来摸不着头脑，以致猜想，说不定作者自己也没有摸着头脑。作者着力追求建筑永恒的、终极的真理，根本没有兴趣探讨中国建筑当前发展的方向、道路，没有兴趣看一看中国人民面临的困难和任务，这真是一个奇特的现象。我们不反对"为知识而知识"，"为学问而学问"，相反，倒不妨适当提倡一下这种非功利的、单纯以认识客观世界为目的的态度。但是，对建筑的真正客观真正理性的认识，是不能不包括建筑的功能目的性在内的，是不能不包括建筑的社会历史性在内的。没有这些，对建筑的认识就是片面的、不完全的。建筑毕竟不是"凝固的梦幻"。

也许，几百年后，我们今天所面临的种种实际困难和迫切需要都已经不再存在，那些"永恒的、终极的"词句会发出先知般的光辉，像神启一样，而一切为当前的发展开辟道路的理论，事过境迁，会被抛到九霄云外，忘记得一干二净。但是，我想，我们仍然应该为现实的建筑的发展思考，决不后悔。因为只有这样，才会有由今天发展过去的那个美好的明天。人是不必为了"不朽"而工作的，何况未必！

不过，我要说清楚，我们所说的现实，是发展中的现实，绝不是停滞不变的。我们为今天现实而做的一切理论思考，应该是思考它如何更健康、更顺利、更快速地向前发展。面向今天，就得同时面向未来。因此，建筑理论的天地非常广阔，也非常需要创造性的想象力，鸢飞鱼跃，得大自在。同时，需要建筑理论工作者有比较严整的基本知识和思维能力，有进击的性格，对新事物的敏感性和对落后事物的决绝精神。否则，天高怕风紧，海阔怕浪高，就将一事无成。

推动建筑向明天发展的，主要的是科学技术的发展和社会生活的发展。我们现在对社会生活的发展以及它跟建筑的关系研究得太少了。人口构成、家庭结构、教育水平、业余生活方式、第三产业的进步、收入的增加，以及政治民主化与社会平等化，等等，等等，都会影响建筑的发展，建筑也可能影响它们。这些问题早就应该富有远见地研究了。而研究它们，单靠目前这种业余个体户是不行的，他们连做一次最简单的社会调查都办不到。在这方面，我们需要的是整整两门体系完整的学科：建筑社会学和建筑未来学。我曾经呼吁过建立这两门学科，但是，没有人听。我不知道，除了期待，我还能干什么？

我们至今没有建筑未来学，连一篇文章都没有。相反，我们却有太多的古气盎然的理论和实践。太极八卦、阴阳五行、孔子老子、和尚道士，很有热门化的趋势。仿清仿明、仿宋仿唐，也是刊物津津乐道的“成就”，甚至还有人搞天晓得的仿汉、仿周建筑，真是鬼画符。但是至今没有听说什么地方、什么人探讨了21世纪的城市和建筑，做了什么畅想性的设计。一个民族怎么可以对未来毫无兴趣，不去探索，却对过去那么恋恋不舍，抱住不放？这是一种原始蒙昧的祖先崇拜的残余。而同时，外国人却在那里有滋有味地设想21世纪。地球只有这么一点点大，一个不追求未来的民族跟一些热烈追求未来的民族挤在一起，不觉得寒心么？长此下去，前途可卜，那是一幅不大美妙的图景。我们再也不能像蚕蛹那样躲在茧子里做安逸的梦了。

这个梦现在似乎染上了一层铜绿般的文化色彩。随着近几年的文化热，也有一些建筑理论工作者大声疾呼建筑的文化性，高倡以文化来拯救建筑的没落。这种主张很教人奇怪，建筑是一种文化现象，这本来毫无争论，为什么忽然要由文化来拯救建筑了呢？虽然至今还不曾见到什么明确的意见，我却有点儿心神不安。因为我琢磨了一阵子文化热，悟到了其中一些奥妙。简单说来，有一些人的主张大致是：仰韶时期的彩陶罐子是文化，百货大楼里的电饭锅不是文化；画符捉鬼跳神扶乩是文化，物理化学不是文化；玩弄三寸金莲是文化，研究巡航导弹不是文化；八人抬的绿呢大轿是文化，奔驰牌小轿车不是文化；山沟沟里一切愚昧落后的东西都是文化，城市里一切现代先进的东西都不是文化。这样的文化观念真叫人胆战心惊！我很害怕我们建筑界的热心于文化的同志，也传染上了这种文化观念，他们打算用来拯救建筑之堕落的文化是这种货色。也许怪我神经衰弱，杯弓蛇影。不过想起这些年的窑洞热和民居热来，也许我并没有过虑，何况今天又看到一篇文章，一位建筑师建议："让我们的创作思想重返我们祖先美丽而古老的良知中去"。呀！祈菩萨保佑！

这样的文化观念教人想起英国工业革命之后，18世纪至19世纪流行的一种思潮，它对工业文化和城市文化痛心疾首，竭力歌颂甚至企图恢复中世纪的手工业、小农经济和牧歌风光。这是对工业革命的一种反动。虽然当时颇具气势，头面人物的声望很高，最终还是灰溜溜地退潮了。他们所指责的大工业产品的粗劣和城市生活的困苦混乱，被大工业和城市本身在前进中逐步克服了。值得一提的是，拉斯金和莫里斯反对大工业，提倡回到手工业去，主要理由是大工业产品千篇一律、简单化、没有人性，这跟我们现在一些同志批判现代建筑的话完全一样。历史证明，大工业可以逐渐在前进中丰富和提高自己的产品，同时改造人们的审美观念。而回到手工业样式去是没有出路的，历史开不得倒车。

文化热虽然是近年舶来的新东西，它一进口，我们的一些同志就把它跟封建时代的传统"全方位"地、"立体化"地融合起来了。我们三千年封建传统确实顽固得很，它能把一切外来的和创新的东西变形而纳入它的框框。如果我们错把这种顽固性当作"生命力"，加以吹捧维护，那可会大大地误事。要前进，就不能不首先打破这个传统。

近年外来的思想里还有一个"文脉"。文脉这个词也是建筑界在传统观念歪曲之下的误译。在语言学上，这个词被译作"语境"，就是使用语言时候的“此情此景”“前言后语”，也就是环境。在建筑创作中，慎重考虑建筑物所处的环境，既包括它的物质的建筑和自然环境，也包括它的历史文化环境，所谓“此情此景”“前言后语”，这当然是对的。但考虑出来的对策应该是富有创造性的千方百计，而不是只有一条“形似”“神似”的羊肠小道，一条叫人迈不开步子的独木小桥。“文脉”的译法，着眼在“脉”字。脉者，有源有流也，这是“继承传统”的一种隐晦的说法，它强迫人去走那条羊肠小道和独木小桥。这一个字的误译，连带着误译了一系列的理论观点，使它们有利于传统的保守者们——“外国人如此说！”当然，context这个词内容丰富，很难用一个字、一个词来对应翻译，在大多数情况下，是不是把它译作“外部条件的总和”更贴切一些？

理论工作者应该帮助建筑师解放思想，帮助他们看到天地之广阔，鼓励他们自辟道路疾驰飞奔，千万不可以去束缚他们的思想，引导他们钻进死胡同去。

理论工作者要为今天思考，为发展中的、向着明天迈进的今天思考，要为从今天向明天的过渡思考，要为明天思考。要做到这一点，就不能枝枝节节看问题，而要在整个民族全面现代化的宏伟历史过程中去看问题。

最后，我以歌德的几句话作结。这位二百多年前的伟大思想家、诗人和科学家说：“我喜欢环视四周的外国民族情况，我也劝每个人都这么办。民族文学在现代算不了很大的一回事。世界文学的时代已快来临了。”

把我们的思考放到整个世界、整个历史的背景上去罢！

原载《新建筑》1988年第2期

试析传统与遗产

对建筑界的读者朋友来说，这篇文章先要绕一个远弯儿。

多少年来，我们老甩不掉对“传统”的迷恋，原因之一，是有一些同志弄不清“传统”跟“文化遗产”的区别，他们为“传统”辩护，其实，他们所列举的种种“必须继承的优秀传统”，不过是文化遗产或者历史经验而已。历史遗产或经验当然是不可全都丢掉的，否则我们现在还跟周口店的老前辈们一个样子。可惜，我们一些同志在论证必须借鉴历史文化遗产的时候，却祭起了“继承传统”的旗帜，以致保护了传统，使它像幽灵一样，拥抱我们而窒息我们。

那么，传统跟遗产的区别在哪里呢？这个问题很不容易说清楚，但是又必须说清楚。我是搞古代建筑史的，并不擅长理论，好在我一向不怕出洋相，现在先说上几句，也许是愚者的一得，有助于同志们的进一步思考。

先简单地说个大概：传统是结构性的，而遗产是材料性的。

传统是一个有内部结构的系统，它包含着价值观念、思想模式、情感模式和行为模式。它的各个因素在功能上互相耦合，而且有一种自调节的稳定机制，因此它具有很强的惰性，如果没有足够有力的冲击，它能经得起各种变动而恢复到它的稳定点上，保持它的基本特性。作为思想模式、情感模式和行为模式，传统是一种文化现象，一种只有人类群体才能有而个体所不能有却制约个体的现象，它是人类群体的基本特征之一。

传统的系统功能目的在于维持某个人类群体在一定历史时期的既有秩序。因此，它在有利益对立的人类群体中基本上是为既得利益集团服务的。这就是为什么在社会的政治、经济大变动的时期，传统就是保守的力量，就非被粉碎不可的原因。

历史经验或文化遗产则往往是人类在生产活动、社会活动和审美活动中积累的知识、技能和方法或者它们的物化成果。当然，知识和技能也会有它们的内部结构，但比起传统来，它们属于一个更低的层次，在传统的层次上看起来，它们不过是些材料或因素，所以，相对于传统来说，不妨把它们规定为材料性的。它们可以为个人所有，且通过个人而成为人类群体的财富，它们往往不专属于某个人类群体，因而不能成为某个人类群体或个体的基本特征。

遗产这个概念里包含着价值判断，它指的是过去遗留下来的有利、有用的东西，而排除掉“遗毒”“遗害”“遗废”之类的东西。例如，父亲留下来的债务是不能叫遗产的，也没有人叫它“不优秀”的遗产或者“负”遗产。遗产跟传统的关系，有点儿类似器跟道的关系。遗产与“遗毒”“遗害”“遗废”之类的整合，是载传统这个“道”的“器”。因此，当思维稍一不慎的时候，就很容易把遗产称作“优秀传统”。

可以举一个例子说明：

如鲁迅在《拿来主义》里说的，一个穷青年得了一所大宅子，如果里面有鸦片，可以“拿来”，“只送到药房里去，以供治病之用”。因为这是材料性的东西，是遗产。但是，如果这青年“欣欣然的蹩进卧室，大吸剩下的鸦片”，那就是继承了传统，因为吸鸦片是一种思想、感情和行为模式，这青年因而就是“废物”。

我们不能因为鸦片可以治病就提倡吸鸦片，同样，在社会的大变动时期，不能因为需要借鉴历史经验和文化遗产就主张继承传统。

因此，在我们讨论传统问题的时候，必须注意我们在哪个层次上着眼，必须分析各种现象背后蕴涵着的思想模式、情感模式和行为模式。比如，1988年下半年，大约是由于“某种”原因罢，许多报刊发表了“社会各界知名人士”呼吁尊重传统的文章或者谈话，很热闹了一阵子。上自五四先驱，下至“当今年轻人”，都被批评为片面和偏激。不过，看看他们开列出来的“优秀传统”的清单，却很叫人失望，无非是些“尊重文化”“敬老爱幼”而已，有点儿像“五讲四美”。如果在这个表面层次说话，大概还可以列入“不随地小便”这一类的话。

且不说这些条目是否合乎实际，对这些“优秀传统”总得具体分析一下。至少，说到“尊重文化”，得看一看《儒林外史》，说到“敬老爱幼”，得看一看《家》。

所谓尊重文化，实际上就是尊重当官的，因为“学而优则仕”嘛。所以，一个科举制度，就能使“天下英雄入吾彀中”，以致搞了几百年八股，出了许多像范进和孔乙己那样的“知识分子”。至于认识自然，认识社会，认识人自己，对不起，并没有多少成绩。要不是“西学东渐”，我们现在准还在摇头晃脑地念“学而时习之”。

所谓敬老爱幼，则无非是封建家长制那一套，要实行和培养“君君、臣臣、父父、子子”的秩序。光是一条“父母之命”，就把多少青年“爱”到了生不生、死不死的深渊里。半个多世纪之前，冲破封建的家庭牢笼，曾经是神州大地上多么激动人心的斗争。到现在，这场斗争在许多地方也还没有完结。

我们，在现代，当然要尊重文化的，当然要敬老爱幼的。但是，它们的内涵，也就是它们所包含的价值观念、思想模式、情感模式和行为模式当然要跟封建时代那一套完全不同。它们必须跟当代的政治、经济和文化相耦合。既然我们已经破坏了封建专制的政治制度、闭关自守的小农经济制度，旧的文化传统的破坏就是不可避免的了，就是必要的了。不破坏旧的文化传统，新的和当代政治、经济相耦合的文化就不可能健全地建立起来。这是社会大系统的稳定所必需的。

只要具体地分析一下另外一些被称颂的“优秀传统”的社会历史内

容，我们同样可以得到这个结论。

这些传统的顽固性确实是很惊人的。想想20世纪60—70年代，人类已经遨游太空之后，我们还在“三忠于、四无限”，摇着小红书喊“万寿无疆”，我们是应该觉得又可耻、又可怕的。成天老是说“淡化”这个，宽容那个，其实，我们应该做的是举起批判的武器。

话还得说回到建筑上来。

我们一些提倡建筑中“优秀传统”的同志，多少年来，始终没有说明白这“优秀传统”到底是些什么。

一篇影响很大很有权威性的文章说：“传统的东西是指过去建筑的手法、技巧、多种多样的形式。”其实，它讲的恰恰是经验性遗产，远远不是传统。

另外一些文章，大致说过所谓优秀传统，是“因地制宜、就地取材”，“院落式的群体组合”，“主次分明的轴线对称布局”，还有环境和绿化等等。这些都没有越出“手法、技巧、形式”的范围，经验性的东西，构不成中国建筑为其他国家所不能有的特征。连梁思成先生早年提出来的，中国建筑形式对于结构方法和材料性能的真实性都没有人提起。大概是因为这真实性很不利于倒吊斗栱以及用新结构做大屋顶之类的复古主义“创作”罢。

什么是建筑中的传统呢？还是要从价值观念、思想模式、情感模式和行为模式去找。对中国来说，这就是，在封建专制时代，把为帝王将相的物质和精神生活服务的高档建筑物当作建筑这个大系统的基本层次，相应地生发出一整套的建筑观念，尤其是价值观念：建筑是艺术之首（在实际上，但并未反映在观念上），建筑艺术的基本追求是雄伟壮丽、豪华堂皇，为维护封建等级制的纲常礼仪服务，为这种追求可以置功能和经济于不顾。在这种传统里，是没有小老百姓的住宅和纯功能性“房屋”的地位的。此外，跟“不敢为天下先”的民族传统文化心理相应，建筑形式要“恪遵祖制，不爽毫厘”，因此而轻视建筑创作，同时便轻视“建筑师”。这些才是中国建筑传统的核心，它潜藏在一些人的心里、脑里、习惯里，而不是在梁柱、院落、大轴线。这样的传统，是为封建专制社会里的既得利益集团服务的，显然跟我们社会主义的、现代化的建设完全不能相容，非彻底破除掉不可。所以，只要我们把普通百姓的利益放在第一位，只要我们讲究建筑的功能和经济，我们就不得不有所创新，那么，整个古老的建筑传统就必然断裂。虽然建设的实践已经逼迫我们破除掉了不少古老的传统，但现在仍然有一些“继承传统”的呼吁在召唤着亡灵。这便是传统的可怕的惰性力。

这样就说清楚了，虽然因为技术条件等等的巨大差异，使得复古主义的建筑经常显得勉强、生硬、拼凑，但是，我们反对复古主义，并不是说大屋顶、须弥座或者彩画不好看，而是因为复古主义者不但代表了那个建筑传统，并且加上了因循守旧、固步自封、没有创造性、没有想象力以及没有进取的挑战精神的思想、情感和行为模式。复古主义建筑正是这样的传统的形象表现，它们的“纪念碑”。

有一些同志虽然很有理论上的勇气，能出来赞美欧洲19世纪和20世纪初年的折衷主义建筑，说它留下了多少雄伟的作品，建造了多少美丽的城市。但是他们没有弄清楚，当时历史所要求的是给现代建筑催生，而不是继续向历史样式讨饭吃，所以折衷主义才被认为是一种阻碍建筑发展的创作方法。好像还没有哪一位严肃的历史学者和理论家说折衷主义之所以不行是因为它的作品很难看。

这就是为什么我们在反对复古主义的时候，并不提出一种什么样式和风格，仅仅在价值观、思想、情感和行为模式上着眼。这也就是六七十年前现代派建筑的先驱者们的态度。

这样也说清楚了，复古主义跟保护文物建筑和历史地段是两码事，不能允许借口保护文物建筑和历史地段而搞复古主义。我们尽可以一面反对复古主义，一面提倡保护文物建筑，为了更好地保护文物建筑的历史价值，又必须反对复古主义。

复古主义跟后现代主义建筑也是两码事。美国的后现代主义者的思想、情感和行为模式跟我们的复古主义者是大不一样的。前者在现代主义建筑流行之后企图扩大建筑造型手法的源泉，后者是要减少它；前者是需要想象力和创造性的，而后者却排斥它们。

虽然需要区分传统跟遗产这两样东西，但它们是密切联系着的。前面说过，遗产与“遗毒”“遗害”“遗废”之类的整合，是载传统之“道”的“器”。遗产曾是这个“器”的一部分，离开了整合，它一般就失去了载“道”的作用。不过，对传统的态度常常会决定或者至少会影响到对遗产的态度。坚持继承传统的复古主义者，总是要把历史遗产当作沉重的包袱背起来，“形似、神似”，闹得不亦乐乎。活人被死人紧紧缠住了双脚。遗产虽然有利或有用于我们，但我们却要自主地利用它们，而不是被它们拖住。以一个创新的态度，用自由的意志去对待历史文化遗产，那么，我们就可进可退，可取可舍，无拘无束，无违无碍，灵活自在得很。

让我们也像尼采那样，对着中世纪的传统，喊一声“上帝死了”！

原载《新建筑》1989年第3期

曲阜的“巨资”

前几天一位同志拿来一小片剪报，短短百十来字，写道：“孔子故里山东曲阜几年内将兴建成世界研究孔子儒学思想的中心。国家将在曲阜投放巨资，迁出现有四万居民中的四分之三，兴建包括孔子故里博物馆、孔子六艺馆、十里长亭、百户街等大批新建筑，以利于世界各地学者前来进行研究工作。”看看日期，是4月11日，离五四运动七十周年纪念日不到一个月时间。这新闻，不管报纸是有意还是无意，不折不扣是对这个纪念日的挑战。

挑战倒也不奇怪。近来报纸上以“纪念”五四为名的文章，很有不少是提倡继承文化传统的。虽然有些人根本说不清什么是传统，又怎么叫继承，却一口咬定，所谓传统，就是儒学，继承了儒学，社会就可以从脱序走向有序，因此它不仅可以振兴中华，甚至可以拯救全世界。而且预言，未来的世界，必是以儒学为核心的东方文明的天下。活生生的“证明”也已经有了，据说北京“文化街”上以“带子上朝”这样的菜品招徕的孔膳堂，买卖挺不错。

儒学如此伟大，曲阜与有荣焉。“巨资”势在必投，这是造福全人类的大事业，比当年为解放世界上三分之二还在水深火热之中的劳苦大众更加有历史意义。

“巨资”不知从哪里来？在一些人的厅堂楼馆、游艇轿车大哄大嗡闹了一阵之后，忽然要大家过几年紧日子了。当老百姓刚刚勒紧腰带，那些人却筹了“巨资”来造世界儒学中心，而要迁出一个城的四分之三居民，气势之壮，史书上大约不会有先例，呜呼，猗欤盛哉！

还记得去年这个时候，一份全国性的报纸在同一版发了两条消息，一条是江西省集资兴建滕王阁，设计如何如何壮丽，另一条是江西省中小学有多少多少危房云云。编辑同志大约也是无心，但是如此“巧合”，可见几率不低。那位杜甫，正统的儒家诗人，是写诗对比过“朱门”与“路边”的，不知他面对壮丽的滕王阁与中小学危房的对比，会不会写出什么“不大妥当”的诗句来。

现在，曲阜城改建所要的“巨资”比滕王阁可要大得多了，但请问，山东省的中小学就没有危房了吗？

孔二先生是位教育家，如果他还活着，大约是会关心中小学的危房的。房顶眼看着要塌，怎么能“弦歌不辍”呢？据说孔二先生有教曰“千金之子不临危墙”，何况危房乎！

三十六计里好像有一条“请君入瓮”之计。不是要继承儒学传统吗？好罢，董仲舒当年独尊儒术的时候，是大办学校来着，那么，请把这笔“巨资”用来办学校如何？

可是，不知为什么，一说到办教育，一些从来花公家钱不心疼的人们，便忽然又会说国家穷得很了，没有钱了。

于是我们将会看到什么景象呢？大约是，从“世界各地”来到“儒学中心”的学者们，吃孔府御膳，喝孔府家酿，大谈“四小龙”如何借孔孟传统之力而腾飞于世界。这就难怪要把四分之三吃喝不起又不懂“圣教”的老百姓迁出城外了。剩下来的四分之一，想必要选出一些着上蝉翼般的古装，袅袅娜娜给学者们斟酒端菜，另外一些，当店小二卖线装本的《论语》《女儿经》《二十四孝》之类，以维持“伦理的规范”，弘扬圣人之道。

而中小学生们，还将有一些坐在危房之中读书，也许，最好是指定那一段“子曰”：“一箪食，一瓢饮，在陋巷，人不堪其忧，回也不改其乐。”叫学生们“学而时习之”，以保持快乐的心境。

呜呼，子曰“小人长戚戚”，吾岂小人也哉？

原载《科技日报》1989年6月21日

民主和科学的纪念碑
——埃菲尔铁塔

李渔舟

雷雨中望去，埃菲尔塔真够神的，塔尖在汹涌的黑云里出没，充满了幻想。雨过天晴，它阔大的发券在天上投射出虹彩，但是却牢牢站立在大地之上。塞纳河在跟前滚滚流过、银光闪烁，那里跳动着的是法国人的智慧和勇气。

一百年前，埃菲尔塔为纪念法国大革命一百周年而建。为这场革命，欧洲准备了四百年：文艺复兴，为从神权统治下解放人；启蒙主义，为从君权统治下解放人。革命爆发，断头台切下了多少头颅，但是切不断活着的人们头颅中的封建文化传统，高雅的贵族们唱起动人的哀歌，时时压下《马赛曲》。他们炫耀自己千百年精致的教养，蔑视新时代的粗野。但新时代的生命力澎湃如长江大河，到19世纪末，文化的各个领域里，反传统的斗争凯歌四起，终于汇成了现代化的主题歌。

一句话石破天惊："上帝死了！"它是封建思想文化传统的墓碑，是新思想文化的旗帜。埃菲尔塔升起来了，前无古人，俯视历史上的一切。它纪念的不仅是一百年前的胜利，还有一百年来的胜利。它就是胜利！

文化界多少大师巨匠们诅咒过这座塔，几乎扼杀它于建造之前，又几乎拆除它于建成之后，然而，"没有文化"的、"欺祖灭宗"的它，玲珑轻盈，仿佛微笑间就拂去了一切无知的惊惶和陈腐的攻击。巴黎三百米的上空，敞亮的办公室里，现代世界的开拓者之一，伟大的科学家爱迪生，跟埃菲尔交谈着，安详地，心心相印，明亮的眼光里，满含对科学的巨大创造力的坚定信心。

民主和科学的纪念碑，这座塔。

埃菲尔塔建成之后三十年，中国的青年们掀起了五四运动，追求民主和科学。奋斗的历史，跟欧洲相比，太短太短，蚕蛾还来不及完全咬破茧壳。

但总要有我们的埃菲尔塔，纪念民主和科学的胜利。我们呼唤它，为它而继续奋斗。

原载《世界建筑》1989年第3期

海峡那边的同行们

窦　武

去年和今年，我都在台湾度过春节，先后两次，在台北住了四个月。虽然跟建筑界的朋友过从密切，但是并没有系统地、深入地去了解台湾的建筑，回来之后并不打算写点儿什么。不料昭奋同志通知我，《世界建筑》给我留了七页篇幅，不写就得开天窗。这简直是最后通牒，天窗可开不得，于是只好坐下来写、写、写！

台湾人对他们当前的现实有一个很有意思的界定，就是说台湾正处在社会历史的"转型期"。这大概相当于我们说的"过渡时期"。转型，说的是从农业社会转向工商业社会，也有人往前多说一步，说到向信息社会（他们叫资讯社会）的转变。

历史是一条川流不息的长河，很难说有一个非转型时期。不过，所有的河都会有湍急的段落和平缓的段落，所谓转型期，指的就是两个特性比较稳定的平缓段落之间的流速很高的段落，特性不稳定，新的旧的，冲突比较激烈。

台湾的建筑也同样处于转型状态之中，一只蛹子，上端已经长出了彩蝶的双翅，下端还拖着毛毛虫的尾巴。许多转型期现象，跟我们这儿常见的十分相像，道理也差不多，所以我不想多说。可以说说的倒是跟我们不大一样的情况，尤其是比我们强的。

跟我们相比，台湾建筑的强处是，整个儿说来，显得比较成熟。说它比较成熟，倒不是说有多少比我们好的城市规划、好的建筑物或者好的著作。我要从几个层次来说说它的比较成熟，我想，这比揪毛毛虫的尾巴要好一点儿。

第一个层次，整体看上去，台湾建筑的实际创作（包括城市规划、建筑设计、室内装修）、学术研究（包括基本理论、历史、批评）、古建筑保护、教育、出版等等，各个方面的发展相当均衡，似乎没有特别落后的方面。这些方面都很活跃，有卓越的代表人物，有出色的成果，各方面交互影响，有促进，有制约，使整个建筑业系统相当健全地向前发展。出版事业——也就是信息交换机制，对各方面交互影响的发生和增强起着十分重要的作用。一些创作还没有落成就已经在刊物上介绍，一些建筑物刚刚落成就有评论。台湾的和世界各国的学术成就、理论动态、流派兴替、创作得失，都能很快在刊物上、书本上读到，或者在课堂里传播、讨论。促进交换影响的另一个机制是设计竞赛，台湾朋友叫“比图”。有些建筑师事务所很重视比图，看准了有价值的题目，投入大量人力物力去干。每次大型的比图都会在建筑发展的轨道上留下点儿痕迹。没有中选的作品也可能成为历史资料，例如王大闳先生的台北火车站设计。

台湾建筑业系统的开放程度也相当高，跟社会联系的渠道多，而且联系对象复杂多样。不像我们这儿主要靠长官管建筑，那边，联系着建筑的有公私业主，其中有大量的直接使用者，有房产经纪人，有工程公司和建材设备公司，有左右舆论的公共媒体，还有像“无壳蜗牛”那样的群众性社会运动。稍稍重要点儿的建筑，如台北市火车站、台北市新行政中心等等，都经过社会各界从各种角度反复讨论。去年我在台北的时候，报纸上把七号公园的方案讨论得热热闹闹，今年我快要离开台北的时候，报纸上又开始讨论音乐厅旁边能不能造地铁站。建筑业系统开放的一个重要方面是参与到世界建筑大系统中去。台湾的建筑界人士，不论是从业建筑师还是学校教师，几乎个个都到过欧美或者日本。有的有学历，硕士博士之类，有的在外国事务所或者学校干过几年，有的各处游历参观。出一次境对他们不少人来说稀松平常，为做一项设计或者一个研究课题，有些人可以满天下地跑。成功大学的傅朝卿先生就有把握地对我说，关于他所研究的课题，世界各国的资料他都弄清楚了。今年我一到台北，就给王纪鲲先生打电话，得知他出岛了，后来打了几次都如此，到我离开前两天终于见到他，我说：回来了呀！他微微一笑，原来两个月里已经回来又出去了好几次了。外国的书刊更是普通，有几家专门书店供应现货，如果书店里没有，可以订购，几天就能取书。林建业先生要买几本外国书送给他在北京的老同学，要我提书名，那时候离我回来已经没几天了。后来我怕太重背不动才作罢。有些台湾建筑师承担外国的设计任务，也有些外国建筑师来承担台湾的。不过，前者往往是在东南亚小国，后者则也有不愉快的时候，例如，台北的世界贸易中心和凯悦饭店的规划设计，在比图的时候就规定台湾建筑师必须有外国合伙人才能参加。“当局”还不大信任台湾建筑师。中选人沈祖海先生谈起这件事愤愤不平，再三对我说，咱们中国人的设计水准绝不比外国人低，台湾和大陆的不少建筑物都已经是国际水准的了。

因为参加了国际建筑大系统，所以，我们动脑筋费心思用理论推断弄不明白的世界建筑潮流，他们谈起来却是切身的感受。汉宝德先生为庆祝贺陈词老师七十寿辰而写的一篇《大乘建筑论》，细细说他自己思想的变化，虽然紧扣着中国的传统文化，竟是三十年来后现代建筑的思想史。难怪台湾朋友多次对我说，有些大陆学者在国际会议上当新鲜事儿说的东西，在国际上其实早已过时了。有一次，我对李祖原先生说，去年一位意大利建筑师到我们学校参观，看到学生作业里大兴后现代之风，说，后现代已经过时了，现在兴的是高技派。李先生一笑，告诉我，高技派也过时了。台湾建筑界的这种高度开放性使人们思想状态十分活跃，思想资料十分丰富，取向多样，不大容易因循保守，经常保持一种积极的创作冲动。

子系统的均衡发展和系统的开放，这是台湾建筑比较成熟的两个重要标志。

现在再来看第二个层次，就是分别看一看各个子系统。它们也都有些特点可以说明它们的比较成熟。

就拿建筑创作来说，第一个值得重视的现象是，几位比较重要的建筑师和他们的事务所，都有自己明确的主张和追求，甚至可以说，大体上形成了自己的流派。我过去接受过一种理论，说在资本主义社会里，建筑师和文艺家，都不可能有创作自由，因为他们不能不依赖资本家的钱袋。但是在跟台湾的几位著名建筑师交往之后，发现情况并不这样，不知道这里是不是要用到那个“归根到底”的论证方法。

很受尊重的王大闳先生，一向以“有所为有所不为”著称。他对设计项目的选择很严格。大体说来，比较倾向于做文化性、纪念性、公共性的项目，不做商业性的。他的作品不多，但人们说，个个都是精品。他设计的台北孙中山纪念馆对传统形式的现代化做了开拓性的探讨。他追求建筑形式最大限度的简约。在孙中山纪念馆，萃取了传统屋顶的曲面和木结构空廊，加以夸张而舍弃其他。这手法后来在台北火车站竞赛方案中再一次使用，但屋顶形式更加抽象化。他的私宅曾经多次在刊物上介绍过，真是精而又精。像密斯设计的巴塞罗那展览馆一样，里面的陈设、家具、用品少到不能再少，简到不能再简。而且一切的位置都推敲到不能再动一动。连圆窗外两棵树木，一枝一叶都经过细心的修剪。天黑之后，几盏灯投射过去，墙上的树影像版画一样。大约是为了怕干扰室内的精密布置罢，电话机放在远离起居室的大门背后，为了接电话，王先生不得不跑来跑去，而且要不断地向客人表示歉意。轻轻放着莫扎特乐曲的音响设备，也藏在不知哪个看不见的角落。我坐在空空荡荡的房间里，有点不大自在，坦率地把感觉告诉了王先生。王先生说，做人要能自律，他惯于自律。但王先生是一位非常谦和温暖的长者，很有风趣。附带说一句，王太太做的晚餐也是精美无比的。

事业兴旺的沈祖海先生坚持“形式服从功能”的原则。他的事务所的声誉主要在于能够妥帖地满足各种各样建筑物的功能要求，经济实惠。沈先生善于抓住一项课题的关键问题的能力是很有名的，所以在设计竞赛中常常得奖，也很得业主的信任。他得到了台北火车站、世界贸易中心和凯悦饭店这样功能复杂的建筑物的设计任务，也设计过不少工业建筑。他什么都做，并不嫌弃商业性建筑。因为沈先生不太多在建筑的形式上下功夫，所以他的事务所并没有自己的建筑风格，什么样式都有，从最简单的方盒子到琉璃瓦大屋顶。建筑界有些人为这一点议论他，但他并不在意。他不大看重风格问题。因而他的事务所用电子计算机完成的设计制图占总量的百分之七八十。

李祖原先生的事务所在台湾开业只有十年，却完成了一百多幢房子，是目前影响最大的建筑师。他的作品雕塑感极强，个性十分突出，一眼看去就是“李记”的。有些作品，例如宏国大厦，形式非常独特大胆，几乎可以说是“非建筑”的。造价当然不低，但他能够对业主说，要么用我的式样，要么另请高明，而业主仍然挤得他排不开，把钱花得像流水一样。他无需对资本家的钱袋卑躬屈膝。相反，近来他提出了一个126层的世界最高大厦方案，很有一些钱袋愿意为他打开。谈话中，李先生有两点追求给我很深的印象，一点是，努力把中国当代建筑推到世界第一流的位置上去，另一点是，努力提高商业建筑的文化素质。为了达到这两个目的，李先生认为应该争取建筑的本土性，不过不是从形式上去争取，而是从思想性、哲学性去争取。虽然这么说，“神似”毕竟离不开“形似”，他设计的民生东路住宅、大安国宅、东王汉宫、宏国大厦等等，还是采用了不少传统建筑的样式，不过手法有创新性。赞美的，说他的作品最有世界意义，甚至世界上都再也找不到这么有潜力的；批判的，说他的作品不过是商品包装而已。今年年初，李先生在台北举行了一个作品展览会，这是破天荒第一遭建筑师个人作品展览。我在它闭幕之后三天到达台北，很遗憾。幸好李先生特地陪我在事务所的各个角落里和走廊上翻出模型、图版等等展品，给我看了个够。

在成功大学读书的时候高李祖原先生一班的汉宝德先生，是一位学者型的建筑师。除了建筑设计之外，汉先生还从事学术著作和古建筑保护，1983年之前曾经长期在学校里教书，主持过东海大学建筑系。在所有这些领域里，他都有很高的成就，而且是开创性的。他的事务所目前有三个部分：设计、研究（古建筑保护）和造园（台湾朋友叫“地景”）。他的设计作品不算很多，但是大多有探讨性，有新构思、新形式、新手法。汉先生早年是“现代派”，东海大学建筑系馆是那时候的作品，后来渐渐变化，到1980年代初，转向了乡土化，代表作品是“中央研究院”的民族研究所和一些青年活动中心，还有《联合报》系的活动中心南园。有人批评他过于复古，为乡土而乡土。但他的这个转变不是因为追时髦，而是有深刻的思想根源。他把三十年来的思想发展写在《大乘建筑论》里，简单地说，就是从一个英雄的人文主义者转变成一个民主的人文主义者。除了时代的因素外，促成他的转变的是中国的文化传统。1978年他通读了一遍二十四史，终于使他认清，“中国文化是大众的俗文化，中国人不要个人英雄式的艺术家，不要象牙塔里的建筑艺术”，建筑师“应该走出象牙塔，拥抱社会大众”。到了80年代，他说：“我喜欢为欢乐的大众服务，我不再板起脸来，用学究的态度与业主争吵了。”他不再拒绝过去认为“庸俗”的东西，失去了个人的风格，他说，“我丢弃了自己的假面具，与民众混在一起了”，“最重要的是作品必须使社会大众自心底喜欢，……不以清高乖张欺世，……大乘的建筑家们应该是爱人群，爱生命的人，不是以人群为抗争对象的孤高自赏的人。”但是，思想发展到这一步，他终于感到，“在精神上，与我所属的专业越来越远了”，也就是与那个还浸淫在“曲高和寡”的陈旧观念里的建筑界在精神上疏远了。汉先生心头恐怕也有点儿伤感，他说，他要做建筑界的逃兵了。有人告诉我，汉宝德先生很高傲，但我只见到了他的深沉，见到他的年轻伙伴们用尊敬的眼光看着他。读他的《大乘建筑论》，一位有很高声望的学者真诚地否定自己的过去，那是不能不深深地感动的。

陈其宽先生和刘应昌先生是我的几位老师的同班同学，我多次拜谒他们，也多次蒙他们召宴，也许是这层特殊关系罢，我竟没有正儿八经地请他们谈谈他们的事业，他们的建筑观。不过，我到过东海大学，那校园是陈先生和贝聿铭、张肇康二位先生合作规划建设的，建筑物采用木构的台湾中部民居形式，小巧玲珑，在绿树丛中，十分亲切。不取“正统的”宫殿式建筑而取乡土的民居式建筑，这在台湾是第一次，有历史开创性的意义。那一座跟贝聿铭先生合作的小小的鲁斯教堂，已经是世界名作了。新落成的台北火车站，陈先生也参加了设计。据说，凡重要的工程，沈祖海先生都要邀陈先生合作，因为陈先生是艺术家。

在创作中有自觉的追求并且达到了相当高水平的建筑师，还有不少。其中有一位有诗人气质的，是黄永洪先生，我们约过几次，都没有谈成，只在我要回来的前一天，匆匆见了一面。另一位有哲学家气质的，是王镇华先生，我们长谈过很多次。他们二位，一位用建筑写诗，一位用建筑写生活哲学，都给台湾建筑增添了文化价值。

介绍了这几位建筑师之后，我想，我把他们在建筑设计中的独立的人格、鲜明的主体意识和成功的独创当作台湾建筑比较成熟的一个标志，大概可以得到同意了罢。

台湾的建筑界，以从业建筑师为主的“业界”和以学校教师为主的“学界”之间，有一条相当明显的界线，彼此有点儿“见外”。像汉宝德先生那样在两界都有很高声望的，如凤毛麟角。

学界给我的第一个印象是，他们对世界学术情况十分熟悉。各国的思潮，代表人物，代表著作，代表论点，都能一五一十，说个差不离。第二个印象是，他们人人勤于著述，三十几岁的人，开起著作目录来就不短，又有文章又有书。李乾朗先生，今年才靠四十岁的边儿，出的书就有二三十本。虽说有一部分是小册子，但大著作也不少，第一本《台湾建筑史》就是他编写的。不过，因为写得早，当时有些问题还没有研究清楚，所以有些错误。这当然也难免。

印象中的以上两点，虽然很有积极意义，但还算不上是建筑学界成熟的标志。我拿来当作这种标志的是以下几点：

第一，有相当强烈的自觉的学派意识，不论是师承有自的，还是自立家门的。这个学派意识，并不是死守几条现成的主张，而是从哲学基础上做起，认识论、方法论，样样都路数清楚。不但自己清楚，而且彼此清楚。台北的一份叫作《空间》的建筑杂志，有一个专栏，用访问的方式，请学者们谈谈中国建筑学术史；这里面很可以看出他们强烈的学派意识。台湾的朋友们问我大陆的教师们的学派问题，我却说不出个三六九来。就拿对待亚历山大写的那本《模式语言》来说罢，我们有人写文章大加揄扬，但多是就事论事的话。而台湾大学建筑与城乡研究所的夏铸九教授和他的博士研究生张景森写文章评论《模式语言》，就从作者的法兰克福学派的哲学基础下手，再联系这本书写作时的历史、政治背景，文章的学术深度就大不一样了。夏铸九先生是西方的新马克思主义者，对各种问题，都发掘出它的社会、政治、经济的背景，一一加以批判。因此也称为批判学派或者社会学派。夏先生说，批判是“一种特殊的调查方式与思考活动的设计，以显示出某种观点存在的种种条件。认识论的批判关系着理论的建构。批判是研究者避开成见获得意识自由状态的必需过程，也是一种使自己产生理论上的反省的过程，知道自己本身的极限，不断质疑自己本身，转化和碎裂自己的分析原料，粉碎自己的意识形态堤坝，粉碎自己以及其语言”。他的思想很尖锐，不过他的学术语言很晦涩，往往要译成英文才好懂。他的一位研究生说，这是因为夏先生没有把新马克思主义“内化”。另一位很值得注意的学者是前面已经提到的王镇华先生，中原大学的副教授。他从追溯先秦文化源头的原典中的中华民族的本原思想入手，区分中西思想方式的差异，企图建立中国的建筑哲学体系。他认为中国人重主体性实践而西方人重客观化认知，中国人重直觉而西方人重分析。“知识、分析可以用来骗人，感觉、直觉也不一定正确，但它不会骗人。”“实践使人觉得可为、有力……以认知取代实践，不只代价太大，简直断送别人的认知方法拼命在找的东西，弃珠迎椟呵！”王先生的学术语言也不大好懂，论旨往往显得迂远，但是也有很强的批判性。他写的介绍古建筑、园林或者乡土建筑的小品文，虽然也有很深的哲理，却是潇洒飘逸、灵动得很，而且“老妪可解”。“水边曲折的水街，形成许多小角落，这些符合人性尺度的小空间，异常重要。因为，有这样的空间才会产生你自己的独特经验，有你自己的故事；有故事才有记忆，而有记忆人才能活在较厚的感情生活里。”这是他介绍皖南唐模村的一段话。他在新创刊的建筑杂志《雅砌》上每期发表一篇这样的小品，很受读者欢迎。

第二，学术研究的领域广阔，题材多种多样，切入角度新，思路开阔而且活泼，体裁富有变化。学术工作大多能突破专业狭隘的封闭性，而综合其他学科，尤其是人文学科。著作的层次多，从最干硬的抽象理论、最繁复的定量分析到通俗的“欣赏性”小品文，什么都有，不拘一格。跟他们相比，我们的学术工作就显得路子窄，方法僵化，格式单调。前几年香港李允鉌先生写了一本《华夏意匠》，虽然很浅近，却被我们这里一些人捧为“超过了梁思成先生的成就”，掀起一场抢购热潮。原因就是他的“活”和“新”。这本书在台湾并没有引起这么大的轰动，因为那边见惯了“活”和“新”。

在我案头和身边的书架上，随手翻一翻，就有汉宝德先生的《斗栱的起源和发展》《明清建筑二论》《建筑·社会与文化》，有关华山先生的《红楼梦中的建筑研究》，有徐明福先生的《安阳小屯建筑遗址的复原及其社会文化角色的探讨》《中国远古“邑”的一种原型——以关中仰韶圆形聚落为例》，有夏铸九先生的《空间形式演变中之依赖与发展》，有叶树源先生的《建筑哲学》，有李重耀先生的《建筑随笔》，还有萧梅和黄长美两位女士关于中国园林意境的著作。有两本书形成有趣的对比，一本是徐明福先生关于斗栱的结构行为的书，把宋清两代的斗栱的每个构件的重量和受力情况都做了细致的结构计算。密密麻麻的数字叫人眼花缭乱，头昏脑涨。另一本是王纪鲲先生写的《透视建筑》，我摘两段给大家看看：“设计本身就是一件具有挑战性的工作，接受挑战并努力去克服是人类的天性，因此使许多人勇往直前。战胜后再寻求新的挑战，这也说明了为什么建筑设计会使人乐此不疲：设计的冲动，灵感的捕捉，构想跃于图纸上的兴奋，以及真正建筑物兴建完成的满足感。”“从事建筑常常需要付出超人的精力和奉献的精神。学生早在学校里就发现此一真理，常常像奴隶般地日以继夜花上无数小时画图、做模型，到评图时却被老师说得一无是处，经常有女学生因此当场大哭。从事建筑设计多少要带点宗教性的狂热，才能在这样不合理的情况下继续挣扎下去。”我对王先生说：读您的书，可以捧着茶杯，把脚高高搁在书桌上，在悠闲中得到教益，您大概就是这样写书的罢。他微笑不语。

第三，重视学术工作的基础建设。去年，张景森先生就有一个翻译大约二百种世界建筑名著、编一套丛书的设想。当时我没有胆量答应参加张罗这件事，因为我深深知道大陆上邀人译书之难。今年没有听张先生再提起，不过，却在《空间》上见到广告，知道有一种名著译丛正在陆续出版，广告中提到两本书，一本是诺伯舒兹的《建筑意向》，一本是克利尔的《建筑元素》。不知这丛书是不是张先生说的那一套。另一项基础性的大工程，是出了一部厚厚的书，台湾历年建筑学术著作的总目，黄长美女士送我一本，很可贵。这部总目是由建筑学会主持编纂的。学会主持这种基础建设，真正起到了学会的作用。《空间》杂志的编辑打算编一部大陆的建筑著作总目，问我怎么办，我只好来一个“无可奉告”。但我不得不承认，这是一件十分重要的工作。学会、学会，有“学”“会”两个字，我希望把重点放在“学”字上而不要在“会”字上。

这里要插上一件事。台北的“中央图书馆”里，收藏着全台湾各大学所有的硕士、博士论文，开架阅读。去年，我的活动不太忙，赶上几个大雨天，在那儿看了不少建筑学的学位论文。只要觉得需要，花几个钱就可以在阅览室旁边复印。

第四，硕士、博士的论文，还有学者们比较正规的论文或专著，体例都很严谨，有一些程序化的必写段落。例如，起首要写选题的意义和条件，本课题过去国内外的研究情况，已经解决的问题和待解决的问题，本人研究的目标，研究过程和方法，图书资料和有关情况，访问学者专家的经过，本文的成果、新见解和新结论，尚待继续研究的问题，建议。有了这些，读者，尤其是后继者，就可以真正“踏在前人的肩膀上前进”了。这写法，就是把肩膀给人。

古建筑（台湾朋友叫古迹）的研究和保护、维修，当今在台湾是大热门，学界几乎人人都参加。我跟建筑学界和文化界朋友见面，好像没有谁跟我谈大陆和台湾的当代建筑，谈的都是古建筑，虽然我今年的名片上没有印跟保护古建筑有关的头衔。

台湾研究和保护古建筑的工作开步并不早。1960年代末、1970年代初，林衡道先生、萧梅女士、马以工女士和汉宝德先生、席德进先生在当时兴盛起来的乡土文化热潮中，开始了台湾本土建筑的研究和保护。以后发展得很快，经过彰化孔庙和板桥林家花园的维修，台北林安泰古厝的搬迁，把古建热推到高潮，至今不衰。

在古建保护问题上，也有三点可以作为比较成熟的标志。

第一，古建保护工作已经得到舆论界的很大支持，形成了文化界的“共识”。几份影响最大的报纸，都有专门的记者跑这方面的新闻，也写些相当好的评论。影响很大的民俗文化学杂志《汉声》，更是大声疾呼，不遗余力。乐山文教基金会不但出大钱支持古建保护的研究规划工作，而且举办系列讲座和专题参观，出版有关书籍。在它支持下的台北迪化街保护规划，由中原大学建筑系喻肇青教授负责，有各方面人士参加。今年3月15日晚上，规划方案跟迪化街居民见面，基金会的执行长丘如华女士亲自去了，说是准备好了挨臭鸡蛋和烂西红柿。后来情况很好，连正在拳脚交加、大打出手的立法委员们都有了反应。乐山文教基金会策划的保护迪化街运动，动员了市民、文化界、舆论界、民意代表等参加，甚至举行了“温文尔雅”的群众示威游行，整个过程可以写成一本非常引人入胜的小说。台北市中心的土地银行旧厦和台大医学院旧楼的拆与保，这两年也是舆论界的热门话题。可惜是都保不住，前者要做面目俱非的改造，后者要彻底拆掉。台北市中心区的景观本来相当丰富而且优美，却抵不住房地产经济的攻击。我对《联合报》《中国时报》和《“中央”日报》的记者都说到了这件事，谈话摘要也在报上发表了，不过，当然是起不了什么作用的。看来舆论工作还要加油。

第二，各级政府对古建保护的态度很积极。1982年有了《文化资产保护法》，1984年又颁布了《文化资产保护法实施细则》，主要是参考日本和韩国的有关立法的。《汉声》杂志在1981年为古建保护而举办各种活动的时候，当时台北市市长亲自参加了“寻找旧台北市”的活动。“行政院”的文化建设委员会成立之后，跟“内政部”的民政厅一起推动学界和文化界人士参加古建筑的研究和保护，有大量的资助。

今年3月初，“内政部”在日月潭举办第二届古迹保护研习会，乐山文教基金会的朋友们把我带去参加了。闭幕式上，民政厅副厅长当众宣布：政府准备了大笔资金用于古迹保护，诸位放手用好了，怕的是用不完。我听了真是“心潮澎湃”，但与会的人并没有太大的反应，因为目前用钱本来就不是什么问题。台湾大学建筑与城市研究所在王鸿楷教授主持下测绘了雾峰林宅，出了两册书，经费竟有一千多万新台币，合人民币三百万左右。早几年在经济紧张情况下维修的古建筑，有些地方勉强凑合，后果不好，现在都引以为戒了。

第三，古建保护已经由个体的保护扩大到一定范围的整体保护。已经做了规划和正在做规划的，我所知道的主要有台南市的旧区、鹿港、澎湖、台北的迪化街和基隆附近旧矿工村九份。其中迪化街要保护它原来特有的商业活动，鹿港要和民俗一起保护。迪化街是台北市历史最久的中药材、南货和海产的贸易中心。旧店面形形色色，代表着各个历史时期的风格，构成了一幅商业建筑发展史的长长画卷。鹿港则有许多木雕、锡雕、灯笼、扇子、神器佛具等传统手工艺作坊，还有据说起源于宋代的“南管”音乐；就建筑来说，除了古老的龙山寺、妈祖庙等之外，还有“不见天街”“九曲巷”“摸乳弄”等等旧区。阎亚宁先生主持了一条埔头小街的维修，工程已近尾声，古朴的住屋，门面很典雅，确实可爱，不过争议也很多。

第四，研究和修复古建筑的工作很规范化。这一点特别引起我的注意。对每一座古迹，都至少有三份东西，一是学术性的研究。从历史、地理、社会、经济说到古迹本身。有详细到装饰大样的全套测绘图和精美的照片。二是维修（和发展）计划。包括损坏情况，维修原则，每个残损构件的修复方法，结构加固，木石等材料保护，尤其是装饰的保护，缺失倒塌部分的处理，施工方案、预算，等等。三是维修工程报告。包括维修日志，维修记录，维修过程中发现的情况和问题以及采取的措施，材料、构造及施工方法，关系人和负责人，决算，建议等等，附图和照片。这三者都正式出版，或者分三册，或者合为两册。杨仁江先生、阎亚宁先生、李乾朗先生和其他几位先生，送了我许多这类书，我十分珍爱，拼老命背了回来，希望我的学生们懂得向这种严谨的规格化工作方法学习。在日月潭的研习会上，阎亚宁先生对泉州开元寺的修缮工作提了一些批评，都很中肯。

至于修缮工程，我参观了几处，有好有差，鹿港附近的道东书院，施工就很粗糙。

这里再插上一段。台湾文化界、建筑界正直的朋友们，对台湾一些人到福建等地购买整幢整幢古香古色的民间建筑，拆卸开来用集装箱运到台湾出售牟取暴利，非常愤慨。据说台南就有干这一行黑心买卖而成了暴富的。他们希望大陆上能采取有效措施杜绝这种事情，让那些美好的民间建筑在原地保存。2月底我在乐山文教基金会做了个乡土建筑报告，在准备的时候，执行长丘如华女士见到两张幻灯片，一张是一对铁的门吊，一张是个柱础，浮雕图案都很精致。她立即说，千万别放这两张片子，否则，倒卖古董的人会跑去偷，跑去抢，跑去收购，他们手段厉害得很，什么事都干得出来。

这种事当然责任在于双方。大陆至今还没有保护一些有意义的乡土建筑的意识，措施更加谈不到，眼睁睁看它们一天天很快地败坏下去，要不了多久就会消失干净。在这种情况下，有些事情的是非得失就很难讲了。

建筑出版事业分两大类，一是书籍，一是学术刊物。不论出书还是出刊物，都是对建筑学术的最重要的支持。出版情况差，学术工作必然萎缩，出版情况好，学术工作就会繁荣，这是一定的。辛辛苦苦做了学术工作，连个发表的机会都没有，或者要拖上几年才能发表，发表出来又是癞癞疤疤，连油墨都印不匀，装订得七歪八斜，日子一长，学术工作就没有人爱做了。

台湾出书很快，印刷精良，这就不去说它了。要说说的是专业刊物。目前比较重要的刊物是《建筑师》《空间》《雅砌》和《造园》。还有些关于住宅设计和房地产的刊物，学术性就差了。总的说来，这些刊物重视图版，提高欣赏价值；重视文字技巧，提高可读性。

《建筑师》是建筑师工会全联会办的，社长林建业先生，主编赵家琪女士。它的风格大体上跟我们的《建筑学报》相近，比较稳重。前几年贴近学界，不着边际的空论多了一些。从去年起，方针是向业界转移重心。林先生主张要多登大样图，要登得大，印得清楚，让人看了立竿见影就能用。不过也不是完全不要纯理论性的文章。林先生很想开展建筑评论。他邀我写一篇评论中正纪念堂的文章。我本不想写，因为我很不喜欢这座建筑物，一写必定有尖锐的批评。作为短期暂住的客人，对人家重点中的重点建筑做尖锐批评，毕竟不大妥当。但是林先生给我拿来一份“样板”，就是他写的批评孙中山纪念馆的文章，尖锐得很。他鼓励我不必顾虑，想怎么写就怎么写。于是我写成了，看来他们对学术批评还是有相当高的心理承受力的。

《空间》和《雅砌》重视从文化角度谈建筑。文章短一些、活泼一些、文学性强一些，多少带点儿哲理。图片多而且好。《空间》的主编林柏年先生，《雅砌》的主编吴光庭先生，都刚刚进入中年，他们的合作者都是些年轻人。这些人思路开阔，干劲足，效率极高。我在台北访问了几位著名建筑师，都是《空间》编辑部安排的。他们派人录音，整理出来发表。《空间》也不怕枯燥而长的学术论文，要了我的一篇一万多字的稿子去。他们的专栏之一，关于中国建筑学术史的访问记，很有价值，受到普遍的重视。今年刚刚创刊的《雅砌》更加淡化专业性，面向一般读者。不过仍然能吸引专业建筑师的强烈兴趣。王镇华先生写的关于古建筑和园林的文章，十分亲切，很受欢迎。吴先生也邀我写了一篇浙江民居。这两本杂志都没有设计经验谈之类的文章，更没有大样图。但它们对提高建筑的文化素质显然是有好处的。

我们这里也有些人为建筑的文化性而大写文章，但除了给复古主义争个体面地位之外，并没有为提高建筑的文化品位做什么实事。我想，我们如果也办这样一本杂志，肯定是会大有意思的，不过，印刷水平跟不上，没有欣赏价值，这杂志就失去了生存的依据。

在台湾，干硬性的学术文章大多发表在大学的学报上，例如台大建筑与城乡研究所的学报，东海大学的学报，等等。像台北工专这样的技术学校，建筑系也有自己的学报。台大的那份学报，一副古板相，就像是19世纪的东西。不但没有彩色图版，连黑白的都少。

写到这里，《世界建筑》给我留的篇幅已经用完了。幸亏编辑同志灵通，把每栏42行改排46行，还可以再说几句。我把建筑教育的几件事稍提一提。

第一件是，各个建筑系，并不统一计划、统一大纲、统一思想，而是各有特色。例如，成功大学建筑系在贺陈词先生长期主持下，比较重实际，重技术课，重设计技巧。这个系出了许多优秀人才，如汉宝德先生、李祖原先生、王昭藩先生等等，所以贺陈词先生现在是台湾最风光体面的老教育家。贺先生具有教育家的最好品质，待人亲切无比，我每次见他，真是都“如沐春风”。东海大学建筑系比较偏重建筑构思、建筑理论，有点儿放松建筑技术基础。我在教室里找几位学生聊天，毕业班的，一位自选题是做广寒宫设计，另一位是设计疯人院。我说，那么你得访问几座疯人院。那同学回答，不能访问，一访问就理性了，我就是要排除理性，用疯人眼光做设计。东海的毕业生有不小一部分考不取建筑师执照，只好跟有执照的人合伙。不过他们却把台中市搞成了一个

“建筑师的乐园”，各种奇思异想都有可能实现。甚至有把庑殿屋顶倒过来做成阳台的。

第二件是，东海大学建筑研究所的王锦堂先生，开了建筑设计方法论和学术论文写作法两门课，而且有正式出版的教材。去年王先生给了我一套教材，我看了一遍，内容十分丰富而严谨。我们的设计教学，从来是师傅带徒弟，依靠“熏染”，没有自觉的系统的方法论。论文写作更是这样，从来没有听说谁讲过论文写作法。我回来后向系里教师推荐王先生的课和书，却没有反应。今年路过深圳大学向梁鸿文同志提起，她倒是很有兴趣，再三嘱咐我把书给她寄去。“宝剑赠英雄，红粉赠佳人”，看来这几本书真是只有给她才好了。

第三件是，大陆几个建筑系在台湾举办学生作业展览。我在台北期间，展览正好在中原大学。林长勋先生邀请了一些建筑界朋友座谈这个展览，我也去了。朋友们真诚地赞赏了这些展品。王昭藩先生激动地说：“四十年来，我们听到的是大陆落后、粗野、文化遭到破坏。今天看到这些学生作业，才知道大陆的建筑教育质量很高。大陆有很了不起的教师。”

这篇报告偏重于介绍台湾建筑比较强的方面。在遵林建业先生之嘱写的评论文章结尾处，我说，中国人交友之道是：“当面不说好话，背后不说坏话。”我在台湾，当面，尖锐批评了中正纪念堂，回来，就是在背后了，我就不再说坏话。

原载《世界建筑》1990年第2、3期

夜读偶得

刚刚从一个美丽的海岛回来，装上海螺壳做的台灯，人人都说好看，夸赞螺壳的"艺术性"，忘记了它曾经保护过一个柔弱的生命，原来不过是一副盔甲而已。

就在这台灯之前，我读了《新建筑》上郑光复同志的文章《建筑是美学的误区》，心有所会，不觉莞尔，也想写一点什么，虽然早已下过决心，再也不当扑火的飞蛾了。

光复同志的文章旁征博引，以学术功力打了一场阵地战。我力有不逮，只好打打游击，用竹竿挑开稻草人身上的烂布条。

"建筑是美学的误区"，这话已经够刺激，但还似春梦朝云，有点儿朦胧；到说出"建筑即艺术之说，实在已是公害"，光复同志可真是慨乎言之，准备以身殉道了。那些以"多元论"为名的折衷主义者，写了千言万话，万语千言，却对中国建筑当前的状况和发展，连一句相关的话都没有，相形之下，学术识见就差得太远了。

有些"多元论"的折衷主义者，把四十年来中国的建筑思潮划分为这个派、那个派，也把1980年代的创作划分为这个主义、那个主义，充其量不过是"开了爿中药铺"。而为了中国建筑的健康发展，针对现状，首先应该加以区分的倒是"建筑本位派"和"艺术本位派"，是"创新派"和"保守派"。不从事物的本质特征着眼，不从事物的进步发展着眼，不根据实际情况作出当前可付诸行动的判断，这是普天下一切折衷主义的绝症。建筑界的折衷主义者们，貌似全面，说了这个又说那个，其实却是既“非建筑”又“非历史”的。

建筑是什么？这个问题不是笔墨是非。它能左右价值取向，塑造“长官意志”，落实到把老百姓的血汗钱花在什么地方，当然也影响到教育。曾经有一位刚刚进建筑系的学生对我说：“将来如果分配我去设计住宅，我这一辈子就完了。”这不怪她，因为她拼死拼活夺五百多分上建筑系，为的是当建筑师，而我们的“理论家”却动用了天地间各种学问证明住宅不是建筑物，是“构筑物”。现在我们的建筑刊物上连篇累牍地批判“形式服从功能”，宣扬“形式服从形式”，或者“形式创造功能”，批判所谓的“经济决定论”，宣扬“文化决定论”，大谈什么“隐喻”“符号”“天人合一”等等，甚至还要侧重建筑美来评比工厂建筑，弄得我们有些学生有时候不是老老实实做解决问题的设计，简直是在耍活宝。英国文艺复兴时期的思想家培根说：“如果单纯为了追求美观，还是把建造这种魔宫的权利让给诗人罢，因为诗人建造魔宫不需要花钱，而只需要运用想象就能描绘、构造出富丽堂皇的宫殿。”一些人把做建筑设计当成了写诗。光复同志说：“建筑即艺术的谬论，搅乱了建筑发展的方向。”真是一针见血。

我家住的是一幢“光秃秃的方盒子”，属于“千篇一律”的公寓。照如今一些文章家猜度，我必定会在这冷冰冰的没有人性的环境里日益憔悴。为了挽救我的灵魂，应该在屋檐上加一溜斜坡，或者在门窗上加一个形似油烟罩的东西，据说是大屋顶的“符号”。可是，我却冥顽不灵，我跟老伴认为，我们当前所要的“人性”，或者干脆说“人道主义”，是不漏风的门窗、平整的墙面和天花板、管道燃气、热水器、浴盆、瓷砖墙裙、铺装地面，还有就是多装一些电器插销，要恭桶不要蹲坑，而且恭桶不要像“八音涧”“清琴峡”那样日日夜夜给我们听如泣如诉的天籁。唯一证明我还有一点儿“艺术细胞”的，是我还想在一个房间里装上挂镜线。再放胆想得奢侈一点，是希望楼前有公共车棚，有树有草，有个“小环境”，礼拜天牵着孙子遛个弯儿。再过几年，腿脚不灵便了，想必会希望单元里装电梯。大约在几十条优先项目满足了之后，我才会想，是不是现在的屋顶轮廓线不大妥当。

一些文章家会嗤笑我净说些没有文化的低档次的粗话，老婆孩子热炕头，与作为“巅峰性艺术”的建筑风马牛不相及。幸好光复同志不这么看，他认为“建筑即艺术”论是“偏爱和偏见”。大家知道，偏爱和偏见的主要特征是顽固，掺上政治化、道德化的加强剂，什么道理、什么事实都克服不了它。光复同志提到了赵佶和李煜，也许有点儿危言耸听，但也并不是无中生有。请大家翻一翻1950年代中期，批判“华而不实”的复古主义的时候，揭出来的一笔一笔的“经济账”就明白了。我不知道当今的大屋顶“民族形式”的鼓吹者们，敢不敢把经济账公之于天下。

这偏爱和偏见来自千年的封建传统。帝王将相的“非壮丽无以重威”，就很有点儿建筑艺术理论味儿。不过芸芸众生的小老百姓只好说：“此大王之雄风也，庶人安得而共之？”我们当今的一些文章家，竟弄不清反传统跟反封建的关系，甚至说什么五四运动只反帝反封建，并不反传统，你道怪也不怪！

所以，建筑的艺术本位论者必定以同样的偏见和偏爱呼吁继承传统。一说到传统，可就热闹了。自从风水堪舆之说平反了“千古沉冤”，被崇奉为中国建筑两大柱石之一，发出“科学”的光芒之后，最新的成果是在《易经》里找到了中国建筑之“神”。有人说：“中国文化的一切表现都可以而且必须寻根溯源到《周易》。”前几年人们发现中国建筑的根在禅学，如今又发现它在《周易》，中国传统文化的博大精深，真够叫人迷糊的，难怪周文王研习《易（经）》的时候，神鬼都哭！光复同志说：“怎么可能由几个圣哲，一下子悟透了天地万物，穷尽杳然的过去与未来呢？”他太老实了。这些年来，我们有几个文章家，创新之风硬的时候大谈创新，文脉之风硬的时候大谈文脉，然后是符号、八卦、非理性、禅学、“天人合一”、解构和眼前的《周易》，每次都是热情洋溢、笔灿莲花，居然能用天晓得的什么“壶中天地”论证“中国很早就直觉到爱因斯坦相对论的时空观念”。这些取巧立名的“显学家”，永远也不会有光复同志那样的疑惑，但他们其实不过是些“俗学家”，只不过我们的建筑界“兼容并包”，宽宏得很，才有了他们藏身的机会。

由此可见，成为公害的，其实并不是“建筑即艺术”的高论，而是一些不顾社会责任的高论者和一些连起码的逻辑都不大清楚的文章家。请允许我举几个偶然见到的例子。

第一个例子：忽视条件的差异，做不适当的类比。有人最近又重复了已经重复过无数次的论证：中国古代的建筑匠师，接受外来的窣堵波和须弥座，都把它们中国化了，因此现代的建筑师也可以而且应该坚持传统，把外国建筑中国化。这个“论证”的第一个错误是，我们完全可以用“为什么非如此不可”来代替他的“也应该如此”；第二个错误是，这位文章家把从窣堵波和须弥座传入中国到现在的一千多年时光一干二净地抹杀掉了。他忘记了，那时候唐僧到西天取经，要历经九九八十一难，即使有三位“外星人”保驾，也还得时时请来观世音菩萨才能过关。而现在，如来佛在西天讲经，全世界的人都可以坐在电视机前面看实况转播了。

不妨再想一想，一千多年来，把什么外来的文化因素都要加以“中国化”，即纳入传统的框框，这到底有利于我们这个民族的发展还是不利呢？是值得自豪呢还是值得惋惜？纯洁而又纯洁的文化，是孤独而又孤独的文化。自外于世界，必落后于世界，不幸已被历史证明，难道这里也用得着“饿死事小，失节事大”这句响亮的话？

第二个例子：用随意的引证代替实事求是的研究。有人引用了美国建筑师赖特和斯东的几句话和几个设计来证明传统之必须继承。但是，这毫无意义，因为不但可以引用更多别的大师的话和作品来反传统，甚至可引用赖特和斯东本人的话和作品来反传统，例如纽约那座螺蛳壳式的美术馆。这样的引来引去是构不成理论的。光复同志说得好：“别说所有的美术史、艺术史，即使所有的书皆说如此，便能制造真理么？”列宁早就说过，在人类无比丰富复杂的文明史中，可以举出足够的例子来证明“任何的胡说八道”。奉劝这些文章家，不要再用这种雄辩术了。

第三个例子：文章中概念不准确和偷换概念。有人说，形式与内容不是“一对一”的关系，同一种功能可以表现为不同的形式。例如，同为“耶苏（按：应为稣）教”教徒做礼拜之用的拜占庭的、哥特的、文艺复兴的教堂，形式和风格的差别非常显著，所以功能和形式是一对三的关系，云云。话不多，问题却太多。一是，用“功能”替代了“内容”，这是偷换概念。建筑的内容显然大于功能。偷换了概念之后，整个命题就错了。二是，拜占庭教堂是东正教的，哥特式教堂是天主教的，文艺复兴教堂有天主教的，有各种新教的，却都不是耶稣教的。17、18世纪的耶稣教堂是巴洛克式的。三是，这位文章家所说的“内容”和“形式”不在同一个层次上，也把“决定”看得太机械了。其实，这三种教堂，为了满足信徒集会的需要，都是以大空间为主，都有圣坛，这就是功能与形式的“一对一”关系。至于东正教、天主教和新教的不同功能要求在教堂形式上的表现，那也是一清二楚的，这是建筑史的常识。

这几个例子说明，我们在刊物上热热闹闹展开的“学术”争鸣，其实离学术是很远的。挑明这种情况，是要冒“杀千刀”之罪的。但是，既然已经挑开，那么，就再顺手举几个例子罢。

一个例子：一位标举“文化决定论”的文章家说：“中国当代建筑史的各种思潮：复古主义、经济决定论、庸俗政治论、现代建筑论和多元建筑论的递相演变，没有一次是由于经济的转变所造成的。”是什么造成的呢？他说是文化。文化是什么呢？他说：“文化就是人类生活行为模式的总和，它包括经济生活、政治生活、艺术生活、文化生活、国际交往、家庭生活、伦理道德等各种生活模式。”这倒好，如果承认战争是政治的延续这个命题，那么，文化也包括战争在内。于是，文化无所不包，“文化决定论”也就成了废话。这好比用铁砂枪打鸟，一扣扳机，几十粒铁砂轰过去，总会有一粒撞到鸟儿身上。用这种方法写“理论”，万无一失。但我们不得不问一问“理论家”，究竟是哪一粒铁砂打死了鸟儿？为什么是它？这才是“决定论”必须回答的问题。

再举一个例子。这位“多元论”者说：“建筑的双重性其实也是常识，它既有物质性的一面，又有其精神性的一面。它不像塑料鞋、缝纫机、汽车、冰箱那样主要只具有物质性的一面，也不像文学、绘画、雕塑、音乐等主要只具有精神性的一面，而是二者兼而有之。”他反对“现代建筑论者”“把建筑和塑料鞋、缝纫机、办公室家具等相提并论，抹杀其精神文化价值”，但相隔仅仅半页，他却说：“在这个层次（按：并非什么层次，而是指技术美），建筑确实与其他工业产品没有太大的本质差别。”再隔一页，又说：“低层级的大量性建筑主要只具有技术美。”这已经把读者闹得够迷糊的了，但还嫌不够，他在说过“建筑无疑具有艺术性”之后相隔220个字，又说他“只承认建筑‘有可能’具有艺术性”。这位文章家使用了“主要”“这个层次”“宏观而论”和“低层级”之类的闪烁之词，显得像个理论老手，但我们耐住性子反复细看，这些词并没有掩盖住他的论旨的自相矛盾。

这位文章家还有更加妙不可言的一段文字。他说：“既然低层级的大量性建筑主要只具有技术美，而技术美一般并没有国界；既然我们可以接受汽车、打火机、电冰箱不必具有什么民族性、地域性和文脉，为什么建筑在‘中’‘西’两字上一定非此即彼呢？当然我们也不能一概抹杀技术美的‘国界’，在技术美的领域，在‘新而西’的同时，也同样有‘新而中’这一追求的地位。”我们姑且假装忘记在这段话之前他曾经以“害怕”民族性、乡土化、文脉、传统之类来批判过现代建筑，我们只挠挠这段话里的自相矛盾：既然技术美并没有国界，“我们”怎么还可能“抹杀”技术美的国界？“本来无一物，何处染尘埃？”一个不存在的东西，有什么抹杀不抹杀？一个没有国界的东西，还有什么“西”，什么“东”，“新而中”的追求在什么地方寻找它的“地位”？

随手再补充一则例子：这位文章家忽而说现代建筑“光秃秃，缺乏人性，千篇一律”；忽而又说“现代主义者中的明智之士，及时扭转自己”，这些明智之士是谁呢？其中有赖特、柯布西耶、奥尔托这些开辟了被他蔑视的1920、1930年代的“阵地”的人。他甚至很有风度地夸赞柯布西耶，“不但会转弯，还转得十分漂亮，是转弯的带头人”。既然可以转弯，而且转得漂亮，那么，现代建筑岂不是并非由生辰八字注定了非光秃秃、千篇一律不可？莫非一转弯就不再是现代建筑了？如果这样，那么，就只有光秃秃、千篇一律的才叫现代建筑，“扭转”了的就不是。这样的论证，真是“所向披靡”，很有点儿浩劫时代大批判的味道了。然而他又把赖特、柯布西耶、奥尔托叫作现代主义者，并没有中途改变旗帜徽号。

要跟这样的文章家严肃地讨论问题，那几乎是不可能的。

每当历史的转折时期，必然会在各个领域发生尖锐的思想斗争。争论过程中又必然会有一些折衷主义者，“举起左手打这个，举起右手打那个”。他们貌似公正全面，实际上保护了落后和谬误。前面已经说过，折衷主义的绝症是：不从建筑的本质特征着眼，不从建筑的现状和迫切的任务着眼，不从建筑的进步发展着眼。因此，尽管折衷主义者的文章写得长，写得面面俱到，不漏油，不泼汤，读完了还是不知道作者要建议干什么，结果是雾笼千嶂，把应该干的事模糊掉了。

举起你的左手和右手，打掉折衷主义！

附记

我写这篇文章是想说明，我们当前建筑文章界的种种缠夹，不是学术性问题，而是学风问题、学品问题，是因为我们这个建筑学专业的一些特点使我们不习惯于做真正的理论思维。

我有这个看法已经好几年了，在过去的文章里流露过一点儿，但由于怕伤了“宽松”的气氛，没有正面挑明。

但是学风、学品问题却愈演愈烈，社会效果也越来越坏，很难叫人袖手坐视。

建筑文章界刮着两股风：一股是无保留地贩运西方的时髦理论，连“现代建筑死亡了”这样的胡话也有人认真当作立“论”的根据，还学来了“要综合不要分析”“要模糊不要肯定明确”这样的奇谈怪论。另一股是捣腾老祖宗的陈年烂谷子，有人把老子五千言《道德经》逐字逐句诠释成了一部建筑学教科书；有人一见《周易》走红看俏，立马以极高的嗓门儿喊出“中国建筑的根在《周易》”的宏论。

贩运洋货也好，捣腾土产也好，这两股风来源于同一股风：文化风。1980年代的文化风有两股气流，一股是积极向前的，一股是消极落后的。文化风在建筑文章界的“风眼”是建筑的“艺术本位论”，也就是“建筑是艺术”这个命题。这多半是一股消极的气流。

从学风上说，这个建筑的“艺术本位论”的要害是“三脱离”，即脱离国情、脱离人民、脱离建筑本身。

鼓吹“建筑是艺术”的人，大多善于东摘西抄外国人或者古人的书。姑且把摘抄中的种种猫儿腻撇开，我们还是要模仿鲁迅先生笔下的狂人，问一句：那些人如此说，便是对的么？那也算得上论证？

建筑究竟是什么，答案只能看它的主体（基本层次）的社会功能，它在社会中起什么作用，社会需要它解决什么问题。

建筑的社会功能要历史地考察。我们的建筑的社会功能，要在我们当前的国情里考察。

艺术论者也很喜欢标榜“中国式的”，但他们并不认为真正的“中国式”应该主要是当前中国国情的反映。一些人在建筑艺术论上高谈阔论的时候，仿佛并不知道大多数中国人最渴望的是什么，也仿佛并不理解实践着的建筑师们最为焦虑不安的现状又是什么。

有些艺术论者把“脱离国情”和“脱离人民”，把经济和需要咒为“两根棍子”。其实，“棍子”这个词才真正是一根很厉害的棍子，因为它可以抢先堵死批评者的嘴。但是，国家的经济状况，人民的迫切需要，是我们评议建筑工作的最基本的价值标准，永远不能丢掉。如果丢掉了这两条标准，我们就会跌到“此亦一是非，彼亦一是非”的一塌糊涂的泥塘中去。

艺术论者也知道他们脱离了现实的建筑本身，所以他们采取了一种颇有心计的策略，这就是把大量房屋降级为“构筑物”，只把极少数达到“艺术品位”的叫作建筑物。这方法倒真是干脆利索，只不过因此要生成一个新的“构筑学”专业和许多“构筑师”，忙于为人类的社会生活兴造百分之九十九点九以上的房屋，而那些戴着艺术家桂冠的“建筑师”们，却要在象牙塔顶上清闲得打瞌睡了。

回避国情，回避人民迫切的需要，就是回避建筑工作者的社会责任。这些鼓吹建筑艺术论的人，在宣扬后现代建筑的时候，几乎都奚落过现代主义建筑的先驱者们的社会责任心和历史使命感。他们对自己“理论”的社会后果是不负责任的。有一位诗人说过，写诗就像鸟儿要歌唱、蚕儿要吐丝，是天然本能，说不上为什么。但诗人尽管随便写，却不能随便发表，发表就要对社会负责。有少数艺术论者大概并不像鸟儿和蚕宝宝那么天真烂漫，只凭本能写作，不计荣辱利害。有些艺术论者大谈特谈的并不是自己下了真功夫作了扎实研究的东西，而是以最高的调门、最热的温度大唱流行歌曲，所以尽管声嘶力竭，还是要露馅儿——有些是换汤不换药，有些则颇有点儿相互扞格。调子最高也罢，温度最热也罢，这都没有什么，叫人百思不得其解的是，他们一会儿创新，一会儿老庄，一会儿符号学，一会儿《周易》，一会儿文脉，一会儿禅学，还似乎精通“天人合一”之说。真个是快速化妆，抢先演出，哗众而取宠。

这些“理论”文章的社会效果是很叫人忧虑的。到街上去看看：除了复古主义和折衷主义到处泛滥，被当作什么“符号”的空无所用的结构框架也吊出在墙头了，像一副枯骨，像火灾后的残骸。像什么倒在其次，它们是花了人民血汗钱的！到学校去看看：有些学生连最起码的功能问题都懒得考虑，却把房子画得像变形虫，沾沾自喜于非理性的潜意识的流淌。再看看杂志：哥儿们玩的新潮“理论”，堆砌谁也猜不透、谁也摸不准的奇词怪句，故弄玄虚，装腔作势。两句大白话就可以说清楚的道理，偏用“哲学”语言写了上万字，谁要是略有微词，就被讽刺挖苦成土老帽儿。安徒生当年只想到皇帝能有那么一套新衣，现在那样的“新衣”竟成了时装！光腚的人满街跑。

我们难道不能请那些“理论家”们睁开眼睛看一看现实，想一想自己对社会的责任么！

原载《新建筑》1991年第1期

从风水书被禁说起

这几年传统文化行情看好，于是各种沉渣趁机泛起，乌七八糟，连星相、术数、救命草都“潮”得邪性。建筑行业里因缘时会，复活了风水，给它平了“反”，戴上了挺时鲜的“环境科学”的帽子。——不论什么新兴的科学，在咱们博大精深的传统文化里，都是“古已有之”，环境科学不过是风水而已，咱们可够光彩体面的。这一回连大有学问的外国人都来助兴，李约瑟在他的《中国的科学与文明》大著里说：“在许多方面，风水对中国人民来说是恩物。如劝种树木和竹子以防风，强调流水靠近房址的好处，等等。……就整个而言，我相信风水包含显著的美学成分。遍中国的农田、房舍、村落之美，不可胜收，皆可借此得以说明。”

虽然学术著作出版之难难于上青天，科学加美学的风水书却一本又一本地出现在地摊上，成了畅销书。看来报国有门，一些古书贩子们大可以为弘扬民族传统文化舞弄一番了。不料祸从天降，风水书触犯了精神文明建设，跟《房中术》等等一起，被查禁了。如此跌份儿丢脸，真够叫人扫兴几天的。

短短几年，直上直下，大起大落，这风水之术，究竟是个什么东西?

风水是迷信，是巫术，是泛灵论的原始崇拜；是江湖术士骗人混世的把戏；是上起皇帝，下至乡绅，论证他们的统治权来自超自然力量的根据；是麻痹穷苦百姓的宿命论鸦片烟。这是它的本质。这个“案”平不了反。

这段话有点儿“大批判”的味道。但是，眼见近年封建文化造成的精神污染，话也只能说得这么冲。跟这种精神污染不来点“你死我活”的斗争，恐怕咱们只能在铁屋子里闷死，也许倒是“安乐死”。“宽容”救不了咱们。

堪舆风水大体有两种流派，一派叫形势宗（峦头宗），一派叫理气宗。这两派的共同之处，也就是风水术的根本，是认为山形水势、道路树木、方位朝向，决定人们的命运。差别是，形势宗比较直截了当，有什么样的山水模式，就有什么样的吉凶祸福；理气宗更会玩弄玄虚，在山形水势之外，还要拉扯上八卦、本命、时令、五音、五方、五色、二十八宿等等，做一番装腔作势的推演，有的还要掺和上占卜。理气派里又有小宗派，大小宗派都说别人是假的，不行，只有自己才是正宗嫡传。

民国初年，理气宗三元派著名风水师沈竹礽著的《沈氏玄空学》说：“相墓之术，日峦头，日理气。峦头其体，理气其用，二者不可偏废也。第峦头证实，古今无伪书；理气课虚，古今多伪诀。三元三合，聚讼纷纷，势如水火。平心而论，三合家之卑不足道，无待赘言，三元则权舆卦象，根据图书，其义理实颠扑不破。”

虽说三元派的义理“颠扑不破”，却又伪学横行。他接着写道，这个三元派，“学者不得挨星之法，即读其书，仍若无从索解。于是三元伪诀，人自为说，无所折衷”。

其实，风水家互相间的指责、揭底、谩骂，从来没完没了。清朝黄均宰著的《金壶七墨》也攻击抢饭碗的同行说：“此辈执术疏，谋生急，信口欺诈，人言人殊，甚至徒毁其师，子讥其父，各持己见，彼此相非。而坚僻谬妄之徒，遂与操刃杀人者等，悲乎！”

“伪诀”“欺诈”“与操刃杀人者等”，风水家们自己写下的评语，就给风水术定了案，不知为什么现代人又要出来打抱不平，给它

“平反”。

为什么风水家们会彼此相非，无所折衷？因为公也无理，婆也无理，既证不了自己的实，也证不了别人的伪。不能证实也不能证伪，是一切非科学的神学、玄学、鬼话、废话的特征。

争论归争论，日子总还得混下去，于是风水家们后来大致是形势、理气都讲。不过理气实在太玄，“天机”难测，而风水家又急功近利，所以形势宗后来占了上风，理气不过被胡诌几句，用来制造神秘的外衣罢了。

前面说过，风水术的根本，是认为山形水势、道路树木、方位朝向等决定人们的命运。请看风水书的“经典著作”之一，宋代王洙等人奉旨编撰的《地理新书》里的一段话：“地之有丘陵川泽，犹天之有日月星辰。地则有夷险，天则有变动，皆有自然吉凶之符应乎人者也。其吉凶安所生哉，在其象而已矣！”

伪托朱熹著的《雪心赋》也说：“将相公侯，胥此焉出。荣华富贵，何莫不由。”

这两段话，是标准的泛灵论原始崇拜的话（又可以作为念念不忘“天人合一”论者的好材料了）。所有的风水书，不论是形势宗的还是理气宗的，讲的都是人的吉凶祸福。不讲吉凶祸福，只讲“种树木和竹子以防风”的风水书是没有的。而所谓吉凶，又绝不是“有利于健康”，或者什么“极美的风景”，更不是“精神与环境形成一种良性循环的关系”，而是“将相公侯”“荣华富贵”都由山陵川泽决定。那么，“破财败家”“子息衰微”当然也由山陵川泽决定。“死生荣辱，皆由天定”，人家当皇帝，当乡绅，是因为祖坟或家宅占了龙穴、吉穴；你当牛做马，是因为祖坟或家宅犯了煞。所以，风水之术就成了封建统治者的意识形态，为巩固封建的社会秩序服务。风水师大大咧咧成了权贵人家的座上客。溥杰先生曾经写道：“所谓堪舆家也是王府随时不可少的附属人物。特别对于坟地，更要请多少堪舆家，在主人饮食车马的供给下，去到荒郊僻岭相度地势，查看风水。认为家运的兴衰，人口的夭寿，都与风水有关。”

当然不仅阴宅的风水决定人们的吉凶，阳宅的风水也一样起决定作用。蒋大鸿著《天元五歌》里说：“人生最重是阳基，却与福茔福力齐。建国定都关治乱，筑城置镇系安危。试看田舍丰盈者，半是阳基偶合宜。”讲究理气的《图宅术》说：“宅有五音，姓有五声，宅不宜其姓，姓与宅相贼，则疾病死亡，犯罪遇祸。”

风水所决定的吉凶祸福，总不是现世的，而是在子孙们身上见效应的。这是风水家们的滑头点子：一来这样便没有办法验证，二来即使日后事实跟预言不符，毕竟有几十年的间隔，总能在这期间找出一些什么意外事端来花言巧语辩解一番。比如说，本来能出状元的阴宅，穴眼上被牛踩了一脚就不灵了，等等。至于既然天意已定，为什么还会发生牛来踩一脚这样倒霉的意外，这是用不着解释的，因为百姓愚昧，提不出这样的问题。

那些把风水说成科学，或者包含着科学“成分”“因素”的人，就是没有弄清楚，风水术的本质是：山川形势决定人的吉凶祸福。他们也没有弄清楚，科学是人类为认识世界和改造世界而进行的一种活动，科学有严谨的概念和逻辑体系，可以验证，有预见能力。至于人应该住在通风向阳的地方，这至多不过是经验之谈，跟科学还远远搭不上界。连蚂蚁和土拨鼠都有这样的学问。

风水虽是迷信，风水师却是乡间有文化的人，见多识广的人。他们具有双重人格。为了维护“专业”的声誉，他当然要运用他的知识。但这些经验性的知识，却并不是风水术所固有的。

风水术究竟说了些什么？杂七杂八，不便归纳，且径直选引几段有关阳宅的在这里，请欣赏：

《阳宅十书·论宅外形第一》：

> 凡宅东有流水达江海吉，东有大路贫，北有大路凶，南有大路富贵。

凡宅门前不许开新塘，主绝无子，谓之血盆照镜。门稍远，可开半月塘。

凡宅门前屋后见流水，主眼疾。

《阳宅十书·内形吉凶图说》：

二树生来在屋旁，楼台屋宇起瘟瘴。奸淫妇女招邪怪，入屋敲门动几场。

屋头丁字房，官灾口舌殃，破财多怪异，频频见火光。

若盖披头房，横死不可当，丧事频频有，家中必遭殃。

《地理新书·衢巷道路吉凶》：

宅门在歧口，谓之白虎衔尸，主有兵死兽死者，不利子孙，凶。

宅北有交道，出跛足不完者。

衢巷巽上来，主妇女丑陋，小口不吉。

《天元五歌·阳宅三门》（蒋大鸿著）：

宅龙动地水就裁，尤重三门八卦排。只取三元生旺气，引他入室是胞胎。一门乘旺两门囚，少有嘉祥不可留。两门交庆一门体，大事欢欣小事愁。须用门门都合吉，一家福禄永无忧。

《阳宅三要》（赵九峰著）：

大曰三要者何？门、主、灶是也。门乃由之路，主乃居之所，灶乃食之方。阳宅先看大门，次看主房门。厨有东四、西四之分，而主房却无定位，高大者即是。只要门、主相生，即以吉断，相克即以凶断，此看阳宅必然之理也。至于厨灶乃养生之所，所关甚大，第一与门相生，其次与主相生，若仅以厨灶为重，直断祸福，轻去门、主相克之理，亦非定论。

再引下去已经没有必要，如果这样的胡言乱语也是科学，或者有科学的“成分”“因素”，恐怕咱们的科学家们都得从头学起，咱们的科学院也得改组了。

这样的风水“真诀”，并不是人人都相信。所以，有一首流行的打油诗，挖苦风水家到处用“龙穴”骗吃骗喝：“风水先生真会哄，指南指北指西东，此处若是真龙穴，何不当年葬乃翁？”

阴宅这样，阳宅也是这样。

有一点不妨注意：风水家总是应许他所选的阴宅如何大吉大利，而说到阳宅，则大多是指出如何不利，应该怎么样“做”一下，避祸趋福，逢凶化吉。这其实都是为了逃避验证：阴宅说得好，到不灵的时候才容易辩解；阳宅改动了之后，就根本不可能去验证了。

风水家很懂得人们心理，尤其是那些有点儿钱财的人的心理。他们对风水术，无论如何，是“宁可信其有，不可信其无”的。花不多几个钱，请风水师辛苦一场，买个心里踏实，日后也好有个盼头。

不过，风水术的宿命论，跟儒家的礼乐教化是格格不入的。一切都由风水预先决定了，还要礼乐教化干什么？所以有一些正统气比较强的文人学者或者地方长官，就犯愣出来反对风水术。明代中叶，文徵明的父亲文林，在任永嘉知县和温州知府的时候，就禁止过风水。他颁发了样板《族范》给各宗族祠堂，其中有一条是批判迷信风水邪说。他发了火痛斥“以先人遗骨祈福”，而提倡“忠孝友悌”。不过，这当然没有什么效果，在那个封建专制时代，怎么反得了迷信？

比较聪明一点儿的，就采用老祖宗的法宝，折衷调和风水与教化，不过排了个先后座次。《地理人子须知》上引了一段蔡文节公的话：“积德为求地之本也。凡人欲为子孙永远计者，当以公心处世，方便行事，一念合理，百神归向。择地论穴，又其次也。不然，吾德之不修，而徒责于祖宗父母之遗骨，朝移夕改，愈更愈谬，其悖道不孝之罪，适足以取诛于造物，顾何益哉？”

《雪心赋》也说：“禀赋虽云天定，祸福多自己求。欲求滕公之佳城，须积叔敖之阴德。穴本天成，福由心造。积德必获吉迁，积恶还招凶地。”

虽然打算调和折衷，其实，话说到这份儿上，宿命论的风水术在逻辑上已经被否定了。不过，咱们的先人们向来不爱把思想深入到底，所以随随和和，马马虎虎，就这么让教化和风水共存了。

文章写到结尾，又该再提一提咱们的建筑界了。咱们这个建筑界，真是块风水宝地，什么“理论”都能容得下，都能在这块宝地上赢一个名次，得一块奖牌。港台大兴风水，不过都由专业的阴阳家地理师来舞弄，建筑师一边儿应付而已。咱们这里，专业的阴阳家地理师至少在城市里吃不开，于是建筑界里有一些人，拿出“舍我其谁欤”的架势，破门而出，给风水术“翻案”了。

风水术在咱们国家流行过两千年，对建筑和城乡规划的影响很强。因此，为了了解古时候的一些建筑和规划中的现象，就得有点儿关于堪舆风水的知识。比如说，北京的四合院为什么在左前方边角里开门，故宫里的金水河为什么在太和门前面回一个弯儿，这些都有风水的讲究。因此，专治建筑历史的朋友们，床头厕上，翻翻风水书看看，也是会有好处的，总比瞎猜什么符号学的高论好。

不过，要想多走一步，要想从风水里剥出什么科学道理来，那是缘木而求鱼了。

有些人痛心疾首斥责对封建文化传统的虚无主义态度，但当今阻碍我们前进的，也许倒是对科学、对时代的虚无主义态度。

原载《新建筑》1992年第1期

《偶读析奇》续篇

梅　尘

一位老学长近来批评我的一些杂感，说是“连概念游戏都说不上，不过是耍贫嘴而已”。毕竟是老学长，说得入木三分。第一，我从来不拿概念做游戏。我只追求概念的准确、严谨。第二，我说的话，因为人微言轻，没有什么“社会效益”，当然就是耍贫嘴了。

不料，《偶读析奇》发表之后，一些有嗜痂之癖的朋友竟不嫌其贫，还要我再写几段，并且给我提供了一些资料。其中也有几位老学长。于是，我选了两则资料，再来析一析它们的奇。

一、析某种“逻辑学”

一位建筑文章家，虽然没有弄清楚“白马非马”和“白马，马也”两个命题的关系，却借此大谈“逻辑学和哲学”。

他的“逻辑学”是这样表达的：“建筑的艺术性就是建筑艺术，建筑艺术就是建筑的艺术性。建筑艺术既然存在，建筑也就是一种艺术。”

关于建筑是不是艺术的讨论，已经味同嚼蜡，毫无意义。因为只要老老实实看看世界，看看建筑的基本的社会功能，看看社会对建筑的基本要求，就很容易得出结论，建筑绝不是艺术。但是，有些人偏偏闭眼不看世界，坐在书斋里玩弄概念，玩弄他自己编的“逻辑学”，于是就没完没了，纠缠不清。

对这种议论置之不理本来也可以。但是，这种议论虽然与建设实践毫不相干，却能使一些年轻学生感到困惑，从而妨碍他们的学习，增加他们从业之初与社会调适的困难。同时，这些议论中思维的混乱、逻辑的舛错，又会降低我们整个的理论水平。所以，又不能完全置之不理。

就拿前面引的那段“逻辑学”来说吧，混乱和舛错到了滑稽的地步。不妨跟这位文章家开个玩笑，套用他的“逻辑学”：“建筑的社会性就是建筑社会，建筑社会就是建筑的社会性。建筑社会既然存在，建筑也就是一种社会。”前提是正确的，即建筑有它的社会性，至今还没有人否定过这一点。但结论是荒谬绝伦的，即建筑是一种社会。那么，错误就必定在推论过程，也就是在这位文章家的“逻辑学”。

一个事物，通常有多方面的性质。例如，一只手表，它是计时器，也有装饰性，有时候，它是礼品，具有纪念性，等等。建筑是一个大系统，它内部有层次结构，整体并不是匀质的，它的“性”就更多了。不能因为一件事物有什么性就判断它是什么。

当作出一种判断，说“甲就是乙”的时候，乙就绝不能是甲的某种性质，而只能是甲的基本的，也就是本质的属性。用一句老话说，就是：决定事物的本质的，是它内部的主要矛盾的主要方面。手表的本质属性是计时器，而不是首饰，手表就不能一般地判断为装饰品或纪念品。

同样不能说建筑是艺术，因为建筑还有许多别的“性”，如技术性、实用性、经济性，等等。如果按照这位文章家的“逻辑学”，那么，像走马灯似的，就会有建筑是技术、是实用、是经济等等许多判断。建筑究竟是什么，要看哪个“性”是本质的，是基本的，是决定性的。也就是说，看建筑内部的主要矛盾的主要方面是什么。换一句话，正像前面说过的，建筑是什么，要看它基本的社会任务，看社会对它的基本要求。再也不要在书本上的概念里兜圈子了，还是从活生生的生活实践里汲取理论的营养为好。

这位文章家又说："郑先生（光复）虽然承认建筑含有艺术成分或艺术性，但不承认建筑也是一种艺术。而在实际的状态中，事物能和事物的属性绝对分开吗？"他就是没有弄清楚，郑先生说建筑含有艺术成分，并没有说艺术是主要成分，说建筑含有艺术性，并没有说艺术性是本质属性。因此，郑先生完全可以合乎逻辑地不承认建筑是一种艺术。而从逻辑学上看，根本谈不到他把事物和事物的属性绝对分开。那种"批判"，在逻辑上是荒谬的。

这位文章家还有一段论述："处于高层级的建筑，其艺术性则已进入了狭义的、纯艺术的范畴，虽然即便是这类建筑，就其总体而言，也还不能称之为纯艺术。"这就奇怪了。既然已进入了纯艺术的范畴，为什么还不能称为纯艺术呢？原来，这位文章家忽然感到了一个不能逾越的障碍，就是说，在高层级建筑中，"甚至具有更复杂更高级的物质功能、物质条件和物质手段等课题"。这一下子又把他在前面振振有词地建立的"逻辑学"全部否定了，他的"逻辑学"失去作用了；但是，他又不甘心放弃他的基本判断，于是就出现了这个既"进入"却又"不能称为"的尴尬局面。他被他预设的结论彻底迷住了，解脱不了，自己沉溺在一团混乱之中。

虽然高层级的建筑还没有坐稳"纯艺术"的交椅，但为了"坚持"他的结论，他不得不把层级最低的建筑也归拢在"艺术"中。他说，这些建筑的艺术性"体现为创造一种舒适感与安全感，或谓一般意义上的快感，此谓最初级的艺术需求"。能创造快感，就是有艺术性，既然有艺术性，根据他的"逻辑学"，当然就是艺术了。可惜，逻辑学无情，并不允许他做这样一厢情愿的推论。他混淆了"充分条件"与"必要条件"。艺术固然需要快感为一个条件，但快感却不一定导致艺术。比如，打喷嚏有很强的快感，但它与音乐艺术毫无关系，即使"最初级"的音乐。

这位文章家立意“从逻辑学和哲学角度”来论证，但逻辑学却论证了他的错误。这就是“奇”。

二、析“得体”

不知从什么时候起，建筑界忽然流行起一句话来，说的是，做建筑设计，要的不过是得体而已。

乍一听，这话挺对，可是细一想，它却又是一团模糊，又是一无所有。这话有点儿奇。

这好比一个人肚子痛，花钱请大夫诊治，大夫开了个药方，上面写着四个大字“对症良药”。对症良药，这当然求之不得，可是，究竟是三九胃泰对症呢，还是阿司匹林对症？而且，这症候又是什么，是肠套叠呢，还是阑尾炎？面对这张祖传秘方，病人岂不还是一团模糊？效果如何，请看他是不是还捂着肚子。

建筑创作也是一样。要得体，对的。但是，五千年文明的象征性祖先黄帝的陵墓，是仿汉代建筑得体呢，还是现代式样得体？长安街上的高楼大厦，是一律扣上大屋顶得体呢，还是以不扣为好？较起真儿来，这得体不得体，仍然是一团模糊。

无论中外，建筑界历来的研究和争论，无非就是要弄清楚，在一定条件下，什么样的建筑才得体。埃菲尔铁塔得体吗？蓬皮杜文化中心得体吗？1950年代上半叶北京的复古主义得体吗？困扰着多少代人的理论问题是“怎样”才得体，而用“但求得体”来回答这些问题，岂不是把皮球踢得滴溜儿转吗？“得体”两个字，倒像一块包袱皮，把什么东西都往里一放，包起来，真像没事儿了似的，但抖搂开来一看，所有的东西都还是老样子，一个问题也没有解决，自己跟自己开了个大玩笑。

那么，为什么有这么多人忽然喜爱起这个“得体论”来了呢？这就是因为，咱们建筑界的职业习惯是不大做理论的思考，不大喜欢问几个为什么。“一团模糊”是常规现象，所以见怪不怪，懒得去拨开迷雾，弄个清楚了。文章家们把建筑创作问题仅仅看作像吃“萝卜白菜”一样，完全是个人口味，既没有社会性，也没有历史性，因而也没有规律性和方向性。而离开了社会性和历史性，只从“神似”“形似”上下功夫，“得体”两个字似乎也够了。

“街上流行红裙子”，咱们也套上一条就挺时髦了。杂志上鼓吹后现代，咱们也“post一下”，再不然，在玻璃幕墙上贴一组斗栱、琉璃檐口，或者干脆把大楼造得像风帆、乌龟，咱们也就赶上“符号学”大潮了。只要开一个座谈会，写几篇文章，有人叫好，这些就都是“得体”的了。

近来的得体之说所以流行，还有一个原因，就是咱们传统的“美德”、孔老先生的“中庸之道”在支配着一些人的心理。他们的“得体而已”虽然对回答问题不过是一团模糊，品味起来，却有明显的感情倾向，就是“不求无功，但求无过”。它不追求创造性的突破，不追求出奇制胜，不追求前所未有，不把这些作为建筑形式创作的价值标准的重要目标。作为一个价值标准，“得体而已”与“过得去”有什么实质性的或程度上的不同？

当然，在现在情况下，建筑要想有创造性突破，要想出奇制胜和前所未有，谈何容易。客观上机会是极为稀少的。但我们总不能不提倡这种精神，或者说，越是困难，越要提倡这种精神，越要鼓励进行这样的探索，做自觉而艰苦的努力。只有有了这种精神，做自觉的努力，才能敏感地抓住极小、极难的一点点机会，有所前进。埃菲尔铁塔、蓬皮杜文化中心，不都是这样抓住了机会才有所突破的吗？如果仅仅满足于“神似”“形似”，把卢浮宫博物馆的新入口设计得像个巴洛克的柱式建筑，不是也挺“文脉”吗？贝聿铭在设计这个新入口的时候，后现代的“历史主义”正红火着呢！考虑到“环境”，考虑到“弘扬传统”，考虑到“文脉”，考虑到“浑然一体”，考虑到“古都风貌”，更考虑到“世界建筑文化的人性化”，猛一通“神似”“形似”，咱们的建筑大师们，会把这个新入口设计成什么样子呢？然而现在，恐怕大多数人会觉得那个前所未有的玻璃金字塔是更得体的吧。

孤立的一座建筑，设计得是否得体，这问题提起来千斤重，放下去三两轻。而要真正判断它，是离不开分析建筑的社会性和历史性的。只有把一座建筑放到一个社会、一种思潮、一种方法、一种价值取向中去考察，这“得体”与否才有意义。理论工作的任务，就是如此这般地去认识和判断一个时期、一个流派的建筑，而不是只着眼于个别的房屋。即使以个别房屋为对象，也必是为了从此下手，达到一般。这样，建筑的价值判断就不是一个“得体”所能涵盖得了的了。

原载《新建筑》1993年第1期

知我者谓我心忧
——评一座教学楼

李渔舟

一所大学的建筑系搬进了以香港友好人士的名字命名的新楼，指望着从此气象一新。

没有几天，一位博士生要举行论文答辩会了，跑上跑下，竟没有合适的房间开这个会。据说是惊动了高层头头，特批在报告厅里开，但是贴出来的通告说的是在会议厅。一打听，原来借报告厅开博士论文答辩会，有难言之隐，所以通告上要用曲线战术，以免留下把柄。

白纸黑字的把柄虽然没有留下，却给了我一个话题。

话说我在意大利参观过几所文艺复兴时代建造的大学校舍，那些校舍，毫无例外，都以浓厚的学术气息激动了我。十几年过去了，一想起来，依然闻得到那股气息，芬芳馥郁。那些校舍，石头垒起来的，俨然是“凝固了的学术”。

别的不说了，单说巴特瓦大学的校舍罢。那所大学是13世纪初年创立起来的，现在的校本部大厦是16世纪的一座府邸。发券的大门上，嵌着一块大理石板，上面刻着两行拉丁文，意思是：“进门来，一天天长知识；出门去，一天天有益于国家和教会。”那时候政教不分，教会和国家是一码事儿，只不过一个在天上，一个在地下罢了。府邸的格局是典型的意大利文艺复兴式样，中央一个院子，四面围一圈敞开的券廊。除了大门的一面外，另外三面券廊内的墙上，一面挂满了几百年来为宗教事业献身而被封为圣徒的毕业生的纪念牌，一面是为历次意大利的独立斗争、包括反墨索里尼法西斯主义而献身的毕业生的纪念牌。第三面，跟那些不朽的献身者的纪念牌相辉映的，是在学术上有重大贡献的毕业生的纪念牌，重重叠叠，挂满了一墙。这些牌子，有黄铜的，有青铜的，有镀金的，最多的则是像贵族纹章那样的彩色雕刻品。用不到细看，它们的庄严和辉煌就震动了每一个来到前面的人，使他们对造福于人类的学术工作产生了由衷的尊敬，也产生了无论如何都要把这所大学的光荣传统继承下去、发扬光大的热情。

这面墙的正中，纪念牌的笼罩之下，有一个门洞，进了门洞，是一间过厅，厅的左侧放着一张白木的讲桌，十分朴素。这是什么讲桌？原来竟是伽利略在巴特瓦大学当教授的时候用过的讲桌。在这张科学史上近乎神圣的讲桌前经过，才能进入一间阶梯教室。教室不大，但满是文艺复兴时代典雅高贵的装饰，金碧灿烂。它是整个大学校舍中最华丽、最隆重的房间，洋溢着创造性智慧的光辉。每年的博士生论文答辩必定在这房间里举行，其他重大的学术活动也在这里举行。它是真正的学术殿堂，它是整所建筑的核心，大学的灵魂就在这里。至于校长办公室，那倒是很普通的房间。有点儿意思的是，办公室门口迎面有一小堵照壁，上面刻着从建校以来历任校长的姓名和任期，名下开列他们任职期间为学校的建设和发展所做的贡献。贡献有多有少，竟也有几个名字下是一片空白。那真是青史无情，留芳还是遗臭，看的人自然明白，并不是只要当了校长，便一定风风光光。

把学术殿堂当作大学校舍的核心，表现出对大学教育的一种理解，对学术工作的一种态度。而一幢新造的教学大楼，竟没有一间为博士生论文答辩或者其他重要学术活动专用的厅堂，甚至连展览学术成果和创作成绩也没有合适的专用位置，这当然也表现出对大学教育的一种理解，对学术工作的一种态度。不过，这座系馆倒是有两间外宾专用的厕所，占据着很显眼的位置，华人师生不得入内。大厅里有这个系的创办人的铜像，他是学者，是教育家，有强烈的民族自尊心，不知道他天天看着这幢新楼，心里有什么样的感想！

文艺复兴的事太早了，或许不值得一提，那就说说20世纪80年代中叶落成的瑞士苏黎世大学的新校舍罢。它坐落在一个小小的高坡上，从停车场到大楼门口，一路上有几个现代“雕塑”，都是些用水、气流和其他什么材料组合起来的有声有色有光能运动的造型。但它们不是哪位大艺术家的作品，而是由学生们自己设计制作的，也并不长期不变，随便哪个学生都可以提出方案来，只要大家同意，便可以用新的置换旧的。进了大楼，那个中央大厅，竟像一个开放的阶梯教室或者希腊剧场，层层直达楼上的跑马廊，不再另设楼梯。这里是大学生们集会、演讲、辩论、开音乐会或者起哄出洋相的地方，当然也可以坐着看书、聊天。楼上是教室，很活泼敞朗，隔不远便有一个小空间，放着十来张沙发、软椅或者气垫。这些小空间，每天都有退了休的七老八十的教授排了值日表来坐一两个钟头。学生们根据自己学习的情况或者只凭兴趣，随意找他们请教，也可以海阔天空神聊一气。这些教授叫“沙龙教授”，最受学生的尊敬和爱戴。

这样的校舍，也表现出对大学教育的一种理解，对学术工作的一种态度。当然，那样做，一是要有富余的钱，没有钱就没有建筑空间，这总是一条法则。第二，更重要的是，学校头头要有一些学术的见识和胆量，并且懂得在学生中营造一种学术传统的重要性。否则，退休老头老太的知识、经验和智慧转化不成钞票，没有一文钱的经济效益，上上下下的人，侍候了三天就会厌烦，这些沙龙空间早晚会被打上隔断，标价出租，成了什么公司办公室，进进出出一些不相干的人。

然而，不管怎么说，苏黎世的那座新校舍毕竟有点儿想象力，它在探索学校建筑的性格。可惜，我们所说的那座某大学建筑系的新楼里，实在看不出有什么想象力，有什么对大学生涯的创造性构思。一个大厅，两条走廊，依次排房间，如此而已。仅有的一个点题处理，是两组汉白玉符号，一组中国古典建筑元素，一组是西洋古典的，据说这叫“学贯中西”。幸亏前些年外国人闹腾了一阵子建筑符号学，否则岂不是要交白卷？不过，有人说这种手法古已有之，与外国符号学无关，那么，我们的文章家岂不又白白为引进建筑符号学闹腾了一阵子？好在符号学还可以说得很玄乎，不教人懂，那么，这里就不要岔开去了。

这座新建筑系馆的外形，大约是“后现代式”的。后现代建筑已经成了一种可以套用的样式，这固然教人悲哀，却是无可争议的事实，不论文章家们如何教导我们说，后现代有多么深奥的哲理。但是，后现代建筑是以攻击现代派建筑而一鸣惊了一些中国人的。攻击的矛头对准了所谓现代派的“功能主义”，上纲为“反人性”，而它自己标榜的反功能主义的“人性”却是形式的“矛盾性”和“复杂性”，是非理性的装饰和形体。于是，建筑设计中的功能推敲也就在样式化的追求下被冷落了。在这座崭新的后现代式的建筑系馆里，素描教室居然朝东方开几扇大窗子作为重要光源。大面积的正中天窗，一方面使模特失去了体积感，一方面又投下了许多结构和构造的影子在模特上。学生上水彩课要跑到厕所去打水、洗笔。空气不流畅，只好考虑着装换风扇：一大间摄影室竟没有电源插销，暗室居然没有通风设备，没有暖气，没有工作台。不少房间只有地板插销，插上接线之后就敞着盖。有几间办公室，窗台宽87厘米，开关把手高于窗台57厘米，1.8米的高个儿小伙子勉强够得着打开窗子，但要把开着的窗扇拉回来，那可不得不跳上窗台去了。中等个子的男男女女就只好爬上爬下，更不用说小个子了。关不上窗子，一起风，房门随风一拍，74×116×0.3厘米的整片玻璃便应声而粉身碎骨。房门玻璃的这种悲惨的下场，在旧系馆里早已反复表演过二十几年了，而新楼就是在旧楼的办公室里设计出来的，人们对门窗的大玻璃的惨案并不陌生，只是构造、功能在一些人眼里太不值得注意了，必须为某种形式爱好让位。每次大张旗鼓评什么“十佳”，什么“我最喜欢的建筑”，不都是只消看一张照片就行了吗？外国的某些后现代建筑师因为设计了打不开的门，走不上去的楼梯而名扬天下，呀！那种诙谐多么富有人性！

新系馆功能上的漏子不必多说了，只把门厅再说一说就够了。门厅两端各有一小间工作室，保卫和收发。每间不到十平方米，正中却有一个很大的地沟盖。沟盖缝里冒出一股不知什么恶臭气味，呛得人难以呼吸。到了冬天，或许还能冒出零下多少度的冷风，也许冒热气，那可更糟，不知会烤出多少更加恶臭的气味来。

一个系，每天都要出许多布告，从教师因“故”不能上课，到通知领取挂号信，五花八门，什么都有。几乎人人都已经养成习惯，一到系馆，先看看布告。然而，为了坚持神气的对称构图，新系馆的门厅只有明晃晃的一大排玻璃门，板之不存，布告焉附？于是，门厅里添了一个景致，大大小小的图板上张贴着红红绿绿的布告，一溜儿斜靠在玻璃门上，像小吃街上卖馄饨、水煎包子和羊杂碎汤的水牌。当然，要照相的时候，是会把它们搬走的。

把经过歪曲、经过片面化的“功能主义”强加给现代派建筑，这是一桩奇事。给“功能主义”上纲为“反人性”，又是一桩奇事。但是，从跟随后现代建筑师反建筑中的所谓“功能主义”到轻视功能，从轻视功能到反人性，却一点也不奇怪。

建筑系是培养建筑师的地方，如今系馆给他们立下这样一个榜样，不是有点儿教人忧虑吗？

原载《世界建筑》1995年第3期

“西化”小议

“西化”这个词儿含糊不清，几十年来在我们的理论思维中造成了混乱。提倡的也罢，批评的也罢，脑子里的“西化现象”是一团没有理清的混沌。仔细想来，所谓“西化”，其实包含着很不相同的几种价值取向。最值得说的大概有两种：一种是现代化，一种是崇洋媚外的殖民地化。

科学技术并没有东西之分，西方在现代化上先走了一步，于是我们急起直追现代化的时候，有些情况看上去像是“西化”，这当然是一种误解。科学技术的现代化，又必定会引起生产方式、观念、制度、精神状态、行为习惯等等的一串变化，这些相应的变化也大都是进步的、文明的，比如讲求民主和法制，遵守交通规则，不许随地吐痰之类。整个20世纪，中国建筑发生的变化，主流是现代化，不能笼统地称为“西化”。从封建的自然农业时代，进入工商业发达的市场经济时代，文化传统不能不发生“断裂”，建筑也一样，不必大惊小怪，也不必遗憾，更不要臭骂“数典忘祖”。从庑殿、歇山变到“光秃秃的方盒子”，断裂之大，并没有超过西方建筑从哥特、巴洛克、古典主义变到“光秃秃的方盒子”。这个变化是现代化。建筑的变化会诱发许多的变化，大到城市的运作，小到家庭生活方式。邻里关系也是一端。这些变化都是传统的断裂，天天都在发生。断裂迟早要发生，迟不如早，还是自觉一点好，不要太眷恋过去，例如那扯不清的“大杂院情结”。应该用更文明的方式再建人际的交往，而不要美化那搅不清恩怨是非的大杂院旋涡。

以上这些关于现代化的话都不过是写文章的铺垫，本来可以不必多说。

以下说说崇洋媚外。这篇杂记是想说说“西化”这个词儿的，所以关于崇洋媚外，也可以不必多说。媚外两个字太不好听，略而不提，只说崇洋。

“西化现象”中的崇洋，是一种“唯洋是从”的非理性态度。它和追求真正现代化的主要差别就是那个非理性。它是情绪化了的直觉反应，不问是非，不问真伪，不问利弊。低档的，到艾丽娜丝美容厅把头发染黄；高档的，猛火爆炒外国现代哲学家或者什么学家，连标准中国话都不屑于说了，好像不足以表达他高深的思想，一副精神贵族的架势。

闲话少叙，还得说回到建筑上来。远的不说，说近的。

先说“五体投地”。写的是杂记，不能摆开场子真练，只能说些零碎的，而且点到为止。这几年，外国建筑师、外国书、外国房子，我们见得多了。这当然是“形势大好”，更盼望“形势越来越好，高潮还在后头”。但我们也见到了盲目推崇外国理论、外国建筑师、外国作品的现象。写文章介绍起那些来，“超前、深刻、完美、睿智”，简直好得盖了帽儿了。我们当前的建筑跟发达国家相比，还有不小的差距，认真缩小这些差距，当然有必要。不过，虽然外国人的理论和设计，有很值得参考学习的，但也并非都十全十美，无可挑剔，而且常有商业气很浓的。从1980年代以来，东方的什么奥、利休灰、大乘小乘、禅，闹过一阵；西方的寻根、历史主义、隐喻象征、符号、弗洛伊德，也闹过一阵。一茬茬，你方唱罢我登场，每当锣鼓点响起，总有人大声叫碰头好，几乎没有看见谁敢指出蹩脚演员的荒腔走板，喝一声倒彩。那一句莫名其妙的“现代建筑死亡了”，在我们这里竟造成那么大的声势，真叫人寒心。我们的理性思考能力到哪里去了？偶然的几声批评意见，很快就遭到嘘声。有人对后现代建筑的圣经《建筑的复杂性与矛盾性》说了几句不敬的话，一个人说“他还没有看懂就指手画脚”，另一个人说“连著名理论家斯卡利都把它称为能和《走向新建筑》比美的”，言外之意是我们没有资格说三道四。又有一次，重演了同样的小品，有人对“灰空间”的玄奥理论说了几句，一位年轻人说他“根本没有理解灰空间的深刻意义”，而且补充说“那可是东方哲学智慧的真谛”。那个平常的日本建筑师果真有如此高明的哲学修养？

建筑创作也是这样。文丘里设计了伦敦国家美术馆的新翼，本来不是个什么起眼的作品，我们这里却一片赞扬之声，说他那些柱子，由密到疏的安排，怎样巧妙地接通了文脉，使古今对话，成了“方向”，吹嘘到了原则的高度。可笑的是，不久文丘里又给一座美国的古典主义的旧美术馆大厦设计了个扩充部分，这一回用的是一块“光秃秃的方盒子”，既没有接通文脉，也没有古今对话。我们这里虽然也有杂志做了介绍，却见建筑界不作一声，完全沉默。“方向”不知怎么样了，原则不知道跑到哪里去了。又比如那座悉尼歌剧院，果真有那么好吗？如果索性不要歌剧院，只在那块地方点缀个建筑造型，那么，几个壳体的形式组合可能比现在的好，至少可以取消底部笨重的基座。如果不勉强去凑合那一组壳体，那么，歌剧院的功能肯定会比现在的好，至少不致没有副台。如果把壳体和歌剧院分成两个来造，造价也足够了。分则两利，合则两伤，是不是呢？有人会说我的这个批评层次太低。我也不觉得这批评是高层次的，但不见得不值一提。为什么我们对外国名作总是只有一片叫好之声？

上面说了“五体投地”，下面再说“倚洋自重”。仍然只说些零碎的，而且点到为止。倚洋自重来自五体投地，不过更多了些主动性，更有目的，有时便不免装腔作势。

比如说，引外国人的话为自己的观点壮威。外国的美学家和外国的哲学家写了的，外国的建筑师说了的，还会错吗？外国的美学家、哲学家、建筑师确实说过很好的话，写过很好的书，我们自然应该认真对待，但是，总得经过我们的理性判断，经过我们拿中外古今的实践来加以检验，也就是说，学问还得我们自己来做。外国人的话也有错的，也有不适合于此时此地的，也有平淡无奇没有多少意思的，也有不过是花里胡哨的商业化包装。不能以为它们来自外国，便是真理，可以压倒论敌。打开前几年的杂志，可以看到多少文章，引用外国人的应酬话为复古主义张目撑腰，甚至糊涂到借美籍华人的作品反衬反对复古主义的人对祖国的文化多么没有感情。

近年有些人喜欢写“哲理化”的论文。哲理化没有什么不好，但是看一看，大多是从当代西方明星哲学家那里摘几句话，抄一点方法，往建筑上生套。例如一篇研究建筑本质的文章，引了卡西尔《人论》里一句话“认识自我乃是哲学研究的最高目标”，便大加发挥。但是，请问卡西尔的命题是对的吗？怎么论证它是对的？把自己的头脑，当成外国哲学家的跑马场，不管三七二十一，拿来片言只语就当真理，作为论文的核心思想，这样的“哲理化”有什么价值？

有些人写文章，并不想吓唬论敌，但觉得引些外国人的话，文章就能增值。比如，我见过一篇文章说：“诺伯尔·舒尔茨说过，水是环境中最活跃的因素。”我问作者，这么一句普通的话，有千百万中国人说过，何必超远距引用？他回答：这样写，文章会更好看，有说服力。还有一本书，在我手头，那上面引了H. J. 德伯里著的《人文伦理——文化社会与空间》里的一句话，“栖身是人类的基本需要”，这句话当然不错，但不过是最起码的常识，难道值得一引吗？看到这样的引文，我心里总觉得难过，堵得慌。我担心这些文章像地摊上廉价的衬衫，在胸前绣着一条鳄鱼。

还有一些文章写得更奇怪。明明写的是平平常常的事，说的是普普通通的话，人人看得明明白白，却要夹杂几个洋文，或者用括弧注上几个洋文。我猜不透作者的用意，作者大都一大把年纪，跟考“托福”和“纪阿姨”都没有关系，或许也是为了“更好看”罢，只好也把它算作倚洋自重。还有一些人，一谈建筑就要从古希腊文说起，好像如果没有古希腊，我们就弄不清什么是建筑了。中国的建筑并不起源于古希腊，连西欧的建筑也并不都起源于古希腊，那种字源学的考释是驴唇不对马嘴，毫无意义。姑且也把这种看作借洋文提高身价。

建筑界最新出笼的崇洋现象要数近年忽然刮起来的“欧陆风”了。这就是在北京和外地一些城市造起了西方古典主义的柱式建筑来，而且很有点儿要火一把的意思。我问一位朋友，这可有什么说法？他说，这两年音乐界提倡“高雅艺术”，推出来的都是西洋经典作品，因此建筑界和大款老板为追求高雅，也推出了西洋古典风格。这件事很值得琢磨。这说明眼下社会上有一股风，不管大风小风，防空洞的风还是青蘋之末的风，总之是有风，认为外国建筑比中国建筑高雅，外国古典的比现代的高雅；认为中国建筑不高雅，古代的不高雅，现代的也不行，“夺回式”的同样不在话下。总而言之，西而古打倒了中而古和中而新。要点不在古与新，在于一个西字。这给“夺回”派和“寻根”派兜头浇了一盆冷水。

我不懂音乐。我只知道窗外不远的一支秧歌队天天晚上有两个钟头闹得我坐立不安。尽管锣鼓铙钹是中而古的音乐，不论多么传统，在这种场合讨厌得很。说到建筑，西方古典柱式建筑确实有许许多多挺高雅的作品，但未必个个都高雅。而且，经过我们的设计者和施工队的仿做，粗糙拙劣，形神两不似，那高雅还能剩下多少？“高雅”被当作商品的包装，就成了这几天满街的月饼盒子上的嫦娥，美丽的仙子竟粗俗得叫人受不了。

在如此之大的中国，如此之多的城市，海洋一样的高楼大厦里，有几幢西洋古典式的建筑，本来也未尝不可。但问题不是技术的，也不是审美的，而是这一阵“欧陆风”所带来的历史信息。它当然不同于建筑因现代化而导致的世界性的趋同化，那种趋同化是建筑的本质化，是建筑的理性发展的结果。但“欧陆风”并没有理性的成分，它是一种非理性的情绪，跟“月亮是外国的圆”一样，跟店号、商标纷纷仿香艳的洋妞芳名一样。这是一种新的文化殖民主义现象，或者叫“后殖民主义”现象。

不过，这种“欧陆式”建筑在中国重新出现，就像复古式建筑的出现，是历史的必然。它再一次证明，“建筑是石头的史书”是一个多么深刻的论断。它出现得比复古主义晚，是政治气候的原因，几十年来，它的根在社会文化的深层中埋藏着，并没有死亡。时机一到，它就萌芽了。它一出现，历史图景就更全面一些了。

半个世纪之前，中国是个封建半封建、殖民地半殖民地的国家。封建的历史有多长，历史学家争论个没完没了，我们没有发言权，拣少的说，也有一千年出头。被洋枪洋炮征服，算得清楚，开始于约一百六十年前，刨掉“中国人民站起来了”的一百一十年，殖民地半殖民地思想的历史约有一百一十年。惨烈的“文化大革命”教我们知道，破除封建主义的“四旧”有多么艰难，它们已经溶化到我们民族的血液中去了。殖民化的历史虽然短得多，但是当前世界上被称为“后殖民主义”的风头正随着金元势力刮得很强劲，新的崇洋心理还有继续不断滋生的土壤，旧的也就会跟着被唤醒。所以，要彻底清除封建半封建、殖民地半殖民地的残余影响，还得有相当长的时间，还得有很清醒的努力。在这个过程中，大屋顶小亭子和西洋古典柱式，很鲜明地表现了两方面残余影响顽固的存在，它们真实地书写了转型时期历史的半个特点。另外半个特点，是我们为消除这些残余不屈不挠的奋斗。近年来，建筑界流行一种不分是非、不分善恶、不分进步与落后的所谓“多元化”理论，不管什么样的东西，都可以作为一个“元”而有权存在与发展，同时就产生了一种厌恶批评和争论的情绪。我希望更多的朋友们理解，建筑中关于大屋顶、关于西洋古典的争论和批评，不是为了一两种建筑式样、一两种建筑风格，而是为了反对封建主义和殖民主义的残余。讨论建筑，任何时候都不要脱离它的社会历史背景。万一庸俗化，当然不好，但糊涂蒙昧更不好。

就这篇杂记的本来立意说，关于崇洋不知不觉写得多了一点儿。我再说件真事就够了。自从眼睛坏了之后，夏天就要戴长舌帽遮阳光。有一次，在路边摊上拿起一顶白色的，试一试，摊主赶紧说：“这一顶好极了，戴了好看。”我问：“怎么个好看？”她说：“像外国人。”我又问：“像外国人就好看？”她十分讨好地媚笑了起来，拍拍手说：“当然，有钱呀！”我们的美学家们总爱在抽象的概念里跋涉，弄得成了孤家寡人，他们为什么不向贩夫走卒们讨教讨教。

话再说回来，重新提一下话题：所谓的“西化”，其实包含着好几种不同的价值取向。上面我着重写了现代化和崇洋。现在再说另外一种既不好说现代化，又不好说崇洋，模模糊糊的文化心理，往好听里说，是追求一种新鲜感罢。但实际上恐怕是以经济力量为后盾的强势文化压倒甚至排斥了弱势文化。例如穿西装、打领带、皮鞋光光之类。另外也有一些甚至已经潜入到新民俗里去了。民俗是民族文化的最基层，是最稳定、最保守的。民俗文化的“西化”，证明我们的民族文化处在多么可怜的弱势地位。刚刚过了生日，就说说怎么过生日罢。我小时候，长辈过生日，一家子吃长长的面条，祝愿他们长寿。每逢整寿，有些儿女便要花钱修桥铺路造凉亭，替父母行善积德，以至于乡土建筑里多有“孝子亭”“孝子桥”之类。小辈过生日，要给妈妈磕头，为的是感谢她十月怀胎的辛苦和分娩的危险。那一天叫“母难日”，要吃素，向上苍为妈妈祈福。用现在的话说，小辈的生日，是家庭里的母亲节、感恩节。现在是家家户户，不论长辈小辈，过生日一律吹蜡烛、切蛋糕、唱生日歌，时髦的哥儿们爱唱“海贝拔丝兑兔油”，全盘“西化”了。一家子快快活活吃蛋糕当然是好事，但我却总觉得少了点儿什么。我当然不知道我自己出生时候妈妈的痛苦和危险，但前几天生日，我想起来的是，在四十多年的睽违之后，再见到母亲，我已经是六十多岁的祖父，她已经九十六岁了。我夜夜都被推门声惊醒，母亲悄悄进来，仔仔细细给我把被子严严实实地掖了又掖。我眯着眼不响，享受着无比的幸福。“树欲静而风不止，子欲养而亲已老”，等母亲挪着小脚出去，插上门，我会坐起来哭上好一阵子。看来，过生日还是有些中国特色的好。文化是心底里的事！

哎哟，看我信笔写到哪里去了。还是再说一件我愿意把它归入“中性”的新鲜感里去的事来结束这篇杂记罢。一位年轻人兴冲冲去了美国，专攻建筑史，给我来信说，他的导师在建筑史的方法论上很有创新，在美国影响特大，大有掀起一股新潮的势头。承他细细告诉我他导师的方法，我看了看，原来跟我四十多年来一贯使用的方法一样。唉！令人羡慕的远方的念经和尚呵！

原载《世界建筑》1998年第1期

中国建筑的困境与展望

“中国建筑的困境与展望”，这是一个长期的讨论题目。这个题目可以从许多角度下手去思考，它的答案是综合而复杂的，需要一本厚厚的论文集方才能够接近。

我现在只讲一点点浅见。

“中国建筑的困境与展望”，用另一种说法，便是“中国建筑现代化的障碍和出路”。我想，“困境与展望”都是对着“现代化”说的，困境，就是现代化所遭受的障碍，否则，就不能有明确的探讨方向。虽然一个时期以来，人们的兴趣仿佛集中在“后现代”上，我以为，后现代思潮只能是对三百多年来西方现代化的一些修正，远远不能取消现代化的历史任务。对于中国来说，虽然大陆和台湾经过半个世纪的隔离，情况有所不同，但是，现代化仍然是共同的大课题。大陆和台湾现在都把当前的历史时期叫作“转型期”。“转型”，虽然各有不同的措词，但是依我的理解，那就都是从传统型转向现代型。迫切需要现代化，这是我们中华民族的共识。建筑是时代的镜子，建筑的困境，就是国家、社会的困境，建筑要摆脱困境，出路就在现代化。建筑的现代化，是国家、社会整体现代化的一个有机的部分。

那么，我们先要遇到一个问题，这就是，什么叫现代化？现代化，解释不知道有多少种，哲学的、政治学的、经济学的、社会学的，滔滔不绝。我不是专门研究这个问题的，仅就我肤浅的理解说一说：我以为，现代化，就是民主化加科学化。早在八十年前，中国的先哲们就响亮地提出来，中国需要“德先生”（民主）和“赛先生”（科学）。他们的眼光非常敏锐，他们的理解非常深刻，民主和科学，不但当时的中国需要，如今的中国还需要。他们抓住的是现代化的核心，现代化的本质。

民主与科学，当然不仅仅是中国现代化的核心和本质，它们是世界上所有国家、所有民族现代化的共同核心和本质。西方国家三百多年来的现代化历史便是民主化和科学化的历史。从文艺复兴、宗教改革到启蒙运动，则是民主化和科学化的早期思想准备。足足准备了两百年左右。西方发达国家的继续进步，也主要在于民主制度的不断完善和科学的不断发展。

我们现在不谈社会的现代化问题，只谈建筑的现代化，也便是建筑的民主化和科学化问题。先从概念谈起。

什么叫建筑的科学化？我想，大致可以分为两个方面。一个是理念方面的：建筑师要有求真务实、不苟且、不马虎的理性精神，要有不混淆是非、不模糊进步和落后的逻辑思考能力。这就要求建筑师对建筑的发展有一个规律性的认识。另一个方面是实践的：要合理地使用新技术、新材料和新设备，追求建筑物功能的完善，重视经济效益，直到当前很热门的建筑智能化、生态化和可持续发展等等。这里面包含着建筑的环境效应、城市规划和城市设计等这些更广阔的问题。

建筑的民主化大约也可以分为两个方面。一个方面是，建筑要从历来的主要为帝王将相、权贵阔佬这些少数人服务转变到为最大量的普通老百姓服务，要把老百姓的利益放在第一位。随着这个重大的转变，要转变关于建筑的基本理念和整个价值观系统。相应地，要适当改造建筑学的内容。另一个方面是，建筑师要从封建传统的束缚中解放出来，要有独立的精神和自由的意志，要有平民意识和人道情怀，要有强烈的创新追求和丰富活泼的想象力，要有社会责任心和历史使命感。只有这样，建筑师才能成为民主化的个体，为社会的民主化工作。

建筑的民主化和科学化，规定了现代化建筑的根本任务，这就是为普通老百姓创造人性化的物质生活空间、生活环境。因此，建筑现代化的内涵是非常丰富的，非常深刻的，非常综合的。不能简单地把建筑的现代性等同于钢结构、玻璃幕墙、快速电梯和超高层、大跨度，更不能简单地把建筑形式的新颖与否当作建筑现代性的基本标志。我们中国建筑，不论在大陆还是台湾，都有大量看上去很“现代”的作品。但是，如果我们用民主性和科学性去衡量，它们未必有很高的现代性。这就是说，它们仿了西方现代建筑的外形，却并没有获得现代建筑的本质。

西方建筑的现代化走过的便是民主化和科学化的道路，它几乎和社会的现代化同步发展而略略落后。大概可以说，西方建筑现代化的第一个重要信号是1666年伦敦大火之后的重建规划。那时候英国已经发生了资产阶级革命，于是，克里斯多弗·仑在重建伦敦的规划中，把税务署、造币厂、五金匠保险公司和邮局等放在伦敦的中心广场上，赫然以交易所居于正中。它们取代了传统的封建专制社会中宫殿和教堂的地位。西方建筑现代化的第二个重要信号是作为启蒙主义思想成果的法国的部雷和列杜的一些设计作品，时间正是法国资产阶级民主大革命的前夕。王室建筑师列杜说：“一个真正的建筑师绝不会因为给樵夫造了房子而不成其为建筑师。”他设计过养鸡场、农村公安队宿舍等。在他规划的王室盐场中，艺术家、作家、商人、工程师的住宅和木匠、伐木工人、箍桶匠等的住宅是一样的。整个19世纪，西方最耀眼的大型公共建筑物之一是议会和政府大厦这类民主政体的建筑物，再也没有建造什么专制君主的宫殿。新的建筑技术首先应用在火车站、市场、图书馆、银行这些为平民百姓使用的公共建筑上。它们也是诞生新形式的苗圃。作为西方建筑现代化开始的标志的伦敦的水晶宫（1851）和巴黎的埃菲尔铁塔（1889）都是为盛大的、推动国际贸易的万国博览会建造的。铁塔又是法国民主革命一百周年的纪念物。它们同时代表着当时结构和施工技术的最高成就，也雄辩地论证了创造崭新的建筑形式和风格的可能性。

20世纪初，西方的文化界掀起了以未来主义为代表的前卫文化的浪潮，极大地破坏了旧的文化传统的束缚，为建筑的大发展创造了思想条件。现代主义建筑诞生于第一次世界大战之后。这次大战以民主国家的胜利而告终，社会主义革命又打倒了俄国的沙皇制度。于是，社会主义和社会民主主义思想在欧洲大大扩大了影响。社会主义和社会民主主义的理想之一是更完全、更彻底的民主。这时，欧洲的许多知识分子倾向社会主义和社会民主主义。现代主义建筑革命的领袖人物柯布西耶、格罗庇乌斯、卢斯、密斯等人的思想都多少有点左倾。柯布西耶在作为现代主义建筑运动的纲领性文献《走向新建筑》的第二版序言中写道："现代的建筑关心住宅，为普通而平常的人使用的普通而平常的住宅。它任凭宫殿倒塌。这是时代的标志。为普通人、'所有的人'研究住宅，这就是恢复人道的基础，人体的尺度，需要的标准、功能的标准、情感的标准。就是这些！这是最重要的，这就是一切。这是个高尚的时代，人们抛弃了豪华壮丽。"同时，在这本书里，柯布西耶鼓吹重视建筑的功能性、经济性和实现大量性住宅的工业化生产，他也鼓吹"工程师的美学"。《走向新建筑》是现代主义建筑旗帜鲜明的人道主义宣言，是现代主义建筑的民主化和科学化最富有战斗力和说服力的号角。

其他几位现代主义建筑的先驱者也发表了类似的思想。包豪斯的创立者格罗庇乌斯参加了"艺术劳动议会"，这议会于1919年发表的指导原则是："艺术必须和民众形成统一，艺术不再是少数人的赏心乐事，它应当成为大众的喜悦和生命。"1929年，《包豪斯》杂志第1期上，新校长迈尔的文章里写道："今天的德国社会，难道不需要几千所人民的学校，人民的公园，人民的房舍，几十万幢人民的住宅，几百万件人民的家具吗？……我们的工作是为民众服务。"格罗庇乌斯，以他设计的包豪斯校舍为代表作，把建筑设计的科学性大大推向前进。这座校舍也标志着新的建筑形式和风格的诞生。

柯布西耶、格罗庇乌斯、卢斯和密斯，都从设计普通而平常的老百姓的大量性住宅起家。他们最著名的口号“住宅是居住的机器”“少就是多”，都为普通而平常的老百姓的住宅建设而说。“装饰就是罪恶”说的是装饰的巨大浪费会增加国民经济的困难，成为劳动者的沉重负担。它具有非常深厚的人道主义内涵。

社会的现代化，也就是民主化和科学化，是没有止境的，所以，建筑的现代化，也就是民主化和科学化，也是没有止境的。从历史的长河来看，西方现代建筑到了今天，只走了短短一段路。西方建筑的进一步发展也有它们的困境需要解脱。

那么，中国建筑的困境是什么呢？我认为，中国建筑的困境就是中国社会现代化的困境，就是中国社会民主化和科学化的困境。中国的现代化和西方的一个重大的区别是，西方的现代化是从社会本身的进步自然酝酿出来的，而中国的现代化先是被西方侵略者压出来、逼出来的，不是从社会本身的发展演化出来的，后来又是被西方带着走的。因此，中国的现代化面临两个特殊的情况。一个是，我们没有经历过西方那样从文艺复兴、宗教改革到启蒙运动长达二三百年之久的现代化的先期思想准备，因此，一两千年的封建传统没有受到应有的摧毁；另一个是，我们的现代化不幸又跟殖民地化纠缠在一起，于是我们的现代化中常常带有崇洋媚外的色彩，作为现代化的主力军的知识阶层，多多少少都脱离国情，脱离普通而平常的老百姓。封建的传统异常稳定而顽固和殖民地心态的沉重而浮躁，从许许多多方面束缚着我们，阻碍着我们的现代化事业。这是中国现代化特有的困境。我觉得，中国建筑目前的困境，也是这两个方面，它们妨碍着我们建筑的民主化和科学化。建筑的形式风格的混乱、缺乏创造力和想象力、设计水平不高等问题，虽然都是确实存在的问题，很使我们担忧，但它们不是基本的，它们在很大程度上是从上述两方面派生出来的。

先说说封建传统问题。我的浅见是，不论西方、东方，封建传统的内涵从宏观上说都是一样的，这就是专制–权威和信仰–崇拜。专制–

权威和信仰-崇拜是扼杀民主和科学的，所以，现代化才以民主化和科学化作为它的基本内容，针锋相对地反对封建传统。这一点，已经被西方、东方的社会进步的实际过程证实了。

西方建筑的现代化过程也已经证实了一般地反对封建传统和反对封建时代形成的建筑传统的必要性。

西方建筑现代化所面对的传统，最主要的是学院派古典主义的传统。学院派古典主义传统形成于17世纪的法国，它主要是一种宫廷文化，以帝王的宫殿、贵族的府邸以及为颂扬帝王的权威而建造的城市广场和大林荫道为主要的创作对象。这一类建筑，主要关怀的是风格和形式的外观艺术表现，追求的是庄严、典雅、雄伟，以表现帝王的伟大光荣。在这些建筑中，功能和经济的考虑是非常次要的。法国国王路易十四为了建造凡尔赛宫，在很长的时间内禁止全国各地建造大型建筑。凡尔赛宫耗尽了全国的人力物力。这座宫殿当然是无比的富丽堂皇，但是，它高大宽敞的大厅，晚上点一千支蜡烛都照不亮，一到冬天，路易十四餐桌上的菜肴都会冻冰。因为没有卫生设备，那些花团锦簇般的贵夫人们，忍不住的时候只好到豪华的大理石楼梯下面随地方便。跟这种学院派古典主义建筑相对应，欧洲19世纪的美学家们和艺术理论家们，把建筑定义为艺术，有些甚至说建筑是巅峰性的艺术，从这个基本概念出发去建构他们关于建筑的理论体系。

这种学院派古典主义建筑传统，完全不能适应发达的资本主义社会的需要，严重地束缚了现代建筑的发展，也就是妨碍了建筑在新时代的民主化和科学化。但是，古典主义建筑的这一套，从实践到理论，从政治到艺术，体系非常完整严谨，也确实很有成就，对建筑学的发展有很大的贡献，因此具有很高的权威性，要撼动它是很不容易的。

现代主义建筑的先驱者们，不得不对学院派古典主义的权威做尖锐的、毫不宽容的、没有余地的斗争。柯布西耶的《走向新建筑》，就是这场斗争中最锐利、最有冲击力的思想理论武器。它把大量性的普通老百姓的住宅问题当作建筑的头等大事，甚至带点夸张地说，如果不解决这个问题，就会引发革命。他激烈地批判古典主义在城市建筑中的各种表现既浪费又不实用，骂它们是“罪恶的”“不道德的”。他勇敢地向传统的建筑理念的核心挑战，针锋相对地喊出一个很有震撼力的口号——“住宅是居住的机器”。他给这个口号所做的解释是：“浴盆、阳光、热水、冷水、随意调节的温度、保存菜肴、卫生、比例良好的美。”这就是方便、舒适、健康，就是完善的功能。

我们只要仔细看一看“少就是多”“装饰就是罪恶”这些话的针对性，就能了解它们和“住宅是居住的机器”一样，是打破传统的束缚、为崭新的现代主义建筑催生所必不可少的思想武器，它们起过很重要的历史性作用。因为欧洲的建筑传统十分强大，所以现代建筑的先驱者们必须把思想磨砺到最锋锐、最决绝的程度。他们打赢现代主义的决胜一仗，是很不容易的，他们付出过很沉重的代价。20世纪20—30年代，陈旧的建筑传统还有力量向现代主义反扑，遍及不少国家。那时候，现代主义建筑的先驱者们经常处在十分困难的境地。1926年，日内瓦国联大厦设计竞赛，柯布西耶的方案落选，法国建筑师内诺的折衷主义方案挟着古典主义权威的余势，被选中了。内诺洋洋得意地对记者们说：“我已有六十年的建筑经验，对勒·柯布西耶所设计的图，我简直看不懂是在画些什么。……因为画这些图的人简直是原始社会中不开化的野蛮人。……法国的一组建筑师一开始工作就决定以战胜这些野蛮的建筑为最终的目标。我们称某些建筑为野蛮，实际上不应称之为建筑，它们根本是反建筑。”过了没有几年，包豪斯也被封闭了，封闭它的不是教育部，不是文化部，而是希特勒的党卫军，这就是因为建筑的现代化包含着民主化的缘故，希特勒的纳粹政权把它看作一种政治上的敌人。我想，这些史实说明，建筑的现代化和旧传统的冲突，确实是生死相搏的。

不过，这场生死斗争，最后取得胜利的是现代主义建筑，因为它适应整个西方社会发展的大趋势，而且有各个文化领域里轰轰烈烈的前卫运动做它的同盟军。

回过头来再看中国的情况。中国的封建传统的力量本来就特别强大，也就是说中国的封建社会中民主性和科学性的因素极少，几乎没有。而中国的现代化过程又是西方压迫出来、带动出来的，匆匆忙忙，毫无思想准备。中国建筑的现代化，是直接从西方移植过来的，它以毫无疑问的实用性和经济性轻而易举地排斥了古老的建筑方式方法，没有经历过西方现代主义建筑那样尖锐的冲决传统罗网的战斗。在这种历史情况下，不论是早期西方洋行中打样师傅出身的建筑师，还是20世纪20—30年代从美国留学回来的建筑师，都只把现代主义建筑当作一种工具，而不是一种价值。也就是说，中国建筑的现代化，主要基于工具理性而不是价值理性。我从来没有见到过有哪一位中国建筑师或者建筑学者，像柯布西耶那样感情奔放、慷慨激昂地批判古老的建筑传统，鼓吹建筑的民主化和科学化。恐怕在大多数的中国建筑师看来，现代主义建筑只不过是一种有效的设计方法，一种样式而已，并没有什么原则性。因此，中国建筑的现代化，和中国的现代化一样，没有根本触动中国两千年来传统的价值观，而价值观是传统的核心，是维持传统的权威性的基本力量。

于是，中国建筑界，从第一代现代建筑师起，始终没有完全摆脱封建传统的核心，即权威崇拜和祖先崇拜。这种崇拜时起时伏，有时候还很强烈。权威崇拜，包括对体制、对权力、对资本的崇拜。祖先崇拜，包括对古老事物的敬畏之忱，时时要向后看。当然不仅仅建筑师崇拜权威和崇拜祖先，这是我们社会的普通现象，因此也不可能指望建筑界自己克服它们。

现在说到中国的封建传统，应该说是它的残余，而且是它的现代形态。就大陆来说，崇拜权力和崇拜资本主要的表现形式之一是长官或老板不但可以不尊重建筑师的创作劳动，把自己的意志强加给他们，以致使他们常常慨叹自己是长官或老板的画图员，从而抑制了他们的创新精神，而且可以恣意不顾正式的城市规划和相应的法规，破坏城市的整体性。长官和老板，以他们的权力和金钱造成了他们和普通百姓之间在建筑享用上的巨大落差，出现了尖锐的等级现象。一些公用建筑物中，“贵宾”的特权表现得非常刺目。体制崇拜的主要表现形式之一是体制成了一种超理性的力量，不容置疑，不容检验。它奴役了人，把人变为工具。例如把绝大多数建筑师纳入大大小小的官办设计机构之内，把他们“管理起来”，以便贯彻形形色色的长官意志。而凡是“官方”没有兴趣的事，虽然很重要，在现行体制下都根本不可能去做，勉强做了也做不好。例如，建筑领域各方面的学术研究、建筑评论、文物建筑保护等等。一旦有了比较重大的设计课题，官僚体系就会调动一些毫不相干的官员来组成“领导小组”，指挥专业人员“攻坚”。有些城市，为了“提高”建筑质量，设立了专门的委员会来“把关”，委员们并不是由于精通建筑设计坐上这把交椅的，而是由于他们在官僚体系中的关系和地位。这些委员会对建筑设计方案的生死拥有决定权，因而迫使一些建筑师不得不揣摩他们的个人口味，以求“过关”。体制崇拜当然要崇拜体制的意识形态基础，因此，它还有一个常见的表现，便是把建筑当作体制的象征，不惜花费大量人力物力建造颂扬体制的光荣和伟大，也便是颂扬体制的统治力量的建筑，把它们高高放在人民大众迫切需要的建筑之上。为了建造这类建筑物，人民大众迫切需要的建筑物不得不“让路”。它也常常使一些公共建筑异化为这类纪念物。

祖先崇拜，主要表现为一些建筑师对今天、对未来，没有坚定的信心，在古人面前自觉矮了一截。一步三回头，还没有创一点儿新，却已经战战兢兢害怕失去了传统。从20世纪30年代起，直到现在，中国建筑中始终有一股复古主义的潮流，从实践到理论，从来没有真正中断过。设计实践上，复古主义建筑不可能有所前进，最新落成的北京某大学的图书馆，和18世纪英国人出版的中国建筑图册里画的古里古怪的建筑物差不多。既然是复古，这种停滞状态当是势在必然，合乎逻辑。理论上，则不断变换说法，非常热闹。复古主义建筑先是作为“新生活运动”的一个表征，与“四维八德”一起来维持古老的文化传统。50年代初，大陆上又提出“社会主义内容，民族形式”的口号，在建筑中，民族形式便被理解为古老的封建主义时代的木结构形式，以大屋顶为集中的代表。80年代初，眼见得复古主义建筑与现实的矛盾实在太大，于是又流行起一种与传统建筑不必形似、但求神似的说法，不少人纷纷忙于概括求索中国古建筑的“神”。80年代中期，从西方刮来一阵文化风，理论口号又变为“寻根”“文脉”，要发掘中国传统建筑的“深层文化蕴涵”，一些人便在风水、易理、禅意上下功夫，一时间阴阳八卦大行其时。80年代末，兴起了符号学，主张把古老建筑的形式拆卸开来，作为民族传统文化的某种“有意义的”符号，贴到新建筑上。到了90年代，复古主义建筑的老根据地北京，在长官的“夺回古都风貌”的指示下，大量建造了头戴“大屋顶”和“小亭子”的新建筑，不伦不类，有一些甚至很糟糕。最近，建筑中的复古主义又和时髦的“文化保守主义”挂上了钩。

虽然复古主义建筑在经济、功能、审美上都不成功，在文化心理建设上起促退作用，但建筑界至今很少有人敢公开说要和古老的封建传统决裂。相反，有不少与传统毫不相干的文章里，也要勉勉强强写上一句什么，表示对传统的尊崇。

权威崇拜和祖先崇拜使一些中国建筑师失去了自我，失去了主体意识，麻痹了他们的创造进取精神，不敢标新立异，不敢突破陈旧的框框。我们有些很有地位的建筑师，甚至发表文章，劝人少谈创新，不要追求设计的个性。辽宁省某市建筑设计院的门厅里，挂着好长的一幅大红布标语，上面写着“业主是我们的衣食父母”。在资本的权威前面，建筑师甚至失去了人格的尊严，他们已经完全不能意识到自己是个创造者。作为创造者，他应该有独立的精神和自由的意志，而不是老板们忠顺的子女。对这样的建筑师，我们怎么可能指望他们有革新的勇气和想象力？

建筑界的这种被封建传统沉重地束缚着的消极情况，又因为从19世纪中叶到20世纪中叶一个世纪的殖民主义压迫所产生的崇洋心理而更加恶化了。崇洋其实就是权威崇拜的一个特殊变形。中国的权威崇拜特别顽固，所以中国人的崇洋心理就特别强烈。崇洋的作用和权威崇拜一样，窒息了一些中国建筑师独立的创造精神。现代中国有建筑，却没有中国的建筑思想。一百多年来，西方建筑的种种思潮和主义在中国都一一登台，一直到目前，什么后现代主义，什么解构主义，中国都不缺。复古主义者所鼓吹的“文脉”、文化“寻根”，甚至风水、易理和禅意都是从外国刮回来的风。大陆上近几年又流行起欧洲的古典主义柱式建筑来，名曰“欧陆风”，不知又有什么样的风源。我只听人说过，这种西方古典主义建筑，是一种高雅文化。最惊心的，是1980年代“现代主义建筑死亡了”的判断，一传到中国大陆，立刻就被一些人接受，刊物上文章累累，阐述这个判断，一时间似乎现代主义成了极可笑又极可恨的噩梦，很有一些人忙于和它划清界限。后现代主义的理论家詹克斯的这个判断是既肤浅又滑稽的，说明他不懂得20世纪初现代主义建筑革命的重大的历史意义，从而不懂得现代主义建筑，不懂得它的民主性和科学性。所以，他后面一大帮现代主义的批评者只从形式着手，把现代主义建筑仅仅理解为“光秃秃的方盒子”“国际式”等等。他们嘲笑“住宅是居住的机器”“少就是多”“装饰就是罪恶”等口号，丝毫不顾这些论断当时的针对性和它们的真实含义。如此浅薄的对现代主义的批判，在中国建筑界居然有不少人跟着，真是一件奇事，一件令人啼笑皆非的事。

上面简单地说了说封建传统和殖民地心理对中国建筑现代化进程的阻碍作用。所以，我在前面说，当前中国建筑的困境就由于封建传统和殖民地心理的根深蒂固。但这绝不只是建筑领域里的事，而是整个中国社会的总体上的事。它们强大到了至今还使许许多多人认识不到它们的危害，产生不了批判封建传统的新的思想运动。大陆上甚至有些人前几年掀起了一个不小的批判五四运动的思潮，罪名就是五四运动企图造成或者已经造成了传统的断裂。所以，中国建筑要摆脱困境，唯一的出路就是中国社会从总体上克服封建传统和殖民地心理。只有克服了它们，整个社会进步了，民主化和科学化程度大大提高了，中国建筑才能进步。放眼看看世界，凡是建筑的成就比较高的国家，在世界建筑当前发展中领先的国家，都是民主化程度和科学化程度比较高的国家，封建传统克服得比较彻底的国家。当然，那些发达国家，建筑的民主化和科学化程度，尤其是民主化程度，还需要大大提高。

所以，我们建筑工作者的重要任务之一，是促进中国整体性地在民主化和科学化上加紧地进步。

1998年10月，为一次夭折了的学术交流会而写

黑豆汤可养人了

吉普车在干旱的黄土高原上颠簸，扬起一天的尘烟，把太阳遮得迷迷糊糊的。“大漠风尘日色昏”，这也算一种诗意。渐渐，觉得两侧升起了陡崖，车子开进大沟壑了。沟底没有水，成了走车的野路。黄土崖壁上到处开着窑洞，三三两两地成组。没有窑脸，土壁剥蚀得破破烂烂，门窗是各种木料加上秸秆拼凑起来的。隐隐可以见到几条重叠的脚印，那就是路，在直上直下的悬崖上来回转折，教人想起小说书里常有的情节：谁家养的山羊跌下沟去摔死了。窑洞前偶然会有一个妇人，站在巴掌大的前院里，双手围成喇叭，向远处呼喊，大约是喊孩子回家吧，喊声在黄土崖壁上撞过来又撞过去，化成长长的余音。这也许就是最原始的信天游了，音乐家们曾经从它提炼出那么美的情韵。

就在这样一条寸草不生的深沟里，车子一拐，急刹，停下。跳下车，抬头，喔嗬，崖脚下好一座庄园。倚山就势，一道大块蛮石垒成的寨墙，威威武武，足有十几米高。进了天圆地方的门洞，上近百步石砌的天梯，经那几个层层错落的院子，自然而多变化。房屋雕梁画栋，石刻的狮子，搂着活泼的幼仔，抢过镂空的绣球。青砖的丹凤朝阳影壁，那凤凰昂立在牡丹花丛中，阳光下把眼睛眯得长长，妩媚地洋溢出柔情。小木作的精致，不下于江南鱼米之乡。甚至还有些极见匠心的巧妙处理，连江南都不曾见到。站在它宽大的粮仓门前，望对面崖壁上挂着的白薯窖一般的窑洞，我忽然记起，这里的农民曾经轰轰烈烈推翻过一个王朝，心中不免一颤。这几年的乡土建筑研究，似乎太渲染了恬静谐和的田园诗情趣了。

庄园的主家早就不在，由几户乡民分住着，已经五十年。不知几点钟了，似乎人人都端着一只大碗，蹲在条石砌的阶沿边。我端过一碗，喝了一半，以为是什么饮料，很解渴。大嫂告诉我，这是黑豆汤，叫“钱钱饭”，他们一天两餐光喝这个，“可养人了”。我忽然想起，看到过一些小姑娘，坐在窑洞口，挥动一个铁锤子，在铁砧上一颗一颗地把黑豆砸扁，像圆圆的钱，这种“钱钱饭”，就是用砸扁的黑豆熬的汤了。啊，知足常乐，多谢了！

回到县里，对长官说起这座庄园，长官头都没有抬，问了一问：“我们是不是有利可图？”这是一个很荒僻的地方，我连开发旅游以增加乡民收入之类的话都没有敢说。他叹了一口气，喃喃地说：“我的全部工作就是为机关人员筹发工资。”我满腔的同情，陪着他叹气。“工资还拖欠着呐。”他补充说。

转眼间，两张圆桌摆上了四碗八盆几个冷碟。长官来了精神，殷勤地讲解，那清蒸的是活鱼，那红烧的是老鳖，炸虾很新鲜，牛鞭尤其补养，“哈哈，雅称叫作婆姨乐”。我一向胃纳不佳，假牙又不大合适，慢慢咀嚼，偷空抬眼看看，发现陪坐的都没有见过，长官也并不介绍，还有几位背着书包的孩子。这间餐厅，虽然豪华，大门却装修成三间窑洞模样，还没有忘记挂上三嘟噜鲜红的辣椒。长官说，这是乡土风味。我边嚼边在心里做习题：这窑洞门脸是明喻还是暗喻？蕴含些什么深层意义？是语言符号吗？是“诗意地栖居”吗？是构筑物还是建筑物？新乡土主义还是复古主义？既然长官很得意地说，这三孔窑洞门是他出的主意，那么，大概就是“社会主义内容，民族形式”了吧。做这些习题，当然比六十年前做“鸡兔同笼”那种鬼题困难得多，过于专注，不知道长官是怎么在“拇战”中频频得胜而喝得醉醺醺了的。

席散之后，长官抱歉地说，一把手没有来陪贵客，是因为出国去了。我好奇地问，去干什么？他答，到美国考察城市建设去了。我不觉一愣，这小小一个穷得叮当响的县城，没有几幢房子，还要劳驾一把手万里迢迢去考察美国城市建设，纽约？芝加哥？华盛顿？不是太辛苦他大驾了吗？转念又想，一把手是要对一切事情都拍板下决心的人，城市建设当然不能例外。有句老话，“规划规划，全是鬼话，纸上画画，墙上挂挂，抵不住长官一个电话”，一把手不出国考察，怎么打电话呢？于是我对他甘冒粉身碎骨的风险，横渡半个地球的壮举，起了深深的敬意。那些住在黄土窑洞里的人有福了，他们的“父母官”将会从老远老远的地方给他们带回高楼林立的新城市图景。“电灯电话，楼上楼下”，这样的生活终于有了盼头了。

不过，我的兴奋很快便凉了下来，原来，一把手出国，是他退休前的“待遇”。一回来，便要交班了。那么，他将不再能享受给规划局长打电话的快意，他带回来的一脑袋美国的城市图景，只能在夏夜纳凉时候，一面摇着蒲扇驱赶大花脚蚊子，一面向刚刚上小学的孙子念叨了。老伴却在一旁牢骚：“总是说那一套有什么用，娃儿还有一大堆作业要做呢！”窑洞里的人们呀，用你们只喝黑豆汤的艰苦换来的飞机票是白费了！好在黄土窑洞冬暖夏凉，连外国人都夸赞呢。只要扔出几个钱来，就会有人把你们的家说成最生态化、最环保化、最“天人合一”的乐园。你们可以满足了罢。

晚上进了宾馆，门厅里灯火辉煌，大理石地面反射着五色光芒。几个门洞上钉着导向指示牌：歌舞厅、桑拿、美容、按摩、酒家之类。这真是一个“梦里不知身是客，一晌贪欢”的绝妙天堂。那位大黄土沟里庄园的主人即使回来，也不肯再住到祖居去了，虽然周围的景色依然如故。

半夜里，被电话吵醒，听筒里传来甜甜的声音。我早就听说过，这个县里的婆姨闻名全国，贤淑而能干，吃苦又耐劳。不但针线活儿漂亮，裁衣衫，绣荷包，纳的鞋底上山爬坡穿两年都磨不透，还能做上百种面食，那年时节下蒸的面虎，被当作珍贵的民间艺术品上过书呐！我们亲眼见到，颓败不堪的窑洞，贴上她们剪的大红窗花，挂上她们缝的拼花门帘，便能漾出多大的喜气！我不忍在电话里伤了她，轻声多说了一句客气话，那边咯咯地笑了起来，说："我们做生意呀！"

这些餐厅、这些宾馆，无疑要被当作小县城市建设的光辉成就，写进县志。但它们给老百姓带来了什么呢？有人会说，一个县城，没有漂亮的餐厅、豪华的宾馆，那还成什么样子，那怎么说得过去？要"招商引资"，非得这些不行。但是，老百姓还在喝黑豆汤讨日子的时候，这些餐厅和宾馆，弄成这个样子，能说得过去吗？外商会因此而来投资？我们许许多多考察过外国城市建设的一把手、二把手、三把手们，在对外国的高楼大厦、歌台舞榭啧啧称赞的时候，还记得黄土沟壑里养活你们的父老乡亲吗？

回到北京，可以把半个月的见闻全都抛到九霄云外去了，听到的第一个喜讯是关于光辉的国家剧院的。有大腕发出豪言壮语，说多花些钱也不在乎。呀！作为一名建筑工作者，生逢盛世，我真幸福！

1999年初秋

楠溪江啊！*

我是1989年这个季节第一次来到楠溪江的，到现在刚刚十年。我教了四十几年的书，教的是建筑史。中外古今的建筑知道的也不少，那次一到楠溪江，立刻就被这里的村子迷住了。原来我们中国竟有这样的农村，那么丰富，那么美丽，蕴藏着那么厚重的文化内涵，简直是“神了”。于是我立刻决定把楠溪江的村落群作为我们乡土建筑研究的最早课题之一。以后三年，我来了五次，两次在这里过端午节，两次在这里过重阳节，还有一次是夏天。这一次是第六次了。

我从高小到高中，大约有七年时间是在浙江中部和南部山区度过的，我一直怀念这里的村子和村民，怀念我少年时代的生活。虽然离开已经很久了，我一来工作，就像回家一样。一点也不陌生，一点也不为难，连最原始简陋的粪坑，也能使我回忆起少年时候的顽皮，觉得有趣。楠溪江的父老乡亲们，拿我当亲人接待。十年前，这里的大多数村子还都没有小铺，只靠货郎担送点儿针头线脑下乡。我们无论在哪个村子工作，到中午，肚子饿了，耸起鼻子闻一闻，哪家飘出了饭香，寻过去，坐到饭桌上就吃。大嫂们一面张罗给我们添油炒菜，一面侧着耳朵留神，听到巷子里有牛角号低沉的声音，就赶忙奔出去，割回一刀肉来，我们便有楠溪江风味的霉干菜肥肉大饼吃了。男主人憨憨地笑，

* 1999年11月5日在永嘉县座谈会上的发言。

不多说话，抱出一缸子自己酿制的老酒汗来，不喝几盅不行。1992年夏天，我最后一次来，和研究生舒楠一起，从潘坑步行到岩龙去。翻山越岭，先来到佳溪，天太热，坐在一家廊檐下喝水，大嫂刚生了个女儿，要我给取一个名字，我说，巧了，佳溪加清华，就叫佳华罢。昨天我们到了佳溪，村里人都记得这件事，可惜佳华到山外读书去了，没有见到。走到岩龙，舒楠有点儿中暑，头晕恶心，就进一家人家休息。我在村里转了一大圈，回来一看，她睡在绿缎红绸的床上，一位秀秀气气的女孩子坐在床沿，摇着扇子给她赶苍蝇蚊子，桌子上还有一大盆切好了的西瓜。一打听，原来这女孩子第二天就要招上门女婿，怪不得一屋子的家具和床上的被褥枕头全都是新的，光光鲜鲜。昨天，我们一进岩龙村，就见到一对双胞胎小姑娘，可爱得很，原来她们就是当年那位新娘子的女儿。

岩头开租书店的老人，芙蓉英俊的支部书记，苍坡退休的中医，我这次每到一个村子，虽然逗留不到个把钟头，差不多都能遇到老朋友，他们都曾经热情地帮助过我们。我怎么也忘不了，十年前，在蓬溪村，我请求谢云汉先生给我看看在他家保存的宗谱，他让我第二天去。到时候，他约齐了五位老人，洗了手，点香作揖，每人从怀里取出一把钥匙，依次把铁箱子上连环着的五把锁打开，恭恭敬敬拿出全套二三十本家谱来。那庄严肃穆的气氛深深感动了我。他们对我的信任和支持，不但激励我努力做好楠溪江乡土建筑研究，也激励我努力做好一切能做的工作。现在谢云汉先生过世了，旧居已经被新房了包围，认不出来了，我希望他在天上知道，昨天我真心诚意寻找过他。

最丰富美丽的村子，最善良温厚的村民，我们对楠溪江充满了感情。

我们是怀着一腔感激的心情写完楠溪江中游乡土建筑的研究的。这本书1992年底在台湾出版之后，受到很高的赞誉，得了奖。1993年春天我在台湾，几乎天天可以在报纸上看到整版的广告，“楠溪江五日游”或者三日七日之游。也收到了几个不同的“楠溪江摄影展”的参观券。

我这才稍稍放了点儿心，没有太过于辜负楠溪江父老乡亲的厚爱。后来，有好几位台湾朋友埋怨我，说我害苦了他们，因为他们看了楠溪江的古村落之后，再看别处的就都觉得没有味道了。这样的埋怨当然也使我高兴，甚至有点儿骄傲，我仿佛觉得这是在夸奖生我养我的家乡。

十年来，凡有人要我介绍一处好地方看看老村子，我连想都不用想，回答说：到楠溪江去。去年夏天，联合国教科文组织的文物建筑保护顾问尤卡·诸葛力多过北京，说今年要组织一些国家的专家来参观中国古村子，我立刻推荐：到楠溪江去。半年前，我又到台湾，国民党一位大官的儿媳妇，她热爱民俗文化，问我，哪里的古村落好看，我还是说：到楠溪江去！我对楠溪江古村落群有信心，相信凡是有点儿文化素养的人，一定会喜欢它们。楠溪江是我的最爱！

楠溪江的古村落群到底有什么价值呢？我必须最简单扼要地说说明白。

这些村落的大多数都年代久远。有建于晚唐的，如下园；有建于五代的，如苍坡；建于北宋的有芙蓉、塘湾等等；明代的就太多了。初建年代的古老并不希奇，可贵的是，它们还保存了早期的建设，如苍坡的东、西池园林区目前的面貌和宗谱里记载的北宋末年时基本一样。塘湾村的街道网一部分还是南宋时候修建的，宗谱里白纸黑字记载得一清二楚。花坦村有一口宝庆二年的古井，它前面的三幢房子，虽然不敢说真是“宋宅”，不过确实已经非常古老。乡土建筑能保存这么长久而且有案可查，那是太少见了。

这些村子和中国文化史的关系非常密切。早的不说，从东晋以来，历朝历代都有当时第一流的文化精英出生于楠溪江或者来到楠溪江。村落里家家户户都有的鹅兜，那是纪念王羲之的，岩头村塔湖庙边那个右军池也还在。中国第一位山水诗人谢灵运在这里写下了许多名篇，他的后人在楠溪江建立了二十几座村子，鹤垟村叙伦堂里还有他的神主。大箬岩是陶弘景的隐修地，楠溪江因此有好几座白云亭。南宋是楠溪江文化的高潮期，溪口有戴述一家三代，塘湾有郑伯雄兄弟，岩头有刘愈，蓬溪还有李时靖，都是理学名家，正史上有传。连叶适都在岩头读过书。戴家的明文书院，郑伯雄、李时靖的故居都还在，虽然大概已经不是宋代原物。

楠溪江的科名成就也很高。除了那些理学家大多是进士之外，温州历来的进士里有很大一部分是楠溪江人。芙蓉村在南宋有“十八金带”，就是同时有十八个人在临安当京官；陈氏大宗祠里还高高挂着一块“状元及第”金匾。岩头有一座进士牌楼，又高又大，花坦村竟有过十来座，现在还保存着宪台牌楼。1992年夏天，我步行到岩龙去，一路上峰回路转，走到山沟沟尽处，这村子不过十几户人家，几个月前刚刚通电。想不到祠堂前面竟立着一对标志着进士及第的石狮子。即使在国子监里读书，楠溪江人也都很优秀，学问有成，声名卓著。

楠溪江村落里自古都有一些在乡文人，他们的文化水准很高，各姓的宗谱里多有他们的诗、文，都非常漂亮。在我们已经出版的几部乡土建筑专著里，读者最偏爱的是楠溪江那一部，理由之一是它的文笔特别好。几部书都是我们写的，怎么会其中一部与众不同呢？原来是，我们每本书都引用了不少宗谱里的诗文和碑记，而以楠溪江的文采水平最高，映照得全书生色不少。别处的宗谱和碑文，甚至有文理不通的，读起来就难受了。

这些在乡文人实际上是乡土建设的主持者。在他们的影响之下，楠溪江的古村落一般都有很高的文化品位。他们给村落选址，做严整的规划，兴建各种公共性质的文教建筑甚至园林。他们对楠溪江自然山水有很敏锐、很精致的审美感受，这在他们的诗文里表现得淋漓尽致，有些段落我至今还能背诵得出来。正是他们，把对山水自然的热爱之情熔铸进乡土建设中来。村落选址要在风景如画的地方，一座芙蓉峰，成了岩头、芙蓉、下园、溪南、屿根……多少个村落的借景。他们在规划村落的时候，特意把它引进村子里，如岩头园林区的镇南湖、芙蓉如意街的芙蓉池、溪南的穿村水渠等，都倒映着芙蓉峰。他们也把风景佳丽的山水直接收进村落里，如塘湾的碧泉涧、埭头的卧龙冈、鹤垟的兰玉台等等，以至村落和自然融合成一体。

这些村落大都规划得很出色。街巷网和水系一致，循因地势布置，十分合理；水系都是自流的，家家都能得到净水，也能排出雨水。街巷网不但考虑到住宅前门后门的出入，还考虑到村子公共中心的配置、礼仪性节点的布局和山水的协调，还区分大街和小巷，使居住区安宁，而主街则显示宗族的文明、荣誉和兴旺富足。

村村都有书院和村塾，书院不是只为科举，也是讲论学问的场所，山长们都是著名的硕儒。文笔峰、文峰塔、墨沼，几乎随处可见。苍坡村的“文房四宝”：笔架山和笔街、砚池、墨锭、八行笺纸式的村子，已经全国闻名。

特别教我觉得出乎意料的，是许多村子居然有公共园林。溪口、岩头、苍坡、塘湾、埭头，那些园林都很优美高雅，而且风格各不相同。岩头甚至有三处园林，而丽水湖、塔湖庙风景区范围之大、景观层次之多，是别处的农村里没有见到过的。有风景、有园林便有亭阁台榭点缀，鹤垟的临流亭、岩头的花亭和森秀轩、溪口的莲池亭、渠口和塘湾的水榭、苍坡的水月堂和望兄亭、水云的赤水亭的白云亭，都玲珑轻巧，能为山水生色。

在这些为乡土建设尽心尽力，并且把很高的文化素养倾注进村落里去的在乡文人中，最杰出的是嘉靖年间岩头的桂林公。他把岩头建设成楠溪江水系最完善、街巷最整齐、公共建筑最多样、园林最宛转有致的村子，而且曾经在村子南部统一建造过十几幢三进二院的大型住宅。这位先祖功绩太大了，村人们世代尊敬他，感谢他，把他自己为村中青年建造的水亭书院改成了专门奉祀他的祠堂。

在乡文人对建筑不求浮华雕饰，要的是雅洁潇洒。勤劳的乡民们，他们憨厚朴实，也喜欢建筑简素自然。于是我们见到楠溪江乡土建筑非常有特色的性格，那就是文人的雅洁潇洒加上乡民的简素自然。用的材料是蛮石、原木，用它们的本性、本色、本形。只经过选择而不砍不凿，没有一块直木料，没有一块方石头，匠人们心灵手巧，把它们恰当贴切地组合在一起，那房子就像山川草木一样天然生出来的，可是分明又有很精致很敏感的审美趣味，屋面那微妙的弯曲、柱子那轻巧的侧脚、石墙那貌似杂乱中的规则，使建筑有了生命。孔老夫子说，智者乐水，仁者乐山，楠溪江碧水青山中的智者和仁者们把他们的心力性灵都融进建筑中去了，这就是为什么它们美得那么“神”。

中国传统建筑程式化程度很高，乡土建筑一般也不例外，但是楠溪江古建筑很有创造性，变化自由。苍坡的仁济庙，造在两个大水池之间，三面空廊临水，拦着美人靠，庙里的院子竟是一池荷花。岩头的水亭祠，进大门是泮池、仪门，再经一条长长的石板桥跨过水池才通到享堂，桥中段还有一座方亭子。埭头的松风水月宅，西岸的大石祠堂和瓠瓜井，芙蓉的芙蓉亭，廊下的城门，岩头的水系，都构思奇特，独具匠心，非常难得。岩头水系从五溮溪引水，不论洪水期还是枯水期，水量都恒定不变，设计得很巧妙。

楠溪江古村落最打动我的是它浓浓的人情味，那种人和人之间的亲切和谐、信任和相互关怀。我们在江南许多地方的村落里走，都会觉得陌生不自在。一幢幢的房子死死地围在高墙里面，街巷是高墙之间的夹缝，我们好像被人们警惕地防范着，不受欢迎。楠溪江的村落完全是另一种气氛，尤其在上游和边缘地区。那里的住宅完全是开放的，宽大的院子只有矮矮的一道石墙，走在巷子里，可以看到院子里的全部活动：谁家哄孩子，谁家蒸酒，谁家的猪又生了一窝。矮墙开个豁口，没有门，走进去，堂屋完全敞着，放几把竹躺椅，我们工作累了，就去休息。村子里有公共的休闲场所，芙蓉的芙蓉亭，枫林的圣旨门，塘湾的石桥头，水云的赤水亭和石头蛋，还有到处都有的许许多多的三官庙，整天都坐着些老年人，谈古论今，享受着几十年的友谊。渠边池旁，隔不远就有几块光溜溜的石板，妇女们在那儿涮涮洗洗，孩子们绕着鹅兜嘻嘻哈哈。休闲的和浣洗的人们，给村子带来生气和活力，更带来浓浓的亲情。

楠溪口乡民的淳厚和友爱不声不响地表现在上千座路亭里。山路崎岖，隔两里三里便有一座亭子，给人休息。旧时代，亭子里长年有茶水，从端午到重阳有暑药，柱子上挂着一串串金黄色崭新的草鞋，这些都免费供应过路人。角落里有锅灶，备着柴火，挑脚人饿了，舀两瓢泉水倒进锅里煮竹筒饭吃。亭子总有楹联，写的都是慰问行旅人辛苦的话。岩头村南门口趁风亭的楹联写的是“茶待多情客，饭留有义人”，把过路的客商当作多情和有义的朋友。昨天乘汽车到岩龙去，公路在沟底，抬头望见半山腰里的旧路亭，记得八年前我从山路上走去，那亭子里又有了草鞋、暑药和柴火。前天看到岩头水口双浚头的路亭里张贴着一张大红纸，上面写着今年轮值烧开水的名单，镇党委的金书记也排在里面，我心里很温暖。

苍坡望兄亭和送弟阁，西岸大石祠堂，也都有人情味极浓的故事。

古村落古建筑里的人情味来自楠溪江乡民的性格，从它们可以看出楠溪江民风的淳朴。这是一个多么教人留恋的生活环境，它给人享受乡情，也培养人们的乡情。

十年前我第一次从楠溪江回学校，向北京大学谢凝高教授请教，怎样概括楠溪江古村落的基本精神。他回答，那就是“耕读文化”。后来我着手研究楠溪江乡土建筑，越来越觉得，虽然耕读文化在中国农村有普遍性，但楠溪江古村落里表现得最纯粹，最晶莹，最典型，最鲜明，最健康。

昨天晚上给老伴打电话，说起我这三天的见闻，老伴忽然来了灵感，引了一句流行歌曲的词句，记得大概是：“不求天长地久，只求曾经拥有。”我说，这样美好的文化遗产，“既然曾经拥有，就该天长地久”。我是多么希望楠溪江古村落群能够选择重点保存下去，它们是我国农村千余年耕读文化的实物见证。这价值，肯定是有世界意义的。

我这次就是为鼓吹保护而来的。

十年来，许多参观楠溪江古村落群的人给我来信，来电话，或者访问我。除了赞美，他们也给我不少叹息：什么建筑拆掉了，什么建筑倒塌了，什么建筑被包围在新房子堆里了，还有什么建筑被改造得面目全非了。尽管这些叹息一年比一年多，一年比一年沉重，我还是以为，楠溪江的先人们既然以那么高的文化水平和那么温暖的乡邻亲情造出了那么美好的家园，他们的后人，现在的楠溪江人一定也会懂得爱惜它们，不至于轻易地把它们毁掉。去年秋天，今年春天，一位记者来到楠溪江摄影，他拿着手机在一座座遭到破坏的古建筑前给我打电话，说到岩头的水亭祠和花坦的“宋宅”只剩了废墟，我这才觉得问题严重。接到风景旅游管理局的邀请，决定来看一看。动身之前，我们学院一位刚来过的老师对我说：你要做好思想准备，那儿已经不行了。我心情因此不好，以致飞机颠簸，有点儿眩晕，支撑到温州，终于吐了一口。

今天我来说几句话。在座的有我的学生，老师在学生前面难免说些错话，那不要紧，但绝对不能说假话，所以我要说真话。我的真话是：看了这三天，我伤心之极。楠溪江古村落群的破坏，比我想象的要严重得多，越是文化内涵丰富的、规划周密的、建筑艺术性强的村落，破坏得越严重。岩头、苍坡、芙蓉，这三座最好的村落，已经面目俱非。

破坏古村落主要现象是乱造、乱拆、乱改。总之是个“乱”字。造新房子是好事情，这是农村经济兴旺、农民收入提高的结果，谁也不能反对。但是，这样规模的兴建，没有规划，乱来，那就要出毛病，造成大损失。先不提保护古村落、保护古建筑，就说一点：十年前我们在这里工作的时候，不管下多大暴雨，雨水都能顺顺当当排出村去，雨一过，村子里干干净净。可是这次来，已经好久没有下雨了，许多贴着白瓷砖的四层、五层新宅前后，都还有水坑积着雨水，绿色的，漂一层垃圾，臭气熏天。老村子里的小路整整齐齐，铺着卵石，而新建区的路却是曲曲折折、乱七八糟，甚至坑坑洼洼。新房子挺豪华，但环境比过去反而恶化了。

新房子的建筑，没有表现出对那么美好的古村落应有的理解和尊重，似乎楠溪江先人们的文化素养和审美能力在后人们身上已经荡然无存。楠溪江最有历史价值也最优美的建筑之一，供奉着谢灵运神主的鹤垟谢氏叙伦堂，原来环境幽雅，在座的楼庆西教授拍摄的一张照片选入了《中国美术全集》，可是现在后面的竹林伐光了，紧靠着它造了座楼房，要再照一张相都不行了。蓬溪村有一条状元街，不到一百米长，有五米来宽，西侧的李时靖宅被村人们认为是宋代的遗构，十年前我们去测绘，老人们围绕来滔滔不绝地对我们讲它的历史和传说，眉飞色舞，充满了感情，把它当作村子的光荣。现在，在状元街街面上造了一幢集合式五层住宅，连李时靖宅也拆掉了东厢房。鹤垟和蓬溪都并不缺宅基地，可见缺的是对历史和文化的珍惜，十年前我们体味到的那种积累了上千年的深厚感情一点也没有剩下。只有短短的十年啊！

有一些宝贵的古建筑，是因为没有人管而毁掉的，最突出的例子就是岩头的水亭祠和花坦的“宋宅”。水亭祠是桂林公的专祠，桂林公一辈子勤勤恳恳规划建设了整个岩头村，他是岩头金氏的“功宗德祖”。当年为了感谢他，先人们把他亲自建筑的水亭书院改成他的专祠。但是后人们怎么就眼睁睁看着它倒塌，连立几根木头加固一下都不肯呢？要知道，你们一直到今天，还生活在桂林公规划建设的环境里，喝的是他开挖的水渠送来的水，住的房子造在他用街巷网界定的宅基地上，休息的时候在他培育的园林散心。你们不觉得惭愧吗？你们并不缺买几根木料的钱呀！何况，我说过，这个水亭祠在建筑设计上有很大的创造性。那座“宋宅”不也是吗，难道就没有人应该对它的安全负责？说到没有人负责，我还要再说一件事：1992年我最后到岩头来的那一次，就在中央街南头，一家一院地寻找，把汤山上文峰塔散落的几层石料差不多找齐了，很容易就能把这座小小的塔重建起来。我写了一个清单，哪条水沟边砌着一块，哪家咸菜缸里压着一块，哪一块在谁家院子里当坐凳，哪一块垒在猪圈里。每一块残石都画了图，注上了尺寸。我非常信任地把这张清单交给了当时应该身负其责的人。但是，这次来了才知道，那位老兄根本什么也没有做，连给他清单的事都忘记得一干二净。现在，那些石块要再找齐怕就不容易了。我真后悔，当年没有多留一天，把那些石块收集起来，给热心建设乡里的桂林公当今的后代们留一点儿纪念。那年我六十三岁，还搬得动。整天坐在麻将桌边的年轻力壮的人们，只要少打两圈就能把塔修复了，你们为什么不伸一伸手？你们的先人精心经营了岩头“十景”，又给这“十景”写了那么多清丽的诗，你们就一点也不动心吗?

关心古迹、关心公共生活环境的人还是有的，那是各村老人协会。他们甚至做了些维修工作。这当然是好事，不过，应该给他们帮助，告诉他们怎么样做才好，否则也会给古迹和环境造成破坏。我要说的是，岩头丽水街的维修就很不妥当。1992年，在它北头造了个老人活动站，三层的钢筋混凝土建筑，怪模怪样，和古村古街一点也不合调。前天一进塔湖庙，院中央竟立了一对一人来高的青石狮子，吃了一惊，又见到廊下放着一对两米来长、一米多高的游龙，说是要安到屋脊上去。老人们兴致很浓，要在晚年闹个“夕阳红”，但是，总得有人管一管这些事，引导他们维护一下古建筑的乡土风格。

在屋脊上安张牙舞爪好大的游龙，大概最早是苍坡的仁济庙。1992年那次来，我见到正在给龙上色彩。问一下，花了六千块钱。那时候有六千块钱，在农村很可以办些正经事了。前天在苍坡又见到李氏祖坟上的黄琉璃楼阁，我心里也是一阵子难过，花了钱，出了力，结果却是破坏了楠溪江古村落清爽典雅的文化传统。

十年来，我念念不忘埭头村卧龙冈的风光，那两棵六七个小伙子都抱不过来的大樟树，那翠色浓浓的漫山竹林，那条流水潺潺的泄洪沟和沟边的上山路，我一向人说起来就激动不已。但是，昨天看见，好大一幢钢筋混凝土老人亭硬塞到这块宝地里去了，好在第二层还没有完成，我希望能有人去制止这项工程。

我已经没有什么可说的了，只求大家为子孙后代想想，多留给他们一点儿文化遗产。这样说似乎很可笑，有人会说，我们给子孙留下亮堂堂的楼房，给他们钱读书上大学，什么文化都有了。这么几句，确实能把我驳得说不出话来，但是，生活实践却会支持我，我说的是香港和台湾的，也是咱们炎黄子孙的生活实践。在座的李秋香老师和那位研究生罗德胤，去年冬天被香港人请去调研那里的古民居。他们在钢铁水泥的摩天大厦夹缝里转了两个月，零零星星发现一幢半幢，就要当作无价之宝，保护起来。我到台湾去过六次，在那边有许多专门做古建筑保护的朋友。他们所能保护的，也只有东一幢、西一幢的了，完整的古村落早就没有了。但那边保护古迹已经成了群众运动，不管哪级政府，为新建设要动一动古迹，哪怕是外院的一个角落，也会闹成大规模的抗议。有一回，一所大学的几位教授和研究生，包了一辆车带我去看一处古迹，开了四五个钟头才到了目的地，大家趴到地面上，隐隐约约可以看到一堵半圆形墙壁的几段残痕，他们说，这里过去大约是一幢客家的围龙屋。这残痕是文物管理部门专门用飞机拍了航空照片才发现的，他们看得非常宝贵。

香港人和台湾人，过去像我们现在一样，在大规模新建设中毫不留情地拆光了古村落和古建筑，现在他们觉得没有历史遗产的生活环境太贫乏单调了，后悔了，觉得以前太不文明了。前人作孽，后人受到了文化的惩罚。这便是生活实践给我们上的课，为什么我们不从他们的生活实践中吸取教训，难道非得逼着我们的后人，博士、大师、学者，也趴到地上去找那么一点点古村落的痕迹吗？

现在大家都说可持续发展，可持续发展的主要内容之一是做事情要有分寸，不要把地球上的资源早早浪费光了，叫子孙们活不下去。这资源，不仅仅是自然界的资源，也包括历史文化资源。每一代人都是祖先和子孙之间的环节，我们切切不可把祖先上千年积累下来的文化资源都糟蹋光了，子孙们有权利来享受它们，用来丰富生活，提高生活。我们没有权力剥夺他们的这种可能性。所以，可持续发展，掉头看就是有所继承的发展。

要善于利用“落后”

西部的开发建设，当然要从西部的实际情况出发，也就是从它的“特色”出发。我对西部了解很少，理应“善缄尔口”。不过，对如此大的事情，总不免有点儿希望，这希望就是，请注意：西部的特色之一，便是目前还很落后。

落后的第一个含义是贫穷。既然穷，建设的时候就该精打细算，千万不可以大手大脚。公用房子造得朴素一点，实惠一点，不要像沿海城市那样奢侈浪费，不但糟蹋了钱，还败坏了风气。房子和城市的现代化，根本的标准是科学化和民主化，是不是在可能条件下最合理地使用了先进的科学技术为最大多数的平常而普通的人们创造了方便、经济、卫生、舒适、美观的生活、学习和劳动环境。高档的设备、昂贵的材料、豪华的装修、五光十色的花招，不见得是西部当前所必需的；美容厅、按摩院、夜总会、迪厅和酒吧，也不见得是西部当前所必需的。对这些“消费文化”“消费经济”要有点儿清醒的认识。朴素和实惠，往往还保持一点淳厚，一点正气。当然，朴素、实惠也需要精心的规划和设计，不要弄得简陋和草率，过日子，不是三年两年的事。

落后的第二个含义是开发得比较晚，这就是说，可以利用这个差距，充分借鉴沿海地区建设的经验和教训，少走一些弯略，少犯一些错误。重要的经验教训之一是一定要保护生态环境、防治各种污染，莫等搞得一塌糊涂难以收拾了再来作“英明决策”，那时候即使找一批“笔杆子”来歌颂“一贯重视”也不过是自欺欺人而已。之二是城市建设一定要规划先行。有了规划，就得依法办事，对长官意志、房地产投机、短期行为、唯利是图的倾向要有点限制，要少来一点“气魄宏大”的政绩工程。要防范用各种冠冕堂皇的借口搞长官院和书记楼而把老百姓又弄到新贫民窟里去。

落后的第三个含义是西部还保存了很多地方的和民族的文化遗产，其中包括地方性和民族性都很强的古老聚落和建筑。这些不但是中国最后的乡土文化宝库，大概也是全世界最后的。要充分认识它们的价值，尽可能地保护它们。保护它们，并不是要“继承”它们所代表的“传统”，生活总是要向前进步的，西部未来的新聚落和新建筑也是要走向现代化的。保护它们，因为它们一方面是不可替代又不可再生的历史见证，地方的和民族的过去生活和文化的见证；另一方面，它们也是西部人民智慧和创造力的见证。其中一部分有很高的审美价值，能启发后人的思维，有利于创造新的事物。当然，有一些或许只可能是西部过去贫困、闭塞甚至苦难的见证，那也好，用不着把它们当作贫困、闭塞和苦难的本身，恨恨地丢掉。记得过去的落后，可以作为以后奋发前进的动力。

祝福西部的父老兄弟们！

原载《新建筑》2000年第5期

政绩与面子

一两年来咱们多了一个词汇，这就是“桑拿天”。我是个落伍的老汉，从来没有进过桑拿室，不知道那滋味可好。但这桑拿天真不好受，虽说这些日子待在家里没有花钱就领略了一番小资们和款爷们的享受，但并不觉得占了便宜，倒怕是折了几年寿。好在在窒息人的闷热之中吹来了几丝凉风，教我来了精神，大概也能找补回来折损的寿数。

这凉风，不是北京或者上海又要造世界第一高楼之类教人头昏脑涨的歪风、邪风，而是奥运会场馆和中央电视台大厦的超豪华设计受到了质疑，或许有可能改一改，改得和咱们这个还在为“三农”问题苦恼的国家相称。

提出质疑的是十位院士，院士说话当然有理有据，比如那个“鸟巢”方案，每平方米大约要用500千克的钢，而当年悉尼奥运会的场馆平均用钢量只有每平方米30千克。500比30，这个倍数真吓人。那个“上梁不正下梁歪”的电视台大厦，要用多少钢，我懒得去查，凭常识，就能约摸出来那个浪费必定小不了，而且在楼上工作，恐怕还提心吊胆，害怕会不情不愿地表演一场“空中飞人”，闹得个粉身碎骨，却不可能敲起小铜锣向围观的看官们收钱。虽然那惊心动魄的一刹那比当年天桥不论哪位把式都演得出神入化。

我打小就在穷山沟里长大，缺吃少穿，近十好几年又每年必定下乡七八次，每次都住上些日子，跟田夫野老们交朋友，知道他们过的是什么样的日子。一回到城里，看到高楼摩天，豪宅遍地，灯红酒绿，车水马龙，心里就不是滋味，曾经写过一篇随笔，想不到没有一位编辑先生有胆量发表它。我当然知道他们大有难处，只好把稿子收在夹子里，希望有一天能够教人看看。

几年前，人民大会堂西侧的那枚蛋蛋的设计降世之初，我被朋友拉去参加了一次演艺界的座谈会。会上有几位大腕，我为了礼貌，先祝贺演艺界将有一座世界一流的演出场所。不料一位大大著名的导演抢白了我几句，他说，那是皇家剧场，我们这种演出单位根本出不起场租费，出了场租费，那戏票就不是一般人买得起的了，我们给谁演戏？一位舞台美术大师，过去认识的，扳着手指头算了一笔账给我听，教我懂得那位导演的意思。那几位演艺界的人们一致说，其实北京并不缺演出场地，有不少剧场还闲着在卖成衣和家具呐！

虽然我挺失面子，但我心里很高兴，想不到这些“大腕”们还挺关心观众的腰包是不是有困难。所以，后来建筑界几次签名反对那只大蛋蛋，我都没有参加，因为那些意见书反对的都是它的形式，而我要反对的是建造它。

这次，质疑奥运会场馆的院士们，没有说形式如何，而把眼光放到了它们的经济和技术问题上。8月5日的《新京报》报道：一位院士说，奥运场馆“仍要遵循‘安全、实用、经济、美观’的原则。另一位女院士说，‘鸟巢’设计将建筑原则颠倒了，‘追求外观的美丽，没有考虑到奥运会之后该怎么办’”。院士们还提出了许多硬邦邦的技术问题，包括各种条件下的风险评估。一位院士说：“虽然要办一届出色的奥运会，但我们不希望它成为铺张浪费的典型。”可敬的院士们！有很多年了，建筑界有些人忘记了造房子首先是要适用而经济的，一些人把建筑神化成了“巅峰的艺术”，甚至成了“哲理诗”。而这十位院士，又把建筑复原成了真正的建筑，虽然大煞风景，但是建筑回到了人间。

将近五十年前，北京筹备建造几座大型公共建筑的时候，我在一次

“交心会”上说，我希望花这笔钱造些生产性的建筑，工厂、电站、铁路之类，那也可以当作纪念性工程的。话音刚落，一位同事十分严厉地告诫我说：“你的思想已经到了右派的边缘，危险啊！”我一直把这档子事儿记了多半辈子，老百姓说一句过日子要节俭的家常话，就犯了“敌我矛盾”的大罪了吗？

8月5日的《文汇报》在报道了这些院士的质疑之后，又刊载了中央电视台《经济半小时》供稿的“奥组委执委说法”。一位奥组委执委说：“外国设计家根本不考虑你的成本，有些东西他在（他的）国内不可能做到的，他拿到你这做，因为他是花你的钱。”这话说得不大地道，任何一个外国的建筑大师都绝不可能一定要花中国人的钱，这钱花不花，实实在在都是咱中国人自己决定的。当年评标的时候，不主要是中国的专家们投的票吗？人家没有强迫我们。《文汇报》说：“在中国这样一个还有很多地方要花钱，大多数人住房并不宽裕的发展中国家，让（外国）大师们任意实践这些费地费钱的建筑理念是否合理？”外国大师们能“任意”地到中国来实践他们的理念吗？当然也不是。是咱们自己的有权拍板的人，把一场国际体育竞赛误以为首先是一场体育场馆的国际竞赛。矛头不要一致对外，自己落个轻松，该沉重的时候还得老老实实承受沉重，不要回避。

我们这个民族，有个传统，老百姓不论多穷，只要日子稍微好过一点儿，就会犯“烧包”的毛病。这传统一直保持到现在，有权的人，“烧包”起来，公家的钞票就会花得像“大江东去”。有些县里乡里，造的办公楼，事关“形象”，也就是事关主事人的升迁，简直说得上豪华富丽。我认识一位县里的干部，当了个小小的什么长，就搬进县政府大楼的“长”级专用套间里去，前面一间客厅，里面一间办公室，后面还有一间休息室，带一个全副设备的卫生间，每天下班，老婆孩子都去洗个舒舒服服的热水澡，倒还没有桑拿。那位朋友说，起初有点不自在，见了以前同一个大房间办公的如今的“部下”会脸红。过些日子呢？过些日子就官话连篇了。我问他，你还经常下乡到村子里去看看吗？他摇摇头，脸没有红。还有一个地级市，小小一个什么局，总共十八个工作人员，竟在市中心黄金宝地上造了一幢十八层的大楼，放在北京长安街上都算得了一流神气的。至于音乐喷泉广场之类，连国家级的贫困县都有，北京人倒成了老土。

今年春节，一位老同学从南方某城来看我，见面当然高兴。但他的来到，其实是因为一件不太教人高兴的事。原来他的设计公司给一个绝对算不上富裕的小城做中心区规划，做一次通不过，再做几次都不行。但他的公司绝不会这么差劲，于是他不得不向这个小城的一把手打听：你们到底要什么样的中心区？一把手回答：广场太小！这位老同学觉得以小城的过去、现在和未来衡量，规划的广场已经很不小了，就追问：你们要多大的广场？一把手轻松地说，天安门前的有多大，我们的就要多大。这位老同学不肯背弃原则，只好下决心不干，但他的十几位伙伴深知这种冤大头烧包长官的钱好赚，坚持要把那一百多万规划费拿到手。老同学没有办法，便躲到北京来了。

这种大手笔的“建设”，其实并不少见。7月31日的《北京晚报》上就有一则报道，说的是陕西省“财政穷县”扶风，这个扶风县，农民人均年收入不足1600元，历年拖欠教师工资已经有一千多万元，但它投入将近两亿元建设了2.88平方千米的新区，造了13万平方米的房子。在征用的1371.5775亩肥沃的良田里，有合法批件的只有340亩。建设资金亏空1560万元。但新区里却有国土资源局和财政局的新楼。报道里说，新区没有人气，冷冷清清，如同一座空城，县委和县政府只得给各个单位规定了“入区”时间，县里四大机关放着原来好好的办公楼不用，带头到新区租楼办公。

这件事未免有点儿荒唐，但未必是最荒唐的。我常常下乡，见到过交通困难的穷乡僻壤里丢弃着大片挺好的土地，问一问为什么，回答大多说这是“开发区”。开发区里偶然也会有一两幢新楼，那是“筑巢引凤”，但住在巢里的“凤凰”却是乡长、书记、派出所长之流和他们的家属。

我已经引了不少报纸上的报道，索性一不做二不休，再来引一段，这是7月26日的《文汇报》，有一位陈鲁民先生写了一篇文章，叫《五星级情结》。题目一标出来，读者就自己会下笔写下去了，不过我还是抄一段原文好了，或许太长一些，但写得很有意思，读者不至于嫌烦。这一段是："国人接触到'五星级'概念，最多不过二十来年，可如今却早已深入人心，热闹异常，无论庙堂之高还是江湖之远，都弥漫着浓郁的'五星级'情结。显贵娇客们以住过五星级酒店而炫耀，大小城市则以有'五星级'酒店为荣，影响所至，甚至还派生出了不少'五星级'豪华厕所，'五星级'游轮，'五星级'超豪华办公楼，就连地处某革命老区的一个小型城市近日也宣布，将在市区升级、创建五座五星级酒店。"五星级豪华厕所已经见过报，所以这段话还算不上"有冲击力"，但下面一句可把我冲击得够呛："须知，美国的五星级酒店也总共只有44座，而我国目前竟有175座五星级酒店，是美国的四倍，而且很多地方还在跃跃欲试。至少在这一点上，几十年前喊过的'赶英超美'，终于'梦想成真'。"

几十年前赶英超美时期，我收获过许许多多大字报，好像还没有过一张是揭发我"亲美""崇美"的。但我一直相信，美国比我们富得多，多了许多！而且不大相信美国的劳动人民还都挣扎在水深火热之中。然而我万万没有想到，眼下我们五星级的酒店数量竟已经超过了美国四倍之多，我不知道该大大地自豪一番，还是该大大地感到莫名其妙。

我再重复一遍前面说过的一句话：我的工作地点在农村，尤其是穷困的农村，我是见到过一些情况的，我不是心如铁石冷漠得不动声色的人，我也粗通加减乘除，能算出奥运会的那个"鸟巢"多花的钱对农民来说意味着什么，而且，还有别的场馆呐！何况还有电视大楼，还有各地普遍开花的音乐喷泉广场、政府大厦和许许多多形象工程、政绩工程和标志性建筑。我的天呀！

我又不得不说，为所有这些"形象工程"和"政绩工程"像流水一样花钱，根子还在两千多年的农耕文明身上，推动着那些工程的，其实是根深蒂固的农民意识。中国的农民，一代一代下来，凡男子汉，一辈子都有三件“终身大事”，而不仅仅是“讨老婆”一件。另外两件就是造房子、生儿子。讨老婆是生儿子的前提，而造房子又是讨老婆的前提，没有房子，到哪儿去讨老婆。按老传统，浙江农村里嫁女儿，条件就是男方要有“自家门头自家井”。有房子还不行，还得精致考究。晋商和徽商留下了那么多的漂亮住宅，其实并不见得家家都富有，不少的主人也不过是店员伙计，他们省吃俭用，把一辈子的全部收入都花在房子上了。我们可以收集到无数的故事，说那些造了堂皇的住宅的主家，粗衣粝食，生活得近于啬刻。有些地方，例如福建，上辈人给下辈人造房子，一人一套，要造好几套，活得十分沉重。由于造房子最终关系到生儿子，在宗法制度下，造房子是一个男子汉为繁衍宗族而必须承担的责任。

这种造房子情结一直保持到现在。到浙江、福建、广东这些沿海先富起来的地区去看看，农村里新房子造了一大片又一大片，汽车开几百里路，只见房子连绵不断。三四口人的家庭，造三四层楼的房子，二三百平方米，还是普遍平常的，甚至造七层、四五百平方米的都有。房间空着没有用，每间要放一件人工做的东西，例如一只筐子，一把笤帚，一条扁担，一根绳，象征性的，为的是要有点儿人气，否则不吉利。我在福建一个村子认识一位支部书记，他竟造了三幢楼房。问他为什么，他呆笑着回答：钱存在银行里不过是一张纸，造了房子才是看得见的。人家告诉我，书记造了三幢房子，为的是占尽风水，三幢的宅基地都请风水先生看过，分别占着福、禄、寿三块吉壤，连老房子在内便是“福、禄、寿、禧”，以后他们家辈辈都会出书记。还有一次，我到山西一个村子去找村长家，村民用手一指，就在那边，我走过去又走过来，几次都没有找到。村民把我带到村长家门口，我记得在这门前已经来回了三趟，不过一直以为那是小学校，因为村长的房子竟是九开间的三层楼房。原来这村长有三个儿子，他给他们每个人准备了三开间，他自己和孩子他妈住一套平房大院子。实际上，他儿子都已经在外面工作，挺有出息，不会回来了。村长说，不回来也得给他们造呀，这是做老人的本分。在浙江，听说有一家人造了一幢四层的楼房，孩子刚刚会爬，爬到楼上房间里玩，一阵风吹来，装着弹簧锁的房门撞上了，孩子出不来，呼叫声也听不见。父母到处寻找，亲戚朋友派出所，全都动作起来，一直找不到。事隔好久，有一天上楼打开房门，发现孩子早已死在了里面。告诉我这件惨事的人说：这种事可不止一件两件了。白天看新房子一幢又一幢，挺漂亮，到晚上只有楼下一两个窗子有灯光，整幢房子黑黢黢的。那人说：这样的村子阴气重呀，总要出事的。

阴气归阴气，房子还是一幢又一幢地造起来。依我看，那阴气首先在于房子直接占用了大量应该保护的基本农田，其次在于毁了多少农田取土做砖坯，还要砍多少树木来烧窑。为了那份两三千年从宗法社会传下来的造房子情结，人们作了多少孽呀！

我们整个民族走出农耕时代还不久，农耕文明的传统还顽固地存在于人们头脑里，要摆脱这些传统，恐怕还得一二百年。于是，我们就随处可以见到这种农民意识的造房子情结在起着多大的作用。从“大跃进”时期到现在，我们一次又一次为着造房子，造豪华的大房子，造“辉煌成就”的大房子而耗掉大量财力和土地。农民用造房子来体现他们的人生价值，这叫“体面”。长官们也用造房子来体现他们的人生价值，这就叫“政绩”。

现代化是一个全面的过程，如果我们在大规模地发展经济的同时不把我们头脑里古老文明的传统，也就是农耕文明传统的思想观念洗刷掉，我们将要为这个传统付出多少代价呀！

所以，在昏昏沉沉的桑拿天里，听说奥运场馆和电视大楼要“瘦身”，就像享受到一阵凉风那么高兴，爽，真爽！

短文写成之后，又读了两份报纸。一份是8月12日的《南方周末》，它用了整整两版的篇幅报道了奥运场馆的“瘦身”问题。引起我注意的是这么一段话：“北京奥运经济研究会副会长杜巍说，目前北京符合奥运会要求的游泳馆有一百多处，从中选择几十个作为奥运会的游泳训练场馆毫无问题，没有必要再新建游泳馆，这样可以节省数十亿的开支。”是数十亿呀，我的乖乖！另一份是 8月11日《文汇报》，报道了奥组委执委魏纪中谈到雅典的场馆“延误”问题时说的话：“这恰恰体现了雅典组织者的精明。他们将财力和精力首先集中到了城市基础设施建设上，然后才把重点转到奥运会设施的建设上。他们首先让老百姓得到了实惠，尝到了举办奥运会的甜头，并因此得到了百姓对举办奥运会的最大支持。”

奥运会的经济学家和官员，保持着多么清醒的头脑！

但反对“瘦身”的声音还有，这声音来自两家公司，“按照合约，2008年后他们拥有‘鸟巢’三十年经营权。他们对修改（取消了活动屋顶）持反对意见，因为一旦没有那个活动屋顶会对经营有影响”。唉！报纸上怎么都没有登载普通小百姓的意见呢！

最后消息：8月13日《北京晚报》报道，北京奥组委12日在雅典向中外记者介绍：“根据国际奥委会的研究报告和北京奥组委从一开始就提出的节俭办奥运的精神，奥组委已经开始对场馆建设的投资和工期等进行新的论证。”原来并没有院士们什么事儿！

2004年8月15日日寇投降日

学术界不应该吹捧风水术

我认为，风水问题没什么更深的内容，它就像圆梦、算卦一样，是很低俗的迷信，没什么可以再多批判的了。要批判倒是应该批判当前社会上的一些现象。

现在的问题是一些教授、学者竭力宣扬这个东西，它同以前那些江湖骗子宣扬风水不一样。我们经常到农村走访，与农村的风水师交谈，了解他们一些底细。他们讲的这座山怎样、那条河怎样，听着挺有趣的，无论是真的还是假的，都无所谓，影响不到哪里去。但是，如果教授、学者鼓吹风水术，甚至因为鼓吹风水术而破例提拔为教授，这个影响就不容忽视了。现在的情况是，这些教授学者不仅鼓吹风水会怎样影响人的吉凶，而且他们还能破解风水的不利影响。他们甚至使用了现代科学的一些名词如宇宙场、粒子流，给风水术乔装打扮成科学的综合、综合的科学，这就更能吸引人、迷惑人。

虽然这些鼓吹风水的人数量不多，但是能量不小，在一些官员中产生了影响。前些日子，我了解到某部主管教育的一个司长，主张要将风水申报为世界文化遗产。果真如此，会丢尽中国人脸面。

我们也看到，这些风水鼓吹者是一些不讲道理的人。从他们的文章中，可以看到既没有一个完整正确的概念，也不讲逻辑，从来不论证，只是“一口咬定”。对什么是风水，什么是科学，他们都没有讲正确，还要将两个错误的概念混杂在一起，让你都无法与之交流、讲道理，更无法说服他们。例如，他们有一些人对风水的概念与景观学的概念混同了。一般说来，风水是指用山水位置和形态来解释、预测人的吉凶祸福，是一种穿凿附会的说法，而不是讲山水的自然景观如何美丽、和谐。但是那些教授、学者却望文生义把景观学的东西说成是风水，把风水“现代化”。还有，他们讲的科学概念也不对，例如他们说古人知道造房子要背阴朝阳，这就是科学。其实这不过是一些生活经验，连蚂蚁老鼠都知道造窝、打洞要朝阳，难道蚂蚁、老鼠也懂科学吗？科学性就是这样证明的吗？这样的“理论”简直是笑话。

我给大家介绍一下他们的最新成果，就是国家花费大量的财力出版了五卷本的《中国古代建筑史》，每本几百页之厚，第四本里面讲的风水让你都无法去批驳。例如：他们讲明十三陵的风水怎样之好，佩服明光宗的永陵如何“成功”，可是光宗一登基当年就死了，他死后二十来年，明思宗崇祯皇帝上吊自杀了，明朝也灭亡了，这不是对风水预言的极大讽刺吗？他所佩服的“成功”是什么呢？

十年前，台湾的民进党和国民党在“立法院”打架、动武，各自找来风水师，布置他们在办公室里的座位，结果“立法院”中的桌子没有一个正着摆放的，搞得乱七八糟。在港台，风水闹得很厉害，20世纪70年代末，从加拿大回来一位姓孙的人，开始在大陆找风水师、找风水书，到80年代初，风水开始在大陆流行起来。

风水本身没有什么好说的；教授、学者鼓吹风水也没有什么了不起，只要指出他们著作上的概念和逻辑错误，就足以驳倒他们。问题在于，为什么如此毫无道理的东西竟要大行其道，祖传的风水师、算卦骗人的江湖术士现在居然可以混饭吃！

这是一个值得注意与深思的问题。

社会问题是一方面，学术界思想的混乱又是一个方面。外国、中国都有些学者认为科学是从巫术中发展而来，这是一个错误认识。人类发展史表明，科学是人类在认识过程中不断积累知识、总结经验，去粗取精、去伪存真，逐渐克服、战胜巫术迷信，终于形成的一套知识体系和思想方法。反对风水迷信是科学发展到今天的社会要求，我们不可能把愚昧落后的东西再翻出来，寻找其中有什么科学的东西，如果那里有什么可以利用的，也只不过是一些生活经验，而不是什么科学。总体上说，风水术是地地道道的迷信。我们应该清醒地认识这一点。

原载《科学与无神论》2005年6月

劳驾啦，媒体

对待文化遗产的态度，是衡量一个民族文明程度的重要标志之一，这一点早已成为全世界的共识。用这个标志来衡量我们这个号称有五千年文明史的民族，抱歉得很，我们目前的文明程度低得可怜。这并不是妄自菲薄，而是有根有据。别处不说，就说文化水平最高的北京，早先的不说，就说眼前，而且就说说北京作为人民喉舌的媒体。今年8月17日，也就是昨天，北京某报第四版，头条标题，好大的字体，竟是“祈年殿将直通前三门”。这条新闻不短，足有六百多字，一开头就兴致勃勃地写道：“从祈年殿到前三门怎么走？现在您要绕行崇外大街或前门大街，也许过不了多久，您就能从祈年殿沿着一条新开辟的平坦大道直奔前门东大街。”文中说这是崇文区“改造四条路、八片危改区”又迈出坚实的一步，“得到居民的理解和支持”。

这条新闻可以说真正是“骇人听闻”，不过，骇人的倒不是天坛要遭到严重的破坏，因为稍有一点点知识的人都明白，天坛是绝不可能被这样“改造”的，尽可以放心。骇人的是记者和编辑的无知。首先，作为一份重要的地方报纸的地方新闻专栏的记者和编辑，不应该不知道天坛已经是世界文化遗产，不应该不知道有关保护世界文化遗产的一些基本原则。其次，退一步讲，如果真的有人要开辟从祈年殿直通前门东街的大道，媒体应该采取的态度不是“理解和支持”，而是站出来反对，站出来呼吁保护天坛这顶尖级的文化珍宝。真巧，这份报纸同一天还发表了另一条新闻，用一种赞赏的态度报道“CBD地区控高60至100米的格局经过调整已经打破”，那里“将崛起一组高300米左右的超高建筑群”，其中国贸三期工程“将以330米高度夺得京城第一高的称号”。北京市城市中心建筑限高，是为了保护北京这座历史文化名城的整体景观，这是许许多多文物工作者和建筑工作者经过长期的努力才争取得来的，并不是被人家强加的“不平等条约”，如今轻而易举地被“调整打破”，当今世界上，找不到第二个国家会这样粗野地蹂躏自己有悠久历史的故都了。这叫我想起，几个月前，一位著名的电视节目主持人拒绝做一次关于保护古迹的节目，他说，他主张“旧的不去，新的不来”，用不着保护古迹。这位大腕，对保护文化遗产的基本理念一无所知，还高傲地不屑了解一下。负有舆论导向之责的重要媒体的文明程度如此之低，出了这样的大笑话，这说明我们整个社会迫切需要大大地加强我们的教育和宣传工作，以提高我们全民族的保护历史文化遗产的意识。这工作已经不能再拖下去了。

现在有些大型报纸有定期专版宣传私人的文物收藏知识，有文物拍卖的详细报道和评论。但是，除了专业性的《中国文物报》之外，没有一份报纸认真地、系统地宣传过保护文物建筑的意义和有关的科学知识。各级学校里也没有相应的课程和活动。少数一些协会，能量似乎也不足。据我浅狭的见闻所及，在国外，文物建筑的保护知识是深入人心的。中小学校设课程或者讲座，报纸上辟专刊，民间的保护组织非常活跃。还有许许多多基金会，出钱，办报告会。

至少在希腊、意大利和瑞士几个国家，凡在受保护的老市区里动土木，都要先经过社区的居民审议通过，才交专业管理部门审议，而居民的审议都有很地道的专业水平。上世纪80年代，瑞士苏黎世理工大学要造一幢新楼，因为设计为三层，高了一点，被社区居民否决，只得把它造到郊区去。同时，中国驻意大利大使馆要造一间综合大厅，社区居民审图时候嫌设计得太高，不得不改为半地下的，而且要在顶上堆土植树，形成一个园林式的小丘。中国驻希腊大使馆要造一幢房子，也是必须经过社区居民审定，我在雅典的时候，事情还没有办妥。这三幢房子都在老城区里。而老城区都是历史文化保护区。居民不但是自己住宅的主人，他们也是社区环境的主人，于是他们就成了古城保护的主力。他们可真爱护他们国家的历史文化遗存。1999年深秋我在白俄罗斯参观，一个礼拜天，遇到许许多多从工厂、从学校、从机关来的青年志愿者，有组织地在一个古老的小镇上劳动，整理花圃、粉刷墙壁、油漆门窗、打扫街巷，给一个正在维修的教堂工地运输建筑材料。

我们是不是也可以采取多种多样的方式来宣传文物建筑保护：在少先队和共青团的爱国主义教育中，增加热爱祖国文化遗产的内容；在报纸上不定期地设专栏，组织青年志愿者参加文物建筑的维修；举办讲座，给各地导游讲几句保护文物建筑的常识；等等。没有群众广泛的认识和支持，文物建筑的保护是很难做好的。我想，这些建议，应该可以得到宣传、教育、旅游部门和共青团组织的理解和支持。

2005年8月

新农村建设不能本末倒置

新农村建设的当务之急是发展生产，提高教育和医疗水平，改善环境，最后才是盖房子。不能本末倒置。发展经济是第一要务，但发展经济，教育要先行。在陕西和甘肃交界处有一村庄，非常穷困，一年四季家里都是用油泼辣子下饭。隔村不到一里处有一个侏儒村，更是穷得没有姑娘愿意嫁过来，当然姑娘也嫁不出去，许多家庭是近亲结婚。按理说，根据这个地方的气候地形条件，住窑洞是最好的选择。可是老百姓偏偏不这么想，一分一角地攒钱盖房。地质大队帮助他们打水井，一口井只收几十块钱成本。你想想，有了水井，农产品的产量可以成倍增加呀，可村民们怎么也算不来这笔账，都舍不得花这笔钱。唯有村里的五个高中生不这样，投资打井，没多久就见了成效。还有一件让人觉得不可思议的事情。为了帮助村民致富，政府号召他们种苹果，可是没想到大家都种“秦冠”，只有那五个高中生种的是“红富士”。等到收获时节，红富士苹果非常畅销，而秦冠苹果却卖不出去，几年的人力、财力全白费了。为什么当初他们不选择“红富士”呢？村民的理由是，看不懂种“红富士”的技术说明书。

最近各大媒体都在宣传华西村的经验，作为新农村建设的典范大力推广，画面上一排排整齐划一的小洋楼，让很多人错以为这就是新农村的样本。报纸上说赣州就准备建一千个这样的村庄，而且要将房子排成双“喜”字形。这是新农村吗？当然不是。住宅是最富个性化的东西，怎么能千篇一律呢？

有些领导之所以热衷于盖房子，是因为他们还没有摆脱中国人那种传统的“造房子情结”。农民特喜欢盖房子，江浙一带，那种贴了瓷砖的四五层楼的房子泛滥成灾。大白天看见那么多房子，也许会觉得是一派繁荣，可到了晚上再看，黑灯瞎火，很少有人住。我到过山西的一个村，本来想找村长的家，没想到三过其门而不知，原来我一直错把村长家当成小学校了：三层楼四单元十二开间的大房子。他的三个儿子全在外地，根本没多少机会回来住，多浪费呀！广东梅县一位儿子孝敬母亲，在村里造了一栋三层楼房给她养老。每层六室一大厅，只有她老人家一个人孤零零地住着。在浙江省缙云县，那里的农民以养鸭为生，经济不算太发达，可是该县的农村到处都是四五层的楼房。家里三四口人，要这么多房干什么？为了使屋子显得有人气，农民就拿来放农具，一把锄头、一根扁担、一根绳子就占一间。听说在那儿发生过一件很可怕的事，一个刚会爬楼梯的小孩，自己爬上楼去玩，家里人怎么也找不着他的踪影。过了段日子，却在楼上发现了孩子的尸体。原来房子用的是弹簧锁，风一刮，门就自动关上了，在里面玩耍的小孩打不开门，喊叫也没有多大声音，活活饿死了。

新农村建设中，规划师、建筑师的作用到底有多大，值得怀疑。有些规划师、建筑师根本没有创作的观念，不尊重自己的专业，不尊重自己。我知道在浙江武义县有一个村庄，属于国家级的文物保护单位，准备在离村二里地外的地方建一个新区，以利于保护老区。当时选了一处青山绿水的好地方，按理说好好规划一下，极有可能成为一个新的景点。谁知请来的规划师不顾地形，更不顾风景，三下两下画了几张图，做了一个类似于华西村这样的村庄规划，打方格，盖房子。多好的创作机会给白白糟蹋了。

新农村建设任重道远，我们一定要三思而后行。

原载《北京规划建设》2006年5月

苏醒的桃花源情结

我曾经问自己，也问朋友们，究竟是什么吸引了我和他们喜爱楠溪江上游偏僻而荒寒、建筑类型十分贫乏的小山村的呢？仅仅是因为它们能填补几种聚落类型吗？喜爱那里的田园诗和山水画的悠远意境吗？迷恋淳厚朴野的民俗文化吗？都好像沾一点儿边，但都不是决定性的，其实答案就在嘴边：吸引我们的，是一种“情结”，一种深深扎根在我们民族精神里的文化情结，那就是“桃花源情结”。

我们中国有一个非常漫长的纯农耕文明时期，先民们过的是一种自然式的生活。这种生活培育了对大自然的依赖，造成了对世界的不求甚解和心理上的无所作为。经过一些在特定社会状态下的知识精英的美化，依赖变成了爱恋，不求甚解变成了超脱，无所作为变成了清心寡欲、怡然自得的情操。这样的精神价值被陶渊明在《桃花源记》里形象地返还给了自然的生活方式之后，一千多年来，我们民族的文化里一直存在着一个“桃花源情结”，不但在诗文里反复渲染抒发，还有许许多多闭塞的、孤独的，但山水风光还能差强人意的小山村，被人们称作“世外桃源”，真真假假地当作理想的栖身之地。

“桃花源情结”流传了这么长久，原因之一是中国知识精英们的社会地位不稳定。在险恶的政治权力斗争中，他们的升降沉浮没有定数，但无论如何，他们大多数人总有一个最后的、最可靠的归宿，那便是退隐田园。即使一时飞黄腾达的人，也要做好归田的心理准备，因此他们对田园生活多少怀有一种聊以自慰的感情，而且赋予它以高尚的道德价值。

现代的中国走出农耕文明还不久，我们的父辈大多和农村有过很密切的关系，所以在我们的精神里，尤其在受过民族传统文化熏陶比较深的人们的精神里，还或多或少、或隐或显地残留着一个“桃花源情结”。在我们匆匆忙忙追赶世界工业文明的时候，世界已经发现了工业文明的一些负面效应。将近一百年前，领一时风骚的未来主义者热情洋溢地歌颂过隆隆的机器轰鸣声和烟囱里喷薄而出的滚滚浓烟，现在，这些已经被诅咒为公害。过于紧张的人生拼搏使一些人感到刻骨的疲惫，产生了畏惧。于是，不论在中国还是外国，有些人看到了田园生活中一些合理的、健康的因素，刮起了一股“返璞归真”的风。这当然是一次高层次上的回归，而一些中国人却牵强地附会出什么“天人合一”这样的“传统文化精神”来，其实就是另一种语言的“桃花源情结”。就在这时，人们发现，可以被称为桃花源的地方，已经不多了，甚至很难寻觅了。我们还能到什么地方去颐养休息我们的心身呢？我们不得不为一度过多地向自然索取而付出代价了。于是，我们不但从深厚而有惰性的文化传统继承了“桃花源情结”，而且也会偶然从忙碌沉重的现实生活里引发出对“桃花源”的向往。

“桃花源”究竟有什么样的特点呢？第一，完全不理会世事的纷扰，“不知有汉，无论魏晋”；第二，人际关系祥和友爱，看到陌生客人“便要还家，设酒杀鸡作食”；第三，生活简朴而满足，“黄发垂髫，并怡然自得”；第四，居住环境自然优美，水口外面的桃花林里“芳草鲜美，落英缤纷”，村里“有良田美池桑竹之属”。这样的人间仙境当然要和熙熙攘攘的世界有点儿隔离，于是陶渊明把它藏到深深的水源洞里，而且渔人想再去寻访便“不复得路”了。

拿这几条标准来衡量，楠溪江上游的一些村子，便都是当今难得一见的桃源仙境了。它在谢灵运歌吟过的奇丽环境中展陈在我们面前，山水之美和田园之情，那么和谐地结合在一起。这个在中国知识分子心理中因袭了一千多年的重担，也同样压在在乡文人的心中，渗透到农耕文明里去。我们曾经有许多次，看到宗谱里族内高人逸士的小传中常用的赞辞“足不践城市，身不入公门”，赋予这种体制外的自由生活以一种道德价值；也曾经多次看到，在长长的龙骨水车上，一节一个字，写着“五日一风，十日一雨，帝力于我何有哉”，只要风调雨顺、五谷丰登，就什么都不在乎了。这是一种生活和心态上的满足，就是所谓的“农家乐”了。

陶渊明的桃花源是虚构的，作为安抚“池鱼”和“羁鸟”们的梦。我们眼前的楠溪江，虽然也掩盖着历史和现实的种种矛盾，但当我们把历代文化精英们给自然式生活编织的美丽面纱揭开，看到烟火人间的艰辛和矛盾，渐渐地，我发现我面对着一种山区居民的独特文化，我就禁不住喜爱起它来，喜爱它的朴实、率真和自然、稚气，喜爱我现在还说不清道不明的一种气息。

只是，不知道这样的桃源仙境，在纷纷攘攘的古村落“开发”大潮中，还能保存住多久?

原载《中华遗产》2007年第8期

建筑是石头的史书

20世纪中，我们建筑系的领导人接受了苏联专家E. A. 阿谢普可夫的建议，把中国古建筑测绘作为二年级学生暑假前的最后一门课程，为时两三个礼拜。当时要求测图是水墨渲染的，既严谨又典雅，立体感十分强。

我们的学校离颐和园很近，那里的大大小小建筑全是清式的，没有一个不美，于是，测绘实习就当然在颐和园里干。头几年，测的是亭子、风雨桥、长廊的一两个开间之类，但是，同学们觉得画些这么小小的建筑不过瘾，于是，渐渐把题材扩大到宫、馆、楼、阁。最后，一阵风，测绘到了佛香阁、大戏台、铜亭。同学们来了劲，多么高大复杂、精致华丽的建筑也画下来了。而且，自动地干起水墨渲染来了，白天晚上都干，礼拜天当然不肯歇，扑在图板上，到半夜都赶不走。我们只好向教学楼的管理人求情，通宵不锁门了。有几幅图实在太复杂，负责的同学给爸爸妈妈寄封信去说：暑假不回家了。好在教师也还都年轻，依旧天天来陪着，指点指点，还带上些干粮，午饭、晚饭就都有了。

不久，“文化大革命”一来，无所不批，独有颐和园的测绘没有挨批戴帽子，虽然都跟皇帝、宫女之类能拉上关系。那些完成了的测绘图也都安然无恙。

可惜，好几年的颐和园建筑测绘，没有经费，连门票也是请求了免掉的，所以，稍稍高一点的建筑，尺度也只有“土法”上马，目测，更不用说佛香阁、大戏台之类了。所以，这一批图虽然画得很漂亮，也只好靠边“存档”了。

只有我们当年年轻的教师，现在已经步履蹒跚，回忆起当年工作来，还能记得那些生龙活虎般的学生——他们现在也已经退了吧。

大约十五六年前，1998年秋天，我们到了莫斯科建筑学院参观，那正是当年全面帮助我们系工作，也建议我们测绘文物古迹的苏联专家阿谢普可夫的母校。一问，那位可敬可爱的老师早已过世。我的心情沉重，慢慢地又默默地看，走廊上，教室和老师工作室里，大大小小的墙面上，满满地挂着古建筑的测绘图，都是学生的作业。院长老师告诉我们，进这个学院，从一年级到五年级毕业，每年都要画一份古建筑的测绘图。我有点儿不理解，问了一句，院长说，这是培养和满足年轻人对民族文化的感情，爱！我有点儿激动，就不再问什么。

第二天是礼拜天，到郊区一个修道院参观，看见满院都有年轻人在给古建筑写生，问了几个，以高等建筑学院的学生为多。我回头问陪伴我们的普鲁金教授，他一辈子最得意的成绩是什么。他脱口而出，说，是负责修复莫斯科中心红场上的华西里·伯拉仁诺教堂。我问为什么，他说，那教堂本来就是一个纪念碑，纪念俄罗斯人在长达几百年的蒙古人侵略占领后于16世纪中叶赶走了他们，重新复国。而俄罗斯人（第二次世界大战时的苏联人）又刚刚打败了德国侵略军，保卫了祖国俄罗斯。

所以，重新修缮在战争中可能受了伤的华西里·伯拉仁诺教堂是一件很光荣的、有历史意义的工作。我，经历过八年的抗日战争，太能感受他的“得意”了，激动得拥抱了他。

于是，普鲁金教授又临时决定给我们增加一个参观节目，把我们带到了莫斯科郊外著名的建筑杰作新耶路撒冷教堂去，那也是他负责修复的。教堂很美，周围的草地上开着密密的黄色的花。他要我们给他照一张相，站在教堂前。拍完了照，我们一齐进到教堂里面，一看，吃了一惊，左右上下，处处破破烂烂，碎砖断石，没有一个角落是原样完好的，勉强不坍而已。他低沉地说，这全是德国纳粹强盗干的，他们占领了莫斯科的郊区，在这座教堂里养过马。我问他，准备怎么收拾，他气呼呼地回答，不改动了，这也是历史，就这样留着。我心里想：让野蛮的纳粹强盗遗臭万年倒也是个好办法。人类是需要历史教材的，“建筑是石头的史书”嘛，这句话，我们谁都知道。

我想起来，阿谢普可夫，那位专家老师，建议我们开设古建筑测绘课的时候，是不是有这个意思呢？当年的“口译”同志，已经病逝，谁也说不清楚了。当然，这事也不必她弄清，这应该是我们大家的心事。

我们还记得那整整八年里，日本帝国主义强盗的烧、杀和抢掠吗？电影界还有这些记忆，谢谢他们！

华北有一座不大的城市，抗日战争初期，在那里打过一场很大规模、很壮烈的保卫战，我们牺牲了几十万战士（另有一说是牺牲了上百万），小城当然全部毁灭。不久前竟有人要在它的废墟上重建一座非常美丽当然也非常豪华的城市，已经建成了一大片，说得上是描金贴银，美轮美奂。这座新造的“古城”的“领导人”，居然打算到秋天给这城冠名为“中日友好城”，当年的第一场“友好会”已经在肚子里定下了。那场中国战士的英勇抵抗和日本兵的残酷屠杀全部抹掉，不留痕迹。在一个小小的“厅”里，有历史照片陈列着，中国战士和日本强盗居然受到“友好”的同等待遇，连说明词都没有敌我区别，大家都是瞄准开枪打人而已——还是日本兵服装整齐，更“漂亮”！

我很不客气地叫嚷了一下，第二天便回家了，坐了几个钟头的硬席火车，我这八十多岁的老家伙，有点儿累。

2013年4月

下部

师友 忆往

记国徽塑造者高庄老师

1949年秋天，清华大学建筑系（当时叫营建系）来了高庄教授。学生们都怀着好奇的心情等待他，因为早已听说他才华卓越，又非常严厉。

他来了，高高的个子，穿一身灰蓝色土布制服，宽松得有点儿晃荡。眼睛眯成一条缝，看不出是严厉还是慈祥。

他只开了一门课：木工。我们七八个小青年，第一次走进木工房，只见窗明几净，既没有刨花，也没有锯末，工具整整齐齐排了一溜。先生站在当中，用南方口音给我们讲课，慢慢的，还是不大好懂。每逢一句家乡土话说不明白的时候，就有点口吃，然后扑哧一笑。我们很快就学着他的口音说话，他很开心，指着我们说“你这个……”，于是我们大声叫着“凿孔孔”“一眼眼”，再也不相信他是个很严厉的人了。以后，每到周末，我们就结伴到高先生家去，看他创作的绘画、雕塑和工艺品，听他讲解他收藏的小文物的美。

不过，他对工作倒确实是要求很严。推刨子，拉锯子，一招一式，都要动作到家，姿势正确。下课之后，我们不能立刻就走，必须把木工房收拾得干净整齐，像第一天进来时候的样子。有一次，一个同学从工地学来一句话，叫“干净瓦匠，邋遢木匠”，表示木工房不必那么整齐。高先生指着他的太阳穴说：“你这思想邋遢了！”

我们系老师们设计的国徽图案被政协原则上通过之后，请高先生塑造。他一向爱美爱得入迷，鉴赏力极高，而且眼到手到。再加上生性认真，从来不肯马虎，所以在塑造过程中，对图案有不满意的地方，就不管不顾地“擅自”修改起来。幸亏系主任梁思成先生全力支持，一方面写报告向中央说明情况，一方面充分信任，绝不干扰高先生的工作。我们这帮学生又一次对高先生产生了好奇心，喊喊喳喳地打听他做得怎么样了。多少日子之后，他带着满眼的血丝，右眼被台灯烤得近乎失明，完成了修改和塑造。一看成品，全系的教师和学生没有一个不赞叹，但是除了给我们讲了一次课之外，他以后不再提起这件事。

不久，高先生离开了清华大学，随后就遇上了1957年的风波。

1960年，我到中央工艺美术学院兼课，在食堂里遇见了高先生。这时候，他好像在模型车间当木工。那正是困难时期，我们一面喝盐汤，一面说些情况。他对几年来的遭遇很感到不公正，但对当木工却很有兴趣，高高兴兴对我比划他设计的一件改良农具。可是，当我说到班上几位同学也在1957年遭到不幸的时候，一生刚强的高先生流下了大颗的眼泪。为了掩饰，他笑了一笑，笑得很苦。

那以后，许多年没有高先生的音讯。

“文化大革命”中，1971年夏天，我从农场回北京探亲，一天下午，无意中在中关村北面的大路上碰见了高先生。他这时候已经被送到团河农场劳改，因为师母生病才得了几天假回家看看。他心境孤寂而凄凉，对我说，他自己已经无所谓，但是一生搜集的工艺美术方面的资料，散失了太可惜，希望能交给一个可靠的单位收藏。他问我，是不是可以送给清华大学建筑系。我说，建筑系已经被工宣队占领，摧残得濒于毁灭，原有的文物和资料都难保，再送些资料去也是白扔。我们都黯然。傍晚，天色灰灰，他独自向西走去，我邀请他到清华我家里休息一会儿，他低声说：“何必给你添麻烦。”

一晃又过了七八年。再见高先生的时候，已经是云开日丽。我们当年的七八个小青年，经历过千难万劫，再聚到一起，立即就决定去看高先生。好不容易打听到他的住所，我们敲开门，先生就在面前，高高的身子佝偻着，脸色苍白，听见一声“高师傅”，高兴得不得了。他叫不出我们的名字了，但还记得我们这班人当年调皮捣蛋小小的“轶事”，虽然总是张冠李戴。

这时候他已经七十多岁，患着心脏病，动作十分缓慢。虽然这样，他把落实政策之类的事全不放在心上，随师母去办，自己却不怕辛苦，一次又一次到各地陶瓷厂去指导设计。他对我们扳着手指头，数说想赶快做的工作，第一条是希望带出几个徒弟来。听起来，仿佛他既不老，也没有生病。

从先生家出来，大家心里沉甸甸的。

如今，先生去世了，我们永远怀念他。国徽永远放射着闪闪的金光，不知道他的徒弟带出来了没有。

原载《北京晚报》1986年7月13日

一把黑布伞
——纪念梁思成老师八十五诞辰

1947年秋天，我到了清华大学，进社会学系学习。一个中学生，刚刚进大学，最爱听的就是关于教授们的种种传说，就像小时候仰望长空，听奶奶讲天上的星辰，一样的新奇，一样的入迷。

那时候的清华大学，简直像一个银河系，处处都是群星灿烂。有两颗星，因为成对出现，更加引起我们的注意：一颗是梁思成，刚刚被美国人请去讲学；一颗是林徽因，透明的诗人。

大学生崇拜教授，也崇拜天才，当然更崇拜天才的教授。因为崇拜梁先生和林先生，我特别爱打听他们主持的建筑系的事。到了第二年校庆，一大早就跑到建筑系去看展览。走进系馆，第一件触目的东西是一句口号："住者有其房。"孙中山先生"耕者有其田"的理想，正在解放区成为事实，所以，"住者有其房"这口号一下子抓住了我的心。展览的那些设计图更引起我极大的兴趣。哦，这就是建筑学，它对普通人如此体贴入微，如此富有人情味。它既设计生活环境，也设计生活本身。建筑学，这是一个充满了生活气息的人道主义的专业。

我更加崇敬梁先生和林先生了。

到了1949年，社会学读不下去了，要转系，我就立刻想到转到建筑系去。

先得找梁先生。虽然在清华大学待了两年，但我毕竟还是个不到二十岁的小青年，要找这么一位从来没有见过面的大教授，心里还是很紧张。也不知为什么，我竟在正午到梁先生家去了。梁先生和林先生正在用午餐。于是，我更加紧张，急急谈了要求转系的愿望，自己直埋怨前言不搭后语没有说清楚。听梁先生问我，对建筑学有什么看法，我把在校庆展览会上想到的结结巴巴大概全说了。林先生很高兴，立即说："好，好，太好了，建筑系欢迎你。"从社会学系转到建筑系，要把两年的学历全部丢掉。我问梁先生，是不是可以承认我的一些学分。梁先生说："不要可惜这两年，你学的知识是有用处的，建筑系的学生本来应该多学些社会科学。"他停下午餐，跟我讲起住宅问题和城市问题的社会学来。我又说，数理化丢了两年，也许生疏了。梁先生叫我到教务处拿入学考试的成绩单来，如果数理化成绩比较好，就可以了。

我赶紧扭头就走。不料已经下雨。梁先生叫住我，说等雨停了再走，并且说："已经赶不上食堂开饭了，就在这儿吃午饭罢。"一个毛头小伙子跟两位先生说了几句话，扰乱了先生进餐，觉得不得体，浑身上下都不大对劲儿，听到梁先生这样说，反倒更加不知所措了。我慌慌张张弄开门，跑了出来。雨越下越大，跑到照澜院，已经一片白。正在进退两难，风声雷声中听到有人叫我，一回头，原来是从诫同志追了上来，是梁先生叫他送来一把伞。

我没有接过这把伞，但看了它一眼，这是一把黑色的布伞。

几年以后，我向梁先生提到这件事，他已经忘得一干二净，只笑笑说："你为什么不用那把伞呢？"但那把伞倒是常常在我眼前出现，有时候，厌倦了教学工作，暗暗打马虎眼偷一点懒，那把伞就会敲打我，教我不敢。

1966年，梁先生被迫挂上黑牌，打着锣游街的时候，我也看到了那把伞。

我希望更多的人知道那把伞，黑色的，把柄弯一个钩。

原载《北京晚报》1986年9月7日

为我的诺言而写

几天前，昭奋同志来说，《世界建筑》创刊十周年了，要写些文章纪念纪念。我的记忆忽然格外好了起来，十年来跟《世界建筑》的亲密关系，都成了一个个小故事，像一长列火车，在眼前一节又一节地闪过。

十一年前一天黎明，对着苦干了一整夜，已经筋疲力尽的吕增标同志，我泪眼模糊地说过：如果将来我写中国当代建筑史，一定要把《世界建筑》的创办经过写进去。在去年发表的《中国当代建筑史论纲》里，我写了一段：行当里“最早打开对外窗子的是《世界建筑》双月刊。它的创办既需要胆识，也需要吃苦耐劳。它专门介绍国外的建筑创作和理论，对新时期中国内地上建筑思想的开放活跃做出了贡献”。因为是《论纲》，字数有限，虽然这一段话已经很长，我还是没有实现对老朋友的诺言。谢谢昭奋同志，他允许我随意写什么题材，我就想写下《世界建筑》创业时候的一则故事，稍稍减轻我心头的重负。

1976年，“四人帮”倒台，工宣队撤走，我和陶德坚同志走出牛棚，协助吕增标同志完成他主编的那本《图书馆建筑》。当时，政策还很暧昧，吕增标同志只好按老例，在书里只采用国内的资料，以致书的学术质量不是很好。我们几个人，洗脑子都不见成效，在一起议论，觉得不汲取国际经验，我们的建筑水平很难提高。恰好这时候写到了图书馆的设备这一章，我们查找了许多复印机和胶印机等等的资料。有一天，讨论时，吕增标同志慢悠悠地说，买一台胶印机，把系里的一些外国杂志选印一部分，供全国同行们参考，岂不是大大的好事。好事倒是好事，可是谁敢认真去想？

那时候，刚刚把“不抓辫子，不打棍子，不记本子”当作天大的恩典。“心有余悸”或者“心有预悸”，许多明明白白的话都还不大敢说。没想到，吕增标同志却正式向系领导提出了买胶印机印国外资料发行的建议。每一位经历过前头三十年的人都知道，那会儿，提这种建议的人，不是发呆犯傻，就是乘飞碟从天外来的。真不知他老吕是何方神灵，吃的是何方供献。不料，有一搭便有一档，当时建筑系的领导刘小石同志居然胆大包天，似乎忘记了那顶“走资派”高帽子的分量，同意了这个建议。

于是，1978年秋天，吕增标和我，再加上白玉贞和校印刷厂的韩师傅，一起到东北一个滨海城市去买胶印机。当了十年“废品”，第一次去办正儿八经的事，大家很兴奋，在火车上，我们反复排练怎么向人敬烟，趁什么样的时机，说什么样的话，等等。吕增标是支老烟枪，不过，“只解自怡悦，不知持与人”，白玉贞便自告奋勇担任导演。带去的是老吕自己买的几包红双喜。

不记得烟是怎么敬的了，反正，是工厂的供销科长一口咬定没有机器。我们几个人赔着笑脸，一筐一筐地说好话。最后，科长清一清嗓子发了话：“你们买机器，带了什么来？”老吕一听有了转机，赶紧回答：“带了支票。”这回答使科长很吃惊。他愣了一会儿，忽然哈哈大笑，笑得满脸蛋眼泪鼻涕。然后，像教育孩子一样，向前倾了身子，特别柔和地说：“某机关来买机器，送来一百袋白面；某机关送了一车皮烟煤……”我们几个人面面相觑，只见到都是草包相，不得不退了出来，带着满腔烦恼，在海边白茫茫的盐碱地里溜达，把芦苇叶揪成碎片。

商量了一下午，晚上揣着剩下的几根香烟，找到了一位技术员的家。想不到他的妻子给我们递了一个消息：这个厂的副厂长是清华大学的毕业生，手里有五台由他支配的机器，这支配权是他的个人福利，别人管不着。第二天我们找到这位副厂长，他自认倒霉，我们终于买到了机器。

等办妥了一切手续，厂里的供销科科长露出神秘的笑容，眯起眼睛说："你们去办托运吧！"到了火车站，我们被当作皮球，在几个科室之间踢了几个来回。后来，货运站长打电话给站长，大声叫嚷："他们就这么空着手来办托运，可我们职工宿舍还差几万块砖，不叫他们出叫谁出？"打听了一天，知道在这个车站找不到清华大学的毕业生，我们只好回北京来了。想起那"文革"十年里天天听到的知识分子"不会杀猪""不会分辨韭菜和麦苗"的嘲笑来，心里酸不溜丢的不是滋味。而我还要为手表在那里被偷更多一分气恼。

真是天无绝人之路，中国建筑界命该有这份《世界建筑》。解放军的一个单位委托我们系做一项设计，我们便借机讹了他们，派一辆卡车直奔东北，把那台胶印机拉了回来。

胶印机一到，吕增标和陶德坚马上就练成了全把式，从制版到印刷，两个人日夜地干。我的编制在这个组。但是老吕认为我应该赶紧写教材，不叫我跟他们一起玩儿命。他说，他会遮挡着我。我很感谢老吕。但因此我也就不能足够生动地记述他们此后的工作了。

机器的质量很差，能生出各种各样的毛病来。印出来的废品比正品多。他们两位成天埋在废纸堆里，人瘦了一圈又一圈。隔不了几天就得请厂里的技术员来修理一次。每一次来，吕府上就得杀老母鸡，买几瓶酒，不敢有一点怠慢。临走的时候，那几位还要几只煤炉，几段烟囱，还要多少双棉鞋，老吕一样样都给办到。

吕增标和陶德坚两位同志都不仅仅是拼命三郎，而且对工作的质量要求得近乎偏执。从写稿、校对到印刷，亲自动手，一丝不苟，连杂志的装订都要跟着干。通宵不睡，成了常有的事。1979年，《世界建筑》的试刊号出版了，是吕增标和我，蹬着三轮车，从印刷厂把第一批成书拉到系里。就在这时候，我写的教材交稿了，我也离开了这个小组。

《世界建筑》从试刊到现在，当然接连不断地还有许许多多动人的故事。十年来，我经常是编辑部的常客，不是帮他们搞一二百字的消息就是校改几个错排的字。我不知道《世界建筑》会不会有那么一天还需要人去拼命，如果需要，我会冲上去的，凭这副老骨头！——这又是一句诺言，不知下次怎么写啦。

原载《世界建筑》1990年第5期

访普鲁金教授

1949年的一天，一个高高的年轻人来到新耶路撒冷修道院。修道院造于17世纪，在伊斯特拉，离莫斯科八十多千米。德国侵略军占领过它，几乎把它夷为平地。指着堆成小山的断砖残石，苏联文物建筑修复大师巴拉诺夫斯基（1899—1989）对年轻人说："全拜托给你了，希望你把它们修复。"这时候，年轻人刚刚从莫斯科建筑学院毕业一年，虽然早在读书的时候，他就参加了许多修复被战争破坏的文物建筑的工作，但是，面对着一大片只剩下墙根的废墟，他心里发慌，觉得无从下手。

年轻人参过军，在战场上面对面打败了德国鬼子。出生入死的战争锻炼了他刚强的意志，他没有退缩，默默地带着一些人，把无数破碎的砖头和彩色装饰雕塑，一小块一小块地清理出来，找到它们中大部分的原位，重新砌筑归安。他把这工作当作那场卫国战争的延续，他必须获得胜利。

五十年过去了，1998年9月，他站在开满了紫色蓟草花的绿茵中央，要求我们给他照一张相，以新耶路撒冷教堂的金顶为背景。他说："如果我能和我的金顶一起发表在你们《世界建筑》杂志上，那将是我最高兴的事。"这时候，他已经是七十岁出头的老人了。他神色严肃，紧闭双唇，眼睛透出遥远的沉思。背后，1997年修复完工的教堂高高挺立，碧蓝的天空把金顶烘托得光芒四射。此时此刻，他沉思些什么呢？毫无疑问，应该是他一辈子辛勤的工作，一辈子追求的梦。

他一辈子做的工作太多了。除了主持新耶路撒冷修道院的修复之外，他在俄罗斯的古都苏斯达里和弗拉基米尔等地参加过修复工作，也修复过莫斯科克里姆林的城墙和钟塔。我们问他，哪一件是他最重要的工作，他回答，是1955到1957年主持红场上华西里·伯拉仁诺教堂的修复，“因为它现在成了俄罗斯的象征”。华西里·伯拉仁诺教堂建于16世纪中叶，1552年俄罗斯人攻克了蒙古侵略者的最后一个据点，解放了全境，几个世纪的屈辱洗雪了，胜利的欢乐沸腾了整个俄罗斯民族，这教堂就为纪念这伟大的事件而建。它兴奋的形象和鲜亮的色彩永恒地记录下人民追求自由、追求独立的精神，俄罗斯人到现在还为它骄傲。作为一个上过卫国战争前线的爱国者，一个打败了德国侵略者的战士，他当然会以负责修缮了这座教堂为毕生最值得自豪的工作。

什么是他追求的梦？他头一天告诉过我们：“我一生的梦想就是建立一所文物修复科学院，把文物修复建设成一门独立的科学，使以后的文物修复工作者都受过正规的专门的教育。”经过19世纪中叶以来一百多年的实践和探讨，西方世界在文物修复方面已经形成了系统的、完备的、逻辑严密的理论，已经积累了很全面的技术知识，这个领域的边界也已经显示了出来。而且，由未经正规训练的人员，包括建筑师在内，来负责修复文物建筑的弊病也已经十分明显。所以，把文物修复建设成独立的科学，使修复工作者受过专门的教育，不但已经可能，而且已经十分必要。这个梦他实现了一半。1991年，他终于建立了俄罗斯第一所，也是世界第一所文物修复科学院。科学院里暂时还只有文物建筑修复专业，其他各类文物的修复专业还没有设立，那是他另一半的梦。

这位从青年时代一直到老年终身从事文物建筑修复的学者，就是俄罗斯文物修复科学院院长普鲁金教授。

我们到文物修复科学院去访问过他。科学院设在莫斯科东北郊的伊兹迈洛夫斯基庄园里。这是一所17世纪的贵族庄园，大门是塔式的，里面有一座小小的教堂和一座府邸。四周都是浓密的树林，环境非常幽静而美丽。教室和工作室就在府邸里，很朴素，甚至显得破旧。普鲁金院长在一间大教室里接待我们。天下着细雨，教室里有点儿阴沉，凉飕飕的。摆上咝咝叫着的俄罗斯古式咖啡壶，院长给我们介绍科学院。先说学生，学生有两种：一种是正规建筑学院学过四年的，到这里再学两年；一种是十一年制中学毕业的，到这里学五年，要从建筑专业学起。科学院毕业的学生是硕士学位，名称是建筑师和文物建筑修复工程师，不但会修复，而且会研究。"制定修复计划之前，必须先做深入的研究，"院长说，"深入的研究，是修复工作必需的前提；没有研究，修复工作便是盲目的，不可靠的；只有研究才能保障修复的科学性，它把文物修复和传统的匠人修缮严格地区分了开来。"我们在修复科学院的走廊里看到墙上挂满了各种图表，都是学生研究作业的一部分。虽然没有看论文，但从图表上看，研究都做得非常细致，连修复对象的一小片烧焦的木板，一小块剥落的灰皮，都要做不少实验、分析。到1998年，已经有89个毕业生，目前在读的有120人。再说教师，因为是第一所科学院办的第一个专业，所以起初没有专职教师，到别的院校请来兼课，讲美术史、宗教史、物理、化学等等。渐渐地，这些教师对文物修复越来越有兴趣，就全身心投入，成了专职的了。现在有11位院士，26位教授，23位博士、副教授，还有一些长期从事文物建筑修复的技术人员。

普鲁金院长说，不论教师还是学生，到这里来，爱好和愿望是第一位的。我们访问那天正是星期六公休日，见到每个工作室里都坐满了人。院长说，星期六、星期天大家都照常上班，很少有人休息。他自己那天也在画一座教堂的立面图。他的工作室很小而且简单，除了两只书橱，几张图桌和高凳，什么家具也没有了，但墙上却全是图，不见一丝空隙。图全是他自己画的，在精细的铅笔稿上作淡淡的、薄薄的古典水墨渲染。七十多岁的人了，画这样的图真是不容易。我们对他非凡的功力表示敬意，他说：“干了一辈子了，现在走路、吃饭都想工作，连睡觉做梦都想。”从府邸出来，他陪我们在院子里参观，高大的树木上沙沙地响着雨声，但各处都有些学生，三三两两，有的画写生，有的测绘教堂。普鲁金教授看看他们说：“我已经老了，至多还有三年五载，现在最大的心愿，是把我五十多年的经验全教给他们，让他们接好班。”语调深沉，有几分忧郁，更含着期望。每一个为一项事业奉献了毕生精力和智慧的人，到了晚年，都会有这样的心愿。这心愿里含着他对这项事业最后的、最深沉的爱，因此最能打动人心。凡一切对人类有益的事业，都是靠这股力量一代又一代地承传下来的。五十年前，巴拉诺夫斯基在新耶路撒冷修道院的废墟前向年轻的普鲁金交代任务的时候，就是用这股力量打动了他的心。现在，轮到他嘱咐年轻人了。

第二天是星期日，普鲁金把患病的老妻留在家里，驾车陪我们去参观新耶路撒冷修道院。虽然走起路来已经老态龙钟，他还是把我们带来带去，边走边讲，唯恐漏掉些什么，还跟我们一起数台阶的踏步，都是三十三级，正是耶稣基督上十字架时的年龄。最后，走了许多路，穿过很大的花园去看当年建造这修道院的尼康大主教的住宅。离住宅大约七八十米远，有一道小河，河上架着石拱桥。站在桥上，他指一指住宅说：“怎么样，这样看看满意了吗？”听到他气喘吁吁，我们赶紧说：“可以了，可以了。”在一座密林里的餐馆吃了午饭，没有休息，下午，他又带我们参观17世纪的莎维诺·斯杰洛善夫斯基修道院。他显然很累了，上台阶都要一手扶住膝盖，但还是脚步蹒跚地追着我们讲解，还一个一个拉住我们，指点哪一个角落拍摄哪一个画面最好。他熟悉这座修道院，热爱它，因而也爱一切爱它的人。直到天色很晚，我们才离开修道院，刚刚迈出门槛，恰巧钟塔上大大小小的钟奏起了清亮的音乐。老人家告诉我们，有一句俄罗斯谚语：“客人要出门，打钟为留客。”我们都不免有点儿惆怅，为了将离开这可爱的修道院，为了将离开这位可爱的、我们十分敬重的老学者，也为了将结束这样一次充满了历史感，充满了学术气息，也充满了对文化的共同珍爱所产生的真诚情谊的游历。

回程的半路上，老人家的车子向左一拐，匆匆赶去看病中的老妻了。第二天，他托人带来一句话："和朋友离别，没有握手，很抱歉。"

啊，老人家！

原载《世界建筑》1999年第1期

美尔尼可夫私宅访问记

到了莫斯科，第二天就到繁华的阿尔巴特大街去了。不是为了逛古玩店，也不忙于买纪念品，更没有去回忆俄罗斯文学中无数描绘这条街上生活的情节。我们向左转了又向右转，来到一条十分清静的小街，找到了美尔尼可夫（1895—1985）的住宅，那是他自己设计的。美尔尼可夫的建筑创作大体和苏维埃政权相始终。在1920年代，他是苏俄最有独创精神、最富于想象力也最多产的建筑师，曾经对西欧现代主义建筑的发展有过重大的影响。可惜，正是他的独创精神和想象力，在苏联那个专制的年代，使他成了一位悲剧式的人物。

我初次听到美尔尼可夫的名字，是1952年在我们系的苏联专家叶·阿·阿谢普可夫的课堂上。这是一位很和善、很有修养的学者，但他把美尔尼可夫称为“形式主义者”，形式主义的典型作品便是他自己的住宅。记得阿谢普可夫把它比作蜂窝，因为它的窗子是六角形的。在当时的苏联社会制度下，作为政府派遣的专家，他总得讲官方的观点，这倒容易理解。后来有幸读到穆·波·查宾科著的《论苏联建筑艺术的现实主义基础》，那是一本凶狠地挥舞狼牙棒的书，里面把美尔尼可夫归为“腐朽的构成主义者”一类。而构成主义者则已经被上了高高的政治纲，扣上了“反动的”“资产阶级的同盟军”“颠覆者”等等万劫不复的帽子。查宾科是个恶棍，他企图借官方的虎皮取知识分子的鲜血来把自己染得红彤彤的。在五六十年代，我们的建筑界也盛行类似的批判，也有类似的批判者。书里说：“构成主义者……在资产阶级极端个人主义与真正形式主义的凶焰下业已完全屈膝……例如美尔尼可夫建筑师在阿尔巴德街新建造的圆柱形住宅……”

我们就是去看那座圆柱形的、开着蜂窝式窗子的美尔尼可夫的住宅的。住宅不大，立在一块方形基地当中，左右都是多层住宅，从栏杆间隙张望进去，住宅的前后左右都长满了没膝的野草，有点儿荒芜，但野草盛开着粉色、红色、紫色、蓝色和白色的花朵，又显得很蓬勃有生命力。铁栏杆的门锁着，我们以为进不去了，却见白纱窗帘一动，掀起一只角来，一位白发苍苍的干瘦老人看了我们一眼。我们赶紧招呼、解释、请求。老人家缓缓走了出来，给我们打开了院门。老人是建筑师美尔尼可夫的儿子，一位小有名气的画家，快八十岁了，独自住在这里。他答应我们里里外外、上上下下参观，但是只许在外面照相，里面不要照。

住宅的基本体形是两个垂直的圆柱体局部交合而成的。我过去见过它的平面，对它的内部空间能不能保证居住舒适，给人的观感又会如何，有点儿怀疑。所以一进门，眼光相当挑剔。但是，出乎我的意料，几个主要的厅室，如底层的餐厅兼客厅、二层的工作室和卧室，空间都很舒适。尤其是卧室，半透半隔，空间很有层次而又流畅。反复体验，也敏感不到什么腐朽的资产阶级反动气味。不久前，刚开过美尔尼可夫父子俩的作品展览会，房间里还堆着些展板，我们趁机翻了一遍。一张年轻英俊的旧俄军官的照片很吸引我们，一双发光的眼睛充满了精气神。原来建筑师美尔尼可夫在第一次世界大战时参过军，这是当年的留影。

美尔尼可夫本来以处理建筑内部空间见长。1920年代，他在才华焕发的鼎盛时期，曾经以崭新的建筑观念风靡一时。他所做的设计，不仅在外形上是破格创新的，在功能上、经济上、构造上、材料使用上，也都令人耳目一新。因此他不但几次被委任设计苏俄在外国的博览会建筑，而且还被法国人请去做设计。

俄罗斯是一个很有创造性的民族。他们的中世纪建筑和十六七世纪的建筑，都有十分强烈的民族特色。我们到苏兹达尔和弗拉基米尔去了一趟，那里俄罗斯人民的创造力使我们大开眼界，而莫斯科红场上的华西里大教堂是最容易见到的明证，世界上再也找不出类似的建筑来。彼得大帝彻底改革开放，连贵族们的胡须都被强迫刮光。后来，圣彼得堡的主要建筑物绝大多数都是西欧建筑师设计的，但是，圣彼得堡的水上和陆上建筑中心以及它们的个体建筑，仍然是特色鲜明的。十月革命后，一时间，似乎人类几千年追求的社会理想就要实现，人们迸发出更大的创造新世界的热情。这时期，建筑的创新探索在两方面进行，都获得了很大的成功。一方面，要用崭新的建筑形象来建设崭新的社会；另一方面，要体现新社会的基本精神，劳动者大众要成为社会的主人，社会要有广泛的民主，要平等、自由、奋发、进取。美尔尼可夫在这两个方面都有所建树，在1920年代成为最受人注意的建筑师。1924年底，他为在法国举办的国际博览会的苏俄馆所做的设计，被评审委员会称为："结构轻巧，反映了作为工人和农民的国家以及各民族的联盟——苏联的理想。"他的主要作品是为工人大众设计的文化俱乐部，是摊贩市场、公共停车场之类。就在这些很不起眼的建筑上他大大发挥了独创精神，他以与众不同的方案解决很现实的问题。莫斯科的卡莎可夫工人俱乐部就是一个杰出的作品，内部空间和外部形体都富有创意，都与功能和结构密切相配。可惜我们这次没有去参观。

但是，俄共从1920年代中叶起，就开始建立在文学艺术界的专制，当然也就扩大化到了建筑领域。新的探索被看作阶级斗争和路线斗争的现象，受到一次又一次的打击，紧箍咒渐渐收紧。到了1930年代初期，斯大林的个人迷信大盛，个人独断稳固，形势就急转直下。一个人伟大起来，千万人就变得渺小了，他们活跃的思想和独创性劳动看来有点儿碍事。于是，通过苏维埃宫的设计竞赛和列宁奖金、斯大林奖金的诱导，通过"社会主义现实主义"理论的建立，文学艺术中，尤其是限制条件比较严苛的建筑中，教条主义牢牢地控制了建筑师，建筑师们便被装进了俄罗斯古典主义传统的套子里。创新被当作了异端邪说，遭到打击，创新者靠边站了。茹尔多夫斯基设计的在莫维瓦亚大街口上的一所愚蠢之极的复古主义住宅，竟被当成了样板。从30年代初到50年代中叶，二十几年里，苏联的建筑在艺术形式上是平庸的，一个很有创造性的民族，竟被高强度的专制制度窒息了智慧和才气。

斯大林主义跟马克思主义是背道而驰的。马克思主义提倡国际主义，马克思和恩格斯都曾经一次又一次很激动地说，在历史的转折关头，传统是巨大的惰力，必须予以彻底的粉碎。但斯大林却大肆提倡民族主义，在建筑上要求继承俄罗斯古典主义传统。古典主义建筑产生于绝对君权的法国，被绝对君权的俄罗斯引进，很适合于表现一种专制主义意识形态。这个倾向正和当时在专制主义统治下的德国、意大利和日本相似。在德国盖世太保封闭包豪斯的时候，苏俄解散了建筑中本来领先于西欧的探索性组织和学校。马克思主义把社会主义社会看作劳动者彻底解放的社会，但在30年代以后的苏联，一幢幢歌功颂德、充满了个人崇拜气味的纪念性建筑在全国造了起来。

美尔尼可夫还在做建筑设计，但已经失去了一切光芒，成了一个默默无闻的技术人员，而且有许多设计没有机会实现。专制主义社会是不需要人们的创新精神的，创造性“思索”只能来自“上面”，于是，人们的想象力和进取心被磨蚀完了。但是磨蚀人们想象力和进取心的制度是不会持久的。

斯大林主义遭到揭露和批判之后，并不是一切都马上拨乱反正了。直到1965年年底，美尔尼可夫七十五岁寿辰，才在莫斯科建筑师中央大厦为他举办了个人作品图片展。1967年，他才获得拖延了整整二十五年的博士学位。画家儿子很遗憾地对我们说，在勃列日涅夫和契尔年科当政时期，意大利、奥地利、法国等几次来邀请美尔尼可夫去办个人作品展览，当局都没有批准，不发给他护照，还把他当作“有问题的人”，政审通不过。他逝世十年之后，1995年，为纪念他一百周年诞辰，才在“艺术者之家”，用三个大厅展览了他和两个儿子的作品。现在正式出版了俄、英、法、德几种文字的专集。但这些事老美尔尼可夫已经不知道了。

离开小住宅的时候，画家小美尔尼可夫送到院门外，仍旧是细声细气没有什么话。我们邀他一起照了一张相，也没有说什么话。知识者的这种遭遇，我们都很熟悉，没有可说的了。

原载《世界建筑》1999年第4期

我有过这样的老师

王丽老师：

您好，谢谢您给我寄来了约稿信。这封信使我很感动，它一直撞到我的心底，激活了那里深藏着的记忆。

我是干建筑学的，已经五十五年没有接触过语文课了。有时候关心一下儿子和孙子的学习，觉得半个世纪以来，语文课既太政治化又太技术化了，对青少年的思想起了不好的束缚作用，但是我想得很不深刻。您在来信中谈到语文教育影响人一生的价值观和审美观，影响一个人心灵中最深层最本质的东西，使我心中一震，立刻如您所说，想起了我早期受教育时可敬可爱的语文老师。

我从小学四年级到高中二年级，整整八年，是在抗日战争中度过的，地点在浙江省中部和南部。我们全体同学寄宿在学校里，老师们带着我们在山沟沟里逃难流亡，缺医少药。几次遭到日本强盗飞机的轰炸，从尸体堆里逃生，又从日寇细菌战造成的肺鼠疫大流行中幸存下来。我们，小小年纪，不懂事，老师们不但照料我们、保护我们，还在极其困难的情况下给我们以高水平的教育。待我成年之后，回顾那段历史，越来越懂得教育工作是多么崇高的职业，我的小学和中学的老师们，其实个个都是伟大的英雄。在那时候，他们带着几百个少年学生，对我们，对我们父母，对我们祖国，肩膀上担着多么沉重的担子。我一生都敬仰他们，包括常常要批评我不肯开口唱歌的音乐老师。您想，在那种艰难危险的日子里，我们居然还有音乐课，老师教我们唱的是《满江红》《苏武牧羊》和《流亡三部曲》这类歌。而且上课还有风琴。有一次土匪来袭，我们仓促出逃，两位农民抬着那架风琴，音乐老师，女的，紧紧跟在后面，一瘸一拐地在山路上跋涉，自己只背出来个小包裹。

但我印象最深的还是语文老师。那时候，学校一般都最重视语文课。语文老师大多比较年长，在同事中受到尊敬，他们地位比较高，担当着各年级的“级任导师”，大约相当于现在的“班主任”。简单地说，他们担当了为父母的责任，跟学生的关系特别密切。我们都住在祠堂里或者庙宇里，宿舍没有门也没有窗，山区冬季很冷，天天晚上，身为级任导师的语文老师都要来查铺，摸摸我们的手脚，拂去被面上的一层积雪，掖紧被角。春天雨多，偶然出太阳了，便来督促我们把潮湿的被褥摊到乱葬岗坟头上去晒。我们团团坐在一起，在暖和的阳光下脱了衣服捉虱子。老师见了，便到农民家里借一个灶，用煮猪食的大锅烧满满一锅开水，叫我们一个个脱下内衣裤放到锅里煮一煮。我们自己种菜、砍柴，到山上背来竹子搭房子。农民收了稻子之后，我们把地租来，在禾兜下挖一锄头，塞几粒豆子进去，抓上一把草木灰，天冷之前能收一茬豆子。级任导师，也就是语文老师，总和我们一起劳作。

有两件事我永远不会忘记，猜想我以后万一得了老年痴呆症，也会记得。有一年，日本侵略者为打通浙赣铁路，占领了金华，向丽水进逼。老师们带着我们“逃难”，到了碧湖，山洪暴发，江水骤涨，不能船渡。我们几百个学生停在江边。这时候有很多很多中国军队也阻塞在渡口。忽然间来了日本飞机，一批又一批，轮番轰炸、扫射。带领我们班的语文老师，大喊大叫，把我们一个个按倒在公路边的水沟里。到天色昏黄，屠杀终于过去，我们爬出水沟，看到一地的断肢残骸，血肉模糊，吓得两腿发软，不会走路。老师叫我们闭上眼睛，连拖带挟，来来回回，一趟一趟，把我们弄到渡船上。这时候水势弱了一点，冒险过了江。我们这些学生，居然没有一个伤亡。遗憾的是，受到这样的惊吓，我们有些同学在以后两三个月的时间里，情绪不正常，时时会顶撞老师。后来回忆起来，我就想，不知有没有伤了老师的心。

另一件事是，日本侵略者曾经在浙江南部施放过肺鼠疫菌，造成严重的疫情。我们学校在景宁，紧靠疫区边缘，大家提心吊胆。有一天下午，我们下地给白菜施肥、松土，当晚很累，早早睡了。第二天早晨，紧挨在我右侧的同学，我们的劳动组长，竟莫名其妙地死在了地铺上。那时根本没有医生，大家只好猜测他死于鼠疫。鼠疫的传染非常厉害，唯一可以采取的办法是把尸体烧掉，又把我隔离起来。我被关到一座孤零零的农舍的楼上，我们的美术教室里。所有的人都认为我死定了，我只得坐在墙角发呆，等死。没有什么人敢走近这座小楼，但一天三餐，都有人把饭菜装在篮子里，挂到一根绳子头上，我自己把它吊上去。这位送饭的人，就是级任导师，我的语文老师。糊里糊涂过了一个礼拜，我居然没有死，危险期过了，被放回班里。这时我才十三岁，初二的学生，受了这么大的折磨，一头扑进老师怀里放声痛哭，老师紧紧搂住我，一起哭。

您在约稿信里给我出的题目是《我所受过的中学语文教育》，我却文不对题，写的是《我所受过的中学语文老师的人格教育》。老实说，六十年前老师是怎样教课的，我记不很清楚了，但老师是怎样做人的，我终生不能忘记，而且时时受到记忆的鞭策，不敢有负师恩。中学生，一张白纸，毫无主张，偏爱什么课程，常常是因为这门课程的老师受到爱戴。我和我的许多同学，就是因为被语文老师人格魅力感动，对语文课特别有兴趣，学习比较用心，喜欢看些课外读物，也勤于练习写作。我想，我中学时代的语文老师，教书效果好，首先是因为他们关爱学生，师德高尚。这样一想，我所写的也许并不走题。

关于语文课上的情况，我只记得一些些儿。这一些些儿，既然六十年来没有忘记，就是不应该忘记也不可能忘记的了。

那也是在景宁，我们的学校“撤退”过去，请了当地一位前清举人当语文老师。这位老师在地方上声望很高，举止端方，不苟言笑。每当空袭警报的钟声一响，他便换上长袍马褂，打扮整齐，规行矩步走出我们当校舍的白娘娘庙，站到荒坟头上，一听到敌机的声音，他就仰天大骂，从来不躲避。同学少年，不明白道理，笑他迂腐。可是他的授课终于镇住了我们的调皮。那时候没有课本，教学内容由老师自己定，上课的时候写在黑板上，我们动手抄下来。开学第一堂课，他也是穿戴整齐，走进教室门，庄重地看了我们一眼，缓缓转身，用非常漂亮的大字，在黑板上写下："死去元知万事空，但悲不见九州同，王师北定中原日，家祭毋忘告乃翁。"然后，低沉地朗诵起来。我们虽然还小，但国难当头，山河破碎，在日寇逼迫下辞别父母，颠沛流离，尝尽苦难，心头郁积着仇恨和悲愤。这首诗我们以前学过，懂得这是老师对我们的嘱咐，爆发般地齐声应和，滚烫的泪珠洒满胸前。以后我们陆续又学了"三万里河东入海，五千仞岳上摩天，遗民泪尽胡尘里，南望王师又一年"这样的许多诗。

在整个抗日战争时期，也就是我的小学和中学时期，我们的语文老师，给我们选的教材大体都是这一类洋溢着爱国主义和英雄主义的文学作品，什么《正气歌》《过零丁洋》《史可法答多尔衮书》《阎典史传》《张睢阳传》，等等。高二时的语文老师，给我们选讲《桃花扇》里感叹国破家亡的曲子，我到现在都会背诵。它们所蕴含的充塞天地间的浩然之气，给我们同学们的教育，远远超出了"语文"这两个字所能包容的，它们所蕴含的是我们民族的精神，是我们这个民族能够长存于世界并且兴旺发达的根本所寄。在抗日战争那种危难环境里，在贫穷落后的山沟沟里，在每年总有两三个月吃糠咽菜的日子里，我们从这些作品汲取这种民族精神，像干涸的土地汲取雨露那样，格外敏感和彻底。对祖国、对同胞刻骨铭心的爱，对自强、对自立坚定热烈的向往，就这样在我们心里种下了深深的根，哪怕海枯石烂，决不能动摇。它决定了我们一生的审美方式、思维方式和行为方式。

您在约稿信里写道，"语文教育又是国民教育的核心"，"语文教育将民族文化中的精华及本民族特有的价值观，一代代地传承下去，并不断地积累和光大”。说得真是太好了，我的切身感受，总括起来，正是这两句话。

我并不认为，其他课程的老师对学生的人格健康不起什么作用，例如，公民课的老师就曾用几堂课的时间给我们讲“十五从军，十七授命”的南明少年抗清英雄夏完淳（存古）的事迹和诗作。我只是要强调，语文课以它内容上的特点，对学生人格健康的影响更大一些。您是一位中学的语文老师，我向您致敬，相信您一定和我中学时代的语文老师一样，把一批一批孩子，培养成有健全的人格、情感和心理素质，对语文有很高的鉴赏水平和写作能力的公民。

问好

陈志华

2001年8月15日

日寇投降纪念日

原载《我们怎样学语文》，作家出版社，2002年

爱美·审美·创造美
——纪念林徽因老师诞生一百周年

人们怀着深深的敬意，准备为林徽因先生的百年冥寿办一些纪念活动，我这才恍然憬悟，原来林先生去世的时候，不过五十岁刚刚出头。望着北窗外沉沉的夜空，我不禁怅惘起来，如果老天有眼，林先生再健康地生活几十年，这世界会增添多少美好的东西！林先生是为美化这世界而生的，从二十几岁到三十几岁，匆匆的十来年，林先生成就了一位建筑学家、一位装饰艺术家、一位诗人、一位教育家。再无情的岁月，也不能把林先生的名字从中国建筑史和中国文学史抹掉了。

三年前，到八宝山悼念莫宗江先生的时候，特地去瞻仰了林先生的坟墓。在那个黑暗的时期里，坟墓曾经被“革命者”破坏，后来，那块浮雕着花环的石碑重新竖立起来了，但先生被凿掉的名字还是没有重刻。朋友们纷纷议论，希望把坟墓再修整一下，恢复梁思成先生当初设计的样子。我心里很觉得凄凉，却默默地想，没有名字也不妨。那石碑上的花环，是林先生亲自为人民英雄纪念碑设计的装饰，我带学生在纪念碑工地劳动实习的时候，眼看着雕花师傅们一锤一锤地把它打造出来，靠在工棚门口放着。吃饭的时候，大家端一碗菜，捏两只馒头，蹲在它面前，慢慢地欣赏，赞叹。还有别的什么人能设计出这样美的花环！就像当今几乎所有的人，一读到那一段千古名句——“无论哪一个巍峨的古城墙，或一角倾颓的殿基的灵魂里，无形中都在诉说，乃至于歌唱，时间上漫不可信的变迁，由温雅的儿女佳话，到流血成渠的杀戮……”，谁会不想到林徽因这个名字呢？

我是进清华大学两年之后才转到营建系学习的，那是1949年。转系的动机之一就是仰慕梁先生和林先生，记得那天到胜因院去向二位先生提出申请，说到我在社会学系读过了两年，梁先生很高兴，劝我不要在乎放弃两年的学历。他耐心地给我讲，无论建筑设计还是城市规划，都需要社会学的知识和思考。我那时候还差三个月才到二十岁，在声名赫赫的先生们面前怯生生地觉得手脚僵硬，浑身不自在，听不清楚梁先生的话，却牢牢记住了林先生的热情。林先生催我赶紧到注册组去办转系手续，而且说：营建系欢迎你，我们本来打算把营建系一二年级的学生，都放到文学院和法学院里去学两年，到三年级才开始上建筑学的课，五年级毕业。你正合乎我们的设想。

可惜，那时候林先生的健康已经很不好，我进了营建系之后，并没有机会听先生的课，甚至难得见先生一面。早两年林先生健康还好一点，高班同学曾得到不少教益，有时候说起来，我就遗憾为什么考大学的时候竟不知道有这么一个营建系。但我也有几次当面领受过先生的教导，虽然现在已经记忆力很弱，那五十几年前的教导倒还记得非常清楚，以后也绝不会忘记。

那是一年级的时候，系里的老师们为了振兴北京的传统手工艺，帮着设计一些景泰蓝的瓶瓶罐罐。有一次，在我们大通仓式的设计教室中央放了一张桌子，陈列了几件作品，给我们学习。我正慢慢一件件地琢磨，林先生忽然在我身边说话，问我看了有什么心得，我愣了一下，结结巴巴回答不出什么来，先生就非常亲切地讲开了。先说一个时期以来景泰蓝的没落：只重手艺精巧，不重艺术品位；只重图案复杂，不重造型优美。先生把这叫作“慈禧太后风格”，很不赞成。我虽然还是什么话都说不出来，但知道盼望着的机会来了，便聚起精神来细细听着。林先生拿起一只鱼篓罐，说，看艺术品，要先从整体看起，整体的和谐完善是决定性的，其次才看细节。那只罐子是莫宗江先生设计的，林先生告诉我，莫先生是如何去熟悉古代青铜器的，得到了什么好处，这件作品从哪些方面借鉴了青铜器的造型和装饰。先生把那只鱼篓罐举到眼前，说：学习古代青铜器和石刻，主要是学它们的大气和刚气。你好好品味这只鱼篓罐，看它的大轮廓，既单纯，又有变化，看这一对“S”形的曲线，多么有弹性。

说到曲线，林先生把话题转到罐子上的卷草装饰纹样，用纤细的手指比画，说：卷草有大叶，有小叶，以大叶为主，小叶衬托，一片片层次清晰；大叶向一边弯曲，小叶向另一边弯曲，形成动态的对比变化；不论大叶小叶，卷到了尖子上都反向微微一弯，显出一种倔强，这样一来，这些曲线就有了力量，有了生气，否则就会软塌塌的了。最后先生又说：越是圆润柔和的图案，越不要忘了给它加一点力量。

林先生说了很多，情绪很兴奋，恨不得要把一肚子知识和思想一下子都教我明白。这是我后来每次听先生讲话都同样见到的气度和风格，到我当了几年教师之后，我才领会到，那种气度和风格正是教师最重要的品德。

学生时代听到林先生的又一次重要教导，是先生给一些同学讲她正在设计的几幢教师小住宅。讲话的主要意思是做建筑设计首先要全面而细致地考虑建筑物的使用功能。考虑功能就是关怀人，在住宅来说，首先就是要关怀家庭主妇，所以，厨房朝向要好，油盐酱醋、锅碗瓢勺要放在最方便取用的位置上，甚至要注意到妇女的个子比较矮一些，力气比较小一些。林先生是诗人，是真正的、出色的抒情诗人；林先生是爱美的人，是十分敏感地追求一切美的人；先生的建筑价值观里，又总是把功能的完善放在第一位，而从林先生的生活、学术和创作中，有谁能认为先生放弃过诗意、忽视过美？完善功能就是关怀人！关怀人，这也是美。几十年来，我没有忘记先生的教诲，把这人文主义的价值观坚持到底。

到我留在系里工作，林先生的身体更差了，记得好像是再也不到系馆来了。但我开始教一年级的建筑设计初步，按照苏联榜样要先教西方的古典主义柱式。这一套我没有学过，当时唯一能请教的老师只有林先生，我不得不去拜访。每次去之前，胡允敬先生都要嘱咐我，先把问题想透，问明白了就走，不要太劳累了林先生。但是，要问明白了就走可不容易。那时候，先生总是倚在床上教我，说起话来，喉咙呼噜呼噜地响，夹杂几声咳嗽。但话依旧说得又快又急，而且一说开头，从来不限于我提出的问题，总是想到什么就说什么，滔滔不绝，我很难找到合适的空子抽身告辞。说得太多了，先生会累得喘息一会儿，半闭着眼睛，但右手还是举着，做出要留我的姿势，房间里没有别人，我觉得不能回头说走就走。所以，每次请教，断断续续，时间都短不了。我那时太年轻，不懂事，甚至想不到给先生倒一杯水，现在回想起来，眼角就会湿。说的时间最长的一次是，先生讲了希腊建筑上的装饰纹样卷草和蛋箭如何经印度传到中国并且如何变化的过程。我如同听了一堂系统的大课，知道了研究文化传播的重要意义，知道了要了解研究对象动态演变的意义，也初步知道，观察研究对象，要多么细致深入，一点也不能疏忽。

林先生把科林斯柱头叫“大白菜”，细细给我分析了它的造型，教我欣赏它的美。先生说，每一片“白菜叶子”都厚厚实实，而不是完全真实的那薄薄的一片，这是因为柱头总要置身高处，人的观赏点很远，浮雕浅了不好。叶子厚了，就有个比较宽的侧面，这侧面不是一个直角转过去，而是斜的，这样在阳光下阴影就不会太硬。斜面掩饰掉了叶子的厚度，不至于显得笨拙。那斜面不是既平又直的，它是微微凸起的一个饱满的曲面。说到这儿，我记得清清楚楚，先生用手指摸摸嘴唇，说，就像这样，这样才有生命的感觉。可是那嘴唇已经苍白，没有血色了。

过了不久，林先生就住进城里，治病疗养去了，从此我再也没有机会当面求教。我的幸运是毕竟求教过四五次，我的不幸是只有四五次。

我长期保存着林先生交给我的几页纸，那上面布满密密麻麻的小字，都是先生写的关于“大白菜”和卷草的断想。可惜笔迹颤抖，十分难以辨认，它们肯定是些跳跃着的散珠碎玉般的灵感，但我不能把它们连缀成句。这几页字显然是林先生勉强挣扎着写的，要用自己全部的智慧帮助后人走向更美。它们让我知道林先生在病中多么热爱生命，这世界上一切美中的最美。

老天，你不为养育出了这么一位热爱美又创造了许多美的女儿骄傲么？为什么要用病痛长期残酷地折磨她，催她早逝？

原载《记忆中的林徽因》，陕西师范大学出版社，2004年5月

一位正直而认真的人

1998年春末的某一天下午，朱畅中先生把十几年整理的关于国徽设计过程的全部资料，整整齐齐地交给了建筑学院的资料室存档，并且殷殷嘱咐了一番，想不到第三天，他患了脑溢血，再过几天便去世了，这件工作，这份档案，成了朱先生留给中国历史的一份重要遗产。1998年7月19日，《北京青年报》发表了一篇调查报告，叫作《历史档案了结国徽设计公案》，作者梓平。报告说："关于国徽设计之究竟，笔者特地到全国政协档案处和清华大学查阅了国徽设计的历史档案。……国徽采用清华大学营建系设计的方案是不争的事实。"梓平先生在调查过程中，朱畅中先生给过他许多帮助。他说，弄清这段历史，"并不是与谁争名的问题，而是对国徽设计当选者一个隆重纪念，并表示对国徽尊重"。

朱畅中先生是我的建筑专业启蒙老师，先教我们建筑设计初步和投影几何，后来又教建筑设计。在我们系里，不论教师还是学生，公认朱先生是一位极富才华的人，但是，不知为什么，他连一句普通话都学不会，说些什么，往往会把脸憋得通红。那门投影几何，实在难为了我们，不过，也给了我们意外的乐趣，讲到对称轴的时候，那一句"叭（音'别'）哒一记翻过（音'古'）来"，成了我们对学生时代最亲切的回忆之一，直到现在，老同学聚会，还会贫嘴嚼它几遍。

朱先生是位极认真的人，专门刻了一枚图章，“迟交”两字，不论是设计课的草图还是正图，我们都得按规定的进度准时上交，逾期不交，就要磕上那个红印，会扣分。建筑系的学生一般比较散漫，那时候政治运动又多，很容易把作业耽误了。我们怕朱先生的红印章，快到交图的日子，便紧赶慢赶，往往来不及下板就连图板一起戳到墙根上。那真叫分秒必争。不过，朱先生其实也就是红着脸吆喝，我记不起有哪个同学的图上真的吃过他的印章了。他要的是培养我们的认真作风。

朱先生的认真到了天真的地步，以为不论什么时候和什么境况都可以讲道理。“文化大革命”期间，1969年，工宣队来“占领”学校“领导一切”，没多久就开始“清理阶级队伍”。一场杀气腾腾的“政策攻心”之后，按照早就拟好的名单，我们建筑系的牛鬼蛇神们便被横扫到了一幢小楼房的楼上。这其中有朱先生，荣幸的是也有我。进到那间房间里，气氛不但恐怖，也很诡秘。各人都在心里默默揣测自己究竟有些什么把柄落到了草拟那份名单的老朋友、老同学手里。我的“恶毒攻击”罪名早已由一位老朋友、老同学迫不及待地提前在大字报上公布，那是在外国古代建筑史教科书里“借描写古埃及奴隶被迫建造金字塔时的饥饿困苦影射三面红旗”。我当时也很天真，还相信这运动真的不会冤枉好人，心情虽然很觉得委屈压抑，倒并不惊慌。不过在工宣队面前也表现得很“老实”，唯唯诺诺。但朱先生却在那种情况下仍旧认真，习惯地瞪起眼睛，吵吵嚷嚷，不服气，要求工宣队讲清楚。工宣队就叫我们这些牛鬼蛇神们互相批态度，我顺从工宣队的“布置”，也对朱先生说了一句工宣队拿手的“攻心”的话：“你的问题，革命群众早就全部掌握，早交代比晚交代好，逃是逃不过去的。”会后，他虽然不大说什么了，但总是气鼓鼓的。每逢负责“教育”我们的工宣队员不在楼里，我们一堆牛鬼蛇神就会放下读了不知几千百遍的“红宝书”，海阔天空地胡聊，朱先生很少插嘴，含着一种冷冷的讥讽的微笑在旁边听着。大概只有一次，我们讨论一块球形磁铁的两极的位置，他兴致勃勃地说了不少话，习惯地支起了右手的兰花指。后来，大概确实没有什么“辫子”，他很快便被解放成了革命群众，我后来却在鄱阳湖边荒凉的农场里往“认罪书”上签了字。那时候，我老伴在渤海边她们的“五七农场”患了肾炎，很严重，尿里含血，肉眼见红，被农场放回了家。她一个人远在北京，随时可能撒手而去，工宣队对我说，认了罪，可以当“人民内部”处理，让我回北京看上一眼。我万不得已，只好豁出去了，签了字。朱先生也在农场，他当架子工，我当瓦工，不在一个班，虽然常有机会在一个墙段上劳动，因为大家干得很猛，没有时间说话，而且，上班下班都要排队走，边走边唱语录歌，高声喊“万岁”，所以两年里他只对我说了四个字，他说：“你真孱头。”那是在我“服罪”之后的一个晚上，我和几位年长的“五七战士”一起被抽调到湖堤上通宵往卡车里装几米长的大原木料，那是一件既劳苦又危险的工作，根本不应该调年长的教师去干，但大家都干得很努力，在极短暂的一次休息的间隙，朱先生拨了一下我的肩头，说了这么一句。我一听，知道他并不相信我在教科书里影射什么，又知道他并不记恨我在“批态度”会上的表演。书上写的那些话，本来是一般历史书上都写到的，不写倒奇怪了，但熟读历史书的老朋友、老同学为了“立功”把它“揭发”了出来，而不专攻建筑史的朱先生，恐怕没有时间多读历史书，却不信那一套。他的认真，不仅仅对事情，而且对自己的人格良心。在那种环境里，我当时对他的话没有什么反应，只是心里很感激。有一天，我正在朱先生刚刚绑好的脚手架上垒墙，架子忽然塌了，差一点砸到下面的汪坦先生和胡允敬先生。一向把阶级斗争的弦绷得很紧的工宣队员，晚上找人调查“事故”。我吃过那种被一口咬定有罪就再也无法摆脱的苦：工宣队为了扩大“战果”，老同学为了“表忠心”，而检举告密又可以丝毫不负责任，即使完全造谣也不受任何谴责。我为朱先生担了几天心。好在他毕竟“干净”，万幸没有受罪。

残酷而可耻的时期终于过去，到了1980年代，改革开放了，作为专家学者，朱先生常常被请去咨询、开会，多半是为了城市规划、风景区建设和自然环境保护，这些都是他的特长，本来是他对国家可以做出很多贡献的事。但是那些会，大多并不要求专家、学者们认真，专家、学者们也不能认真。朱先生可依旧认真得天真，钉是钉，铆是铆，有道理就要涨红了脸争个水落石出，既不肯圆通依附，也不肯沉默不语。数落起不通的人和不通的事来，往往直来直去，不大会看眼色、顾情面。偏偏不通的人和不通的事不少，因此朱先生慢慢不大受人待见，背后还有人叫他“朱大炮”。我倒是欣赏这个称号，并不是人人都配称为大炮的。当大炮，一要有真知灼见，二要有责任心和勇气。这两样，许多人都缺，但他朱先生不缺。一位精通世故的老同学说：“哪个当头儿的不喜欢听人家顺着说好话捧场。专家学者在会上的作用不过是论证头儿的正确罢了。”朱先生就是通不了这个世故，通了便不能认真，不认真便不是他朱先生了。

朱先生晚年最认真地做的一件最认真的事便是戳穿一个名人自封为国徽设计者的谎话。中华人民共和国的国徽采用的是梁思成、林徽因二位老师领导清华大学营建系的教师们做的设计，1980年代，梁、林二位老师早已故世，那位名人却出来说国徽是他设计的，一些报纸被名人唬住，屡屡做出不符合事实的报道。朱先生见了，很生气，骂了一声“鸭屎臭”，就认起真来。因为设计国徽的时候朱先生是营建系的系秘书，参加过设计竞赛和评选过程中全国政协的好几次重要会议，所以他自然就担当起辨正事实真相的责任。他召开座谈会、搜集资料、写文章、会见记者，忙个不停，眼看他头发一天天地白了。1949年和1950年，我还是营建系的学生，不能参与国徽设计，不过，这么一件大事，当然很关心，见过老师们的设计图，也不断听到一些有关的消息和评论。中央美术学院出了什么样的方案，评选会上什么人说了什么话，多少都能知道一点。还很清楚记得最后选定的那个方案画完之后在系馆门前拍照、装车，热热闹闹运向中南海去的场景。因此，这几年每每见到朱先生，便也跟他议论一番。朱先生还跟年轻时候一样容易激动，说几句就一脸通红，甚至有点儿口吃。他要我写一份材料，回忆高庄老师完成国徽的塑型之后给我们讲的一堂课的内容。他还要我派我的一个研究生到北京图书馆去查找当时《文汇报》的一篇报道。两件事我都照办了。不知道这两份材料是不是也由朱先生最后交给了资料室。

那天朱先生到资料室交材料，我正在那儿找幻灯片，他见到我，叫了我一声，以他习惯的快节拍说："记住，以后遇到了什么事，该说就说，该骂就骂。"说完就转身急急走了。

这是老师给我的最后嘱咐，我有没有辜负他的信任呢？

2007年1月改定

此情可待成追忆

我并不是干研究历史这一行的，可不知为什么，遇到点儿事，总会往历史上想。这不，收到了纪念三联书店成立六十周年的邀稿信，我立刻又想到了我跟三联书店有些什么历史瓜葛。可笑人老了，实在是想不清楚。最先前的事，比较有把握的，是1946年，在杭州读高中二年级，就喜欢到生活书店的门市部去看书。为什么呢？一来是抗战八年，躲在山区，学校上课连教科书都没有，老师只凭记忆讲。晚上四个同学围着一根灯芯的油盏复习笔记，笔记本是颜色比荷叶还深的“绿板纸”钉的，用铅笔写的。虽然老师给我们讲的那首诗：“读书之乐乐何如，绿满窗前草不除”，我们还是乐不起来。日本鬼子投降，回到城里，见到书本本就觉得新鲜，恨不得一天看十本。二来呢，是因为生活书店门市部里有几把藤皮的靠背椅。我长那么大只坐过木板凳，从来不知道坐椅子能那么舒服。于是，礼拜天一早跑到生活书店坐在弹性十足的藤椅里读五花八门的书，成了我了不起的享受。

1947年到北京上大学，读的是社会学系，好像本该跟生活书店或以后的三联书店比较亲，但是，对不起，一天到晚啃的是每本足足有好几斤重的洋文书。虽然邹韬奋先生的令名倒是听到过，那不是因为书，是因为他的社会活动。1949年过后，眼见得社会科学的大势已去，便赶紧转进了建筑系，避开风头。进了建筑系，本来也应该跟三联书店走得近，但是，从当学生到当教师，多少年，读书的大好时光都用来打麻雀、炼钢铁、背“老三篇”、写检讨、开批斗会了，好像除了“雄文”四卷，还是没有正经看什么书。现在返回去想想，大概那些年里，三联书店也不曾出什么值得看的书。这不，六十周年纪念的邀稿信里，列举三联书店出过的有影响的好书，也是从20世纪80年代说起的。怪可怜见。

1979年，改革了，开放了，但那是个乍暖还寒季节，读书人心有余悸，连说话还得字字斟酌，忽然晴天打霹雳，有人大喊一声“读书无禁区”，老天，这不就是《人权宣言》那句“人，生而自由”吗？它体现了“独立之精神，自由之思想”，将“历千万祀，与天壤而同久，共三光而永光”（陈寅恪：《海宁王先生碑铭》）。这句呐喊，是三联书店主办的《读书》杂志创刊号开篇文章的标题。

回想在那个昏天黑地的十年里，我进了牛鬼蛇神之列，但是“人还在，心不死”，礼拜天还到处去找书看，上到王府井大街的社科院图书馆，下到海淀街道居委会的阅览室，都只有寥寥几本“思想书”。后来一位当年社会学系的老同学，难逃劫数，当了牛鬼蛇神，在北京大学图书馆打杂改造，告诉我，北京大学图书馆还有书可借。于是就想办法去借来。因为身边有人监督，所以不得不跟他们捉迷藏，劳动改造嘛，常住在建筑工地里，就在晚上躲到没有完工的房壳子里用手电照着读，到混凝土搅拌机房里读，到员工医院的急诊室门厅里读。最安全的是冒充主动要求改造思想，在工棚里和工人换床铺，睡到通宵不息直刺眼睛的电灯下去读，买一个“红宝书”的塑料封皮，套在书的外面。时间一长，有点儿大意，终于被一块儿去劳动的老同学、老同事发现了，告密到了工宣队那儿，于是把我传去训了半天：什么“拉一拉能回来，推一推就过去”，“两条道路，你自己选择”，“不要顽抗到底，自绝于人民”之类，都是老话，听多了也不往心里去了。这以后，我虽然还“死不悔改”，但读书的机会毕竟少多了，我必须找最隐蔽的地点，例如，早晨绝早起来，给工农兵学员打扫完公共厕所之后，躲进靠窗的厕位，关上板门，从口袋里掏出书，蹲下。

所以，一见到《读书》创刊号的广告，冲着那一句“读书无禁区”，马上就去订了一年。一卷在手，那滋味比当年走进生活书店坐藤椅读五花八门的书还强多了。

这以后，不知怎么一来，认识了《读书》编辑赵丽雅，如今问她，怎么认识我的，她也说，“不知怎么一来”。我老糊涂了，她还在盛年，记性居然跟我也差不离，怪不得她日记写得那么勤，那么细。她写的几本关于名物考证的书我都学过，又趁她一句“不知怎么一来”，就咬定她日记一出版就得送我一套。既然认识了丽雅，就难免被她揪住，写了几篇杂记，写的是我对中国乡土建筑的一些看法和感情。“建筑是社会的史书”嘛，凑付着上《读书》，也还说得过去。

但那几篇杂记惹出了事。过了些日子，有一天，三联书店的新老总董秀玉、特约摄影家李玉祥来找我，身后跟着一个女孩子。李玉祥是乡土文化的热烈爱好者，出过系列摄影集《老房子》，还跟我们一起下过乡。他们身后的女孩子叫杜非，是三联书店新来的编辑。他们知道我正在做乡土建筑的调查研究，也知道我一贯的做法是以村镇聚落为单元，建筑环境为主体，把乡土文化的一些方面装进这个舞台里去，什么四时八节、婚丧嫁娶、请神弄鬼、榨油磨粉、绣花剪纸、山歌酸曲都顺手作为聚落里的生活内容来写。他们对这样的工作很有兴趣，建议由三联书店出一套书，这套书就叫“乡土中国”。好的，“乡土中国”，这题目十分贴合中国的历史和现状，它内容最丰富，感情最亲切，于是我很快交出了两本现成的书稿。玉祥给其中一本配了摄影插图。

从讨论丛书的设想到编辑书稿，两年下来，我就知道，一定能很容易就把杜非吸引到乡土文化研究这个领域里来。果然，本世纪初，我们开辟了秦晋大峡谷东岸碛口镇的研究，有一次，我必须去核实一些资料，而我们组里别的人都抽不出身来，于是，我就怂恿杜非，三言两语，她果然动了心，兴致勃勃跟我一起去了。我们住在碛口街上唯一的小客店里，床上用品不用提了，因为缺水，吃饭的碗大概好久没有洗了，有的黏，有的滑，端在手里那感觉真怪。更糟的是竟会没有厕所，情急时各人只得自谋出路。我心想，这下可糟糕，不声不响地观察杜非的情绪，可是她竟不动声色，照样兴致勃勃地抓紧工作，真是好样的。有了这一回，我放心了，于是有了第二回，那次正是盛暑天，黄土高原被烈日一晒，表面上颤颤抖抖地放出一层光雾。小风吹来，烫人。我把杜非带到黄河岸的古道边，请她攀上峭壁去抄一块乾隆年间的残碑。她身子轻巧，三下两下就上去了。抄完这块，又走几十步去抄另外两块，没有歇一口气。晚饭坐在土圪台上吃山西特产荞面饸饹，我少不了多看她几眼，只见凡露明的皮肤都像清蒸大虾，鲜红。我知道，这晚上，她会浑身发烫，而且痛。如果请医生来看，准会说是几度灼伤。我不声不响，什么也没有说，心想，三联书店可找到了一个难得的干将。第二天早晨，一看，她不像虾了，倒像一条河豚，皮肤跟鱼鳞一样一片一片支起来。揭下一片，就露出一片嫩红。我这个老头子，工作起来一向手紧，这时候也后悔把她使唤狠了。于是就找话头说说笑话，笑话的题材是见她身上凡擦过防晒霜的部位皮肤都没有受伤，便建议她拍一张照片给防晒霜的厂家做广告，我来拟广告词，挣几个钱吃点儿好的。

这以后，我们跟杜非就十分亲近。不久把十本“乡土瑰宝”系列书稿交给了她。她编了几本，因为要到美国进修，就把工作转给了刘蓉林。杜非把刘蓉林带到我家，我请她们吃碛口带来的醉枣。

小刘这姑娘清婉秀雅，腼腼腆腆，但工作起来，一丝不苟，干净利索，该决断的时候也很干脆。三联书店真会找人，大概书店口碑好，有声望，就容易请到一些好样的人罢。我对小刘说，我有把握，你跟杜非一样，总有一天会兴致勃勃地上山下乡参加我们的一些工作。她抿嘴一笑，轻声回答：“走着瞧罢。”好，就走着瞧。

我这样说，并不是胡吹，我有战绩。三联书店又一位老总董秀玉，退下来之后不久，2003年跟我到了一趟碛口，只看了几处地方，就高兴得整天满脸笑容，在黄土沟里转来转去，不嫌累。回家之前，上元节那天，我（七十六岁）和她（六十二岁），再加上临县退下来的前宣传部长王洪廷（六十五岁），站到黑龙庙的戏台上，一块儿放声唱起了四十几年前的老歌。有年轻人给我们照了一张相，我在相片后面写了我平生第二首自以为是诗的顺口溜：

如果你已经把青春忘记，
请和我们一起回忆，
乱石碛上也应绽放花朵，
我们的生命化成了新泥！

原载《我与三联：生活·读书·新知三联书店成立六十周年纪念集》，
生活·读书·新知三联书店，2008年11月

清华园里的纪念与纪念物

清华大学有一座二校门，其实本来是大门。1909年清廷决定设立留学美国的预备学校"肄业馆"，批地建校，由一个美国人主持造了这座西洋古典式的大门。因为是老老实实地按照柱式规范设计的，所以样子很漂亮，后来就成为清华大学的标志。1989年我到了台湾新竹清华大学，学校负责人带我参观校区，第一个隆重的活动是到梅贻琦校长陵前致敬，下一个就是去看这座二校门的复制品，那边还是拿这座建筑作为"血统"证明的，就是尺寸小了一些。

可惜，清华大学的这座二校门，其实已经不是原物，1966年夏天，革命青年响应伟大者的号召，把它作为清华"四旧"的象征，拉上一批剃了阴阳头的"走资派"和"反动学术权威"，丁零当啷花几天工夫把它"彻底"破除了。不久便在原址竖立了全中国第一座伟大者的立像，从此掀起一场全国造像的热潮。时过境迁，1991年，套用一句官样文字——"由于种种原因"，终于又把雕像拆掉，恢复了原样的二校门，连清廷军机大臣那桐题的"清华园"三个字都没有变。为了补偿，同时在主楼大厅里正壁上弄了个伟大者的浮雕像。

这座二校门，风光灿然，在清华大学近年仿照美国大学的榜样，向公众开放了校园之后，有些日子它前面人潮涌动，交通堵塞，男女老少挤成一团，各照各的相，摄影者只顾瞄准了大方向就按快门，估计每张照片里会有更多的人物是摄影者根本不认识的，但气氛必定很好，热闹嘛！

但离这个二校门不到百米，第一教室楼北墙的阴影里，有一座石碑，冷冷清清，孤孤零零，不但到学校来参观的人没有一个注意到它，连清华大学自己的师生员工，都只有很少几个人知道这里有一块碑。大概正是因为它的身份很不显赫，所以连“文化大革命”时期“掘地三尺”肃清“四旧”的革命造反派都没有很注意它，推倒了事，使它免去了惨遭粉身碎骨的灾难。伟大者去世之后不久，它又被竖立起来了，居然完整无缺，这倒是侥幸。

这是一块什么碑？是清华大学最早的教授之一，国学大师王国维的纪念碑。王国维在清王朝被推翻之后，“经此世变，义无再辱”，头脑迷糊了十几年，终于赴颐和园投昆明湖自沉了。此后两年，1929年，国学院师生为纪念他而立了这块碑。铭文不过167个字，从头至尾，没有一字触及王国维的“殉节”，而竟三次反复颂扬“思想而不自由毋宁死耳”的精神。最后一段写的是：“先生之著述或有时而不章，先生之学说或有时而可商，唯此独立之精神、自由之思想，历千万祀，与天壤而同久，共三光而永光。”

铭文的撰写人是另一位国学大师陈寅恪，他避而不谈王国维忠于清王室的事，这和1949年以后的价值观完全不同，国学大师王国维和他的纪念碑在清华大学备受冷落恐怕和这一点有关系。每每看到拿着话筒、佩着红胸章的志愿者带着成群的年轻人从二校门匆匆走向“荷塘月色”景点去，在碑前掠过而不屑一顾的情况，倒也不免叫人有点儿感慨。

清华大学早期的校长梅贻琦先生有一句闻名全国教育界的话，这就是：“大学者，非为有大楼之谓也，有大师之谓也。”近几年，清华大学造了许许多多高档次的大楼，包括不少和教学、科研都没有关系的商业性大楼，但是，由陈寅恪大师撰文、梁思成大师造型的这座王国维大师的纪念碑，历经几十年的风雨，剥蚀已经很重，却连一座遮风挡雨的碑亭都没有造，虽然所需的钱无非相当于造大楼的几步台阶而已。如果发动大学生们义务劳动，亲手造起一座碑亭来，那就更有意义了。照现在这种听其存废的冷落样，再过几年，恐怕这座关乎三位大师的纪念碑便会只剩下烂石一块了，虽然它的光芒正是呼喊“独立之精神、自由之思想”。

1949年以后，清华大学一贯重视教师和学生的政治教育，所以对建立纪念碑的事采取了十分严谨的态度，校园里的第一个纪念碑是一部分1924年校友于1949年倡议、捐资献给1934年在南京雨花台就义的施滉烈士的。他毕业后按清华惯例赴美国留学，1927年加入美国共产党，回国后曾任中国共产党河北省委宣传部长和书记。这碑以一个不大的铜质浮雕像为主体，镶在大图书馆门厅的墙上。浮雕的作者便是国徽浮雕的作者高庄先生。虽然位置冲要，但大概嫌尺寸太小，1986年，又在新建的第三教室楼前墙北侧安置了一个大得多的施滉纪念碑，还是用浮雕像为主体。

1952年，开始了知识分子“思想改造”运动，旧清华背上了“为美帝国主义文化侵略服务”的又臭又沉的恶名，教授们焦头烂额地忙于挖掘灵魂深处的资产阶级反动世界观和人生观。过不了多久，又闹“反右”和相继而来的“文化大革命”，当然就根本谈不上给学术上卓有成就的教授造什么纪念碑了。

不过，“文化大革命”一结束，“拨乱反正”，知识分子松了一口气，咸鱼翻身，很快，20世纪80年代初，清华大学校园里就造了吴晗、闻一多和朱自清三位教授的纪念亭和纪念碑。闻、朱二位是上了《毛泽东选集》的，一位是横眉冷对国民党特务的屠刀，一位是宁可饿死不领美国的救济粮。吴晗虽然因为写了《海瑞罢官》剧本而遭“砸烂狗头”，但“文化大革命”结束之后很快平反，给他建立的纪念亭是由邓小平题写匾额的。三座碑都有全身雕像和建筑，很风光。虽然三位先生的学术成就都很高，但纪念碑的建立却并非由于学术。

在为这三位教授建立纪念碑和纪念亭之后，清华大学才为梅贻琦、蒋南翔、梁思成、陈岱孙、曹本熹、陶葆楷、华罗庚、张子高、孟昭英、刘仙洲等几位德高望重、桃李遍天下的大师级教授和有卓越贡献的领导人塑了像，其中只有体育老师马约翰先生，因为给几乎全校所有学生都讲过课，才有了一座全身像，立在体育馆南墙外，其余的都是半身像或头像。放置在各自专业的教学楼里或者校史陈列馆里，无论是规格还是位置，都远远不及吴、朱、闻三位。叶企孙于1967—1977年蒙冤十年。1992年，陈岱孙、赵忠尧、钱临照、孟昭英、王淦昌、任之恭、林家翘、杨振宁、吴健雄等127位学者呼吁，建立了他的铜像。

梅贻琦的铜质胸像放在校史馆里，校史馆所在的地点很局促，而且又难得开放，不免叫人觉得委屈。梅先生是不亚于蔡元培的近代大教育家。他是1909年“史前清华”的第一届“直接留美生”，1931年任清华大学校长，十年之后，清华就在一些方面达到了世界一流水平。抗日战争时期，1941年，在昆明举行了清华三十周年校庆纪念，国际上一些学者赞誉清华的成绩是“中邦三十载，西土一千年”。那时他在十分艰难困苦之中主持着西南联大的工作，又创造了一个高等教育史上的奇迹。他有完整的、可以付诸实施的办学理念，包括通识教育、教授治校（民主办校）和学术自由。1941年他发表论文《大学一解》，提出了“大学者，非为有大楼之谓也，有大师之谓也”这句办学的至理名言，现在传遍全国。梅先生的私德也是很好的，他一生清廉，连法定的给大学校长的一点点优惠待遇都辞不接受。这样一位大教育家，理应在清华园里有一个能够引起一代又一代师生敬仰的纪念碑。但是没有！

1947年我入学清华，那时候校园里名师如满天星斗，同学们不免常常骄傲地谈论。但高班的同学都会告诉我们，明星群中的月亮，那是梅校长。他们常常向我们这些“后辈”提起1941年清华大学在昆明举行的三十周年校庆会上梅校长的答辞：“在这风雨飘摇之秋，清华好像一个船，飘摇在惊涛骇浪之中，有人正赶上负驾驶它的责任，此人必不应退却，必不应畏缩，只有鼓起勇气坚忍前进。虽然此时使人有长夜漫漫之感，但吾们相信，不久就要天明风定，到那时我们把这船好好地开回清华园，到那时他才能向清华的同仁校友敢告无罪。”他在十分困难的情况下实现了他对民族、对历史、对青年人的承诺。清华大学复原回到北平之后，每次学生运动，明斋北边大饭厅前面走廊上，常常可以见到大字报，写着“虽然此时使人有长夜漫漫之感，但吾们相信，不久就要天明风定”这句话。无论在昆明还是北京，每有学生运动，梅先生都尽心尽力保护着学生。1948年冬天，梅先生离校南下、赴美，同学们围在二校门送他，热泪洒地，却没有一声责备。当时我也在场。

1989年我到台北探亲，几座大学里传说大陆来了一个冒充清华大学教授的骗子，因为我竟不知道当时清华大学校长的名字。我到金华街新竹清华大学办事处去了一趟，过几天，学校的教务长到台北开会，就带我同车回去，一路上没有几句话。进了校门，汽车不停，一直往里开，掠过一幢又一幢楼房，绕一个弯，来到了一座小山前面方才停下，下车一看，原来这里是梅先生的陵墓，规模和格局都很有气概。我当然毫不犹豫，恭恭敬敬行礼如仪，教务长先生这才变得热情起来，很亲切地接待了我。

梅贻琦在他出色地担任了将近二十年校长的北京清华大学没有得到应有的尊重，想来是受到1948年年末出走和1955年到台湾创办清华原子科学研究所的牵累。这是政治问题嘛，不好说。我还记得，“文化大革命”的暴风雨来临之际，二校门北边匆匆挂起了一幅横跨林荫路的鲜红标语，写的是“政治统帅一切”几个大字。

大概由于相似的原因，梅贻琦在清华大学的校长专用住宅甲所，也没有被认为有一点儿纪念意义，在“文化大革命”结束之后的改革开放时期被拆掉了，原址上造了一座专家招待所，有好菜肴吃。它对面的乙所，曾是冯友兰的住宅，也拆掉了，当年冯先生在这里掩护过“一二·九运动”的学生领袖黄诚和姚依林，帮他们逃离虎口。黄诚就地赋诗，有句：“安危非复今所计，血泪拼将此地糜，莫谓途艰时日远，鸡鸣林角现晨曦。”

对清华大学来说，同样有历史纪念意义的北院，竟在“文化大革命”之后的改革开放时期被拆光。这里是清华最早的教授居住建筑群之一，都是单幢的小住宅，最初给美国教师住，后来只住中国教授。曾在北院住过的有梁启超、陈岱孙、施嘉炀、叶企孙、朱自清、浦江清、汤佩松、王竹溪、刘崇宏、余瑞璜等等诸位文理农工各科的权威大师，清华大学学术地位的奠基人。“文化大革命”中，梁启超的后人，建筑系主任梁思成，摘掉戴了两年的性质为“敌我矛盾”的“资产阶级反动学术权威”帽子之后，也住在这里的一间只有二十四平方米的房间里，度过最后的日月。那时曾有“革命的”孩子丢石块砸破“坏蛋”家的窗玻璃，数九寒天，朔风怒号着扑进陋室，梁先生可还惦记着北京城墙的拆除情况，希望能看一看拆除西直门时挖出来的元代正则门的照片。这个北院现在是一片空场，种了些进口洋草皮，只在角落里留下了朱自清住过的那幢房子。

对历史的态度，还有一件事可以参照。“文化大革命”之前不久，住在北京城里东四八条的我的一位堂兄给了我一张照片和两份蓝图。照片是辛亥年拍的集体照，其中人物，有梁启超、颜惠卿、王宠惠等十几二十来个人，可能还有题写二校门上“清华园”三个字的军机大臣那桐。那是一次会议后拍的，会议的内容就是决定正式开办清华大学前身清华学堂。一份蓝图是早年的清华园的规划总图，另一份蓝图是厚厚一本清华学堂最早的教学楼一院的全套施工图，图签上印的是海军部的一个什么设计院，记不清楚了。我当时如获至宝，高高兴兴把它们带回学校，很快便转交给了专管校史的一个单位，大概就叫校史组吧。不料，没有多久，居然被退了回来，还带来了一句话，说的是：我们讲校史要讲革命史，你这照片上都是反动人物，不要。这话是冲着那张照片说的，不干两份蓝图什么事，但不知为什么把蓝图也一起退回来了。我碰了这么一鼻子灰，身上还添了点儿臭气，情绪不佳，就把照片塞进工作室的抽屉里，把蓝图放在门厅后面大楼梯下建筑系照相室的贮藏库里。当时我虽然已经有了十多年工龄，一家子还住在筒子楼八公寓的一个单间里，只有一张床，一张双屉桌，懒得把那些倒霉东西拿回去。等到

“文化大革命”一发动，年轻学生们个个自封为誓死保卫伟大者的革命派，把不同意自己的人个个斥为攻击伟大者的反革命，于是就形成“不可调和”的两派，真刀真枪地打了起来。我的工作室在“清华学堂”（一院）门厅的楼上，因为正对着从二校门进来走向大礼堂的拐弯处，位置冲要，很快被一派革命者相中，占用为武斗的据点，我当然不能进去。等工人阶级毛泽东思想宣传队进驻学校，我便被“横扫”到“五七干校”去“洗心革面”。十年过去，那张照片的下落我再也不可能追寻。两份蓝图则因为贮藏室进了水，泡烂了，我也无心收拾，就都失去了。

甲所、乙所、北院等处的拆光，王国维纪念碑的靠边和梅校长等人的故居的落寞，看来清华大学到现在还保持着让教育史和学术史靠边站的状态。

这倒不是说清华大学目前的领导层有过什么样的决议。凡事都要靠左走，倒是可以猜想另有缘由：第一，难免有点历史惯性在起作用，几十年的风雨留下的痕迹太深了。从1952年起的“教育改革”，一直到“文化大革命”，高等教育领域里每个比较重要的不同意见的分歧都被认为是阶级斗争，是政治问题，于是有一些声望很高的教授在争论中落马，成了“阶级敌人”。直到现在，恐怕在某些人心里，对老教授还是以低调处理为妙。日子多了，习惯了，也淡忘了，就不去想这些事了。

第二，如今，大伙儿的价值观变了。孔夫子思想也好，庄子思想也好，都参与到市场化浪潮中去了。从前，清华大学有位教授对我说选研究生比选女婿还用心，现在有些教授可以同时带三十来个博士生，批量生产。陈寅恪给王国维写的纪念碑铭中的核心思想是提倡“独立之精神、自由之思想”，后来他在复郭沫若的邀请信里把这两句话也作为他选择研究生的标准，目前在有些人眼里，这岂不是“笑话”。因此，“师道尊严”就淡薄了，纪念老师的心也没有了。

原载《万象》2009年第1期

“老头儿”

中国近代建筑界中，有一位前辈不可以不纪念，那就是汪坦先生。汪先生“由于种种原因”，到“文化大革命”之后才得以充分发挥他的学识。在短短的二十几年中，他做了三件意义重大的事，这就是：一、主持了《世界建筑》杂志的创办；二、主持了我国近现代建筑的普查和研究；三、主持了《建筑理论译丛》的翻译。同时，他还参与了深圳大学建筑系的早期建设。

这几件大事我都没有掺和，自有别人来写，我只能写一写我和他一同在“文化大革命”中的一些琐事，作为纪念。

“文化大革命”一开始，头两年主要是红卫兵造反，是党内高层斗争，教师里主要是那些“学术权威”遭难，被戴上“反动”帽子，挨批挨斗。汪坦先生和我一样，都是“逍遥派”，每天到系里参加学习班组织的活动，喊万岁，唱语录歌，看看叫人晕头转向的大字报。人人忧心担心兼而有之，但无可奈何，只能诚惶诚恐地等待不可知的命运。

1968年夏天，“工人阶级毛泽东思想宣传队”占领学校，“革命”从此就革到了教师们头上。学习班办了些日子之后，汪坦先生和我都被弄进了“牛鬼蛇神”的特别学习班，汪先生因为抗日战争时期一腔热血献身卫国而被认为“有历史问题”，受到审查，不过，那些陈年老故事早已弄清楚，所以不久便“回到人民队伍中来”，而我却被逼着、诱着要承认在《外国建筑史》教科书里“恶毒影射攻击共产党”。我在枕头底下藏了一大瓶“敌敌畏”，准备“顽抗到底”。这期间，我和汪先生见不到面，只有下乡收麦子的时候看到他，精神还好。不过，工宣队不许我们叫他汪先生，那是“四旧”，应该叫老汪。对一位受人尊敬的前辈，如此轻慢，我实在叫不出口，干脆，不如带半点玩笑，叫“老头儿”。就这样，一直叫到“文化大革命”结束，叫了整整八年。

过了一年，1969年夏天，伟大者一句话，知识分子要走“五七道路”，就是知识分子，包括教授、学者、文艺工作者和一些机关干部，要下乡务农，“自己养活自己”，以求“脱胎换骨，重做新人”。清华大学和北京大学，各自在江西省鄱阳湖南岸办了一个挺大的“五七农场”，汪先生和我都去了。这两个农场，前身都是劳改农场，当地血吸虫病闹得很凶，为了保护劳改犯的健康，把他们迁走了，空出地盘来给我们这些“臭老九”们去“接受再教育”。我们的命竟比劳改犯的还贱。

汪先生和我分在一个连、一个班，他已经五十多岁，对他有点儿照顾，给他睡下铺，我睡在上铺。每个人的铺位大约是七十厘米宽。天气非常热，拥挤而又不通风的棚舍里日夜的温度都有四十几度。头几个月，我们的工作很乱，好像工宣队还没有做出什么规划。我们把劳改犯种下的稻子收割了，打场脱粒，也搬运水泥、砖头、钢筋、煤炭，搭建厕所、浴室。或许是为了照顾几位年长一点的，汪先生和另外几位老人家就留在砖场里。场里有些小搬运的工作，汪先生咬咬牙，“锻炼、锻炼”，三个月下来，就能挑得动240斤的担子，这期间挑断了四根青竹扁担。每次断了一根，他都很以为光荣，放大嗓门哇里哇啦给我炫耀一番。

拼命劳动，超负荷地劳动，这是我们这些“臭老九”的普遍状态。说实话，这倒不是因为接受了工人阶级的“再教育”，大大提高了觉悟，而是因为有点儿赌气。为了贬损知识分子，伟大者说过些莫名其妙的怪话讥讽知识分子什么都不行，手不能提，肩不能挑，猪也抓不住。那些工宣队的“师傅们”，就天天反复念叨这些光辉“思想”，好叫我们知道远远不如农民聪明和能干，要“夹起尾巴做人”。一来二去，“臭老九”们肚子里都有气，拼命地干活，干得出色，就是证明自己价值的一种方法。这也许很幼稚，白白糟蹋身体，但是，当时只有这样才能出一口气。而且，几乎没有一个人相信伟大者所说的那样，知识分子肚子里的知识基本上都是“资产阶级的”，没有用了，要大换班。所以，既然身在农场，那就趁劳动的机会锻炼锻炼身体以待将来吧。工宣队把这种“活思想”叫作“人还在、心不死的复辟梦”。但心底里的事他们管不着，而教师们心照不宣，个个干得很凶，甚至把从附近生产队请来当教练的贫下中农都累得受不了，跑了。跑了就跑了，有一天连队厨房要杀猪，一位又瘦又小的女老师，自告奋勇，拿起尖刀只一下，就干脆利索地捅死了那头大猪。工宣队怕知识分子因此又会“翘尾巴”，立即敲打了几句，大家不作声。过些日子，又要杀猪了，一位美国留学回来的年长老师，也是上去一刀就成功。这次工宣队便没有作声，大家心底里痛快。

汪先生本来很胖，干活减肥，眼看就去了肥膘，瘦了下来的他常常摸着平平的肚皮，自以为得意，不过皮肉松松，往下耷拉，实在不大好看，我常常跟他开玩笑，故意一惊一乍地叫他扎牢腰带。他其实心里还有鬼，几次悄悄地跟我翻扯，说“文化大革命”前辛辛苦苦刚刚学得入了门的日文，看来只好丢了。那个环境里，不但平日没有时间温习，即使两个礼拜有一天的休息日，也累得只想伸直了腿躺一躺，何况身边有的是告密者，拿起一本日文书来，被告到工宣队那里去，吃一顿训斥也实在不是滋味。工宣队一知道什么人谈谈专业或者学术上的问题，马上就会嗅出“阶级斗争新动向”，摆起架势“教育”一顿，常说的攻心语言就是：“还想翻身当臭知识分子？别做梦了！这辈子再也别想了，拉倒了吧！”但汪先生真是所谓“死不悔改”，不说说就不痛快，他当然知道我绝不会去告状邀功，所以就悄悄跟我说。不过我倒是劝他别再想那个日文了，保住健康才是眼前最重要的。他找不到同情者，有点惆怅。虽然我在“文化大革命”期间也挖空心思找些有价值的书来看，但我并不是糊弄他，而是因为，我觉得，在那种时势下，能活到六十岁大概就到头了。

过了些日子，我们土建系的连队变成建筑工程连了，专门负责造房子。工宣队说这是发挥我们的特长，不过，当然要教导几句警惕专业思想复辟、要死心塌地当工人之类的话。我当瓦工，汪先生的任务是给我供砖、供灰浆、供水。我这个人干活喜欢当“拼命三郎”，动作快，也讲究质量。汪先生的工作量跟着上了码，尤其是要挑重担上脚手架。这一下，汪先生的犟脾气就全上来了，不停地咬着牙干，供应足了，就很得意地装怪腔怪调向年轻的供应工喊喊叫叫，觉得挺有面子，过瘾。他嗓门大而亮，情绪又高，成了脚手架上一景。有一次，大概是砖呀，水呀，灰浆呀，供应得太足，竟把脚手架压塌了，好在汪先生年轻时候曾经是篮球运动员，反应快，一把抱住了脚手架的立柱，没有跌下去。脚手架是朱畅中先生搭的，倒塌的时候胡允敬先生正在下面铲砂，三位老前辈闹了一场戏，把大家吓得够呛。工宣队觉悟高，警惕性跟着就高，打算抓出一个阶级斗争事件来，暗地里招人去谈话，弄了几天鬼，抓不住什么，只得不了了之。

吴良镛先生也负责给瓦工供砖供水供灰。有一天，不知是什么意思，当工地主任的连长，弄了一小段内墙给汪、吴二位先生砌，一根线，一人一头。二位老师一上来就较上劲了，简直玩命。这一位砌到了中点不顾另一位，回头就升线，那一位只好不看线，猛赶，赶上了，领了先，也回头就升线。工作面上的人都惊呆了，不知这是怎么一回事。大喊大叫地想制止他们，他们不理。我也大叫了一番，请他们别胡来，他们也不给我面子，我只好上去把线扯了！这时候其实他们已经筋疲力尽，便都停了下来。等他们喘息了一阵，才弄明白，原来是对工宣队员的口头禅“臭老九什么都不会做”的反感在心里郁积得多了，一当上“技术工”，便发泄了出来，恨不得一天就垒一堵墙，互相不满对方干得太慢。待歇过气来，两位先生自己也觉得滑稽。如果这时候有一位心理学家在场，一定可以写成一篇长期受压抑的人的什么什么心理现象的论文。这种状态，在我们大家的玩命劳动中都或多或少地表现出来。其实连工宣队员都看出来了，所以到农场的头几天装模作样地参加点劳动，后来实在吃不消，不敢和“养尊处优”的“臭老九”较劲，就远远躲开了，天天躲在工棚里“开会”。他们自从“占领了”上层建筑，一年多来抽着烟卷摆出一副“教育者”的样子说三道四，早已肚子鼓起，干不动体力活了。这次不到一个钟头的垒墙大战之后，吴先生被调去专责伺候春天刚刚种下的一百来棵树，汪先生又回来给瓦工供应砖、水、砂浆，他跟另外几位“壮工”央告一番，仍然跟我搭伴。就因为汪先生供砖、供砂浆，供得十分及时，所以我们这个组合砌墙的进度始终是全连第一名。

虽然是基建连，但农忙时节也要参加插秧和收割，汪先生和我还是一对搭档。我插秧，汪先生供秧，我们的速度也是全连第一。汪先生很在乎这个第一名，为了保持“荣誉”，他总唠唠叨叨嫌拔秧送秧的人太慢，送来了一批，就跟小青年们抢秧，抢到一簸箕，赶紧在没膝的稀泥里摸爬滚打，十分艰难地给我送来。有一次抢得凶了，竟跌倒在田里，弄得一头一脸都糊满烂泥。全连队的人本来都很敬重他，但这一脸烂泥却引得大家都很开心，仿佛忽然都成了京剧脸谱专家，七嘴八舌讨论他的脸应该属于哪一类角色。

工宣队是以“教育者”的身份来管理我们并且来给我们当“榜样”的，所谓“言传身教”，可惜，他们的表演实在很丢面子。一到农场，知道那里血吸虫闹得厉害，就一方面高谈阔论“一不怕苦，二不怕死”，一方面宣布他们个个都有“老寒腿病”，不能下水田。但在我们为防虫而在下水田前往腿上抹二丁酯的时候，他们的责任心就上来了，过来说些讽刺话，挖苦知识分子怕苦怕死还怕小虫。二丁酯结膜起作用需要半小时，他们却看我们一抹上就赶我们下田。农场的水，不知含什么成分，一条新毛巾，几天之后就变硬了，而且变成了深深的铁锈色。吃的、喝的、洗的都是这种水。只有场部（那时叫团部，因为农场是军事编制）有一口很深的好水井，所以各连（大体一个系为一连）的工宣队员和军代表都到场部吃饭。夏天汛期来到，一望无际的鄱阳湖水高出堤内我们住的棚舍屋脊好几米，工宣队员忽然都不见了，不来教导我们“与天斗其乐无穷”了，原来都回北京开会去了，多么多么重要的会，等等。

在这种情况之下，教师里面不免有些叽叽喳喳的议论，为了加强对教师们的思想统治，各连工宣队早就选拔出来一些教师当“干部”，也当耳目。他们往往比工宣队还厉害。工宣队肚子里没有多少墨水，批评“臭老九”的时候只会无限忠于伟大领袖，引几句红彤彤的语录来上纲上线，一般都归结为“一条死路、一条活路，两条道路任你选”。而这些从教师里选出来的“改造得比较好”的样板，发起威来就比工宣队员更加厉害多了。有一次，我和一个这样的样板分子两个人值夜班，就是通宵巡逻。那几天正好美国人发射了一枚什么新式的卫星，据说深夜能看到它像一颗流星在天上划过。我们俩就使劲在天上找。找着找着，我犯了糊涂，说了一句：“美国人的卫星在天上转，中国的知识分子在田里转。”第二天天亮，我刚刚躺下，就被工宣队差人传了去，大训了一顿，结论是“离当不齿于人类的狗屎堆不远了”，如果不下定決心洗心革面，那就救不回来。接着，全农场的广播喇叭都播出了那位一同值夜班的什么分子写的批判稿，一直播了两个礼拜，直到另一个倒霉蛋说的什么话被报了上去，才把我换了下来。广播稿里最叫我听得进去的一句话是：“你在教材里恶毒地影射攻击伟大的党，你不思改过，前债未了，又添新债，你好大的胆子。”这一来，倒叫我把已经几乎忘记了的“前科”想了起来，吓出一身冷汗，从此整天不说几句话，也躲着汪先生。虽然他的“历史案子”早已了结，但是工人阶级还捏着辫子，说不定什么时候就可能再翻出“旧案”来。当时这是寻常的事，我怕连累了他，有些“人”轻则会说他跟我“乌龟找王八，臭味相投”，重则会说“两个人凑在一起说些见不得人的鬼话”，那他就会有大麻烦了。可是汪先生从来不躲我，依然放足了大嗓门跟我谈话，那种情况下的信任和关切，我真是永远记得感谢。

在伟大者最最最亲密的战友忽然成了死敌而拉倒了之后，我们回到北京。有好几年我依旧处于“拉一把就回来，推一把就过去”的“敌我之间”的位置上，老是干体力活，如守菜窖、淘粪坑、扫厕所之类，汪先生则正式“回到人民队伍”里，有资格“为人民服务”了。不过，我们有几次被召去参加同一个批斗会，“接受教育”。有一次是批斗我们系美术教研室的一位全系最年长的女教授康寿山先生。批斗的事由是她染上了感冒，不请假而两天没有来上班，事后又没有补假条。几位中年教师，一上来就火力很猛，“上纲上线”，给她戴上了“蔑视工宣队”“抗拒思想改造”的罪名。康先生跺着脚大哭，喊道：“以前那几天发烧，我带病来上班，你们不知道吗？我这么大年纪，这种常见病的药家里都有，自己吃吃休息两天就好了，如果到校医院去看病，打病假条，跑来跑去，病反而更重了，这样的事，你们真的不懂吗？”她这么哭喊，按当时的惯例，叫作“态度不老实，有对立情绪”，于是积极“要求进步”的革命派的火力就更加猛了不止一倍。我是被叫去听着“受教育”的，自然没有资格发言，但是汪先生和另一位女美术老师华宜玉先生也一言不发，这在当时很犯忌讳，至少可以上纲为“不服气，向工人阶级示威”，是立场问题。我心里着急，使劲看他们二位，华先生已经涕泪满面，甚至出了抽泣声；汪先生眼圈通红，嘴角发颤，身子烦躁地动来动去。那可真是难熬的折磨。其实，谁都知道，康先生从来办事认真，而且心地善良，平素人缘很好。在鄱阳湖农村劳改的时候，每逢干插秧、割稻、上屋顶补油毡这些比较累比较苦的工作，她总会找我搭伴，坦率地对我说，因为我懂得照顾她。但在这个她因为没有开病假条而挨批斗的场合，我实在束手无策，而且还为汪先生和华先生难过。心想：你们随意搭上两句不就拉倒了，康先生也不会怪你们。但他们一直没有开口。好不容易熬到散会，离开那幢教学楼一箭之地，看着四下里没有那些积极分子，我凑到汪先生身后，叹了一口气，汪先生回过头来，好像要把一肚子愤怒都向我发泄，连说了几句："这叫什么道理？"我说："那些批康先生的人，有一些也不过是表表态。"他说："有那么表态的吗？上纲上线！那些人跟康先生一起工作了一二十年，还不知道她吗？"我说："大家都怕工宣队。"他更来了火，说："还能比我更怕吗？我都戴过美蒋特务帽子！"说得很激动，我怕他惹祸，就不再响了。

自从"白卷英雄"打开了大学之门，我们系也有了工农兵学员，由教师带着到工地去"开门办学"。有一次，到东方红炼油厂工地办学，汪先生和我都去了。汪先生做技术工作，我负责打扫卫生，这是"贱活"，但工作量很小，扫完了就一整天无所事事地闲着，因为工宣队员并不到工地去教育我们，所以我就在一栋小工棚里呆坐着看"红宝书"。看不下去，就凑到汪先生桌边看他工作。汪先生可真是个"通才"，他干的居然是规划、设计输配电，竟没见他遇到了什么难处，只有一本教科书放在手边，偶然翻翻、查查。我们学建筑的人，说实话，对水、电、暖这些工程一向不大肯学，即使有课也学不好，甚至以不正经去学为荣，考不及格也不过哂笑一场。汪先生自从拿了这件工作，一直没有说过什么不适应的话，后来及时完成了任务，真想不到他还有这么一手。所以后来他自己拆改电视机、计算机之类，我都不觉得奇怪。整个建筑系，能这么干的，我知道只他一个。

汪先生的爱好和知识有没有边缘，我不知道。他爱好音乐，对西方音乐史十分熟悉，而且颇有看法，竟有胆量跟师母、音乐家马思琚教授辩论几句。他爱好哲学，从黑格尔到后后现代主义都能说个不休。相反，我却是一个在各个方向、各个领域都没有受过良好教育的人，所以我这些回忆写到末了就只能写"佩服、佩服"。

但我更佩服的是他的品格，做人做得正，大事小事都正！

原载《万象》2009年第10期

“八〇后”的零碎回忆

我这个人，不知怎么搞的，跌跌撞撞，一路临险涉难，居然也走到了“八〇后”。大概是“普世现象”吧，这几年老了，便喜欢回忆，回忆的都是青年时期，甚至少年时期的事。最能叫我高兴的是上山采酸枣、下河摸螺蛳一类的轻松顽皮。但是，不论多么轻松顽皮，回忆里都会有那些像父母一样照看着我们这批小混蛋的老师们出现。那是抗日战争时期，为了躲避日本人的摧残，学校都隐蔽在荒僻的大山深处，学生们远离家庭，寄宿在学校，一年半载才能回家一次，不但学习和生活交给了老师，连小命都交给老师了。我早就打算写一写那些我一辈子都感激的老师，可惜总不得动笔，时间毕竟远了一些，记忆太零碎了，写不好不如不写，真是师恩难报啊！

今天倒是有了个缘头，叫我想起来写一写梁思成先生和林徽因先生。这缘头是，刚进入“八〇后”，我的腰就不行了，坐着疼，医生认为不必治了，凑合着再过几年就差不多了。一位可怜我的人听说了这件事，给我送来了一套“护腰”，是钢片儿拼成的，把它裹在腰上，坐着就不疼了。我忽然想到，这不就是梁先生的“铁背心”么？当年的同学们都知道，梁先生的脊椎得过一种病，大概是一种什么骨髓的炎症，病后就不得不靠一件“铁背心”支持着他。那个伤天害理的“文化大革命”初期，梁先生被他的一伙学生宣布为什么什么“分子”之后，天天要做体力劳动和参加学习班，他挂着“牛鬼蛇神”的黑牌子来，手里还提着一个小靠垫，因为如果没有靠垫，他就腰疼得坐不住。我现在，也一样，要有这么一个靠垫才能坐得住。上礼拜到长城脚下去看看几座村子，天热，不能穿“铁背心”，我就提着个靠垫上车。

一辈子没有什么成绩告慰几十年来的各位老师们，想不到却仿了梁先生这么个模样。

其实我没有资格称为梁先生和林先生的学生。因为我在大学里瞎耽误了两年之后才转到建筑系从头学起，那时候梁先生和林先生已经不教课了。梁先生忙于北京市的保护和建设，例如跟陈占祥先生一起做以西郊为北京市行政中心的规划，还要做人民英雄纪念碑和国徽的设计。其实，国旗的图案也是梁先生开了一个通宵夜车亲自动手画出来的，原设计人不过提了个意向性方案：上角一颗大星，它侧下方分布着四颗小星，都是徒手画画的，并没有确切的定形、定位制图方法。就是说，不可复制。是梁先生把四颗小星提到大星的一侧，确定了它们的位置、角度、比例和制图方法。不过梁先生对这件事从来不再提起。林先生那时身体已经十分孱弱，只得给梁先生当高参。

说起梁先生和林先生，我所敬仰的，首先并不是二位老师设计了什么，规划了什么，或者写作了什么等等“立功”和“立言”的事。我们最敬仰的该是他们的“立德”。而知识分子的“德”，在一个长达三十年的时期里被极度地丑化了。

为了弥补，请允许我把近年来一些书上记录的真实情况抄一点，不仅仅为了梁先生和林先生，更是为了重建新派知识分子的道德自觉做一点工作。

纪念老师，竟要抄别人的文章，这事情太出格了，不合常理也不合常情。但是，我要抄的二位老师的事，发生在抗日战争时期，我在前面写到，那时候我不过是避难在高山峻岭之间的一个中学生，混混沌沌，吃不饱、穿不暖，我那时候当然对梁先生和林先生一无所知，而世上的规律是“时穷节乃现”，二位先生的“节”，也就是“德”，却是那个艰难困苦的时候“现”得最辉煌。虽然梁先生和林先生的事迹已经由别人写出而且正式发表，但是，现在的年轻人不大习惯于读正经的原书，我怕这些本应该代代传述的历史久了会被遗忘，所以就再传述一遍，何况，我真诚希望当今的知识分子在重建道德自觉的时候有能起激励作用的榜样。

1940年冬季，林徽因先生和梁思成先生先后来到四川省李庄的月亮田小村，它紧靠长江的北岸，在宜宾市下游不远。当时抗日战争到了最艰苦的时期，不幸林先生的肺结核病复发了，头几个礼拜体温一直在40度以上。李庄没有医生没有药，林先生连一点治疗都没有，熬着，听天由命。梁先生到重庆去给营造学社筹措工作经费，几乎空手而返。不得已，二位先生只能靠变卖细软度日。他们的好朋友，美国人费正清，这时候在美国驻华大使馆做联络文化界的工作，到李庄来看看聚在那里的一批中国的顶尖学者，见到了梁先生和林先生的情况。报告传回美国，美国的一些大学和博物馆，便来信邀请梁先生和林先生到美国去讲学，同时治病。梁先生回信给费正清说：“我的祖国正在灾难中，我不能离开她。假如我必须死在刺刀和炸弹下，我要死在祖国的土地上。”①

二位先生不但没有走，竟在林先生的病床前搭起了板子，整理1939年撤退到昆明后出长差做的四川古建筑调查，并且着手写作《中国建筑史》，同时指导两位年轻人制图、写论文。

1944年，日本侵略军曾经攻打到了贵州省的都匀，那儿离李庄不远。后来，梁从诫问林先生：“如果那时日本人打进四川，你们打算怎么办？”林先生回答：“中国念书人总还有一条后路嘛，我们家门口不就是扬子江吗？”从诫急了，又问：“那你们就不管我啦？”重病着的林先生握住从诫的手，仿佛道歉似的小声说：“真要到了那一步，恐怕就顾

① 林洙：《梁思成·林徽因和我》，2004年，清华大学出版社。

不上你了！”①

我知道，几年前，有一个老人，独自来到月亮田，瞻仰，凭吊。抬眼望见远处扬子江的闪光，他，泪流满面，回头，进屋，扑到两位老师遗照的跟前。

“天地有正气，沛乎塞沧溟”，那时候不少中国知识分子都知道这样的一首诗，懂得这首诗，准备着像文天祥一样正气凛然地以身殉国。

梁先生和林先生，在李庄月亮田干些什么呢？尤其是林先生，病得那么重，还能工作吗？还想工作吗？

想，想的！干，干的！

早在1939年，在日寇的逼迫下，刚刚逃亡到昆明，深秋，梁先生和一些同事们就恢复了营造学社的古建筑考察工作，整整一个冬天都在四川奔走。重病中的林先生则在家教儿女读书，自己也读书，中外古今的书。1940年年底，林先生带着儿女到了李庄，和梁先生会合，先生重病，刚刚好了一点，立即开始工作。什么工作？写论文，读书，种菜，补衣服袜子，到镇上去卖带在身边的首饰。八九岁的从诫整天赤脚穿着草鞋，二位先生没钱给他买一双鞋。身体再好一点，梁先生和林先生就着手编写《中国建筑史》，梁先生还和年轻人一起亲笔画了许多《中国建筑史》的插图，画得太累，腰酸背痛了就把下巴颏架在茶杯口上画。到了晚上，还点起两盏昏黄的菜油灯继续画。林先生的任务是把这本书译成英文，打算托人带到美国出版。同时，梁先生还把在四川的工作成果编印成《营造学社汇刊》（七卷）。《汇刊》是石印的，梁先生患着严重的脊椎关节硬化症，他穿上护腰的铁背心，亲自动手操作制版和印刷，虽然纸张粗糙而且软弱，印数很少。

没有利，也谈不上有名，学术工作却都在很高的标准上进行。当时，国民党当局曾经约请梁先生到重庆去当一个大学的校长，如果去了，当然生活会好得多，林先生的病也可能得到比较好的治疗，但是，

① 梁从诫：《回忆我的母亲林徽因》，见《建筑师林徽因》，2004年，清华大学出版社。

梁先生和林先生毅然拒绝了那个邀请，坚持他们的学术工作。“利者人之所趋也”，但梁先生不是普通的人，他是学者，学者就不能为名利诱惑。我们现在一些打算把名利和“学问”打在一个包里背着的人，总是说“时代不同了”，“环境不同了”，做了，或者打算做些不该做的事。我真怕他们的聪明坏了他们的人品。

在患着重病而坚持工作的期间，孱弱的林先生还忍受着刻骨的痛苦，便是1941年她当空军的亲弟弟在对日本轰炸机的空战中牺牲了。到1944年，心情稍稍平定，她挥泪写了一首长诗《十一月的小村》，悼念弟弟。诗里有句：

弟弟，我没有适合时代的语言
来哀悼你的死；
它是时代向你的要求，
简单的，你给了，
……
你们给的真多，都为了谁？你相信
今后中国多少人的幸福要在
你的前头，比自己要紧；那不朽
中国的历史，还需要在世上永久。

——哦，不！我不能把诗删节，要把林先生说的“你给了”的一一抄录下来：

你已给了你所有的，同你去的弟兄
也是一样，献出你们的生命；
已有的年轻一切；将来还有的机会，
可能的壮年工作，老年的智慧；
可能的情爱，家庭，儿女，及那所有

生的权利，喜悦；及生的纷纠！①

总而言之，为了灾难中的祖国，为了“今后中国多少人的幸福”，献出了从青年、壮年直到老年的一切，包含生命。这不仅是对亲人的悼念诗，这还是林先生的自许，当然也是梁先生的承诺。

日本侵略者投降之后，梁先生来到清华大学创办了建筑系，“杀身成仁”之类的事情不会有了，梁先生的高尚品格在日常的工作中和待人中照样发出光辉。

20世纪50年代之初，新中国成立，大秩序很乱，我们的课程往往要见缝插针才能排上，高庄先生教的木工课竟排在每礼拜天上午，整个半天。同学们心里不大痛快，请求不要在礼拜天上课。梁先生只说了一句话：“你们能跟高先生学习，这机会多么难得；不但要上课，下了课还要追着去学。”几十年过去了，我们越来越体味到高先生那精致到“一眼眼”的“审美神功”的可贵。受过高先生的教，真是幸福。

高先生来任教之前，我们就听到过一些小道消息。大约是在一次系务会议上，李宗津先生向梁先生推荐了高先生，说到他的艺术水平之外，还说到了他的火暴脾气。梁先生当场拍板聘请高先生来，至于脾气嘛，梁先生把手一挥，说：“从我开始，我们人人都让他三分。”

从1949年秋到1950年夏，梁先生和林先生带领建筑系的老师们日夜工作，完成了国徽的设计，国务院召开专家会评审，大家一致起立通过。梁先生请高庄先生给国徽塑造一个浮雕品，以便多种场合悬挂。高先生接受了任务，在大热天玩命一样地投入了工作，把他那精致之极的审美、造型功夫充分发挥了出来，不但是做浮雕，而且对原图案做了些小小的然而重要的改动。但时间当然花了不少，梁先生以极其诚恳的大师风范和坦荡的胸怀回护着高先生。1950年的国庆日将要来到，国徽等着悬挂，事情已经很紧急，梁先生还是多次说服中央领导再等他几天。

① 见《林徽因文存》，陈学勇编，2005年，四川文艺出版社。

一位领导，彭真，急得亲自来到学校催促，梁先生在风口浪尖上镇定地说，他可以担保高先生一定能把国徽的艺术水平再提高一步，最后的作品一定是非常杰出的。这样重大的事情，梁先生敢于冒多大的风险，承担下责任，保护一位艺术家最大限度地发挥他的才能，自己没有丝毫的计较，显示出了一位真正学者坦诚宽阔的胸怀。

最后的结局果真是皆大欢喜。

三十年前，1969年1月末，“文化大革命”初期，我所在的这个大学曾经有一个十分隆重的场合，全校师生列队集合，对学校实施工人阶级专政的“工宣队”宣读了一份文件，并且传达到全国。文件说：梁思成、刘仙洲和钱伟长三个人是反这个又反那个的“分子”，还宣布梁思成和刘仙洲已经老了，“用处不大”了，天大地大的“恩情”是把他们“养起来，留作反面教员”，给饭吃。但梁先生没有吃多久就孤独地过世了，只有七十一岁。

正是这类经过某人画圈的文件，粉碎了我们民族的道德底线，至今堕势难抑。

梁先生的风范是永远值得尊敬的。他一生奉献于学术，从来没有为名为利刻意地去“打造”自己，去“占领”某个高地，去构筑“哥们儿”阵营。他只是脚踏实地襟怀坦荡地工作，为了祖国，为了历史。他连“检讨”都是独有一格的：1957年6月8日，《人民日报》“反右”的信号《这是为什么？》社论发表的同一天，他在这份报纸上发表了一篇《整风一个月的体会》。就在这篇文章里，他写道：“北京城市改建过程中对于文物建筑的那种粗暴无情，使我无比痛苦。拆掉一座城楼像挖去我一块肉，剥去了外城的城墙砖像剥去我一层皮。”在极其险恶的处境中，梁先生坦然维护着他的所信所爱，也许这是书生之蠢，但蠢得多么可敬可佩。现在这段话几乎已经家喻户晓，成了文物建筑保护者的宣言。

那篇文章之前，20世纪50年代初期，建筑界发动过一场批判“复古主义”的运动，梁思成先生和位高权重的北京市市长之间发生了一场激烈的争论，梁先生说：“人们的认识会不断进步，会越来越认识古建筑的价值，（拆掉古建筑）五十年后，有人会后悔的。”这时候，林徽因先生已经病重不能起床，她对前来探望的一位官员说：“后代子孙懂得被你们拆掉的古董有多大价值的那一天一定会来的！”五十多年过去了，这场保卫祖国文化的缠斗将会给人们什么认识呢？

原载《万象》2009年第10期

照相

我老了。

本来以为“老化”是个缓缓的、不知不觉的过程，没想到，它一来，却是个急性子，一天一天都能感觉到它的扩展，这半年多一点的时间，我不断出洋相，而且频率越来越来得那个快。现在，我总得在口袋里装一本袖珍字典，不但写什么要赖它帮忙，有时候甚至连说话都得停下来查查它，否则不能放心。忘性大了，什么事都记不完全，最不行的是招呼朋友们的名姓，因为它没有逻辑性，全靠记忆。所以，常常对着老朋友傻笑，不敢张嘴称呼。以前，总觉得凡老人家都很和善，现在才知道，老人家的和善，大概有不少的成分是因为闹不清该说什么，所以才只得用傻笑来蒙混。

于是，一些青年的、中年的朋友们就一遍又一遍地劝我赶快写写回忆录，他们以为，我的回忆录一定会很有趣。其实呐，不对，我的一生很平淡，没有什么特色。从小学、中学到大学，从学生变成老师，写点儿文章，这一辈子就过去了。

年轻人不肯放过我，他们说，不！我经历的这几十年，正是咱们国家跌跌撞撞千变万化的几十年：起先是抗日战争时期跟着老师逃难，尝尽艰辛；接着是风诡云谲、是非真假难辨的岁月；到末了这二十多年，上山下乡去搞乡土建筑。随便捡过一件事摆一摆，都够有趣的了。

当然，写不了国家的、百姓的什么大事情，只写写自己没出息的经历就行。

没出息的经历嘛，倒真有。

日本强盗入侵那些年，离开父母，由老师带着，躲在深山区里读小学和中学，连饿带顽皮，故事就出了不少。礼拜天，约上几个同学光着身子下河去抓黄鳝、摸螺蛳，手摇铃一响，连忙拉上裤子跟着老师去做正正经经的化学实验。因为学校匆匆忙忙出城上山时候带的仪器不够，所以有些同学只得在礼拜天摆弄试管，老师也就陪着，不休息。物理老师心灵手巧，找些树枝、碎瓦片，也能弄出几堂实验课来。

有一次，我帮着除了辣椒籽便没有任何药品的校医把在我身边睡过两个学期的好朋友的尸体送到山坡上去埋葬。挖个坑，放进去，盖上土，踩结实，然后就回来老老实实走进给我准备好了的一座孤零零的木板房，上楼，靠着墙根坐在地板上发呆，等死。那时候正逢日本鬼子在附近洒过肺鼠疫细菌，死的人可不少。老师和同学都以为那位刚死的同学患的是肺鼠疫，我也已经免不了染上了。染上了就死定了。但“级任导师”还是餐餐给我送饭。用一只盒子装着，挂在一根绳子上，由我自己吊上楼去。就这样过了一个礼拜，没死，才解了禁又下楼回到同学中间。我为什么没有死，校医也觉得奇怪，说不清。最可靠的推测是那位不幸的同学根本不是被肺鼠疫搞死的。

以后上了大学，故事挺多，就是想不明白。尤其是当了教师之后，便没有什么能写写的事儿了。先是埋头编我讲课用的教材，白手起家，寝食两忘。“文化大革命”一来又为这教材挨批斗、写交代。写完“交代”就被“挂起来”，准备好随时接受“见血封喉”的揭发和斗争。那些“揭发”“批判”倒是挺有历史价值，能见证一个时代、一场“革命”和一类人，可惜不是我写的、说的，我不能侵权发表。它们的作者肯不肯发表它们，我不知道，但愿他们有点儿勇气。一直到现在，我写的教材里还引用着不少世界革命前辈马克思的话，那是为了加强自卫。虽然有点儿啰唆，好在它们的学术价值确实还是很高的，让后人多看看，也没有什么不好。既然写的是历史，就让它带点儿它自己的历史气息吧。

再往后，我就上山下乡，搞起乡土建筑来了。这工作是我初上大学时候就有兴趣的，我毕竟是从山沟里的小村子走出来的。我母亲连名字都没有，从小只有一个称呼，就是“大丫头”。她的特长是用尖尖的小脚蹬着土机织布，还唱歌，记得的民歌似乎有无数。其中大多是关于“小小子”的，例如：

小小子，上庙台，
摔了个跤，
拾了个钱。
拾了钱干嘛？
娶媳妇！
娶媳妇干嘛？
点灯，纺纱，
吹灯，说话！

我本来或许可以成为一个民歌的研究者，可惜我中学一毕业就长期离开了母亲，再见面的时候我已经当了爷爷，母亲已经衰老得连饮食都不会了。但是，只要我一出家门，她就靠在门框上等呀等呀，等我回家。晚上我睡下，她一定会扶着墙过来，轻轻推开房门，摸几遍我的被子和头发。我一声不响，闭紧眼睛，享受着普天下最清纯的爱。待她回自己的卧室去，我便会坐起来哭上一阵，让几十年不见的泪水湿透锦被。可怜我这样的日子没有享受几天，母亲便西去了。

——刚刚写到这里，老伴过来了，拿起稿子一看，说：“这一段你十几年前已经写过了，这次，写得几乎一模一样，也挺好！”我还要照样写下去，难道有谁看了这一段会觉得厌烦吗？“可怜天下父母心”，这一句话只七个字，说了也许有几百年了吧，谁会觉得它重复、啰唆，主张抛弃它呢？我现在八十多岁了，在报纸上看到年轻妇女不顾一切，冒着生命危险去救护自己的或者别人家的坠楼或者落水的孩子，我都会泪流满面，甚至啜泣有声。我改不了这性格，现在老到“边缘状态”了，依旧崇敬全世界的母亲，更不可能改了。

啰啰唆唆写了这许多，大概都引不起年轻人的兴趣，过不了关。又不能不满足年轻人的催逼，就是说，要加油写点儿“有意思”的，这可不很容易，只好试一试。

这回先说这么一档子事：

那是在“文化大革命”中期，副统帅出事之后，各方面的劲头都小了一点儿，学校里正正经经招了些工农兵学生，小规模地恢复了开课。不过地点不能在“资产阶级知识分子的老窝”里，要走出学校，到工地上去办学，以防工农兵学员被资产阶级校舍的“恶臭”腐蚀掉。正好隔壁的北京大学有点儿土木工程，于是，就有几位老师带着一批学生去“开门办学”，住进了北大。这是另一个“资产阶级知识分子的老窝”，不知道为什么工宣队没有反对。工宣队既然不管，大家都装傻，不提这问题。毕竟住进老燕京大学的学生宿舍总比住进木板钉的工棚方便一些，也碍不着“革资产阶级的命”。

我的基本任务是给宿舍打扫卫生，偶尔刻刻蜡版，实在没有多少工作要干，成了个“逍遥派”。那位带队的老师一向跟我很熟，就悄悄对我说，弄几本书来看，没事，别荒了业务！说来也巧，又一个不知为什么，虽然全北京凡我去探问过的所有大大小小的图书馆都只有伟大者的“红宝书”能看，别的书都封存了，但北大的图书馆居然完全保持着“文化大革命”前的常态。那么多书，都可看可借。更准确地说，这在那时期其实是“非”常态，“被资产阶级知识分子钻了空子”。我这个不属北大的人居然也能凭工作证借他们的书。甚至不出示工作证也借得到手，只需要装出一副满不在乎的样子就可以了。那位“管理员”根本不知道图书出纳的正规手续。老资格的大概都下放劳动去了。

正逢天热，我借了几本洋书之后，天天起大早，冲洗完男厕所，没有事了，就拿“红宝书”专用的塑料套子把洋书套上，躲到未名湖岸边找个隐蔽的地方去看。看一个多钟头再去吃早点也不迟。我成了个大大的“逍遥派”。

有一天清早，我照常干完了活，就拿了一本书踱到未名湖边。天天那么早都没有别人到湖边去，那天却有四个女青年悄悄地来到了。因为伟大领袖在天安门上检阅红卫兵的时候对一位叫什么文的女学生说过“要武嘛”，所以全国的女学生，除了“牛鬼蛇神”的女儿，都一律只穿灰绿色的军装，还要唱“中华儿女多奇志，不爱红装爱武装”。这四位女学生当然也不能例外。我所在的位置很隐蔽，她们都没有看见我，张张皇皇地走到湖岸的石舫边，四面一望，没人，一个女孩子便用极快的动作脱下了军服，打开小包裹，拿出一件粉红色的不合时令的花毛衣，很利索地穿上，又拿出一条黑色裙子，从头顶套下去，再弯腰把罩在里面的裤腿卷起来，使劲往上塞一塞。两个小女生分左右遮挡住她，另一个小女生飞快地往前跨了几步，掏出一只小相机，对着穿上了一身“丽服”的女孩子，以博雅塔为背景，急匆匆地按了两下。另外两位负责观察四周的“形势”，十分机警，防着看有没有人过来。这样轮流了一圈，每个女孩子都拍下了穿着那件粉红色毛衣和黑色裙子的照片。那大概是她们青春时期最美的一张照片了。然后，以极快速的动作，收拾了一切，好像是大大舒了一口气，恢复了“飒爽英姿”，相跟着匆匆地走了。不必胡猜，她们的军装口袋里一定有一本伟人《语录》，也可能还有一本“红宝书”。

我在一棵大树后面靠着，四位女学生没有看见我，我的泪水却已经湿透了衣衫。昏花模糊的老眼里，这四个女孩子仿佛都长得那么美。我不愿意想象，她们曾经批斗过呕心沥血给她们讲课的老师，甚至按住老师的头，用皮带抽打老师。“要武嘛！”伟人这样教导过她们。

现在，当年的这四位女大学生大概都已经六十岁左右，发丝花白了吧。她们的儿女们、孙儿孙女们，穿的是什么样的衣衫呢？都是姹紫嫣红、十分漂亮的吧。我多么希望她们抱着活泼美丽的孙儿孙女来给我看一眼，我盼望得很呐！唉，给我一张照片也好呀！

快写完这篇稿子了，怕年轻朋友不爱看。他们不爱看，我写稿子干什么呢？但几十年来缠住我脑瓜的却有不少这类场景：人性的压抑和它的挣扎。于是，我从树荫下、草地上邀了小区里几位真正的年轻人来，请他们朗诵一遍。朗诵完了，没有人作声，过了不短的时间，站起来默默地走了。一位姑娘，落后一步，呜咽着对我说："我给您看看我们！"几天后，傍晚时分，她敲开了我家的门，一进来，好耀眼的花团锦簇！这一身，现在已经平常，但也不平常，为了给我看，故意有点儿过分夸张。我一伸手，抓住她的胳膊，她仰脸叫了一声："爷爷！"泪水滴到了我的手上。

原载《万象》2012年第7期

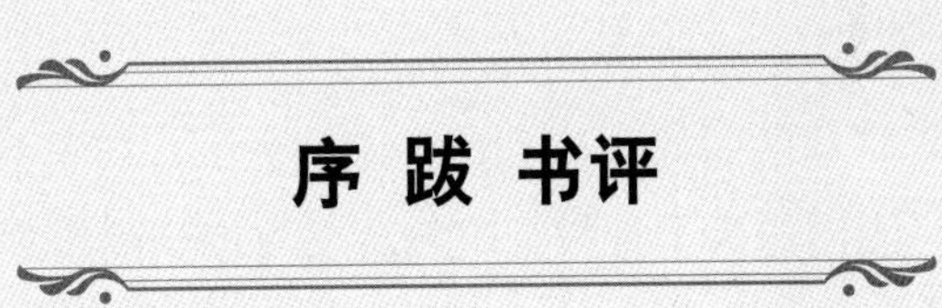

序跋 书评

《建筑空间组合论》献疑

窦　武

1983年残年将尽的时候，读到彭一刚同志的《建筑空间组合论》，显而易见，彭一刚同志为了把辩证唯物主义贯彻到建筑理论中，重新思考了一些许多人习以为常的东西，这种努力很值得钦佩。

理论思考是很艰苦的，为了弄清楚一个很不起眼的问题，一个人家毫不在意的问题，要用多少工作量呢？——实在算不清楚。彭一刚同志说，花了三年多的时间写成了这本《建筑空间组合论》，感到欣慰。这种辛勤劳动之后的欣慰，是非常动人的。

那么，盼望彭一刚同志进一步完善这本书，当然就是一切对他的欣慰能够共鸣的读者的感情了。

我愿意用提出一些疑点的方式来表达我的这种感情。疑点集中在第一章。

一

彭一刚同志用形式与内容这一对范畴的对立统一来总括建筑的基本理论。我先对他对这一对矛盾的论述提出我的怀疑。他说："在建筑中，功能表现为内容，空间表现为形式"，又说："所谓建筑形式主要是指它的内部空间和外部体形"，又说：单个房间的形式"包括空间的大小、形状、比例关系以及门窗等设置”。在以后的论述中，他基本上只提“空间形式”和“空间组合形式”，并且把门窗、暖通等等都列入“空间的质量”中去。

我以为，把空间当作建筑形式是不妥当的，如果是这样的话，我们眼见为实的那些包括墙壁、屋顶、门窗等等在内的各种物质因素和它们的外部相互关系都不算形式了。那么，说内部空间和外部体形合起来是建筑的形式对不对呢？我怕也不对。因为特定的建筑内部空间只是各种物质因素的相互关系的产物。它是壳的存在形式的一个方面，而不径直是建筑的形式。

近来，有一种建筑理论很流行，就是强调空间，把它放在第一位，甚至唯一的地位，而忽视物质实体，把它放在第二位，甚至可以略而不计的地位。例如说“建筑是空间的艺术”等等。彭一刚同志则说：“具有使用价值的不是围成空间的实体的壳，而是空间本身。”他又说：“原始人为了避风雨、御寒暑和防止其他自然现象或野兽的侵袭，需要有一个赖以栖身的场所——空间，这就是建筑的起源。”在这个论述里有一个关键性的失误，因为我们很容易看出，“为了避风雨、御寒暑和防止其他自然现象或野兽的侵袭”，所需要的恰恰是屋顶和墙，也就是那个“实体的壳”，只有用墙和屋顶围护起来的空间才是可以防止侵袭的空间，才是所要的栖身之所。这就是壳的使用价值。没有屋顶和墙，根本就没有特定的建筑内部空间。如果说墙和屋顶这类的物质实体外壳没有使用价值，那么，它们就一钱不值，砌墙、架屋顶等等就不叫生产劳动。这种说法恐怕是很不合乎实际的。

其次再说，什么是建筑的内容呢？彭一刚同志提出来的功能，应当是内容的一部分，很重要的一部分。但是，它恐怕不是全部。教育部组织编写的哲学专业教材《辩证唯物主义原理》里说：“事物的内容是指构成事物的一切要素的总和。这些要素包括事物的各种内在矛盾以及由这些矛盾所决定的事物的特性、运动的过程和发展的趋势等等。”虽然我们不能老是照哲学教科书说话，但是，看来仅提出功能来作为建筑的内容是远远不够的。

建筑的内容与形式的问题，长期讨论而未有满意的结果，原因在于问题提得太抽象，而思考得又太简单。所以这样说是因为：第一，建筑本来是很复杂的综合体，它包含着使用功能方面，结构构造方面，意识形态方面，等等。每个方面都有它的内容与形式问题，这些内容与形式又互相交织，有时贴合，有时并不贴合。第二，任何事物的内容和形式都包含着连续的梯级层次。例如，一定的长、宽、高的房间是卧室、厨房、浴厕等等的形式，但这些房间又是构成一个住户的内容，而它们的组合则是住户的形式；按一定方式组合的住户又是单元的内容，而住户的互相组合是单元的形式；单元又是住宅楼的内容，它们的一定组合是住宅楼的形式；住宅楼又是居住区的内容，居住区的布局是形式，如此等等。

所以，只有根据要讨论什么问题，要解决什么问题，确定所要讨论的内容和形式的方面和层次，然后加以切实的分析，才有实际的意义。泛泛地、抽象地、没有目的地去谈论建筑的形式和内容，恐怕不会有什么用处，而且也必定说不清楚。因为没有特定的方面和层次，议论就打滑，例子就合不上榫卯。

看来，研究建筑理论，比较好的办法是从建筑的实际出发，具体地提问题，运用唯物辩证法去分析，而不要从辩证法的范畴和规律出发去提问题。

二

彭一刚同志在第四节探讨“否定之否定”规律在建筑发展中的体现。运用这条规律，有两方面的困难。一方面，对这条规律本身的理解还有一些疑点和难点，这方面我们暂且不提。另一方面，需要先回答建筑发展中的一系列问题，例如：什么是建筑本身固有的肯定方面和否定方面，它们的对立斗争是怎么样的？否定意味着质变，那么，什么是建筑发展过程中的质变？中外古今的建筑历史中，建筑发生过哪几次质变？建筑按否定之否定规律作周期性发展时，每个周期的起点在哪里，终点在哪里？怎样确定它的“三个环节、两次否定”？

彭一刚同志说：“在建筑中，功能表现为内容，空间表现为形式，这两者所构成的对立统一的辩证发展过程，就是按否定之否定而呈周期性特点的。”这个说法恐怕不能成立。

否定之否定规律是由肯定和否定这一对范畴的联系和运动构成的。恩格斯在阐明社会发展的周期性现象时，指出了公有制—私有制—公有制这样三个环节、两次否定。这里，交替作为肯定方面和否定方面的是生产资料的公有制和私有制。任何一个社会的根本矛盾都是生产力和生产关系的矛盾，它制约着公有制和私有制的矛盾，但不等于公有制和私有制的矛盾，它的矛盾运动先后产生五种生产方式，它们并不构成三个环节、两次否定。这是因为，生产力和生产关系并不能相互交替否定对方的存在。同样的道理，建筑的功能和空间，或者说形式和内容，也不能互相否定对方的存在。这也就是说，它们不能形成否定的否定这样的周期性现象。

后来，彭一刚同志举了一些建筑发展的周期性现象的例子：建筑形式由封闭而开敞，由开敞而封闭；建筑空间组合由简单而复杂，由复杂而简单；建筑格局由整齐一律、严谨对称而自由灵活、不拘一格，又由自由灵活、不拘一格而整齐一律、严谨对称。另外还有由思想内容与艺术形式之间的对立统一所形成的周期性现象：建筑装饰由简洁到烦琐，又由烦琐回到简洁；建筑风格由粗犷而纤细，又由纤细回到粗犷。

对于这些例子，可以提出这样一些怀疑：第一，形式、空间组合、格局其实是同一个东西，装饰则从属于风格，所以，这些概念的使用在这些例子里有点混乱。第二，这些例子所涉及的都是些表面现象，并没有建筑的实质性变化，而否定，意味着质的变化。第三，那些变化的相互关系怎么样？它们是不是同步发生的，是不是同一个实质性变化的表象？

按照辩证法，在否定之否定过程中，第一个否定和第二个否定必须是同一个矛盾造成的。以上列举的例子，有一些反复好像并不是出于同一个矛盾。比如，由简洁的古典主义室内建筑到烦琐的洛可可式室内建筑，主要是由意识形态的变化造成的，但由烦琐的折衷主义室内建筑到简洁的现代室内建筑，材料、结构、工艺特点等等所起的作用很大，而且是直接起作用的。

由此，又产生了另外一个疑问：彭一刚同志所列举的那些周期性现象，是合乎实际的吗？建筑现象纷繁复杂，把同一时期的各种类型的建筑物捏在一起，各种自然条件下的建筑物捏在一起，笼统地说建筑有一个由封闭到开敞，由开敞到封闭，有一个由简单到复杂，又由复杂到简单的周而复始的发展过程，大概并不合乎实际。就拿现在的建筑来说，确实有一些办公室、展览厅之类采用了开敞的通用空间，但在同时，却有大量科学实验用的和生产用的建筑物空前封闭。那些通用空间的组合也许是简单了，但同时，那些封闭性空间的组合却复杂化了，就说超净车间的出入口吧，那空间组合不就很复杂吗？医院的空间组合不也是越来越复杂吗？至于大量的住宅，则几乎看不出有多少开敞与封闭、简单与复杂的变化。

彭一刚同志把西方的后现代主义看作现代建筑的否定。他说，从复古主义折衷主义到近现代建筑又到后现代主义，是一个否定之否定的周期。这个论断，又引起几个怀疑。第一，在否定之否定这个规律中，所说的否定，不是“相反”“对立”的意思，而是使前一个发展过程中断、消失、结束的意思。那么，说现代建筑是复古主义折衷主义建筑的否定，这是大家都能同意的，但是，后现代主义是不是会取代现代建筑，使现代建筑的发展中断、消失、结束呢？这样的判断恐怕谁也不能下。第二，如果复古主义折衷主义—现代建筑—后现代主义折衷主义形成了三个环节、两次否定的话，周期性的起点就是折衷主义，如此向古代回溯，那么，整个西方建筑的发展史就以折衷主义为出发点，那是太不可能了。

彭一刚同志又描述了另一个周期：文艺复兴建筑（人文主义）—近现代建筑（缺乏人情味）—后现代主义建筑（为着人）。这个周期的后两个环节跟前面说的那个周期里的相同，那么，同属第一个环节，文艺复兴建筑跟复古主义折衷主义建筑是不是相同的呢？在后面的图解里，彭一刚同志说，文艺复兴运动反映在建筑中是“学习、模仿古典建筑的形式与风格蔚然成风”。看来，文艺复兴建筑跟复古主义折衷主义建筑是一码事儿了。这恐怕很不恰当。文艺复兴建筑跟复古主义折衷主义建筑之间的差距，至少不亚于后现代主义之于近现代建筑，何况前两者之间还有过巴洛克建筑、古典主义建筑、浪漫主义建筑那样更富有个性的独特的阶段。无论如何，总不能说巴洛克建筑是以抄袭、模仿为能事的罢。把这些都捏合成一个环节，它们共同的规定性是什么？

后来，彭一刚同志撂下了上面提到的两个周期现象，另外描述了一个“西方建筑整个历史发展过程”，这就是整齐一律严谨对称与自由活泼放荡不拘二者的周而复始。因此，这个“整个历史发展过程”只不过是他在前面说过的“格局”的发展过程。这个论断的疑点是：第一，前面说的“形式”“空间组合”等等的变化到哪里去了？第二，“仿古”和“人性”等等在文艺复兴之前有没有呢？作为一个否定之否定的发展过程的基本矛盾，应该贯彻始终，不能半路里杀进杀出。否则，它就不是一个完整的过程，根本谈不上否定之否定的规律。

在上述那条螺旋线里，古希腊建筑和古罗马建筑被划在同一个环节里。其实，从古希腊建筑到古罗马建筑，是经过质的飞跃的。在现代建筑运动之前，古罗马时代的那次建筑革命，大约是整个建筑史里最重要的一次。撇开影响那么大的变革不提，仅仅从格局的对称、严谨着眼，把古罗马建筑跟古希腊建筑合并入一个发展阶段，大概是很不合适的。

至于拿中世纪建筑的“自由活泼放荡不拘”跟古典建筑的“整齐一律严谨对称”对立，也还有一些可疑之处。古典建筑之讲究整齐对称的，主要是宗教建筑物和大型纪念性建筑物，同样，欧洲中世纪的教堂，也仍然是严格对称的。哥特教堂柱网的整齐一律甚至超过古希腊和古罗马的神庙。中世纪民间建筑构图特别自由活泼的，主要在法国、德国、北欧等地方，那里在古罗马帝国时代是“外省”甚至“域外”，古典文化影响很浅或者基本没有。何况古罗马帝国灭亡之后，中间有过长达几百年的“蛮族”大迁移，造成古典文化的大破坏。中世纪时那些地方的封建寨堡、城市木构房屋等构图活泼的建筑都有强烈的日耳曼影响。所以，不好说这些地方的中世纪建筑是古典建筑内部固有矛盾自身发展的结果，而否定之否定的规律，是事物自身发展、自己发展自己的运动规律。小麦植株不能否定水稻籽粒，小麦植株被牛啃啖也就谈不上否定之否定了。

再往近处看，现代建筑直接否定的是复古主义折衷主义建筑，就像社会主义直接否定的是资本主义一样。但是，在构成否定之否定的三个环节、两次否定时，社会主义作为共产主义的初级阶段所否定的是整个生产资料私有制，而不仅仅是资本主义。相仿，在建筑中，现代建筑所否定的大约也不仅仅是复古主义折衷主义或者再加上文艺复兴建筑，而是更长的历史阶段，很可能，要找出更富有概括性的肯定方面和否定方面才行。

由上面的一些疑点看，彭一刚同志描述的从古典希腊罗马到后现代主义的那一道螺旋形发展线，也许不能成立。

究竟怎样阐明否定之否定规律在建筑发展中的体现呢？这还需要做更深入的努力。彭一刚同志开了头，至少能促进大家的思考。

应用辩证法于建筑理论，这当然是完全必要的。但是，把建筑理论套到辩证法的体系里去，而不是从自己的特点下手，这却是《建筑空间组合论》第一章的一个大弱点。

最后再说一遍，我是为庆贺《建筑空间组合论》的出版而写出这些疑点的，预祝这本书将会修改得更好一些。

原载《建筑师》1985年3月

卢斯《装饰与罪恶》译后记

近年来，所传卢斯说的“装饰就是罪恶”大受批判，被当作现代建筑“反人性”的一个证据。如此轻而易举地把它批倒，反而叫人奇怪：为什么这个“不值识者一哂耳”的命题，竟然会被历史传下来了呢？就像要了解“住宅是居住的机器”必须了解《走向新建筑》整本书和那个时代一样，要了解“装饰就是罪恶”，至少也得了解被认为提出了这个命题的文章的全篇和那个时代。只有了解了之后，才不致犯断章取义和望文生义的错误，才会明白这个命题的历史意义和理论价值。

因此，我把卢斯在1908年写的《装饰与罪恶》译了出来，给大家看一看。因为是历史文献，所以没有删节，虽然里面车轱辘话实在不少。好在全文不太长，还不致看不下去。

读这篇文章应当注意的有三点：

第一，它的攻击对象是“新艺术运动”和它在奥地利的追随者。童寯先生在《新建筑与流派》里说“新艺术是以装饰为重点的个人浪漫主义艺术”，高等学校教材《外国近现代建筑史》也有类似的论断，并且说：“新艺术运动在建筑中的这种改革只局限于艺术形式与装饰手法，终不过是在形式上反对传统而已，并未能全面解决建筑形式与内容的关系，以及与新技术的结合问题。”

卢斯是为反对新艺术运动和它在奥地利的追随者“复活装饰”而

写这篇文章的。他看到了问题，不过看得不深，批评的论证阐发得也不深，主要是没有看清审美意识发展的方向和动因。

第二，卢斯第一方面的论证是文化史的。他从审美意识进化角度批评“复活装饰”是时代性的错误，开了历史倒车。他说：“文化的进步跟从实用品上取消装饰是同义语。”古代的人和现代还处在很低的经济和文化水平的人喜欢装饰，善于做装饰，但是“任何生活在我们这个文化水平里的人都再也做不出装饰来了”。为什么？因为“我们已经成长，装饰已经容不下我们了；我们已经从装饰中挣扎出来取得了自由”。

卢斯正确地看到了审美意识的历史性，看到了文化史的现象。这是很好的。但是，他不能解释这个现象，虽然提到了现代化的劳动方式。仅仅用“我们已经成长得更雅致、更精妙了”来解释显然是不行的，这本身需要解释。

第三，卢斯第二方面的论证是社会的、经济的。这是他的论文的最有力量的部分，他自己也把重点放在这里。他说：“装饰的复活给审美意识发展造成的巨大破坏和损失可以不必重视，因为没有任何人，甚至政府的力量，能够制止人类的进步。它至多被延缓而已。我们可以等待。但是装饰的复活是危害国民经济的一种罪行，因为它浪费劳动力、钱和材料。时间不能补偿这个损失。”他一再说，装饰就是“被浪费了的劳动力和材料”。

他给装饰的消费者和生产者都算了一笔账。在装饰上多花钱，会使人日穷一日，他尤其以极大的同情指出，装饰的生产者在现在不可能得到应有的报酬，他们收入低、劳动时间长。“装饰匠必须干二十个钟头的活才能挣到现代化工人八个钟头就能挣到的收入。……中国的雕花匠工作十六个小时而美国工人只工作八小时。”这里说到了劳动生产率的问题。劳动生产率低的，就得受穷。“因为装饰不再是我们文化的自然产品，所以它是落后的或者退化的现象，装饰匠的劳动再也不能得到合理的报酬了。”

在这一方面的论证里，他为他的祖国奥地利在支持新艺术运动的政府治理下一天天穷下去而忧伤。

同样，卢斯正确地看到了这方面的问题，敏锐地捕捉到了一些现象，可惜没有能更具体、更深入地阐发。不过，联系社会经济问题讨论审美，联系劳动者的切身利益讨论审美，这是卢斯这篇论文的一个重大的优点。

总之，卢斯的《装饰与罪恶》这篇文章是有针对性的，有历史的、社会的、经济的具体内容的。如果把他的论文概括成“装饰就是罪恶”一句话，那么，它压根儿不是一个一般性的、好像仅仅是审美判断的命题。所以，不能那么容易地用一句“反人性”就把它批倒。

说到“人性”，卢斯的这篇文章里却很有流露。他说：“我容忍我身上的装饰，如果它们使我的伙伴高兴。他高兴我就高兴。”这伙伴，指的是鞋匠，是农夫，是老太婆，是一切文化水平比较低的生产装饰的人们。当然，前面提到的他给这些劳动者算的经济账也是很“人性”的。后来，1920年，卢斯当了维也纳总建筑师，把主要精力花在实验性的大众化住宅上。这可不是一个无情的人。

如果我们真正关心劳动者，关心大众化的住宅，我们对卢斯的这篇文章是会另眼相看的。虽然它不够缜密，有点武断。

理论工作要求下功夫。抓住只言片语就想当然地论断是非是不行的。也有人说，不必管各派理论的是非，只要看看它们各有什么有用的、可取的意见就行了。这是一种提倡就事论事取消理论思维的主张。不从事理论思维，轻视它，是我们民族的一个“传统”，是造成我们落后的原因之一。马克思说过，不进行理论思维的民族是没有出息的。是跟我们民族这个糟糕透顶的传统决裂的时候了。

原载《世界建筑》1985年第3期

也请打开朝东的门窗
——《苏维埃建筑》谈屑

解放初年，有过一个学习苏联“老大哥”的高潮。拿我们建筑行业来说，确实学到了很多有用的好东西。从城市规划、工业建筑、住宅和居住区设计到建筑工业和建筑管理，都面貌一新，总之一句话，我们大体上学会了搞大规模的城市建设。尽管有一些做法现在已经过时，确实有相当多的现在还在起作用。不过，我们也从苏联学来了一些错误的东西，比方说，彻底否定西方现代派建筑，大搞复古主义。那一套理论，到现在也还在起作用。不久前还有人旧话重提，说当初苏联人如何批判了“世界主义”，其实，苏联人自己早已把日丹诺夫搞的那场运动反掉了。

过了十年，中苏两党关系破裂，于是，苏联的建筑书籍和杂志不大看得到了，没有人再敢说借鉴苏联经验，即使想，也难办了。

先是反帝，反掉了西方建筑，后是反修，反掉了苏联建筑，政治斗争吞没了一切，把我们跟世界上所有建筑经验都隔绝开来了，于是，就只好吹嘘“干打垒”。现在，噩梦初醒，痛定思痛，大家都不赞成在科学技术问题上再打政治棍子。不过，阴魂难散，一年多之前，还有人痛斥反对搞大屋顶的人“党性有问题”。好在大形势变了，这一棍子不得人心。

开放以来，情况好转，我们可以比较认真地评说世界建筑的成败得失，有所借鉴了。不过，朝西的门窗开得早而大，朝东的门窗开得迟而小。从西门西窗涌进来的建筑成就大开了我们的眼界，对提高我们的建筑水平确乎好处很大，这几年的进步真是小看不得。话说回来，那些建筑思潮和那些高级旅游设施之类刮起来的旋风，弄得我们有些人怕真有点儿晕乎。

晕乎的主要表现是，一些人忘记了社会主义制度下的建筑跟资本主义制度下的建筑，毕竟还应该有所不同。他们挑战式地发问：差别何在？

差别当然是有的。

最基本的差别就是，在社会主义制度下，要把直接为普通劳动人民的物质和精神生活服务的建筑放在第一位，把为普通劳动者创造良好的生活、工作、学习、休息环境放在第一位。我们的建筑和城市，要体现出在社会主义制度下人和人的平等关系，要慎重而积极地体现出在社会主义制度下政治、经济、社会、文化各个领域里合乎逻辑地出现和发展的新动向。建筑要参与和推动新的生活方式、新的思想观念的建立。我们的建筑，还要激励人的创造性想象力和对未来的信心。如果这样去看问题，我们就能看到社会主义制度下的建筑跟资本主义制度下的是不大一样的，倒不是说社会主义者住进资本家的旅馆就会处处觉得不大方便。

当然，说把为普通百姓直接服务的建筑放在第一位，并不是说它们的造价要最高，要占据城中心最好的地段，而是说，在宏观的考虑中，它们是最主要的；说建筑要体现人和人的平等关系，并不是说要搞绝对平均主义，而是说，至少不要搞那么特殊的长官楼、书记院，不要搞那么多贵宾席、贵宾入口；说建筑要推动生活的发展，并不是要再搞生活公共化的公社大楼，而至少是不要麻木不仁，对生活的变化视而不见，以不变应万变，或者限制了一切变化的可能性；说建筑要激励人的创造性想象力，并不是要凭空虚构，而至少是不要再仿古复古，用传统束缚自己。

当然，还要说一个当然，所有这些，都不仅仅是建筑师的事，而是整个社会的事。如果整个社会还弥漫着封建残余，如果整个社会还死气沉沉，缺乏创造性的活力，那么，社会主义制度下建筑应该具有的某些基本特色就暂时还显现不出来。因此，就会有一些建筑工作者还不能自觉到社会主义时代建筑应该有的新的特点，还在为已经过去了的时代立论，在人民大众还缺乏最起码的住宅的时候，在不少中小学还在危险房屋中上课的时候，在医院因为病房不够不得不拒收危重病人的时候，他们想的、说的、向往的，却是少数大型纪念性公共建筑物，提倡的是花起钱来没有边儿的大屋顶。他们的理论的立足点还在古老的封建时代里。

这就是建筑的价值观问题。只要这个价值观不变，对苏联建筑就不会有多大的兴趣。目前，这份兴趣甚至还赶不上对日本的。要改变这种落后状况，首先得靠社会主义制度的发展和深入，不过，也可以通过朝东的门窗涌进来的信息本身，多了解它们一分，就会对它们增加一分兴趣。吕富珣同志翻译的这本《苏维埃建筑》，虽然作者的思想还不够明确，挑战性不强，到底还是带来了许多只有社会主义社会才有的建筑信息，所以值得欢迎。

就历史的价值说，苏维埃的建筑有两段应该特别重视，一段是20年代到30年代初，一段是50年代中。就实际创作的借鉴价值说，需要特别重视的是近三十年来平稳的发展时期，虽然最近对它有尖锐的批评。

20年代至30年代初这个时期，开始于十月社会主义革命胜利后的思想解放，结束于个人迷信建立后的用行政手段统一思想。这是一个很富有创造精神的时期，虽然有许多荒唐幼稚的失误，更多的却是严肃的有成效的探索。苏联建筑师在这时期里不但当了现代建筑运动的先锋，而且大多自觉地把建筑创作跟生活的社会主义改造联系起来，这样也就改造了建筑本身。

1920年12月，塔特林的一个助手写了一篇关于“第三国际纪念塔”的文章，说“它鼓励我们在建设新世界的工作中有所创造”。两年之后，1922年，甘发表了宣言性的著作《构成主义》，认为在俄罗斯既然发生了激烈的政治革命，艺术观念当然也要发生激烈的变化。他写道：“站在十月革命一边的艺术家，……应该实际地从事建设并表达新的、积极的劳动阶级的有计划的目标，这就是建立未来社会的基础。”又过了两年，1924年，构成主义的主要理论家金兹堡在他的《风格与时代》里提出了关于建筑创作的三个观点，第一点是："确认建筑和人工环境对社会变化的促进作用。"

建筑要促进社会的变化，也就是促进社会的社会主义改造，这个思想太重要了，20年代许多建筑师都明确地认识到它，并且努力在创作中表现出来。城市规划和工业建筑里全新的探索不用说了，就只说公共建筑里的剧场。老派建筑师如福明，新派建筑师如维斯宁兄弟，都尝试把观众厅做成统一的散座，没有包厢和其他的特权者的座位，维斯宁兄弟说："那种座位失去了我们这个没有阶级的、彻底民主的社会的基本思想。"而"圆形大厅最能适合观众平等团结"。在住宅方面，有过一场很热烈的使家务劳动社会化的探索，设计了许多"公社大楼"。因为把家庭生活的社会主义改造设想得太简单了一些，有些设想过头了一些，打算消灭家庭，所以"公社大楼"没有成功。不过，这种探索并不是毫无道理，新的探索还在进行，这就是设计和建造"新生活大厦"，"为各种不同年龄和不同职业的人创造一个新的社会生活方式"。1966年还由国家建设委员会和苏联建筑师协会组织过一次公开的设计竞赛。

怀着强烈的历史使命感和社会责任心，苏联建筑师为促进社会关系和生活各方面的社会主义改造而做的探索，生气勃勃。如果我们怀着同样的使命感和责任心，我们就会对20年代和30年代初期的苏联建筑做出很高的评价，发生浓厚的兴趣。当然，也会对这个活跃的时期的结束表示惋惜，而把导致它结束的原因引为鉴戒。

50年代中期这一段历史所以重要，是因为它结束了30年代中期以来二十年的复古主义和装饰主义的统治，开辟了直到现在的三十年的富有创造力的发展。

在复古主义和装饰主义统治期间，苏联建筑在一些方面停滞，在一些方面甚至倒退了。问题不只是在形式上的复古和装饰烦琐，而是在基本观念上，直接为人民大众的物质生活和精神生活服务的建筑退到了次要的地位，占据着主要地位的又是大型纪念性公共建筑。当时最响亮的口号是，用辉煌的建筑来歌颂时代的伟大和光荣，也就是神化了的领袖的伟大和光荣。于是，建筑的封建传统恢复了，它被重新定义为艺术，强调它的形象的思想审美意义。1945年，国家建筑委员会主席莫尔德维诺夫写道："建筑，这就是艺术，……建筑是为满足人民的审美要求服务的。"1953年，建筑科学院历史理论研究所副所长库洛奇金套用了一句名言的格式说："苏维埃建筑的任务是最大限度地满足全苏人民不断增长着的审美要求。"可是，尽管给许多城市住宅、大量性公共建筑物和工厂套上了宏伟的古典外衣，它们在总体上还是难以担当起那个光荣的任务。因此，有些理论家干脆把它们开除出建筑之外，叫它们为"构筑物"，照建筑科学院院士马扎的说法："决定建筑特征的因素是艺术。"

建筑的封建传统一恢复，必然导致形式的复古和烦琐装饰。于是就下功夫把现代派建筑批倒批臭，说它们是没有人性的冷冰冰的方盒子，是帝国主义腐朽没落的表现。对现代派建筑的诞生和发展立过功勋的苏联的构成主义被打成了帝国主义的走狗，有一些杰出的建筑师从此靠边站。反过来，倒吹嘘作为沙皇俄国宫廷文化的古典主义建筑和帝国式建筑多么富有人民性，非继承这个传统不可。建筑师的创造性窒息了，他们没完没了地在陈旧古老的古典框框里做文章，只能靠变换装饰题材讨点儿新花样。

当然，在复古主义和装饰主义的统治下，苏联建筑也并不是全盘都坏了、错了。50年代，我们一边倒的时候，虽然学来了那一套复古主义，毕竟也还学到了不少有用的东西。不过，复古和虚假装饰阻碍了建筑工业化的发展，施工缓慢，功能质量很差，而造价却高得要命，人民大众的居住状况因此长期不能改善。1945年，布宁教授说："为了美化城市就需要一些在功能上没有根据的建筑物，特别是圆顶和高塔。"那时候，卫国战争刚刚结束，老百姓还在废墟里栖身，说这样的话未免太超脱了。糟糕的是，这类在功能上没有根据的东西真的流行起来，连普通住宅都有扣上尖塔和圆顶的，钱花得像淌水一样。

这种情况可不能再继续下去了。1954年11月30日，召开了全苏建筑工作者会议，一年之后，1955年11月26日，召开了第二次全苏建筑师代表大会。这两次大会坚决地批判了复古主义、装饰主义和铺张浪费，迫切地要求迅速提高建筑工业化的水平，明确地重申了住宅和大量性建筑的首要地位，热烈地鼓励建筑师的创新精神。二十年之久的复古主义和装饰主义的统治终于结束了。

就在1955年，我们也批判了以梁思成先生为代表的复古主义。

这几年，我们很有一些人重弹50年代初年的老调。也有人受到美国传来的文化寻根热的鼓舞，用新的理论提倡复古主义。看来，再温习一下50年代中叶的苏联建筑史是大有好处的。

第二次全苏建筑师代表大会之后，苏联建筑的发展比较平稳，有不少新的探索，成就很可观。我们有一些人，因为没有听说苏联建筑师创作出什么轰动世界的特殊作品，就以为苏联建筑没有多大意思。我再说一遍，这是一个价值标准的问题。1982年，我跟来自21个国家的23位建筑师一起生活了半年。有一天我问他们，世界上哪个城市最美。七位到过莫斯科的建筑师一致说莫斯科最美。我很吃惊。他们解释说，世界上有些城市里有伟大的建筑杰作，但是，一般居民并不见得天天都能去欣赏它们，而他们日常生活的建筑环境往往不很好。在莫斯科，平民百姓的生活、学习、工作和休息的环境很好，这是他们天天都在享受的，所以，应该说莫斯科最美。

我们不能不承认，这几位来自资本主义国家的建筑师倒很理解社会主义制度下建筑的价值观。这大概是因为建筑师的职业本身蕴含着人道主义的缘故罢。

原载《读书》1988年第2期

艰难的探索

——读《理性与浪漫的交织》

自从18世纪诞生了美学以来，欧洲的美学家，大多要在著作里说一说建筑，不管深也罢，浅也罢，是也罢，非也罢，似乎没有建筑，美学专著就不算完全。近几十年里，“建筑美学”的专著也出了不少。

我们中国的美学家们看起来比较谨慎，到现在还没有见到哪一位认真研究一下建筑。于是，建筑家们等不及了，只好破门而出，自力更生，这几年在建筑美学这块黄土地上耕耘的人虽然不能说多，却也不太寂寞。黄土地上既然有人播种，就有了星星点点的绿色，总能给人对以后的年景收成一点儿盼头。

这些播种者当中，王世仁同志下功夫比较大，为了研究美学，他曾经放下三角板、丁字尺，到中国社会科学院蹲了三年。现在，他把几年来写的论文汇成一册出版了，书名叫作《理性与浪漫的交织》。

我们的美学家们迟迟疑疑不碰建筑美学，也有相当道理。建筑这玩意儿实在太复杂，又很难给它定性归类。当代英国建筑史家J. M. 克鲁克说：“建筑评论说不上是一门精确的科学。实际上，我们关于建筑的观念——我们说的好和坏，美和丑，我们对建筑风格的见解——从人类第一次造了一个掩蔽体然后打量它是否好看的时候起，一直是稀里糊涂的。”

说从那么早起就糊涂，未免夸大了一点儿，不过，建筑的类型越来越多，类型之间的分化越来越大，工程技术的综合性也越来越广，我们对建筑就越来越难下一个一般的定义，说几句实实在在的基本原理，这倒是真的。我们现在确实有点儿稀里糊涂。

近来，建筑的社会意义和环境意义受到格外的重视，建筑的定义又有了新的变化。例如，日本建筑师丹下健三说："所谓建筑，包括城市在内，就是人们交往的场所，就是变成了可见之物的交往网络。"英国建筑师费尔顿在他给联合国教科文组织起草的一份文件里说："建筑是这样一种东西，它通过封闭一处空间来调节气候，使原始的人变成文明的人，使他们能够进行家庭的、社会的、消遣的和文化的活动。广义的建筑包括城市，它的市容和自然风光。"建筑概念的些许变化就会给建筑美学带来很大的困难，何况众说纷纭。

19世纪末叶以前，建筑现象还没有这么复杂。资产阶级的政治社会革命和相伴的工业革命还没有来得及造成一场建筑革命。那时候的古典美学家们还可以袭用封建贵族传统的傲慢态度来看待建筑，只把宫殿、教堂、庙宇和陵墓之类的高档建筑物放在眼里，对大量性的城乡居住建筑和其他功能性建筑"视而不见"。包括黑格尔在内的美学家们在论述建筑的时候，想到的就只有那顶尖儿上的小小一部分建筑物。他们面对的课题本来比较简单，他们又把课题进一步简单化了。

19世纪中叶开始，资产阶级的政治社会革命和工业革命的深入发展，终于诱发了一场建筑革命。这场革命大大拓展了建筑活动的领域。改变了建筑这个大系统中占主导地位的层次。1845年，法国建筑评论家塞扎·戴利说，已经到了建筑师不再把注意力放在"为显姓扬名的凯旋门和神庙上"，而放在公共市场、工厂、仓库和车站这些新的建筑类型上的时候了。1856年，他又说：既然现代社会是一个工业社会，它的纪念建筑就不是别的，而是当时大量建造着的火车站、百货公司、餐厅、旅馆、学校、图书馆、博物馆、法院和剧场。到了20世纪初，城市住宅终于成了现代建筑的中心层次。现代建筑的先驱、法国建筑师勒·柯布西耶说："当今的建筑专注于住宅，为普通而平常的人使用的普通而平常的住宅。……为普通人，'所有的人'研究住宅。这就是恢复人道的基础，……"现代建筑的革命就是在城市住宅领域里打了决定性的胜仗的。

城市住宅和其他大量性建筑成了建筑的主导层次之后，依托在宫殿、庙宇、教堂和陵墓之类建筑身上的传统建筑美学不太适用了，现代建筑的革命就激发了建筑美学的革命。城市住宅这时候已经是工业化生产的商品，于是跟飞机、轮船、汽车、打火机和手电筒等等工业品的美学一起，建筑美学从古典美学转进了技术美学的领域，勒·柯布西耶把它叫作"工程师的美学"。在《走向新建筑》中，他相当系统地论述了这种新的建筑美学，论述了建筑美的功能性、工艺性、经济性，论述了建筑形式美的一般原理，也论述了这种美的合道德性。

半个多世纪以来，建筑美学的主流属于技术美学。就像黑格尔时的建筑美学不大适合于现代的大量性建筑一样，技术美学也不大适合古代和中世纪的那种大型的纪念性建筑物，如宫殿庙宇之类。到现在还没有产生一种普遍适用的广谱的建筑美学。近年来，盛行的信息论符号学等新学科引进建筑美学，它们的普适性比较宽，但因此到目前为止还很空泛，前景怎么样不很清楚。

在这种情况下，王世仁同志没有企图建立广谱的、包含一切层次建筑物在内的建筑美学。三十多年来，他主要从事于中国古代建筑史的写作、古建筑的保护以及仿古建筑的设计。于是，顺理成章，他把美学研究的范围基本限制在中国古建筑上。他的书的副标题是《中国建筑美学论文集》，按照建筑界的惯例，"中国建筑"就指中国古建筑。于是我们读到了庄严巍峨的明堂，婀娜秀丽的佛塔，体现着封建宗法制的住宅和雨丝风片中的园林。除了对现代建筑的技术美学简单说了几句批评性的意见之外，王世仁同志没有正面讨论现代建筑的美学。他基本上停留在传统的古典美学当中。虽然我们可以对他的这本著作缺乏现代性表示遗憾，但我们仍然要尊重他的选择。每一个人都可以而且必须为自己耕作的园地划一个边界。这正像我们不能责备研究宋词的专家没有研究当代的朦胧诗一样。

不过，也有一些同志从另一个角度划定建筑概念的范围。他们主张区分“建筑”和“房子”。前者“艺术”水平比较高，属于文化层次；后者谈不上“艺术”，不过是些纯物质手段而已。区分“建筑”和“房子”，目的大概主要有两方面：一是从好处看，在于激励建筑师提高设计质量，认真对待每一项任务，尽可能使自己的作品有比较高的艺术性，成为真正的“建筑”；二是除去了“房子”，压缩了“建筑”概念的外延，便于在建筑的艺术性问题上大做文章而不致碍手碍脚。

虽然这些同志再三说，区别“建筑”和“房子”的仅仅是艺术，是文化，而不是类型，一座设计得很好的公共厕所也可以成为“建筑”，进入文化层次，但是，实际上，由于种种条件的限制，被列入“房子”而开除出“建筑”家族的，必然主要是那些大量性的城市住宅、学校、商店以及厂房、仓库之类，更不用说鸡棚牛舍了。然而，建筑概念以及建筑师的创作领域，从宫殿庙宇扩大到市场、餐厅、学校，再扩大到大量性的城市住宅，是建筑在近二三百年来很有进步意义的发展。它意味着随着资产阶级代替封建贵族成为社会的统治力量，建筑也大大地民主化了。1928年，当时领导着现代建筑革命的堡垒之一的包豪斯的汉斯·梅耶说，包豪斯“作为一所设计学校，它的存在不是一个美学现象，而是一个社会现象”。他的口号是：“用人民的要求代替富人的要求。”社会主义制度当然应该更加促进这个民主化的过程。现在我们如果把城市住宅、学校、商店中的一大部分放逐出“建筑”之外，我们就不知不觉丢弃了建筑二三百年来的进步，回到封建贵族的傲慢的旧观念中去了。其结果将不是激励建筑师去提高住宅之类的设计水平，而是有意无意间促使建筑师轻视它们的设计，这是实际生活中已经发生了的。

这些把“艺术”当作划分“建筑”和“房子”的标准的同志争辩说，欧洲人把建筑当作艺术之首，放在绘画和雕刻的前面，所以，艺术性不高的“房子”必须被排斥在“建筑”之外。

其实，欧洲人并不从古就把建筑当作艺术。17世纪中叶法国国王路易十四设立学院的时候，建筑跟绘画和雕刻是分开的。1672年，建筑学院院士勃隆台勒在他写的《建筑学教程》里给建筑下了个“建造的艺术”的定义，很快流行开来。到18世纪才有人把建筑跟绘画和雕刻一起写在美术史里。现在，随着现代建筑的技术美学的流行，欧洲谈论艺术“三姐妹”的人又渐渐少见了。可是，在我们这里，谈论艺术“三姐妹”的人却多了起来。我们一些同志爱谈建筑的文化性或艺术性，其实我们大多数的建筑跟欧洲的比起来不能不是穷对付。这些坚持把建筑当艺术看待的同志大多主张继承传统，其实我们中国传统从来不把建筑当艺术。

18世纪的欧洲人把建筑当艺术看待的时候，曾经下功夫论证过“建筑是艺术”这个命题。从亚里士多德起，欧洲人就认为艺术的特征是模仿自然，于是，一些建筑理论家就用模仿说来证明建筑是艺术。1751年，达朗贝尔在《百科全书》引言中写道：“建筑的任务在于用它的各个部分的组合和连接来模仿。”话说得干脆利落。模仿什么？最常见的是说古典建筑柱式模仿树木，模仿男女人体，这是文艺复兴时期以来就流行的，可以追溯到古罗马维特鲁威写的《建筑十书》。有人进一步证明古典建筑的整体和局部都是模仿人体的整体和局部的，或者说，建筑各部分的整合模仿人的骨骼的整合。过于直观的比附渐渐失去说服力，于是有人提出，建筑模仿自然，是模仿它的和谐、有秩序和均衡。小勃隆台勒在1752年出版的《法兰西建筑》里写道：“一座建筑物的所有部分都应当像大自然的作品那样比例恰当。”（现代讲技术美学的，也有人讲这个。）

显然，模仿说并不适合建筑的本质。因此，“建筑是艺术”这个命题并没有得到确切的论证。不过，那时的欧洲人毕竟曾经用统一的、基本的艺术观念去论证过。到了现代，又流行过“表现说”。用建筑的形式表现某种情感，表现力，表现运动或时间（未来主义），表现空间，表现旋律，表现科学技术（高技派），表现一些抽象的观念，以致在德国有过表现主义建筑，在苏俄有过象征主义建筑。但这种尝试也只能限于少数建筑物。

跟欧洲人相反，我们有些建筑师，依照我们民族传统的思维方式，只是“心领神会”地“认定”建筑是艺术，而并不认为需要严谨地去论证这个命题。有人说建筑要好看，好看就是艺术；有人说建筑有精神作用，有精神作用就是艺术，这都不免离题太远。只有少数人说建筑能用形象反映时代，反映现实，表达理想，等等，所以是艺术。王世仁同志用这个方法做过论证，但他论证的范围只限于中外的古代建筑，而且主要是顶尖儿上的那些纪念性建筑，像黑格尔一样。现代建筑，好像很使他失望，他避而不谈。(需要再重复一遍，他在书名上已经给他的研究划定了范围，我们必须尊重他的选择。)用这种方法来论证现代建筑的艺术性，好像确实是不大行得通的。前面说过，现代建筑的基本层次已经是大量性的建筑，“为普通而平常的人服务的普通而平常的建筑”，它们是工业化的批量性产品，很难说明它们有什么艺术形象性。建筑师在创作过程中一般说来也并没有塑造什么艺术形象，只不过在复杂而严格的功能、技术、经济的条件下尽量按形式美的法则推敲外形罢了。

现代建筑的艺术属性还说不清楚，那么，用艺术性的高低多寡来区分“建筑”和“房子”就没有多大意思，就落实不了。三四十年代，苏联建筑界盛行过用艺术标准来区分“建筑”和“房子”的理论，结果是弄得大量性的城市住宅，甚至工厂厂房，为了争得“建筑”的身份，穿靴戴帽、涂脂抹粉，又是复古，又是过分装饰，造成严重的浪费，建筑的基本任务——给家家一个舒舒服服的安乐窝，却远远没有完成。于是，不得不在1950年代中重新认识现代建筑，补了1920年代初在西欧和美国发生过了的建筑革命。

如果我们警觉一点儿，已经可以看到，一些同志倡导的“文化”和“艺术”，在我们这儿也给了复古主义思潮和形式主义思潮多么好的借口。依然是一穷二白的我们，可折腾不起呀！

探讨理论，不能不考虑它的实践后果，不是说实践是检验真理的唯一标准吗？

建筑美学是美学的一个分支，或者说，是建筑学的一个分支，它跨在两者之间：就像乒乓球双打时最薄弱的地方是两个运动员之间一样，建筑美学也是个薄弱的地方。美学家和建筑家要在这儿耕耘播种，都会觉得知识结构不大适应。但总不能眼巴巴望着这块土地撂荒。王世仁同志勇敢地闯进去了，开垦了一角。他的书，在中国还是第一本，千里之行有了第一步，但愿以后我们能读到一本又一本。

原载《新建筑》1988年第4期

中国建筑师的创作和思考

《当代中国建筑师》（曾昭奋、张在元主编）的第一辑出版了。这本书介绍了五十位新中国培养出来的中青年建筑师的主要设计作品，差不多每一位都写了一篇自己的“建筑哲学”，还附了他们的小传。

这种书在国外有千千万，是建筑书籍的主要类型之一。但是在我们这里，它却是开天辟地第一本。这“第一”并不意味着金牌，而是饱含着辛酸。

将近四十年来，我们搞了那么大规模的城乡建设，造了那么多房子，但是，除了少数有幸当了“代表人物”的老前辈之外，我们的建筑师都是无名氏。没有几个人知道那些高楼大厦都是什么人设计的。

我们有许许多多歌星、影星和球星，但是在万里无云的天空，哪里闪烁着一颗建筑创作者的星？这本书的编者写道：“解放以来，我们的高等学校培养的一万多名建筑师哪里去了？他们以自己的万千作品满足人民的生活、生产活动所需，以自己的智慧和血汗为祖国大地增辉添彩的历程和功绩，难道不值得记录和宣扬么？”

拿起这本书，你就知道值不值得宣扬了。原来这些年来我们的建筑师创作了如此多出色的作品，不但在国内，而且大量造在国外。人心不是需要鼓舞么，这些成就可以鼓舞人心，至少不下于踢赢了一场球。

我们的建筑取得这么大的成就可不容易。要知道，建筑师的创作权经常得不到尊重，创造性受到压抑。更何况建筑还经历过许多外人不大知道的曲折。

1950年代初，在一边倒学习苏联的时候，我们把现代派建筑彻底批倒批臭，把它说成是帝国主义腐朽、没落、垂死的一种表现，提倡“民族形式”。后来，苏联批判了复古主义，我们也就跟着批判了名为“民族形式”的复古主义。接着大张旗鼓压缩建筑造价，搞不切实际的节约。但是，风头还没有过，忽然又造起十周年国庆的纪念建筑来，不但雄伟，而且华丽，节约之说自然不必提了，甚至有好几幢的形式的复古，绝不下于三年前受批判的那一些。而国庆工程建筑又是绝对正确，不能议论的。于是，许多建筑师从此觉得“提笔踌躇，左右为难”，因此赶快开会说些模棱两可的话来抚慰人心，重申百花齐放的方针。不料，茶还没有凉，转眼之间，却又大批起“杨贵妃”来（洋、怪、飞），上纲到两个阶级、两条路线云云。十年横扫期间的惨状不去提了。云开日霁之后，一方面建筑像爆发一样取得空前的成就，一方面不幸又遇到了新的困惑：一时间提倡传统之风大盛，复古主义的来势比1950年代还火爆。不但有国内的根子，跟上次一样，还有国外的影响，不过这次不是来自苏联，而是来自发达的美国。东方文明复兴再加上文化寻根热和后工业化社会的人性论等等，这次复古主义的理论的完备和“深刻”很有点儿模样。

经历了这许多困惑和磨难，我们的建筑师们的业绩的价值是要加倍地衡量的。但是，我们的建筑要更广泛地、更健康地取得进一步的成就，还有许多事要做，其中很重要的一件就是冲破束缚着建筑师们创造精神的封建传统的枷锁，包括拨开复古主义思想的迷雾。

冲破传统的束缚，这当然不只是建筑界的迫切任务，而是全民族一场需要很高自觉性和坚定性的迫切任务。就建筑领域来说，为了完成这项任务，我们至少要能够科学地回答这样一些基本问题：

——建筑的社会功能是什么？

——建筑的物质技术条件跟它的形式风格的关系怎么样？

——建筑应该怎样适应和推动社会生活合乎规律地发展?

——建筑在城乡总体综合环境中起什么作用，怎样起作用?

——建筑在整个文化建设中的地位和任务怎么样?

如此等等。

这些问题的答案都是历史的，在一定的历史阶段，又是阶级的。比方说，对建筑的社会功能，乾隆皇帝和路易十四的看法跟小老百姓的看法是不大会一样的，跟我们现代的普通百姓的看法当然更加不一样了。刘邦坐在豪华的宝殿里，玩味萧何说的“天子以四海为家，非壮丽无以重威”，跟领了结婚证却没有地方安放一张床铺的青年，有什么相干?跟三代同堂六七口人挤在十平方米房间里又做饭又睡觉的人们，有什么相干?当然，在这些问题上，发达国家的人跟落后国家的人，也是不大说得上话的，饿汉怎么能照饱汉的理论去搞伙食。他要色香味俱全，你却口袋里只装着几毛钱，买不到两升米。

既然这些基本问题的答案都是历史的，那么，理所当然，我们在回答这些问题的时候，就免不了跟陈旧的传统观念发生激烈的冲突。在封建社会里，不论中外，建筑主要是为帝王将相服务的，占主导地位的建筑类型是宫殿、陵寝、庙宇、府邸和教堂之类。正是从这些建筑物上，产生了封建时代的关于建筑的一系列观念，它们起统治作用，这就形成了传统。比方说，建筑被认为是造型艺术，而且高踞于艺术宝塔的顶尖儿上；建筑风格的正宗是雄伟、庄严的纪念性，不管什么建筑物，都得突出堂堂皇皇的中轴线，两边捉对儿对称排开；建筑物的布局要讲究尊卑贵贱，上等人走大门，下等人走侧门，上等人坐在正当中，下等人在一边儿歪着；再加上建筑样式要“恪遵祖制”“不爽毫厘”的极端保守思想，等等。但是，现在天下大变了，在平民百姓当家做主的社会里，直接为普通人的生活、学习、劳动和娱乐服务的大量性建筑物，例如住宅、学校、商店之类，理应占主导地位。显而易见，在封建社会里形成的老一套的建筑观念不行了，不适合新社会新建设的要求了，非变一变不可了。但是要改变它们，不但需要时间，而且需要挑战性的鲜明态度。在陈旧的传统观念改变之前，我们对那些建筑的本质性问题的答案是不大会很正确的。这就是为什么复古主义思潮还有市场的原因之一；也是我们的建筑常常带有刺眼的封建烙印，跟我们的新时代格格不入的原因之一；也是我们建筑界一部分人创新的精神还不够强烈，探索未来的积极性还不够高的原因之一；也是有些建筑师们还不十分自觉地用城乡建设促进生活的改造和发展的原因之一。于是，建设的实践使我们懂得“同传统的观念实行最彻底的决裂”的必要性。这结论不是书本子上的教条，也不是狂热的偏激。而坐在书斋里翻古书和清谈，是不会得到这样的结论的。

要完满地回答那些建筑的根本性问题，光靠对建筑本身的研究还远远不够，必须把它放到社会、历史、文化的大背景里去探讨。于是，这就需要许多学科的合作，需要美学家、社会学家、经济学家、心理学家、生态学家等等的支持和参与。

我国的思想理论工作者，一向也有一个传统，就是不大关心建筑。这大概跟我们两千年来就比较喜欢在圣经贤传上下功夫的习惯有关系。欧洲的学者可不这样，他们一向很重视建筑，把对建筑的知识当作文化修养的重要部分。歌德、黑格尔、雨果、丹纳、赫尔岑还有许多别的思想家，都曾经很深刻地议论过建筑。歌德论斯特拉斯堡主教堂，雨果论巴黎圣母院，都已经成了建筑美学的基础性著作。建筑界至今常常挂在嘴边的两句话，“建筑是凝固的音乐”，“建筑是石头的史书”，既富有诗意，又富有哲理，也都是哲学家和文学家们最早提出来的。

由几种学科来综合地研究建筑的基本理论问题，就有可能比较顺利地建立起几门非建立不可的边缘学科来，例如建筑美学、建筑社会学、建筑心理学、建筑未来学和建筑经济学等等。只有这些新学科的理论体系建立起来了，我们才能够说建筑的理论有了比较完整的结构了。

这些基础学科在西方有的已经有了相当的规模，有的也还在初级阶段，可惜，在我们这里，倒是有的刚刚有人摸，有的还是空白一片。糟糕的是还没有几个人为这种落后状况着急失眠。

不重视基础理论的学科是不大会有多少出息的，不重视理论的建筑师也很难成为有重大开创性成就的一代大师。据编者说，选入《当代中国建筑师》第一辑的五十位中青年建筑师，“他们的作品，当可代表今天一代建筑师的水平”。我们很高兴地看到，在他们写的“我的建筑哲学”里，大多数都表现出对建筑基本理论问题的浓厚兴趣和深刻的见解，我们欣然同意编者的话：“他们当中，将会有人无愧于大师这个称号。”

将近五十篇的“建筑哲学”，虽然篇幅都很短小，见解不可能充分展开，但是，每个人都说出自己多年探索的心得，坦率真诚，因而显得十分活泼多彩。就像这些建筑师的作品代表了今天的成就一样，他们的“哲学”也代表了今天这一代建筑师的思考。这本书真可说是一箭双雕。

在这些短短的心声中，一个相当普遍的呼声是希望让建筑师在创作中能够充分发展自己的个性，希望长官们不要对创作本身做强加于人的行政干涉。这是一个称得上老大难的问题了，它的原因是体制上和思想上的封建残迹。除了寄希望于改革，寄希望于建立保护建筑师的创作权的法规并且严格遵守之外，我们说不出什么别的话来，虽然我们知道这些呼声背后有多少叫人伤心的故事。

我们打开这本《当代中国建筑师》，细看他们的作品，大概可以看出这么一种现象：造在国外的，比造在国内的更多些创造性，没有造起来的设计方案，比造起来的更多些创造性。这或许不能都归咎于行政干涉，因为国内实际条件的限制比较多，不过，行政干涉未必对这种现象完全没有关系，否则，建筑师们何必要求尊重他们的创作个性呢。

一个传统的束缚，一个长官的行政干涉，都会扼杀建筑师的创造精神，而没有创造性的建筑设计是算不得创作的。我们的建筑成就要想赶上世界水平，就必须清除这些障碍，让建筑师在蓝天中自由地飞翔。这本书的编者感情激动地写道：“在我们面前，摆着一部三英寸厚的书，这部书介绍了四十多个国家和地区的六百多位建筑师的生平、言论和代表作品。但是，在这么多建筑师之中，竟然没有一位劳动在神州大地上（包括台湾省）的中国建筑师。”于是，他们下决心打破惯例，编了这本书，这第一本介绍中国中青年建筑师的书。但是，光靠编书还是不够的，更重要的是解掉建筑师头脑中和手腕上的绳索。

原载《读书》1988年第8期

史料与史学
——读《现代建筑设计思想的演变》*

读完《现代建筑设计思想的演变》，不禁感从中来，掩卷长叹。

一叹欧洲建筑文化的丰富，像长江大河，波澜壮阔。它创造过那么多的建筑风格样式，在几千年的历史中嬗变演化，生生不已。每一种风格样式都推进到极致，充分发挥它的特色，创造出一批成熟得非常完美的代表作。而各个风格样式之间，差异又十分鲜明，以至考古学家根据一块碎片，就能推断一座废墟的年代。在这同时，从文艺复兴以来，建筑理论著作又汗牛充栋。它们探究建筑学的基本原理、建筑的创作原则和方法，论证各种样式风格的成败得失，瞻望它们的发展前程，直到对各种建筑物做分类的研究。

这本《现代建筑设计思想的演变》从18世纪写起。那时候，欧洲建筑正处在历史上几个辉煌的高潮之后，另一个新的高潮之前。新高潮的前期因素已经零零星星出现，敏感卓识之士已经触摸到了它们，但是还不能把它们连缀起来，一些决定性的因素也远远没有成熟。同时，过去几个高潮的伟大成就，以极大的权威性、极大的诱惑力牢笼着人心。于是，18、19世纪，欧洲建筑史中充满了矛盾，既有勇敢的叛逆、探索和尝试，也有犹豫和疑惑。朦胧的清醒和不自觉的迷误，千缠百结。于

* 柯林斯著，英若聪译，中国建筑工业出版社1987年版，汪坦主编的《建筑理论译丛》的一种。

是，这两个世纪的建筑理论活动如火如荼，人们为摆脱困境而苦苦思考。我们很容易说这时期建筑思想是混乱的，但混乱中有生机。更何况，一些很深刻的思索这时已经产生，一个很有生命力的建筑思潮，孕育着现代建筑的，也在这个时期由胚胎而发育起来。这本书就以讨论现代建筑而结束。

18、19世纪欧洲的建筑理论遗产不但十分丰富，而且对我们当前的理论探讨很有启发借鉴的价值。例如，塞扎·戴利在1845年说，当时已是建筑师们应将注意力更多地放在新的建筑类型（诸如公共市场、工厂、仓库和车站）上的时候了，而不是放在“为显姓扬名的凯旋门和神庙”上。1856年，他坚决主张说，既然现代社会是一个工业社会，它的纪念建筑就不是别的，而正是当时正如此大批建造着的火车站、百货公司、餐厅、旅馆、学校、图书馆、博物馆、法院和剧院。次年，他又说，未来建筑的特点可从专用于公共聚会的建筑物中找到。（第269页）戴利很明确地论证了每个时代有每个时代的代表性建筑类型，正是这些建筑类型代表一个时代建筑的特点。又例如，1845年，法兰西学院在回答关于建造教堂的征询时坚决主张，尽管哥特式教堂创造的宗教气氛不可否认是恰当的，但也不能为了将纪念性表现赋予一个已经具有新的需要、风俗和习惯的社会，而容许倒退四个世纪。它声称：要使社会成为艺术上丰产的，只有一个自然的和正当的方法，就是说它应是属于它自己时代的，与它所在世纪的观念共存的，并运用能够找到的文明世界的全部力量，例如“以收集从古至今一切有用的构件的办法”。（第247页）这最后一点虽然有折衷主义色彩，但整个思想的核心精神是生气勃勃的。（按：我有点儿怀疑这一句译文的正确性。）

然而反顾我们中国，几千年来，直到20世纪初年，建筑的发展进步很微小，始终没有摆脱天然材料和最原始的结构方法的局限，功能也没有分化。这且不去说它，我们在漫长的历史中，连一本甚至一篇建筑理论文章都没有，压根儿谈不上有什么真正的建筑思想。有的只是一些技术规范和反映封建等级制的规章制度。我们的建筑文化遗产，跟欧洲相比，实在贫乏得可怜，以致直到现在，还要讨论人家在18、19世纪就讨论过了的问题。

二叹这本书资料的丰富。建筑文化遗产的丰富当然是这本书资料丰富的保证，不过，作者的勤于搜求，确实也是很见功夫的。书里不但引证了大量的学术专著和当时的各种刊物，还有小说和游记，甚至引证了一些手稿和记录，资料涉及面之广十分惊人。书的作者柯林斯，多少有点儿受实证主义史学影响，偏向于“让史料说话”，所以在引证上不厌其烦，不避重复。而且看得出来，作者希望对正面的、负面的大体上一视同仁，减少按照自己的观点选择史料的片面性，虽然不能说在多大程度上做到了这一点。

这些资料，对我们中国的建筑工作者来说，都是非常难得的。我们搞外国建筑史的人，四十年来，不要说出洋观光了，就是读书，也是寥寥无几。虽然天生我材未必无用，但是在荒瘠如沙漠的图书馆里，即使有浑身解数，怎么施展得开？翻翻洋书后面的参考目录，简直觉得自己是三家村里的穷学究，眼界局促，不免气短。据说学问之道，一是必求第一手资料，决不可转借二手货；二是不读全书，不可引用书中的思想材料。如果按照这个规格较起真儿来，我们在外国建筑方面能说的话就没有几句了。好在我们目前的学术风气还不那么认真，所以，这本书的资料，即便失之于零散，不能使我们对某人某书有比较完整的认识，但对我们的工作已是十分珍贵的了。

三叹我们的建筑理论工作，到现在还很不景气。一是没有一支专门的队伍，二是没有培养知识结构比较合理、素质比较好的理论工作者的有效措施，三是还没有几个“有力者”，感觉到建立理论队伍的必要性。相反，倒念念不忘统一思想。几个业余个体户够卖力气的，自己串联起来搞了个组织。但是，在我们的体制下，散兵游勇是注定不可能有多大作为的。比如说，没有钱，尤其是没有外汇去建立一个建筑理论方面的图书资料中心，而没有一个搜罗宏富的图书资料中心，要搞理论工作，那是太难为人了。所谓理论，不只是说说风格样式的中外古今的搭配，我们要的是整个理论体系，包括建筑本体论、建筑美学、建筑社会学、建筑未来学等等在内的许多新学科。

这就牵涉到建筑出版力量的不足。世界上有那么多重要的建筑理论著作，而我们翻译出版的却只是可怜的几种。汪坦先生在出版社支持之下主编了这套《建筑理论译丛》，做了一件大好事。但愿这仅仅是个开端，以后还要在更大的规模上坚持做下去。比起文化界的其他各个领域来，建筑界对西方理论的介绍、翻译出版是相当落后的。这本《现代建筑设计思想的演变》会对每一个读者证明，读了它能使我们受多大的益处，从而证明，快快大量翻译出版一些外国的好书是多么有意义的工作。

以上三叹，都是由于望洋而兴，无非是感觉到了中外的差距和现代化事业的艰巨。关起门来，自称得天下之中的泱泱大国，自满自足，自美自赞，便无感慨可发，天下自然太平；但生机也就没有了，终至于近乎沦落。打开门户，放眼世界，差距立见，于是不免生出了忧患意识，常常自以为非，但这其中却酝酿着生机和希望。于是，复生第四叹曰：为什么到现在还有人坚持严“夷夏之防”，总像没完没了地夸耀“四大发明”一样，大谈传统之伟大的生命力？

《现代建筑设计思想的演变》这本书虽然有很大的价值，但是它的缺点也是很突出的。读完之后，像看罢节日的焰火，只记得满天闪亮，但对这本书却很难有完整而系统的印象，也不大记得作者有什么新鲜独特的见解。简单地说，作者柯林斯对18、19世纪的建筑思想的演变过程，没有梳理出历史的和逻辑的结构。

18、19世纪是欧洲历史上少有的激烈动荡的时期之一。17世纪末英国刚刚完成了资产阶级革命，18世纪的启蒙运动为18世纪末的法国资产阶级革命做了思想准备，而法国的革命又引起了整个欧洲不同的强烈反响。这个政治形势鲜明地反映在18、19世纪欧洲建筑潮流的生灭上。从英国开始然后波及全欧的工业革命加强了启蒙思想的理性主义，它要求欧洲过去和当时的一切事物证明自己存在的合理性。这种理性主义渗入到各种各样的建筑思潮中去，每种建筑思潮都要标榜自己的理性基础。资产阶级革命动摇了作为专制君主宫廷文化的古典主义的权威，出现了一个希望挣脱教条的束缚、多方向探索和尝试的局面。但这时候产生新的重大历史风格的条件没有成熟，于是，探索和尝试就向过去的、古典主义以外的历史风格寻求语词和文法，甚至企图“复兴”它们。但是，一股新生的潜流却已经在历史的底层涌起，这就是工业革命给资本主义社会带来的种种新的建筑类型、新的建筑功能和新的结构、材料、设备等等，随之来的是新的建筑观念。这股潜流到19世纪末已经掀起了波澜，到20世纪20年代终于正式诞生了现代建筑。

如果把18、19世纪建筑思想的演变跟这个时期的政治、经济、社会、文化背景联系起来，就可以形成一幅脉络分明的图画，就有了历史的和逻辑的结构。但是柯林斯没有这样做，只是偶然提到一些情况。比如说，他提到，“英国的新哥特式建筑还是一种服装，它是为了宗教的、社会学的或民族主义的原因而使用的”。（第249页）又例如，他提到18世纪晚期的三座古典主义别墅，说：“这种贵族式的拘谨却未必合于下个世纪里英国实业家的胃口。因为他们既没有高贵的祖先，也没有受过教育的鉴赏力，而且还是为夫人们建造别墅。这些壮实的主妇大概对古典文化毫无兴趣，但对于小说中看到的大肆吹捧的那种建筑却非常容易动情。”（第34页）但是，他没有看清这些情况对他的著作的重要意义，随便轻轻一提便放开了。相反，柯林斯却对一些重要潮流的产生，采取了极其狭隘的解释。例如，他说罗马式复古“是在比较保守的建筑师们对比例和构图的看法方面的新的好古癖的结果”，（第79页）“就希腊式复古发源于新获得的希腊建筑知识而言，这里大约应当归功于某些著作的出现”。（第80页）他似乎下定决心把自己范围在建筑史料之内，小心翼翼地避免牵连到社会历史的大背景中去。于是，他的丰富的资料就像散珠碎玉，没有砌筑成七宝楼台，更不用说从结构的整体出发做动态的多层次的分析了。从历史科学的角度来看，这本书没有达到《空间、时间和建筑》那本书的高度。它仿佛是一本历史著作的补充读物，当然是一本很好的补充读物。

当代美国的物理学家、哲学家和历史学家托马斯·库恩说："历史对于科学哲学家，也许还有认识论家的关系，超出了只给现成观点提供实例的传统作用。就是说，它对于提出问题、启发洞察力可能特别重要。"［T. S. 库恩：《必要的张力》（中译本），福建人民出版社1981年版，第4页］希望我们的理论和历史工作者注意这句很有意思的话。

最后，向出版社提个意见：以后出这类书的时候，要把原书的出版（或写作）年月刊出，并最好刊出译本所用的原本的版次和出版年月。这在学术工作上很重要。

原载《世界建筑》1988年第4期

脉络与血肉
——读《现代设计的先驱者》*

英国工艺美术运动创始人，威廉·莫里斯在19世纪之末说："要不是人人都能享受艺术，那艺术跟我们究竟有什么关系？"佩夫斯纳把这个问题叫作"决定我们世纪艺术命运的大问题"，又说："就此而论，莫里斯真正是20世纪名副其实的预言家，称得上'现代运动之父'。"（第4页）

好一个佩夫斯纳，他把20世纪看作艺术的民主化-大众化的世纪，把"现代运动"看作一个使艺术为大众享受的运动。除了上面引过的那句话之外，佩夫斯纳还引了莫里斯的两句话。一句是："我不愿意艺术只为少数人效劳，仅仅为了少数人的教育和自由。"（第4页）另一句是：真正的艺术必须是"为人民所创造，又为人民服务的，对于创造者和使用者来说都是一种乐趣"。（第5页）这样，佩夫斯纳就在理论上给现代运动一个人道主义的基础，或像他评论莫里斯那样，一个托马斯·莫尔式的"社会主义"的基础。

这看来是《现代设计的先驱者》这本书打算采用的纲。这个纲虽然至少是不完全的，但是，它也反映出社会主义运动曾经给现代运动很大的影响这个重要的事实。

---

* 尼·佩夫斯纳著，王申祜译，中国建筑工业出版社1987年版，汪坦主编的《建筑理论译丛》的一种。

看佩夫斯纳怎么样展开它拟议的纲是挺有意思的。他从分析莫里斯的矛盾下手。莫里斯虽然是个“社会主义者”，但是他反对机器生产，提倡回到手工业去。佩夫斯纳尖锐地指出，莫里斯所说的艺术，“来源于他对中世纪工作条件的认识”，意味着为中世纪辩护。“他向后看，而不是向前看”，因此，“他在复活手工艺方面的工作是建设性的，而他的学说的本质却是破坏性的”，所以，作为一个“社会主义者”，莫里斯在革命有一触即发之势的时候，“他踌躇不前，逐渐退缩到他的诗与美的小天地里去了”。同时，莫里斯搞的手工业的产品很贵，实际上只有极少数人才用得起，因此，他的为“多数人享受的艺术”的理想也落了空。

怎么才能克服莫里斯的矛盾？佩夫斯纳提到了莫里斯的学生阿希波。为了给人民以廉价的工艺品，阿希波说：“现代文明建立在机器之上；任何鼓励和支持艺术的学说，如不承认这一点，就不可能是正确的。”（第7页）佩夫斯纳把这句话称为“现代运动的基本原则之一”。

从此以后，佩夫斯纳一个又一个地介绍了一批“先驱者”的思想，他们都相信机器生产、现代工业生产的不可抗拒的发展趋势，认定它的历史创造作用。佩夫斯纳说：这是一个“把全体人民都卷了进去”的进步事业。他介绍的第一批建筑师是瓦格纳、卢斯、沙利文、赖特和范·德·维尔德。范·德·维尔德在两个世纪之交写过：“为什么用石头建造宫殿的艺术家要比用金属建造宫殿的艺术家享有更高的地位呢？”（第10页）他为新兴的金属建筑争正统的地位。瓦格纳则说：“现代生活是艺术创造唯一可能的出发点”，“所有现代化的形式必须与我们时代的新要求相协调。”（第11页）他针锋相对反驳了当时一些人以传统为出发点的主张。

一位厌恶城市文明，叼着烟斗在沙漠和丛林中过半隐居生活的哲人，这是赖特给我们的印象。但是，佩夫斯纳给我们看了他的另一面。1901年，赖特发表了《机器的工艺美术》，颂扬“钢铁和蒸汽的时代……机器的时代，其中火车头、工业发动机、发电机、武器或轮船取代了过去时代为艺术品所占据的地位”。（第11页）他说，机器是一种“无情的力量”，一定能击败“手工艺人和那些寄生虫似的艺术家们”。赖特在看到芝加哥灯光灿烂的夜景时，激动地喊道：“如果为了文明能生存下去而必须连根拔掉这种力量，那么文明也就完蛋了。”（第12页）这些话在现在的某些场合下还是有生气的。

在这几位先驱建筑师之后，佩夫斯纳又主要介绍了穆迪修斯、“德意志制造联盟”和格罗庇乌斯的“包豪斯”。他称赞包豪斯是“此后的十余年间成为欧洲发挥创造才能的最高中心”。（第18页）

以上就是《现代设计的先驱者》的第一章“从莫里斯到格罗庇乌斯的艺术理论”的基本框架，这一章的思想贯串这本书以后的六章。后六章大体是按照这个思想选择史料和建立骨架的。或者，甚至可以斗胆地说，后六章是第一章的印证和解释。

从好处说，佩夫斯纳这本书给从19世纪后半到20世纪初年的欧洲设计史理清了脉络，找到了主线，勾画了一幅异常清晰简洁的发展图景。佩夫斯纳向来擅长对历史做提纲挈领的整体宏观把握。他写的《欧洲建筑史纲》(1943)，薄薄一本小册子，至今还没有失去学术价值。他的著作着意叫人看清历史的必然性，是很雄辩的。

大约是为了坚持他的史学方法，他的这本书不叫《近代建筑史》或者《近代设计史》，却叫作《现代设计的先驱者》，这样，他就可以清除历史舞台，把一切折衷主义者、复古主义者，一切无精打采地跑龙套混日子的人，统统赶下舞台，而只让一些“先驱者”演出他们的创造故事。自从三言两语“解决了”莫里斯的矛盾之后，欧洲的设计史仿佛就是一部在机器生产引导下先驱者们一步步创造现代风格的历史。这样做，痛快倒是痛快，但是实在太简单化了一点。即使对专门介绍先驱者的业绩的著作来说，也太简单化了。这好像讲解一盘棋局，只说聂卫平如何如何下子，却完全不提武宫正树的招数。到头来，人们也看不出聂卫平的本事在哪儿。把先驱者们从活生生的历史中剥离出来，他们就失去了光彩。

其实，从莫里斯到格罗庇乌斯，这半个多世纪的历史，本来充满了曲折，充满了复杂的斗争。正是在曲折而复杂的历史过程中，先驱者们演出了他们披荆斩棘的角色。但是，佩夫斯纳几乎删掉了所有的曲折，由于删节而形成的空白，他敷敷衍衍地找些理由就捂过去了。佩夫斯纳不是不知道历史的复杂性，他说："在人类文明的发展史上，从来没有一个新时期在它出现的开始阶段不伴随着种种价值观念的全面而激烈的变革；而这些阶段对当代（时？）人来说却会产生强烈的反感。"（第105页）然而，佩夫斯纳却忽视了这些变革和反感之间的较量的史学意义，只在讲到"水晶宫"的时候稍稍说了说拉斯金等人的指摘。他几乎只一心一意地选择正面的资料构成他简化了的历史图式，急于证明"现代运动"和它的先驱者们的历史正统地位。

佩夫斯纳的简单化还表现在他把"现代运动"基本上狭窄地看作创造"现代风格"的运动。他说："在莫里斯和格罗庇乌斯之间的一个阶段是一个历史单元。莫里斯奠定了现代风格的基础；通过格罗庇乌斯，它的特征最终得到了确立。"（第18页）因此，他忽略了现代运动深刻的经济、社会和政治背景以及丰富的思想文化内容，在开篇的时候十分重视的打算作为全书之纲的"为人民所创造，又为人民服务的"这样的话在后面也不再提起，好像完全忘记了。佩夫斯纳说："我们有必要把现代运动理解为莫里斯倡导的工艺美术运动、钢结构建筑的发展和新艺术运动的综合物。"（第105页）这是他把现代运动只看作创造现代风格的运动的结论。工艺美术运动和新艺术运动是追求新风格的运动。同时，在"十九世纪的工程技术与建筑艺术"这一章中，钢铁、玻璃、钢筋混凝土以它们纯技术性的力量，硬是改造了有两千多年传统的建筑艺术形式和风格。历史不但被歪曲了，而且直线化了。半个多世纪历史的丰富的内容都没有了，脉络虽然条理清晰，但失去了血肉，脉络也就失去了生命。这是一本介绍先驱者的书，不是一本历史书，这样的辩解也是不能成立的，因为佩夫斯纳是在历史中介绍先驱者的。

至于译文，不想多说。只说有几个译名没有采用惯常的通用译名，如“巴豪斯”（Bauhaus）和“希勒”（Schiller）；有几个译名的音读出入大了一点儿，如“柯尔耐”（Coignet）和“奈克曼”（O. Eckmann）。（第78—79页写作奈克曼，《人名及生卒年代表》中写作埃克曼。）

书的编排也有点儿缺点，就是插图的次序多有颠倒。仔细看看，版面是可以调整过来的，不知为什么搞得这么别扭。

如果编辑同志下一番功夫，把汪先生主编的这套译丛的各本书里的译名全都统一起来，那读者可是要念南无阿弥陀佛了。

原载《建筑师》1989年8月

《近百年西方建筑史》*读后

“文贵乎达而不贵乎短”，应该提倡的首先是写达旨的文章，而不必是短文章。但短文章非有不可，非有人写不可，因为读者需要。写短文章很难，用短文章写大题材尤其难，非大手笔不能以短文章达旨。

童寯先生却以用短文章写大题材见长。童先生遗著之一《近百年西方建筑史》，连175幅插图在内，一共150页，估计文字不出五万字，就书的题材而言，篇幅可谓极短。

短文章的难处就是它的长处。

像西方近百年的建筑史这样复杂的大题材，当然需要有资料繁富、论证细密的鸿篇巨制。但是这样的大部头书读来需要相当长的时间，而阅读过程中不免又会陷入某些事实、某些论证之中，因而终卷之日，不大容易对这一百年历史有整体的印象，常常需要读者自己再去加工提炼一番。有些同志愿意读这样的书，这大概是教师和对理论工作有特殊兴趣的。但更多的同志希望有简练明快、一下子就能大体说清楚新建筑历史的整体情况的书。这样需要发挥短文章的长处，而这却很难。

写鸿篇巨制，在某种情况下可能用资料之富弥补才力的不足，而写短文章则全靠才力。

要写出历史的整体感，作者必须深入了解历史，不但深入，且要全

* 童寯著，南京工学院出版社，1986年。

面，不但全面，且要能从宏观上掌握各个方面之间的关系，时时事事不忘从大处着眼，不忘从结构上考虑。简单地说，就是要有很强的系统思维能力。

历史的整体印象当然不是混沌一块。它要求把土涵水、水潴源、源成流，在山陵丘壑之间，千回百折，然后众流归海这幅图景描绘得脉络分明。既不可枝蔓芜杂，更不可有重要的缺失。没有极高的概括能力是不能做这件工作的。

要写出源流脉络，就必须写出历史运动的大趋势、大方向。这就要求作者登高望远，不被暂时的、偶然的、片断的现象迷惑，更要有对复杂的形势做出正确判断的清醒头脑。

要对历史现象做出正确的判断，就要有科学的世界观，跟世界观相应的价值观和学术勇气。

这一切，在鸿篇巨制里，有可能用现象罗列应付过去。用“但是”过来又“但是”过去的含混之词掩盖过去，用东引西摘推托过去。但是写短文章，应付、掩盖、推托都不行。三言两语，直截了当，作者就必须亮出自己的认识和判断，不能有半点掩映摇曳。难就难在这里。

当然，还需要极高的得心应手的文学表达能力，刊除废字闲句尚在其次，重要的是剪裁、组织，做到“少就是多”。还得叫人看起来有滋味，不能干枯。

童寯先生的《近百年西方建筑史》虽不能说至善至美，但确实达到了很高的水平。

整体感强，脉络清楚，是做到了的，更难得的是相当全面：经济、政治、社会、宗教；历史背景、文化传统、法规、算盘经；结构、材料、制作技术、艺术风格；建筑物、城市、著作、建筑教育、建筑师组织；个别人物的出身、经历、性格、师承、影响。这些方面大体都恰如其分地照顾到了。不像当今某些“世界名著”，把世界建筑历史简单化为空间观念的历史，或者什么符号意义的历史，随自己的需要，选几个例子，按年代一串就成了。这样的“成一家之言”是相当容易的。而童先生却是严肃地做着吃力的工作，在如此短小的篇幅里，他连赖特设计的约翰逊制蜡公司办公处建筑的广告作用都没有放过。

童先生眼界开阔，不局限于建筑的艺术风格、文化意蕴，因而这本小册子的涵盖面很广，这样就保证了近百年西方建筑史真正的整体感。例如，他从结构、材料、技术本身的意义写了它们的发展，以及它们对建筑发展的关系，而不是只从建筑形式的角度去写它们。他写到工业建筑，也是从工业建筑本身的意义来写的，例如，写阿尔伯特·康1905年设计派克德汽车制造厂，“不再推荐传统木构架，而代以钢筋混凝土框架，从而把跨度由以前的六米增宽到九米，减少了支柱，以更利于机床和设备灵活布置，外观几乎全是梁、柱、玻璃窗”。连一些篇幅很大的现代建筑史著作，都没有这样写过结构、技术的进步，没有这样写过工业建筑。现在有些建筑界的朋友，硬以文化之名，把建筑的天地压缩得非常之小，工业建筑根本不在他们眼里，相比之下，童先生的胸襟就非同一般了。

从多方面、多角度地论证建筑的发展，童先生却并不搞目前正在流行的以“多元论”为名的折衷主义。他坚持社会的物质条件和建筑本身的物质条件领先的原则，贯穿全书。例如，他说：“现代建筑在西方，经过两次突破阶段：第一次突破是1824—1856年间发明的水泥与制钢术，把技术性肢体披以传统外衣，然而从手工业步入机械化；第二次突破是20世纪60年代后，设计论点由艺术处理改为科学分析，比如新结构概念产生新形式等。”又例如，写到60年代建筑外形处理上的新发展是把钢框架露于玻璃幕墙之外，他说：“对这种发展，抱有不同成见的人，初看可能不大习惯，但只要是通过计算分析而不是从空想出发，这种处理手法迟早会被接受。”他以同样的信心肯定蓬皮杜艺术文化中心“将是从下世纪开始法国以及全世界新兴建筑大方向”，肯定一些新结构技术的发展前途，等等。

正因为童先生认清建筑发展的物质基础，所以他对建筑发展的方向和旧传统被抛弃的必然性有很明确的判断。因而他态度鲜明地歌颂进步、革新、创造，批判保守、落后、复旧。这种鲜明的态度是《近百年西方建筑史》全书的精神，读起来叫人振奋。他在写到19世纪中叶的欧洲建筑时说："事物总是向前推进的，正如当时法国文学家雨果所说：'成熟了的时代意识，任何大军都阻挡不住'。……作为社会上层建筑，这古典艺术早已失去本来庄严灿烂形象，而堕落到有貌无神的折衷主义。"他总结19世纪的一些革新者的事业说："所有这些运动和流派，都是反抗古典建筑艺术虚伪没落这一方面，要求适应新时代而形成的集团，是20世纪创造新建筑活动的先锋。"甚至在写到很有争议的未来派的时候，童先生也毫不犹豫地肯定了它的积极的影响，他说："桑代利亚作为青年建筑家对机械化新时代的反映，表现在他1913—1914年间所做方案。这些方案设想未来高速城市设施，如快车道、立体交叉、地铁、升降机等。……其影响在于这些主张被20年代建筑界接过去，下传到三四十年代，为第二次世界大战后意大利现代建筑打好基础。"童先生这本小册子写到70年代末，他在"现代建筑发展方向"和"新建筑趋势"两节里，所做的预测的着眼点也与现在一些后现代折衷主义者的很不相同，简直有些未来主义的气息。

童先生在写作时态度鲜明，因而经常有他自己很独特的判断。他说："现代建筑能在德国成长，主要是其国家经济状况在20、30年代是欧洲最坏的，只有最简洁最质朴的建筑才有实现的可能……"又说："芝加哥学派把砖、石承重建筑改为钢铁框架结构，导致工程计算和建筑设计两种工作的分工，是彻底革新。"他对新建筑的五次革新的论断也是很独特的。童先生重视主要建筑师的政治倾向，他们与进步的、革命的政治运动和政党的关系，他重视主要建筑师个人的气质、品格，这都是他的独到之处，而一些大部头书却往往没有写到这些。

这本小册子能够写得如此简练，这是由于童先生善于抓住事物的最基本的要点，做出准确的概括。他在介绍瓦格纳著的《新建筑》时只说"书中主张艺术创作只能来自生活，新结构原理和新材料必导致新形式出现"，这样几个字，就点明了这本书的基本精神所在，确定了它在近百年建筑史中的地位。他善于经营文章结构，达到节约篇幅的目的。例如从瓦格纳写到贝仑斯，中间正写维也纳学派，带过分离派，到新艺术运动，再带过德意志制造联盟，然后倒插新艺术运动和德意志制造联盟与工艺美术运动的关系。主次分明，调配合宜。

虽然这本书的文字十分精练，字字落实，但童先生游刃有余，仍然能写得很生动活泼，甚至有些地方很幽默。他写赖特在流水别墅在阳台拆模板时候的小故事，非常传神。写芝加哥在大火之后重建，“上午报纸刊登某高楼破土消息，又被晚报所登更高楼房新闻所掩”，显得文笔很从容。赖特、柯布西耶、密斯、格罗庇乌斯等人互相品评的一些轶事和隽语，三言两语，都使小册子增添色彩。

读完这本《近百年西方建筑史》，当然也会有人觉得不过瘾，那就去读一些篇幅更大的著作吧，不能要求这么一本小册子具有大部头书的功能。

原载《建筑学报》1990年第4期

读《明、清建筑二论》

汉宝德先生是一位探索的、挑战的、敢于走自己的道路的建筑学家。他在建筑理论、建筑创作和古建筑保护等方面都有开拓性的贡献。台湾的建筑学界很敬重汉宝德先生，他在70年代初期写的两本小册子，《明、清建筑二论》和《斗栱的起源和发展》，被一致认为是开辟了台湾建筑学术史的著作。今年我第二次到台北，有一天跟《空间》杂志社的朋友们座谈，我说，大陆在中国建筑史方面有很优秀的人才，做了不少实实在在的工作，但是，他们的学风太封闭，经历过这么多的社会变化和思想激荡，居然没有出现一篇讨论中国建筑史的史学、史观、史法的文章。一位朋友立即问我，看过汉先生写的那两本书没有？我听说过它们的重要意义，但那时候还没有读过。我想，非赶快读一读不可了。

汉先生送过我几本书，却偏偏没有这两本。我在书店里也找不到，于是直接到了出版商那里，总算得到了一本《明、清建筑二论》。但细细地读它，却是将近五个月以后的事了。读着这本书，我感觉到一种很特殊的享受。它谈哲理，深刻，却不故弄玄虚；它谈历史，广博，却不炫耀知识；它说理透辟，却又洋溢着人情，触摸到心灵底处。而且文笔简练潇洒，三言两语就能说明白很复杂的事情。当然，更给我享受的是时时涌出的新异的见解。

虽然在更多的学习和思考之前，我暂时还无力全面地介绍汉宝德先生，但我却急于把这本小册子介绍给大陆的建筑界，因为我们知道得已经太晚了。

《明、清建筑二论》是一本论战的书。论战的对象是林徽因老师的《清式营造则例·绪论》，论战的题目是“明、清建筑不如唐、宋建筑吗？”汉先生的论点是：一、林老师“所留心的中国建筑的范围也许太狭窄了一些”，即只从官式建筑立论，既没有看到中国建筑的地域性和地域间发展的不平衡，也没有看到朝野建筑观念的对立；二、林老师受“结构机能主义”的束缚，论“由南宋而元明而清八百余年间，结构上的变化，无疑的均趋向退步”，从而判定明、清的建筑整个儿是“低潮”。主要针对第一点，汉先生写了《明、清文人系之建筑思想》，针对第二点，他写了《明、清建筑的形式主义精神》，合在一起，就是《明、清建筑二论》（以下简称《二论》）。

《二论》以明、清建筑为题，其实涉及到了中国建筑史学，包括史观和史法上的一些重要问题。核心问题有两个，一个是价值标准的问题。汉先生主张“跳出结构至上主义者的圈套……探究我国建筑在形式以外的成就，以及它怎样满足了当时社会群众的需要”。汉先生把满足当时社会群众的需要作为评定建筑的价值标准，是很有意义的，它不但能摆脱形形色色的机能主义和形式主义，而且能把古代建筑和现代建筑真正沟通起来。另一个问题是关于建筑史的外部与内部的学术结构的。汉先生说：“建构一个社会史、建筑史、考古学三方面融通的学问框架，而汇成于我国文化史研究的大业中。若不如是想，则我国建筑史的研究，充其量只是技术史的讨论，或者考古的调查，枝枝叶叶，零零星星。等而下之，研究之成果被执业建筑师所剽窃，或径用为抄袭之蓝本。”汉先生写《二论》的时候，台湾所能见到的关于中国建筑史的著作，仅仅只有一套《营造学社汇刊》，对大陆上学者在50年代和60年代的研究成果一无所知。不过，即便如此，他的论点仍然是有现实意义的。那二十年里，有人把“理论联系实际”阐释为“建筑历史为建筑设计服务”，迫使我们一些人做了些“等而下之”的工作。而把建筑史研究汇入到文化史研究中去，也没有找到门路，倒是险些儿汇入到简单化了的社会发展史即阶级斗争史的模式里去。我说汉先生提出来的两个问题有现实意义，是因为这两个问题是根本性的，但到现在还不能说已经解决，甚至不能说已经做了深入的探讨。

就明、清建筑的评价问题，汉宝德先生提出了两个论点。第一，要有地域观念。不能把中国建筑看成简单的一个大一统的整体，“地域现象表现在建筑上极为明显”。宋、元以后，中国文化的重心在南方，明、清两朝，江南一带实际上扮演着主角。所以，评估明、清的建筑，不能再限于北方官式建筑的如何如何，而应该看到江南一带地方建筑的成就，正是这些成就代表着明、清建筑的进步。

我们不难给汉先生的这个论断找到强有力的证据。造园艺术不用说了，就建筑来说，明、清以来，在北方建筑宫廷的著名的大匠们，都来自南方，建筑装修中大量使用了苏州和扬州的做法和产品。也正是在南方的城市和乡村里，这时候出现了许多新的建筑类型和相应的形制，在北方却没有或者很少有。南方建筑的装饰工艺，如木雕、砖雕和石雕，精美的程度远远超过了皇家的建筑，而且富有创造性，不僵死为几种模式，如北方官式建筑那样。跟这些情况相应，在南方产生了初期的、片断的建筑和造园理论，而北方官家却只有典章制度。

第二，所谓地域差别，主要不是自然条件的差别，更重要的是人文的差别、传统的差别。汉先生说，明代的江南“渐出现资本社会之雏形，产生中产知识分子的阶层，在生活的需要上与情趣的捕捉上，自然发展出异乎以北方（官式）为中心的正统建筑”。他在这里已经隐隐接触到了一个重要的事实，这就是，明、清之间，江南建筑开始出现资本主义时代的一些特色，比起封建主义的正统来，它们显然代表了历史的进步，这是明、清建筑优于宋、元建筑的本质原因。

多半是因为当时缺乏资料，汉先生不得不把明、清建筑的进步局限在江南文人对建筑学的创造性贡献上，主要是这篇论文的题目标示出来的“文人系之建筑思想”。

作为文人系建筑思想的代表，汉先生提出了计成的《园冶》、文震亨的《长物志》和李渔的《闲情偶寄》，此外还有沈三白的《浮生六记》。

在引述了《园冶》中的“三分匠七分主人”那一段文字之后，汉先生出人意外地说了一句很“高调”的话。他说：“这一段说明是南方传统的一个宣告，它代表的意义是向已推演了上千年的宫廷与工匠传统挑战，其历史的重要性不下于欧洲文艺复兴读书人向中世纪的教会御用工匠传统的挑战。这是建筑艺术知性化的先声。”他随后指出了这段文字的三个要点：一是肯定了“能主之人”的主导作用。这能主之人既不是主人，又不是匠人，而是建筑师类型的人。二是“提出建造之最重要的部分是今天所谓的基地计划，不是细巧的雕凿与梁柱的排架”。三是“要解除制度与匠师的束缚，以创造舒展灵性的新居住环境”，即“得体合宜，未可拘牵”。这些思想不但大大优越于为帝王服务的知识分子，而且因为计成不束缚于宗教，不服事于统治阶级，脱离了早期的象征性，只从生活出发，与生活紧紧联系在一起，所以，“他的建筑理论远超过欧西文艺复兴时代的名师”。

所谓从生活出发讨论建筑，它的一个含义是，以计成等人为代表的文人们真正讨论了建筑的“设计原理”，也就是“建筑学”，而不是《清式营造则例》和《宋营造法式》那样的“匠法”。汉先生认为，那些“与欧西中世纪的僧侣们并无不同”的读书人整理出来的“匠法”制度，“有时不但不能增长匠师的创造力，反会扼杀进步的生机”。

显然，汉先生不是从理论体系的完备和论述的严整来比较江南文士和欧西文艺复兴建筑家的，他说的是一种精神，一种明、清之间渴求性灵解放、敢于向千年正统挑战的知识分子的叛逆精神。领会到这一点，我们再去看一看欧西文艺复兴时期的建筑家如阿尔伯蒂的著作，就会对他的“言必称希腊罗马”，孜孜于制定僵死的模式教条，觉得不是滋味了。

关于江南文士在“设计原理”中表现出来的“敏感性”，汉先生列举了四大项：一、平凡与淡雅；二、简单与实用；三、创造与求新；四、整体环境的观念。确实可以说，这些都带有新兴资本社会的色彩，与封建的正统建筑观相对立。汉先生正是从这种对立下手来评述它们的。受到篇幅的限制，我在这里只能介绍汉先生对这四项敏感性的正面意见。

平凡与淡雅，这是江南士人文化的根本特征，是在与宫廷文化和匠人传统对立中形成的。汉先生说："平凡淡雅的极致就是一种处处适当，无不舒贴，然亦不过分的精神。所以外国建筑所讲究的权衡不一定是美的标准，也是善的标准。"李渔在《闲情偶寄》里谈房舍设计，归根结底一句话："房舍与人欲其相称。"文震亨在《长物志》里谈楼阁设计，强调的也是"宜"。李、文、计三个人对素木、粉墙、青砖、乱石和纸的质感和色彩都有精心的鉴赏和品味，汉先生说："这种对朴实的材料的爱好，是高水准建筑的起点。"这些人对居住环境的要求是精洁潇洒，并不喜欢太多的字画装饰，即便是一时之绝。汉先生评论说："我们可以看出这些文人建筑家是一些敏感而有充分设计头脑的人。他们不但有独特的审美见地，而且有很现实的精神，能解决不同方向的问题。对材料的质感与空间比例的欣赏……是属于平民的与知识分子的手法。"

与淡雅的审美观相联系，简单与实用是这些中产阶级思想家们的基本要求。汉先生说："大胆的丢开宫廷与伦理本位的形式主义，又厌弃工匠之俗，故很自然的发展出现代机能主义者的态度。"机能就是功能，这是两部官家的大典籍都"绝无一字谈及"的。而这些文士却讨论建筑群的配置原则和方法，不同功能建筑物的设计和使用，以及如何应付外在的物理环境，等等。例如，文震亨详细地讨论了浴室设计，考虑到给水、排水、锅炉房，严寒季节如何使用，并且如何可以省钱省力。他还谈到"丈室"的设计："丈室宜隆冬寒夜，略仿北地暖房之制，中可置卧榻及禅床之属。前庭须广，以承日光，为西窗以受斜阳，不必开北牖也。"李渔也提到储藏室的重要性和配置原则，甚至设想如何处理便溺。为室内空间设计，计成改变了官定的构架方法，他突破了用一列构架形成长方形房子的僵化模式，“几乎什么奇怪平面的房子都能做出来”。汉先生很重视最后这一点，所以对林徽因老师说的，中国建筑在技艺上“登峰造极，在科学美学两层条件下最成功的却是支承那屋顶的柱梁部分，也就是那全部木造的骨架”，表示了深深的怀疑，因为正是那个骨架，限死了中国建筑的内部空间，从而也限死了外部的体形。

明末清初，江南文士在萌芽的资本社会关系的影响之下，大多有很高的创造与求新的自觉性。汉先生列举了三点理由，说明为什么与文学、艺术相比，历来在建筑上创新意识十分薄弱，抄袭几乎成为常规。然而，李、文、计这些文士，却勇敢地突破传统，大标创新。李渔激烈地攻击“法某人之制，遵谁氏之规”的陋习，他说：“上之不能自出手眼，如标新创异之文人，下之不能换尾移头，学套腐为新之庸笔，尚嚣嚣以鸣得意，何其自处之卑哉！”汉先生认为，李渔和他的同代人之所以能有这种意识，是由于他们的“物质主义精神”，使建筑与生活密切联系起来。汉先生说：“只有物质主义的现世精神方能促使建筑不断因生活之需要而创新，明、清之间的文人在居住环境有现世的觉悟，其要求推陈出新的呼声甚高，而难能可贵者，为此等知识分子有创新的要求，而无现代商业社会的现世主义者的奢侈、肤浅的纯官能享受之作风。”所谓“物质主义”，其实是唯物主义的一种有所避讳的说法，这是我们都能理解的。在物质主义精神作用之下，李、文、计等文士在讨论建筑和园林的时候常常采用经验的机能主义的方法。汉先生认为，经验的机能主义会渐渐发展成精神的机能主义，“一个时代的建筑思想如能透出精神的机能主义的趋向，就能产生真正的建筑论”。

中国的文化一向崇尚自然，但汉先生认为，从北宋到南宋，艺术家对自然的心理关系有一个决定性的转变，这就是“在艺术家心目中之自然，由天生之自然转变到人为之自然”。这个转变，开辟了环境设计的契机。我国的环境设计概念在南宋时已经铸成，远远早于西方。但中国的环境设计，又不是“设计自然”。以人工去设计自然，就是用人类的头脑与上帝争衡，必然要走入歧途。明、清之间的文人的设计环境，是剪裁和选择自然、利用自然。汉先生说，这就是“通过建筑的方法去利用上帝的手笔，这是中国人的伟大发明”。他引用了计成关于“因”“借”的那一段话作为印证：“宜亭斯亭，宜榭斯榭……俗则屏之，嘉则收之。”他说，这正是现代建筑师们苦心孤诣以求达到的佳境。

论述了上述四方面之后，汉先生已经证明，从观念上说，明、清之间的建筑思想比起以前的来是进步得多了。汉先生说，那些零零星星的见解绝不是偶然发生的，分析这些见解，“不但可以补足我国几千年来建筑思想的空白，并且可以把我国建筑史的系统重新加以划分”。他写的是对明、清建筑的评价，想的却是整个中国建筑史。

但是，为什么江南文人没有产生真正的建筑师，也终于没有发展出系统的建筑学来呢？汉先生说：“真正的建筑学是要在中产阶级与知识分子中生根的。因只有知识分子有治学必要的智慧，以及合理的思考方法。只有他们是肯脚踏实地做切合实际的思考，也只有他们拥有敏感的禀赋，可以为艺术的创造。”但是，中国的知识分子却有根本性的弱点，妨碍他们成为建筑师和其他科学技术工作者。汉先生列举了两个原因。第一个原因，是“文化中过分的理想主义与过分的现实主义之冲突所造成的。因为健全的建筑学必须产生在健全的、发展均衡的现实主义与理想主义之间”。文人们不是崇尚自然，标榜无所事事的闲情逸致，满足于茅屋三间，就是忙忙碌碌，为做官而善于折腰。读书人折腾于两者之间，无法安于现实，“建筑在士人阶级中，是这种独特的心情的矛盾下的牺牲品”。强大的官本位文化，使读书人不可能与官家脱离关系，从事专业的建筑学，甚至连文学家和画家都没有专业化，而是由官僚或准官僚兼任的。官僚可以兼任文学家和画家，却实在兼不了建筑师。

第二个原因是，文人的建筑思想中的敏感度，直接来自文人的艺术：文学、绘画与金石等。汉先生说：“文人艺术的性格属于心性之陶冶……是在现世残酷的生活中一种求慰藉的方法……一种对现实的逃避。对于需要健康而乐观的人生观为基础的建筑艺术，是不能十分契合的。”因此，在计成和文震亨的著作里，有太多的“纯粹唯心的说法”。例如短短的一篇《园冶》，竟有大量的篇幅发为荒唐的无病呻吟和酸腐的陈词滥调。谈借景，谈到了“物情所适，目寄心期”这样虚幻的话，最后索性来一句“因借无由，触情俱是”，把环境设计的大道理又一笔勾销了。

文士心弦过度文学化的另一个痼疾是夸大。汉先生引了《长物志》中的“水石”一段话，然后说：“用一块石头造成‘太华千寻’的感觉，用一瓢水造成‘江湖万里’的气势……若不是有精神病，则必然是做白日梦。”因此，所谓造园，不过是一种布景艺术。“就环境设计而言，到了这一步，已经‘入邪’，其不能得到正常的发展，是可以预期的了。”

总之，沉溺于文学化、艺术化的“梦境”或“遐想”，是都不可能建立建筑学的。我想，如果我们现在还用文学化和艺术化的心弦去和鸣那些“梦境”和“遐想”，大约也会成为孤独的伤感者。

汉宝德先生的这篇《明、清文人系之建筑思想》，有他独特的视角，有深刻的分析，有清新而明快的见解，更重要的是有生动的启发性和挑战性，正好台湾在70年代初还只有几本老书可看，所以，它产生了很大的影响。有好几位台湾建筑学术界的朋友对我谈起过当年读这篇文章时的兴奋情绪。但是，汉先生下手的题目是对明、清两代建筑的评价，虽然说到了一些具有一般性意义的问题，毕竟没有在中国建筑史上全面展开他的观点和方法，真是太可惜了。

不过，就这篇文章讨论的题材来说，我觉得，汉先生本来还是有可能进一步全面而深入地讨论他提出来的建筑史学的两个根本问题，即价值标准和学术体系（或者说构架）的。如果汉先生不限制在几个文人的书本思想上，而是也把明、清两代江南地方建筑在各方面的实际进步摆出来，加以探讨，看它们怎样“满足了当时社会群众的需要”，那么，我想，他就有讨论那两个问题的更广阔的天地了。

汉先生当然洞察这些遗憾之处，因而写了《明、清建筑二论》中的第二论:《明、清建筑的形式主义精神》。这一篇文章也同样地机智敏感，同样地富有独创性。尤其在第二节里，圆熟地运用他提倡的社会学、历史学的方法，对明代以来宫殿和庙宇的发展做了非常精辟的解释，发人所未发。但是，这篇文章以反对结构的机能主义为主要目标，题材是明、清两代宫殿和庙宇的大木作和色彩等等的演变，虽然在价值观的阐发上更加具体细致，但局限性太大了，并没有能弥补第一论的弱点。

明清时期江南建筑与唐宋时期的北方官式建筑的比较，大概多少有点像古希腊普化时期北非和小亚细亚沿海城市的建筑与古典时期雅典的纪念性建筑的比较。有些建筑史家，把满腔热情的颂赞之词在雅典卫城建筑群上用完之后，对普化时期的建筑不屑一顾，说它们柔弱、僵化、冷淡，等等。然而，正是在普化时期的新兴城市里，出现了许多新类型的建筑物，有些老类型也有了新形制，结构技术有了发展，对功能的推敲深入了，构图多样化了，艺术手法也翻新了。况且出现了一些建筑著作。虽然没有产生出像雅典卫城那样艺术上完美的建筑群，但从建筑的整体上看，从全面看，普化时期的建筑成就大大超过了古典时期，正是这时期的建筑，成了伟大的古罗马建筑的直接先驱。没有它们，古罗马建筑难以达到那样辉煌的高峰。

如果承认明、清江南地方建筑的历史意义在某些方面超过了北方的官式建筑，那么，明、清两代建筑史的现行体系就得改变。如果承认中国建筑的地方性和多民族性，整个的体系就得改变。现行的中国建筑史体系是大致按照正统的二十四史断代，每个时期都是不变的几节：城市、宫殿、庙宇、住宅，等等。明、清江南建筑的进步，只在“概论”里提一提。地方性和民族性，都只不过是明、清住宅的“多样性”而已。地方和民族的文化传统和生活方式没有进入视野。甚至可以说，建筑的地方性的研究大约还没有开始。我们至今没有像语言学者那样，去划分中国的方言区，弄清各地方言形成的机制、特点和相互影响。民族性的研究也一样。

现行的中国建筑史体系是一个汉族本位的、官式本位的体系。这是一个按年代分门别类介绍古建筑的体系，在这个体系里，一些重要的史学内容不大可能展开。不突破这个体系，中国建筑史恐怕不大容易有突破性的进展，篇幅扩大，无非是史料增多而已。

总之，搞建筑史的人，最好还是常常讨论一下史学、史观、史法为好。汉宝德先生的著作的一项重要价值，就在于提出了这些问题，而且就这些问题发表了很有独到之处的见解。我希望见到大陆上的建筑史家们，也能写些史论文章。

原载《读书》1991年第1期

方法和理论
——评拉波波特的《住屋形式与文化》

近几年，拉波波特写的一本小小的册子《住屋形式与文化》，在中国的建筑学界很有点儿影响。这是因为：这些年，我们大讲建筑传统，怀古恋旧，而这本书讲的正是乡土建筑；这些年，我们大发文化热，而这本书很突出文化对乡土建筑的形式形成的重大作用，虽然他说无意建构起文化决定论来。

我不了解拉波波特，也不了解他这本小册子的写作背景，不好评论。不过，看了一遍，我觉得，说这本书是文化人类学的著作，比说它是建筑学的著作更合适。这样说并没有褒贬的意思，只是做个图书分类而已。我之所以这样分类，是因为拉波波特提出问题、选择实例和做出判断，采用的都是文化人类学的角度。研究乡土建筑，本来应该借鉴许多种人文科学，文化人类学是其中最重要的学科之一，我们一些人对这本书有浓厚的兴趣，也是挺自然的事。但是，如果我们把它当作一本建筑学的著作来看，打算从中得出一些对建筑学有重要意义的结论来，那可得小心点儿。因为它并没有根据建筑学本身的特点深入地研究建筑，所以我不大赞成这本书的名称，它太建筑化了。

拉波波特的基本假设是，对住宅形式的形成，社会文化的影响力是主要的，而经济、气候、构筑方法、可用材料和技术都是次要的，仅仅起些修正性或限制性的作用而已。

对建筑学来说，这假设就很成问题。问题出于他论证这些假设的时候所用的态度和方法。这些论证集中在小册子的第二章，拉波波特在这一章里一一批评了几种“决定论”，包括物理性的气候、材料、技术和基址以及社会性的经济、防御和宗教。奇怪的是他的批判都极为简单化，对各种“决定论”都用同一种公式化的责难：在相同的气候下，有多种多样的住宅形式；使用相同的材料和技术，有多种多样的住宅形式；如此等等。自始至终，他没有客观地深入地分析过经济、技术等“社会性的”和“物理性的”因素对乡土建筑的影响。看得出来，他所选择的实例，毫无例外，都是有利于他的假设的。有可能使他的假设遇到麻烦的，他一个也没有选。所以，他的责难，虽然对任何一种以某个“物理的”或“经济的”因素为唯一的决定因素的“决定论”都是“致命的一击”，但他的论证仍然叫人觉得过于肤浅，甚至不妨说，有点儿滑稽。

说他滑稽，首先是因为他教人想起那位世界闻名的救危解厄的大英雄吉诃德先生。稍稍注意一点儿学术史和学术动态的人都知道，大概还没有一种认真的理论把经济、技术、气候等因素个别地当作住宅形式的唯一决定性因素。拉波波特在他的小册子里也举不出这样一种理论来，他是自己设定论敌，然后自己跃马挺枪克敌制胜。用几个合心意的例子来证明预设的假说，不免太轻率了一点儿。其次，拉波波特采用的是不完全归纳法，而归纳法作为一种科学方法，只能得出或然性的假设，并不能得出有普遍意义的精确结论来。这就要求使用归纳法的人尽可能地冷静客观，尽可能地从更多的角度思考问题。否则，归纳法对科学工作会是一个陷阱。拉波波特跌进了这个陷阱，而且是自愿的。

拉波波特在小册子的第三章里论证文化因素对住宅形式的巨大影响。这是他这本书的主旨所在。但是，他在第三章里，也不过举了些合乎心意的例子点到为止地说了说，就当作论证，他又一次自愿地跌进了归纳法的陷阱，完全放弃了他在第二章中的战术，忘记了：每一种文化因素也都可以有多种多样的住宅形式来对应。例如，四合院、吊脚楼、单幢式住宅，都可以给一夫一妻制家庭用，当然，也都可以给一夫多妻制家庭用。如果我们捡起他在第二章中所向披靡的长矛杀进他的第三章，他恐怕会丢盔卸甲招架不住。

好在拉波波特所说的文化因素的“重大影响”“决定性”和物理因素的“修正性”“限制性”其实并没有什么原则区别。他只不过在措词上强化了文化因素的地位而已。

那么，拉波波特为什么会犯这些毛病呢？明眼人看得出来，他太过于要赶上文化热这个时代大潮了。他是一位规划学家，在写这本小册子之前用文化人类学的方法做过乡土建筑的研究，这当然很好。但文化热的浪潮一来，他匆匆忙忙于1969年炮制出一个文化决定论——虽然没有打出这旗号，却已经呼之欲出——这就不大明智了。他之所以话到嘴边留半句，欲说还休，是因为当时又有另一个“反决定论”的热潮。所以他不如咱们的文章家直率。看得出来，他是先有了结论再去求证的，而文化学和建筑学的求证，又不能像用数学方法证明哥德巴赫猜想那样板上钉钉硬碰硬，于是就采用两套标准，玩起一厢情愿来了。

他给乡土建筑下的定义是：它属于民俗文化，与属于上层文化的“官派”建筑对立。这种文化学的分类法比单纯用城市乡村来分类或者用所有者的阶级成分、经济地位来分类好。不过拉波波特自己没有一以贯之地坚持从定义导向去描述乡土建筑的特点。他先把乡土建筑限定在“工业化之前”，区别于原始的和现代的。然后说：最成功的描述方法似乎应该是个过程，那就是，它如何被设计出来与建造起来。而他的描述，一言以蔽之，就是“没有建筑师的建筑”：只有传统、习俗，没有设计、创作；一切按定式办事，只做不大的非实质性的调整。这些描述都合乎实际，也可以被包容在“民俗文化”的定义里，不过，它们只是必要的，并非充分的，所以，界限可不像柏林墙那样截然清楚，挖掘下去，恐怕会雾失楼台，月迷津渡，茫茫然难觅头绪。莫忘记，中国皇家建筑竟完全符合他对乡土建筑特点的描述。

写到这里，我们要提高警惕了，弄不好会当上这位吉诃德先生的随从桑丘。问题在哪里？就在拉波波特给住宅形式找到的决定因素、给乡土建筑下的定义，是“文化”或者“民俗文化”。然而，文化这个概念，当今却是十分模糊、十分不确定的。它的定义，它的内涵，到现在还说不清楚。用一个说不清楚的概念来解释一个很难说清楚的“住宅形式如何决定”的问题，是一个很有心眼儿的花招。可惜没有什么用处。

文化是个综合体，住屋形式也是由许多因素综合决定的，如果不做具体条件下的具体分析，笼统说文化决定住屋形式，那就相当于一句官样文章——“由于种种原因”如何如何。说了等于白说，那原因仍然是天晓得。

同样，乡土建筑的定义，也是综合性的，要有几个限定因素共同作用才能明确。用一个模糊的“民俗文化”来笼统地下定义是竹篮子打水一场空。

究竟有哪些因素参与决定住宅的形式，这恐怕很难爬梳清楚。不过，经常起比较重要作用的因素是大致可以知道的。在不同的条件下，起主要作用的因素不一样，这些主要因素的大小强弱也因条件而变化。所以，要具体说清一种形式的形成是十分困难的复杂课题，需要下大力气做具体的分析，不要匆匆忙忙做一般的概括，更千万不可用模模糊糊、笼笼统统的办法打马虎眼。学术工作要老老实实地去解决问题。

学术工作既不能固步自封、自以为是，也不能乘风赶浪。中国的建筑学术界，不要以为外国人的理论就那么高明，趸来就卖。只要我们严谨地学习科学的思维方法，紧紧贴近实际，我们就能建立我们自己高水平的理论。

拉波波特的这本小册子最教我又羡慕又佩服自愧不如的是它的参考书目。大约十一万个汉字的篇幅，参考书竟有349本，包括英文、法文、德文、意大利文、俄文、捷克文、西班牙文、葡萄牙文、乌克兰文、波兰文和保加利亚文。对着这样一份书目，我目瞪口呆，百感交集，说什么好呢？

原载《世界建筑》1993年第3期

学习和随想
——读《童寯文选》*

李渔舟

“如果只消在一座厂房的上面加一个寺庙屋顶就能使中国建筑艺术复兴，那么，给死人装一条辫子就应能使他返魂还阳。”这句话实在尖新锐利，也颇有点儿俏皮。说这句话的，是童寯先生。第一代的中国建筑师里，大约只有童先生能说这样的话。

最早听到这些意思，是在汪坦先生家里。近几年，他辛苦校对童先生的几篇英文著作的中译稿，我每次到他家去闲聊，他都要告诉我一些读童先生文章的心得。童先生新异的思想，常常使他很兴奋，说起这些来，眉飞色舞，大嗓门，极有感染力。我听一会儿，就坐不住，恨不能立即捧起童先生的著作一口气读完。汪先生对童先生怀着真诚的崇敬，因此也告诉我不少童先生的逸事。例如，他年年都要向老学长杨廷宝先生拜年，晚年体弱，艰于行动，他几十年来拒坐人力车，这时也不肯改变初衷，就由他儿子蹬着三轮车拉他到杨府。又例如，童先生勤于攻读，长期埋头在图书馆里工作，但不论什么时候，只要有人来请教，他一定放下书本，帮人解答疑难。他积累了大量读书卡片，从不自专，放在桌上供人随意查阅。汪先生说得动情，我听得动心。我想，“道德文章”，童先生可以说是两全了吧。

我没有见过童先生。他在仙逝前不久，曾经到清华大学建筑系来，

---

* 童寯著，李大夏、方拥译，东南大学出版社，1993年11月。

几位老学生簇拥着他，缓缓在走廊上过。那些老学生都是我的老师：双鬓斑白，早已卓然成家，我自然不敢贸然上前。从人缝里张望，没有见着。胡允敬先生见了，立即闪开身子，招手叫我过去，说："快来看，快来看，这是祖师爷！"我慌慌张张，也只看到搀扶着他的诗白先生。那时候我还不很知道童先生，虽然有点儿遗憾但还不十分沉重。不久之后，读到了他写的那本《新建筑与流派》，很觉得意外，甚至可以说受到了震动。我没有想到，一位七十多年前毕业于折衷主义建筑大本营之一的老人，思想竟会那么开放，那么勇敢，那么朝气勃勃，而且文笔又那么洗练生动。这时候我才觉得，没有亲近先达风范，有多么可惜。我禁不住写了一篇读后感，发表在《建筑学报》上，谨致敬仰之忱。

自从陆续不断听到汪坦先生的介绍之后，我就企盼着童先生遗著的出版。1994年元旦刚过，晏隆余同志托人捎来了一本《童寯文选》，一看，正是他八篇英文著作，附有中译。虽然困于目疾，我还是一点一点地把它读完了。这本书不厚，但是，卓特的见解，大不同于流俗。它的价值远胜于那些逐潮流、赶时髦的大著作。

这本书里最引起我兴趣的当然是那篇关于辫子和"寺庙屋顶"的短文，叫作《建筑艺术纪实》。文章是1937年10月在《天下杂志》发表的，想来写作的时间也应该在当年。那时候，正好当局一方面提倡"新生活运动"，鼓吹"传统美德"，一方面在上海、南京大搞"中国建筑艺术复兴"，也就是在现代化的高楼大厦上扣"寺庙式屋顶"。大屋顶跟"忠孝仁爱信义和平"伙在一起打联手，在政治力量的推动下，来势之猛，可想而知。且看童先生，在这般强劲的狂风之前，冷静镇定。他轻轻松松、悠悠闲闲，给这篇"纪实"短文一个大大出人意料的开头："当今的中国建筑，时不时地叫人想起辫子。"这句话真像飞来峰，不知它从何处飞来。接着说："在中国的荒僻之地，还能找到有辫子的男子，他们珍视辫子甚于辫子所装饰的头颅。"童先生写这篇文章的时候我正八岁，在沿海一个县城里读小学，还能见到一些老年人留着辫子，他们已经谢顶，辫子又细又短，但那确确实实是辫子。那个县城并不荒僻，还比较富裕。童先生说在荒僻之地可以见到辫子，大约是为了强调辫子留恋者的愚昧和顽固，以及他们跟现代文明的隔绝。

接下去，童先生笔锋一转，转得那么机智，又那么斩钉截铁。他说：“把中国寺庙屋顶借来扣到现代建筑上面，这屋顶就会跟辫子一样虽有可观却陈旧过时，它曾经是必要的祸祟，后来却在中国建筑的外形上占了主导地位。……中国式屋顶，戴到现代建筑头上，看起来就像辫子一样累赘和多余。奇怪的是，辫子现在已经被认为荒诞可笑，而中国式屋顶却仍旧受到赞美。”30年代天皇的日本、法西斯的意大利、纳粹的德国和苏联，和中国一样，民族主义的思潮汹涌，官方倡导复古主义的建筑。在美国，芝加哥博览会建筑刮起来的折衷主义旋风余势未衰，刚刚兴起不久的现代派建筑在全世界都进入了低潮，连老窝包豪斯都被盖世太保一锅端了。童先生虽然多少也受到了一点影响，但是对“中国建筑艺术复兴”的救命仙丹，寺庙屋顶，刺出这样锋利的匕首，需要的不仅是大智慧，还要大勇气。这大智大勇来自他对建筑本身发展的洞察力，我们早已在他写的《新建筑与流派》中拜领过了。

最早使用寺庙屋顶的现代建筑是教会学校和医院。童先生解释这种怪胎得以产生和流行的原因时说：“这种房子唤起外行人浪漫的感应，在他们看来，色彩华丽的曲面屋顶最能表现中国古典建筑的辉煌。对建筑师来说，这种屋顶，便于抄袭，能使他的设计‘容光焕发’。按照各种现代的需要来设计室内而外面扣上一个中国式屋顶就随它去了，这做法看起来很讨巧。”五十七年过去了，再来看当今少数外行人的主张和少数建筑师的作为，童先生的话还是那么新鲜准确。“扣上一个中国式屋顶就随它去了”，说的是不再对外观精心创作。这种情况我们现在并不少见。一些人准备了一大把“便于抄袭”的大大小小、各色各样的寺庙屋顶，信手拈来，扣在高楼大厦之上，就解决了它们的“风貌”问题，使它们“焕发”出“中国古典建筑的辉煌”。于是，我们的城市古不成，新不就，低吟徘徊，自怨自伤，眼看年华似水，错过了青春时光。

寺庙屋顶的陈旧过时和荒诞可笑，童先生指出了三点。第一点是靡费。童先生举南京铁道部大厦为例说：“估算一下，如果不用寺庙屋顶可以节省多少钱，倒是挺有意思。”在欧洲，20世纪上半叶起，尽管有波折起伏，现代派建筑逐渐取代折衷主义和复古主义建筑，原因之一就是它比它们经济得多。但经济性不会自行起作用，它一定要跟建筑的业主的利益结合在一起，这些业主形成了一个有重要影响力的阶层，他们所最关注的建筑类型在建筑大系统中占了主导地位，这时候，它才能成为改造建筑艺术的积极动力。30年代，中国的复古主义建筑，主要是官方当局的大型公共建筑，作为业主的官僚阶层是不会心疼民脂民膏的，所以，靡费还是节约，对他们毫无意义。现代派建筑因此没有优势。童先生的“估价”虽然“有意思”，当然不可能阻挡复古主义的潮流。如今，随着我们市场经济的发展，建筑进入市场，房地产经营者和其他投资者逐渐成为建筑的主要业主阶层，老板取代了长官，牟利性建筑的地位超过了大型公共建筑，建筑的经济性比“政治性”更受到关注。因此，关于建筑艺术价值观必然要发生根本性的变化。在这个变化中，现代派建筑的经济性和功能性优势大大地表现了出来。不过，新建筑的发展一定是曲曲折折的，因为有些人会产生失落感，企图重新回到复古主义去，而新一代的老板们，心上带着封建时代的烙印，妨碍他们建立彻底的新的价值观。比如，他们很容易被钱烫得发烧，忘乎所以。但是，长江大河，纵有千回百转，毕竟奔腾东流，任何高山峻岭都阻挡不住。童先生早已在《新建筑与流派》中把这种历史大势说得很清楚了。

童先生指出的第二点是：寺庙屋顶使现代建筑失去真实性。他说：“一座按现代方式做了内部设计的房屋，不论大小，如果扣上瓦顶就立即会变成一个时代错误，一个虚假的东西。”童先生在后面说：一座建筑物的平面，“只能根据最新的知识去合乎逻辑地，科学地布置房间。因此，理所当然，作为平面的产物的建筑立面，必定是现代主义的”。他在这里坚持的是平面和立面相统一的原则，也就是坚持一座建筑物必须有内部的和谐。现代化的平面加上一个古老的屋顶，建筑失去了统一与和谐，也失去了它的真实性。

失去真实性有两方面的意思。一方面和经济性有关联。既然平屋顶造价低而且可以得到更多的使用空间，那么，不管是不是能够和传统的“中国建筑”融合一致，“寺庙屋顶都毫无疑问到了它的末日”。这种情况下，再勉强使用失去了存在理由的寺庙屋顶，当然就是矫情违性的了。另一方面和技术性有关。这一点童先生没有直说，但他在别处说到了。他说到当时快要竣工的上海中国银行大厦，“虽然它有一些跟（传统的）中国装饰相像的点缀，它仍然算不上是一座（道地的）中国建筑，理由很简单，这些点缀没有一点结构意义”。中国传统建筑的形式，从装饰到整体，都与它的结构和构造息息相关，这是当时中国第一代现代建筑师的共同认识，而且，正如林徽因先生在《清式营造则例·序》里写的那样，把这一点跟现代派建筑的原则相提并论，看作是中国建筑的一个很大的优点。童先生说的也正是这层意思。

牵连到经济性也罢，牵连到技术性也罢，说的就是合理性和合目的性。合理性和合目的性是技术美学的重要原则，也曾是一般美学的重要原则。艺术曾要求真实、合理，建筑尤其要求真实、合理。这其实就是要求真、善、美的有机统一。建筑中不真、不善的东西，如扣在现代高楼大厦上的寺庙屋顶，破坏了建筑的合目的性，动摇了它本身存在的合理性。因此，当审美认识进入深层次之后，那屋顶就显得虚假、显得荒诞、显得不合时宜了。童先生是在这个深层次上说话的，不是什么“形似、神似”的浅表层次。

艺术界经常会有一些人提倡非理性主义、神秘的直觉、捉摸不定的潜意识、神启式的“灵感”，还有什么弗洛伊德主义。在一些时候，它们也会侵入到建筑界中来。前几年后现代主义在建筑中流行，这些思潮就甚嚣乎尘上。后现代主义者最讨厌的，就是现代派建筑的理性主义，它的功能、经济、技术的合理性和合目的性。他们也不大愿意承认建筑的功利性，不愿意承认技术美学。恰好在那时候出现了一批所谓“哲理性”的建筑理论，虽然并不标榜非理性或者潜意识，却把建筑拔出生活的土壤，剥掉它的一切社会联系，挂在半空中大谈什么能指所指，什么有序化无序化。非理性和“哲理性”的“理论”的共同特点是要使建筑失去它的本性，沦为可以主观主义地随心所欲摆布的东西。但是，生活比任何“理论”都强，功能、经济、技术的合理和合目的，仍然是，也不可能不是建筑创作的基本原则。因此，寺庙屋顶的淘汰是必然的，什么力量都挽救不了它。

童先生也说到了给现代高楼大厦扣寺庙式屋顶在造型处理上的难处。房屋大了，平面复杂了，就不大可能全面扣瓦顶，而是局部扣瓦顶，其余部分做平屋顶。于是，就发生了瓦顶跟平顶在形式上协调统一的问题。“房子高了，窗子的重要性也相应增加了，屋顶和基座的中国传统特色萎缩到无足轻重，在一座高层建筑上，那种（窗间墙上的）表面装饰显得十分肤浅。它仅仅只有感情上的意义，看都看不见。”产生寺庙屋顶的中世纪建筑，结构、材料、体形和它们的大小、高度都跟现代建筑完全不同。因此，寺庙屋顶就跟高楼大厦在形式和风格上大相凿枘，这是一个“使建筑师大伤脑筋的问题。目前他们正在做的不过是试验和摸索”。但是，实践已经证明，解决这个困难的方法不是拿它们乱点鸳鸯谱、硬搞拉郎配，而是让它们解除婚约各适其适。将近一个世纪的试探中，我们还没有见到过一座扣上了寺庙屋顶的真正现代建筑在形式上、风格上是成功的。有几座看得过去，其实已经丧失了现代建筑的一些基本性质和精神，不再是“真正”的“完全”的现代建筑了。

童先生说的以上三点，足够证明，就像往死人头上装辫子不能使他复活一样，给高楼大厦扣寺庙屋顶也不能“复兴中国建筑艺术”。勉强“复兴”，不过是逆历史而动，搞出来的，是一座大量靡费资财、形式生硬拼凑的不合理、不真实的怪房子而已。这是五十七年前的论断，现在大概还管用。实际上，我们当今新出笼的采用寺庙屋顶的新建筑，跟六七十年前的没有什么两样，甚至跟18世纪英国人根据中国瓷器上的装饰画绘制出来的“中国式建筑”没有什么大差别，这当然并不奇怪，因为它们所追求的就是“复兴”古老陈旧的东西，就是叫历史停顿。叫人寒心的倒不是没有嫁接出有生命力的新建筑来，而是那个追求，那追求背后的心态。学术界为中国封建社会的漫长困惑不已，建筑界的那个“复古”追求，时间之长在世界上也已经是独一无二的了。这也叫锲而不舍？我们同样困惑不已。

童先生不赞成给现代建筑戴寺庙式帽子，但他赞成新建筑要有“中国式形象”。他说：“赋予立面以地方色彩的尝试，需要研究、探讨和独创，这些工作将成为中国对世界建筑的贡献。这贡献必须有结构意义，在中国的寺庙形式中，结构意义曾经很巧妙地表现出来。”童先生在他的30年代作品中做过这种尝试，他采用的是平屋顶而在檐部做些处理。在这篇文章里，他对西藏、内蒙古、热河、青海等地的建筑很称赏。他写道：“最令人叫绝的是，许多边疆地区，一幢又一幢的房子，全部都只用平屋顶覆盖，而这些房子的外观却是地道中国式的，它们所达到的艺术水平，是所谓‘复兴式’的建筑永远达不到的。”这些平屋顶的中国边疆建筑曾经给我们的建筑师以灵感，有些高级饭店模仿过承德的普陀宗乘和须弥福寿。可惜，这些尝试也不能创造出新的中国建筑来，问题不仅仅是屋顶形式，而在于仿古毕竟是仿古，而一切进步都要靠创造。

仿古之路走不通，童先生也有卓见。他说：“不需要想象就能预料，钢铁和混凝土的国际式（或现代派）风格将很快地被普遍采用。……中国的重要城市里，国际式建筑物的数量正在不断增长。事实上，在这个国家里，跟在任何其他国家一样，这种风格已经迅速普及。……只要我们认识到，现代文明的首要因素，机器，不仅正在使它自己标准化，而且也在使整个世界标准化，那么，我们就不会奇怪，人们的思想、习惯和行为正在越来越适应它。人们生活中发生这样的变化，或者停滞不变，都会深刻影响他们居住的房屋。”这一段话，前一半说的是现象，后一半说的是原因。现象无可争议，这篇文章发表之后五十七年，现在“国际式”建筑不但遍布各重要城市，而且深入到了农村，成为建筑中的主流。原因显然来自当时现代派的理论，勒·柯布西耶《走向新建筑》中的观点清晰可见。这原因也无可争议，不过还不够全面。拿机器当作现代工业文明的代词，当然可以，不过，现代工业文明对人们思想、习惯、行为的改造作用，还要通过一定的社会机制的中介。同样，人们的思想、习惯、行为要对建筑发生有普遍意义的影响，也要通过一定的社会机制的中介。1994年1月16日，《北京晚报》上有刘心武的议论快餐和风味小吃的短文，他说："在后工业社会中，因为世界市场趋于一体，所以商品也趋于国际制式和衡量标准的划一，因此在公众消费品的流行中，历史感、民俗感、地域感、手工感都开始消弭，具有以上几个特点的商品反成了少数有品位的高消费者的享受。"当然，风味小吃和中国传统建筑，性质很不一样，命运也会不一样。例如，地域感的消失，对小吃来说，绝不意味着人们不再吃宁波汤圆，而是世界各地都可以吃到它。民俗感的消失，则是世界各地随时可以吃到粽子，不必等到端午节。建筑中有极少量类似的现象，例如，在外国造中国园林，在中国造意大利别墅。这种现象以后或许还会增多，然而，就建筑的主体、整体来说，它的那些特点的消失是真正的消失，无情得很。不过，导致那几个特点消失的原因则有相似之处，"世界市场趋于一体"，正是我前面提到的"社会机制"之一。

这一切必不可免地会引起许多人的怀疑和非难。第一，这不是全盘西化吗？不仿古而仿"洋"，不是同样没出息吗？第二，世界各国的建筑都国际化了，不是千篇一律了吗？

先回答第一点：国际式这名字起得好，它是国际的，不专属于西方，也不专属于洋人，因此也谈不上"西化"和"仿洋"。国际式之所以成为国际的，是因为它体现了现代建筑最本质的方面，这些本质在现代建筑中具有普遍意义，不论在西方还是东方，中国还是外国。反对者围绕着"文化""艺术"和"传统"做文章。我们要说的是：世界各国的文化正在日益趋同。于是，要说到传统。传统形成于过去，积累于过去，而现在与过去之间，人类历史经历了而且还经历着从来没有的剧烈的变革。老皇历翻不得了。归根到底，建筑的问题，主要靠研究建筑本身来解决，搬弄文化之类的概念无济于事，现代建筑的问题，主要靠研究现代社会中建筑的任务来解决，搬弄历史传统也是无济于事的。

再回答第二点：世界各国的现代建筑是越来越相像了，因此，为了维持地方传统特色，各国都十分重视文物建筑和历史文化名城的保护，数量多，方法严格、科学。我们在这方面的工作做得不认真，不得法，连北京这样世界上最有特色的都市都拆改得所剩无几了，而且还在继续拆除下去。滑稽的是，却反而要新建筑去体现古城风貌，而新建筑不可能担当这个任务。这样，中国历史文化名城失去自己传统的特色，便不能归罪于“国际式”建筑。再说更重要的一面，现代建筑的千姿百态依靠的是建筑师或某些建筑创作集团的独创性。民族特色、地方特色、传统特色固然富有魅力，但这些特色在某种很大的范围里是千篇一律的，没有长期稳定的千篇一律，就形成不了这些特色。而民族的、地方的、传统的特色，其实是最压抑、最泯灭个人的独创性的。在这些特色最强烈、最稳定的中世纪，全世界都没有真正的建筑师，当然更没有有个性的建筑师了。绝大多数的大匠师傅都不过按照承传下来的一定之规建造一栋又一栋的房子，千百年变化极其微小。在中国，不要个性，不要独创，一切根据老规矩，成了大匠师傅的本分。而现代社会，一方面逐渐淡化了民族界限和民族特色，一方面强化了个人的主体意识，释放了个人的创造性和进取性。同时，现代技术的进步，又给了建筑物的体形、色彩、材质、立面处理等以多种的可能。在社会机制的作用下，富有进取性的建筑师和创作集体，就可以运用这些可能，设计出很有新的特色的建筑来。

所以，为了使我们的城市有特色，使我们的建筑千变万化，我们要做的不是用传统风貌去扼杀建筑师的想象力，而是鼓励他们的创新自觉性。

原载《新建筑》1994年第3期

推荐《苏俄前卫建筑》

已经很久没有读到可以使我激动的书了，日前读了吕富珣博士写的《苏俄前卫建筑》，我禁不住激动起来。这是我国建筑学界近年来少有的好书之一。

在当前，这是一本有尖锐挑战性的书。未必人人都会喜欢它，说不定甚至有人会讽刺它，说它是一个可惜的、只值得诅咒的时代的回响。但是，朋友，如果因为苏联的解体而蔑视苏联人民曾经做过的一切，那您就太轻率了。苏联的历史是一出悲剧，但悲剧之所以成为悲剧，就是因为它摧毁了美好的东西。苏联人民有过美好的东西，它们有永恒的价值，不容亵渎、不容磨灭。

这本《苏俄前卫建筑》讲的是1920年代一批苏俄建筑师的思想和创作。十月革命后这短短十年的苏俄建筑史，是人类建筑史的奇迹，是几千年世界建筑史中最光辉灿烂的一章。对十月革命，对苏联的政治、经济、意识形态，会有许许多多不同的批评性研究，但是，一个不能否认的事实是，十月革命激发了苏俄人民，包括大量的知识分子，高昂地创造新世界的热情。十月革命仿佛把创造一个"天下为公"的大同世界的现实性，一下子推到了人们的眼前，于是，东西方哲人追求了两千多年的理想，一下子迸发为强烈的行动热情。不论这种现实性在历史上看是真实的还是虚妄的，20年代苏俄人民的这种热情都是诚心诚意的。苏俄的前卫建筑正是这种热情的结晶，所以它成了历史的奇迹。

吕富珣选择苏俄前卫建筑作为他的研究课题，或许并不十分难得，这课题近二三十年来是世界性的热门。他能够全面地、系统地、深入地写成这本书，或许也不十分难得，他毕竟在苏联做了四年研究工作。难得的是他突破了当前种种思想和意识形态的障碍，排除了西方文化的压力，公正地评价了20年代苏俄的前卫建筑和创造这些建筑的人们，揭示了前卫建筑深刻的社会本质和它的不朽的意义，划清了它跟现代建筑和“解构建筑”的界限，从而真实地描述了那个蓬蓬勃勃、充满生命力的时代。这不但需要学术的智慧和学术的勇气，更需要正确的历史观和价值观，需要和人民大众一体化的立场和感情。它因此使我激动不已。

当今，我们有一些建筑师溺于拜金主义，只求个人的实惠，公开嘲笑崇高和严肃，嘲笑献身精神。而20年代许多苏俄建筑师，却怀着崇高的社会理想献身严肃的事业，他们的社会责任心和历史使命感引导他们为平民百姓的现实的和长远的利益而努力奋斗。

当今，我们有一些建筑师崇洋媚外，作为外资或者外国房地产投机商的工具，压迫我们放弃合理的城市规划和管理，破坏我们的环境。而20年代许多苏俄建筑师，却为了理想中的新社会、新的生活方式，孜孜矻矻地探索着新的城市形态和各种建筑物的新形制，把自己的工作当作建设新世界的一部分。

当今，我们有一些建筑师急功近利，随着市场化、商品化，一个又一个地制造着平庸的失去了文化品位的房屋。而20年代许多苏俄建筑师，则潜心求索建筑造型的客观规律，在空间、形体、色彩等方面开拓着认识的广度和深度。

当今，我们有一些建筑师，鼓吹继承和弘扬封建的、手工业时代的古老传统，大搞复古主义，严重浪费国家资财，造成了环境的保守和缺乏进取精神。而1920年代的许多苏俄建筑师，勇敢地和传统决裂，以富于想象力的创新精神，充分利用最新的科学技术成就，力求赋予新世界以前所未见的、体现了崭新的社会思想内容的建筑形象。

现在要指责20年代苏俄前卫建筑师的某些幼稚、片面和失误，那是很容易的事。但是，他们崇高的社会理想，他们的社会责任心和历史使命感，他们通过建筑的革新创造投身于建设新社会的实际行动，以及在这行动中建立的珍贵的原则和获得的丰富的经验，会永远地放射出光芒。实际上，30年代以后，苏联城市规划和建筑中汲取了前卫建筑的许多进步原则和经验。这些原则和经验也已经被我们吸收。苏俄前卫建筑对世界建筑的发展也做出了巨大的历史性贡献。

吕富珣的《苏俄前卫建筑》热情地讴歌了20年代苏俄建筑师的精神和他们的功绩。他写道："他们立场鲜明地高举锐意创新的大旗，以饱满的政治热情和坚韧不拔的斗争精神，塑造了人类历史上第一个社会主义国家的建筑形象——一个崭新的、属于大众的、不再为少数有产阶级服务的建筑形象。"他说："苏俄前卫建筑运动之所以具有不可超越的历史价值，不仅仅在于它造就了如此之多充满革新意识的设计思想和设计作品，而且还在于它培养了一大批具有强烈的社会使命感和责任感的、具有社会主义觉悟的新型建筑师。他们借十月革命的强劲东风，勇敢地担负起创造新型的社会主义生活方式、创造新的建筑类型、提高工人阶级的物质和文化生活水平的历史责任，在那艰苦的年代，以他们辛勤的汗水浇灌着理想的花朵，吟颂着那火红的时代。"

所以，我说，在当今，这本书具有强烈的挑战性。我再重复一遍：20年代许多苏俄建筑师的命运是悲剧性的，悲剧之所以成为悲剧，是因为他们追求崇高，而历史却愚弄了他们。悲剧总是崇高的，它挑战于平庸和卑俗。

我相信，这本《苏俄前卫建筑》会引起一些朋友们的思考。当我们绞尽脑汁，追迹西方形形色色的建筑流派的时候，苏俄前卫建筑会给我们完全不同的感受。

因此，我向朋友们推荐它。

原载《世界建筑》1995年第1期

《建筑与历史环境》* 中译本序

近来读到两本关于文物建筑保护的重要著作。一本是王瑞珠著的《国外历史环境的保护和规划》，台湾淑馨出版社于1993年出版，今年初我咬了咬牙，用半个月的工资买了一本。另一本还没有出版，我有幸看了它的校样，就是这本《建筑与历史环境》，作者是俄罗斯修复科学院院长普鲁金教授，由韩林飞译出。

普鲁金的书重在说理，用实例以明理。由于民族的学术传统不同，因此，我们会觉得普鲁金的书有点儿沉重，读起来费劲。不过他并没有像时下某些人那样，摆精神贵族的架子，玩弄小圈子习气，故作姿态，把文章写得教人看不懂，他是在追求概念和表达的严谨，而这正是我们需要学习的。

大概人类自从会造房子起便会修缮房子。但是真正的文物建筑保护（或曰历史环境保护），则晚到19世纪中叶才正式开始，到20世纪中叶成熟为一门科学。这说明，文物建筑保护，需要全社会的文明达到很高的程度才能成为自觉的行为，而作为文物建筑保护与古建修缮的分界的，是系统的理论的诞生。什么是文物建筑（或曰历史环境）？它的价值何在？为什么要保护它？怎样才是正确的保护？有什么必须遵守的原则？这些原则的意义如何？等等。在这套完整的理论指导下的实践，才

* 〔俄〕普鲁金著，韩林飞译，社会科学文献出版社，2011年2月。

能叫作文物建筑保护。它是一个文化行为而不是一个单纯的技术行为。普鲁金的书对这些问题都做了解释，它应该是我们文物建筑保护的基本读物。

这几年，我们的文物建筑保护很有发展，做了许多很重要的工作。但是，我们社会的文明程度还很低，关于文物建筑保护的科学理论还不普及，相当一些专门从事这项工作的人对理论还没有兴趣。因此，我们有些所谓文物建筑保护工作很不正规，有的甚至造成不可挽回的损失。

但这几年我们这里却有一股文物建筑热。为什么全社会文明程度还很低的情况下会产生文物建筑热？原因之一是，在有些地方，有些人心目中，文物建筑是摇钱树，是“旅游资源”。他们的兴趣在于“开发”文物建筑，甚至忙于“促销”，好靠祖宗遗产吃现成饭。因此，他们从“创收”的目的出发，恣意改变文物建筑和环境的原状和文化内涵，把文物建筑商品化、粗俗化。他们混淆真古董和假古董的区别，不惜把真古董糟蹋成假古董。

这当然并不是真正意义上的保护文物建筑或历史环境。这实际上是破坏。文物建筑热因此很教人胆战心惊。

而一些专业的保护工作者并没有态度明确地反对并制止这种破坏，那原因很复杂，其中有一些恐怕不大好说。当年以梁思成先生的声望，几乎没有能保下哪怕一幢当权者要拆的文物建筑。在当前，并不深入而系统地了解保护的理论基础，无疑是原因之一。

为什么要保护文物建筑，就为它们有多方面的价值，保护文物建筑，当然就是要保护这些方面的综合价值。文物建筑保护的其他一切原则，都从这里派生而来。

普鲁金的书里叙述了文物建筑保护的历史，而这个历史，其实就是对文物建筑价值的认识史，起初是从这一个片面到那一个片面，后来逐渐比较全面，比较综合。普鲁金分项阐述了文物建筑各方面的价值。

我觉得，这些价值不妨以另外一种方式表述，也许更加清晰。这就是：第一，对历史的认识价值，包括文化史、民俗史、政治史、军事史、经济史、建筑史、科学史、技术史、教育史等等人类活动的一切方面的历史。文物建筑是一部存在于环境之中的大型的、直观的、生动的、全面的历史书。它的认识价值绝不是任何文献资料和用文字写成的历史书所能替代的。站在故宫太和门，北望太和殿，南望午门，这时候你对封建专制制度的理解，岂是在哪一本书里能读得到的！第二，情感寄托的价值。文物建筑寄托着丰富的记忆，包括个人的、人民的、民族的和国家的，直到整个人类文明的记忆。四合院里有母亲慈爱的泪水；文昌阁里有一代代年轻人的追求；虎门炮台有民族英雄的鲜血；在罗马鲜花广场上，你能看到烧死布鲁诺的火刑柱。在这些文物建筑中间，或者说在这样的历史环境中间，你才能感觉到你不仅仅是你自己，你和这些人物在一起，你属于这个民族、这个国家、这个文明世界。你不仅仅是当代的，你也属于历史。有这些记忆，有这样的感觉，人们才可能活得有品位。第三，审美欣赏价值。不但文物建筑本身的美值得欣赏，它们更使城市和乡村千变万化，丰富多彩，这不是当代任何一个规划、一种设计所能做得到的。那是一种饱含着历史感的美。现代建筑，纵使千变万化，也变化不出那种阅尽人间沧桑的气质来。第四，启迪人们智慧的价值，包括启迪建筑师的创造性思维，但绝不限于建筑师。美术家、文学家、历史学家、哲学家，甚至科学家，都有可能从文物建筑感触到什么，学到些什么。所以说，文物建筑保护不仅仅是建筑界的事，而且是整个社会的事。当然，文物建筑还有使用或利用价值，这是第五。可惜当前太过于片面地开发它们的旅游经济价值，而且是文化档次比较低的旅游，以致祸患累累。

保护文物建筑，既然是保护这些价值的总和，那么，第一个结论便是必须保护它的真实性，不能让它携带虚假的信息。虚假的信息不但破坏它的历史认识价值，也破坏它的情感寄托价值。这好比，一旦你发现小心翼翼珍藏了几十年的初恋情人的一绺头发，原来竟是别人从理发店随意撮来的，你将会有怎样的心情？

造假是有罪的，法律上有罪，道德上更有罪。

当然，在文物建筑保护实践中，由于无法克服的困难，历史真实性遭到一些破坏，有些历史信息失去或歪曲，未必都能避免。但是，一是要尽力减少损失，二是要设法补救，例如对不得已的变动加以说明或者在新材料新构件上加标志之类。总之，不要马马虎虎，更绝不允许像一些人那样有意作假欺骗。

普鲁金的书以丰富的资料论证着这些基本原理。有些观点似乎自相矛盾，但这是科学发展过程中的常见现象，或是实践中难免有的让步。普鲁金和当年苏联人的一贯做法一样，过于强调自己国家和东欧各国的特点和独立性，过于偏袒自己国家和东欧各国的经验和作为。如果以更加宽阔的胸怀对待世界，就会更好一些。但这并不损害他的著作的基本价值。

坐下来，静下来，啃一啃普鲁金的书，对于提高我们的文物建筑（历史环境）的保护，是大有好处的。

原载《世界建筑》1997年第6期

《中外名建筑鉴赏》* 序言

世界仿佛变得越来越小了，而社会对每个人的要求却变得越来越多了。这其中包括要求人有丰富的知识，当然最迫切的是关于自己的专业的知识。一个建筑师，在这个世界文化交流如此频繁、如此迅速的时代，在这个要求有极大的适应能力和创造能力的时代，没有中外古今一切建筑活动的知识，是越来越难工作了。

而知识却像无边无际的海洋。你学习得越多，你渴望的也越多，永远没有尽头。任何人都不可能遍历世界去看一看所有那些有重大文化意义和历史价值的建筑物，也不可能读完一架子又一架子的有关书籍。在知识的海洋边上，每个人手里不过拿着一把小小的勺子罢了。

于是，我们需要一些方法、一些工具，帮助我们能够比较快捷、比较简便地查找一部分常用的、公认有价值的知识。《中外名建筑鉴赏》就是这样一种工具。

编《鉴赏》以利于知识的普及，这方法并不始于建筑学，现在在文化的各个领域里都已经风行。有人把这个现象叫作“文化快餐”。如果不去计较这谑称里包含的轻微的贬义，我们倒觉得它很合适。一百多道菜肴的满汉全席是中国千年食文化累积起来的高峰，但能坐在那餐桌边的人，比登上珠穆朗玛峰的人多不了几个。而大街小巷里，招徕顾客

* 杨永生主编，同济大学出版社，1997年3月。

最红火的却是快餐，近年连喜筵都有摆到快餐店里去的了。我们对满汉全席式的经院派大部头著作怀着真诚的敬意，我希望不断有这样的著作问世，甚至心底暗暗期待有一个机会，自己也能写它一部。但是，我们不能不承认，知识确实也需要快餐。快餐将登上大雅之堂。这是大势所趋。当然，要求它保卫生，保营养，保口味。

所以，这本《中外名建筑鉴赏》的出版，是值得祝贺的事。而且，最好还能陆续出版一些类似的书，如关于建筑的学术著作的索引、提要等等。

这本《鉴赏》的出版，还有一层更重要的意义，值得祝贺。这就是，有百余人参加了撰稿，其中有学识渊博的专家、学者，也有牛刀初试的研究生。在这个金浪滔天的时代，种种机遇使建筑师成为左右逢源的弄潮儿。但他们年年、月月、日日忙于业务，有人担心，长此以往，建筑学的学术水平恐怕会下降。但是，这本《鉴赏》证明，我们还是有不少人，不信奉拜物教，不把金钱当作唯一的追求目标，仍然能花时间坐下来，读一点书，写一点文章，为自己，也帮别人，增长点知识，未必能现成转化为金钱的知识。这件事很使我振奋！我们中国人一向认为，三百六十行的人，除了要精通本行专业之外，还应该读书、写作。庙宇遍布全国直至穷乡僻壤的关公老爷，他的塑像，并不是高举着青龙偃月刀，而是眯起丹凤眼来夜读《春秋》。他的老朋友和老对头曹公阿瞒，在亲身率领八十万大军南下，要找孙将军“会猎于吴”的时候，还要洒酒酹江，横槊赋诗。夜读《春秋》远不如水淹七军那样立竿见影，收到效益；横槊赋诗也没有能逃脱赤壁一场大火。但读书和赋诗完成了他们的英雄人格，传为千古佳话，从而丰富了我们民族的文化蕴藏，有助于提高我们民族的文化品位。

我愿意这样跳出专业实用的局限来认识这百余人的工作，向他们致敬！

我也希望一些人，把这本书买回家，静下心来读一读，给自己增添一点书卷气。书卷气不会帮我们挣钱发财，但大家适当有点书卷气，整个社会就会更美好。

1994年6月4日午夜

《云南民族住屋文化》[*]读后

窦　武

寒假的最后几天，静下心来，读了一本书，叫作《云南民族住屋文化》。关于云南的民居，已经有过一本专著，有过许多论文，但是，看了这本1997年出版的书，还是有很大的新鲜感，相信它的研究方法和写作方法很有借鉴价值。

这本新书的作者是云南工业大学建筑系的蒋高宸教授。大约五六年前吧，一位同事到昆明去了一趟，回来几次三番对我说，蒋老师心脏病很严重，上楼前要吃药，上了楼还要再吃，就这样，仍然上山下乡去调查民居。1994年，蒋老师的学生，这本书的参编人员之一吕彪来到北京，说蒋老师带病工作，有时候一天步行九十里，连续走几天。在毫无医疗保障的情况下，冒着危险，在山乡里一待就是个把月。经费短绌，人力不足，千难万难地坚持着民居研究，而且还大大方方把仅有的两三个助教送到外校攻读研究生。到了1995年，他的病情终于更加危急了，到北京来抢救，在心血管里埋上了个什么新鲜玩意儿。我到医院看他，他干瘦，没有力气说话，老伴儿站在床边照料。那病房，又挤又乱，看来也不能好好休息。回云南不久，吕彪带来消息，说蒋老师又下乡去了。下乡而不下海，凭几个工资过活，显然谈不上保养健康。我多少能懂得一点儿这种人的心情，不想说什么，只默默希望老天爷保佑。一些

*　蒋高宸著，云南大学出版社，1997年。

读书做学问的人，没有轰轰烈烈在硝烟弥漫的战场上炸碉堡、堵枪眼，但他们为着祖国的文化事业同样舍出了自己的血肉之躯。手里捧着这本《云南民族住屋文化》，觉得很沉。448页的厚厚一本，能不沉么？但更沉的是我的心，这样的人做着这样的工作，为什么得不到更多的支持，人力、物力？

云南的民居，既是个富矿，又是个贫矿。说富矿，因为那里有几十个民族，自然环境又十分多样，而且差异很大。1949年以前，这几十个民族处在不同的历史发展阶段，从原始氏族公社晚期到发达的封建时期都有，甚至还有到现在还保持着母系社会的。他们的居住建筑反映着各自的社会和生活环境的特点，加在一起，就五彩缤纷。所以，从人文学的角度看，云南民族的住屋文化是个富矿。但是，云南的民族中，大多数经济、文化都很落后，只有白族、纳西族等少数几个民族的建筑比较发达，其余的，他们的民居，无论类型、形制、材料、技术等方面都很落后，而比较发达的民族的民居，汉化程度又很高，所以，从建筑学的角度看，云南住屋文化又不是一个富矿。

读完蒋高宸先生的新作，我又借了过去出版的关于云南民居的专著来温习了一遍。那本书，工作做得很严谨，规范化，调查深入细致，十分踏实，也有一些风尚习俗的记述，毫无疑问，它的价值是不可替代的。但是，它主要是从建筑学的角度去研究的，因此，它开发的恰恰是贫矿，没有充分展现云南建筑的文化价值。蒋老师的书之所以能使我感到新鲜，受到启发，是因为他注意到了富矿，也就是说，它用了相当大的力气去挖掘云南各民族住屋的人文内涵。蒋先生的这本书一共有四篇："引路篇""历史篇""求索篇"和"风韵篇"。其中"历史篇"和"求索篇"主要讲的是各族民居的产生、演化和成形的过程和机制，它们之间以及它们与汉族民居的交互影响，等等。"求索篇"里，有很有意思的三章，探讨"住屋模式化的机理"，分别是"自然的馈赠与地域的限定""社会的介入与时代的修正"和"人为的选择与历史的判据"。这三章里大多篇幅是从人文学角度讲云南民居。在探索"社会介入"

时，蒋老师说到成年男女的“青春房”：“我们对这种青春房的关注，并不在于它的建筑价值，而是在于它的社会价值。因为它的建筑本身并无什么特殊之处，特殊之处在于它适应了一种社会的特殊需要。”在没有特殊之处的建筑中见到了特殊的人文价值，学术眼界的扩大，使他触到了富矿的矿床。

过去出版的关于云南民居的专著，以民族为纲目，依次叙述。这样的写法当然有好处，也有必要，它使读者能够完整地了解各个民族的建筑特色和成就。但这种写法也有局限和缺点：第一，有一些人数少、经济文化水平低的民族的民居因为构不成章节而被舍弃掉了，或者附在其他章节中一带而过，很可惜。其实他们的居所很有历史和理论价值，例如基诺族的“大房子”和摩梭人的“一梅”。第二，不大容易充分写出各民族之间实际存在的建筑文化的交互影响，不大容易确认它们的共同点和差异。而这在多民族共居的云南是很重要的。第三，处在不同社会发展阶段的民族的建筑，经过谨慎的比较，有可能描述出它们演化的动态过程。而分别孤立地研究各民族的建筑，就可能只是一个静态的横切面。蒋老师不取民族为纲目，而着重在阐释问题，他设计的“历史篇”和“求索篇”，在相当程度上克服了那些遗憾。他使云南各民族依照自己的社会要求建造家园的场景活了起来，动了起来。人数很少、很落后的一些民族的简陋的民居，在过去的著作中不大容易被容纳的，在这两篇中起了很生动、很活跃的作用。在“风韵篇”中，蒋老师分类型描述了云南民居，描述中仍旧努力把建筑和生活、文化联系起来。

然而，没有给读者各民族民居的成就和特色的完整印象，是蒋老师这本书的遗憾。“风韵篇”中的主要民居类型大致是主要民族的代表作，虽然多少可以弥补一些，但毕竟有所不足。所以，这本《云南民族住屋文化》和以前出版的云南民居专著，实际是互补的。很可能，蒋老师在构思写作的时候已经考虑到了这一点。在一本扎扎实实的专著之后写同一个题目的书，是应该尤其注意要有新特色，要避免重复的。要避免，就得先从着眼点和大结构下手，否则很难做到。

总之，蒋老师的这本书，是抓住了云南民居这个研究课题的基本特点的，是根据这些特点结构谋篇的。他没有把研究工作公式化，没有像填表格一样按部就班一一去写。我们每做一个研究课题的时候，都要尽可能早地寻找出对象的基本特点，然后设计我们研究工作的方向和程序。这是蒋老师研究工作的基本功。

一部学术著作，它的写作风格也应该和研究对象的基本特点一致。建筑学本来是最有生活味、最有人情味的实践性学科。关于它的论著应该反映出这个特点。尤其是民居，它为最普通、最平常的小老百姓服务，是最普通、最平常的人创造的。创造者和使用者都是最朴实的人，他们的生活和他们的心态都是最淳厚的。没有理由用装腔作势、搔首弄姿的文字来写建筑学的论著，尤其是写民居。蒋老师的这本书，写作风格是明快而简洁的，单纯而亲切的，就像民居那样。蒋老师爱谈理论，“求索篇”主要谈的是理论，但他没有使理论思辨化，而是把理论建立在鲜活的事实上，这在当前是很难得的。我们已经被故弄玄虚、炫耀渊博的理论和闪闪烁烁、吞吞吐吐、曲曲折折、朦朦胧胧的文字风格弄得烦透了。

蒋老师的文笔很生活化，很平易，因此流露出感情色彩。我随手抄两段请大家欣赏。第一段：

> 正如拉祜族民歌中唱的那样：“小小堂楼四个角，大门朝着太阳开”。在东边山墙处，设宽度在一米左右的一个晒台，叫“古塔”。人们回家时，先由独木桥上到晒台上，用水冲干净脚上的泥土后再进屋。屋分前后两间，前间较小，叫“切骂郭”，安有木臼。这种木臼很特殊，口在楼面以上，脚在楼面以下，很好使用，舂米时又不会引起楼面震动。后间为火塘间，叫“河扎”，做饭、起居、睡眠都在这里。

这一段写得多么轻松、流利，多么简洁。那过桥、上楼、冲脚的细节，多么真切自然。再看第二段：

> “懒板凳”是事实上的青春房。白天供无事的人们歇息聊天，夜晚则是青年们的领地。青年男女在这里会聚，或是集体对歌舞蹈，或是男女俩促膝谈心，倾吐各自心中的甜言蜜语，从此走上爱情之路，结成终身伴侣。在封闭、劳碌的农业社会里，这里是难得的可以洞开心灵的场所。这个场所是青年现实的欢乐，老年温馨的回忆，幼小者未来的憧憬。

这一段写得多么动感情，我读到这里，不禁想起，说不定这就是蒋老师在回忆他过去的憧憬和欢乐。

云南各民族文化的又一个特点是富有传说、歌谣和英雄史诗。蒋老师也抓住了这个特点，大量引用，不仅使本书飘荡着浓郁的边地气息，而且许多段落，仿佛是各族人民自己在讲述他们的建筑史。例如，景颇族的巫师董萨唱的“盖房歌”：“阿公阿祖最先盖房时，用芭蕉秆做柱子，不牢，三天就烂了；用芭蕉芯做梁，不行，三天就断了；用芭蕉叶盖房顶，不行，三天就漏了。阿公阿祖又重新盖新房子，盖起来的房子呀还不行，豪猪嘴一拱就通了，麂子过路一闯就歪了，野猫子一抓就斜了，豹子打滚一滚就倒了。后来，阿公阿祖看见野猪拱地，学会了挖地基；看见牛甩尾巴，学会了用大刀和斧子；看见大象的四条腿，学会了砍树做柱子；看见穿山甲挖洞找蚂蚁，学会了在地上探洞立柱子；看见竹鼠吃竹根，学会了砍竹子；看见蛇横架在树上，学会了架大梁；看见斑鸠搭窝，学会了架楼楞；看见平展的江水，学会了铺竹板；看见了牛肋巴骨，学会了架椽子；看见牛筋筋，学会了挂朗片；看见牛皮上长的毛，学会了铺茅草；……房子盖成了，要感谢阿公阿祖的勤劳、聪明和智慧。”

这首长歌里，人们原始的天真扑面而来。它或许没有历史的真实，但它有感情的真实。研究民居，千万不可以忽视这种感情的真实。

可惜，蒋老师没有充分开发云南民族建筑的富矿，他遗漏了一些矿脉，最重要的是聚落的整体和聚落中其他各种类型的建筑，例如傣族的寺院。我猜想，那些矿脉里会有更有意义的蕴藏。

我在前面说，以前出版的关于云南民居的著作，过于专注在居住建筑的本身，挖了贫矿。但是，可贵的是，它在聚落的布局和庙宇上下了些功夫，遗憾的也是过于拘泥于建筑学的角度了。如果再从人文学角度做些工作，收获可能会更大些。这是一种专业习惯的束缚，我注意到，先前那位作者其实已经收集了不少有关的人文资料，但在文中略略提及便“闲话少叙，言归正传”了，可惜！

原载《新建筑》1998年第3期

《宣南鸿雪图志》读后

有些动物、有些植物，作为一个物种，万一从地球上灭绝，那将是很大的损失，这很容易理解，例如大熊猫、金丝猴，还有什么树、什么花。于是，世界上有人呼吁，有人成立组织，抢救濒危物种，已经闹得轰轰烈烈。如今打死一只吊睛白额猛虎是要坐班房的，绝不会像武松那样当英雄、出风头。

但是，一种文化遗产的灭绝，难道不是更大的损失？现在有许多文化遗产，已经濒临灭绝，但还没有引起我们的警觉，再一迟疑，就要晚了。希望有更多的人懂得要赶紧动手抢救。

在濒危的文化遗产中，内涵最丰富的是古老的城市、乡镇和村落。它们不但本身是几百年甚至上千年的人民生活和文化创造的沉积，它们也是许多种文化的载体、舞台或者背景。没有任何其他一种文化遗产像它们那样内容纷繁复杂，那样色彩诡异奇丽。也没有任何其他一种文化遗产像它们那样全面又深刻地反映着社会的历史、文化的成就。人类的全部文明都存在于城市、乡镇和村落之中。

近年来，我们国家选择了其中一部分，称之为历史文化名城、名镇或名村，打算加以保护。虽然到目前为止，入选的数量太少，更有许许多多珍贵的还没有被发现，但是，事情有了开头，那就很好。可惜，有一些入选为历史文化名城、名镇或名村的，却仍旧面临着既失去历史、又失去文化的危险。北京就是这样一座历史文化名城，我们正在一天一天地失去它。

北京的旧城范围那么大，人口那么多，它要存在，便不得不发展，要发展，便不得不改造，要改造，便不得不损失一部分历史文化遗产。但是，如果站得高一点，看得远一点，多留意世界各国的经验教训，不要那么急功近利，不要那么屈从资本的势力，它的历史和文化是可以少一点儿牺牲的。北京旧城里的生活质量当然要提高，但提高生活质量不仅仅是高楼大厦、小汽车，居住环境中的历史记忆和文化氛围是生活质量的重要因素，它们将越来越成为人们自觉的追求。

北京城历史文化的综合性最强。它有封建的宫廷庙堂文化，有士大夫文化，还有市井文化。它们的总体才是完整的北京历史文化。跟这些文化相对应，北京旧城有宫廷庙堂建筑、士大夫建筑和市井建筑，它们是那些文化的载体、舞台和背景。它们共同构成了旧北京城。

这些年来，宫廷庙堂建筑比较受到重视，士大夫和上层市民的四合院近来引起了一些人的兴趣，呼吁保护的声音时时可以听到。这两类建筑都很单纯。内容最丰富复杂、最生气蓬勃的是市井建筑。市井建筑的价值不能像宫殿坛庙那样一幢一幢地考量，它要连片成串地综合考量。它也不能像四合院小胡同那样欣赏安宁亲切的气息，它的价值在于它一定范围里的全部复杂性和丰富性，在于它每个角落里都反映着平民生活生动的奇姿异彩。

当前世界的文物建筑保护的潮流是，从个体走向群体，从单一走向综合，从上层走向底层，从政治、宗教走向平民生活。这潮流有它的合理性，这是文化眼界扩大化、文化意识全面化的趋势，其实也便是文化的进一步民主化和人性化的一种表现。

旧北京城市井文化和市井建筑最集中的地方是现在的宣武区。除了市井建筑，宣武区还有住宅、会馆、学校、庙宇、工厂等等很多类型的建筑，其中一部分有很特殊的历史意义。它们和市井建筑一起形成宣武区古老建筑极其斑驳复杂的丰富性，不但在北京，即使在全国都是少见的。这里的历史记忆最久远，这里的社会结构最复杂，这里的平民生活最活跃。这里是北京市历史文化的“穴眼”之一，它与宫殿坛庙和四合院鼎足而立。

既然主要是平民居住区，宣武门外的建筑大多质量不高，加以年久失修，看起来不免破破烂烂。那么，它们中还有几个有保护的价值？

从宣武区来看，它的古老建筑十分寒碜，不如全部推倒，白茫茫一片平地，好画最新最美的图画。从北京市来看，宣武区的市井文化和市井建筑是北京历史文化一个重要的组成部分，没有宣武区，北京作为历史文化名城的面貌就不完全、不真实。从全国来看，它是京味文化最浓郁的地区，写京味小说，十有八九得以这里为背景，而中国只有一个北京，只有一种京味文化，这是北京三千年历史培育出来的，再也没有第二个，再也不可能造成第二个。

就文物建筑保护来说，评价历史文化地段，不能条块分割，局限在小处着眼。这要从大处、从整体、从长远着眼。文物建筑、历史文化地段，不只是属于一个区、一个村、一个城市，甚至不只是属于一个国家，现在不是已经推行世界文化遗产保护了吗？

所以，北京宣武区的市井建筑应该怎么办，不只是宣武区的事，不只是北京市的事，它至少是国家的事。宣武区来成片连串地保护它们，有困难，北京市也有困难，那就应该“全国一盘棋”来统筹着手。

这里说的是“应该”，是理想。但纵有一些文人学者呼吁片状的保护，宣武区的市井建筑，仍然日颓一日，日少一日，呼吁都无非是空话。

中国建筑史和文物建筑保护专家王世仁记得一句名言：说一打空话不如做一件实事。于是从1995年初开始，他主持了宣武区文物建筑和历史地段的实地勘察调查，1997年3月完成全部工作，到1997年10月终于由中国建筑工业出版社出版了厚厚541页大八开的《宣南鸿雪图志》。万一宣武区的文物建筑和历史地段不幸灭绝了的话，这本大书总算给它们留下了一份详细的记录，可以给后人凭吊。在目前条件下，这是一位学者在这件事上所能做的最大的贡献了。王世仁说，编这本书，是为了拯救自己的灵魂。作为北京市文物古迹保护委员会委员、文物局学术委员会副主任，在无力回天的情况下，他有良心上的负担。

这是一本不平常的书。且看“出版情况”的介绍：“它以图为主，重在记录，保存形象资料……《图志》共7部分。‘绪篇’由两篇文章组成，一篇为‘雪泥鸿爪话宣南’，概述宣南文化史迹，以物证事；另一篇为‘宣南旧事杂忆’，考辨宣南人文掌故，以事丽物。前者由本书主编撰写，后者特邀北京文史专家叶祖孚先生撰写。‘图志一’共有图8幅，以1:5000街道图为基础，用墨点编号注明史迹位置。史迹名录一部分来源于文献，一部分为实地勘察结果，共收录1159项。‘图志二’共25幅，以1:2000地形图为基础，用粗线勾绘现存史迹范围。全部经现场调查，以实有为据，共标录571项。‘图志三’选择现存史迹中价值较大，又有一定代表性的项目，绘制1:500的平面图，并加文字介绍，共计131项。其中国家级、市级和区级文物保护单位共64项全部收录。‘图志四’为详细测绘图，收录71座（组）建筑和26个商店店面，共约六百幅。‘图志五’为史迹照片，共524幅。最后是附录，为参考文献目录和项目索引。”从这篇简单的介绍，就可以看出这本书的分量有多重了。就说那个只被轻轻一提的“附录”罢，它有一个“现存史迹分类表”，把“图志二”中标出的571项史迹一一编列，主要内容有名称、地址、现状和备注。所谓备注，就是目前的使用情况。例如，“阅微草堂（纪晓岚故居），珠市口西大街241号，较完整，晋阳饭庄使用”。和“图志二”对照，证明571项史迹确实是“全部经现场踏查，以实有为据”的。现在肯下功夫做这样踏踏实实的十分繁重的工作的人已经不多了。“图志三”里的131幅平面图，不但有史迹的详细平面，而且有左邻右舍、街道胡同很大一片周遭范围，它们的信息量因此就大得多了。“图志四”里的大约六百幅测绘图，绝大多数是清华大学建筑学院和北京建工学院建筑系学生在教师指导下做的，都是很严谨、很精致的作品。

这部《宣南鸿雪图志》，可以说得上是宣武区以市井建筑为主的百科全书了。

这部书更大的价值在于它的首倡性。为一个城市，为一个城市的一个区，编制这样一大部建筑的百科全书，在中国是一个创举，前无古人。它在中国建筑的研究上也是开创性的。第一它开辟了研究的新领域，过去还从来没有如此大规模正正经经地调研过市井建筑。中国古代建筑研究一向以宫殿坛庙为主要内容，近几十年来才扩大到民居、园林。而这本书则收录了绸布店、小吃店、烟铺、浴池、酱园、药店、煤油庄、戏院之类，光是会馆就调查了240座。甚至还调查了36所茶室。所谓茶室，就是二等妓院。“图志四”里有4所茶室的测绘图。

这部书在中国建筑研究中的第二个开创，是它的研究方法。它突破了以往一幢一幢地研究城市古建筑的惯例，而把整整一个宣武区当作研究对象。并且把所研究的每一个单体建筑，都放在它所在的位置上。

这两点创举，在中国古建筑研究中是很有意义的。中国古建筑的研究早就等待着新的进展了。

可惜，限于条件，王世仁没有能对宣武区的市井建筑在总体上做具体而深入的分析。他在“绪篇”的“史迹综述”中，历史部分只写到明代就中止了，从清代起就转而分类叙述，因而失去了从生成的角度整体叙述和分析宣武区建筑的机会。

所谓“限于条件”，其一便是王世仁的健康。他在60岁之后，患过心肌大面积梗死，抢救过来，才着手主编这部大书。两年多来，严冬酷暑，他都一次又一次地骑着自行车到宣武区曲曲弯弯、破破烂烂的小胡同里去实地勘查。这是拼老命！如果这部书有年轻的读者的话，希望他们知道，学术工作是需要献身精神的。

原载《建筑学报》1998年第1期

《中国乡土建筑丛书》* 总序

中国有一个非常漫长的自然农业的历史，中国的农民至今还占着人口的绝大多数。五千年的中华文明，基本上是农业文明。农业文明的基础是乡村的社会生活。在广阔的农村里，以农民为主，加上小手工业者、小商贩和少数在乡知识分子，一起创造了像海洋般深厚瑰丽的乡土文化。庙堂文化、士大夫文化和市井文化，虽然给乡土文化以巨大的影响，但它们的根其实扎在乡土文化里。比起庙堂文化、士大夫文化和市井文化来，乡土文化是最大多数人创造为最大多数人服务的文化。它最朴实、最真率、最生活化，因此最富有人情味。乡土文化依赖于土地，是一种地域性文化，它不像庙堂文化、士大夫文化和市井文化那样有强烈的趋同性，它千变万化，更丰富多彩。乡土文化是中华民族文化中还没有充分开发的宝藏，没有乡土文化的中国文化史是残缺不全的，不研究乡土文化就不能真正了解我们这个民族。

乡土建筑是乡土生活的舞台和物质环境，是乡土文化最普遍存在、信息含量最大的组成部分。它综合度最高，紧密联系着许多其他乡土文化要素，甚至是它们重要的载体。不研究乡土建筑就不能完整地认识乡土文化。甚至可以说，乡土建筑研究是乡土文化系统研究的基础。

乡土建筑当然也是中国传统建筑最朴实、最真率、最生活化、最富

* 重庆出版社，1999年7月。

有人情味的一部分。它们不仅有很高的历史文化的认识价值，对建筑工作者来说，还可能有一些直接的借鉴价值和审美陶冶的价值。没有乡土建筑的中国建筑史也是残缺不全的。

但是，乡土建筑的价值远远没有被正确而充分地认识。一个物种的灭绝是巨大的损失，一种文化的灭绝岂不是更大的损失？大熊猫、金丝猴的保护已经是全人类关注的大事，乡土建筑却在以极快的速度、极大的规模被愚昧而专横地破坏着，我们正无可奈何地失去它们。

我们无力回天，但我们决心用全部精力抢救性地做些乡土建筑的研究工作。

我们的乡土建筑研究从聚落下手。这是因为，绝大多数乡民生活在特定的封建宗法制的社区中，乡土建筑的基本存在方式是形成聚落。和乡民社会生活的各个侧面相对应，作为它们的物质条件，聚落中的乡土建筑包含着许多种类，有居住建筑，有礼制建筑，有崇祀建筑，有商业建筑，有公益建筑，有文教建筑，也有生产性建筑等等。每一种建筑都是一个系统。例如宗庙，有总祠、房祠、支祠、香火堂和祖屋；文教建筑，有家塾、义塾、文昌阁、奎星楼、文峰塔、文笔、仕进牌楼、功名桅杆；生产性建筑则有陶瓷窑、抄纸作坊、竹木店、染坊、铁匠铺、油榨、酒行等等。这些建筑系统在聚落中形成有机的大系统，这个大系统规定着聚落的结构，使它成为功能完备的整体，满足一定社会历史条件下乡民们物质的和精神的生活需求，以及社会的制度性需求。打个比方，聚落好像物质的分子，分子是具备了某种物质的全部性质的最小的单元，聚落是社会的这种最小单元。我们因此以聚落作为研究乡土建筑的对象。这个研究目标本身规定了研究的基本方法，即以田野调查为主，结合文献研究。

乡土生活赋予乡土建筑丰富的文化内涵，我们力求把乡土建筑与乡土生活联系起来研究，因此便是把乡土建筑当作乡土文化的基本部分来研究。聚落的建筑大系统是一个有机整体，我们力求把研究重点放在聚落的整体上，放在各种建筑与整体的关系及其之间的相互关系上，放在聚落整体及其各个部分与自然环境历史环境的关系上。乡土文化不是孤立的，它是庙堂文化、士大夫文化、市井文化的共同基础，和它们都有千丝万缕的关系。乡土生活也不是完全封闭的，它和一个时代整个社会的各个生活领域也都有千丝万缕的关系。我们力求在这些关系中研究乡土建筑。例如明代初年"九边"的乡土建筑随军事形势的张弛而变化，江南和晋中的乡土建筑在明代末年随着商品经济的发展而有很大变化，等等。聚落是在一个比较长的时期里趋向定型的，这个发展过程蕴含着丰富的历史文化内容，我们也希望有足够的资料可以对聚落做动态的研究。总之，我们的研究方法综合了建筑学的、史学的、民俗学的、社会学的、文化人类学的各种方法。方法的综合性是由乡土建筑固有的复杂性和外部联系的多方位性决定的。

因为我们的研究是抢救性的，所以我们不选已经闻名天下的聚落做研究课题，而去发掘一些默默无闻但很有价值的聚落。这样的选题很难：聚落要发育得成熟一些，建筑类型比较完全，建筑质量好，有家谱、碑铭之类的文献资料。当然聚落还要保存得相当完整，老的没有太大的损坏，新的又没有太多。从一个系列化的研究来说，更希望聚落在各个层次上都有类型性的变化：有纯农业村，有从农业向商业、手工业转化的村；有以手工业为主的村，有作为交通枢纽的村；有窑洞的村，有雕梁画栋的村；有血缘村，有杂姓村；有科名常盛的村，有千年白丁的村；有深山老林里的村，有河湖水网边的村；有马头墙参差的，也有吊脚楼错落的；还有不同地区不同民族的；等等。这样才能一步步走近中国乡土建筑的全貌，虽然这个路程非常漫长。在区分各个层次村落的类别和选择典型的时候，我们使用了细致的比较法，就是要找出各个聚落的特征因子；这些因子相互之间要有可比性，要在聚落内部有本质性，要在类型之间或类型内部有普遍性。但是，近半个世纪来许多极精致的或者极有典型性的村子都已被破坏，而且我们的选择自由度很小，有经费和人员原因，有交通原因，甚至还会遇到一些有意的阻挠。写在这里的，只不过是我们的设想，我们只能尽心竭力而已。

因为是丛书，我们尽量避免各本之间的重复，很注意每本的特色。特色主要来自聚落本身，在选题的时候，我们加意留心它们的特色，研究过程中再加深发掘。其次来自我们的写法，不仅尽可能选取不同的角度和重点，甚至变换文字的体裁风格。有些一般性的概括，放在某一本书里，其他几本就不再反复多写。至于究竟在哪一本里写，还要看各种条件。条件之一（虽然并不是主要条件），便是篇幅。有一些已经屡屡见于过去的民居调查报告或者研究论文里的描述、分析、议论，例如“因地制宜”“就地取材”之类，大多读者早就很熟悉，我们便不再啰唆。我们追求的是写出每个聚落的特殊性，而不是去把它纳入一般化的模子里。只有留意题材的特殊性，才能多少写出一点点中国乡土建筑的丰富性和多样性。所以，挖掘题材的特殊性，是我们着手研究的切入点，要下比较大的工夫。类型性的和个体性的特殊性的挖掘，也都要靠精心运用比较的方法。

这套丛书的每一本写作时间很短，因为我们不敢在一个题材里多耽搁，怕的是这里花工夫精雕细刻，那里已经拆毁了多少个极有价值的村子。为了和拆毁比速度，我们只好贪快贪多，抢一个是一个。好在调查研究永远只嫌少而不会嫌多。工作有点粗糙，但顾不得了，请读者理解原谅吧！

虽然我们只能从汪洋大海中取得小小一勺水，这勺水毕竟带着海洋的全部滋味。希望我们的这套丛书能够引起读者们对乡土建筑的兴趣，有更多的人乐于也来研究它们，进而能有选择地保护其中最有价值的一部分，使它们免于彻底干净地毁灭。

1998年春

评《中华建筑之魂》

不论东西中外，社会现代化的基本内容，就是民主化和科学化。好不容易，左盼右盼，我们终于有了一句“科教兴国”的口号，科学化的重要性总算开始被认识到了。但是什么是科学化，一位先生说得好，那就是在全社会普及科学精神，就是普及科学的世界观和方法论。

只有科学知识而没有科学精神，那离科学化还很远，弄不好，支离破碎的“科学知识”会被一些人自觉或不自觉地用来包装反科学和伪科学的东西，使愚昧和迷信更能欺骗人。

我手边就有这么一件包装品。这是一本书，叫《中华建筑之魂——易学堪舆与建筑》，中国书店1999年1月出版，著者是一所名牌大学的副教授。最近，书店里出现了几本风水堪舆书，以这本书的书名最有“学术性”又最富于市场意识。

风水术是一种迷信，它是原始的万物有灵论的自然崇拜，在古代中国愚昧落后的农业社会里，它对城市规划和各类建筑的许多方面都发生过或大或小的影响；它起过巩固宗法家长制、稳定宗法共同体，麻痹人们的思想，从而进一步把农民束缚在土地上的作用。和一切巫术一样，它也被封建统治阶级利用，来论证他们的统治的必然性，“合乎天道”。它把人们对生活环境的一些十分粗浅的认识纳入了自然崇拜的框架里，迷信化了，从而扼杀了这些认识进一步发展的可能，这就是说，风水术阻碍了环境科学的萌芽。因此，理所当然，要讲环境科学，就不能不批判风水堪舆。

从历史的研究说，为了理解古代城市规划和建筑的一些现象，有必要知道一些风水堪舆的“说法”。所以，欢迎一些朋友下功夫真正系统地介绍风水术，联系社会、历史、文化的大背景，透彻地阐明它的社会性质和作用。但是，这本《中华建筑之魂》却不是为了探寻风水术的来龙去脉，弄他个水落石出。它通过引文重申了一位教授的论断：“风水实际上是集地质地理学、生态学、景观学、建筑学、伦理学、心理学、美学等于一体的综合性、系统性很强的古代建筑规划设计理论，它与营造学、造园学构成了中国古代建筑理论的三大支柱。”本书作者进一步肯定：“风水，在易理思维的指导下，使得中国传统建筑有了灵魂。它蕴含着自然知识、自然规律、人生哲理以及传统的美学、伦理观念等诸多方面的丰富内容。”（195页）他下定决心要把风水堪舆术请进科学的殿堂，翻掉“迷信”的案。

作者是怎么论证的呢？他从宇宙的大爆炸说到超微粒子，从星云的旋转说到植物的道德感情，运用了大量的“科学知识”，但是什么都没有说明白。因为他实在说不出这些“科学知识”和他口口声声标榜的“易理思维”和“气”的关系来。

不过，要评论这本书也是很难下手，它是一摊烂污，“拎勿起”。那么，只好花点儿篇幅，抄上几段请读者耐心看一看它的烂污了。

先看第85页的一段：“中国的木框架结构是因应易学的辩证关系形成的动变结构，动是永恒的，静是相对的，立柱和横梁交接处的斗和栱是柔性的。相比之下，现代的钢铰接是刚性的，不符合宇宙的动变规律，由此也就不难理解，为什么日本人自称千秋万代的现代钢筋混凝土的建筑工程，在地震中却被毁于一旦，而中国很多木构建筑能经得起数千年的地震和自然破坏仍然能竖立在那里的内中奥妙。”下面忽然夹了一句中国建筑形成围合空间，和一句“如鸟斯革，如翚斯飞”。然后说：“现代科学证明了中国建筑的坡顶如同埃及的金字塔一样，具有接收宇宙能量的特殊功能。”大概每一位读者都能看出这一段话的混乱、武断和最起码的常识错误。日本人有谁说过钢筋混凝土建筑可以千秋万代地存在下去呢？有哪一幢中国木构建筑经受过数千年的地震而仍然健在呢？何况“很多”！哪一位结构力学的劣等生会说钢铰接是刚性的呢？事实倒是，斗栱形成的节点过于脆弱，这是中国木构建筑易于破坏、明代以上的就保存甚少的主要原因之一。我不大懂现代科学，不知这位易学家怎么证明了中国建筑的坡屋顶“具有接收宇宙能量的特殊功能”。如果这是真的，那么，对建筑、对建筑里的人，是有利呢，还是不利呢？我要点明一下，这位作者，随意使用“现代科学证明”“大量统计资料证明”这类唬人的话，但从来不做交代，仿佛天外飞来，教人摸不着头脑。这和“九天玄女娘娘天书上说”，有什么不同呢？

或许有读者认为我只引了一段，还不能证明这本书的烂污。那我再引135页一段给大家看看。他说：“生物和非生物之间没有本质的区别。……生物是从非生物进化而来的。”下面是几行关于4.7336×10^{17}秒之前的宇宙大爆炸的“科学知识”。然后说：“物质只是能量存在的一种形式。按照中国古科技理论，宇宙万事万物由三部分组成：气、数、象。按照现代科学狭义的理解为：能量、信息和存在态势。对于生物界则是精、气、神。《易经·系辞》说‘精气为物，游魂为变’。中国人说某人‘没有精气神’，是指人能量不足，信息将改变，其存在态势将要改变的含义。数，在人体科学中，就是信息，脱氧核糖核酸，简称DNA，古代叫精、元、玄。理，在人体科学中，就是人的识悟，古代叫神。”这一段的混乱、武断和常识错误，或许比85页那一段更惊人。生物和非生物没有本质区别，我没有听说过，而前生命体向生命体的本质性突变，也不是一般的“进化”所能表述的。先用神对应存在态势，又说神是识悟；数是信息，是DNA，是精、元、玄，真教人“思想跟不上”。我再补充105页的一段给读者看：“气、数、象即能量、信息、态势，在中国《易经》上就是‘天人合一’的那个东西叫作神，西方哲学则称作宇宙万事万物的‘本体’，亦是功能。《周易·系辞》称‘神无方而易无体’。神无方的‘方’古文亦称‘方所’，就是方位，‘无方’就是没有位置，无所在，亦无所不在。对于生物界，则是精、气、神。《周易·系辞》又说‘精气为物，游魂为变’。‘游魂’就是神，就是构象。”这简直是信口开河，我想读者们一定不希望我去一一批驳，以免浪费纸张和时间。

我在引文里跳略了几处，这不是向读者隐瞒作者精彩的科学论断，而是那几处前言不搭后语，扯得老远，为避免引文过长，只好“割爱”了。

看过这样两段烂污文章，读者还能指望他这本书有什么别的有价值的高论吗?

写到这儿，我仿佛已经看见读者十分厌烦，哈欠连天了。但我还不得不请朋友们再花一点儿时间，咱们总得弄清楚作者所说的“中华建筑之魂”到底是什么玩意儿呀。作者说，这“灵魂”是“易学堪舆”，就是风水。风水，我仔细帮作者清理了一下，是通过“易理思维”和“气”来作用于建筑的。

作者在108页说：“所谓风水，实际上正是研究气的运动规律在建筑中如何体现的学问。”在前一页则说：“中国传统建筑就是‘生气’‘纳气’‘藏气’‘聚气’的美丽画卷。”美丽人人都爱，我们抖擞精神，去看一看什么是气罢。这一看，便可以看到“科学知识”的包装功能了。作者说：“中国先圣认为，物质是能量（气）的一种较为稳固的特化形态。现代高能物理已证明：物质和能量是相互转化的。宇宙最初只有能，即气……没有物质。宇宙包括太阳都是由气形成。生成宇宙的‘气’，现代科学认为源于黑洞，中国古代称为无极，无为。”（106页）物质和能量互转，早就被中国的先圣“认为”了，难怪爱因斯坦的大脑被解剖研究了三十五年，并没有发现什么奇特之处；最近据说它的宽度大于常人的，那么，中国先圣的大脑总得有一尺来宽了罢。外国人动用了当代最先进的科学、技术、工业力量才发现的黑洞，中国人在古代就已经给起了名称了。瞧瞧，真是“文章本天成，妙手偶得之”，这些话怎么要等到“几千年”后的作者才偶然说出来呢？下面一段“综上所述”更有趣：“按照现代物理学的观点，气的本质是超微粒子、是场、是波。但具体到风水学中的气是什么？按照中国传统文化的观点，中医讲气，道家讲玄，儒家讲浩然之气，气是生在‘天地之始’，是‘万物之母’‘玄之又玄’，乃是‘众妙之门’。”（114页）又是现代物理学，又是中国传统文化，我的智商不够用了。不过，依作者的意思，现代建筑要继承伟大的传统，那便也要“生气”“纳气”“藏气”“聚气”，就是把“玄之又玄、众妙之门”生聚藏纳到百货大楼、学校和住宅等等里来了，那么，即使建筑大师们的智商怕也不够用了罢。可惜，这位作者虽然不必阐明气的现代化“操作”，但他甚至也没有阐明气在风水中的“运作”，不知为什么又大讲特讲脱氧核糖核酸的双螺旋结构和牵牛花、鹦鹉螺与银河系的旋转了。

再来看看风水的另一端“易理思维”罢。作者在第22页说：“易学原理应用在环境地理学上，环境优选，时空优选，形成了建筑的易理易数文化，形成了中国风水学。”什么是“易学原理”呢？这便是“天人合一”“顺应自然”“天人感应”。作者把这本书的第一章命名为“天人合一，道法自然——中国建筑的‘灵魂’”。这是许许多多吹捧中国“伟大的”风水堪舆学的人共同着力之处。所以作者高高兴兴地抓住“环境问题”，说“在西方和国内的一些有识之士，都愿意回归或还中国风水的真正科学面目，为中国风水平反，正名”。（197—198页）

要阐明风水术是不是或者是怎样优选环境的，正确办法当然是如实地看大量的风水术数典籍和风水术数的实践。但是，我们在形形色色为风水术“平反”的书里，看到的却是非常有限的几句话，什么“山环水抱”，什么“负阴抱阳”，什么“背山面水”，结论无非都是水质好，空气新鲜，日光充足，有益于健康或者心情舒畅。其实，所有这些，上自飞禽走兽，下到蚂蚁蝼蛄，都是本能地就知道的。而所有风水术数典籍里说到各种“环境优选”的时候，那真正属于社会的人的下半句话，我们的现代风水家们都一律避而不谈——那就是在某个环境中生活便会或

“中状元”，或“出悍妇”，或“子孙兴旺”，或“多口舌是非”之类的结论。环境决定人的吉凶祸福，这叫“天人感应”，这才是风水术的本质，风水术之所以成为一种广泛的文化现象的原因。正是这些结论，风水术才有了“人味”，有了社会性，才发挥了它的社会功能。没有一本古代的风水典籍在讨论“环境”的时候是以健康卫生或生活生产为指向的，而无例外地都指向人事宿命。在“环境”与人事宿命之间，大多以神秘主义的“喝形”作为中介，而“喝形”又常常是不确定的，不同的风水师可能有很不相同的甚至相反的判断。尽管水质、空气、日光这些因素都一目了然。

风水的好坏，虽然据说会决定一个家庭甚至家族的吉凶祸福，但是，风水术的一个极重要的部分，便是“符镇”“化煞”或者“禳解”，这是说，一个“凶险”的环境可以转变为吉利的。转变的方法很简单，在“恰当的”位置造一座关帝庙或一座塔，挖一口小小的水池，立一块“泰山石敢当”或“姜太公在此”碑，挂一面反光镜，画一个太极图，把大门歪一点，在屋顶上放一块砖，等等。所有这些措施，都没有改变自然环境的一丝一毫，水质、空气、日光依旧，却轻而易举地“逢凶化吉”了。可见，风水术的“内核”里，并没有对“环境”和健康卫生、心情舒畅之间关系的“科学”，有的只是迷信和欺骗。

这本《中华建筑之魂》的作者，对风水术的信心远比另外那些热心宣传风水术的人坚强得多，他不大回避“环境”对人事宿命的决定作用。不过，话说得比古代风水典籍降低好几度。他郑重地建议重视和研究民谚“庙后贫，庙前富，大庙左右出寡妇”，他说：“经考察，确实存在寺庙附近建筑的不良风水效应的现象。”（58页）“调查统计证明，居住在寺庙近旁的居民，得风水病者居多。”（56页）有些城市，把烈士碑或烈士墓建在城市中心或制高山顶上，高于居民楼，“阴高阳低，以阴压阳，调查统计证明，风水病屡发”。（56页）谁考察的，谁调查统计的，在哪里考察调查，怎样考察调查，都一字不提，大概属于商业秘密，无可奉告罢。至于什么叫“风水病”，也只有他晓得。

如果读者已经很厌烦了，我引两段绝妙的话给大家解乏罢。一段在256页："如果一面镜子经常正对写字台或睡床，那么，主人的气就会被反射掉一部分，影响身体健康，尤其夜间阳气弱，最怕镜子对着床。知道了这个道理，梳妆台的镜子、衣柜上的镜子乃至挂在墙壁上的镜子，都不要对着写字台或睡床。如果实在摆不开，可以平时不管它，写字和睡觉时，挂上厚布帘，如果其上再有八卦图或符的图案，则更好了。"另一段在259页，更加妙不可言。这一段讲的是室内屏风，作者写道："今天的经理、企业家、女强人在豪华的会客大厅中接待客人时，也可以巧妙地使用屏风，将会客厅割成聚气的若干小气场，可以灵活改'门'，调整生气来路，使自己处于'生气''延年''天医'的好气场之中，而谈判的生意对手则必然处于'五鬼''六煞''绝命'的坏气场，焉有不成功不发财之理。"我的读者们呀，你们去跟人家谈判生意的时候，可要小心提防那些屏风！

这就是风水术的"环境优选"。

作者也举了几个例子讲讲"天人合一"。一个是天津市。在159页他说："天津海河入海口的河段，呈S形水弯，现场调查印证证明，在'水抱'的地域三槐路一带经济发展很好，形成了商业中心。另一'水抱'的地域蓝鲸岛则是集群的企业、事业、石油公司、船厂、冷冻厂、医院、研究院等，兴旺发达。而在河水反弓的岸外地域则明显衰落：有大沽船坞遗址等，村屯也稀疏异常，成为无言的鉴定。"城市经济地理是个十分复杂的问题，但作者只消画一个S形便轻巧简明地彻底解决了。风水之用大矣哉！

作者还举了几个村落的例子，不巧这几个村落我都去过，而且相当知道底细。一个是浙江省的诸葛村，本书作者说它"借用周围八山围合的小盆地建立八卦村，外八卦、内八卦分明，中央又用水陆构形太极图，历代学子成绩优异，名医辈出，成为有名的名医之乡"。我很抱歉地指出，那个"内八卦"，无论是口传还是文字资料，以前从来都没有人说过，那是兰溪市文化局一个年轻干部为了发展旅游业而在1991

年才编造出来的，当时没有引起什么人的注意。1997年春，一位市委副书记，要大搞旅游“促销”，听到这说法后，大加宣传，并且不惜花了十一万元钱的费用，在村中央“用水陆构形太极图”，破坏了原有的景观，随后又编造了“外八卦”。因此，“八卦”与历代学子的成绩和名医毫无瓜葛。这位作者信以为真，上当受骗了。我要再多说一句，诸葛村历代的科名成绩很差，而且从来不出名医，只是以贩销中药闻名全国。另一个是永嘉县的芙蓉村，这个村的“七星八斗”，在80年代已经没有人能指明，也是90年代初为旅游业而重新规定并编出故事来的，至今也还凑不齐。七“星”和如意街的组合不可能“状如如意”，因为如意街是一条笔直的街。作者写到“七个寨门和等距设置的炮楼、箭孔、瞭望亭”更是子虚乌有，凭空捏造。芙蓉村总共只有四个村门。炮楼和瞭望亭从来就没有过。如此教授写书，丢脸！

写到这里，文章已经太长，不能再写下去了。留一点儿篇幅说说为什么我要写这么长一篇书评，来评这么一本烂污的《中华建筑之魂》。既费眼力又伤神，值得么？

这篇书评的起因很简单，有两位分别在两个刊物负责图书评论专栏的编辑小姐先后来找我，说眼下风水书出得很冲，卖得很火，她们有点儿忧虑，想听听我的意见。

我们这个正处于艰难的转型期的国家，还被上千年的古老传统像妖魔一样缠住不放，出现这些宣扬迷信的风水书并不意外。不过，正当“科教兴国”的口号激动人心的时候，这种书居然“出得很冲，卖得很火”，毕竟教人对我们国家里普遍的愚昧觉得可怕。请读者们记住，这本《中华建筑之魂》的作者还是名牌大学的一位副教授呐。而且，我们还有一些正牌的教授也在卖力地包装和宣扬风水，这本书的作者正是承袭了他们使用过的“哲理”和“科学”的。所以，《中华建筑之魂》不是一本孤立的书，它反映着一股反科学的传统力量。既然说国家振兴今后要靠科学，那么，反科学的传统力量就会妨碍国家的振兴，因此，我愿意评一评这本书。

评论这本书，当然会使那些发明了风水的“哲理”和“科学”的教授们不高兴。近日看到一位教授还在报纸上为风水术辩护。他说：“对风水不加研究就加以否定，这本身就是一种迷信。”他断定否定风水的人没有研究过风水，这是很厉害的一招棋，剥夺了批评者的发言权，不过未免太过于大胆。他又说：“有一些人冒充教授学者出版关于风水与建筑的书，那是欺骗人的，大家不要上当。”这一招棋也挺厉害，他使批评者失去了靶子，而他自己则金蝉脱壳，一反身成了唯一的“科学”风水术的代表。他维护风水术的论据是：“风水术为什么几千年能够保留下来，是有它的道理的。”风水术竟有了“几千年”的历史，不知从什么年代算起，这且不去管它，我们已经领略过有“很多几千年不倒”的中国木构建筑那样的大话了。我针对这句话要说的是，风水术至今绵延不绝，当然是有道理的，这道理就是普遍的愚昧落后和命运的难以把握。大家当然知道，烧香磕头，求神拜佛，那历史至少不比风水术短，而且现在比风水术更流行，台湾、香港、东南亚的玻璃幕墙的高楼大厦里，竟还会有香烟缭绕的佛堂，那是同一个“道理”。这道理要到社会历史中去找，而不是到它们的“科学性”或者“科学因素”中去找。

这位教授又说：“有些学者片面地理解中国文化，以为风水不能和西方的思想体系接轨就是迷信的。”这话就更加有趣。第一，我要说，风水术从1980年代起在中国教授学者中死灰复燃，是受到西方人的激发的。这本《中华建筑之魂》里以及其他类似的风水书里，都大量引证西方“学者”对风水术的吹捧。尤其使那些教授和副教授们受到鼓舞的是李约瑟说的几句话，那可是了不得的“权威”呀！所以，风水术的复苏正是封建传统与西方某一种思想体系接轨的结果。第二，从19世纪末叶以来，一百多年，一切反对科学、反对进步的人，都把科学和进步叫作“西方”的东西，企图引起国人的“同仇敌忾”，予以抵制。“全盘西化”，那还要得！“我们的祖先比他们阔多了”，岂能与“西方”的思想体系接轨！这第一、第二两点，看起来是相悖的，其实并不。因为西方实在有不止一种思想体系，凡有利于风水术的，都是好体系，相反的，当然是坏体系。他们从好体系得到支持，而认定批评者去接轨的都是西方的坏体系，于是乎可笑、可气！我再引用《中华建筑之魂》里一句话来结束这篇书评，在108页里有道是："中国人将宇宙创生万物生灵归结为'气'的运动变化，永远也不会将人归为由猿或猴子一点点进化而来，视'猴子'为人类的祖先，那是西方达尔文的创说。"彼教授跟此副教授说的话又何其相似。

1935年，鲁迅先生写了一篇《偶感》，他说："'科学救国'已经叫了近十年，谁都知道这是很对的，并非'跳舞救国''拜佛救国'之比。青年出国去学科学者有之，博士学了科学回国者有之。不料中国究竟自有其文明，与日本是两样的，科学不但并不足以补中国文化之不足，更加证明了中国文化之高深。风水，是合于地理学的，门阀，是合于优生学的，炼丹，是合于化学的，放风筝，是合于卫生学的。'灵乩'的合于科学，亦不过其一而已。……这真叫人从哪里说起。"（见《花边文学》）

又是六十五年过去，风水之类都被"科学"论证得更加高深了。"这真叫人从哪里说起"呢？

原载《世界建筑》1999年9月

弗兰普顿《现代建筑史》的读和译

李渔舟

有一些学术著作，需要精读。精读，不但要一字一句吃透，而且要尽可能了解这本书的背景和学术源流，包括作者的教育、学统、思想、撰述、他的对立面、写作这本书的时间、目的和当时的学术、思想，甚至经济、政治的大潮流等等。总而言之，精读一本书，就要研究这本书。不做这样一番研究，往往并不能够真正一字一句地吃透。吃不透，不但不能充分地从中汲取营养，还容易有错误的理解。20世纪80年代，后现代建筑大张旗鼓地冲杀过来的时候，我们有些文章家便跟着宣扬“住宅是居住的机器”“装饰是罪恶”等等论点的罪过，宣判现代主义建筑的“反人性”，认定它于某日某时已经死亡等等。发生这种瞎起哄的原因之一，便是既没有读懂现代主义建筑的基本理论著作，也没有读懂后现代主义。

所以说，要真正做一点学问，就必须重视学术思想史，要有这方面的准备和训练，要有一种学术规范化的习惯。

读书如此，翻译更加如此。翻译的书，应该是值得精读和需要精读的书。因此，译者对原著应该下过一番研究功夫，没有这一番功夫，即使外文棒到可以到外语学院当教授，还有可能误译。

过去，苏联学者很讲究学术工作的规范化。他们翻译的西方学术著作，前面都有一篇研究论文，有时叫作“译者序”，甚至有长达几十页的。这篇文章功力很深，把作者和他的著作放在社会历史的大背景里，放在学术的源流里，放在思想文化的网络里，做一番透彻的剖析。缺点当然也有，那便是当时苏联人强烈的意识形态偏见。这些偏见很叫人讨厌，不过，我们还得佩服他们那份学术工作的认真态度和严谨的方法。拨开意识形态的雾障，他们的工作依然可以作为我们的借鉴。

有一件关于读书和译书的事，我亲身遇到，在心里藏了好几年，总想对朋友们说说，但一直有心理障碍，迟迟没有说。现在，坦白地说，看到几个年轻朋友想读书而不得其法，想做学问而不得其门，觉得应该提个醒儿，索性就很直白地说了吧。虽然不过是一些零碎，多少也还有点儿意思。

几年前我到台湾去，成功大学建筑系的贺陈词教授送了我一本他翻译的《近代建筑史》，原作者是弗兰普顿，书的原名叫*Modern Architecture: A Critical History*。贺先生（据说贺陈是复姓，但我听人家只称他贺先生，我便也如此称他）长我很多岁，曾在欧美游学，中英文都很精通，又在大学教了十几年现代建筑史，以他的学术功力，翻译这本书当然不会有什么问题。贺先生的工作做得很认真，初版就校了五遍之多，再版又校了两遍，其中一遍是请了一位留学比利时的小姐逐句审阅的。拿到书之后，我赶快拜读了"译序"。贺先生在序里把1941年出版的吉迪翁（Giedion）写的《空间、时间和建筑》（*Space, Time and Architecture*）、1960年版的贝内沃洛（Benevolo）写的《现代建筑史》（*History of Modern Architecture*）、1976年出版的塔富里（Tafuri）和达尔科（Dalco）合写的《现代建筑》（*Modern Architecture*）以及约迪克（Joedick）写的《现代建筑史》（*History of Modern Architecture*）一一做了简要的评论，最后归纳了七篇评论弗兰普顿这本书的文章，加以分析之后，认为它"程序井然，涵盖面广阔"，与其他各书比较，"觉得这本书是用'史笔'写的，不是专拣有趣味的写，言简意赅，尤适宜于作教科书之用"。因为我的专业不是现代建筑史，所以贺先生评论的几本书里，我只看过吉迪翁的和约迪克的两本，时间久了，已经淡忘。贝内沃洛的和塔富里的只听人介绍过，好像褒贬都很鲜明。贺先生对塔富里的书评论很苛刻，说他“是在搞极左意识形态口号，……认为所有前卫思想都在企图理想化残酷的资本主义。……处今天的时代，仍然坚持一元论而排斥其他进路，难怪法兰克福学派宣布‘马克思主义已经过时了’”。因为没有读过那本书，对这番评论我无从判断是非，不过倒很有兴趣，打算找时间读一读。尽管还有些疑问，译书而写了这样一篇有分量的序，我对贺先生的博学和认真是十分钦佩。

有一天，跟朋友谈起弗兰普顿的书和贺先生的译本，他告诉我，台湾大学建筑与城市研究所有一位姓张的博士研究生，写过一篇文章批评贺先生的译文，很有意思，建议我读一读。我跟这位张先生熟悉，连忙去要，他复印了一份给我送到家。

台大建城所有几位著名教授是西方新马克思主义者，倡导社会批判。张先生的文章也持这种立场。文章一开头，简略地评论了几部现代建筑史著作，他说，60年代以前，现代建筑史以佩夫斯纳（Pevsner）和吉迪翁为主流，他们属于黑格尔左翼的韦尔夫林（Wölfflin）一派，基本方法是抓“时代精神”和形式主义，突出大师，突出大师的杰作，以大师为时代的代言人，以他们的作品为时代的象征。他认为，这是一种历史唯心主义的史学。近十几年（按：此文发表于1987年）来，出版的几本现代建筑史，大多是英美经验主义与多元论传统的。詹克斯（Jencks）是商业取向的，沃特金（D. Watkin）为代表的英国保守主义史家则致力于肃清黑格尔的传统。而贝内沃洛、塔富里、弗兰普顿和赖斯伯罗（Risebero）等人的著作则是社会文化取向和批判取向的。塔富里的批判的历史，源于尼采和福柯的史学方法，弗兰普顿自称受到马克思的历史观的影响，但他的马克思思想是经过法兰克福学派的中介和变形的，因此他的著作并没有真正用马克思的历史唯物论的观念和方法。法兰克福学派认为马克思思想的核心是“批判性哲学”，通过对资本主义社会意识形态的批判使人们获得解放。但法兰克福学派较多采用马克思早年的异化理论，缺乏对资本主义的社会、历史分析。弗兰普顿因此很难贯彻他的“批判性历史”的初衷，对社会的批判并不彻底，有些地方从社会经济或意识形态下手，将建筑思潮运动看作意识形态的社会斗争，有些地方则走上历史唯心主义的旧路，限于形式上的分析，并且把建筑和建筑思想看成个别大师的个人产物，而批判性的历史则是把建筑和建筑思想看成生产制度和意识形态的产物。弗兰普顿自己承认，他的这本书，取材与解释并不一致，依不同的主题而改变解释的立场。

张先生就从这里下手批评贺先生的译本。

贺先生为什么选择这么一本观点和方法都有矛盾的书来翻译呢？贺先生是反对马克思思想的，曾经尖锐激烈地批判过塔富里的批判性现代建筑史著作，他怎么又称赞自称受到马克思影响的法兰克福学派的弗兰普顿的著作，夸奖它“严肃的史笔”，“尽到了史家的职责”呢？张先生说，这正是因为弗兰普顿的批判观点并不彻底，对社会的具体分析十分欠缺，对建筑意识形态与社会斗争的交代不够清晰。在这种情况下，贺先生与弗兰普顿可以在形式分析这个共同点上相互妥协。

贺先生的中英文都很好，有十几年讲授现代建筑史的经验，工作认真，但是，他的译本竟有不少错误。这是为什么？张先生深入去探索贺先生的潜意识，从那里找到答案。他发现，由于意识形态立场的矛盾，贺先生不能正确理解弗兰普顿虽然不够但毕竟还有一些的社会批判，甚至有些抵制，以致对原著做了“消音与变调”式的处理。所谓“消音与变调”，就是误解和歪曲。

歪曲是有意的，是贺先生的反共产主义、反社会主义的政治态度决定的。例如，弗兰普顿在原作第二部分第一章讨论19世纪英国社会活动家莫里斯的时候，说到他阅读马克思的作品，并参加恩格斯领导的社会民主同盟。贺先生略去了读马克思的作品一句，并且略去了社会民主同盟是由恩格斯领导的这个事实。弗兰普顿写莫里斯的空想的“乌有之乡”是“一个没有货币与私有财产的社会”，贺先生却译成“社会没有金钱，也没有财富”。原文说的是一种乌托邦的制度，并没有褒贬，译文却说的是贫穷，是对这种制度的否定。

像这种歪曲，据张先生说，“在整个译本中到处可见”。我没有去校核过，不过，证明贺先生以政治的倾向压倒学术的诚实正直，这两个例子也够了。

更值得注意的则是由于译者政治立场与原作者对立而产生的潜意识的抵制所导致的误解。译者未必有意，而且他的英文水平是不能怀疑的。张先生举了不少例子，都很有说服力。我不可能一一复述这些例子，那不是这篇随笔的任务，我只能表示，虽然我们大陆的读者很少去读贺先生的译本，但是不看张先生对这些例子的分析是很遗憾的事。这样写好像有点儿成心吊胃口，那么，我就简化地转述张先生文章的几段吧。但愿我没有歪曲和误解他，虽然我和他在意识形态上也有分歧。

一段说，1930年，包豪斯在纳粹的压力下逼迫梅尔辞去校长职务，由密斯继任。密斯宣布，他的立场是“非政治性的”，认为他所面对的一切都是既成事实，而事实本身并不包含价值，应该承认当前的时代并赋予它精神。张先生说，这种将现状视为“事实”与“自然”，正是批判性历史著作所要摧毁的神话。“现状即自然”“事实即自然”的信条本身便是一种意识形态，它们常常违反个人主观意愿而成为统治者的帮凶。因此，弗兰普顿批评密斯1933年为纳粹的帝国银行设计竞赛所做的纪念性的方案，“除开它的中性表皮，这种纪念性无非只是要将官僚体系的权威加以理想化罢了”。张先生说，纳粹需要一种“现实即合理”的哲学，因此，密斯既可为纳粹服务，又可为美国的资本主义机器服务的“不过问政治与社会”的“精神美学”，无疑是一种意识形态。然而，贺先生却把弗兰普顿的那句批评密斯方案的话生生译反了，居然译成“除了中性的表皮外，并没有将那繁文缛节的威严性理想化”。张先生认为，译者必然与密斯是有同样的非政治性的唯心论倾向，才会发生这样的错误而不能自己发觉。

另一段是，弗兰普顿评论30年代现代建筑在苏俄的挫败过程。他认为，当时苏俄的现代派建筑师们不了解如何以原始的手段将俄国从落后的农民国家转化成为一个工业国家。面对这样的历史任务，现代派建筑师应该放弃对技术的浪漫主义观念，以严肃的态度进行工作。但是建筑师不能了解这种改变的必要性，没有自行调整，因而显得无能。于是产生两种反应：一种是全盘否定建筑这个专业以及它的社会价值，崇拜工程技术的生产性；另一种则醉心技术的幻想，而流于空洞不真诚的唯美主义。张先生指出，贺先生大约由于某种潜意识的情结，把这段评论颠倒地误译为苏俄社会对不起建筑师了。建筑师的自我否定被译成"业主"对建筑的否定。似乎是"业主"对建筑失去信心，否定建筑的社会宗旨，导致建筑师不得不"乞灵"于工程技术。贺先生的译文说："由于过分重视技术和实行贫乏的房屋工业（张注：不知从何而来的译文），理想的技术反而崩溃，而流于低水准和虚假的庸俗美……形式主义者被迫以进步的技术生产劣质的产品。"

张先生认为，这种与原作者意思完全背反的错误，产生于一种与"建筑师"这个称呼有关的唯心主义的联想，例如：艺术性格、诗意潇洒、品位、创作、美感精英、独立个人英雄等等。这些联想组合成建筑师自我认同的一个神话，而这神话让建筑系学生充满英雄的浪漫幻想，让社会产生敬意，让明星得以产生。在资本主义条件下，让商人得以兴风作浪，花样翻新，赚取超额利润。正因为贺先生潜意识里有这样的神话，便与原文无关甚至相反地完成了自成逻辑的一段译文，为建筑师叫屈，让人感到苏俄社会亏待了这些人，压迫他们，使他们"理想的"技术、"丰富而浪漫"的理念，不得不"让位于理性的现实"。弗兰普顿说："历史环境是如此，以致无法采纳社会主义知识分子提出的生活方式，建筑前卫们无法将这种生活的美景配合上适当的技术层次，遂导致当局对他们失去了信心。"（张先生译文）而贺先生的译文则是："历史事实证明人民不可能选择社会主义者所安排的生活方式的，建筑前卫们既在技术执行的层面上失之于融合社会主义的生活方式，遂导致社会主义者失去对权威的信心了。"如果张先生的译文是对的，那么，这样的误译，出入确实太大了。

贺先生在译本中将原本的每一幅附图放大，增加平面立面，添补了“重要建筑学者及建筑师生卒年表”。张先生说，这表示译者将建筑视为建筑师个人天才的创作品，将建筑史视为建筑物与建筑师的历史。贺先生在译序中曾写过，建筑师是具有某种特异的审美能力与空间观念，“靠着雄厚的潜力”，在“图桌上运用自如，举重若轻，进而做淋漓尽致的发挥”的精英。张先生指出这种观念与弗兰普顿的思想是不相符的。从原著的第一张附图开始，弗兰普顿就清楚地表明，“现代建筑是意识形态与政治变迁的产物”。所以他在书的第一部分要说整个历史的转变，在第二、三部分则说到国家、新政、福利国家、意识形态，而最后一章以场所和生产来做总结。原作者没有将这基本方法贯穿到全书，这是作者的问题，但作者的观念里绝对没有建筑师是自主的、独立的精神精英的观念，而建筑、意识形态、社会关系、国家、意义、象征等才是建筑史的主题。

弗兰普顿所基本上承袭了的法兰克福学派以批判实证主义的虚伪的价值中立而闻名，而贺先生则认为建筑师与建筑思想是非政治性的、非社会性的，所以无法体会到原作中的精神，无法理解用批判的方法来辩证地考察建筑、建筑师、建筑思潮与社会及社会变迁的关系。译者看重弗兰普顿的著作的，仅仅是“体例严谨、涵盖面广”而已。这就是说，译者没有真正读懂原著，这样，当然就译不好原著了。

好了，我的介绍也许已经太招人厌烦了，必须赶快打住。

近年来，我专心于中国乡土建筑研究，不大关心西洋学术，过去也没有通读过弗兰普顿的这本现代建筑史著作。因此，我写这篇杂记，本身就不合乎学术规范。好在我的意思不在评判贺陈词先生和张先生的是非，而在于向大家介绍一桩由读书的态度和方法所引起的“学案”，或者说，阐明对某些重要著作需要做一番“研究”的道理。不要把读书看得太简单了，更不要把翻译看得太容易了，以为懂得外文能“英译中”就行了。如果这篇杂记能引起一些愿意认真读书做学问的朋友的兴趣，那就行了，请不要太挑剔我了。

贺陈词先生是一位敦厚的长者，待我很亲切，照应很周到。我很敬重他，把他当作老师，而且他大约在1992年左右过世了。这便生成了我迟迟没有动手写这么一篇随笔的心理障碍。现在写了心里也很不安。我再一次申明，我只是讲一则有关学术工作的旧事企图引起大家对学术工作的严肃性的注意而已。请读者不要责备我冒渎先辈。

听说弗兰普顿的《现代建筑史》在大陆早已出版了译本，而且有两种之多，不知译者是否对这本书做过必要的研究。我希望，我们的建筑学术界，最好认真对待学术规范，把工作做得更实在一点儿。

原载《世界建筑》2000年第2期

《西方建筑名作》* 前言

几乎是每一个孩子，都曾经向妈妈提出过同一个问题："我是从哪里来的？"孩子们不想从答案中得到什么好处，他们只对自己的来历怀有浓厚的兴趣。稍长一点，他们又会珍重起妈妈年轻时候的照片来，同样不企图得到什么实惠，不过多了一层永远不会褪去的感情色彩。这种没有任何功利目的的对"过去"的兴趣和感情，或者可以叫作人们天生的"历史情结"。正是这种情结，才使世界上所有民族都有自己的天地开辟、先人起源的传说。

我们不是孩子，不是原始人，我们学习历史，不可能不抱有一定的功利目的；多少年来，许许多多人已经把这些目的讨论透了。不过，我想，我们当中的大多数人，对"过去"都还仍然保持着非功利的兴趣和感情。这一点从童稚时代起就有的把求知本身当作目的的本能，是极其可贵的。只有这种本能，才能使我们对历史知识保持着好奇心，保持着新鲜感，从而欢欢喜喜地坚持学习。学习历史可能有的一丝丝功利性目的，也只有在这种心态下才能更完满、更深刻、更有创造性地达到。我希望所有学习建筑史的朋友，都能自觉地珍惜自己的非功利性的"历史情结"。建筑是怎样产生的？建筑是怎样发展的？我们的前辈创造过什么建筑？这个时代、这个地方的建筑是什么样子的？为什么？这些问

---

* 陈志华主编，河南科学技术出版社，2000年6月第1版。

题，对一个从事建筑工作的人来说，不是像“我是从哪里来的”一样值得探讨吗？

我们当然不能像许多妈妈那样，抚摸着孩子的脸蛋儿回答：“你是我从河边一锄头挖出来的！”我们毕竟是成年人了，是专业工作者了，我们对建筑的历史，应该有一些认真的、科学的知识。于是，我们需要一些书来讲讲建筑的来龙去脉，讲讲各地建筑的特色，讲讲先辈们的建筑成就，讲讲建筑演变的规律。这就至少需要两种书。一种是教科书式的，有条有理，有头有尾，讲求体系完整，结构严谨。这种书有它的好处，不过也有缺点：一是只能着重照顾历史的脉络主流，涵盖面不够宽阔，会舍弃许多有价值的东西，例如地方性的、乡土性的建筑；二是说得多了，插图、照片不能很多，读者看的形象资料就少了，这不大符合建筑专业的特点。而且，这种书读起来比较累，要正襟危坐，摆出求学问的架势来。这不大适合于忙活了一天，想在休息时候得点知识的人。

还有一种书恰恰相反。有条理而不一定严格，有头尾而不一定完整，不很重脉络流变而重形象资料。随时可以翻翻看看，又随时不妨放下。

这两种书，就好像一种是正席，一种是自助餐。正席是荤素、凉热、煎炒、蒸炸全都照顾到了，却未必盘盘都想吃；自助餐则便于根据自己的口味，各取所需。有钱又有闲暇，吃正席当然是好的，但自助餐更近家常风味。眼前的这本书便是自助餐。

说到建筑史的源流，我想起了常见的一部《比较法世界建筑史》，作者是英国人弗莱彻。他在书的前面画了一棵树，从泥土里长出来的主干是古希腊、古罗马建筑，欧洲其他各国、各时期的建筑都是从主干长出来的枝杈，不接触泥土。长不到那棵树干上的一些国家和时期的建筑，也就是跟古希腊、古罗马建筑不搭界的建筑，都被弗莱彻和他的继承人称为“化外建筑”“另类建筑”，语词带有贬义。这棵树所表示的建筑源流完全是虚假的，是杜撰出来的。世界各地的建筑，小一点，说欧洲的建筑，再小一点，只说西欧的建筑，也不都是古希腊、古罗马建筑这棵主干上长出来的枝杈。世界各地的建筑，也包括西欧各地的建筑，绝大多数都是从自己的土壤里长出来的，有自己的根。它们经常处在互相影响的关系之中。当然，不能否认，在西欧，古希腊、古罗马建筑的成就很高，影响很大、很长远，但它们绝不是唯一的扎根于泥土之中的主干。这本来是常识，很普通的常识，但是弗莱彻不明白。

眼下这本《西方建筑名作》，采用分国别的编写法，考虑之一，便是更利于显示出各国各地的建筑生长在自己的土壤上，各有各的色泽和芬芳。这种编写法，不容易揭示出欧洲建筑发展的整体面貌，它的脉络和主流，但是，容易写出欧洲建筑的多样性。写脉络和主流，往往会从异中求同；而分国别写，往往会从同中求异。千变万化的多样性，正是全世界无分东南西北建筑历史的真面目之一。我们没有本领识尽、写尽建筑的多样性，但我们至少应该让读者感知到存在着这种多样性，感知到它的难以穷尽。所以，作为教科书式建筑历史书的补充，我们用这种体例编了这么一本书，供建筑工作者在休息的时候随手翻翻，“开卷有益”。

《泰顺》[*]序

1999年仲秋，我到山西省阳城县的郭峪村住了几天，随后又去了沁水县的西文兴村，一路上心情很愉快，因为背包里装着刘杰寄来的《泰顺》初稿。西文兴村真是好地方，在一个小小河谷盆地里的小小山脚台地上。满山红叶，阳光一照鲜亮得灿烂。山菊花也开了，朵儿小小的，却是蓬蓬勃勃成丛成片，把河边田头染得金光闪闪。村子不大，统共只有六座老房子，敞亮精致，先人们那份对生活一丝不苟的热爱，他们的文化创造力，叫我们心疼得紧。我住在一间农屋里。早晨，听到丁零当啷一阵清脆的铃声响了起来，便赶紧披上衣服，推门看牛大哥们不紧不慢地踱上山去。傍晚，铃声从山上下来，我又去接牛大哥们心满意足地进村回家。那铃声把诗意弥漫了山谷，村子更静了，只有文昌阁屋角上的夕阳缓缓移动。

西文兴村居民都姓柳，祖上和柳宗元同宗异脉，唐代末年从河东迁来，柳宗元那时候早已客死南方。他在永州写过那么清丽的山水小文，我想，如果他到这个小山村来探亲，一定也会写出醉人的名篇。我们读不到那文章了，但我坐在柿子树下的大碾盘上，读完了刘杰的稿子。抬头四望秋色烂漫的群山，仿佛听到寂寞空谷中传来了足音。

十年的乡土建筑研究，我们一方面很兴奋，原来连穷山僻壤都有那

* 刘杰著，生活·读书·新知三联书店，2001年。

么精美的村落，可以当作文化史和农村的生活史来读，发现它们，真是一种最高的精神享受；但是一方面也很寂寞，理解我们的人很少，肯动手来研究一两个村落的人更少了。现在，有了《泰顺》，虽然没有《永州八记》那么如诗如画，却真实地记述了一个极穷困的山区小县的房舍、廊桥、庙宇、宗祠，还记述了心灵手巧的匠人们怎样建造了它们。刘杰在信里说，因为山高地狭，所以泰顺几乎没有完整的村落，他有点遗憾。但是我依然高兴得很，不但为那些结构神奇、形式玲珑的建筑和桥梁，更为有了一个志同道合的人，来和我们一起开拓乡土建筑这一片荒地。

泰顺我没有去过，但好像也到过。抗日战争时期，我曾在景宁县读初中，常常要“逃难”，有一次逃到崇山峻岭中的东坑村住了下来，那村子就在泰顺边上，黄昏散散步就能踩进泰顺县境去。

少年时代，我不懂得多看一眼乡村的房舍和桥梁，但是，半个世纪之后，我终于放下已经熟悉了几十年的课题，兴致勃勃地去做乡土建筑研究，却是由于那个时期的乡村生活经历。从1939年到1945年底，我一直流浪在浙江永康、缙云、武义、松阳、云和、景宁、青田一带的山村里读书。日本侵略者投降之后，我和几个同学结伴，从青田一直步行到杭州。我对那一带的农村多少有一点熟悉。偷过地里的萝卜和番薯，摸过河里的螺蛳和螃蟹，受到过父老乡亲的关爱，对他们也很有感情。当地的风俗引起过我很大的兴趣，有不少到现在我还记得很清楚：永康方岩胡公大帝庙会时间，村里的妇女不论贫富，都在上山的石级上一排排坐着，一面纳鞋底，一面口里讷讷乞讨；云和小徐村穷苦人家很多不自己点火做饭，天天到比较富裕的人家的灶膛里去引火，希望能引来福气；我的一个同学，比我大几岁，因为是乡里唯一的中学生，便常常被办喜事人家用轿子接去陪新娘子过初夜，借读书种子；没有儿子的人家租多子的妇女来生一个；有些人家虽然有儿子，也典一个妇女来，兼作佣人使唤。有一年清明节，我跟着房东的女儿到宗祠去分馂余，她领到一份春饼，正要分一半给我吃，忽然一只大手伸过来阻挡，说：“祖宗用过的，不可以给外姓人，除非他给你当上门女婿。”就在泰顺边境的东坑村，周边山上住着的都是畲族，妇女劳动，做家务，男子汉闲着烤火笼。每逢集日，畲客婆们戴上一头的银首饰，有的像亭台楼阁一样高高耸起，挑着山货来赶集，既不会认秤，也不认识钞票，只会以货易货，一担松柴只换一小包粗盐走。

我就是怀着这些记忆和对它们的兴趣，走进社会学系，又选修人类学系的课。1949年，眼见着社会学系再读下去不会有好下场，便转到了建筑系，因为当时梁思成先生很重视建筑学的人文性。后来在建筑史的教学工作中，总觉得建筑史的研究空白太多，太片面，就像把二十四史背得滚瓜烂熟，仍然不知道普通而平常的绝大多数人民的生活方式和生存状态，不管读多少本建筑史，仍然不知道那绝大多数人生活在其中的建筑环境和他们对环境的创造。恰巧，1989年，有一个机会到浙江的农村去了一趟。这一去，过去的记忆又活跃了起来。但是，跟几十年前的所见不同了，我稍微懂得了一些建筑，农村建筑的丰富和高品位使我吃了一惊。原来我少年时代住过的村子是那么美。这个发现和我对农村生活永远淡化不了的热爱一交融，我就全心全意投入到乡土建筑研究中去了。所用的研究方法，就是我多年来在建筑史研究中使用的，力求把建筑和历史、社会、文化综合起来，着力于建筑研究的生活化、人文化。在操作层面上，便是综合使用历史学、社会学、文化人类学和建筑学的方法。这需要实地体验，于是，我和同事们长时间住在村子里，睡农家床，吃农家饭。工作越多，越激起了对父老乡亲的感情，越懂得了乡土建筑所蕴涵的最朴实又最苦难深重的农民们的希望和无奈、欢乐和悲哀，也被乡土建筑所表现的村民们的智慧和极高的审美力感动。

但是，乡土建筑研究工作是很辛苦的。财源茂盛的建筑界里有人把我们看作傻子和疯子，有些县乡干部把我们当作形迹可疑的什么“分子”，刁难甚至驱逐我们。我们承受着孤独的煎熬，终于在十年之后，读到了刘杰的这份《泰顺》初稿。我可以想象得到，为了写这本稿子，他付出的代价一定比我们多，经受的困难也一定比我们多。他坚持做成了，我很欢喜，我们盼到了一位在长途跋涉中可以互相搀扶一把的旅伴，我的欢喜，从心眼儿里涌出。

位于深山之中的泰顺并不以文化闻名，闻名的是它的贫困。在我高中二年级的时候，为了躲避泰顺的“大刀匪”，我们的学校不得不从高山顶上刘伯温的老家青田县南田镇迁到了瓯江边的水南村。但是刘杰的书稿告诉我，古代的泰顺农民和别处一样，也都是勤劳淳厚的，也都是聪明灵巧的，也都追求生活的美。他们在几百年里创造下来的建筑是我们这个民族极宝贵的文化财富。刘杰发现了一个文化宝藏。文化宝藏的重要性绝不亚于金矿。金矿是老天爷给的，而文化宝藏是世世代代人们智慧、坚韧性和创新精神的结晶，它不但使我们富有，而且使我们充满了信心，增长了对故国家园的爱。

乡土建筑是乡土生活的舞台，深入地了解了乡土建筑，也便了解了一大部分乡土生活。所以，乡土建筑的研究著作，便是一种乡土生活的研究著作，它是我们民族绝大多数人的生活史。它的意义和价值会远远超出建筑学的兴趣范围。刘杰的这份书稿便是这样。

2000年，又是一个仲秋季节，我第三次去了西文兴村。这回背包里装着的是《泰顺》的定稿。还是坐在那棵柿子树下的那个大碾盘上，我高高兴兴读完了它。回村的牛铃越来越近，夕阳又照亮了满山的红叶黄花，我写下这么几句话，刘杰把它们叫作“序”，那么，就叫序罢。

2000年10月

斜阳寂寞映山明

上个世纪90年代末起，中国建筑界的学术气氛越来越低落。几本期刊里，学术论文的篇幅逐渐减少，主编者重新订下编辑方针，以后只登设计方案和名作介绍。十几年来在学术上做出过重大贡献的《建筑师》丛刊，也变得半死不活，出版似断似续，快要被人忘记了。据说建筑学术著作缺少读者，出了书卖不动。于是唯利是图的出版者也就把学术成果冷落了，要出版吗？拿钱来！

“有识之士”告诉我，做建筑设计是不需要学术支撑的，只要多看图片就可以了。这话当然千真万确，中国的喻皓和雷发达，欧洲的费地和伊克迪诺，肯定没有看过当今我们图书馆里那么多的藏书。早在19世纪初年，市场经济对欧洲的建筑创作起了支配作用之后，建筑师就只以图片为职业技能的主要来源了，所以产生了一句话：“图片是建筑师的语言。”这个道理已经影响到了年轻学生，所以有一位很优秀的女孩子对我说：我看书只看图，从来不看字。建筑学术的退潮大约也和不少人终于明白，上世纪80和90年代热热闹闹引进来的一些西方理论，其实有很大一部分不过是泡沫甚至垃圾有关。倒如东方的“大乘小乘”“利休灰”“禅”“奥”，西方的“符号学”“场所精神”“解构主义”，有的是用玄妙的所谓“哲理”伪饰起来的常识，有的竟纯粹是商业性的炒作。渐渐，一些曾经对建筑的学术工作有过浓厚兴趣的人倒了胃口，寒了心，不如下海去也。

就在学术工作不景气，学术工作者冷落寂寞的时候，认真的人能够发现，建筑学术界却出现了一些很有新意的、功力很深的著作，扩大了学术领域，深化了学术认识。不过，这些著作大多出自六十岁以上的人，其中就有王世仁先生，最近中国建筑工业出版社出版了他的《建筑历史理论文集》。大16开本，561页，双手捧着都沉甸甸的。沉的不仅是纸张，是一位七十岁的学者大半生的心血。

王世仁先生从大学一毕业便进入学术研究领域，先是在梁思成、刘敦桢两位老师指导下，做了十几年中国古代和近代建筑史方面的工作，后来又在李泽厚先生指导下做了五年建筑美学方面的工作。但是，“文化大革命”给了他机会，又在桂林做了十年建筑设计。在研究建筑美学之前，他在承德做过几年古建筑保护和复原，从1984年起，便在北京全身心投入古建筑保护工作去了。既做过书斋式的学术研究，也做过建筑设计，现在的身份是既是一级注册建筑师，又是文物古迹保护专家。这种经历给了他的学术著作三个鲜明的特点：第一个是学术工作领域比较宽，在这本书里，就有建筑历史、建筑理论、文物建筑保护和杂论四大部分；第二个是重视理论，但不尚空谈，重视实践，但不忘理论探索；第三个是思路比较活泼，十八般武器，能用什么就用什么，不受套路的拘束。

王世仁先生说：“建筑历史的研究领域其实非常广阔，……研究建筑历史的，可以从断代的、类型的、地域的、技术的、艺术的、典章的、生活的、思想的许多角度下手，也可以使用实物勘测、案头考证、重点分析、一般调查种种方法。”他自己的建筑史研究，就是题材广泛，从不同角度下手，采用不同方法的。本书第一部“建筑历史”里，“明堂形制初探”，纯粹是文献考证，“塔的人情味”则有很多的主观感觉体验，“天然图画”更偏重于探讨中国传统园林的设计理念，“雪泥鸿爪话宣南”则旨在叙述，“承德古建筑群的中华民族建筑审美观”讲的是建筑美学，“房山大南峪别墅初勘记”则是一份调查报告。但不论哪一篇都有丰富的史料、大量的引证和慎重的论证，即使写主观体验，也不是凭空而来，依然广征博引，是在做学问。

“明堂形制初探”在时间中展开，先弄清“缺席渊源”，再梳理从汉到清历朝明堂的发展。所引资料十分详备，考察的角度也很广泛，他从《考工记》下手，又大胆判断它文字的脱讹，继以考古资料，证明过去一些古书的错误。他不是史源学家，也不是考古学家，但他有足够的证据便敢于论断。在以下的论证中，他谈到审美、空间意义、心理状况，甚至谈到建筑的实用、经济和安全。他以现代的观念去探讨夏商周的建筑，但根据的是它们固有的普遍意义，并不显得勉强。在写到明堂构图形式的产生时，他从奴隶制社会的生活实践中引用了井田制，由井田制演化出来的里、邑、都、国制度，然后是由井田、都邑演化出来的市，最后说到周代出现的五材说给人的建筑意识的重大影响。“人们在五这个数字上大做文章，大感陶醉，无非是因为五是数列的中点。中就是对称，是稳定，是充实，是和谐，是直线运动、螺旋运动、简谐运动的依托。从空间构图来说，‘井’字分隔是体现‘五’的最明确、最完整、又最有意味的最佳形式。”这些话写得有点“现代化”，有点“野”，但慢慢咀嚼也颇觉有理，于是便觉得痛快，这是阅读这一类文章中少有的。

王世仁先生说：“建筑历史并不枯燥，可以作出很有趣味的美文美画。”他的作品可以作为例证。

在本书第一部分“建筑历史”中，王世仁先生已经迫不及待地跨进了第二部分“建筑理论”。这第二部分，写的主要是他偏爱的思辨型理论，“它并不针对甚至有意避开某些实际问题，而从历史现象中归纳、演绎、抽象出某些条理”。老实说，我一向害怕看抽象的思辨文章，常常要“下定决心，排除万难”才能读完一篇。但是读王世仁先生的理论，却不需要下定这种“不怕牺牲”的决心。他不卖弄高深的外国玄学，以刁钻古怪的名词术语吓人，也不炫耀不连贯的、不合逻辑的可能是作者本人并没有看懂的外国“语法”。他只平实地写来，教人一看就能明白，而且有根有据，即使读者不能完全认可他的理论，也能从他的文章中获得知识，获得思想资源。例如他在“从怀旧中解脱”一文写了这么几句：“……怀旧与创新是背道而驰的。在迫切需要摆脱落后，力争尽快赶上世界先进科学技术的今日中国，特别应当提倡的是创新而不是怀旧。但是，唯物史观和近代心理科学都证明，一切情感是客观存在的物质结构，是人的一种‘本质力量’，对它的改造，必须经过自身的结构调整加以耗散，仅仅依靠外力的抑制冲击，结果只能适得其反。因此，我们在进行城市现代化的改造时，就必须承认这类怀旧情感的客观存在，重视它在创造新的城市环境时的地位。”这道理写得多么浅显明白。

另有一篇“形式的哲学——试析建筑文化”，这题目就教我吓了一跳，生怕掉进玄奥无比的“众妙之门”里去。但细看之下，原来也是这样实在，立论清楚，推理分明，结论贴近实际。

王先生自己有一段话写他对思辨型理论的看法：“只要辨得深，说得对，就可以启迪实际工作者（例如建筑师）的心智，把他们的思维带入自由王国，把实际工作（例如建筑设计）做得更好。”我相信他的话。他用两个括号强调理论对建筑师和建筑师的关系，我也心领神会，因为我和他有同样的忧虑。

第三部分“文物建筑保护”是他多年实际工作的心得体会和对国际上有关情况的研究报告。这部分的十篇文章，内容很扎实，但我认为，它们主要的意义更在于，作为一个实际工作者，他一刻也没有放松学术性的探索。文物建筑保护，当今在世界上是个大热门，这个热门的持久性是很少有历史现象。已经热了一个半世纪，看来还要热下去，只要世人对历史还存兴趣，文物建筑保护热就不会冷却。但是，不论是理论方面，还是实践方法方面，都多多少少还有分歧，也还有一些没有认真研究过的原则问题。因此，这方面的实际工作者，必须具有学术性探索的精神。对也罢，错也罢，凡认真的探索都能推动学术的进步。

王世仁先生所以能在建筑学术上取得这许多成就，除了他勤奋、踏实和不倦的探索之外，更重要的是他在整个学术生涯中保持着脊梁骨的挺直的状态。我要用最大的热情，向学术界推荐他文集中最后第二篇文章，为它喝彩叫好。这篇文章的题目叫作“挺直脊梁做学问”。它是为一位朋友的著作写的序，但是竟没有被采用。它不被采用，正说明了它所针砭的学术界的一些问题的广泛存在，它击中了痛处。这是一篇占两页半的文章，我且引其中一小段给读者看看：

“还有一种是无必要地引洋著。有些本是常识性的话，也要引证某洋人著作才显得有分量；有些在外国只是一家之言或影响并不很大的说法，也要被引证为自己论述的前提；有些对外国人的思维模式有隔阂，把本来很简单的道理反而弄得玄虚莫测；更有些由于对洋著原书理解或翻译中的错讹，完全曲解了原来的意思；最突出的是，我们一些著作引述外国著作不是用其材料，而是引其论断，好像用了外国人的话才能证明自己正确深刻博学。每当读到这类著作，我总感到现在引述西方洋著和以前生硬地搬用马列词句同出一辙，是弯着本该挺直的脊梁在说话。”

回顾一下上个世纪80和90年代以及直到眼前，我们建筑界许多文章家不正是弯着脊梁说话么？外国人说过的，便是对的，正是这二十几年泛滥在我们建筑学界的心态。我们要开放，要广纳世界上一切对我们有用有利的东西，但大主意要我们自己拿。我们要和世界接轨，但要站直了去接，不要以为连洋屁都是香的。不要像抽风一样，一会儿全盘向东倒，一会儿又全盘向西倒。看看王世仁先生的这篇文章，一定会得到不少好处的。

这样一本好书，还要人赞助出版费才得以出版，作者还要自销一千本，唉！

原载《建筑学报》2002年7月

《中国村居》* 序

李秋香的《中国村居》一书出版了。这是她个人的成绩，也是我们这个研究小组的喜悦。李秋香、楼庆西和我，这个三人小组，研究乡土建筑已经十几年。在这个小组里，只有李秋香是年轻人，头几年，她分担撰写每个课题中的几个章节，后来逐渐成为主要的撰文者。近几年，乡土建筑引起了比较多的注意，常有刊物来约稿，于是，她又负担起了这部分工作，抽空写些中篇的稿件，本书里的各篇便是这样写成的。

她的文章都是以一个村落为对象，做历史、文化、建筑的综合研究，这是我们一贯主张的方法，她已经运用得很熟练，并且成了能手。

拿一个完整的村落作为研究对象，这是因为，绝大多数的乡土建筑的存在方式是形成聚落，或者存在于以一个场镇为经济、文化、行政中心的生活圈之内。这个聚落或生活圈，不是许多建筑的杂乱无序的堆积，而是各种建筑物聚会而成的有内部结构的有机系统。这是一个在历史中形成的有特定社会、文化意义的系统。每一座建筑都在这个系统内有它的位置，它从聚落整体获得完全的意义，离开了聚落，孤立的单个建筑便会失去许多价值。一座宗祠，只有放在宗祠、分祠、私己厅、香火堂、祖屋这个为敬宗睦族而设的建筑系列中才能更好地认识；只有把这个系列放在聚落中特定的地点上，并找到它们之间的相互关系，才能

* 李秋香著，百花文艺出版社，2002年。

更好地认识；只有把它们和宗支房派的住宅的分布状态联系起来，才能更好地认识。这些多方面的认识，都能导致不仅对宗祠本身，而且对聚落的整体形态，形成深入得多的认识。否则，宗祠不过是一个没有生气的建筑物而已，研究不出多少深度。住宅、庙宇和商业街之类，也需要用同样的方法去认识，聚落的建筑系统，是和聚落居民的生活系统同构的，它们是乡土生活的环境和舞台。从祖屋、香火堂到宗祠这个建筑系列，正是血缘村落宗族结构的物化。在农业文明时代，宗族是农村类政权的基层自治组织。对宗族来说，强化它的内聚力是它生存和发展的基本要求，所以在许多情况下从宗祠到祖屋多层次的布局决定了整个聚落的布局。

再看住宅，在不同地区不同时期，妇女的生存状态差别很大。例如晋商、徽商的老家，妇女大多不参加生产劳动，因此遭到相当严密的禁锢。大一点的住宅，分大门二门，前堂后楼，稍小一点的分前后堂，再小的也有“退步”“角厢”“避弄”和“护净”。在福建、广东，尤其客家人，妇女往往参加农业劳动，因此她们的地位比较高，住宅里就没有这许多禁锢她们的设计。“围龙屋”和“圆楼”，各户住房私密性极小。闽东有些农村住宅，基本形制就划分为几个小院落，媳妇一进门便分家，不受婆婆的气。有些人家出钱来给出了嫁的女儿打井，吃水都是娘家的，这是为了报偿女儿出嫁前在娘家的劳动。

四川省因为明末清初张献忠和剿张献忠的官兵的大屠杀，人口稀少，不得不从外省大量移民进去，因此，许多场镇，都有好多个“会馆”作为移民的地缘性乡谊活动场所。稍后，在商业发达、交通便利的场镇，跑码头人的组织哥老会势力大张，袍哥们的活动场所茶馆就代替了会馆而大量兴起。

所以，乡土建筑的研究，不能不以聚落整体为对象，不能不是历史、社会、文化的综合的研究。

不过，我们的工作不能达到理想的水平。第一，经过上世纪50、60、70年代剧烈的社会动荡，农村的各种历史、社会、文化信息的载体已经七零八落，所剩无几，例如，宗谱被烧毁，石碑被用来填涝坑，等等。上了岁数的村民，识字的大多不能长寿，不识字的知识太少。所以我们对某个聚落的历史、社会和文化的认识常常是零碎的。第二，我们的工作经费主要是靠稿费，我们不能写十年再修改十年，那样我们就会失去经济来源。而且我们的工作方法，应该是体验式的田野工作为主，这要求至少有一个完整的周期，但我们做不到。所以我们每一个课题只能做到适可而止。第三，近十年以来，乡村正经历着空前迅速而又彻底的改造，极短的时间就可以使一座古老的村落完全消失。而我们的乡土建筑研究是定位在研究农业文明时代的聚落的。所以，我们不可能安下心来，坐在冷板凳上精雕细刻。如果那样，可能一个课题没有做完，第二个、第三个课题就找不到了。我们必须赶快完成一个，再换一个，我们是在抢救乡土建筑的历史信息。

我们小小一个研究组，和国内有限的几位同道，来做九百六十万平方千米土地上的乡土建筑研究，就像精卫衔着小小的石砾去填茫茫大海。力量微薄，尽心而已。

李秋香是一个尽心的人，工作起来不怕苦、不惜力，豁得出去。我只举两个例子。一次在江西流坑村，她负责带领学生测绘几座明代建筑。一个中午，我从街上走过，遇到几个身强力壮的学生站在门屋里，抬头一望，见李秋香爬在高高的、摇摇晃晃的梁架上，一面拉尺子，一面报数据，下面的学生做记录。我很不高兴，责备学生，为什么让李老师上去。学生很觉得委屈，说："不是我们不上去，是李老师不许我们上。"李秋香听到我们的话，在上面大声喊："不要让学生上来，上面太危险，梁架都糟朽了。"我看学生们的眼睛潮湿了，不停地眨。这种危险的事自己去做，当然不止一次。还有一件事：在福建的楼下村，我们测绘一位弱智人的住宅。有很大一间猪舍，长久没有清理了，秽物积了几寸厚，老远能把人呛得喘不出气来，我们戏称"天下第一臭"。两位学生站在木栏杆外，商量着用推算的方法得出近似的尺寸来。李秋香过来，一抬腿，跨过栏杆就进去了，脚底下直冒泡，叽叽咕咕地响。她走来走去，直接测出了精确的尺寸。

李秋香把乡土建筑研究当作学术事业来做，而学术事业的第一个特点是要求献身精神。

她在华北农村生活过多年，很容易和村民沟通，打成一片，别人调查不出来的东西，她常常能得到。老太太们把她拉到炕上，闺女闺女地叫得亲热。有好几次，老太太们把出嫁时候垫在箱子底上的什么东西翻出来给她看。她拿来向我夸耀，我羡慕得要死！

这篇序写到最后，我不得不回溯到我们工作的开头。

我们的乡土建筑研究，时间并不长，开始于1989年。那以前，我很少下乡，所以以为经过几十年折腾，乡土建筑大概没有多少存留了。我对流行了三四十年的民居研究实在不感兴趣，而我乐于去做的以聚落为基本单元的、在历史文化大框架里的、密切联系生活的乡土建筑研究，还有没有可能去做，我一无所知。一个偶然的机会，我和楼庆西、李秋香到浙江省龙游县去走了一趟，带着几位学生测绘了十来座祠堂。事毕之后，我又和李秋香两个人到东阳、建德、永嘉三地去看了些村子。一看，大喜过望，原来还有这么美好的村落建筑群相当完整地存在着。于是，我们就边看边讨论怎样去研究它们。一圈看下来，研究方法也就有了大致的方案。同时，对乡土建筑研究的热情也大大高涨了起来。

但研究要有经费，我们到哪里去弄。我非常冒昧地写信给建德风景旅游管理局的叶同宽老师，问他能不能给我们提供四个人的旅费，对他的老家新叶村做个研究。这个请求近乎荒唐，因为叶老师当时不过是个极普通的自学成才的建筑设计人员，没有正式职称，更没有官职。我是被我对研究乡土建筑的热情弄昏了头。想不到，叶老师居然回信说：可以！

第二年春天，李秋香带着三个学生就到新叶村去了。出发之前，我们又一起温习了我们讨论过的研究方法，增加了一些细节。随后，满怀着希望，我把她们送上了路。那时候，村里没有电话，我家里也没有电话，等呀，等呀，二十来天之后，李秋香带着学生回来了。一见面，她高高兴兴回答我：一切顺利，可以按原来设想的方案工作。同时又告诉我，叶老师给了她们极其周到的照顾。于是我接着等她写出成果来。到了暑假结束，她交了六万多字的初稿。我急急忙忙一看，结论是，我们完全可以成功。虽然后来我们又陆陆续续到新叶村去了好几趟，李秋香写的初稿并没有根本的改动。

我一直记得：没有叶同宽老师无私的支持，我们的乡土建筑研究不可能开始，没有李秋香出色的第一次，我们不可能满怀信心地把乡土建筑研究开展下去。

这以后的十几年中，李秋香调查并撰写文稿，带学生测绘，参与了每一个课题的工作。她的摄影技术也很快有了大进步。楼庆西和我过了七十岁之后，她的担子越来越重，2001年，她独自主持了山西省丁村和福建省石桥村的两次乡土建筑研究。由一个人来主持一项研究，从开头直到完成，这是我们过去从来没有尝试过的。

最后还要赘上几句。自从1993年坏了一只眼睛之后，我就成了李秋香的“优抚对象”。每次下乡，大包小包都由她拎，常常惯得我竖草不拈，横草不拿，有时候甚至是“赤手空拳”。乡下的路高高低低，她总是搀着我，连几步台阶都不让我自己走。过南方那种板凳式的木桥，她总在前面当拐棍，叫我扶着她肩膀，慢慢一步一步地挪。我开玩笑说，这倒像旧时代卖唱的：姑娘牵着瞎子，瞎子拉着胡琴，姑娘唱着哀怨的小曲。不过我们情绪很快活，没有一丝哀怨。

我谢谢她！

2002年元月

《福建土楼》[*]序

拨乱反正以后，黄汉民是最早研究中国民居的人之一。1982年，他完成了关于福建民居的硕士论文。福建是他的故乡，热烈欢迎他回去工作，二十年来，他一方面为建设故乡做了许多杰出的贡献，一方面仍然利用一切机会继续研究民居，把福建全省跑了几个遍，不断有著作出版。十年前我到福州，他拉开柜子门，给我看那一摞一摞的资料，晚上在他家里，吃着鲜龙眼，听他讲他对福建民居的分区特征等等学术上基础性的看法，使我大为兴奋。蛇年将尽，马年还差两天，一早收到他托人带来的厚厚一叠书稿，是《福建土楼探秘》。我立即坐下来，一天不动弹，把它读完。这是目前关于福建土楼的最详尽、最全面、最深入的著作，它不但是中国民居研究的重大收获，也是中国建筑史研究的重大收获。我钦佩而且高兴，于是，除夕之夜，放下手边催得十万火急的稿子，要为这本书写几句话。

写这样一本书，当然不是一年两年的事，要做许许多多实地调查、访问，要查阅许许多多资料、方志。黄汉民是怎么干的呢？他已经当了好几年的福建省建筑设计院院长，这可是一件烦人的公职，要管组织、行政、业务，还有想不到的婆婆妈妈的事。有一次，在去南靖的车上，我听他用手机跟福州通话，原来是调解院里一对夫妻吵架闹离婚。我问

* 黄汉民著，生活·读书·新知三联书店，2003年。

他，怎么院长还得管这种事？他说，家庭不和就会影响情绪，情绪不好就会影响工作，所以，归根到底还是公事。当了院长，他照样要担任很繁重的设计工作，不但福建省内的工程常常指定要由他主持设计，还有境外、国外也要他带头去打开市场。他开车带我在福州市上兜圈子，刚指给我看左边一幢楼是他主持设计的，右边马上又有了一座。虽然是转眼就闪了过去，但我还来得及看出这些建筑都是出色的精心之作，很有新意。

又当院长又当建筑师，够教人手忙脚乱、筋疲力尽的了，他居然还一丝不苟地做他的学术工作，真是不可思议。

黄汉民是个利利索索、从容不迫的人。不论什么时候见到他，总是衣着整洁，腰板挺直。说话平心静气，而且脸上漾着微笑。我简直想象不出来，一个没有笑容的黄汉民是什么样子。台湾《汉声》杂志社的美术指导、享有国际声誉的书籍装帧艺术家黄永松跟我说，他随黄汉民去调查土楼，楼上楼下跑几趟，照几张相，就弄得灰头土脸，衫履不整。再一看黄汉民，一个人在厨房、厕所、猪圈和堆杂物的地方钻进钻出，画出了测绘图来，居然依旧衣冠楚楚，一尘不染，头发也纹丝不乱。

黄汉民是个细心而有条有理的人。境内的不必说了，香港、台湾的建筑界朋友，几乎人人知道福建有个黄汉民，想来参观，总能得到他的接待。接待不但热情，更重要的是照料得很周到，有时候他还亲自陪着。我们在福建做过三个研究课题，全都是他介绍的。他托好了可靠的人，下乡吃、住、交通都安排得妥妥帖帖，隔三岔五还来个电话，什么都关心到。有一次，在福安结束了工作，为了不想打扰他，我们雇了一辆农用车开到福州，他挺认真地责备我们："为什么不叫我派车，万一农用车出了事，我怎么交代。"又有一次我们在永安做完了调查，要过福州乘飞机回北京，也是怕过分打扰了他，就没有给他打电话。不料一早火车到福州，他已经在出站口等着了。原来那天他下午就要去香港，清早往村里给我们打电话，知道我们已经往福州去了。他预先一个钟头一个钟头地定下了我们到福州之后的行动计划，一切按计划行事，最后准时把我们送到飞机场。

就是这样利利索索、从容不迫，这样有条有理、细致精心，他才能在当院长和做设计的间隙里，跑遍全省的山乡，做那么实在的调查研究，获得了很高水平的学术成就。这当然更要靠对学术工作的热忱和信念。我有不少朋友，早期都钟情于学术，一旦做上设计师，尤其是当上了个什么长，便长叹一声，埋怨没有了时间，再也不提学术了。其实他们中有不少是缺少黄汉民那种对学术坚毅执着的献身精神。黄汉民的家离设计院不远，他老伴身体一度很不好，但每天下班之后，他都要在办公室里再坚持几个钟头的学术工作。20世纪90年代的后半，黄汉民几次因过度劳累而住院，有一次好像是为了颈椎病，颈椎牵引跟上刑罚一样痛苦。消息传来，说他以后恐怕很难再继续搞民居研究了，我们心情都十分沉重，既为他的健康担忧，也为福建的民居研究担忧。福建民居的多样化和独特性在全国都是少见的，何况保存情况也比较好。但它们正在迅速消失，如果工作滞缓几年，以后谁来做都不行了。那时我两度到福州，硬下心肠没有说一句劝他以保重身体为先的话，只盼望他坚持研究下去，一本又一本地看到他新的著作出版。他还是漾着一脸的微笑，从容面对困难。在这本《福建土楼探秘》的书稿里，黄汉民写了一段“福建土楼发掘的历史”，可惜里面没有一个字提到他自己工作的艰辛过程，只很有兴味地回想起二十年前他居然骑着自行车找到了南靖县书坪乡两座研究者还不知道的很有典型意义的土楼。前年初冬，他带我去看过这两座土楼，我敢断定，他不可能是一路骑自行车去的，至少有一半路程他要推着自行车，跌跌撞撞、踉踉跄跄地上坡下坡。

不知用了多少个夜晚，不知用了多少个周末，黄汉民终于写出了这本关于福建土楼的专著。创造了闻名世界的土楼的中国有了研究土楼的高水平专著。这本书，有纵向的考察也有横向的考察，有宏观的也有微观的，有科学的也有民俗的，有技术的也有文化的，有物质的也有心理的。里里外外，翻过来掉过去，研究了个透。

写这样一本书，最大的困难当然不是静态地描述土楼，而是回答一系列关于土楼的定性以及土楼的诞生、发展、流布等等的问题，黄汉民把它们叫作“谜”。他用不小的篇幅解答了这些谜，自称为“揭秘”。为了揭秘，他对简单化的单因论提出了有力的质疑，从历史的、地理的、经济的、军事的、社会的、文化的和心理的各个方面下手，综合地分析，而不是固执于一两个因素。他的分析不是想当然的，而是建立在文献史料、调查统计、实物比较等等的基础之上的，所以有难以辩驳的说服力。例如，土楼发源于漳州这个判断就是这样论证的，而这个判断具有很重要的学术价值。

黄汉民这次托人带来的是文稿，他在电话里说，正在准备画一批插图。二十年前他手绘的硕士论文插图就是第一流的，二十年来，我们都拿它们当作教材。《汉声》杂志社的黄永松很喜欢他的图，多次对我们说，你们为什么不画黄汉民那样的图呀？我们总是无可奈何地回答，我们画不出来。自从使用电子计算机画图之后，效率倒是提高了，但图面僵化了，黄汉民那样既严谨又有活气的徒手画今后就可能成了绝唱。我期待着他为这本书多多地画些插图。

我更企望着不久黄汉民能完成他关于福建全省民居的著作。

2002年2月蛇年除夕

《故园——远去的家园》*序

玉祥把他多年来在乡村拍摄的照片精选了一部分，准备出版，邀我在书前面好歹写几个字。这件事叫我很为难，哼哼哈哈拖了差不多半年。难在哪里？至少有两点。第一难点是，玉祥跑过的地方实在太多。几年前，他很遗憾地告诉我，还没有到西藏去过。过了不久，我有事找他，拨了他的手机号，他很高兴地也很自豪地大声说："我在拉萨啊！"他又把西藏跑了个遍。有几次，我从交通极不方便、偏僻而又毫无名声的小山村回来，很得意地跟玉祥提起，他会回答"我可以把那里的照片找出来给你看看"，大扫我兴。弄不清他究竟去过哪里，拍过多少照片，就觉得给他的摄影集写些什么太不自量了。第二个难点是，这本影集的观赏者预定是一般的爱好者，没有任何专业性的定位。但我是一个专业工作者，几十年养成的习惯，一提起笔来就往我的专业框子里钻，如果不摆脱这个习惯，在玉祥的影集里写我的专业，便会倒了读者的胃口。于是，犹犹豫豫不知所措——写到这个"措"字，请容我插一段笑话：伤天害理的那十年里，我当了牛鬼蛇神，有一次"工宣队"的"砂子"们审我的"灵魂深处一闪念"，我不经意中说了句"手足无措"，一位趋奉在"砂子"左右的教授干部立即瞪起眼睛训斥："手也不错，脚也不错，你什么都不错，那就是说工人师傅把你整错了，你好大的胆

* 李玉祥著，浙江摄影出版社，2004年1月。

子！”——说了这么个笑话，心情稍稍放松，我再往下写也许就会顺利一点儿。

其实，心情稍稍放松，起于一个多星期前。那天，在楠溪江上游的林坑村，面对着仙山楼阁似的古老村子，玉祥又向我提起影集的事。他说，集子的名字就叫《故园》。我嫌这个名字太文绉绉，他说，“故园”，带点儿伤感，我喜爱这点儿伤感。当时他正张罗着帮凤凰卫视拍摄“寻找远去的家园”专题节目，家园正在远去，那一层伤感浓浓的，粘在心坎上，又甜又苦，又暖又凉，拂拭不去。这千般滋味从哪里生出？从我们民族的历史中生出。一个几千年的农业民族，要向现代化迈进，在这个大转变中，人们要舍弃许多，离开许多，遗忘许多。而这许多将要被舍弃、被离开、被遗忘的，不久前还曾经养育过我们、庇护过我们，给过我们欢乐、给过我们幸福，也在我们心头深深刻下永远不能磨灭的记忆。这其中就有我们的家园，远去了，那便是“故园”。历史不能停滞，古老的家园将越来越远，但是，人们对家园的眷恋岂是那么容易消去的，这种眷恋就成了我们民族当前这个历史时期的文化特色之一；玉祥就沉浸在伤感之中。他的情绪感染了我，我心里活动起来，把前些日子初步设想过的几种学究式写法，全都抛掉，就从“家园”，从“远去了”下手写，可能会更好。于是，便觉得轻松了一点儿。

玉祥的故园摄影，题材都是农村。农村在几千年的长时期中是我们民族的家园。人们在农村中生，在农村中长，在农村中读书受教育，仗剑远游四方的男儿还要回到农村中颐养，最后在村边苍翠的山坡上埋下骸骨。在农村里积贮着农业时代我们民族的智慧和感情。它们是我们民族善良、淳厚、勤奋和创造力的见证。玉祥生长在南京，虎踞龙盘的帝王之都，但他对六朝繁华毫无兴趣，眼里没有秦淮河的旖旎，胭脂井的风流，更没有灯红酒绿的现代化剧场、舞厅，他对南京似乎只留恋路边摊头上的鸭血汤，每次长时期上山下乡回来，下了火车，先蹲在路边摊头喝上一碗。有一次竟端着碗就给我打长途电话，炫耀他的那一口享受。他在心底里真正认作家园的，不是南京，而是广阔田野里的农村。他所认定的故园，不是他自己的，个人的，而是我们民族的，大家的。因此他的照片，能叫千千万万的人感到亲切，打动他们的心，引起广泛的回响。

我这一代人，上辈里，父亲、母亲或者伯伯、舅舅，还生活在农村，春耕秋收，默默地养活着整个民族。我家是河北平原上运河边的农户，母亲最爱给我们兄弟讲的，是我祖父怎样相中了她这个儿媳妇。当祖父带着我父亲来到我姥姥家时，寒门小户，没处回避，母亲只好继续在布机上织布。祖父过去摸了摸布，平匀紧密，没有多说什么，就给父亲订下了这门亲事，辞谢了一位大户人家的女儿。母亲也偷眼看了看父亲，粗手大脚，一副好庄稼人的样子，心里便觉得踏实。这是一门标准的"男耕女织"的亲事。母亲不识字，但记得许多歌谣，如"小小子，坐门墩"之类。我出麻疹那些日子，母亲坐在床边教我背诵这些歌谣，虽然俚俗，但朴实可爱，有一些不免带着社会的偏见，但艺术水平不低，很生动，而且朗朗上口，记住了便忘不了。有一首写家庭里姑嫂斗气的歌谣叫《扁豆花》：

扁豆花，一嘟噜，
她娘叫她织冷布。
大嫂嫌她织得密，
二嫂嫌她织得稀，
三嫂过来掠她的机。(指织机)
"娘呀娘，受不的，
套上大马送俺去。"(指出嫁)
爹娘送到大门外，
回过头来拜两拜，
哥哥送到枣树行，
拿起笔来写文章。
先写爹，后写娘，
写的嫂嫂不贤良。

“爹死了，买棺椁，
娘死了，上大供，
哥哥死了烧张纸，
嫂嫂死了拉泡屎！”

乡土文化就这样点点滴滴、丝丝缕缕地渗进我的心田，随血液流遍全身。

我从小学到中学，都在江南的山沟沟里度过，随着老师开荒种田。最喜欢干的活儿，是收了麦子之后，到水碓里去磨粉。打开水闸，山水顺沟冲过来，水轮就转呀、转呀，大轴上的几根臂，拨动一个木齿轮，磨盘活动起来，不一会儿雪白的粉便出来了，再过几道罗。这活儿不累，而水碓边的风景总是很美，坐看流云一刻不停把峰峦弄得千变万化，偶尔还会有翠鸟飞过。三四个同学一起去，可以抽出一两个人下到溪里摸螺蛳，一上午能摸到一木盆。礼拜天，约上几个人去偷白薯，自以为有心眼儿，走远一点去挖山坡地里的，好把罪过推给野猪。但回来拿到乡民家去煮，婶子大娘就会宽容地笑笑，不说什么，煮熟了端出来，总比我们交给她的多几块。我们的脸烧红了，只管低着头吃，装得清白，心里洋溢着对乡亲的感激。

后来我到了大都会，囚禁在钢筋混凝土的笼子里，仍旧自认为一个乡下人，不怕说我少年时代最珍贵的收藏品是几个彩色的胶木瓶盖子。在刘伯温的庙里上学，冬天水田都冻成密密麻麻竖立着的冰凌，大风雪里我光脚穿单布鞋，没有袜子，一连几个月脚趾头都冻木了，没有感觉。离开农村几十年，心头总牵挂着父老乡亲，每当见到城市里华丽的大剧院和摩天楼一座座拔地而起，我都免不了想起他们，他们生活得怎么样了？真的温饱了吗？农村永远是我的家园。于是，在茫茫的人海当中，我和玉祥竟走到一起来了。

我在退休以后终于又回到我的农村。和几个同事一起，我们开展了乡土建筑的研究，年年上山下乡，又睡到了被汗水渍得又红又亮的竹榻上，睡到了铺着苇席的火炕上。有一年，因为交通阻碍，滞留在徽州，到老街上闲逛，见到了几本厚厚的《老房子》，拿起来随手翻翻，心里立刻就漾起了波澜。那是我家园的影集呀，我多么熟悉这些乡下老房子，熟悉它们的格局、装饰，知道这里是堂屋，那里是厨房，是西乡师傅垒的墙，是河东师傅雕的梁。这道门里住着王老汉，他用草药治过我的伤，廊檐下正在织袜子的是李大娘，她会用笤帚敲着簸箕给孩子们叫魂。桥下，我跟光着屁股的小朋友戏过水，山上，我踢开积雪挖过笋。——这些真是我的家园吗？真是我记忆里的生活吗？是真的，又是幻的。这沉甸甸的几本书里所有的老房子，或许我一座都没有见到过，但是我为它们魂牵梦萦了几十年，我正到处奔波着寻找它们。

为什么这些照片有力地打中了我的心？仅仅是因为它们构图和谐吗？仅仅是因为它们光影丰富吗？不，也不仅仅是因为它们格调高雅，脱略世俗的浮躁和烦嚣。打动我的，是照片中浓浓的人情，拍摄者显然对农村的一切很敏感，他用镜头记录了生活的宁静、闲适、恬淡，也叹息这种生活的另一方面，它的落后、贫穷、闭塞。他歌颂了那些老房子的自然和优美，也无可奈何地描画出它们不可避免的消失。看那道骑门梁的曲线多么柔和精致，但它断裂了；看那屋面的穿插多么轻巧灵活，但它塌了一只角；看那门头，它曾经装饰着砖雕和壁画，色彩和材质的搭配多么巧妙，当年的房主把兴家立业的志趣都寄托在它身上了，但它现在已经破败剥落：影壁上长出了青草，草叶在照片里有点儿模糊，那是西风已经紧了，它们在颤抖。家园呀，远去了。

《老房子》的摄影者是个抒情诗人，它所抒发的是历史转型时期的情，是一个民族告别了传统的农业文明，走向更加强有力的工业文明时那种且恹恹且恋恋却又不得不如此的剪不断理还乱的情。对着书本，我立刻想到二百多年前工业革命浪潮淹没英国的年月，行吟于湖边草泽的浪漫主义诗人，他们陶醉于田园风光，农舍墙头常青藤叶片上的露珠和乡间小礼拜堂黄昏的钟声会使他们流下眼泪。都是痴人，都是伤心人。这是历史的回响，是天鹅的绝唱。凄清，然而美！

我无力买下那些书，叹一口气，轻轻放下。但是我记下了它们的作者，用心灵为远去的家园拍照的李玉祥。

差不多就在这时候，玉祥约定参加了北京三联书店的工作。他也知道了我在研究乡土建筑，抢救它们的历史资料，偶然也有心情为远去的家园唱几首挽歌。有一天，他打来了电话，第二天我们见面了。我知道了他对乡土文化的迷恋，知道他一年有一大半时间在农村里。这是一个既孤独又坚定的人。他有信念，这信念不是来自书本，而是出于心田，因而不会轻易放弃，不会轻易妥协。

不久，玉祥约定随我们的研究组一起到广东梅县的侨乡村去。我们在梅县火车站接到他，彪形大汉，背着跟他身材一样高的背包，足有几十公斤重，在人群里很显眼。到了南口镇，我们一起住在小街上的小客店里，那里同时还住着几个叫花子，他们白天在街上乞讨，晚上就跟我们掺和，在男女不分的水房里冲凉，大大咧咧，满不在乎。店老板和老板娘天天夜里吵架干仗，高声叫骂还带上响亮的劈耳光、打屁股，非常有气氛。早晨起来，两口子依旧笑盈盈向我们兜售丸子汤。房间板壁上糊的报纸，早已发黄酥化，零零落落，勉强辨识上面断断续续的新闻，似乎是“大跃进”时代的，有三十多年了。床上的被褥灰黑色，发亮而黏涩，贴到身上先有一股凉气。一熄灯，墙上床下就发出窸窸窣窣的声音，显然有不少的什么东西在爬行，老鼠？蜈蚣？蛇？不知道。我们下乡，经常住在农民家，既干净又放心，那次住在这样一家客店里，不太习惯，不过学生们照样紧张工作。玉祥也没有说什么，天天晚上摆弄他的相机和胶卷，有一晚还给我们的学生讲了一堂摄影课。不过，给我们拍的生活照再也没有找到，他再三说早已给了我，但我一点也记不得。

以后，玉祥跟我们一起去过浙江的郭洞村、江西的流坑村、山西的郭峪村和西文兴村，还一起在浙江泰顺访问过许多古村落。在郭峪和西文兴，他和我同住一间房，我可领教了他的勤奋工作。每天晚上，趴在床头写日记，一面写，一面问我白天到过的地名，见过的人名。刚问明白，转眼就忘了，再问，再忘，又再问。我被他的“不耻下问”弄得烦透了，他还要问。我本来是夜猫子，睡得不早，夜夜洗完脚睡下，他还在写，或者擦相机，修三脚架的螺丝。我一觉醒来，他仍然在灯下忙活。等第二天大亮，我起来了，他却在床上打呼噜，连又笨又大踢得死牛的靴子都没有脱。山西缺水，这倒合适了。有一天我说：玉祥啊，这样可讨不到老婆啊！他憨憨一笑，说：会有的，一切都会有的。

真正的合作，玉祥和我只有一次，那是为三联书店出版的《楠溪江中游古村落》。20世纪90年代初，我连续几年研究过楠溪江中游的乡土建筑，对那里的情况比较熟悉，三联书店希望我写一本书，请玉祥去摄影。他动身之前，我们一起拟了个计划，由我提出一批非拍不可的村落和房子的名单。他看过我以前给楠溪江写的书，怀着对那里古村落高远的文化涵蕴和优美的建筑艺术的无限憧憬，兴致勃勃地去了。只过了两天，我的电话就空前热闹起来，他用手机告诉我，这座房子倒塌了，那个门楼找不到了。他说："我在东皋村，没有见到你最喜欢的溪门呀。"我问："你在哪个位置？""我在矴步头上。""你往上坡走几十步就到了。"过几分钟，电话传来一声沉重的叹息："被新房子包围了呀，照片根本拍不成了。"下一次："喂，我到了水云村，往哪里找那条石头巷子呀？""你先到水云亭。""我到了。""你从亭北向西走二十步。""走了。""再向右一拐，不就是那条最美妙的巷子吗。""哎呀，拆完了呀！"他到了埭头村。"玉祥，你到村背后去。""好的。""看到松风水月宅了吗？""看到了——啊呀！太美啦，太精彩啦！""你再往西边看，看到什么？""好一堵拉弓墙，曲线太妙了，那是什么房子呀？""那是木工家族的宗祠，又是鲁班庙。""你慢慢说，我换个胶卷。""你留着几卷，到后面卧龙冈上用。""我到卧龙冈了。""怎么样？""绝了，绝了，绝了。"那天他的胶卷大概用超标了。

楠溪江中游的古村落既使他兴奋，也使他痛苦。他感情激动地口里反复念道着鲁迅先生的话：把美毁来给你看，这就是悲剧。最悲剧性的事实是，他看到，花坦村的"宋宅"和岩头村的水亭祠完全坍塌了。楠溪江的村民们，都认为"宋宅"是真正建于宋代的，它后院里有一口井，井圈上刻着“宝庆”的年号。水亭祠则是岩头金氏桂林公的专祠，他是明代嘉靖年间人，毕生从事家乡的建设，兴修了水利，规划了街巷，造起了一批大住宅，而且完成了楠溪江——或许全国，规模最大、布局最曲折有致、花木葱茏的一座农村公共园林。村人为了纪念他，把他为乡亲子弟建造的一座书院改成了他的专祠。专祠的布局也是园林式的，很独特巧妙。我十年前去的时候，它稍有残破，但只要用两根木料支撑一下，还能熬过这文化冷漠的岁月，等得到明白过来的后人们挽救。但是，没人去支那两根木料，虽然当地乡人们绝不缺那几个钱。水亭祠终于没有苦撑苦熬到得救的那一天，倒下了。我在电话里嘱咐玉祥务必把那两堆废墟拍摄下来，后来成了《楠溪江中游古村落》书里最震撼人心的两幅照片。我们忙着抢救珍稀濒危动物，为什么不抢救我们顶尖的文化遗产？一个物种消灭了，我们万般惋惜，为什么我们对一种文化——乡土文化的消失，那样麻木不仁，无动于衷？乡土文化，它的灿烂的物质遗存，是我们祖祖辈辈先人们创造的成果，是他们智慧和勤劳的结晶，更是我们这个还没有走出农业社会的民族的历史的见证。我们时时不忘夸耀五千年的文明，我们的文明为什么这么不健康，这么脆弱，这么缺乏自信，禁不起市场经济区区十几年的冲击，一败涂地？

同样的悲剧在全国许许多多地方上演着。悲剧进一步使我们认识到我们工作的急迫性和重要性。悲剧大大提高了我们的使命感，提高了我们在工作中的道德自信。玉祥一次又一次联络电视台和出版社，希望他们向全社会呼吁；我也不顾屡屡遭到冰冷的白眼，去向地方长官们苦苦哀告，求他们对几个珍品村落手下留情。

当然，我们并不盲目，我们不是眷恋农业社会的怀旧者。家园远去了，尽管有些伤感，但我们清醒地知道，我们能够留住的，不过是历史的几件标本而已。“无可奈何花落去，似曾相识燕归来”，暮春时节，残花总要辞别枝头，我们只乐于看到，梁上的旧巢里，还有去年的燕子归来，翩翩起舞，带着一份浓情。

二百年前，英国诗人拜伦游历意大利，在威尼斯写了一首诗，开头几行是：

威尼斯啊威尼斯！一旦你大理石的墙
坍塌到和海面相平，
世人将痛悼你楼台的倾圮，
苍茫大海会高声把哀伤回应！
我，北来的漂泊者，为你悲恸，
而你的子孙，本不该仅仅痛哭而已，
可他们却只会昏睡着口吐梦呓。
…………
子孙和祖先相差万里，他们像螃蟹那样，
在残破的小巷里爬行，
痛心啊，多少个世纪的养育，
收获的竟是没出息的废物一群。

我们不愿意读到，有朝一日，一位外国诗人在中国写下这样的诗。

2002年春

附：杏花春雨江南

（《李玉祥摄影集》小引之一）

人人都有故园之恋。

我离开江南已经五十五年了。故园怎么样了呢？它依旧弥漫着诗意吗？

我希望有三幅画，画我的江南故园。第一幅画小木桥，一位蓑衣农夫搀扶老翁走过，迎着沾衣欲湿的杏花雨和扑面不寒的杨柳风。第二幅画一泓清溪，柔媚的越女吴姬在溪边浣纱，红罗轻衫映在水里，波纹起处，似千百片花瓣在水面跳动。第三幅画什么呢？画暮雨潇潇中江上迷蒙的古村吧，“燕子归来寻旧垒”，我回来了，我要到村子里去寻我的老家——

一座拱桥跨过村口小河，水面上又倒映着一座，上下竟合成了一个圆环。我乘坐的小舟，尖尖的，像箭矢射向靶环，穿了过去。前面，又是一座桥，又是一座。兰桡小桨，轻轻击水，可曾烦扰了小楼上吹箫的玉女？河两边应该有深深的小巷，一夜春雨过后，明天清早就能听到卖花声的回荡了。

这是一场梦，是诗人的梦幻化成了我的梦。我何曾这样风流倜傥地领略过我的故乡。

我的故乡，是世俗得多了，也朴实得多了。养蚕阿嫂们站在后门埠头上，向小船上的卖菜姑娘买青青的鲜豌豆。茧子已经收下，要煮一锅肉末豌豆饭吃了。这是她们几十个日日夜夜熬命辛苦的犒劳。吃过肉末豌豆饭，又要熬命日日夜夜缫丝了。七尺宽的河街，铺地的卵石一颗颗磨得圆润发亮。街上挤满了人。男的穿对襟青布短褂，他们来买镰刀钉耙，捏着余钱，走进小店斟碗米酒喝；女的，发髻上插几支银簪，她们卖掉手织布，得了几个钱，蹲在路边挑选毛茸茸的小鸡小鸭，买回去饲养。沿河的栏杆椅上，坐的是老年人，不买也不卖，啜着长长的旱烟管，扭转半个身子，大声招呼河面上划船来赶市的邻村熟人。

这场景我曾屡屡亲历，但小镇子我仍旧陌生，这幅画似梦又似非梦，使我迷惘。鞭打着记忆，我再向朴实处寻觅。

我熟悉的是路人渴了可以随意摘个瓜润口，饥了可以随意采一把豆荚煮了就吃的乡村，那里有我的亲人，有我的童年。那潇潇暮雨中的江村，应该是竹篱茅舍，掩映在豆棚瓜架的缝隙里。只有那种村子，才有如花的越女吴姬，才有扶老人过桥的农夫。也只有在那种村子里，才有老奶奶天天在檐下张望着小路，等我回去。

但我又想又怕这样的图画。我想，是因为我爱；我怕，是因为淳朴厚道的人们生活得太艰辛，他们必须学会计较和狡黠，才能饱暖而健康，要得到一些，就要失去许多。

归根到底，故园都已成梦，惆怅的梦。

《世界建筑艺术之旅》* 序

从德累斯顿乘火车到维也纳去，同坐一个小包厢的是一位医生。送我上车的朋友向她托付了几句，她就一路陪我聊建筑。她对欧洲建筑历史的知识，既丰富又深刻，使我十分吃惊。路过布拉格，她给我讲这个城市的历史和建筑，娓娓道来，简直是专业水平。我终于忍不住，问她是不是有建筑学界的朋友，或者家里有什么人在建筑学界工作。她嫣然一笑，说：在德国，甚至在整个欧洲，一个人要懂得建筑艺术和它的历史，就像要懂得音乐、美术和诗歌一样，是基本文化素养。

这位医生的话帮我确信，欧洲人把古建筑遗产保护得那么精心，一丝不苟，新建筑的设计又那么素雅和谐而且富有创新，就因为欧洲人的文化水平普遍地高。他们懂得文化的价值，尊重文化的价值。

于是我记忆中的场景一幅一幅闪现出来。第一幅，在雅典卫城，在罗马斗兽场，在巴黎圣母院，还有别的历史场所，经常见到小青年们三五个人结伴，一个走在前面，背包上摊开一本书，一个跟在后面边走边朗读那本书，另外几个跟着听，东张西望地看。第二幅，一批又一批小孩子，胸前挂着卡片，上面有他们的名字和地址，在广场里，在古建筑前，围在一起，听老师指指点点给他们现场讲课，暂停调皮，眼睛里透着惊喜。第三幅，几乎到处可以见到，老头老太们，互相搀

* 刘丹著，中国建筑工业出版社，2004年。

扶着，找到他们熟悉的古迹，露出欣慰的笑容，显然是在重温多少年前在这里得到的知识、受到的启示和对人类伟大的创造精神和力量的敬畏之忱。

我也想起，瓦萨里、歌德、拜伦、雨果、黑格尔、果戈里、拉斯金和温克尔曼们对建筑艺术的深刻理解和鲜活的阐释曾激动得我泪流双颊。他们的文字热情而又睿智，阔大而又丰满，使我油然而生一种责任心和使命感，要为这个世界增添一点点美好的东西。

我相信，那位德国医生一定也曾经在光辉的建筑成就前听过老师的课，读过那些先哲们的书。我羡慕她。

于是，二十年来，我一直希望我们的国家也能对年轻人普及建筑艺术教育。相信这是提高我们民族整体文化水平的一个重要方面。

1990年代以来，我们国家的古建筑遗产遭到越来越猛烈的野蛮破坏，我们城市的新建设则充满了趋时的抄袭之作。忧心的朋友们谴责过急功近利的长官们和建筑师们，更谴责过唯利是图的房地产投机商，但似乎没有什么力量能改变现状。一个共同的结论是，根本的办法在于提高我们民族整体的文化水平，虽然这办法短期内难以见效。

我因此更加希望我们的各级学校教育不要太过于功利化和技术化，要承担起培养有人文修养的青年一代的责任。

听说北京航空航天大学新开设了一门全校选修课“建筑艺术欣赏”，我十分钦佩。更高兴的是第一个讲授这门课程的是刘丹，我的好朋友和合作者。不过，我又替刘丹捏一把汗，在那所追求“更新、更快、更高”的大学里，讲最古老又最沉重的建筑，恐怕费力不讨好罢。

刘丹是个非常开朗的人，肚子里不藏话，有喜报喜，有苦诉苦。开课不久，她打来电话，笑呵呵地告诉我，讲课很受欢迎。后来她来了一趟，说上第二堂课的时候，教室门口和过道上都挤满了要求听课的学生，不得不临时换到一间可容二百多人的大教室里去。下课的时候，全体学生鼓掌两次。我这才放下心，跟她一起乐。我不但高兴她的成功，而且高兴年轻人那么热烈地追求人文知识。

过了两年，刘丹把她讲课的内容精炼了一下，写成了这本《世界建筑艺术之旅》，由中国建筑工业出版社出版。我看了这本书，十分喜欢，它无疑是一本普及建筑艺术知识、培养人文精神的好书，又非常及时。

看得出来，这本书写得很认真。一是视野开阔，把几千年的人类建筑活动放到具体的历史环境中去，力求多方位地叙述建筑风格的发生、发展和代谢。既讲艺术也讲技术，既讲物也讲造物的人。二是图片多而精致。讲解建筑不能没有图片而只靠文字，建筑书从本性来说就必须是图文并茂的。三是文笔优美，引人爱读，这是普及性读物必须有的品质。

刘丹说过："作为一名教师，我唯一的追求就是讲好每一堂课。"她是用同样的精神来写这本书的每一章一节的。

2004年8月28日

《古镇碛口》[*]序

从山西黄土地上来了一位老人家，成子权，一脸风霜，坐下之后，小心翼翼拿出一份打印稿，说已经和出版社约定，要我给他写的这本书添一篇小序。

我们从事乡土建筑调查研究已经十好几年了，每次上山进村，都要向当地父老乡亲们请教。他们熟知村子的历史掌故、地理物产、生活习惯和人情风尚，娓娓道来，洋溢出对这片土地、这个村落以及亲朋故旧们深厚的感情。一位又一位地访问他们，坐在热炕头上吃着烤白薯，或者坐在大榕树下品着工夫茶，静静地听，不但是我们获取有关知识的重要方式，而且也是一种舒心的享受。有时候语言不通，弄出点笑话来，倒更加给我们的工作增添了色彩，使我们的记忆更有魅力。

对我们的调查研究工作，我们自己的认识是抢救乡土文化的历史信息。曾经十分丰富多彩的乡土文化不但已经濒危，而且注定了很快便要湮灭。尽管我们不敢偷一天懒，但是，大海茫茫，一勺勺地品味，我们能抢救出多少精华来呢？真是心急如焚啊！

我们不止一次地设想，如果村子里的老人家们都肯拿起笔来，把他们肚子里装得满满的乡土文化历史知识一一写出来，那有多么好！他们曾经开荒种地，曾经撒网打鱼，也曾经砍下树木，编成筏子，漂流上百

* 成子权著，北岳文艺出版社，2004年。

里，到镇上换一担米。他们孝敬父母，抚育儿女，拼一生的艰苦劳动，攒下几个血汗钱，造起了新屋，维护了农村男子汉的尊严。他们也有过欢乐和悠闲，那年时节下庙宇里演的草台戏，那集市上茶馆里摆的龙门阵，还有知心朋友几十年温暖的关怀。他们眼里平淡的生活场景，都是我们民族文化珍贵的组成部分。

可惜我们的设想从来也不可能尝试。我们只是想呀想！

今天，坐在我面前的这位老人家，七十二岁的成子权先生，竟拿出了七万字的书稿，写的是他的老家山西省临县碛口镇的人和事。成先生出生于1932年，在临县三交镇刘王沟的小学校里教了三十七年书，教的是语文和历史。“文化大革命”期间，这所小学改成七年制，包括一年的初中，他当时是“负责人”，因为革命革掉了校长这个称号。1988年，他五十七岁时退休，回到出生地高家坪颐养天年。他用四个字概括了他的三十七年教书生涯，这四个字是“一生不易”。我们在农村结识过不少这样的朋友，深深知道他们的“一生不易”。

在退休之后，他用了几年的时间，写了这本书，叫作《古镇碛口》。他的出生地高家坪就在碛口镇旁边不过十五里，这碛口镇也便是他的老家了。

碛口镇位于黄河东岸，是纵贯临县的湫水注入黄河的地方。它是秦晋大峡谷中最大的水陆交通码头。清代初年，随着清廷大力开发内蒙古河套地区，碛口便作为华北和内蒙古贸易的商埠而发展起来。这贸易路线东到天津、北京、济南，西到内蒙古、甘肃、宁夏。碛口镇的得名，是因为湫水带来许多石块，沉积在河口下方，形成险滩，从黄河上游满载皮毛、油料、粮食、盐、碱、中药等物资下来的大船，到了这里便不能继续向下航行，于是商人弃船登岸，改用骆驼和骡马运送物资到晋中和华北各地。华北的杂货、陶瓷、绸缎、日用品等等由旱路运到碛口，再用骆驼或船运到陕、甘、宁、内蒙古等地去，碛口成了一个水旱转运站。这个功能又刺激了本地作坊手工业和商业的发展，于是各地商贾纷纷而来，商号林立，有清一代，始终繁荣不衰，而大盛于光绪年间。京绥铁路建成之后，碛口作为内蒙古和华北之间贸易港口的作用大大削弱，曾经一度冷落。自从红军到了陕北，建立陕甘宁边区政府之后，碛口又因边区和山西的贸易而再度繁荣起来，后来成了晋绥根据地支援陕甘宁边区的后勤基地。1947年，边区政府迁到临县，有一些机关以及一些民用和军用工厂设在碛口周边地区。边区政府的主席和副主席就住在高家坪。

碛口的转运业、作坊手工业和商业，吸引了附近村里一大批人来到碛口经营百业，那些村子就富裕起来。秦晋大峡谷里使船使筏卖劳力的一些小村子和吕梁、太行两山里骆驼队经过的沿途村落有些也跟随着致富。这些村子，纷纷兴建青砖大瓦房，在到处都是窑洞民居的贫瘠的黄土高原上十分耀眼。

碛口和它的经济力辐射所到的村落，形成一个系统，是很好的乡土建筑研究题材。我们于1999年冬天来到碛口，接连几年，在碛口和它附近村落做了一些工作。工作中得到临县县政府和其他许多朋友的大力帮助，其中就有高家坪的成子权先生，他曾经应我们的请求写了好几份有价值的资料。

现在，成先生把他自己写的《古镇碛口》书稿放到了我的桌子上。第一，它是一本关于极有研究价值的碛口镇的书；第二，它是一本乡土气息十分浓厚的书；第三，它是一本由本地的老人家自己写成的书，而这一点正是我们多年来一直盼望着的事。有这三点，我能不为它写一篇小序吗？

于是，我写了，怀着极愉快的心情。

2003年11月10日夜

《瓯越乡土建筑》* 序

2004年初春，甲申正月十五，我在晋西黄河边上一个村子里看伞头秧歌。过几天回来，车子在吕梁山里转，忽然见到柳条已经泛出嫩绿了，解开身上棉袄的扣子，心想，这物候好灵呀。

刚到家，刘杰来了电话，说，他和肖健雄、丁俊清二位先生合著的《瓯越乡土建筑》已经完稿了。刘杰是老相识，曾经出版过一本乡土建筑的著作叫《泰顺》，丁俊清先生见过几次面，去年还拜读过他著的《中国居住文化》，挺好的，认真下了大功夫。肖先生好像只见过一次，但知道他一出学校就在瓯越故地做城市规划工作，而且多年前就是个乡土建筑爱好者，做过不少调查。所以我想，这本春天里完成的书一定会很有价值，便高高兴兴祝贺刘杰们的成绩。

接着，江南村子里的老朋友打电话来招呼："杜鹃花红遍了山头，油菜花开到天边去了。"我们有约在先，于是，我就撂下手头十分紧迫的工作，跑去了。烟雨三月，山乡的花看得尽么？看醉了，就回来了。

又是刚刚到家，《瓯越乡土建筑》的打印稿寄来了。我高高兴兴打开一看，不妙，目录里居然有一篇我写的序。这才想起刘杰在电话里的嘱咐，原来这稿子并不是白送的。那么，这序是非写不可了。

于是，就老老实实坐下来看书稿。果然，内容很丰富，写得很实

* 肖健雄、丁俊清、刘杰著。

在，没有那种花花骚骚的浮言空话。采用的体例，虽然由于把个体建筑和村落整体分开，因而不容易深入，但结构很富有弹性，比较便于编排实例，因而实例很多，很充实。

乡土建筑是一座宝山，无论你从哪个方位向它走过去，无论你用什么方法向它挖下去，你都会打开珍藏，琳琅满目，关键仅仅在于你要走过去，要挖下去。

乡土建筑又是一种奇妙的矿藏，从不同的方位，用不同的方法去开掘，你就会得到不同的收获。可能是精金美玉，供你细细把玩，赏心悦目；可能是煤炭石油，给你温暖，给你能量；也可能是天外来的陨石或者千百万年前的化石，给你带来神妙的信息，你解读了它们，便能获得可贵的智慧；它更可能像被火山灰掩埋了的古代人类遗址，使你能复活一段曾经消失的文明史。话说到这儿，就该丢开一切笨拙多余的比喻，它就是它，你可以从各个角度、各个方面去向乡土建筑索取各种知识和审美的享受。

但是，前提是你必须对知识和美有一种开放的宽阔的爱好，对它们有一股强烈的追求愿望。怀着狭隘的功利之心，你不可能对乡土建筑发生兴趣，更不可能从它得到你想得到的那种好处。“智者乐水，仁者乐山”，乡土建筑生于山水，是智者和仁者的所爱。你分不清，是爱建筑还是爱山水，是爱山水还是爱生活在山水之间的勤劳而淳厚的人们，那些物质和文化的创造者们。我已经老得不行了，但一到乡下，握住老农们钢锉一样的手，我就精神百倍，能追逐装扮得红红绿绿驮着新娘子的骡子跑上山坡坡去。

这就是乡土建筑的价值，就是研究乡土建筑的乐趣和意义。

刘、肖、丁三位《瓯越乡土建筑》的作者，显然是仁而智的人。他们写这本书花了几年的时间。书里写到的村子，有不少我都到过、看过；有不少建筑我都亲手摸过、画过。我知道他们在繁重的日常工作之余，去一一探访、调查、写作，要有多大的毅力，要受多少辛苦。本来在下班之后，在周末，他们也可以“酒吧、桑拿、夜总会”，潇洒地享受一番时兴的“休闲”生活，然而他们选择了“上山下乡”。

一些人把“休闲”生活说成是人性化的生活，是人道之所寄，那么他们的忙忙碌碌是为什么呢？我在做乡土建筑研究时期失去了一只眼睛，一位朋友送了我六个字：“欢喜做，甘愿受。”真是说到我心里去了。我相信，他们三位也抱着同样的心情，我就把这六个字转送给他们。

我一直盼望有更多的朋友来参加乡土建筑的研究，因为这其实不是研究，而是抢救，在乡土建筑像山崩一样毁灭的情况下的抢救，抢救下一些资料，虽然仅仅是少而又少的一小部分，毕竟还给大海留下一勺水，好教后人知道海水的滋味，给大山留下一抔土，好教后人知道山峰的构成。何况，说不定还可能好歹保存下几个村子，几幢房子，免遭某些打着“改善人民生活”的幌子的人野蛮地破坏。事实是，如果无利可图，那些人是不会想到去“改善人民生活”的。

我们傻吗？我们不傻！只是“不合时宜”而已。因此也确实有点儿傻。不合时宜就不合时宜到底罢，就像地球傻不几几不停转下去那样，希望以后能接着读到刘、肖、丁三位一本又一本的乡土建筑著作。学术著作，向来求质不求量，但我们的乡土多宽广呀！我们的乡土文化沉积多深厚呀！乡土建筑的学术著作也要追求数量之多。它们总体的覆盖面愈广，它们个体的价值也愈大。一批个体在相互联系中会增长它们各自的价值。

江南访花归来，心里琢磨这篇序。当写成这篇序的时候，北方也已经百花盛开了。

春天好！

2004年4月

《江南明清门窗格子》* 序

一位伟大的思想家说过，人总是按照美的规律进行创造的。

整个人类文明证明了他这个判断的正确。

在我们的乡土环境里，只要具有一双善于发现美的眼睛，就能处处见到美。心灵手巧的农人们不但把房屋建造得那么美，甚至把日常用品和劳动生产工具也制作得那么美。

在一座十分偏僻的山村里，我见到过一根扁担，据说是新媳妇回娘家挑礼品专用的。扁担中间稍宽一点，也过不了三指，两头渐渐变细变薄，尽端尖尖，不过一指。扁担断面呈梭形，两侧的尖棱漆红色，而整条扁担是黑色的，锃亮。扁担弯弯如弓，搁到肩膀上，两头高高翘起，轻快得像蜻蜓翅膀。精巧的细竹礼盒挂上去，得用一对小小的钮子挡着才不致滑落。这一对钮子，黄铜做的，刻成金刚锤的样子，镶在扁担头上，在黑色衬托下闪闪有光。房东老太太说，这钮子也有用细藤丝编的，可以有许多样式。

房东老太太八十来岁，成天坐在门口搓麻线，手掌在腿上来来回回搓，麻线便一段一段长了。一天我走过去看，老太太腿上垫着一片瓦。那片瓦把我惊呆了，为了增加摩擦，竟在它上面刻了一朵盛开的牡丹花。老太太说：刻什么都可以呀，几条云水流线也行，鱼戏莲叶也行，

* 何晓道著，浙江摄影出版社，2005年。

刻戏文故事的也有。她膝前板凳上搁着一绺麻纰，用两块泥烧的镇子压住两头。那镇子，六角柱形，每面浮雕着一幅花卉虫鸟。镇子顶上挖一个凹坑，装着点儿水，老太太每取一次麻纰，就先把食指蘸湿。后来我在许多人家见到，镇子形式也是五花八门，有鼓形的，有瓜形的。搓成的麻线用左手一段一段拉过去，为了省力，也为了绷直，那头坠着一条泥烧的鱼，张鳃摆尾，活泼得很。麻线就在它背鳍上穿过。下方地面上放着个细篾工的小笸箩，麻线一圈圈盘在里面。老太太说，搓麻线时用的这一套小玩意儿一共有六件，可惜我只见到四件。我估计另外两件里会有一件是缠线板，不知道是不是确实。

乡民们的日用家伙里最粗放的大约是鸡笼和谷箩了吧。但看一看它们，那样式，饱满的轮廓、弹性的曲线、疏密有致的编织，以及它们和使用功能的完美融合，真是巧妙之极。尤其是那谷箩，从方形的底部到圆形的上口，变化得那么流畅；箩口急转弯式的向内收缩，多么有力，又多么便于搬运时候下手。

有一个村子，农人们下田耕作，腰间系着一个水葫芦，葫芦外面用细篾条编一个有鸡蛋那么大的六边形网眼的套子，稍带一点随意的粗糙。有一个村子，妇女们扎堆晒太阳缝缝补补，身边放一个细篾编的针线笸箩，这笸箩连带着一个座子，外廓有直线的，有曲线的，前者挺拔，后者优雅。座子抬高了笸箩，妇女伸手可得，不必弯腰。有一个村子，我们粗粗估计一下，给少儿专用的便器就有二三十种，都是父亲们农闲时节自己做的，设计很巧妙而且有童趣，有一件像木马，前有排水竹槽，后有放瓦盆的座子。有一些村子，在贫苦的黄土高原上，什么都用石头做，人们在喂骡马的料槽上满刻着一层薄意的花卉，碾子上的石磙两端则各刻一朵饱满的盛开的莲花。也是黄土地上的这些村落，往往在窑洞壁上装几个拴牲口的扣环，用石头雕成，那扣环竟也有一些经过装饰，有一种做成一只手的样子，食指前伸，其余的指头掐成一个圈，正好套缰绳。当地人生活得很艰难，这些装饰所表现出来的对美的渴望就格外动人。

这就是乡土环境里的文化创造，创造着生活的美，创造着美的生活。爱美就是爱生活，美就是生活。

又有一位伟大的思想家说过，在分化为不同阶级的社会里，并没有统一的文化。劳动者的文化和统治者的文化是不一样的。我们拿乡土社会里农民们的文化和宫廷的、士大夫的文化比较一下，其间的差别确实非常鲜明。统治者的文化总是占统治地位的文化，千百年来，被认为珍贵的、“子子孙孙永宝之”的，是那些宫廷文化和士大夫文化的作品，而民间的作品却被冷落在一旁。这个传统僵硬地延续下来，直到如今，我们连个上规模的系统的民间工艺作品收藏都没有。

我们早就应该把更多的眼光投向民间的美了。我们应该有许多博物馆，各地方都有，把民间曾经有过的美收藏起来，那油灯架、蜡烛台、“狗气煞”、手炉，万万千，千千万呀！为什么不用它们来提高我们的，更有我们后代的审美能力，以利于去发展，去创造新的美。

在民间实用艺术品里，门窗格子是很有地位的一大类。它们既要分隔室内外空间，又要沟通室内外空间，这正是建筑物的基本功能之一，因此门窗格子成了建筑物的基本功能性构件。在大块平板玻璃广泛使用之前，没有哪一座建筑物可以不使用它们。它们之所以以格子式为主，是因为冬季需要糊纸防风，夏季需要贴纱防虫。它们的构造方式和使用方式决定了它们必定要采用大面积的平面图案。中国建筑是内向院落型的，绝大多数房间并列而面对内院，于是门窗连绵成片，站在院落中央四望，几乎满目尽是门窗格子，在白纸的衬托之下，或在灯光的映照之下，它们的图案极其鲜明。在室内看，它们又是镂刻、剪裁外光的艺术。因此，民间工匠便花大力气提高它们的装饰性，它们成了创造建筑美的重点之一。千变万化、勾心斗角，它们达到了工艺和审美浑然和谐的极致，构成了中国建筑的一项重要特色和重要成就。

和建筑物的整体一样，门窗格子有它的时代性和地方性，也受到房屋主人不同社会文化地位的影响，再加上人们在图案和装饰上寄托了

“万方安和”“福寿绵长”“风调雨顺”“瓜瓞绵绵”之类的吉祥寓意，门窗格子的艺术因此更加丰富多彩。

门窗格子的制造者是很普通的农民工匠。他们一手犁耙，一手刀凿，农忙务农，农闲打工。遇见水旱灾害，农田失收，他们便背起小包裹，成群外出谋生，以手艺养家糊口。前些年，我在浙江省武义县调查乡土建筑，发现清代有两个时期，武义一些乡村的房舍特别宽大，特别精致。承乡亲们告诉我，那两个时期，正逢不远的以建筑手艺传家的东阳和泰顺两县大灾，颗粒无收，农民们便游走四方，给人家造房子。自古以来，农民工便是在这样的状态下创造了光辉灿烂的成就，留下宝贵的文化遗产。

近年来全国城乡都进行着热火朝天的建设，许多老房子拆毁了，那些精美的门窗格子和其他的装饰构件都散失了、破坏了，或者被境外的人们收购去了。我亲眼看见，一个长达两千米的旧木料市场里，梁、柱、檩子和整个的楼梯都很值钱，而精雕细刻的牛腿、梁托之类却被扔到泥塘里垫脚，因为它们“没有用处”，连烧火都不旺。门窗格子倒是可以烧火，我又亲眼看到它们被拆碎来当干柴爿。因此，当我在海峡对岸见到一座又一座大仓库里堆满了大陆运过去的这类建筑艺术构件的时候，我一言不发，只在心里默念“人遗之，人得之”，以致那些准备大事谴责这种拆卖和收购艺术珍品的朋友们都觉得很奇怪。

晓道曾以经营旧家具和门窗格子为生。但他是有心人，很快觉得，这行业要有必要的限制和规范，起码是不能径直去拆房子，而只能收购城乡拆迁的遗物。再过些日子，他成了一个保护者、抢救者，收藏了一大批珍品。再后来，又成了一个研究者。他先后在老家浙江省宁海县大佳何镇和宁海县城办了两个博物馆，陈列他收藏的民间工艺品，主要是家具和朱砂漆的日用品，其中尤其珍贵的是整套的妇女嫁妆，他起名为“十里红妆”。近日，他又在所藏的大量门窗格子中严选了一部分，精心拍摄，加以他研究所得，编印成书。

这是一本很有价值的书。我希望它成为一本很有启发意义的书，能够引起更多人对乡土文化遗物进行系统的收集和研究。尤其希望有关的部门能够立即着手抢救，尽快建立各级上规模、上档次的乡土艺术博物馆。

是到了该抢救的时候了，非抢救不可了，否则，我们会永久地失去大量民间的乡土的创造性的美，价值至少不下于庙堂的和士大夫的。

救救乡土文化遗产！

2005年1月6日

《古村郭峪碑文集》*序

中国有两千多年不曾间断的官修正史，世上独一无二。但是，正史所写的大都是统治阶级上层的事，所以大学者梁启超说，一部二十四史，无非是帝王家谱和断烂朝报，即使熟读了史官们的著作，仍然不知道我们民族的生存状态和它艰难的发展历程。所以，我们在许多重要问题上不得不借重各种私家著述，甚至笔记说部之类。但这些书所能提供的史料仍然偏于社会的上层，而且很零杂片断，真实性也难免有可疑之处。

整个二十四史或者二十五史所覆盖的历史时期，中国都是个农业社会。因此，要了解我们这个民族两千多年的生存状态和发展历程，必须了解农村，了解农民。要了解农村和农民，工作不得不从头做起。首先要有计划地大量做全面、深入、细致的个案调查。个案调查的一部分重要工作是搜集乡土文献资料，而乡土文献资料中，最基本的是宗谱和碑文，还有可供参考的地方志。宗谱和地方志早就引起了一些学术机构和史家的注意。但是，地方志写的是一个县的建制里的事，而且仍然是官家的史书，着重于本县的疆域、建置、山川、职官、科名、乡贤，再加上长长的贞女节妇名单。那些田亩、钱粮、户口，未必能反映真实的情况，而且常常见到历次所修的志，多有不明原因的难以解释的出入，所

* 王小圣、卢家俭主编，中华书局，2005年。

以，对研究农村个案来说，地方志的史料价值并不很大。

江南各省的农村，以一个姓氏为主的血缘村落比较多，宗族历来重视修谱，谱的篇幅大，内容丰富。除了必有的谱系之外，大多还有诸如族规、重要人物的传记、宗族的各项管理制度、大事记和艺文等等，它们大多能提供不少很有价值的史料，即使贞女节妇的小传，也能透视出生活的一角。但宗谱提供的史料也有很大缺点，一来是宗谱传人不传事，史料大多夹杂在人物传记里，比较零散，而且大多年代不详，难以整理成系统；二来是宗族内部难免有社会分化，人物传记之类，几乎全是记乡绅，尤其记修谱时候出钱多的人或者管事的人，内容也会扬善隐恶，有失实之处；三来是主持修谱的人大多是在乡知识分子，所谓士绅，他们深受儒家思想影响，于史实取舍或叙述之中片面性很大。例如，许多村落的繁荣，都因为从明代晚期起一批村人以从商致富，带动农村的建设，但宗谱里最喜欢说的是村人的科名成就，虽然只不过出了几个贡生之类，却不提商业和手工业的成就，虽然宗庙的巍峨、寺观的壮丽、宅居的富赡、书院的精雅、桥梁道路的便捷，其实大多仰赖商人捐资。被贬为“四民之末”的商人们的这些贡献，只在“义行”栏目里有点儿零星记载。

宗谱里最不可轻信的有两点，一是往往附会显赫的古人为自己的先祖，即使本姓里没有显赫的人物，也会编造故事说祖上某人因为某种事故而改易了姓氏，而原姓氏血缘本是某大人物之后。二是往往编造先祖迁徙来历，如四川人多来自湖北孝感，皖南人多来自徽州篁墩，福建客家人多从江西翻越武夷山经石壁迁来，而北方各省人多是从山西洪洞县来的。事实常常是，一个某姓的先祖初来的时候比较穷，人口又少，不会早早立谱，过了四五代甚至更久，境况好了，族人多了，才立意修谱，这时明白上代情况的族人已经很少，所以就聘请“谱师”来编。谱师是祖传的很专业又很封闭的职业，他们有很多“传子不传女”的秘密口诀，就包括给人续祖先和编造迁移路线。

北方各省，以一个大姓为主的血缘村落比较少，宗族势力比南方各省弱得多，或者根本没有宗谱，或者只有一份谱系图而已。因此，北方不少杂姓村落重要的管理方式是建立公选的“社”和“会”，它们的工作大多由“公议”决定，所以村里都有很多石碑，记载下大大小小的事件，从建村、造墙、修庙、铺路、禁赌、育林、纠纷、协议、天灾人祸、树木归属、风水保护、演戏舞龙直到打扫街巷的责任制度、过桥规矩、买卖章程等等，反映着杂姓村落的特点。这些碑文中有许多像地方法规、公告或者契约，措辞严谨，不能夸张虚饰；一事一碑，巨细不遗，公道诚实；甚至公布账目，直到几分几厘几丝几忽。所以它们的可信度比较高，史料价值很大，搜集起来，能够相当系统地刻画出乡村社会生活的整体面貌，具体而生动地勾画出村民的生存状态和对发展的追求。这种珍贵的史料，可惜还没像宗谱那样受到重视。

但是，这些石碑，半个世纪以来遭受的摧残很严重。不仅仅是因为“破四旧”，更是因为石料很有用处。统一的人民公社政权建立之后，传统的农村半自治的“社”和“会”的“公议”式的管理完全废除，这些石碑失去了现实的作用，便被用来铺地、填坑、搭桥、垒墙、墁猪圈、造厕所、当磨刀石，甚至砸碎了烧石灰。幸运一点的，被有点儿雅趣的人家搬去在院落里架起来摆花盆。如果再不赶紧抢救，连残存的一些也快要破坏完了，那么，中国农村的历史将有很大一部分会永远失去，我们将永远不能完整地、具体地、生动地了解我们民族的历史了。

郭峪村是山西省阳城县的一个大村，过去因产煤铁而很富裕，曾经有过二百九十多块明清时代的石碑。20世纪下半叶，像其他地方一样，石碑被“废物利用”，损毁殆尽。从2000年秋天起，郭峪村党总支和村委会认识到了这些石碑的重大文物价值，下决心加以收集，得到村民们的积极支持，经过多半年的努力，终于得到了七十多块。虽然只及原有石碑的四分之一，而且多有残缺和磨损，它们还是勾画出了郭峪村的一部分重要历史。这些历史，不但是郭峪村的，而且有更广泛的意义，例如关于明代末年李自成农民战争、郭峪村内部社会矛盾、煤矿纠纷、商人的经营和他们对乡里建设的贡献等等，甚至公共工程捐款的芳名录里也透露出工商业和金融业发展的信息。郭峪村党总支和村委会把这些碑文请人点校，编书出版，对我国的史学是一个很有意义的事件。更进一步的是，希望以这本书引起对农村的，也包括城市里的石碑和其他乡土史料的普遍关注，赶紧加以有规模、有计划的收集整理。这些石碑都是文物，应该得到文物的待遇，千万不要再失去它们。

为了充分认识郭峪村碑文的价值，应该先认识郭峪这个村子。

郭峪所在的晋东南阳城县，土地硗薄，不利稼穑，但富有煤、铁、硫磺等矿产。早在明代初年，铁产量就居全国前列，从而促进铁器手工业的发达。靠农业难以糊口的居民，纷纷以冶铁和贩运铁货为业。从明末到清末活跃在全国的晋商，其中有一支叫阳城帮，便是以铁货贸易起家的。郭峪村并不产铁，但产优质煤，冶铁离不开煤。郭峪村民因挖煤而积累了资金，就投入到商业中去。清代末年，以金融业为支柱的晋中大商户衰败之后，以矿业为支柱的阳城帮依然很活跃。民国年间，郭峪全村二百户，户户有人长期在外经商。村子比较富，文化也就跟了上来。郭峪村在明清两代出过六名进士，明代末年，有张好古一门三进士，有张鹏云一家祖孙兄弟科甲。张鹏云是万历进士，崇祯时任蓟北巡抚，他孙子张尔素是顺治进士，任刑部左侍郎。距郭峪不过一千米，有个黄城村，当年属郭峪管辖，那里出过一位著名人物陈廷敬，顺治进士，康熙时任文渊阁大学士，为《康熙字典》总裁官之一。黄城村本是郭峪陈氏的别业，陈廷敬上代是从郭峪村迁去的，他的母亲还一直住在郭峪村。

阳城是山西通往中原的隘口之一，古来兵家必争之地。战国时期的鬼谷子王诩便在境内云蒙山隐修。韩信、王莽、李渊都曾过阳城去夺天下。明末李自成的老十三营王自用部，多次攻击阳城，郭峪、黄城、上庄、砥洎都是反复血战之地，纷纷建造了坚固的防御工事。郭峪村于崇祯八年始建的寨墙最高处竟达十九米，遗憾的是东城门和北城门在“文化大革命”时拆掉了，村中心还有一座作瞭望和最后困守用的敌楼，叫豫楼，高达三十余米。

郭峪村的居住建筑，包括陈廷敬故居和张鹏云故居，并不豪华。但郭峪村有一座宏大的汤帝庙。晋东南和晋南一带，是中华文明发源地之一，尧、舜、禹、汤的遗迹到处都有，奉祀他们的庙宇也分布很广，郭峪的汤帝庙是其中十分壮观的一座。大殿九开间，戏台和钟鼓楼飞檐相接，斗栱交错，是规格很高的木构建筑。村里有过一座文庙和一座先贤祠，规制也很宏丽，可惜都在“文化大革命”时期被拆除。

过郭峪村东门外樊河对岸山上有侍郎寨，也属郭峪村，但有独立的防御工程，不过因为造公路和长年失修，城墙已很残破。侍郎寨往北，山上有文昌阁、石山寺和晴雨塔，都是重要的景观建筑，也在“文化大革命”中被毁。

郭峪村经历过多种多样的历史场面，含蕴着丰富的历史信息。这些信息的很大一部分，用文字记载在那将近三百方的石碑里，这些石碑因而非常珍贵。现在，石碑虽然只剩下不到四分之一，仍然还可以见到一个晋商村落大致完整的历史面貌。因此，这本碑文集是很有价值的，希望引起史学界的重视。

2003年

《碛口志》[*]序

1999年初冬，应侯克捷先生的邀请，我第一次到碛口去。从离石出发不久，我就为黄土地的荒凉大吃一惊，接着上了黄土梁，我又为黄土沟壑的宏伟壮阔大吃一惊。到了湫水岸边，看到零零星星的树木，觉得还有点儿生机。一转弯，进了碛口镇，穿过一条街，再转弯，到了滔滔黄河边上，那一座座古老的栈房，五层窑洞沿山坡而上，气势雄大，又一次使我大吃一惊。更教我吃惊的是，碛口镇居然有那么一个传奇般的历史，曾经有过那么丰富多彩充满了乡土气息的生活场景。我当时就想，如果我是一个作家，我就会立刻住下来，不走了，花几年时间好好写一本小说。这个题材本身就会保证使多少个作家成名。

2000年一年里我又两次到碛口，访问了由碛口的经济繁荣而带动起来的几个村子，如李家山、孙家沟、高家坪、西湾等等。它们依山就势的一大片窑洞和一大片青砖大瓦房，教我这个来过几次的老游客仍然大吃一惊。其实我不是游客，我是来做乡土建筑研究和保护工作的。一般来说，我们半年多一点便可以做完一个课题，但是碛口，我到现在，三年多了，仍然没有动手正式写作，只写了一个三万字的短稿。这不是由于我老了、懒了，而是因为我太珍重这个题材了，我不想匆匆地写，而打算再积累些资料，把它写得完满一些。

* 王洪廷编著，山西经济出版社，2005年。

为了积累资料，我拜访过王洪庭、薛容茂二位先生。他们是碛口人，热爱家乡，对碛口历史十分熟悉，给了我极大的帮助。临县王成军副县长陪着我到县政协、县志办等处找人、找书，希望我为碛口的开发做点工作。这就更使我不愿意草草动笔。

回到北京，只要有机会，我就宣传碛口，向境外、国外的朋友宣传，向摄影家、电视台宣传。可惜的是，不知由于什么原因，碛口和在它影响下的邻村没有能被批准为第五批国家重点保护单位。虽然我十几年来几乎跑遍全国，都很少有哪一个古镇、古村能像碛口这样使我激动。

好在消息传来，王洪庭、薛容茂等几位朋友，在王副县长热情而有力的支持下，动手编纂《碛口志》了。这可真是一件大好事，这件事稍稍减轻了我心上的压力，我钦佩临县的领导和碛口的朋友们的远见和努力。临县的经济目前不很富裕，但他们敏感地看到"盛世修史"的时机已经来到，而且这工作不能再拖延，因为再过几年，曾经亲自经历过碛口镇一段辉煌历史的人将越来越少了。

既然叫《碛口志》，那么，它基本上是一部史料书。在工作程序上，这是十分正确的，应该先下手征集史料，然后写史才有根据。史料是史书的基石，目前急待抢救的首先是史料。

史料只有真伪之分，没有"正面"的与"负面"的区别，没有"好坏、善恶、美丑"的区别。历史的价值决定于真实性、全面性，历史不是"光荣榜"和"政绩汇编"，它应该是血肉丰满的，有生命的，如实写来，无所顾忌，既不去美化什么人或什么事，也不刻意贬谪什么人或什么事。

我尤其希望，镇志的笔触所及，不仅仅是大政治和大经济，而更应该着重镇上的社会生活，各行各业的经营活动，老板和伙计，行商和船工，赌徒和妓女，节庆和演戏，"三府衙门"和"商会"，"商团"和更夫，商会会长和阎锡山的官吏，贩鸦片和贩枪支弹药，骆驼队和镖局，标准布和军鞋，如此等等。从大政治和大经济来看，碛口镇是无足轻重的，而从社会生活来看，碛口镇却能提供极具特色、极生动鲜活的图景，也就是说，它能描绘中华民族历史中的一个很有意义的细节。这是任何一本大历史书都做不到的，扬长避短，正是《碛口志》要走的路子。

因此我建议，镇志要有自己更深入的、更具体的细节，不要概括笼统，要有声有色。搬油工人在柱子上和门框上抹手，船筏工人光着腚干活，账房先生半夜里吃碗饦，麻墕更夫镇唬响马，商会会长保住黑龙庙，只要是真实可靠的，都要有闻必录。山歌小曲，也不要因为可能教人脸红心乱而改动或删削。

这样做，会遇到一些阻挠，有思想上的，有习惯上的。许多人已经太习惯于早已固定为一种程式的志书写法了。他们也会死守住某一种思想来“把关”。牵涉到某些人的时候，恐怕还会有一些亲属的干扰。克服这些阻挠是很困难的，我的希望和建议会被认为是旁门左道，是歪论邪说，是不正经的“四不像”。但我太盼望有这种“四不像”了，盼望得很久很久了。

我不知道这部《碛口志》会编写成什么样子。我只有盼望，盼望是属于我自己心底里的，我可以一直盼望到最后一口气。

我相信，王洪庭、薛容茂等先生和王成军副县长是会用他们最公正的思想、最细致的作风，不辞辛苦，不避疑忌，把这部《碛口志》编写成功的。我谢谢他们。

2002年2月1日

《龙游文化遗产图志》* 序

龙游的物质文化遗产保护是一个我乐于说说的话题。

一些朋友，看到我从事乡土建筑研究，这么执着，近乎痴迷，就颇有兴趣地问我，这是因为什么？要回答这个问题，恐怕得从我少年时代在浙江金华、丽水一带山区里的生活说起。那一段生活，是我非常喜欢回忆的，充满了温馨的细节。但是对于回答朋友们的问题来说，那些只不过是我血液里的基因，而诱发我的乡土建筑研究，还要有外因。那外因很庞杂，主要的是我一直认为，研究建筑，不能只看建筑，要把建筑和活生生的人联系起来，放到生活中去看，放到社会、文化的历史中去看。只有在这样的研究里，建筑才会活起来，才会有体温，有喜怒哀乐。对建筑研究的这种认识，落实到中国乡土建筑上，要有一个触发的机会，这个机会，就发生在浙江省的龙游县，是那儿的文物和旅游工作者给我的。

1989年，中国的乡土建筑保护还没有开始。许多地方，人们还根本没有意识到乡土建筑的价值，为了建设“小康文明村”，第一件要做的事情便是拆掉宗祠和庙宇，觉得它们“不文明”。在这种时候，我们却接到龙游县负责人的邀请，去帮他们测绘一批乡土建筑中的优秀作品，为的是要想办法把它们保护下来。

* 《龙游文化遗产图志》，龙游市文化局，2006年。

这是改革开放以后我们在乡土建筑保护方面接到的第一个邀请。这邀请来自一个并不富裕的县，1983年刚刚恢复县级建制的县，它肯定还在百废待兴的时期，却已经想到了乡土建筑的保护。那时候，做出这样的决定，不但要有远见卓识，而且还要有点勇气。

我们当然很高兴，派了好几位教师带着一批高年级的学生去做了这件工作。我到的是三门源、志棠乡和高山顶村。这一去是惊喜交加。经过几十年的各种折腾，村落早已十分破旧，破旧得教人心酸，但可喜的是这几处村落都还完整，尤其教我大大感到意外的是，那里的建筑竟会那么精致。虽然我少年时代在金华、丽水一带生活过，但那时候并不懂得注意建筑，而1989年，我早已经是一个建筑学系的教师，建筑的精致打动了我，村落的完整教我意识到有可能把它们放到社会、文化和生活中鲜活地去研究。于是我做了些简单的设想，并且断定我的理想方案完全能够实现。我血液中对乡土社会一生的热爱和我几十年的学术追求一下子对上了口，紧紧结合在了一起。

从那以后，我和我的同事们开始了乡土建筑研究，坚持了将近二十年。可惜，由于机缘不凑巧，我们竟没有在龙游县境内做过一个课题。不过，我始终没有忘记是龙游县各方面负责人的眼光和见识促成了我们的这项工作，并且一直怀着感谢的心情，常常向朋友们提起。

近年多次到兰溪和江山工作，不断听说龙游县鸡鸣山民居苑建筑的情况，知道龙游的负责人一直坚持着用多种方式保护乡土建筑遗产，不曾停顿过。但是来去匆匆，没有机会去看一看。2005年秋天，我从江山去武义，终于在黄昏时分到了鸡鸣山，这一次，龙游县的负责人们又给了我一场惊喜，给我上了一课。我一向宣传国际上公认的严格的文物建筑保护原则，但我并不认为，不论情况发生了多少变化，文物建筑都必须坚守在原地。我觉得，当原址情况大变之后，文物建筑完全失去了它们的原生态环境，留在原地已经没有多少意义，何况，它们在原地已经没有可能再长期保存下去，一定要把它们留在原地，等于抛弃它们，让它们毁灭。在这种无可奈何的情况下，易地保护是一个可行的选择，是万不得已中的办法。但是，在国内，在国外，我见到过几处专门容纳迁建来的文物建筑群，组合都逃不出简单排列的框子。而我一进鸡鸣山，老实说，就大喜过望。原来迁建来的建筑物，可以组成这么自然、这么优美、这么诗情画意的群体。而且，他们在拆迁过程中，对建筑物年代的判定和一些构造细节都做了深入的研究。我在这个建筑群里见到了龙游县文物和旅游工作者的创造能力，尤其是他们一丝不苟的工作精神。于是，我成了鸡鸣山民居苑的热心宣传者。

当然，龙游县的物质文化遗产远远不止这些，不但乡土建筑的精品在农村还有许多，更有其他各种类型的文化遗产。龙游县有两千二百多年的建制史，在清代，又是著名的龙游商帮的老家，所以，它的物质文化遗产十分丰富。目前全县拥有全国重点文物保护单位一处，浙江省文物保护单位六处七点，龙游县文物保护单位93处，文物保护点105处。包括古墓葬、遗址、摩崖石刻、石窟、桥梁、宗祠、庙宇、殿堂、民居等等。

现在，龙游县的负责人们要出版龙游县物质文化遗产图志了。这在全国不算创举，但是毫无疑问属于比较早的一本。我祝贺他们的成绩，并且借这个机会表示我对他们工作的深深敬意。

最后，有一件事必须提一下。2006年5月25日我第二次到了鸡鸣山，谈天的话题自然转到了“五一黄金周”的收入。当地的负责人淡淡地说：有一点收入，不多，我们搞鸡鸣山旅游是把它当作文化事业，并不是专为了赚钱，常常对游客免费。这是一句我时时刻刻盼望着的话，终于在鸡鸣山听到了，它和那天的潇潇春雨一起使我感到了滋润。

2006年5月29日

《深圳市古建筑调查》* 序

我是1988年第一次到深圳的，并没有进市区，在一条公路的丁字路口下车，只见路边一片荒凉，向前看，没有房子，向后看，也没有房子。提着行李箱，循砂石路走了半个多小时，才来到深圳大学。会见了几位老同学，第二天就到香港去了。

那以后，过了几次罗湖关，看罗湖关前一年比一年漂亮，不过，全国都在快快地变，所以印象也不十分强烈。大约是1995年罢，走过罗湖桥，见到桥南道路平整，秩序很好，而桥北的沥青路面有裂隙有破坑，秩序也相当混乱，心头挺不是滋味。

又过了十年，2005年，终于在深圳市区转了几处地方，也到郊区看了看，我这才大大兴奋起来，原来深圳建设得这么漂亮了呀。几次在深圳大学边上经过，这里一片繁华景象，哪里还有荒草野地呢！

我看着二十几年前第一批来到深圳的老同学和现在逐渐接了他们班的年轻人，白发红颜，都那么神采奕奕。我一遍又一遍地向和我一起来到这里的朋友们介绍：他们是开拓者，是开拓者！速度这么快的、质量这么高的建设，这么多的各方面崭新的探索，他们都参与了，成功了！他们很幸福。

到这样一个日新月异的城市来，我的身份，却是一个历史建筑的寻

* 《深圳市古建筑调查》，深圳市建筑科学研究院主编。

访者。我以为在深圳，我很不合时宜，还是多看看，少说说为妙。

不料，在一次座谈会上，市规划局的朋友竟端出厚厚两大本由市建筑科学研究院完成的书稿，是大市区范围里近现代建筑的调查。我吃了一惊，这么郑重其事地对当地历史建筑做“拉网式”调查，我是第一次听说；这么精致的书稿，我是第一次见到。端起书稿，可真有点儿分量，有可以用磅秤精确得出的，更有要靠想象才估得出的。

在高速度的现代化建设中，深圳也拆毁过一些历史建筑，其中恐怕难免有价值比较高而应该保存的。但猛干了二十几年，新的和老的开拓者们告诉我，市里已经把2005年定为“文化遗产年”，活动中包括要调查清楚当地还存在的历史建筑。

想起那些曾有几百年辉煌历史的城市，现在还在开发商和官儿们合力推动之下，大片大片地拆毁无比珍贵的文化遗产，深圳的人们真正是难得的清醒明智。

我没有花多少精神就理解了深圳人。现代的开拓者们是能尊重过去的开拓者的，创造着现代历史的人们是能尊重过去创造历史的人们的。他们有类似的追求和豪情，“心有灵犀一点通”嘛！所以，当今的深圳人懂得曾经在这块土地上流血流汗一砖一瓦地建设家园的人们的心，也就懂得爱惜他们的劳动成果。

文化是靠积累才进步，才越来越丰富的。一张白纸，没有负担，也就没有前人的经验和智慧可以借鉴，没有可资借鉴的经验和智慧，是画不出最新最美的图画来的。

虽然如此，但是，直接的借鉴或许是次要的，更重要的是任何一座城市最好都有一定的历史厚度。历史的厚度使人聪明，使人谨慎，使人更有进取心，使人勤于从更多的方面去思考问题。人是不能没有精神境界的，历史能帮助形成高远的精神境界。文化的主要因素不是唱歌跳舞，而是历史意识，所以博物馆和图书馆的文化地位总是高于歌台舞榭，而历史建筑本身便是综合的博物馆和图书馆。

我想，这本厚厚的书，一定能推动深圳市的历史建筑保护，也一定能有助于深圳市建设得更加全面和丰富。这是可以期待的教人欣慰的前景。

在这本书之后，我希望朋友们紧接着便调查和撰写深圳的古代建筑史，那也是很有意义的一步，希望不久便能见到结果。如果在那本建筑史里能给每一幢建筑配上几幅测绘图，就更完美了。这其实也并不难，不过要认真去做罢了。

我盼着有更多的地方像深圳一样做这么一件工作，一件大好事，不仅对自己的地区和城市，也更对全国。

2006年3月

《三峡古典场镇》[*]序

2003年3月19日，两位年轻人带来了西南交通大学季富政老师写的《三峡古典场镇》的校样。去年，我拜读过季老师的两本著作：《中国羌族建筑》和《巴蜀城镇与民居》。它们大大开拓了我的眼界，丰富了我的知识，也让我知道了一位不受当今滚滚而来的发财潮的撼动、跋涉在崇山峻岭中寻找民族乡土建筑遗存的学者。所以，这次收到校样，当天晚上，我就安排好舒服一点的坐椅，跷起双脚，准备再一次享受季老师的学术成果，我相信必定有新的收获。果真，越看越入神，到了午夜，我已激动到了极点。过去，关于三峡的乡土建筑遗存，我听说过的只有大昌古城、宁厂、张爷庙和石宝寨玉印山。其中玉印山要保护，张爷庙和大昌古城要搬迁，所以觉得损失不算大，没有在意。看了季老师的研究，才知道原来三峡地区有那么多古镇，每个古镇都有那么强烈的特色——都是雄奇壮丽的三峡才有的特色，只有三峡才有的变化莫测的特色。它们的历史文化内涵，也像三峡那样，非常深厚丰富，瑰丽多彩。但是，一年零三个月之后，2003年6月三峡水库蓄水，它们中的大部分都将淹没在175米高程的水位之下，永远地消失，毫无挽救的可能。于是我的心被水库一样浩瀚的遗憾和痛惜淹没。同样强度的兴奋和痛惜碰撞在一起，我眼睁睁熬到天明。过

* 季富政著，西南交通大学出版社，2007年。

度的疲劳使我平静下来，心里便又升起了强烈的感谢之情。感谢季老师和他率领的同学们，不辞千辛万苦，调查了这些小镇，抢救了大量的资料，写出了这么珍贵的研究著作。我相信，这份研究的价值将一天一天地增长，会有千千万万的人，包括未来可以买张票便到月亮上旅游的人，都会感谢季老师和他的年轻伙伴们。这是一本永远不会被重写，却会无数次被重读的书。

著作写得全面详细。有一些古镇的总平面图和总剖面图，尤其显出工作的认真。我深深知道这些写作和制图的难处，我特别喜欢写西沱镇的那一节，那里面有一段“调研日记”。细细读过，我仿佛参加到季老师的小组里去了，看同伴们精神百倍地测绘，向九十二岁的寿星请教，也一起感叹多年来文物事业的粗疏和整个社会文明程度的低落。

壁立千仞的悬崖边，散放着几张素木桌子，桌面上跳跃着被黄桷树叶撕扯得零零落落的月光，季老师买来了土酿的米酒和盐水花生，大家沉默无语。滔滔长江在脚下流过，我们祖先几千年的文化积累，难道也将随逝水而去，消失于无形无影。我抬头顺季老师的手指望去，江对岸，玉印山清晰可见。山脚下昏黄的灯光勾画出一圈椭圆形的老街，那是真正的石宝寨。这一圈街和那一座山，是血肉相连，谁也离不开谁的呀，怎么我过去所知的竟是那么片面零碎！报章杂志上介绍过许多次的“石宝寨”保护方案，竟都不提那一圈老街。我的老毛病又犯了——我的眼睛湿润了！

从恍惚中醒来，我只能为没有参加季老师的工作小组而遗憾，一个学术工作者永远的遗憾。

擦一擦眼睛，月亮闪成了一片光晕，我心里想，恐怕在当今任何一个有相当文明程度的国家，遇到像建三峡水库这样的事情，一定会调动全国有关的力量，来给这一百多座古镇做一遍细细致致的测绘，拍摄一大批各种角度的照片，甚至做一些比例尺不小的模型，从而建立一个极有价值的博物馆。我们其实本来有充分的时间做这些工作的，所费也并不大。三峡只有一个，但全国建设方兴未艾，我们还有许多“机会”失去我们民族的历史文化遗产。我们将继续束手无策、听天由命吗?

季老师在校样中夹了一张纸条，上面有一段话：“我们同时正在进行《成都市古镇研究》，所有的节假日全部泡在里面。分十个镇，一个老师负责一镇，可望每一老师对一镇写出一本书来。”谢谢具有远见卓识而有责任心的西南交通大学建筑系的老师们，我这篇“序”终于可以在重新涌上心头的兴奋中结束。

2002年3月20日凌晨

《乡土寿宁》[*]序

近来有一种说法，我不知道它的出处，多少有一点儿流行的意思。说的是，中国文化有四大板块：儒、释、道和帝王。这说法肯定是坐在图书馆里的学者提出来，又被坐图书馆的学者引用的，因为这四大板块，说的其实不过是典籍文化而已。

我没有全面而深入地接触过中国的典籍文化，算不上读书人。但是我喜欢上山下乡，从东海之滨直到帕米尔高原脚下。因为老而又弱，没有敢到西藏去。亲身的观察和体验，深入的而不是肤浅的，教我敢说，有一种文化，滋润着广阔的村野大地，这是一种有自己独立的生命、品格和香气的文化。说是“一种”文化，其实又随民族、地区而变幻出千种风情，万种色彩。这就是乡土文化。你想知道我们国土有多大吗？历史有多长吗？你就去亲近我们的乡土文化，它的厚重、它的丰富，就是我们国家历史的长度和国土的宽度。而且它有多美丽呀，多温暖呀，它又是多么善良呀。它像血液一样浸透我们的身心，我们的民族因此而洋溢着生命力，千难万劫，都没有被摧毁。我们民族的乡土文化是生生不息的，而那“四大块”文化却会退去。

我期望，在我们这个历经艰险而又重新焕发的国家里，会掀起一场整理乡土文化的大事业，这将是我们对世界文化的大贡献。我相信，中

[*] 刘杰、林蔚虹主编，中华书局，2007年。

华乡土文化，能使世界更多彩，更美好，更有人情味。

在乡土文化的物质遗产中，最重要的是建筑，包括各种类型的个体建筑和它们所形成的村落。乡土生活在建筑中运行，乡土文化也因此在建筑环境中氤氲。建筑成了厚重多彩的乡土文化的舞台和载体。从建筑下手研究乡土文化，是一个很便捷的好方法。近年来，研究乡土建筑的人稍稍多了一点儿，有心人不是没有，是太少，是太分散，是太困难。在乡土文化方面做一点点认真的工作，都得有许多条件，有许多承担，甚至有许多放弃。

感谢福建省寿宁县的几位朋友，他们迎难而上，在寿宁县做了这么好的工作，合力写出了寿宁县乡土文化的一个重要的方面：乡土建筑和村落。我到过寿宁县两次，那地方很美，但很荒野。到处是山，山外还是山，没完没了的山。乍来初到的人会问，这地方，除了山，还能有别的什么呢？有的，会有的，有人烟处就有生活，有生活就有追求，就有创造，于是，就有了文化。这几位朋友，先从建筑和村落下手开始了寿宁文化的调查研究。

我认识这几位痴迷执着的研究者，他们分别在不同机关里工作，却有同一个理想：把寿宁县的乡土文化研究个透。我跟着他们上山下乡跑过，不论跑到哪个村子里，不论跑到哪座拱桥前，他们都早已很熟悉。我喜欢提一些稀奇古怪的问题，他们总能满足我。更可贵的，是他们熟悉和研究课题相关的村人们，像亲人一样。对任何一个乡土文化的研究者来说，熟悉物质文化和非物质文化的创造者和传承者，跟他们做朋友，都是最重要的品质。不热爱人，怀着一颗冷冰冰的、充满了功利算盘的心，就根本不可能热爱人们生活中的文化，哪还能提得上热情充沛地去工作。

那一篇关于桥梁的调查报告，还写了有关桥梁整个建造工程中的民情风俗。把物质文化和非物质文化结合起来写，乡土文化就写活了，因为有了人嘛！听说现今世界上关于文化的定义已经有了将近二百个，还没有一个被公认为最好的。但我相信，以后不论世界上还会有人提出什么样的关于文化的定义，都不可以不提人、人的生活和人的创造。冷冰冰的学究式定义，不提也罢！

我第二次到寿宁去，是个温暖的冬天，却没出息，病了，当地的朋友们给了我最周到的关怀，虽然损失了一天的参观，但收获到了真切的友谊，挺值！谢谢。

2007年4月1日夜

《宁海古戏台》* 序

浙江省是个好地方，经济和文化都很发达。经济文化发达，文物就多，而且爱护保护文物的人也就多。

东海之滨的宁海县，在浙江省算起来，不很大，不很富，也不很强，但是它竟保存下来了明清两代的古戏台一百几十座。保存下来的戏台都是造在庙宇和祠堂里的，除了城隍庙，这些庙宇和祠堂都在农村。近几十年，农村经历过剧烈的变化甚至摧残，宁海竟还有这么多的庙宇和祠堂连同它们的戏台能保存下来，这说明，宁海的人们在那样疯狂的年代里，仍然珍爱着他们的文化财富。

不过，事情还有另一面。我们曾经失去了多少珍贵的文化财富呢？我手边没有完整的资料，只能从旁边介绍几个参考数字。1991年编的《新昌文化志》记载："据1952年统计，新昌万年台（按：即正规戏台）计有827座。"新昌是个山区小县，曾经有过八百多座戏台，那么，和它相邻而比它富庶得多的宁海县曾经有过多少戏台呢？总不只有现存的这一百多座吧，它们到哪里去了呢？怎么去的呢？又据另一个邻县绍兴的文化馆调查：经过土改后十几年折腾，到"文化大革命"前绍兴县还有208座戏台，再经过十年"文化大革命"，到1986年，不含小小的越城区，竟只剩下了69座。看着这本《宁海古戏台》，

* 徐培良、应可军著，中华书局，2007年。

只见鬼斧神工、龙举凤翔，就能知道，那是一种什么样的损失，多么大的损失！

这本书里写下的戏台，都是中国乡土社会里流传的庙宇戏台和祠堂戏台，没有广场戏台、水上戏台和小庙门前独立的小戏台，这大概是借庙宇和宗祠的庇护，它们的戏台比较容易幸存的缘故。

这种情况倒符合中国戏台发展的历史。关于正正经经的戏台的史料，最早见于北宋，那是庙宇戏台，基本定型：戏台造在庙宇大殿之前（南），面对大殿，中间隔个院子，普通人站在院子里看戏；院子两侧有厢楼，楼上是大户人家看戏的地方；演戏的日子，厢楼下摆满了小吃摊，热气腾腾，油香扑鼻。这个形制，历经一千多年，并没有根本的变化。

从明代后半叶起，经朝廷开禁，全国到处掀起了兴建宗祠的热潮。拜祖宗和拜神道差不了多少，于是，比较成规模的宗祠大多仿照庙宇的形制，戏台也顺带成了宗祠的重要构成部分。不过，宗祠里院子两侧的厢房以单层的为多，建造厢楼的比较少。这大约是宗祠的群众性不如庙宇的缘故。

这样的庙宇和祠堂，分布在多半个中国，不论城乡。它们是乡土社会里最活跃的场所，台上传递着过去的记忆，台下生成着未来的记忆。村民们从戏剧学到历史，学到伦理，唐宗宋祖、忠孝节义，这里是大课堂。

为什么戏台大多数被圈进庙宇和宗祠，面对着大殿或者祖堂？这个布局有个有趣的说法，流传在村野里，也曾被一些文人写进笔记。

说法是：历代都有些“正人君子”认为演戏看戏，台上台下，都“有伤明教风化”，呼吁“有司”严加禁止，以正人心。但演戏看戏都是人的天性所好，岂是什么人能够禁止得了的。经过长期“收”和“放”的反复冲突，禁戏和爱戏的两派势力终于达成了一个习俗上的妥协，便是戏台必须造在庙宇和祠堂里，而对大殿或祖堂，演戏首先是给神灵或者祖宗看的，不敢放纵，否则会惹神灵或者祖宗生气，遭到责罚。而且，青年男女们看戏的时候背后便是神灵或者祖宗，不得不循规蹈矩，岂敢闹些出格的事来。

不过，如今一些满脸白胡子的爷爷们谈起当年看戏的经历，最津津乐道的还是突破种种管束措施，在女孩子堆里挤来挤去，讨骂讨打！或许这是“世风日下”吧，不过，历来的地方志之类的书里，不论明代的还是清代的，大都有文章为这种“世风日下”的情况感叹一番，可见它是“自古已然”，如今听来，倒成了趣事。白胡子爷爷又说：两侧厢楼里坐的高门眷属，男左女右分开，院坝不宽，正好相亲，所以就有了“一厢情愿”和“两厢情愿”的说法。庙宇敬神，祠堂敬祖，庄严肃穆，但是只要红娘上戏台一唱：“他们不识忧，不识愁，一双心意两相投，夫人得好休便好休，这其间，何必苦追求？”庙宇和祠堂便立刻成了最有人情味的地方，小小乡村，也就有了生气。

神灵和祖先当然不会因此而生气。

宁海的古戏台，我去过看过几座，大格局依例很程式化，那木作艺术和技术大大使我兴奋了一阵子。

庙宇和宗祠本来就是乡土环境中最壮观、最华丽的建筑，它们是一方匠师们最有代表性的杰作。

杰作总要把最好的一切放在人们最看得见的位置上，所以，对着观众的戏台正面是第一个下功夫的地方。它的比例要和谐，构图要完整，风格要翩翩有生气。宁海的匠师们大都做到了这些，那“如翚斯飞”的翼角多么灵巧，真的一扑簌就能飞起来的吧。或许更多的人会被戏台上方藻井的精巧、华丽甚至奇幻感动。最常见的叫“鸡笼顶”，半球形的，一周遭都有小木作的筋络循半径向圆心集中。最辉煌的叫“百鸟朝凤”，就是鸡笼顶向圆心集中的筋络朝同一个方向旋转着腾升上去，生气勃勃，永不止息。此外还有四边形、八边形的等等，也都十分玲珑精致。无论从艺术构思上还是从技术构造上看，藻井无疑都是精品。正是这些近乎炫耀的藻井，才能和民间表演艺术家火爆夸张的演出搭配。匠师们对炫耀毫不掩饰，他们竟把藻井做成双联的甚至三联的，从戏台上一直延伸到院坝里，把它覆盖，既统一了二者的空间，又卖弄了自己的才能。看得出他们洋洋得意的心态，观赏者就觉得过瘾。

这本书的作者徐培良先生是一位文物保护工作者，正是他，不怕承担重大的责任，尽心尽力为宁海的戏台申报了国家级的文物保护单位。可惜因为没有经验，怕保多了管不起来，只申报了一百几十座中的十座。不过，作为历史上形成的群体，接着拓展这个名单是完全可能的。我们不能让先人们世世代代创造的无比珍贵的艺术和技术成就，乡土建筑中极有生气、极有群众性的作品，再被冷落，再被遗弃。万一它们因为被冷落、被遗弃而致毁灭，那将是我们这个民族的悲哀和耻辱！

徐培良先生写作这本书，是为这些戏台以及其他的历史文化遗产呼吁生存权。他写得具体细致，提供了丰富的历史文化信息，因此，这本书很有学术价值。我上山下乡，从事乡土建筑研究二十年，“寂寞沙洲冷”，既了解他的心迹，也知道他的辛苦。为了争取这些宝贝以及遍于全国的类似的宝贝平平安安地保存下去，在相应的知识极其不足的情况下我写了这些话，浮浅和隔膜，就请原谅了吧！

这篇短文写于7月7日，这是“七七事变”七十周年纪念日，正是这个“事变”，开始了我们国家和人民整整八年的灾难岁月。我作为这八年的亲历者，见到过多少同胞的牺牲和多少文物的毁灭，还有从此造成的国家民族发展的滞碍。

历史教训我们必须自强。只有经济的自强是不够的，还要有文化的自强。经济的落后比较容易赶上，要克服文化的落后就困难得多了，而文化的落后又必然会拉经济发展的后腿，这是眼前的事实教给我们的。文化的落后要靠创造去克服，作为国家民族创造力见证的文物，是创造新文化的重要助手，所以文物保护是文化建设的一个万不可缺的方面。文化建设靠的是一砖一瓦平平实实的积累，不能指望一鸣惊人的伟业。但愿我们大家都能知道，而且行动起来。

2007年7月7日

《十里铺》* 前言

几年来，我们一直在南方的乡村里工作，那里自古农业经济发达，有些村落甚至早已有了繁荣的商业和手工业。文化教育水平也比较高，“进士第”“大夫第”到处可见，祠堂门前曾经竖立过一对对的桅杆。那些村落大多是单姓的血缘村落。过去宗族组织完整，很有效地管理着村民的社会生活，宗法家长制的观念因而渗透到生活的各个方面。那样的村落，往往有明确的格局，有水口，有中心和副中心，有合理的街道网和给水排水系统，等等。建筑类型相当多，形成了一个与复杂的农村生活相对应的乡土建筑系统。各种建筑物的形制比较成熟而稳定，住宅的形制多种多样。它们的质量很高，能够满足社会的和家庭的生活需要，工艺讲究，装饰精致，形式和谐而多活泼的变化。从村落的整体到雕饰的题材，都反映出封建宗法制度的意识形态，文化含量非常丰富。

但南方的乡土建筑毕竟只不过是中国乡土建筑极为有限的一部分。我们当然不敢奢望在广袤的中国大地上东南西北选取足够多的典型村落来做研究，但我们希望稍稍扩大一些选题的范围，以开阔我们的眼界，活跃我们的思维，这样能把工作做得更好一点。恰好，有朋友问我们，能不能研究一个西北黄土高原上的窑洞村落，陕西长武十里铺。我们立刻就同意了。

---

* 清华大学出版社，2007年。

黄土高原是中华文明的发源地之一，曾经是中国政治中心的所在地。那里发生过许多对中华民族的命运有重大影响的事件。然而，长期以来，那里又是全国最最贫穷的地区之一。

黄土高原是黄土沟壑区，塬壑沟深，天高风紧，自然风光阔大雄伟而粗犷，特色非常鲜明强烈。

黄土高原上的乡风民俗，同样也是特色非常鲜明强烈。且不说婚丧嫁娶、年时节下，便是那震天动地的腰鼓，嘹亮高亢的民歌，饱含着人们理想和愿望的剪纸和炕围画，也早已远近闻名。

这些对我们都是诱惑。

窑洞，或许不免过于简单，但是，据说现在还有将近一亿人住在窑洞里。他们的生活怎么样？听说窑洞冬暖夏凉，是真的吗？

去，一定要去！

一决定了要去，便有点儿迫不及待。我们打算1996年春节之前去，在村子里过节，跟乡亲们一起玩社火，吃他们的蒸馍、面花。但是，在西安工作了几十年的朋友们告诉我们，我们要去的地方，大雪封山，交通十分困难而危险。我们还坚持要去。过几天，他们打来电话，那儿非常贫穷，年节本来就没有多少活动，加上这几年社会的大变动，民俗已经所剩无几了，去了也看不到什么。我们有点动摇了。再过几天，他们又来了电话，说，村民们根本没有多余的铺盖可供我们睡觉，我们不可能在村里住下。我们泄气了。最后，他们认真打听了之后，建议说，春天里去，近年来新栽的苹果树开了花，云霞一片，那时处处可以见到男婚女嫁，鼓乐骈阗，何况清明节还有伐树、扫墓之类的活动，这些都是冬天里没有的。于是，我们改变了主意：4月里去。

4月1日，清明节前三天，我们从北京出发。2日，从西安乘汽车去长武，渡渭河，经咸阳、醴泉、乾县，来到泾河一条支流的河谷里，便是彬县（旧豳县）。这一路每一处地方，都在中国历史上占一个位置，文化遗址一个接着一个。我们被一种巨大的历史感浸透了心灵，默默沉思着，望着车窗外的变化。醴泉县境内，几十公里的路边都是苹果园，夹杂着葡萄园，一望无垠，可惜枝条都还是空的。武则天的乾陵就在公路边上，恢宏有大气魄。从这里开始，公路两边就迤逦都是窑洞和窑院了。泾河支流的河谷深而且宽，我们在东岸，远远望见西岸高高的陡崖上，一层层厚厚的积雪，便预感到那边将是一个生活严酷的地方。汽车艰难地下了坡，过了河，又艰难地上了坡，眼前便是黄土高原。原上景色开阔，无边无际，碧蓝的天滚滚圆，边上没有丝毫缺口。但是，一忽儿在左，一忽儿在右，突然就能见到深不可测的大沟，几百米宽。沟壁直上直下，却有些浅色的线贴在陡壁上盘旋，细细一看，那竟是人们踩出来的小径。有几处，公路两边都是沟，路就在一条刀脊般的土梁上走。我们看惯了南方农村的山峦，把天空咬得破破碎碎，猛然觉得这里的山峦是虚的，而且倒着朝下长，留下一个完整的天，像糕饼模子，很别致有趣。

离开北京的时候，榆叶梅的花骨朵已经红了，而这里麦子刚刚返青，还蔫蔫的没有精神。积雪一道一道的，像梳子梳着麦垅。远处隐隐有了树影，便到了长武城，正赶上集市，灰不溜秋的街上一堆堆鲜艳的塑料制品照得人眼花，卖烤饼的炉子漾出的香气，老远就能闻到。到县城建设局转了一圈，就直奔十里铺村所在的丁家乡。我们向乡长提出来要到农家住，乡长说，天很冷，窑洞里没有闲着的暖炕，又缺铺少盖，水也金贵，不好住。到农家吃呢？乡长也觉得为难，说，只有油泼辣子和去年腌下的咸菜，日子多了怕也不行。于是，我们就只好在公路边上做过路司机买卖的小店里安顿了下来，好在离十里铺村东头不过一百多米。

十里铺村是个细长条，沿道沟延伸三里多路。道沟六米多深，十来米宽。一条直路穿过去，两侧一个挨一个的窑院。窑院前脸不是原土壁就是夯土墙，一副很原始的黄土沟面貌。只有稀稀落落几个近来新造的砖房和门楼，给它一点生气。

窑院和窑院的间隙，土壁上有些用镢头粗粗刨出来的踏步，农民们扛着锄头曲曲折折走上塬面去。塬面一马平川，能看到天边，却看不见人家，只看见从沟里冒出来的杨树梢，听见地底下传出来的人声。走近地坑的边缘，往下一看，窑院里演出着家庭生活的各种场景，梨树和桃树孕了花骨朵，小小的，还没有变色。

村子没有一定的结构和布局，随地势形成，散而无序。只在中段有一座村民委员会办公室，原本是三仙庙，新盖了五间砖瓦房。旁边有一间小小的卫生站，十平方米大小，卫生员常常不在，吊着锁。小学校倒有两座，有一座是在过去的大车店窑院里造的，几座砖瓦房，很整齐。院子种些花木，一下课，老师们便把院子扫得净光亮堂。村路也很干净，家家每天都出来打扫一段，清一清水沟。

路两旁密密种着杨树。我们到的第三天是清明节，那天伐了许多树，邻村也在伐树。我们觉得奇怪，打听了一下，说是杨树遭了虫灾，是一种蛾子，幼虫把树干蛀空了。仔细一看，要砍伐的树，树身上都刮去了一小块皮，白茬上贴着一张红纸条，写着“树神回避”四个字。当地的风尚，年年砍树必在清明节，红纸条提前几天贴上，以免伤了树神，万一伤了，以后再栽树就难了。虽然树的所有权是私人的，但传统的习惯，“村民公约”上也写着，谁砍一棵树，就必须补种一棵，以保持村里总有树木。今年要补栽的是楸树、槐树，不像杨树那样容易招虫子。

这真是个好习惯，树木给村子带来了生气。我们看到，许多还健康的树上，挂着小小的秋千，小学校一放学，活蹦乱跳的孩子们便抢着悠荡起来，有大姐姐在旁边帮着推的，便特别欢势。村人们告诉我们，这荡秋千也是清明节的一个习俗。不过从前不挂在树上，而是在窑院里搭个架子。因为秋千主要是女孩子玩的，穷乡野村里，规矩不多，不过女孩子还是不能在大路边上太疯了。本领大的女孩子，秋千荡得高高的，墙外也能看得见。“墙里秋千墙外道，墙外行人、墙里佳人笑”，或许是这种情景。

家家的门虚掩着，推开进去，窑院都收拾得很整洁，而且宽敞亮堂，纵横足有十几米，高高的黄土削壁，脚下三五孔窑洞刻出浑圆的轮廓，窑堋子上的门窗还有些细棂和亮色，看起来很大方。土壁上挂着浑圆的蒸笼盖子，是麦秸编成辫子再盘成的，旁边一嘟噜一嘟噜挂着深红的辣椒和金黄的玉米，下面蹲着几只山羊。难怪画家们很喜欢画这些东西，它们自有一种憨厚的风味。

日子住长了，我们对这条几里长的沟和窑院也真生出了喜爱的心情。

让我们喜爱的主要原因是那些与黄土地一样朴实憨厚的村人们。他们把我们当好朋友来接待，我们走进任何一家，主人都先喝住狗，把我们请进屋，上炕。虽然已经是四月上旬，高原上还是寒气袭人，又逢连阴天，老年人都盘在炕上，下面生火，上面盖着棉被。我们三个教师，被他们称为“两个老汉一个姨”，算是上了岁数的，要到暖炕上坐。学生们则坐在炕沿上。大娘打开箱子盖，摸出去年的大红枣来分给我们，不吃不行。到了饭口儿上，说什么也得坐下来吃几口馍。家里有绣品、香囊什么的，只要我们开口，有时甚至没有开口，她们都会高高兴兴地说：拿去罢，我们再做。乾隆《重修长武县志叙》里，知县樊士锋说“民虽贫，有淳朴而无机诈，跻堂称觥之风当未泯也”，到现在依旧如此。

十里铺在这一带算是比较富的，从宝鸡来的公路正好在村边与西安至兰州的公路相会。人们见闻多一点，便有几家舍得花钱叫孩子读中学。知识开通，谋生的路子随之宽阔，早些年就有人到彬（豳）县的煤矿和电力公司工作，近年来出去打工的人不少，挣了些钱，回来种苹果和烟草，收益很好。有一些人攒钱买拖拉机，跑近途运输，最不济的也知道打一眼机井，家里老人坐在井边按电钮卖水，一吨能卖二元五角钱。还有少数高中毕业生，会搞经营，到地广人稀的甘肃租地，在当地雇工耕种，一年只过去几次，秋后收入便相当可观。至于那些跟村里当权人有点关系的，便可以到公路边上弄块地皮开饭铺、旅社，赚过路人的钱。因此，十里铺村里这几年造了些新房子。

邻近不靠大路的村子，有一些境况可就差多了。不但新房子很少，窑洞也很破旧。春节才过了一个多月，处处见不到春联、门神的痕迹。不过，那些最穷困人家住的、大沟壑边上的单孔靠崖窑，没有路、没有水的，大多已经废弃，许多人已经搬到了村里，改善了生活。我们在直谷堡、陶林堡、斜坡村、裕头村找到了一些那样的窑洞，叫“一炷香”，简直是挖在绝壁上。我们战战兢兢攀缘过去，眼前脚下是望不见尽头的大深沟，不觉心惊胆战，真弄不明白当年的住户，老人和孩子，怎么在这里生活。在斜坡村和裕头村，我们都见到一些侏儒，尤其是斜坡村的几位更加畸形，这都是上一代人或几代人因为贫穷而不得不近亲结婚，以致留下后患。有一天，我们在斜坡村，进了一眼破破烂烂的窑洞，女主人显然很局踖不安，看我们亲亲热热坐下，她便到厨窑里端来了一碗面片汤，怯生生地抱歉说没有什么好吃的。我们立即接过来大口吞下肚去，肚子里的酸楚却不是那只缺口的青花碗盛得下的。

但是，在窑洞门头上斗格中题着的生活格言里，常常可以见到一句“忍为高”或“能忍是福”。我们所住的旅社，有一间餐室，墙上挂着一面祝贺开业的镜子，刻着四个大字：“知足常乐。”更教我们触目惊心感慨不已的，是公路边许多村头破墙上刷着的广告：“抽帝王烟，过皇上瘾。”帝王烟是当地制造的一种劣质土烟，所以叫“帝王牌”，是因为陕西关中八百里秦川曾经是十一朝都城所在。

我们天天都记得我们最初的愿望，巴不得能遇上个把民俗活动，看到剪纸、皮影、炕围画，最好还听见青年男女们对唱山歌。但是，确实，这一带过去太穷，而且多是杂姓村，所以民俗活动很少。十里铺只有正月十五日晚上的社火，由爱玩的青年人临时凑合起来，踩着高跷，扮成各种戏文角色，挨家挨户去送喜，也就是到窑院里转转，唱几段秦腔。有些人家把火锅送到三仙庙里，闹社火的人完了事便蹲在庙里饱吃一顿。春节，据说以前有狮子和龙灯，现在则用几辆拖拉机后斗拼成戏台，由农民自己演些秦腔小戏。面花过去做的，这些年不做了。剪纸、炕围画也没有见着，不过我们终于访到了一位剪纸能手，还有一位熟悉许多民歌的老太太。在二十几天日子里，有几起婚丧红白事，大都很简单，而且相当现代化了，有“领导同志讲话”之类的节目。我们在十里铺和邻近的村子里，塬上的、沟坎上的，现实生活中几乎找不到历史的遗迹。宣统《长武县志·跋》说：“长武自古豳地，读《豳风·七月》，先圣之德泽，民风之忠厚，咸于是乎哉。而代远年湮，流风余韵，罕有存者。古今之不相及非细故矣！”公刘啊，古公亶父啊，扶苏啊，除了县博物馆长，老百姓是听都没有听到过。有些人连自己祖父的名讳都不知道。

不过，也许我们能解释一个中国美术史里的有趣现象，这里的年轻女子，不论是比较富裕的村子里的还是穷村里的，几乎个打个都长着肥大而鲜红的脸蛋，跟唐代仕女画和陶俑上的一模一样。唐代皇族起于陇西，离长武不远，当年皇族的妇女大概就是这样，以至于影响到了有唐一代的审美理念，反映到了美术品上。这也许是秦陇少数民族的脸型。美术史家在研究室里百思不得其解的问题，到现场去看一看便可以明白。但愿我们是对的。

再有一点，这里的人把黄土塬上经千百年人踏车辗而成的道沟叫作“胡同”。元代的蒙古人正是这一带跃马扬鞭冲到无定河边，建成大都城的，所以，北京的巷子都叫“胡同”。这也是不少学者考据的课题，我们在十里铺轻而易举地弄明白了。

1996年夏

整整十年之后，我整理旧文，回忆起十里铺附近人们生活的艰难困苦，和他们接待我们时怯生生的厚道，还禁不住泪流双颊，甚至于抽泣。他们现在怎么样了呢？我们写的《十里铺》那本书，拖延到今年冬天才出版，打开那本书，我非常惭愧，我们在书里回避了多少生活的真面貌呀！一句话：苦！

2007年冬

《走近太行古村落》[*]序

“赶快科学地抢救保护晋城市的乡土建筑！”看了《走近太行古村落》这本摄影册之后，心情激动，所以提起笔来，先写出这句话，才能冷静地坐下来再写点别的。

不知为什么，我，大概也包括我常常接触到的朋友们，过去很长的时间里，对晋东南的乡土建筑知道得很少。我们大多知道山西省的应县木塔、云冈石窟、大同和五台山的庙宇群。它们是无价之宝，但它们主要是宗教力量的表征，是山西省能工巧匠的丰碑，并不能告诉我们山西省的社会史、经济史和全面的文化史。

也不知为什么，我，大概也包括我常常接触到的朋友们，印象中仿佛山西省是个封闭保守，甚至有点儿落后的地方。因为我们大多不了解山西省的社会史、经济史和全面的文化史。近年来，晋商的贡献渐渐被大家知道了一些，主要的还是晋中商人在内蒙古河套地区和向西方开拓的活动，而他们在文化史上的地位仍然不大被人知晓。

我是在1997年才初次到晋城去的，有朋友托我去了解一下阳城县的砥洎城。那时候，北京人还不大知道到阳城县怎么去。我先乘火车到了河南省的新乡市，下了车，在车站打听到晋城去的车，问讯窗口的人居然懒于回答，惹得我火起，跟她吵了一架。过了一夜，第二天才搭火车

* 阎法宝著，中国摄影出版社，2007年6月。

到晋城，再换乘汽车到了阳城。阳城博物馆的人们十分热情，安排我住了一晚上。到了砥洎城，已经是第三天了。看完砥洎城，我心有不甘，问问还有什么村子可看，于是推荐我们又去看了郭峪村和黄城村，当天回阳城。又过了一晚上，天亮到晋城赶火车，却不料被郭峪村的书记赶来截住，邀回了他们村。一来二去，就答应他到郭峪做些工作。

动手做工作已经是第二年的事了，一面做，一面到附近走走，看了山后面的上、中、下三庄，也看了郭壁、周村和窦庄。稍远一点，就到了南安阳、泽州县的冶底村和高平市的侯庄赵家老南院。不久之后，又应邀到沁水县的西文兴村做工作，围着它也看了几处村子。

再后来，我们到晋中介休县张壁村和晋西临县碛口镇去了，同样也是边做边看。那两处的乡土建筑，又和晋东南的有很明显的不同。

看了几年，干了几年，山西省乡土建筑的丰富和精致着实使我们吃惊，尤其是这些村落保存的完整，更使我们兴奋，这在我国的东半部已经很少了！看来，山西省可不是个封闭保守而有点儿落后的地方。这些乡土建筑突破了庙宇、石窟之类狭窄的框框，以它们品类之繁、形制和风格变化之多、与生活之贴近、对自然环境适应之灵敏，给我们讲山西省的社会史、经济史、文化史这几门课了。

别处暂且搁下不说，且说晋城市，也就是古泽州。渐渐，我零星地知道，原来泽州早在旧石器时代已经有了下川文化，后来又有“舜耕历山，渔于濩泽”的传说。商汤伐桀，夏桀带着妹喜出逃，就藏身在泽州高都的一个山洞里，这里有仰韶文化的遗址。晋城地区竟是华夏文明的发祥地之一。这里小小的一座寻常村子，就可能有一座尧庙、舜庙或者汤帝庙。

太早的也暂且搁下不说，且说明代以后的事。手头有一本书，里面有两则资料：一则是明人沈思孝说：山西“平阳（今临汾）、泽（今晋城）、潞（今长治）豪商大贾甲天下，非数十万不称富”（《晋录》）；另一则是清代惠亲王绵瑜说：“伏思天下之广，不乏富庶之人，而富庶之省，莫过广东、山西为最。”（《军机处录副·太平天国》卷号477）即使把这些话打几个折扣，山西之富也算得上在全国领先。而且，至少在明代，山西之富首先在晋东南，并不在晋中。

晋城的富，第一依仗煤和铁。雍正《泽州府志·物产》载："其输市中州者，惟铁与煤，且不绝于涂。"中州便是河南省。据同治《阳城县志·物产》说："近县二十里，山皆出（铁）矿，设炉熔造，冶人甚伙，又有铸为器者，外贩不绝。"这一段记载教我想起了第一次到晋城去的情况。那天晚上从郭峪回阳城县城，天已经漆黑，料不到，车一拐弯，窗外展开了一幅惊心动魄的场景，无数熊熊燃烧的火焰密密麻麻布满了天地间，火光照见蓝色的烟雾浓浓地滚过来又滚过去。问问博物馆的朋友，才知道那是漫山遍野的小高炉和炼焦炉。后来到郭峪村工作，附近上庄、中庄、下庄三个村子坐落的山沟就叫"火龙沟"，想必当年也是高炉连绵，火光烛天。那座于明末崇祯年间扩建的很有特色的小寨堡砥洎城，七百多米长的城墙的内层竟完全是用炼铁的废坩埚砌成的。在阳城各地，用坩埚建造的宅墙和院墙几乎处处都有，排成的图案很有装饰性。高平、泽州县，也同样以产铁和煤著名。而且晋城各县的无烟煤质量很高，以致室内采暖和举炊虽燃煤而不需要安装烟囱。民间传说，英国王宫里的壁炉都用这里的无烟煤。

铁的生产也带动了不少手工业，如犁铧和锅曾是晋城地区的名产，远销华北各地。铸铁也广泛用于日常用品，甚至用于工艺品。锅盖、笼屉，油盐罐、烛台，别处用木料或者陶瓷做的，这里都用生铁铸造。我称过一只笼屉竟将近三四斤重。还有专用来烙一种很好吃的煎饼的铁锅，简直是个大铁疙瘩。最叫我喜欢的是压婴儿被角用的铁娃娃，浑厚简朴而又生动，可爱极了。同治《阳城县志·物产》里还记述："每当上元，山头置巨炉，熔铁汁，遍洒原野，名三打铁花。"这打铁花我没有见到，但在贴近山西省的河北省蔚县，见到过一些堡子在上元节用铁勺向堡门墙上泼铁汁，金星一阵阵像火山爆发一样，场面壮观无比。冶铁竟转化出了文化习俗，年年演出一回，堡门墙上铁汁结成了厚厚的痂。

详细介绍泽州（晋城）的各种物产不是我这篇小文的任务，我不过是回忆起几次晋城之行，兴致上来，写了一段冶铁的事，以反证我过去对这里长期富裕的无知，也给这里乡土建筑之所以繁荣衬垫一下经济背景。不过另有两件当地的生产不得不提一下，第一件是进一步证明我曾经的无知，原来，除了又黑、又硬、又粗粝的煤和铁，晋东南在明代居然还是那又白、又柔、又细滑的蚕丝的重要产地。过去我一直以为养蚕、缫丝、织绸是杏花春雨中江南姑娘的专长，错了。第二件是，这里又盛产琉璃制品，艺术水平很高，多用在庙宇建筑上，如鸱吻、正脊、宝瓶、“三山聚顶”等等。由于近几十年的败坏，许多琉璃制品落了难，以致在用残件随意装饰过的牲口棚、碾房之类的屋顶上，都可以见到极精美的琉璃制品。我在这里随手插一句话：如果把它们收拾起来，办一个陈列馆，那艺术水平绝对是第一流的。

手工业的发展和商贸的发展总是互相促进的。晋城一带有这么发达的手工业，自然就会发展出自己的商业来。前面引用的两则史料，说的也是泽州和阳城的铁“输市中州”和“外贩”。清代郭青螺《圣门人物志序》里说：泽州、蒲州“民去本就末”，“本”是农业，“末”是商业。“去本就末”便是弃农从商。

晋中商帮，主要的活动是向北、向西开拓，远的可以达到俄罗斯甚至法国，他们靠的大多是河套地区主要由山西移民开发的农业和畜牧业产品，并贩运南方的茶叶之类，而晋东南的泽潞商帮，则主要向南、向东南开拓，包括河南、陕西、安徽、江苏、浙江、山东、福建、湖广等地。明代万历《泽州府志·卷七》写道：泽州“货有布、缣、绫、帕、苔、丝、蜡、石炭、文石、铁，尤潞绸、泽帕名闻天下”，主要的商品是煤、铁和丝织品。和泽州相邻的潞安府，“贷之属有绸、绫、绢、帕、布、丝、铁、蜜、麻、靛、矾”。（万历《潞安府志·卷九》）两州的商品有不少重合。

晋城古代商人中出了许多长袖善舞的“豪商巨贾”。高平市侯庄的赵家，从明代起便从事商业，主要经营铁、酒、醋、日用杂货等，生意一直做到浙江的温州（瓯），村里人传说，沿途州县相距一天的路程处便有赵家的店铺一座，赵家的人从高平老家到温州去，一路上都只住宿在自家店铺里。后来又胜过同样贸通天下的徽商，几乎垄断了淮北的盐业。阳城县南安阳村的潘氏，清代初年开始经商，贩运阳城的铁器、土布、陶瓷器和外地产的盐、绸、百货等，店号遍布中州，远达江苏和浙江。潘氏在河南朱仙镇有很大的买卖，村民传说，每月都从朱仙镇运来数十驮的银洋。

以矿冶起家，以经商致富，晋城人便像旧时全中国的男子汉一样，把建设家乡当作头等大事来做。这其中当然以起造住宅为首，还有许多其他的公用建筑和公共工程，都由富商主动承担。

我斗胆说一句，泽州商帮，和南方的徽商和江右商不同，甚至和晋中的商帮不同，并没有因为忙于发财而荒弃了读书，他们在科名仕禄方面仍然保持了很好的成绩，“文风丕振”。阳城县火龙沟里的上庄，小小的，只有几百人口，从明代中叶到清代初年，出过五位进士，六位举人。其中两位进士，竟同出清初顺治三年（1646）一榜。嘉靖进士王国光，曾任过户部尚书、吏部尚书、太子太保、光禄大夫，辅助张居正推行了重要的制度改革。郭峪和黄城在明清两代一共出了九位进士，其中陈廷敬曾任文渊阁大学士兼吏部尚书，是继张玉书之后《康熙字典》的总裁官。更小的砥洎城，曾有三位进士，其中乾隆四十四年（1779）进士张敦仁，是一位难得的数学家，出版过几部学术著作。

因此，晋城的乡村，不论大小，在我初识它们的时候，很为它们的文化气息吃惊。许多村子都有文庙、文昌阁、魁星楼、焚帛炉、仕进牌坊和世科牌坊，还有乡贤祠。我第一次见到曲阜孔府准许外地村子建造文庙的批文是在郭峪村，那以前我还不知道外地村子造文庙要向曲阜孔府申请批准。也是在郭峪村，我第一次见到用世科牌坊当作宅子的门脸。在我到过的村子里，以沁水县西文兴村的书卷气为最浓。它很小，但各种文教类建筑应有俱有，而且连成一片占了村子很大的一部分。尤其叫我吃惊的是，石碑很多，竟有些是书法和绘画，例如托名吴道子的神像和朱熹的诗，虽然都不免是赝品，但也有模有样，传达出村人的翰墨素养。

晋城的商家住宅，很不同于晋中的那些大宅，平面形制比较多样，宽敞开朗，高平市侯庄的赵家老南院、阳城县的南安阳村和洪上范家十三院，规模都很大，布局都很灵活而宽松。村子相去不远，主导的住宅形制就可能有明显的差异，比如沁水县西文兴村，那里的几座大宅就大大不同于相去不远的郭壁村的。从西文兴村分迁出去的铁炉村，相距不到十里，住宅的形制也跟西文兴的大不一样。人们似乎没有过于拘泥于一个模式的习惯。看来，这大概和泽潞商帮多到南方去有关系。建筑又一个和商人有关的特点是虽不如晋中的豪华，却仍很重装饰。万历《潞安府志·卷九》说："长治附郭，习见王公宫室车马之盛而生艳心，易流于奢"，"商贾之家亦雕龙绣拱，玉勒金羁，埒王公矣"。商人凭财富突破了原来的社会等级关系，取代贵族而引领风尚，但他们仍会效仿贵胄们的豪奢习惯。这是商业资本发展之初的普遍现象。

最引我发生兴趣的，是这地方建筑流行的一种做法：宅子的两厢，或者加上倒座，或者再加上正房，楼上分别设通面阔木质外挑敞廊，有木楼梯从院里上去，非常轻巧华美。有些人家，甚至四面敞廊连通，形成跑马廊。我之所以对这种做法有兴趣，是因为我悬揣，这种做法或许是泽州商人从南方学过来的，可能是南北方建筑文化交流的绝好例子。

晋城的历史上有过一件大事，那便是明代末年，陕西的农民军曾经渡过黄河来大肆烧杀劫掠。于是，有些村子的商人们毁家纾难，捐出巨资来为村子建城筑堡。砥洎城、郭峪、侍郎寨、黄城、湘峪、周村等著名的堡寨，都是那个时候建造的，郭峪和黄城，还各有一座三十几米高的碉楼。它们是那一段历史最有力的见证。

我并没有全面地调研过晋城的历史和它的乡土建筑，只凭几年来去过几趟的零星印象，粗糙地勾勒一下那里的乡土建筑和当地经济史、社会史、文化史的关系。这个关系，正是乡土建筑遗产最基本的价值所在。建筑遗产，是历史信息最生动、最直观也最易于理解的载体。我没有经过全面的调研而违规胡乱动笔，这是因为受到《走近太行古村落》的推动而不能自已。2006年10月，我正在高平市良户村访问，有幸遇到程画梅女士和阎法宝先生也在那里，承他们夫妇当场送了我这一本书。

他们二位都是晋城人，长期在市里担任过领导工作，退休之后，怀着对本乡本土的热爱，走遍晋城的乡村聚落，一方面拍摄照片，一方面调查访问，历经两年，终于完成了这本图文并茂的书。在高平那几天，我白天在外面跑，晚上冻得早早钻了被窝，没有细看这本书。回来之后，刚打开看了看，就被一位英国朋友拿走了，这本书大大点燃了他对中国乡土建筑的兴趣和热情。阎先生知道之后，立刻又给我寄了一本来，我这才得以细细咀嚼了一遍。

近年来，类似的书出了一些，但是，中国多么大呀，几千个县市，几万座村落，我们还需要多少本这样的书。而且这样好的书，认真的而不是粗糙的，深入的而不是浮躁的，精致的而不是急就的，总之，是出于爱和责任而不是为了别的什么。中国的历史不只是帝王将相和士大夫的历史，它是由56个兄弟民族的广大民众共同创造出来的历史。中国有过漫长的农业文明的历史，村落是农业文明的博物馆，它们几乎储存着我国农业文明时代广大民众的社会史、经济史和文化史的全部信息。可是，这几万座历史博物馆正在以极快的速度毁坏着，我们必须抢救它们，紧急地抢救它们。一方面是希望有更多的人来写书；一方面是花力气认真地保护一批历史信息丰富、重要而独特的古村落。

我从事乡土建筑研究和保护已经二十多年，每时每刻都因它们的消失而苦恼万分。但二十年的经验也使我认识到，真实地、完整地保护一批有价值的古村落在实际操作上和财力上是完全可能的，困难在于怎样使各级当权的长官科学地理解这件事的意义。目前妨碍他们中一部分人的理解的，一是他们对古村落的价值观，二是他们对自己的政绩观，这两方面相互关联。如果长官的政绩观是唯经济指标的，那么，他便会在文物建筑保护上或者不作为，或者瞎作为。不作为，是因为他们见到在他们短短几年任期里保护古村落不可能给他们的政绩增添什么，倒可能花掉不少钱而得不到回报；瞎作为，是因为他们见到保护古村落有利可图，于是完全不顾它们的长远生命，在一些规划和建筑设计人员支持下，或者大抓商机把古村落“开发”成热热闹闹的市场，失去了它们的历史品格，不再是村民们自己安居乐业的家园；或者予以“包装”，造些亭、台、楼、塔、阁、牌楼、城门和城墙之类，甚至不惜拆除一些老房子，给这种格格不入的东西腾场地。更加恶劣的，是几乎把整个古村落弄成个假古董。文物建筑、古村落，当然是可以用来赚钱的，但要“取之有道，取之有度”。有道就是把旅游当作一件文化教育事业来办，年轻人旅游，首先为了长知识。而知识当然必须真实，也就是要求文物村落必须真实。有度，就是要把文物村落的保护放在第一位，在这个前提下开发它的多方面的价值。总之，文物建筑、古村落，它们的根本价值系于它们的真实性，包括完整性，一旦文物建筑、古村落，失去了真实性，它就失去了作为历史文化信息携带者和传递者的价值，不再能成为文物。不论把文物村落弄成假古董在眼前有多么大的经济效益，这种做法都是对民族、对世界、对未来、对历史的犯罪。这不是什么长官可以用不负责任的话混过去的事。因为，文物建筑、古村落，不属于一个国家、一个时代，它们属于人类，属于永恒。

我相信晋城市的各位领导人能够科学地对待太行山的这份珍贵的遗产。既然有了写书的人，一定会有懂书的人，我满心欢喜。

2007年2月于北京

《梅县三村》[*]后记

1996年清明时节，我们在陕西研究窑洞。一向荒旱的黄土高原上，偏偏下着缠绵的雨，不肯放一天晴，冻得我们瑟瑟发抖，双手青紫。这一年初冬，我们又到了广东梅县，研究客家村落，却是满目青葱，到处有花。北京盆栽的一品红，在这里长得比房子还高，连片成林。和风丽日之下，整天在田野里走，一身的舒泰。南宋诗人杨万里到了梅县，写过一首诗道："一路谁栽十里梅，下临溪水恰齐开。此行便是无官事，只为梅花也合来。"我们没有遇见梅花开，但风光处处，随时都觉得应该来这一趟。

人情也一样温暖。我们两个教师乘飞机到了汕头，已经是黄昏时刻，一打听住宿，普普通通的招待所都贵得吓人，便给梅州市土建学会侯歆芳秘书长打了个电话，问他能不能午夜到火车站接我们，如果可以，我们便不在汕头过夜了。侯秘书长一口答应。车到梅县，他和梅州市建筑设计院谢汉涛院长在车站迎着，把我们送到旅店，安顿下来，还吃了一餐广式夜宵。从此侯秘书长便为我们忙得不可开交。早上七点半就出发，带我们到四乡八村转了一天去选点，把梅州市比较完整的古老村落看了个遍。汽车司机徐师傅说："我早就认定桥乡村最好。"桥乡村是行政村，下属寺前排、高田和塘肚三个自然村。我们也这样认定。

---

* 《汉声》杂志社，2007年9月。

于是，第二天，由副秘书长陈震云陪着，会齐了江苏美术出版社《老房子》图集的摄影兼编辑李玉祥，细细地看了看侨乡村，选定了第一批要测绘的房屋。傍晚回到市里，侯秘书长把侨乡村的旧图抱出来，随我们挑选了几份，我们向他提出，要地方志，要万分之一的军用地形图，要什么什么资料等等，他都一一答应。

第三天一早，陈副秘书长陪我们到了侨乡村所属的南口镇，找到镇长。镇长以各种各样的理由反对我们住进农家、在农家吃饭。没有办法，只好暂时听他的。近午时分，六个学生来到，他们是乘火车到龙川再乘长途汽车来的，由侯秘书长在汽车站接到送来镇上。于是，一行人边打听边走，到了街上供销社的小旅店住下。侯、陈两位尝了我们的伙食，摸了我们的床铺，虽然对我们的“艰苦”十分关切，但觉得还可以放心，才回市里去。

午饭后立即带学生了解村子，分配任务。次日一早动手工作，干了不久，听见村民传说，有人找我们。我们赶到村口，原来是侯秘书长，送来了新编的《梅州志》。我们还来不及道谢，他便说：“怕你们有急用。”过一天，他亲自送来了万分之一的军用地形图，再过两天，又亲自送来了草图纸，这是学生们从学校动身的时候忘记带了的。有一天晚上，我们正在制图，陈副秘书长和市建筑设计院的丘权润总建筑师还驱车来看望，殷殷关切我们的工作和食宿，这以后，便又是请侯秘书长买火车票、汽车票，麻烦得不得了，最后还劳谢汉涛院长送我们上了赴江西的火车。

市土建学会和建筑设计院的朋友们对我们的支持，不但热情、及时，而且非常有效。我们东奔西跑地到各处工作，深深体会到，有没有这样的支持，对工作的关系非常大，而这种支持并非到处都有。我们很感谢梅州市的这些朋友们。

村子里也有好朋友。寺前排村的潘若珍、潘振峰姐弟，塘肚村的潘应耿，都给了我们许多帮助。潘应耿熟知侨乡村的历史、掌故和潘氏谱系，带着我们一幢一幢地跑遍了塘肚村的所有房屋，介绍它们的来历，还长期借了一部新修的族谱给我们用。潘振峰不大熟悉历史，但是熟悉村里镇上的许多人，带我们找到老泥水工黄海珠师傅和地理师潘淦兆先生，给我们找来一些乡土文献。尤其难得的是，他居然对建筑向来很有兴趣，给我们揭开了阴沟转折处的秘密。他的姐姐潘若珍则是我们学生们最好的大嫂，工作开始之后不几天便在她家吃午饭。

黄海珠师傅从曾祖父起便是泥水匠世家，四代人在侨乡村造了好几幢大房子，他给我们讲了不少客家围龙屋的做法，我们受益很多。

此外还有很多朋友。当年四块大洋买来给主人端茶点烟现在儿孙满堂有了自己小洋楼的丫环，70年前抱着公鸡拜堂一辈子没有见过丈夫的"屯家婆"，上世纪50年代初怀着满腔热情回国参加建设而后来却遭遇困苦的华侨，退休在家养花莳草天天上街买报纸看完了便议论天下大事的小学校长，儿子在深圳发了大财给她造了几十个房间的三层洋楼一个人孤零零住着的老妈妈，七八十岁整天窝在老人协会里打麻将的"天上的事知道一半，地下的事全知道"的活史书们，每天挺着腰板纹丝不动端坐在池塘边钓鱼却从来不见他钓起一尾的前任公社主任，老远就打招呼，走到身边拉住了一定要说几遍他在台湾有多少房子、多少店铺的回乡休息的老板娘，穿上袈裟念经脱下袈裟杀鸡剖鱼有妻有子闲来聚一屋子人喝酒唱流行歌曲的和尚。还有那些小学生，一到礼拜天，就给我们当向导，我们端起相机对准他们，便一哄而散，我们给建筑物拍照，他们却装鬼脸抢着上镜头。所有的朋友都对我们非常和善，原来镇长先生阻止我们到农家吃饭到农家住的种种理由，都是怕麻烦的推托。村民们邀我们去吃去住，但因为我们已经在小旅店布置好了画图设施，不便再搬，没有去。学生们为没有在农家吃饭住宿而遗憾万分。但我们几乎挨门挨户享受着又香又甜的柚子，偶然闯进了柚子林，不把肚子吃得溜圆便不让出来。临回来的时候，送来的柚子堆起老高，只能带走一小部分。

可惜，我们在村里却常常要耐渴。东奔西跑，我们需要的是牛饮，但村里朋友们把我们当金丝雀，端出一盘跟茉莉花朵差不多大小的细瓷杯子，斟上可能很贵重的香茶，只够我们把舌头尖润一润。要解渴，还得到公路边上的小饭铺里去，先灌足一肚子水，再要一碗面。边吃边越过茂密的凤尾竹林遥望三星山，想几百年前永发公的寡妻陈婆太挑着两个年幼的孩子回兴宁娘家去，仆仆风尘，薄暮时分到小店投宿，凄惶艰难中得人指点，在三星寨落户，这才有了眼前富足的侨乡村。小饭铺的地点，据说正在她投宿的小店，前面的公路上奔驰着开往兴宁的客车。哎，千古兴亡，岂只是帝王们的家事！

有点儿尴尬的事还是应该记下。一件是，感谢镇长先生的安排，我们所住的供销社小旅店，也是镇上叫花子们住宿的地方。我们白天看见他们在集市上乞讨，晚上隔着一层薄板壁听着他们打呼噜。我们睡的床铺咯吱咯吱地响，黏滑的被褥已经分辨不出原来的质料和颜色，那大概都是他们留下的"雪泥鸿爪"。三个礼拜，不但没有洗过一次澡，连洗脸都只能马马虎虎，因为唯一的一只水龙头装在不分男女的厕所里，一个人在打水，背后就会有人肆无忌惮地解急。旅店里偶然会有一些莫名其妙的闲汉来住，喝醉了酒，满嘴胡说，推我们的房门，偏偏房门连个插栓都没有，只好用一根筷子别住。夜半想起镇长先生说的街上治安不错，我们才勉强睡了觉。承包这个小旅店的老板过去是农机站的技术人员，农机站工作辛苦，收入少，散了伙。他白天做肉丸子卖，晚上就跟老婆打架，一个打，打在身上噼里啪啦地脆响；一个骂，骂什么我们一点也听不懂，只觉得怪热闹，总要闹上个把钟头，也有一直闹到天亮的时候。但我们仍然高高兴兴地坚持到把工作做完，学生们没有发牢骚，反倒觉得挺有意思。

另一件是，我们找到了村民委员会，查看村里的基本资料。会计先生拿出1995年的年度报告，一看，里面有条有理地记载着各种数字，人口、户数、田亩、各项生产、人均收入等等，要什么有什么，足有厚厚的一大本。我们高兴得不得了，赶忙掏出笔记本来要抄录。会计先生在一旁淡淡一笑，说：抄了有什么用，全是假的，是我自己坐在这房间里编出来的。问他为什么，他说：这种年报嘛，年年做，做了送上去，绝不会有人看。我们合上笔记本，想，我们偏偏来看，真傻出水平来了。长吁了一口气，谢谢他的诚实，否则难免又要骗了别人。

回到学校，经华南理工大学吴庆洲教授帮忙，我们要来了陆元鼎教授的研究生余英和钟周的学位论文，给了我们不少的启发。我们到梅州去，便是陆教授给我们联系好了当地土建学会和设计院的各种关系的。当地朋友们对我们的支持，就是陆教授对我们的支持。

参加工作的学生有罗德胤、成砚、房木生、陈仲凯和霍光，还有一位西安冶金学院建筑系刚刚毕业的杨威，她家住北京，听说我们有这么一种研究工作，便三番四次要求参加，我们欢迎了她。罗德胤在春节期间又去了一趟梅县，补充调查了一些情况，还带回来潘若珍、潘振峰姐弟俩送的几口袋客家特有的年节食品油炸果。成砚在工作之余写了一篇《梅县六记》，记述了我们的一些闲趣，文字很优美，我们十分高兴，把它收录在书里。

这年除夕，全组的同学们自己编了一个诗剧，由霍光谱了曲，在学校大礼堂演出。诗剧写的是下乡工作的体验和感受："我们手牵着手，大雨中，蹚着没膝的水在田野里走……远处楼头，曲栏杆后，老奶奶挥着孙子的红肚兜，听不清她的喊声，但我们知道，那一定是：小心点走，快过来喝一杯暖身的酒……"学生们演得声情并茂，轰动了全场。

像往常一样，我们衷心感谢建筑学院资料室和打字复印室的小朋友们，她们做许多事，使我们得以顺利地进行工作。

1997年初夏

《文物建筑保护文集》[*]小引

首先要向翻一翻这本书看看的朋友们说明白的是，书里所涉及的中国文物建筑，除了少数例外，都是中国的传统建筑，也就是，大致可以说，都是中国农耕文明时代的建筑。这一点，在说到乡土建筑的时候，尤其请朋友们留意。

文物建筑保护的基本原理，是适用于各种类型、各方地区、各个时代的建筑的。但在论述的时候，一具体化，就要有所不同了。例如，20世纪50年代初期的“土地改革”运动之后的农村建筑，无论在聚落规划、布局和房屋的品类、形制、结构、用材、装修等一切方面，都发生了根本性的变化，和之前的乡土建筑，差异十分显著。因此，“土地改革”之前的乡土建筑的保护就会和之后的农村建筑的保护有所不同。

这本书的重点放在传统的，也就是农耕文明时代的建筑上，并非不重视新建筑，而是因为前者的抢救已经十分迫切，而后者还可以缓一缓再从长计议，这样安排，有客观上的必然性，所以国际上也是类似的情况。

收在这本书里的文字，有不小的篇幅是讨论文物建筑保护的基础理论的，我知道，一定会有一些人批评它们是“书生之见”，“理论脱离实践”。但我却坚决认为，我们近几十年来各方面的失误，基本的原因

* 陈志华著，江西教育出版社，2008年11月。

是“实践脱离理论”。没有理论性思考，否定公认的既有理论，一味盲动，岂能不失误。蔑视理论的坏毛病必须克服，不重视理论是不行的。

真理论不是书生之见，不是脱离实际的教条，也不是碍手碍脚的清规戒律，它是工作成功的保证，虽然它会使一些工作需要更多的精心和耐性，需要更多的责任感和创造精神。

关于文物建筑保护的理论，抓住了文物建筑的核心价值。抓住了核心价值，就合乎逻辑地发展出完整的文物建筑保护的方法论原则，形成体系，又继续在普遍的、长期的实践中修正、补充，成为严谨的科学，指导着文物建筑保护实践。

目前国际公认的文物建筑保护理论形成于欧洲，它的酝酿、发展和完善经历了19、20两个世纪，这是科学、学术、文化非常活跃的两个世纪。这个时期里，实证科学、考古学、文化人类学、社会学和年鉴学派的历史学陆续成熟，相互启发借鉴，迅速崛起、繁荣，获得了重大的成就，它们扩大了人们的视野，活跃了人们的思想。关于文物建筑保护的科学就是在这样的历史背景下，综合地汲取了这些学术和文化的新观念、新原理而诞生并且成熟的。直到目前，像一切有生命力的事物一样，它的发展并没有停止，还在继续丰富它的内容，增强它的适用性，并且带动相关学科和产业的发展。

文物建筑保护理论虽然生成于欧洲，但是有根本的普遍意义，因为它是科学。但是，科学在付诸实践的时候，并不排斥特殊性，因为世间一切事物都是普遍性和特殊性的统一。中国建筑有它的特殊性，欧洲各国建筑也有它们的特殊性。中国的文物建筑保护有我们的特殊困难，欧洲的也有。特殊性并非中国建筑所独有，不研究事物的特殊性，会变成僵硬的教条主义者，给工作带来损失，但过于强调特殊性而超越理论的普遍原则，我们会失去方向，失去基本的是非标准，那损失就太大了。

在这本书里我反复强调文物建筑保护理论的基础价值观和方法论，就是因为我经过二十年的田野工作，了解我们国家的实际。我们这个民族，整体上说，自古以来就少一点科学精神和历史责任心而有太多的功利主义，自古以来就不习惯进行理论的思考而满足于实用主义，这是我们在许多方面落后于欧洲的主要原因。我们当今文物建筑保护工作中有成绩，那是因为我们毕竟还有一些具有科学精神和世界眼光的干将。但我们也有不少失误和损失，那就是由于我们也有一些人回避困难而企图“取巧”“简便”“差不离就行”，不做那些“吃力不讨好”的工作，更糟的就是只醉心于求利。这也是一种“实际”，所以我们还是必须多讲基础理论，多讲历史责任心和科学精神。

但这本书里的文字也确实有脱离实际、准确地说回避实际的地方，那便是对我们当今最感到束手无策的体制性问题和某些人的素质问题，恍兮惚兮，谈得很少，而这些问题却往往起关键性作用。不过，如果有朋友就这一点来责备我，那么，我会非常遗憾地回答他道：“你可是太脱离实际了呀！”这是另一种“实际”，一种不大好说的实际。

文物保护工作是超越个人、超越时代的，它面对全人类、面对永恒的历史，它是普世的。我们需要这样的思维！

2007年7月22日

《楠溪民居》* 序

这是一本捕捉楠溪江之美的摄影集。这样的作品，已经出过不少了，水平都很高，题材各有所钟，风格也多方探求，特色鲜明，真正可以说出多少种都不嫌过。

我第一次到楠溪江，不多不少，恰恰是在整整二十年前，也是深秋季节，到现在算起来，前后来了已经不下二十次了。每次来都要住些日子，上游中游，男女老幼结交了不少。有几次来，还带着些朋友，他们没有一个不被楠溪江村落的美激动得兴高采烈。一次，二十来位男女青年，跟我去了林坑，一到桥前，兴奋得手拉手形成一个圆圈，把我围在中央，又跳又笑，一齐高声喊："感谢陈老师把我们带到这么美的地方来。"

楠溪江确实很美，美在哪里？美在它的山水草木、它的小村农舍和那亲切的人情。写到这里，也不妨再加上几句：一次，我和一位杭州老师一齐到了楠溪江中游的廊下村，在小巷里穿来穿去，忽然听她在后面尖声高叫：楠溪江的姑娘这么美呀！我一回头，见她正搂着小女孩儿亲个没完！

美是不能用语言文字描述的，我不敢指望有什么突破，便搁下笔，请朋友们一幅又一幅细细地欣赏这本书的图片以及早先出版了的许多摄

* 陈凯著，中国摄影出版社，2009年。

影集和写生画册吧。

但我要先趁这机会写下一些古事和我永远忘不了的记忆。古事，首先是要说，中国第一位歌颂大自然之美的诗人——谢灵运，是从歌颂楠溪江的风光开始他的创作的。那是在他担任永嘉太守时期，被这里的山水迷倒了，一有空就去登山涉水，写下了许多诗篇。从他之后，山水诗成了中国文学的一宝，历代都有赞美自然的杰作，成了中国文化传统的重要特色之一。接着要说，楠溪江流域不大，甚至可以说很小，它周遭地区的房屋都是内院式的，封闭在高高的厚墙之内，而楠溪江的住宅却大多是开放的，向外敞着窗子，窗台上点缀着几盆山菊和凤仙花。没有雕梁画栋，没有琐窗朱户，水蚀的蛮石垒起了墙垣，去皮的原木搭起了梁架，一切都那么自在，真正是"宛若天成"，却又精致，而且轻盈。矮墙短篱无非用来挡住鸡鸭，左邻右舍隔着墙头聊天间可以递过一碗酒、一勺酱。在楠溪江这个小小范围里，为什么建筑独有那么开朗亲切的风格呢？是老天爷需要这么一小块安逸的地方，调适他一天天紧张的生活，放松他的神经吧。

但是我现在急于要写的，不是那些可以用摄影机描绘的一切，我要写的是我对楠溪江乡亲们的感激和怀念。我们在楠溪江工作过两次，起初在中游，后来在上游。我们在中游工作的时候，那里只有岩头村有几家小店，开在公路两边。其余的村子都只偶然有货郎担来卖些针头线脑、火柴蜡烛。我们的工作时间是一整天，地点是那些散在山脚江边的小村子，中午没处买些吃的充饥。但这个困难很快就解决了。原来，我们肚子饿了的时候，家家的午饭都熟了，我们冲着饭香走去，随便进了哪家日夜不闭的门，都会被主人热情地按在餐桌旁坐下。男主人不声不响转一个身，便会端出来一坛子家酿老酒或者一罐老酒汗。女主人显得很警觉，留心着门外，只要货郎担的牛角号一响，就飞快地跑出去，一忽儿提一刀鲜肉回来，马上就做霉干菜肉饼。那味道可是好极了。吃完饭，男女主人都下田去了，我们就躺在檐下的竹榻上眯盹一会儿，精神养足了再走人。从头到尾，这么一顿午餐，主人没有问过一句我们从哪里来，干什么，更不用说姓谁名谁了。一家这样，两家这样，家家都这样。我只要有一点点文功诗才，就会写出远比陶渊明、孟浩然的诗更动人的作品来，可惜我没有。

有一次，我带着一个女学生到上游的岩龙村去。那里刚刚几天前才通了电。天气热，山路紧贴着岩壁，我们真像“热锅上的蚂蚁”。好不容易走到了，那学生却有了点儿中暑的迹象。于是我把她留在了村口的一户人家，独自一个进了村，绕了几个圈。待我干得差不多了，回到村口，见到她躺在一张铺盖华丽的床上，红绸绿缎，照得人眼花。床边亮晶晶的红漆桌子上放着一盘切开了的西瓜。一个秀秀气气的大姑娘坐在床沿上给那学生摇着扇子。我跟走进来的老太太聊了几句，才知道，这房间是明天的喜房，那位摇扇子的便是新娘。床上桌上，都是新婚的嫁妆，一色簇新，还没有人躺过坐过，那学生竟是第一个。

这样的楠溪江人!

老天爷知道我爱楠溪江人，给了我一个机会，大约十年之后又到了岩龙村。这回是乘汽车去的，看到村口新房子门前有两个小姑娘在踢毽子，活活泼泼。她们的外婆一见到我，便上了一脸的惊喜，赶忙吩咐小姑娘叫我爷爷。一问，才知道这一对姐妹是双胞胎，她们的妈妈，就是十年前给我的学生打扇子的那位。

又过了两年，再去了一趟，双胞胎姐妹上学去了，没有见着，心里真是那一番失落的滋味难消。

摄影家们呀！你们有哪一位能把我对楠溪江乡亲的爱和感谢拍摄出来呢?

没有。那么，我就借陈凯出楠溪江摄影集的机会，占这么两页纸，写一点儿我对乡亲们的怀念吧！我没有资格议论陈凯的摄影艺术，但是我知道，只有对楠溪江的山水、村落和活生生的人有了感情，才会不辞辛苦，跋山涉水，去一幅一幅地拍摄下来。

多谢呀!

2009年10月28日

《乡土屏南》* 序

我刚刚从武夷山回来。这已经不知是第几次到福建去了，越看越感到，福建省乡土建筑品类之繁、式样之富、水平之高，说是冠于全国，大概差不了多少。更难得的是，当前在建筑文化遗产保护面临极其危重的灭顶之灾的时候，福建竟有一些“爱好者”挺身而出，逆风而动，投身于抢救乡土建筑的事业，使我欣慰，减少了几分忧虑。尤其使我高兴的是，他们不但重视这项工作，而且动手去研究，是深入的研究，不是用办公事的方式去做些机关工作。

大约是前年，我就为《乡土寿宁》的完稿、出版，深深感动，冒昧写过几句话。这次从武夷山回来，刚刚进家门，紧跟着就进来了福建省屏南县的宣传部部长周芬芳同志，还有一位健壮的男同志，他就是副部长王多兴，提着重重的一只口袋，不是寻常的什么土特产，而是一大摞书稿。什么书稿？是《乡土屏南》的稿子，倒也是一种土特产，写文化遗产的土特产。

周芬芳同志去年来过，给了我一本十分漂亮的书，是屏南县白水洋自然风光的摄影集。那本书里，山山水水，又奇又美，什么人只要看过一眼，就会立下决心：此生非到屏南县去一趟不可。我看，去一趟，不如就在那里住下吧！

想不到，仅仅一年之后，两位同志便又提了全面介绍屏南县文化遗

* 刘杰、周芬芳著，中华书局，2009年10月。

产的书稿来了。我写了一辈子的书，成绩不大，但是写书之苦倒是多少知道一些的。我此生没有当过一天领导干部，但领导干部之忙碌，我也多少知道一些。在忙碌之中去担当本来未必非干不可的写书之苦，那种挺身而出的责任心，我能理解而且钦佩，所以我始终以近年已经不大通行的“同志”来称呼他们。这一口袋文稿，都是他们用下班之后的业余时间写的，而且没有稿费之类的报酬，这种敬业精神，现在已经不多见了，所以我也可以称呼他们为“傻瓜”。太精明的人是做不了这种严谨的学术工作的，但愿“傻瓜同志”多一些，不要动手干什么之前先想着名和利。看看曾经遍布全国的乡土文化积淀，那么精美，那么动人，有谁知道它们创造者的姓名！而且，可以肯定地说，那些能工巧匠们绝不可能腰缠万贯。

但我能极有把握地说，这两位“傻瓜同志”提起这一口袋沉重的书稿，心里必定会有一份宽慰的感情。大地上所有的文化遗产，都是上属于祖先，下属于子孙的，每一代人的历史责任都是把祖先的创造性成果传递给子孙，任何人都没有权力去破坏它们，因为它们并不属于无论哪一代人，即便是大有权力的人。在文化遗产前面，我们大家都应该有庄重的历史感，必须抱着谦逊的心情。山峰应该去攀登，台阶不可以拆除，要学会科学地保护它们，抱着一种十分珍惜、十分负责的态度。而保护的前提是研究，屏南县的“傻瓜同志”们做了。做了一步，便是对民族、对民族的历史和未来担起了责任。他们或许能喘一口气了，但是，我敢说，他们今后该做的工作就更多了，我也相信，他们对着更苦、更累的工作也不会停步了。

我们，中国人，应该懂得，我们中国乡土建筑所蕴含的文化历史信息是世界上最丰富、最独特的。中国的宗族制度、科举制度和根深蒂固的泛神崇拜都深深植根于中国的农业社会之中。它们都是中国所独有的，而且都对乡村的文化、信仰、日常生活发生了极广泛又极深刻的影响。所有这一切，都肯定而鲜明地表现在传统中国农村的整体和农村各种建筑物的选址、布局、形制、样式和装饰等身上。乡土建筑是中国文化最集中、最鲜明的携带者，它们绝不是“断烂朝报”，更不是“帝王家谱”，它们是中华民族最大多数普通人的生活的最忠实又最细致入微的记录，也是最大多数民间匠人创造力的见证。有哲人说过：建筑是人类社会的史书。这么说，乡土建筑就占了这部史书的一多半。这部史书里记述的事实是最可靠的，最贴近人民大众的，因而是最亲切的。我们一旦读懂了它们，就一定会喜爱它们，保护它们。

屏南县的“傻瓜同志”们把县域里的文化遗产写得很细致，一节“双溪镇”足足写了五十六页，从它的地理、历史、房屋、桥梁一直写到美食和品尝美食时候的座位安排。如果配上一些插图，这节就能单独出一本小书了。这可不是啰唆，绝不是，这是感情，是责任心。这表明这本书的擘画者和写作者对屏南历代人民的创造很有亲切的爱，乐于熟悉它们，也乐于记录它们。这种感情和责任心是一切文化工作者必须具备的品质。

作者们写到桥梁和房舍的时候，大多不但都有基本形制、建造年月和主要尺寸，甚至有梁底的题款；写到餐馆，能叫我闻到菜肴的香气，馋涎欲滴。他们还时不时地做些小考证，能扩大读者的知识面。写作者们的乡土深情不是用形容词表达的，而是用生动的、深入的、细腻的记述来表达，看了实在叫人动心。我希望屏南的朋友们，能用这样饱满的感情和认真的责任心进一步去保护他们家乡丰富的、独特的文化遗产，不让它们失传，也用同样的热情去建设更好、更美的新文化。他们写的这本《乡土屏南》，就是新文化的一个出色的成果，难道在屏南县漫长的历史里，曾经出版过这样一本专门写地方文化的著作吗？我们所希望的，就是请朋友们下定决心，把地方文化遗产的保护和新文化的建设一起进行到底。

屏南的朋友们，我已经把地图册拿过来了，细细看了，什么时候你们那里去最合适呢？

2009年8月

《上党古戏台》[*]序

兴趣相同、追求一致，这样的人见过一面就会成为“老”朋友。山西省是关老爷的家乡，重的是义，我去工作过几次，来去匆匆，却成就了不少的友谊，想起来就高兴。这些老朋友中间，就有晋城的阎法宝和程画梅二位。一对夫妻，退休下来，没有休息，却是在太行山区东奔西跑，从事于历代建筑文化的探寻和保护。这不正是我在干的事情么？在一个秋末冬来的日子，我们偶然在一座古老的村子里碰到了，一看到他们夫妇俩的情绪和作风，我就知道，“斯人当以同道视之”，我的孤独和寂寞又降低了一分，好大的一分！

去年，又是一个秋末冬来的日子，我接到他们两位给寄来的一本新书的稿子，这本将要出版的新书叫《上党古戏台》，里面有上党地区不同朝代的古戏台照片和上万字的文稿，给我的任务是写上些话。他们夫妻俩的书我已经拜读过两种，充满了感情的摄影，很精彩，专业的和随意翻翻的读者，评价都很高。其中在那本《走近太行古村落》上，我诌过几句话，那么，这第三本我当然就乐于再占几页纸了。

这一本书，和以前的两本比较，有一个很有意思的变化，就是还收入了一些古戏台遗址的照片，直到躺在野草丛里的废墟。他们在照片一边写道：某“寺院殿宇仅存残墙断壁，戏台遗址灌木丛生，只有台基上

* 程画梅、阎法宝著，中国摄影出版社，2011年11月。

的几根宽厚石柱凄凉地傲立苍穹”。而那前两本书只收入还完好地存在着的老建筑照片。这个变化说明他们知道了前两本书受到欢迎，他们理解了读者们的心情，也对自己的工作增加了信心。普遍的欢迎使他们相信，读者们是有很高水平的，他们有不少能欣赏废墟的美，和那里面所含的凄凉的感伤。有些读者也能从眼前的凄凉想到，我们是不是应该更多地认识、感受、保护一切能保护下来的美。阎、程二位前后几年著作的变化，更多的是心态的变化。一种饱含着浪漫主义的心灵，本来存在于每个人心里的，就更加的强劲有力了。心情、心情，有心就必有情，我感佩两位老朋友思想的宽广和感情的细腻。

请读一段这两位作者的心情。他们写道：“2010年8月的一天，我们驱车二十多公里从沁水县城来到了姚家河村，元代戏台遗址就位于该村西南3.5千米的大山深处。这里山高林密，人迹罕至，如无熟人带领，去寻觅它是非常困难的。……从上午十点半到临近中午，我们一行四人忍着饥饿和干渴，冒着酷暑的煎熬，艰难地在泥泞而且不平的山地上行走，茂密的树林和刺人的灌木丛使我们辨不清方向。”他们辛辛苦苦找到了那座庙宇戏台的残骸，“寺院殿宇仅存残墙断壁，戏台遗址灌木丛生，台基上的八根石柱只剩下五根，三根倒在地上”。二位老人却在废墟上“想象出当年这座戏台建筑的宏伟和精致”。这些话，就好像也在写我一次又一次的经历。写这段话之前大约半个月，我先在电话里听过阎先生的叙述，相隔千里，我们都呜咽了！

在文化遗产研究上，写实主义和浪漫主义的结合，是他们伉俪在体验着的心境。严谨的思考中氤氲着感伤的凭吊，渲染出一种精神的境界，是一种心灵的美。

感情渗透着理性，这是研究乡土建筑最好的心态。为名为利的市侩式的人，不论多么精明，都是做不好这件工作的。他们只会装腔作势，反倒糟害了文化的神圣。

这一对退休了多年的老夫老妻，跋山涉水，辛苦寻觅历史的踪迹，所为何来？无非是为了爱，爱先人，爱先人们的创造。为什么尊崇先人们的创造？为感恩，为永远的后代！

不记得是哪位作家写的一段话了：幼小时候的她，仰脸问妈妈："你为什么爱我？"妈妈回答："不为什么，就因为你是我的女儿。"

不为什么的爱，是痴，是真爱！为名为利，是精，只会亵渎了爱。但愿精者渐少而痴者渐多！

"我们忍着饥饿和干渴，艰难地在泥泞而且不平的山地上行走"，走吧，走吧，我们已经辨清了方向。献身的人是无畏的，虽然我们流着泪水！

2011年初春

《中国历史文化名村——良户》* 序

多半辈子，我对山西省的情况了解得非常少。能记得的大概只有介子推和晋文公两个人，还有一个王宝钏独守寒窑的故事。窑嘛，我倒知道，不是烧砖头瓦片用的吗？这里面怎么能住人呢？怪了！

后来，进了建筑系读书，一年两年，也能念叨念叨五台山佛光寺大殿、应县木塔、太原晋祠和云冈石窟这样的古建筑了，但是想不明白，为什么这些了不得的珍品建筑会在山西呢？那儿不是挺穷、挺落后吗？高班一位老同学给我开窍，大大咧咧地说：就是因为山西省很落后，一些老东西才留下来了，那些发展很快的地方，哪里还会有这些老破烂呀！我听了觉得一脑袋糊涂。

再后来，我长期专攻外国建筑史，这个关于山西的老问题就搁下不再想了。但是，一天天知识越有进步，就越觉得山西这些老东西的技术和艺术水平之高了，不过那时候，空气混浊，有些事情还是少去招惹为好。外国建筑史里已经有许多说不清、道不明的麻烦问题，这就够我伤脑筋的了。

告老交差之后，又恰逢大环境平和了，于是吆喝了两位铁哥儿们，从头干起，搞咱们中国丰富之极却又被几乎彻底遗忘了的乡土建筑。不过，题材都是零零碎碎抓到手的，碰到哪个村就做哪个村，并没有全面计划，

* 张宏、秦喜明著，山西人民出版社，2012年1月。

甚至连个大致的计划轮廓都没有考虑，因为若要规划轮廓就先得东南西北跑跑颠颠，我们哪里有车钱盘缠。

这样干了二十多年，快三十年了，忽然发觉，我们做的乡土建筑调查，以浙江和山西两省的为多。浙江省是我出生和度过小学、中学的地方，那时又正逢八年抗日战争，经历过患难，所以有点儿感情渊源。山西省呢？不知道什么原因，从来只荒唐地以为它又闭塞、又落后，我们怎么会在那里写了好几本书？细细回头想想，原来，那山西省其实可一点都不闭塞，不落后。恰恰相反，晋商曾经是全国最有力的领头的商帮，连坐在紫禁城里的满清皇帝都知道他们的贡献。他们向南一直把生意做到沿海各地，向北呢，更厉害了，过长城、渡荒漠，再向西，居然把生意做到了几万里外的欧洲。他们有眼光，有干劲，有开拓精神。

而且，除了沿黄河的吕梁地区，山西人并不都住土窑洞。他们一代又一代地创造了许许多多杰出的木结构建筑物。山西省那些居住建筑和宗教建筑，无论是技术还是艺术，都属全国最辉煌的成就。我的那位一口就把山西说扁了的老学长，可惜早逝，否则一定会告诉我，他已经完全改变了对山西古建筑的认识，还要道一声歉。真的，即使吕梁地区的那些窑洞，也是对一望无际的、沟壑纵横的、干旱的黄土高原最巧妙、最成功的适应和利用。

能开发黄土高原的人们就能克服一切困难。

我，当我在无边荒凉的吕梁山上一个几乎寸草不生的叫作陈家塬的小小窑洞村看见一座院落，门头上竟挂着乾隆年代的书院匾额，禁不住热泪涌流。

这就是山西人，这就是为什么我会在山西有许多好朋友，不知不觉就挂到了心头上的那种朋友。深山沟两侧连喝水都困难的窑洞村里有，万里外开拓过市场的晋商后人家里也有。

正是这样的朋友，两位，合作写成了这本书稿，叫作《中国历史文化名村——良户》。

良户村属高平县，正在全国商品经济发展最早地区之一的晋东南。

这个地区本来“文风盛，科甲高，秀才、举人、进士不绝”，良户村里仅仅田氏宗族一门就有三代四人同中进士。但是，正在这样的科甲盛世，村里却有不少人“怀奇才、抱大志，弃儒服贾，握算持筹，长于货殖，成为富商巨贾”。在本村的一条始建于明代的商业街上，就有打丝楼、布店、估衣店、铁匠铺、典当铺、油坊、染坊、磨坊、饭店等等各种店铺。经济的繁荣又激发了不少种类的文化建筑，主要的有祖师庙、汤帝庙、关帝庙、吴神庙、龙王庙、大王庙、三官庙、九子庙、老君庙、土地庙、观音堂、山神庙、真武庙、玉虚观、皇王宫、白爷宫、白衣阁、玉虚观、文昌阁、魁星楼，还有一座歌舞楼和文峰塔，等等。读者朋友们，请你们一定不要厌烦我实写了这么多的庙名，这可是一个地方经济、文化水平的标志。

良户村的居住建筑也是非常精致的，而且还有不少明代遗物。如侍郎府、东宅、西宅、蟠龙寨，一直保存到现在。清朝的遗物有军功院、田家院、邻古居等等。

虽然良户村受到过“文化大革命”的野蛮摧残，但劫后余生，这个村子仍然有很高的历史文化价值。无论把它放在哪个地方去比一比，它都是既独特又杰出的。而且雕梁画栋都有分寸，并不烦琐。

必须把良户村保护好，也要保护好其他有丰富历史文化价值的老村落。它们所蕴含着的一切信息，都真实地见证着我们国家民族的文明史。这价值是不可替代的，因此保护它们的责任既光荣而又沉重，我们不能推卸，也不能把它变质。面对多么沉重的担子我们都要拍拍胸膛，这是我们对民族的责任！

我相信，曾经开辟了那么辉煌的文明史的山西人，一定不会叫人们失望。

2011年9月

《屋里屋外话苗家》[*]序

一天早晨，出版社来了电话，第一句说的是："老吴，吴正光的书稿编排完了，可以开印了。"我立刻高兴又轻松地回答："好呀！"第二句可把我吓住了，说的是，老吴要我在书前写上几句序言。这可太叫我为难了。

我和老吴虽然不同出一个学校，却同出一个师门，比他略大几岁，多赶上了几次天下大乱，又换了几次工作，因而没有深入学海。要给老吴的著作写序，我可不是合适的人，犹犹豫豫，拖了几天没敢动笔。

多亏年轻人思想活泼，给我出主意：吴老师的学术和工作成就，书、文都在，同事都在，有十几种杂志和多少人介绍过了，不必你来说。你就写点儿家常话，轻松一点，像个老同学，那倒更好。

我终于明白，老吴的嘱咐，我是不能也不该推掉的，只好写一点。从哪里写起？请我们的同一位老师来开篇吧。

六十年前，听说我的一位老师，费孝通先生，在年纪轻轻，刚刚从大学社会学系毕业的时候，和新婚的师母一起到贵州去调查少数民族的生活情况，不幸师母失足掉进了乡人们为捕捉野兽而布下的陷阱，牺牲了。从一期又一期高班同学那里听说了传下来的这件惨事，我们都悄悄生了一个念头：咱们在做工作上可不能当孬种啊！到了关口，就要豁得出去。

---

* 吴正光著，清华大学出版社，2012年9月。

老吴，恰恰也是费老师的学生，得意的学生。他一毕业就分配到了贵州，也做费老师和师母做过的工作，费老师觉得很遗憾，常常劝他回北京母校去，但是他不去，在贵州工作了一辈子。

大约五六年前，我也到贵州去了一趟，工作任务是调查一批兄弟民族的村子。尽管省会贵阳城已经通了飞机，街上也已经灯红酒绿，但省里还有许许多多村落依旧是老样子，山高人稀。省里请出已经退休好多年了的老吴先生来陪伴我们，他先帮我们订了一个工作计划，我们一看就知道，这是我们最好的老师。他理解我们的任务，而且也喜欢这件工作，交换了几句话，他就滔滔不绝地告诉我们当地各民族的生活和文化，真个是“天上的事情知道一半，地上的事情全知道”。我们有什么问题都不必自己提出来，其实呢，初来乍到，我们还不知道该提些什么问题。

老吴是中央民族学院历史系毕业的，几十年前，年纪轻轻就分配到贵州来工作，做的主要是调查民族文化。那时候，“上山下乡”的工作怎么做？很简单，“天无三日晴”，就挟一把油纸伞在胳肢窝下；“地无三尺平”，就脚上穿一双草鞋，小包袱外再勒上一双；“人无三分银”，他，年轻的小公务员，就带上一包干粮上路。没有公路，当然也没有车辆，全靠两条腿，他老吴就差不多走遍了省里所有该去的地方。一直走到老了，走不动了，才退休下来。

怎样总结老吴一辈子在贵州的贡献呢？他是贵州各民族文化的研究者和保护者，是和这些工作相关的十几座民族民俗博物馆的创办者，是一大批从事民俗文化保护、研究、开发工作人才的培育者！在这些开拓性的工作里，他的贡献是决定性的。是老吴，把一向被不少人认为文化很落后的贵州省推上了民族文化工作的先进行列。

这样工作过的人，真的能退休下来，“闲事不管，饭吃三碗”，陪孙子玩，或者“玩孙子”吗？不行，他歇不住，还担负着一些国家级的研究课题，都是关于贵州兄弟民族的生活和文化的。所以，他还得一次又一次地“上山下乡”。这不，我们到了贵州，也还要劳他的驾来带领我们去跑。虽然他是湖南人，却也属苗族，风俗相通，相关的知识也都通。

在贵州工作了几十年，老吴非常勤奋，写下、出版了的调查报告和深层次研究有多少？我看看目录，就有好几页纸。报告的文体有各种各样，却都是实实在在的题目，围绕着乡土社会调查和省里的文化工作。这社会调查，是我六十多年前学过的课程，老师就是也教过老吴的同一位费先生。我高声喊："老吴，咱俩是同学呀！"听我一说清楚，他也高兴起来，我们先后差不了几年，只不过，我是上世纪50年代院系调整前学的，他是调整后学的。我大他九年，是学长！

第二天，我们一起下乡，虽然贵州早已兴建了不少汽车公路，但都还得盘山绕弯。车子开得快了一点，我就晕车呕吐了，后来连老吴这样来回不知道有过多少次的老资格，也吐了几口。但他竟伸过手来给我捶背，一下一下，我感受到了的是什么滋味！

以后，他很细心地注意着司机的动作，不断地提醒司机，上山慢一点，转弯柔一点，哪里有好山好水，还请司机停下来，让我看个够！有几次司机有点儿嫌烦，他都轻轻快快地把他说开了心。

过了几天，我和老吴一起完成了我带去的任务，该回来了。我看他身体健康，肚子装着几十年社会调查的成果，就建议他再花一次气力，总结平生，把它们都写下来，写成一部书，大一点，全一点。这部书的文化价值是不用我多说的，他比我明白，但是我的话虽然多余，却也起了引逗的作用，他答应了。

毕竟是老手，过不了多久，出版社就告诉我，老吴的书稿来了，我高兴得很，真是熟门熟路，看来他孙女并没有失去几次跟他撒娇的机会。我尤其喜欢他非常独特的文风，不拿架子，快快活活，轻松自然。

最后一句话是，告诉老吴，我现在正盘算着再逗他写出几本书来。贵州的建设那么快，有多少历史文化遗产会永远失去呀！但这是句废话，因为别人邀他写的，他自己打算写的，早已积了多少了。那么，我换一句话，是：老吴呀，还得注意健康。这才是最后一句话吗？也不是。

2011年12月3日

我写这篇“序”，本来打算不多介绍老吴的工作成就，但是，越写心里越发烫，压不住、泼不凉，那么，再补上一两件事吧！

他，1963年秋季到贵州省工作，1998年退休，三十几年的时间，赢得过全国的和省市的报纸、杂志、电台、电视台多少次报道，已经记不清了。他至少还得到过两次全国性的先进工作者奖和一次省级的奖。

到退休以后的2010年止，他出版了十一种专著，都是研究贵州文化和文物的，还参加过《中国博物馆志》等六种大型图书的撰写工作，有几次还担任副主编或者编委。零散的文章，有多少，大概不容易统计了。

到目前为止，他的论著并没有停止。他几次赢得过先进工作者奖，难道还有什么要商量的吗？

老吴的工作成就，全是由于他的责任心。1980年，一次，他到布依族、苗族自治州考察，竟将散失在野地里的一尊十几斤重的石雕人像扛起，走了五十多里崎岖的山路，回到州城。当然，那石人是“流浪”在野地已经“无家可归”了的。

贵州城里要建立一个纪念红军长征路过的纪念馆，他竟沿这段路走了一遍。到了遵义，没有休息，立即连续一天一夜仔细看了展板，竟指出展品中路线、地名、时间、数字的错误一百多处。

在“天无三日晴，地无三尺平”的贵州，这样的工作作风，是可以不提及的吗？不写出这些，我心里难过。写了，这篇序文实在太长了。但是，我相信读者朋友们不会责备我，或许只会责备我写得太简略了，唉，是太简略了。

2011年12月6日

《福建土楼建筑》* 序

我老了，老的第一个标志就是没有了记性，人名、地名、时间、“历史事件”，不是压根儿什么都记不得，就是记得一塌糊涂，张嘴就出笑话。但是，说来奇怪，黄汉民和他的工作我偏偏没有忘记，是因为我有偏心眼儿吗？这可说不清。

其实，想想也能明白，并不真的奇怪，那是因为我们兴致相同，而且这兴致可不是随手可以拿起来，又随手可以放下去的。这就是我们都爱乡土建筑，那乡土文明的担当者，爱得很！黄汉民早年的硕士论文就是写乡土建筑的，这在我们系是第一个。

从前，有很长一个时期，我们建筑界的“学术空气”很热闹，大大小小的批判，没完没了，在各行各业里算得上是拔尖的。为什么？倒不怪理论家多了一点，主要的是那时候建筑行业不景气，大家没事儿干。

待行业高潮一到，眼看着建筑界的“学术空气”就凉了下去，大家日日夜夜忙于出图，市场上的学报、杂志，一下子就变成了画刊。这仿佛也正常，学术文章，谁还花时间去写？写了，有谁看？“反正我没工夫看！”

正是这时候，我逆风行舟，搞起乡土建筑研究来了。搞乡土建筑，难免东奔西跑、上山下乡。有一次到了福州，于是，我想起了黄汉民。

---

* 黄汉民、陈立慕著，福建科学技术出版社，2012年2月。

一找到他，果然“相见甚欢”。他已经当上了建筑设计院院长什么的，但是，听我说搞乡土建筑，马上转身拉开了几个抽屉，给我看一摞又一摞的照片，都是他前些年辛辛苦苦攒下来的。那几年轻闲，他一有机会就往乡下跑，有时就骑一辆自行车，当然，有很多时候推着它，翻山越岭，到处去调查乡土建筑，资料已经积存了几抽屉。但是，那些年，“正经”工作一上路，他可忙得不得了，当了院长，不但要管业务，动手做设计、做规划、开会，还要管不少啰啰唆唆的事情，连一些人家夫妻吵架他都得劝劝。这么一来，他的乡土建筑研究就不很顺利了，我真觉得遗憾，当然也不能说些什么。幸亏他很执着，每天下了班还要再干几个钟头——真是几个钟头——的学术工作。不过，听说他家两口子身体都不很好，来回住了几次医院，我就只好拜托大慈大悲的观音菩萨了。

朋友之间总是互相盼望永远年轻，但是，我心眼儿着实，黄汉民退了休，我倒挺高兴，我知道他一定会抓起他的学术研究来。一点不差，除了返聘建筑设计院的顾问与设计工作以外，他终于有比较多的时间跟老伴陈立慕一起做学术工作了。这一做，就出了彩，没有多少日子，正式出版了几本书。

现在，在我手边就是一本黄汉民两口子新著的又大又厚的样书，快要出版了。这本书写的是福建南部早就名闻世界的“土楼”。土楼，写的人已经不少了，而且正式成了我们的“世界文化遗产”，那么，当然它们的里里外外、大大小小都应该已经研究透了。但是，他们却仍然写出了很丰富又很重要的新内容来：关于土楼的地区分布，它们形成的缘由，它们的主要建造年代，它们的种类，它们的现存数量和保护办法，等等。他们在这些方面都提出了扎扎实实的新的见解和建议。如此一来，当然就会推翻或改变早先不少人一些见解或建议。这是学术的进步。学术进步的必然之路，便是实实在在地较真。他们很中肯地批评了某些工作现象。

书中提到：“在居民（对文物的）保护意识还十分欠缺的今天，政府主导显得尤为关键……现实的情况是，很多政府部门领导把申报历史文化名村、镇或‘申遗’作为一任的政绩，十分重视，一旦取得名村名镇或世界遗产的称号，似乎大功告成，换了一任领导就无人过问，保护规划无法真正落实。”“这种狭隘的心理，目前很普遍。”申报世界遗产的成功就是某一任当事人的业绩，下一任的人就不可能再在这件事上“立功”了，于是也就把遗产长远的保护撂在一边，自己再去另找一个可以“立功”的项目。“申遗成功”因此便成了某些文物被冷遇，甚至被破坏的起点。

要做的事，一是太多，二是太难呀！

土楼绝大多数不是独立存在的，它通常是一个村子的一部分，当然会是最重要、最庞大的主导部分。它的门外不远，有牛棚、猪栏、柴房、磨坊之类的辅助建筑。稍远几步，还可能有几座院落式的独家住宅。历史久远一点的，甚至有宗祠、土地庙、天后宫和子弟们的学塾，外加几口水塘。更进一步，有些比较大一点的村子还会有两幢、三幢甚至几幢土楼，它们有圆的、方的，还会有月牙形的，等等。所以，保护作为历史文化遗产的土楼，不应该把它们一个个孤立出来，而应该选择一些建筑类型比较多，布局、建造等等方面都有代表性或强烈特色的村落做整体的保护，这样才会达到全面传递历史文化知识的目的。只光秃秃地保护一座或几座土楼，不保护其他，那是画“半身像”，不能承担完整的历史记忆。

保护文物建筑（群）的意义是传递文明史，不是为了借历史玩意儿赚钱过好日子。所以，虽然保护古建筑或者古村落未必都能赚钱，甚至还会赔钱，但赔钱也要保护，这便是保护文物的历史文化价值，这价值是不能替代的，它的意义才是永恒的。

哪里能用赚钱的多少来衡量文化价值！背出一首唐诗能值几个钱？但是没有唐诗，我们民族的文化水平就会低落多少呀！

黄汉民工作的意义又很不平常！我向他敬礼！

更希望还有些人在各处开辟新的文化宝库！

2011年12月

图书在版编目（CIP）数据

北窗集 / 陈志华著 .—北京：商务印书馆，2021
（陈志华文集）
ISBN 978-7-100-19866-0

Ⅰ.①北… Ⅱ.①陈… Ⅲ.①建筑学—文集
Ⅳ.①TU-53

中国版本图书馆 CIP 数据核字（2021）第 074505 号

陈志华文集
北窗集
陈志华 著

商 务 印 书 馆 出 版
（北京王府井大街 36 号 邮政编码 100710）
商 务 印 书 馆 发 行
北京中科印刷有限公司印刷
ISBN 978-7-100-19866-0

2021 年 10 月第 1 版　　开本 720×1000 1/16
2021 年 10 月北京第 1 次印刷　　印张 52½

定价：268.00 元

（一）

“建筑是石头的史书”，“建筑是艺术的最高峰”。十九世纪，这两句话在欧洲很流行，已经很难确凿地说是哪位聪明人先说出来的了。总之，十九世纪，欧洲人已经认识了建筑在人类文化中的地位了。

建筑在文化中的地位，决定了它的性质、作用和它达到的高度，技术的和艺术的高度，它不是“[illegible]”纪念碑，它是Monument，这便是它的性质。

从黄土地上的窑洞，到小女孩温馨的闺房，到豪华的宫殿，到金字塔、圣母教堂、万神庙，到万里长城，建筑性质的多样和变化的跨度之大，包容了整个的人类文化。人类没有第二种作品，有建筑这样的气魄，丰富、豪华、精致，有性格、有感情。

建筑是人类历史的文化纪念碑。它记录着人类为创造生活而付出的一切，也真实、生动、准确地记录着人类文明的发展和成就

IRLANDE

St Patrice, a été esclave en Ir., pendant six ans.
Il a fait ses études à Marmoutiers et à Lérins
Accompagne St Germain d'Auxerre en Angleterre
Pape St Célestin lui fait évêque d'Eire. 33 ans là

Ste Brigitte.

St Colomban 515-615 Entre l'abbaye de Bangor,
Il se trouve à Annegray, Faucogney (Hte Saône)
Puis, il se fixe à Luxeuil, qui est aux confins de Bourg.
et de l'Austrasie.
Encore, il fonda Fontaines, et 210 autres

Sa contemporaine, la reine Brunehaut fonda
St Martin d'Autun, qui fut rasée en 1750 par les moines eux
Elle a expulsé St Colomban de Luxeuil après 20 ans.
Il a allé à Tours, Nantes, Soissons,
et commence sa vie de missionnaire. De Mainz, il suit
le Rhin, jusqu'à Zurich et se fixe à Bregentz, sur lac Co[illegible]
Son disciple est St Gall

Brunehaut est maintenant la maîtresse de Constance.
Le St passe en Lombardie. Il fonda Bobbio, entre Gênes et
Milan, où Annibal a eu une victoire.
Il meurt dans une chappelle solitaire de l'autre côté de la Treb[illegible]

Pierre LUXEUIL: 2e abbé St Eustaise. Il a toute coopération
du roi Clotaire, seul maître des 3 royaumes francs.
Il est aussi la plus illustre école de ce temps. Evêques et
saints sont tous sortés de cela.

3e Abbé Walbert, ancien guerrier